普通高等教育规划教材

# 无机化学

# Inorganic Chemistry

李　冰　主　编
杨文远　副主编



化学工业出版社
·北京·

## 内 容 简 介

《无机化学》教材立足于普通高等院校的教学特色和生源基础，可作为高等学校化学、化工、制药、材料、应化等专业的无机化学课程教材，亦可供相关科研、工程技术人员参考使用。

全书内容贯穿三条主线：一是从化学反应基础理论开始，包括热力学基础、反应速率与平衡、解离平衡、沉淀平衡及氧化还原反应与电化学等，强调物理性质及化学性质的规律性及应用；二是从微观物质结构基础出发，包括原子、分子、晶体及配合物的结构与性质，注重多种化学键理论和元素周期规律，为无机物的性质探寻微观根源；三是介绍主族和副族元素单质及其重要化合物的制备、结构及性质，强调无机物的性质与应用。

**图书在版编目（CIP）数据**

无机化学/李冰主编. —北京：化学工业出版社，2021.2（2024.8重印）
普通高等教育规划教材
ISBN 978-7-122-38143-9

Ⅰ.①无… Ⅱ.①李… Ⅲ.①无机化学-高等学校-教材 Ⅳ.①O61

中国版本图书馆CIP数据核字（2020）第243397号

责任编辑：旷英姿 窦 臻 提 岩　　文字编辑：林 丹 苗 敏
责任校对：宋 玮　　装帧设计：王晓宇

出版发行：化学工业出版社（北京市东城区青年湖南街13号 邮政编码100011）
印 装：大厂聚鑫印刷有限责任公司
787mm×1092mm 1/16 印张 20¼ 彩插 1 字数 533 千字 2024年8月北京第1版第3次印刷

购书咨询：010-64518888　　售后服务：010-64518899
网 址：http://www.cip.com.cn
凡购买本书，如有缺损质量问题，本社销售中心负责调换。

**定 价：58.00元**

# 前言

化学是研究原子、分子以及超分子为代表的分子以上层次化学物质的组成、结构、性质和变化的科学。无机化学是化学科学中历史最悠久的分支学科之一，它涉及原子、分子及超分子等多层次气、液、固、等离子体等相态，具有研究对象和反应复杂、涉及结构和相态多样等特点。

无机化学学科目前已形成了配位化学、固体无机化学、生物无机化学、团簇化学、无机纳米材料及器件、稀土化学及功能材料、核化学和放射化学、物理无机化学等分支学科。随着化学科学和相关学科的发展，无机化学与其他化学分支学科的界限日益模糊，交叉融合更加活跃，将形成更多的重要交叉学科分支。

无机化学是化学及其相关专业必修的第一门专业基础课，也是分析化学、有机化学、物理化学等后续课程的基础，是高中和大学衔接的重要课程，起着承前启后的作用。

本教材在选材方面力求符合新时代高校化学教学大纲的要求。教材内容充分注意与高中教材的衔接及与本科后续课程的联系，加强针对性，注重实用性，同时又保持了课程本身的系统性，重点突出基础理论知识的应用和实践能力的培养。教材编写过程中力求突出学生的学习主体地位，简单明了，便于自学。每章内容一环扣一环，叙述循序渐进、深入浅出、通俗易懂。

本书共分 12 章，第 1 章至第 6 章为化学反应基础理论，包括热力学基础知识、化学反应速率与平衡、酸碱解离平衡、沉淀平衡以及氧化还原反应与电化学等，强调无机物物理、化学性质的规律性。第 7 章至第 10 章为物质结构，包括原子、分子、晶体及配合物的结构与性质，强调了多种化学键理论和元素周期规律，为无机物的性质探寻微观根源。第 11 章和第 12 章分别介绍主族元素和副族元素单质及其重要化合物的制备、结构及性质，强调了物质个体的性质与应用。书中标有“ * ”的为选学内容。

本书融入了宁夏大学多年来在无机化学教学科研一线的经验及教学改革成果，力求加强本科生创新精神的培养，注重化学基础理论及元素化合物的系统性理解和认识，适用于化学、化工、制药、材料、应化等专业本科教育。

本书由李冰主编并统稿，杨文远为副主编，具体章节分工为：第 1、3、7、9、11 章由杨文远编写，第 2、4、5、6、8、10、12 章由李冰编写。化学教育专业研究生禹小琴、程芳芳、撒安娜、王文博、倪煜岚等参与了部分的工作，宁夏大学化学化工学院无机化学教研组全体老师提出了宝贵的修改建议，在此表示深深的感谢。

在编写过程中，编者参考了大量的无机化学参考书和文献，得到了宁夏高等学校一流学科建设项目（宁夏大学化学工程与技术学科，编号 NXYLXK2017A04）的资助，同时获得了宁夏大学化学化工学院、省部共建煤炭高效利用与绿色化工国家重点实验室、化学国家级实验教学示范中心（宁夏大学）、化学工业出版社等单位的大力支持和帮助，在此致以诚挚的谢意。

由于编者水平有限，书中不妥之处在所难免，恳请广大专家和读者给予批评和指正。

编者

**2021 年 3 月**

# 目录

# 第1章　无机化学基础知识

## 1.1　化学中的计量

无机化学是研究无机物组成、结构、性质及反应的科学。本章在简要复习高中化学的基础上引入化学计量数、反应进度、道尔顿分压定律、气体等压定律、拉乌尔定律等化学基础知识，构建出大学化学的基本体系。另外，物质发生化学反应时常伴随着质量和能量的变化。这些变化与反应中物质的量、浓度、气体的体积、压力有关。为此，需要掌握化学中常用的量及其相关规定。

### 1.1.1　原子量与分子量

原子是构成物质的基本微粒之一，质量很小，例如，$^{12}C$ 原子的质量仅为 $1.99\times10^{-26}kg$，在使用时不方便。因此国际原子量委员会确定了一个衡量原子质量的标准并以此定义了原子量（$A_r$），即某元素的平均原子质量与核素$^{12}C$ 原子质量的$\frac{1}{12}$之比值为该元素的原子量。

自然界中绝大多数的元素都有同位素，例如，氧就有三种同位素：$^{16}_{8}O$、$^{17}_{8}O$、$^{18}_{8}O$。它们在自然界中的相对丰度分别为 99.759%、0.037%、0.204%，根据这三种同位素的丰度和原子量，求得氧元素的平均原子量为 $A_r(O)=16\times99.759\%+17\times0.037\%+18\times0.204\%=16.004$。

分子量（$M_r$）被定义为物质的分子或特定单元的平均质量与核素$^{12}C$ 原子质量的$\frac{1}{12}$之比值，如 $M_r(H_2O)=18.01$，$M_r(Cl_2)=71.37$。

注意：原子量和分子量是一个比值，没有单位。

### 1.1.2　物质的量与摩尔质量

“物质的量”是表示组成物质的基本单元（如分子、原子、离子、电子等基本微粒）数目的物理量，一般用于微观粒子计数，其单位为摩尔（mol）。“物质的量”四个字为一整体，不得简化或增添任何字，更不能按字面意思把“物质的量”当作表示物质（数）量多少的量。

摩尔是一个数量单位，而不是质量单位。在使用摩尔这个单位时，一定要指明基本单元（以化学式表示）。1mol 任何物质含有阿伏加德罗常量（约 $6.02\times10^{23}$）个微粒。

**摩尔质量**（$M$）被定义为某物质的质量（$m$）与该物质的量（$n$）之比，数学表达式：$M=\frac{m}{n}$，其单位为 $g\cdot mol^{-1}$ 或 $kg\cdot mol^{-1}$。

## 1.1.3 摩尔分数与摩尔体积

（1）摩尔分数

在混合物中，某组分 B 的物质的量（$n_B$）与混合物总的物质的量（$n$）之比称为 B 的物质的量分数（$x_B$），又称 B 的**摩尔分数**。例如，在含有 1mol $O_2$ 和 4mol $N_2$ 的混合气体中，$O_2$ 和 $N_2$ 的摩尔分数分别为

$$x(O_2)=\frac{1\text{mol}}{(1+4)\text{mol}}=\frac{1}{5}$$

$$x(N_2)=\frac{4\text{mol}}{(1+4)\text{mol}}=\frac{4}{5}$$

（2）摩尔体积

**摩尔体积**（$V_m$）被定义为某气体物质的体积（$V$）除以该气体物质的量（$n$）：

$$V_m=\frac{V}{n}$$

例如，在标准状况（STP，273.15K 及 101.325kPa）下，任何理想气体的摩尔体积为 $V_{m,273.15K}=0.022414m^3\cdot mol^{-1}=22.414L\cdot mol^{-1}\approx 22.4L\cdot mol^{-1}$。

## 1.1.4 化学计量数与反应进度

### 1.1.4.1 化学计量数（$\nu$）

对于任一反应：

$$cC+dD = yY+zZ$$

对上式进行移项得：

$$0 = yY+zZ-cC-dD$$

随着反应的进行，反应物 C、D 不断减少，产物 Y、Z 不断增加，因此令

$$-c=\nu_C,-d=\nu_D,y=\nu_Y,z=\nu_Z$$

$$0=\nu_C C+\nu_D D+\nu_Y Y+\nu_Z Z$$

代入上式并简化写出化学计量方程式的通式：

$$0=\sum_B \nu_B B \tag{1-1}$$

式(1-1) 中，B 表示参加反应的各种物质，而 $\nu_B$ 为各物质的化学计量数。可以看出，反应物的化学计量数为负值，表示消耗；而产物的化学计量数为正值，表示增多。例如反应中：

$$4NH_3(g)+5O_2(g) = 4NO(g)+6H_2O(g)$$

$\nu(NH_3)=-4$、$\nu(O_2)=-5$、$\nu(NO)=4$、$\nu(H_2O)=6$ 分别对应该反应方程式中物质 $NH_3$、$O_2$、NO、$H_2O$ 的化学计量数，表明反应中消耗 4mol $NH_3$ 和 5mol $O_2$ 可生成 4mol NO 和 6mol $H_2O$。

要注意化学计量数和系数的区别。

### 1.1.4.2 反应进度

**反应进度**（extent of reaction）表示反应进行的程度，用符号“$\xi$”来表示，其定义为

$$\xi=\frac{n_B(\xi)-n_B(0)}{\nu_B} \tag{1-2}$$

式中，$n_B(0)$ 为反应起始时刻 $t_0$，即反应进度 $\xi=0$ 时，某组分 B 的物质的量；$n_B(\xi)$

为反应进行到 $t$ 时刻，即反应进度为 $\xi$ 时，B 的物质的量。反应进度 $\xi$ 的单位为 mol。

例如，对于合成氨的反应 $N_2 + 3H_2 \rightleftharpoons 2NH_3$，$\nu(N_2) = -1$、$\nu(H_2) = -3$、$\nu(NH_3) = 2$。

当 $\xi_0 = 0$ 时，$n(NH_3) = 0$，根据 $\Delta n_B = \nu_B \xi$，$\xi = \Delta n_B / \nu_B$，$\Delta n_B$ 与 $\xi$ 的对应关系如下：

| $\Delta n(N_2)$/mol | $\Delta n(H_2)$/mol | $\Delta n(NH_3)$/mol | $\xi$/mol |
|---|---|---|---|
| 0 | 0 | 0 | 0 |
| $-\frac{1}{2}$ | $-\frac{3}{2}$ | 1 | $\frac{1}{2}$ |
| −1 | −3 | 2 | 1 |
| −2 | −6 | 4 | 2 |

可见对同一化学反应方程式来说，反应进度（$\xi$）的值与选用反应式中对应物质的量的变化无关。但是，如果同一化学反应的化学反应方程式写法不同（即 $\nu$ 不同），反应进度相同时对应各物质的量的变化会有区别。例如，当 $\xi = 1$mol 时：

| 化学方程式 | $\Delta n(N_2)$/mol | $\Delta n(H_2)$/mol | $\Delta n(NH_3)$/mol |
|---|---|---|---|
| $\frac{1}{2}N_2 + \frac{3}{2}H_2 \rightleftharpoons NH_3$ | $-\frac{1}{2}$ | $-\frac{3}{2}$ | 1 |
| $N_2 + 3H_2 \rightleftharpoons 2NH_3$ | −1 | −3 | 2 |

反应进度是计算化学反应中质量和能量变化以及反应速率时常用的物理量，计算时必须指明相应的化学反应方程式。

# 1.2　物质的聚集状态

在日常生活中，人们所接触到的物质，通常以气体（态）、液体（态）和固体（态）三种聚集状态存在。这三种形态在一定的条件下可以相互转换，图 1-1 所示为水的三种状态之间的相互转换。

当温度足够高或放电条件下，外界提供的能量足以破坏气态原子，使其解离为电子和正离子。由于解离后正、负电荷相等，其性质与解离前明显不同，所以将这种状态称为**等离子态**。在地球上，等离子态不常见，在某些条件下存在，例如通电条件下，日光灯管中的气体处于等离子态。宇宙中大多数物质如恒星（太阳等发光星体）及星际空间极稀薄的物质都以等离子态存在。

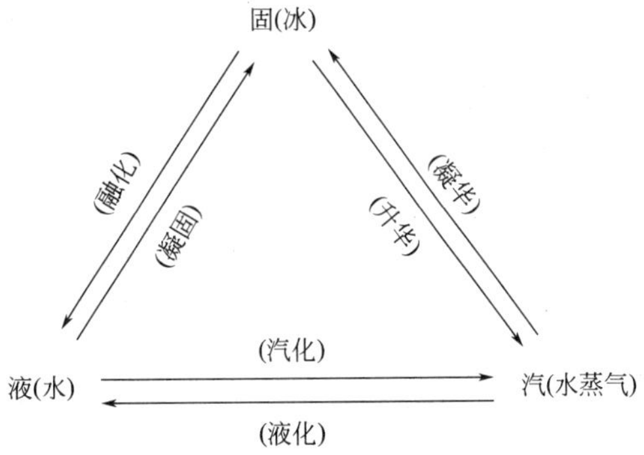


图 1-1　水的三态之间的转换

## 1.2.1　气体

气体分子具有较高的动能，不停地进行着运动，将气体引入容器中，气体分子立即向各个方向扩散。又由于气体分子间的空隙很大，分子间作用力很弱，所以气体又很容易被压缩。

### 1.2.1.1　理想气体状态方程

理想气体是人为假定的一种气体模型。①将分子看成只有质量没有体积的几何质点；②分子间没有作用力；③分子间以及分子与器壁的碰撞是完全弹性的，没有动能的损失。符合上述三个条件的气体就是理想气体。理想气体在实际中是不存在的，但在温度不太低和压力不太高的条件下，实际气体分子间的距离很大，气体分子自身体积与气体的体积相比可以忽略不计，分子间的作用力也很弱，接近于理想气体。

对于理想气体体系，$p$、$V$、$n$、$T$ 之间存在以下关系，可以近似地用理想气体状态方程式来表述。

$$pV=nRT \tag{1-3}$$

式中，$p$ 表示气体的压力，Pa；$V$ 表示气体占有容器的体积，$m^3$；$n$ 表示气体分子的物质的量，mol；$T$ 表示体系的温度，K；$R$ 表示摩尔气体常数，其数值和单位取决于 $p$、$V$。

例如，已知 1mol 气体在标准状况下的体积为 $22.414\times10^{-3}m^3$，则

$$\begin{aligned}R &= \frac{pV}{nT}\\ &=101.325\times10^3\,Pa\times22.414\times10^{-3}\,m^3/(1mol\times273.15K)\\ &=8.3144Pa\cdot m^3\cdot mol^{-1}\cdot K^{-1}\\ &=8.3144J\cdot mol^{-1}\cdot K^{-1}\end{aligned}$$

### 1.2.1.2 理想气体状态方程的应用

利用理想气体状态方程可以求算某种未知气体的分子量，根据式(1-3) 可以导出：

$$pV=nRT=\frac{m}{M}RT$$

$$M=\frac{mRT}{pV}=\frac{\rho}{p}RT \tag{1-4}$$

由此可见，只要在一定的温度和压力下测量出某种气体的密度，就可以求算出该气体的摩尔质量（即分子量）。

**【例题 1-1】** 一般条件下，惰性气体与大多数物质不发生反应，但氙可以与氟形成氟化物 $XeF_n$。353K、15.6kPa 时，实验测得某气态氟化氙的密度为 $1100g\cdot m^{-3}$。试确定该氟化氙的分子式。

**解** 氟化氙的分子量在数值上等于氟化氙的摩尔质量。

$$M=\frac{\rho}{p}RT=\frac{1100g\cdot m^{-3}}{15600Pa}\times8.314J\cdot mol^{-1}\cdot K^{-1}\times353K=207g\cdot mol^{-1}$$

已知，Xe 的原子量为 131，F 的原子量为 19，则 $131+19n=207$，$n=4$。

该氟化氙的分子式为 $XeF_4$。

### 1.2.1.3 道尔顿（Dalton）分压定律

在日常生活中我们经常遇见混合气体，如空气、天然气、液化石油气等。混合气体中每种气体的压力和混合气体的总压有什么样的关系？早在 1801 年英国科学家道尔顿就提出了混合气体的**分压定律**。在一定温度下，混合气体的总压（$p_{总}$）等于组成混合气体的各气体的分压之和，某组分气体的分压等于各气体单独占有容器时所产生的压力。

其数学表达式：

$p_{总}=p_1+p_2+p_3+\cdots+p_i$

$p_1$、$p_2$、$p_3$、…、$p_i$ 为各组分气体的分压。

假设在温度 $T$(K) 时，$n$(A)（mol）的 A 气体在容积为 $V$(L) 的容器中的压力为 $p_A$，再将 $n$(B)（mol）的 B 气体引入容器，设 A、B 两气体不反应，可得

$$p_B=\frac{n_B}{n}p \tag{1-5}$$

同温同压下，气体的物质的量与体积成正比，因此可推导出某组分的体积分数等于其物

质的量之比。

$$\frac{V_B}{V}=\frac{n_B}{n} \tag{1-6}$$

进而可推出

$$\frac{p_B}{p}=\frac{V_B}{V} \tag{1-7}$$

**【例题 1-2】** 体积为 10.0L 的容器中含 $N_2$、$O_2$、$CO_2$ 的混合气体，已知 $t=30℃$，$p=93.3kPa$，其中 $p(O_2)=26.7kPa$，$CO_2$ 的质量为 5.00g，试计算 $N_2$、$CO_2$ 分压。

**解**
$$T=273.15+t=303.15K$$

$$n(CO_2)=\frac{m(CO_2)}{M(CO_2)}=\frac{5.00g}{44.01g \cdot mol^{-1}}=0.114mol$$

$$p(CO_2)=\frac{n(CO_2)RT}{V}=\frac{0.114mol\times 8.314Pa \cdot m^{-3} \cdot mol^{-1} \cdot K^{-1}\times 303.15K}{10.0\times 10^{-3}m^3}$$
$$=2.87\times 10^4 Pa$$

$$p(N_2)=p-p(O_2)-p(CO_2)=3.79\times 10^4 Pa$$

**【例题 1-3】** 273K、101.3kPa 时将 1.00$dm^3$ 干燥的空气慢慢通过二甲醚液体，测得二甲醚失重为 0.0335g。求 273K 时二甲醚的饱和蒸气压。

**解** 二甲醚（$CH_3OCH_3$）的摩尔质量为 46g·$mol^{-1}$，0.0335g 二甲醚的物质的量为

$$n_1=\frac{0.0335g}{46g \cdot mol^{-1}}=7.28\times 10^{-4} mol$$

通过二甲醚的干燥空气的物质的量为

$$n_2=\frac{pV}{RT}=\frac{101300Pa\times 0.001m^3}{8.314Pa \cdot m^{-3} \cdot mol^{-1} \cdot K^{-1}\times 273K}=4.46\times 10^{-2} mol$$

根据气体分压定律，二甲醚的饱和蒸气压应等于混合气体中二甲醚的分压，即

$$p(\text{二甲醚})=p(\text{总})x(\text{二甲醚})=p(\text{总})\frac{n_1}{n_1+n_2}$$
$$=101300Pa\times\frac{7.28\times 10^{-4} mol}{7.28\times 10^{-4} mol+4.46\times 10^{-2} mol}=62816.35Pa$$

### *1.2.1.4　气体扩散定律

一种气体可以自发地同另一种气体混合，相互渗透、迁移，这种现象称为气体的扩散。1831 年英国物理学家格拉罕姆（Grahan）通过实验发现，恒温恒压下气体的扩散速度 $u$ 与其密度 $\rho$ 的平方根成反比，即

$$\frac{u_a}{u_b}=\frac{\sqrt{\rho_b}}{\sqrt{\rho_a}} \tag{1-8}$$

在同温同压下，由理想气体状态方程可知，某气体的密度与摩尔质量成正比，故

$$\frac{u_a}{u_b}=\frac{\sqrt{M_b}}{\sqrt{M_a}} \tag{1-9}$$

**【例题 1-4】** 已知氯气的摩尔质量为 71g·$mol^{-1}$，且臭氧与氯气的扩散速度比为 1.193。求臭氧的分子式。

**解** 由 $\frac{u(\text{臭氧})}{u(Cl_2)}=\sqrt{\frac{M(Cl_2)}{M(\text{臭氧})}}=1.193$

得 $M(\text{臭氧})=\frac{M(Cl)_2}{1.193\times 1.193}=\frac{71g \cdot mol^{-1}}{1.193\times 1.193}=49.9g \cdot mol^{-1}$

$$\frac{49.9\text{g}\cdot\text{mol}^{-1}}{16\text{g}\cdot\text{mol}^{-1}}\approx 3$$

故臭氧的分子式为 $O_3$。

## 1.2.2 液体和溶液

液体分子间的距离相对于气体来说要小得多，故液体压缩性和膨胀性也要比气体小得多，导致液体分子的作用力比气体大很多。液体没有固定的外形，但有确定的体积、凝固点和沸点。

溶液是指一种或几种物质以分子或离子形式溶解在另一种物质中形成的均一、稳定的混合物。其中物质的量多且能溶解其他物质的组分称为溶剂，含量少的组分称为溶质。

### 1.2.2.1 溶液浓度的表示方法

(1) 物质的量浓度 ($c_B$)

**物质的量浓度**被定义为混合物中某物质 B 的物质的量 ($n_B$) 与混合物的体积 ($V$) 之比。

$$c_B=\frac{n_B}{V} \tag{1-10}$$

其单位为 $\text{mol}\cdot\text{m}^{-3}$，也常用 $\text{mol}\cdot\text{dm}^{-3}$ 或 $\text{mol}\cdot\text{L}^{-1}$。

例如，若 1L 的 NaOH 溶液中含有 0.1mol 的 NaOH，其浓度可表示为

$$c(\text{NaOH})=0.1\text{mol}\cdot\text{L}^{-1}$$

(2) 质量摩尔浓度 ($m_B$)

**质量摩尔浓度**的定义为每千克溶剂中溶解的溶质的物质的量，单位为 $\text{mol}\cdot\text{kg}^{-1}$。

$$m_B=\frac{n_B}{m} \tag{1-11}$$

例如，将 10.0g NaCl 溶于 1.0kg 水中，其质量摩尔浓度为

$$m(\text{NaCl})=\frac{n(\text{NaCl})}{m(\text{水})}=\frac{0.171\text{mol}}{1.0\text{kg}}=0.171\text{mol}\cdot\text{kg}^{-1}$$

(3) 质量分数 ($w_B$)

溶质 B 的质量 ($m_B$) 与溶液的质量 ($m$) 之比为该溶质的**质量分数**，用符号 $w_B$ 表示，也常用百分数表示。数学表达式：

$$w_B=\frac{m_B}{m}\times 100\% \tag{1-12}$$

例如，将 10.0g NaCl 溶于 100.0g 水中，其质量分数为

$$w(\text{NaCl})=\frac{m(\text{NaCl})}{m}=\frac{10.0\text{g}}{(100.0+10.0)\text{g}}\times 100\%=9.1\%$$

(4) 摩尔分数 ($x_B$)

溶液中溶质 B 的物质的量 ($n_B$) 与溶液的总物质的量之比称为溶液的**摩尔分数**，用符号 $x_B$ 表示。

$$x_B=\frac{n_B}{n} \tag{1-13}$$

溶剂的摩尔分数则为

$$x_A=\frac{n_A}{n}$$

显然，溶液中溶质的摩尔分数与溶剂的摩尔分数之和等于 1，即

$$x_A + x_B = 1$$

### *1.2.2.2　非电解质溶液的依数性

根据溶质在水溶液中导电性的不同，可把溶液分为电解质溶液与非电解质溶液。若某溶液比纯溶剂的导电性强时，该溶液为电解质溶液。人们对非电解质稀溶液的研究发现，不同溶质溶解于同一溶剂中形成的不同溶液却有几种完全相同的性质，这些性质取决于溶质在溶液中的质点数，与溶质的组成、结构和性质均无关。稀溶液这一性质称为**依数性**，非电解质稀溶液的依数性包括蒸气压下降、沸点升高、凝固点下降（冰点）和渗透压变化。

（1）蒸气压下降

1887 年法国物理学家拉乌尔（Raoult）研究了溶液蒸气压与溶质浓度的关系，得出结论：在一定温度下，难挥发非电解质稀溶液的蒸气压等于纯溶剂的饱和蒸气压与该溶剂在溶液中的摩尔分数的乘积，这就是**拉乌尔定律**。

$$p_B = p_A x_A \tag{1-14}$$

式中，$p_B$ 为溶液的饱和蒸气压；$p_A$ 为纯溶剂的饱和蒸气压；$x_A$ 为溶液中溶剂的摩尔分数。

由于 $x_A + x_B = 1$，所以 $p_B = p_A(1 - x_B) = p_A - p_A x_B$

由此可导出：

$$\Delta p = p_A x_B \tag{1-15}$$

式中，$x_B$ 为溶质的摩尔分数。

这是拉乌尔定律的另一种数学表达式。在一定温度下，难挥发非电解质稀溶液饱和蒸气压的下降与溶质的摩尔分数成正比，其下降值决定难挥发溶质的浓度（即溶液中溶质粒子数多少），与溶质的本性无关。

与纯溶剂相比，在稀溶液的内部和溶液表面都有一定数目难挥发的溶质分子，会阻碍溶剂分子穿过溶液表面进入空间变为气态分子，当溶剂的蒸发和凝聚达到平衡时，气态分子的数目就要比与纯溶剂相平衡的气态分子数少，因此稀溶液的饱和蒸气压 $p_B$ 低于纯溶剂的饱和蒸气压，见图 1-2。

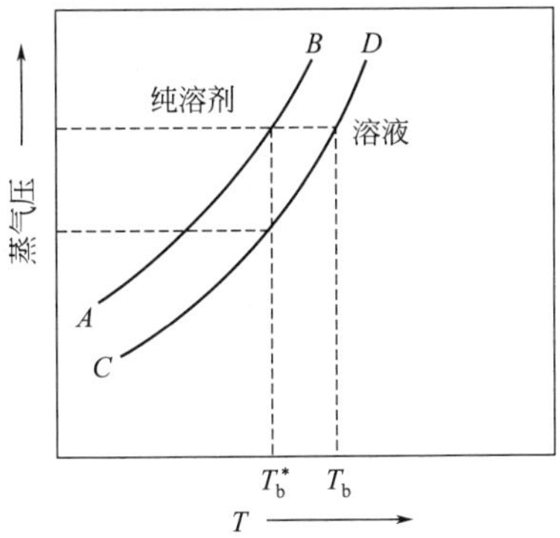


图 1-2　纯溶剂与稀溶液的蒸气压

一般情况下拉乌尔定律的适用条件是溶质为难挥发的非电解质，溶液为稀溶液（稀溶液并没有严格界限，通常浓度小于 5mol·kg$^{-1}$ 的溶液都可看作稀溶液）。如果溶质是易挥发的，则溶液的饱和蒸气压就包括溶质的饱和蒸气压和溶剂的饱和蒸气压两部分，其数值常常大于同温度下纯溶剂的饱和蒸气压。例如，乙醇、丙酮等水溶液的饱和蒸气压就大于纯水的饱和蒸气压。

（2）沸点上升

沸点是指液体的蒸气压和外界压力相等时的温度，这时液体呈沸腾状态。相同温度下，溶液的蒸气压总是低于纯溶剂的蒸气压，见图 1-2。所以，溶液的蒸气压下降必然导致其沸点上升。溶液的沸点与纯溶剂的沸点之差称为沸点的上升值（$\Delta T_b$）。人们经过大量实验得出，非电解质稀溶液沸点上升值与溶液的质量摩尔浓度有如下关系：

$$\Delta T_b = K_b m \tag{1-16}$$

式中，$\Delta T_b$ 为溶液的沸点上升值；$K_b$ 为溶剂的沸点上升常数；$m$ 为溶质的质量摩尔浓度。$K_b$ 的数值大小只取决于溶剂本身，不同的溶剂数值不同，水的 $K_b$ 等于 0.512。

**【例题 1-5】** 将 50g 糖溶于 100g 水中，测得溶液的沸点为 374.57K（已知水的沸点是

373.15K)，求糖的分子量。

**解** 设糖的分子量为 $M$，糖在水溶液中的质量摩尔浓度为 $m\ \mathrm{mol\cdot kg^{-1}}$，根据 $\Delta T_b = K_b m$ 有 $374.57-373.15=0.512m$

解得 $m=2.77\mathrm{mol\cdot kg^{-1}}$

$$M=\frac{50\mathrm{g}}{m\ \mathrm{mol\cdot kg^{-1}}\times 100\mathrm{g}}=\frac{50\mathrm{g}}{2.77\mathrm{mol}}\times\frac{1000\mathrm{g}}{100\mathrm{g}}=180\mathrm{g\cdot mol^{-1}}$$

(3) 凝固点下降

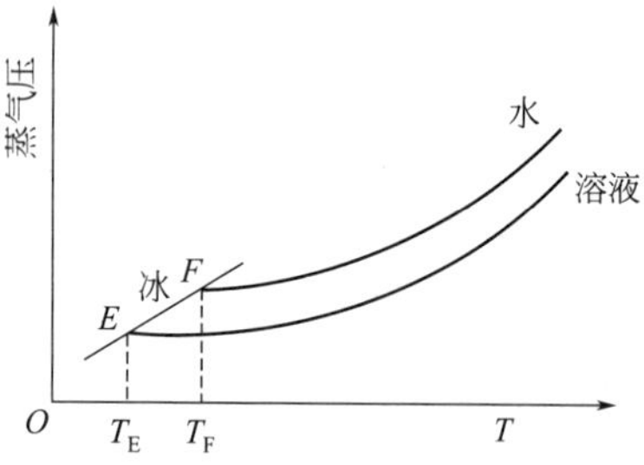

图 1-3 溶液的凝固点下降

液体凝固成固相时的温度称为该液体的凝固点。在这个温度下，液体和固体的饱和蒸气压相等，实现固液平衡。

从图 1-3 可知，若温度降到 $T_F$ 时，溶剂的蒸气压等于固体溶剂的蒸气压，此时溶剂开始凝固；非电解质稀溶液的凝固点 $T_E$ 要比纯溶剂的凝固点 $T_F$ 低。而由于稀溶液的蒸气压低于纯溶剂的蒸气压，只有温度降到 $T_E$ 时，溶液的蒸气压才与固体溶剂的蒸气压相等，此时才有固体溶剂结晶出来。$T_E$ 与 $T_F$ 的差值就是非电解质稀溶液的凝固点降低值（$\Delta T_f$）。实验表明，难挥发性非电解质稀溶液的凝固点降低与溶液中溶质的质量摩尔浓度成正比，而与溶质的本性无关。$\Delta T_f$ 与溶液浓度的关系类似于 $\Delta T_b$ 与溶液浓度的关系：

$$\Delta T_f = K_f m_B \tag{1-17}$$

式中，$\Delta T_f$ 为凝固点下降值；$m_B$ 为溶质的质量摩尔浓度；$K_f$ 为溶剂的凝固点下降常数，只取决于溶剂本身，例如，水的 $K_f\approx 1.86\mathrm{K\cdot kg\cdot mol^{-1}}$。

在实验中常用到稀溶液的依数性与难挥发性非电解质的分子量。

**【例题 1-6】** 将 15.0g 谷氨酸溶于 100g 水中，测得溶液的凝固点为 271.25K，求谷氨酸的分子量。

**解** 设谷氨酸的分子量为 $M$，谷氨酸的质量摩尔浓度为 $m_B$，根据 $\Delta T_f = K_f m_B$ 有

$$273.15\mathrm{K}-271.25\mathrm{K}=1.86\mathrm{K\cdot kg\cdot mol^{-1}}\,m_B$$

解得 $m_B=1.02\mathrm{mol\cdot kg^{-1}}$

$$M=\frac{15.0\mathrm{g}}{m_B\ \mathrm{mol\cdot kg^{-1}}\times 100\mathrm{g}}=\frac{15.0\mathrm{g}}{1.02\mathrm{mol\cdot kg^{-1}}\times 100\mathrm{g}}=0.147\mathrm{kg\cdot mol^{-1}}=147\mathrm{g\cdot mol^{-1}}$$

(4) 渗透压

在一个 U 形管中间放置一张允许水分子透过而不允许溶质分子透过的半透膜，一边放入纯溶剂，另一边放入非电解质稀溶液，并使半透膜两边的液面平行。放置一段时间后，发现纯溶剂的液面逐渐下降，而稀溶液的液面逐渐升高，最后达到平衡状态，如图 1-4 所示。

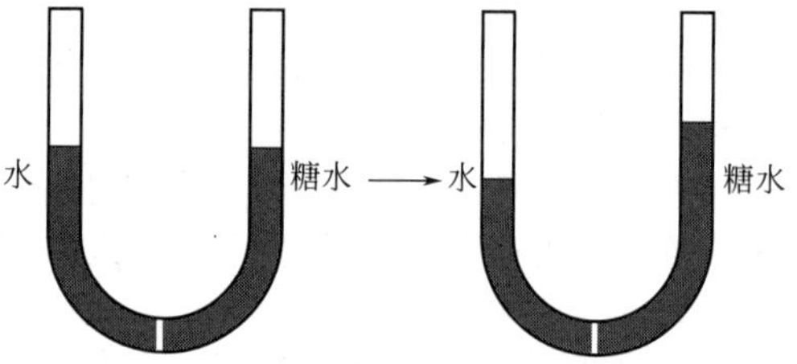

图 1-4 渗透现象和渗透压

此时在溶液与纯溶剂之间产生了压力差 $\pi$，显然纯水一侧的水分子通过半透膜进入糖水一侧，这种溶剂通过半透膜进入溶液的现象，称为**渗透现象**。

1886 年荷兰物理学家范特霍夫证明了稀溶液的渗透压与温度、溶质浓度的关系类似于理想气体状态方程，即

$$\pi V = n_B RT \text{ 或 } \pi = cRT \tag{1-18}$$

式中，$\pi$ 为渗透压；$V$ 为溶液体积；$n_B$ 为溶质的物质的量；$R$ 为气体常数（其值取决

于 $\pi$ 和 $c$ 的量纲）；$T$ 为热力学温度。

渗透现象在现实生活中非常普遍，例如植物对水分和营养的吸收，动物体内血液和细胞内的物质交换等。

如果在溶液一侧施加压力超过渗透压，使溶剂分子反向流向溶剂一侧，称为**反渗透**。反渗透是一种最有前途的海水淡化方法，产量高，成本低。人体中的肾脏具有反渗透功能，血液中的糖分比尿中的糖分高，肾脏的反渗透功能可以阻止血液中的糖分进入尿液。如果肾脏功能有变异，会导致血液中的糖分进入尿液中，形成糖尿病。

利用稀溶液依数性公式进行定量计算，只适用于非电解质的稀溶液，对于浓溶液或电解质溶液有蒸气压下降、凝固点下降、沸点上升等现象，但定量关系不准确。

## 1.2.3　固体

与气体、液体相比，固体有确定的体积和形状，其质点位置固定，不能自由运动，只能在极小的范围内振动，可压缩性和扩散性都很小。

按照其原子排列的有序程度分类，固体物质可分为晶态和非晶态。晶态固体具有长程有序的点阵结构，如 NaCl、ZnS、CsCl 等，其组成原子或基元按一定格式空间排列。非晶态固体只在几个原子间距的量程范围内或者说原子在短程处于有序状态，而长程范围原子的排列没有一定的格式，如玻璃和许多聚合物。晶态是热力学稳定相，而非晶态属于亚稳定相，从热力学角度看，非晶态有转化为晶态的倾向。例如使用时间过长，玻璃会变得浑浊不透明，这就是晶化的结果。自然界中大多数固体为晶态，只有极少数为非晶态。

### 1.2.3.1　非晶态与晶态的区别

下面以玻璃的特性为例，说明非晶态与晶态的区别。

① 没有固定的熔点　当对玻璃加热时，只有一个从玻璃态转变温度（$T_g$）到软化温度连续变化的温度范围。

② 各向同性　由于其结构上的特点，玻璃在力学、光学、热学及电学等方面表现出各向同性。

③ 内能高　与晶体相比，玻璃具有较高的内能，在一定条件下可自动析出结晶。

④ 没有晶界　与陶瓷等多晶材料或孪晶等晶体不同，玻璃中不存在晶粒间界。

⑤ 无固定形态　可按需求改变其形态，如可制成粉体、薄膜、纤维、块体、空心腔体、微粒、多孔体和混杂的复合材料等。

⑥ 性能可设计性　玻璃的膨胀系数、黏度、电导率、电阻、介电损耗、离子扩散速度及化学稳定性等性能一般都遵守加和法则，可通过调整成分及提纯、掺杂、表面处理及微晶化等技术获得所要求的高强、耐高温、半导体、激光、光学等性能。

有关各种晶体的结构与性质主要在第 9 章介绍。

### 1.2.3.2　固体的物理性质

（1）解理性

晶体在外力作用下沿特定的结晶方向裂开成较光滑面的性质称为**解理性**。解理主要取决于晶体结构，若晶体内结合力不止一种，解理时断裂的是最弱的化学键或结合力。例如，白云母 $KAl_2(AlSi_3O_{10})\cdot(OH)_2$ 解理成薄片，断裂的是层间的 K—O 键；石膏 $CaSO_4\cdot2H_2O$ 解理时断裂的是层间的氢键。

（2）硬度

固体抵抗外来机械力（如刻划、压入、研磨）的程度称为**硬度**。1822 年德国矿物学家莫氏（F. Mohs）把 10 种物质按彼此间抵抗刻划能力大小的顺序排列，将硬度分为 10 个等级（见表 1-1）。

表 1-1　莫氏硬度表

| 矿物 | 硬度 | 矿物 | 硬度 |
|---|---|---|---|
| 滑石 $Mg_3(OH)_2(Si_2O_5)_2$ | 1 | 正长石 $KAl(Si_3O_8)$ | 6 |
| 石膏 $CaSO_4 \cdot 2H_2O$ | 2 | 石英 $SiO_2$ | 7 |
| 方解石 $CaCO_3$ | 3 | 托帕石 $Al_2(F,OH)_2SiO_4$ | 8 |
| 萤石 $CaF_2$ | 4 | 刚玉 $Al_2O_3$ | 9 |
| 磷灰石 $Ca_5F(PO_4)_3$ | 5 | 金刚石 C | 10 |

注：10 种标准矿物等级之间只表示硬度相对大小，各等级之间的差别并非均等。表中排在后面的矿物能刻划其前面的矿物。

硬度大小由固体中粒子（原子、分子、离子）间结合强度所决定，并有以下经验规律：

① 物质硬度大小与晶体类型有关，通常硬度：分子晶体＜有氢键的大分子晶体＜离子晶体＜原子晶体。

② 晶体类型相同的物质，离子电荷越多，核间距越短，该物质的硬度越大。部分晶体的物理性质与晶格能如表 1-2 所示。

表 1-2　部分晶体的物理性质与晶格能

| NaCl 型晶体 | NaI | NaBr | NaCl | NaF | BaO | SrO | CaO | MgO |
|---|---|---|---|---|---|---|---|---|
| 离子电荷 | 1 | 1 | 1 | 1 | 2 | 2 | 2 | 2 |
| 核间距/pm | 318 | 294 | 279 | 231 | 277 | 257 | 240 | 210 |
| 硬度(金刚石＝10) | — | — | 2.5 | 2～2.5 | 3.3 | 3.5 | 4.5 | 5.5 |

③ 物质硬度大小与密度有关，见表 1-3。

表 1-3　几种物质的密度和硬度

| 物质 | 沸石 | 正长石 | 石英 |
|---|---|---|---|
| 密度/$g \cdot cm^{-3}$ | 2.2 | 2.56 | 2.65 |
| 硬度 | 5 | 6 | 7 |

④ 各向异性的物质如石墨等，往往熔点较高而硬度较小。

⑤ 物质的硬度随温度的升高而变小。

(3) 非线性光学效应

在传统的线性光学范围内，一束或多束不同频率的光通过晶体后，光的频率不会改变，这种效应称为**线性光学效应**。反之，光通过晶体后除含有原频率（$\nu$）的光外，还产生由部分能量转换成的倍频（$n\nu$）的光或不同频率的两种光（$\nu=\nu_1+\nu_2$），这种效应称为**非线性光学效应**。能产生非线性光学效应的晶体称为非线性光学晶体。例如，铌酸钡钠（$Ba_2NaNb_5O_{15}$）等可用来制造倍频激光器、红外探测器、激光调制器。

(4) 超导性

1911 年荷兰物理学家昂纳斯（H. K. Onnes）发现，当温度降至 4.2K 时，水银（Hg）的直流电阻消失，这种现象被称为**超导性**，具有超导性的物质称为**超导体**。物质所处的零电阻状态叫超导态，电阻突然消失的温度称为**临界温度**（$T_c$）。

在 1986 年以前人们发现的超导体的 $T_c$ 都较低，需要使用价格较贵的液氦（沸点为 4.25K）作为制冷剂，因而研究工作进展缓慢。1987 年，由于高 $T_c$ 的氧化物超导性的研究取得突破性进展，在全世界范围内出现了超导热。目前，已发现几十种元素（主要是导电性较差的金属元素）和上千种合金、化合物具有超导性，但 Ag、Au、Pt 等良导体（Cu 例外），具有铁磁性的 Fe、Co、Ni 以及多数碱金属和碱土金属不具有超导性。

超导体的应用前景非常诱人。例如，超导材料的电阻趋于零，利用超导材料制造出的超导电缆输电，可大大减少能量损耗。

## 习题

1.1　氯由原子量 34.98 和 36.98 的两种同位素组成，它的平均原子量为 35.45，计算两种同位素丰度。

1.2　在 273K 时，将相同初压的 4.0$dm^3$ $N_2$ 和 1.0$dm^3$ $O_2$ 压缩到一个容积为 2.0$dm^3$ 的真空容器中，混合气体的总压为 $3.26\times10^5$Pa。求：

（1）两种气体的初压。

（2）混合气体中各组分气体的分压。

（3）各气体的物质的量。

1.3　由 $C_2H_4$ 和过量 $H_2$ 组成的混合气体的总压为 6930Pa，使混合气体通过铂催化剂进行下列反应：$C_2H_4(g)+H_2(g)$══$C_2H_6(g)$，待完全反应后，在相同温度和体积下，压力降为 4530Pa。求原混合气体中 $C_2H_4$ 的摩尔分数。

1.4　在 1000℃ 和 97kPa 下测得硫蒸气的密度为 0.5977$g\cdot dm^{-3}$，求硫蒸气的摩尔质量和分子式。

1.5　设有 10mol $N_2(g)$ 和 20mol $H_2(g)$ 在合成氨装置中混合，反应后有 5.0mol $NH_3(g)$ 生成。试分别按下列反应方程式中各物质的化学计量数（$\nu_B$）和物质的量的变化（$\Delta n_B$），计算反应进度并得出结论。

（1）$1/2N_2(g)+3/2H_2(g)$══$NH_3(g)$

（2）$N_2(g)+3H_2(g)$══$2NH_3(g)$

1.6　100mL 98%的浓硫酸（密度 $\rho=1.84g\cdot cm^{-3}$）和 400mL 水混合，所得混合溶液的密度为 1.22$g\cdot cm^{-3}$，求混合溶液的物质的量浓度（摩尔浓度）（提示：混合后，溶液体积不是 500mL）。取此溶液 13mL 稀释至 1L，求稀释后溶液的物质的量浓度。

1.7　把 100g 硫酸钡和碳酸钡的混合物投入足量的盐酸中，直到二氧化碳放完为止。蒸干后，固体增重 2.75g，求混合物中碳酸钡的含量。

1.8　把 0.2L 2$mol\cdot L^{-1}$ 的磷酸溶液滴加到 0.3L 3.8$mol\cdot L^{-1}$ 的氢氧化钠溶液中。当滴加完毕时，生成的产物是什么？其物质的量是多少？

1.9　293K 下 $CS_2$ 的饱和蒸气压为 40kPa。试求 1000g $CS_2$ 溶有 181.2g $P_4$ 所得溶液的蒸气压。

1.10　一敞口烧瓶在 280K 时所盛的气体需加热到什么温度时才能使其 1/3 逸出瓶外？

1.11　在 25℃ 和 103.9kPa 下，使 1.308g 锌与足量稀硫酸作用，可以得到干燥氢气多少升？如果上述氢气在相同条件下于水面上收集，它的体积应为多少升（25℃时水的饱和蒸气压为 3.17kPa)？

1.12　298K 时，苯的饱和蒸气压为 12.7kPa，将 2.0g 苯置于密闭容器内，求：

（1）若容器的体积为 2.0$dm^3$，苯的蒸气压为多少？

（2）若容器的体积为 6.0$dm^3$，苯的蒸气压为多少？

# 第2章　化学热力学

化学反应常伴随着能量的变化，有的反应放（吸）热明显，人们能感受到，如强酸和强碱的中和反应，而有的反应放（吸）热量小，不易感受到。从本质上讲，化学反应是反应物分子旧键断裂，生成物分子新键生成的过程，断键要吸收能量，成键要释放能量。

热力学是研究热和其他形式能量相互转化的科学。化学热力学的基本内容是用热力学的理论和方法研究化学反应过程的能量变化、化学反应方向和化学反应进行的程度。化学热力学在研究化学反应和化学物质时，只考虑物质的宏观性质和始态到终态的结果，不考虑物质的微观结构和变化过程的细节和反应机理。同时化学热力学不能解决反应速率问题，也不涉及物质的结构。

## 2.1　热力学基本概念

### 2.1.1　体系与环境

热力学中划分出来作为研究对象的部分称为**体系**，体系以外并与体系有密切联系的其他部分称为**环境**。简而言之，体系就是被研究的对象。例如图 2-1 中，在烧杯中加入稀盐酸和氢氧化钠溶液，可以观察到烧杯中溶液发生了变化，可以将烧杯内的物质作为研究对象即体系，烧杯、玻璃棒等均为环境。

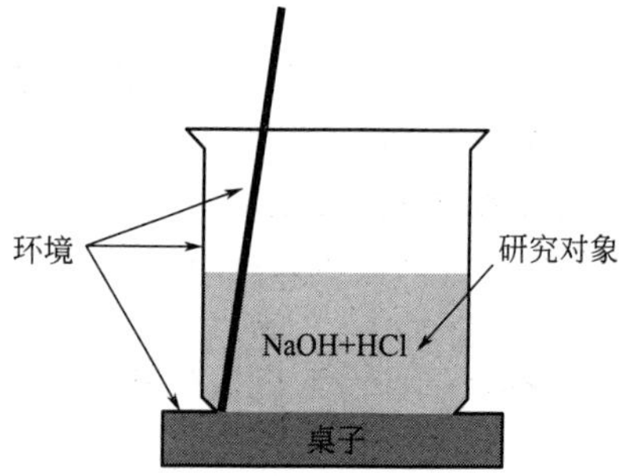

图 2-1　环境与研究对象

体系和环境之间有物质和能量交换，根据它们交换情况的不同，将体系分为敞开体系、封闭体系、隔离体系，其特征分别如下：

① 敞开体系　敞开体系与环境之间既有物质交换，又有能量交换。

② 封闭体系　封闭体系与环境之间只有能量交换，没有物质交换。

③ 隔离体系　隔离（孤立）体系与环境之间既无能量交换，也无物质交换。

例如反应 $Zn+2HCl \longrightarrow H_2\uparrow+ZnCl_2$：

① 若在敞开容器中进行，则为敞开体系。

② 若在简单密闭容器中进行，则为封闭体系。

③ 若在孤立不吸收热量的密闭容器中进行，则为隔离体系。

### 2.1.2　状态和状态函数

体系的状态是体系所有宏观性质的综合表现，可用多种宏观可测的物理量表征，如压力（$p$）、质量（$m$）、物质的量（$n$）、体积（$V$）等。在一定条件下，若体系不再随时间变化，体系就处于一定的状态下。

当体系从一种状态变成另一种状态，即发生了一个热力学过程。例如，固体的升华、液体的蒸发、发生化学反应等，体系的状态发生变化。体系发生变化前的状态称为始态，体系发生变化后的状态称为终态。

本书内容中涉及压力（$p$）、温度（$T$）、体积（$V$）的几种变化过程：

① 等温过程　体系始态与终态温度相等，并等于环境温度的过程。

② 等压过程　体系始态与终态压力相等，并等于环境压力的过程。

③ 等容过程　体系的体积不发生变化的过程。

状态变化所经历的具体的方式称为途径。

用来描述体系状态宏观性质的物理量称为**状态函数**。体系的状态由状态过程确定，一旦过程发生变化，则体系的状态也发生变化。

状态函数最重要的特点是它的变化量与变化的途径无关。

例如，使 1mol 理想气体从始态到终态可以采取两种不同的变换途径，见图 2-2。

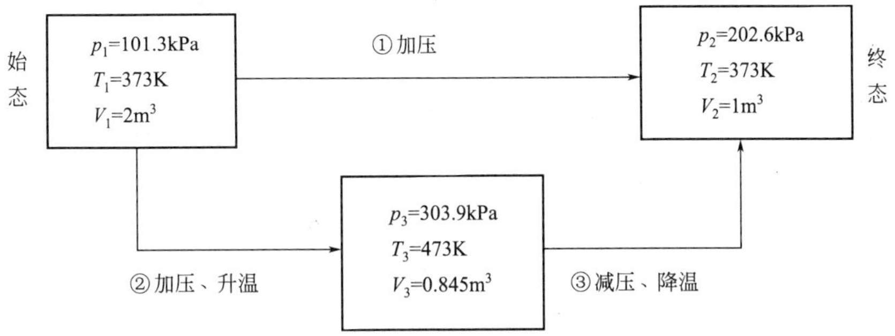


图 2-2　理想气体两种不同变化过程

途径一：①加压；

途径二：②加压、升温＋③减压、降温。

不管采取何种途径，状态函数（$p$）的改变量相同，即 $\Delta p = 202.6\text{kPa} - 101.3\text{kPa} = 101.3\text{kPa}$。

由图 2-2 可知，状态函数的改变量只与体系的始态和终态有关，而与状态变化的具体途径无关。

体系的状态函数有两类：广度性质和强度性质。

① **广度性质**　广度性质具有加和性，将体系分割成若干部分，体系的某种广度性质的量值等于各部分该性质量值的总和。体积、质量、物质的量、热力学能、焓、熵、吉布斯自由能等为广度性质。例如，某瓶中混合气体的质量是瓶中两种气体质量之和；在恒温恒压下将体积为 $V_1$ 的氮气和体积为 $V_2$ 的氧气相混合，它们的总体积为 $V_1+V_2$。

② **强度性质**　强度性质不具有加和性，体系强度性质的量值与各部分的量值相同，仅由体系中物质本身的特性决定。温度和压力等为强度性质。例如，两杯 300K 的水混合后，最终温度为 300K，而不会升至 600K。

体系的两种广度性质相除后，就成为强度性质。如体积、质量和物质的量是广度性质，而摩尔体积（体积/物质的量）、摩尔质量（质量/物质的量）则是强度性质。

### 2.1.3　相

系统中物理性质和化学性质完全相同并与其他部分有明确界面分隔的任何均匀部分称为相。

均相体系或单相体系为只含一个相的体系。例如，混合气体、NaCl 水溶液、金刚石等。相可以是纯物质或由均匀的混合物组成。

非均相体系或多相体系：含有两个或多个相，且相与相之间有界面分开的体系。例如，不相溶的四氯化碳和水组成的体系是两相体系；同时存在冰、液态的水、水面上的水蒸气和空气的混合气体的体系是三相体系。

## 2.1.4 热和功

热和功是指体系与环境发生能量交换或传递能量的两种形式。热和功均具有能量单位，如 J、kJ 等。

### 2.1.4.1 热

由于体系与环境间的温度不同，在体系和环境之间所传递的能量称为**热**，用符号 $Q$ 表示。以热的形式传递的能量带有一定的方向性。用热值 $Q$ 的正、负号来表示能量传递的方向。热力学规定：

环境向体系传递热量，体系吸热，$Q$ 取正值，即 $Q>0$；

体系向环境传递热量，体系放热，$Q$ 取负值，即 $Q<0$。

热不是状态函数，不是物质的性质，不能说体系具有多少热。当体系的始态和终态确定之后，$Q$ 的数值与具体变化的过程有关。

### 2.1.4.2 功

除热之外，在环境和体系之间传递的其他能量形式，称为**功**，用符号 $W$ 表示，如表面功、电功、体积功、机械功等。热力学规定：

① 环境对体系做功，功取正值，即 $W>0$；

② 体系对环境做功，功取负值，即 $W<0$。

功与热一样，不是物质的性质，不能说体系具有多少功。功与过程有关，不是状态函数。功和热在能量交换的过程中有具体的数值。

例如，在等压条件下：$H_2(g)+\frac{1}{2}O_2(g)=\!=\!=H_2O(g)$；$Q=-241.82kJ$。

体系的热量减小（$Q<0$），表明此反应为放热反应。

在化学反应过程中，体系的体积发生变化而做的功称为体积功或膨胀功。

例如，汽缸内气体受热反抗恒定外压（环境压力 $p$）膨胀（体系体积由始态 $V_1$ 增到终态 $V_2$，$\Delta V>0$）做功，体系失功：

$W(\text{膨胀})=-p(V_2-V_1)=-p\Delta V<0$

反之，汽缸内气体受恒定外压作用被压缩（$\Delta V<0$），体系得功：

$W(\text{压缩})=-p(V_2-V_1)=-p\Delta V>0$

机械功等于力（$F$）乘以在力的方向上所发生的位移（$L$），即 $W=FL$。例如，用一理想活塞（无质量，无摩擦力）将一定量的气体密封在截面积为 $S$ 的汽缸中，见图 2-3，活塞由 $L_1 \rightarrow L_2$，位移了 $\Delta L(L=L_2-L_1)$ 的距离，在恒温下体系对环境做了体积功：

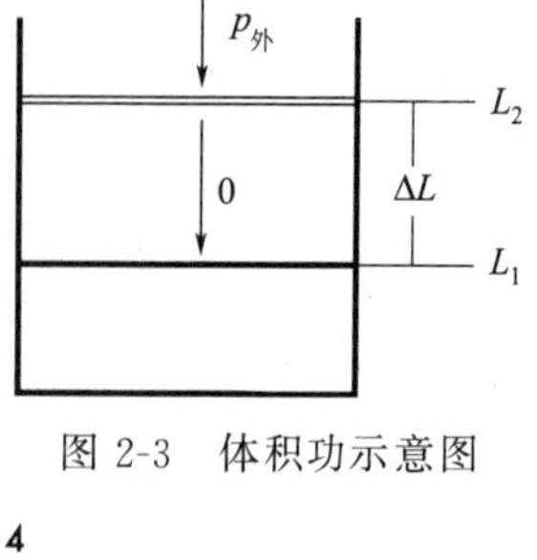

图 2-3 体积功示意图

$$W=-F_{外}\Delta L$$

$F_{外}$ 为外界环境作用在活塞上的力，即

$$F_{外}=-p_{外}S$$

$p_{外}$ 为作用在活塞上的压力，则

$$\begin{aligned} W &= -F_{外}\,\Delta L \\ &= p_{外}\,S\Delta L \\ &= p_{外}\,S(L_2-L_1) \\ &= p_{外}(V_2-V_1) \\ &= p_{外}\,\Delta V \end{aligned} \tag{2-1}$$

式中，$V_2$、$V_1$ 分别为膨胀后、膨胀前汽缸的容积，即气体的体积。

在等容过程中，由于 $V_1=V_2$，$\Delta V=0$，所以 $W=0$。即在等容过程中体系与环境之间没有体积功传递。本书研究只做体积功的变化过程。

## 2.1.5　自发过程

水自动地从高处向低处流，物质自高浓度处向低浓度处扩散，均是没有借助外部作用力自发进行的过程。若把水由低处送到高处，则需要借助水泵实现，此过程必须依靠环境对它做功，是一个非自发过程。总结以上实例可知，**自发过程**是在给定条件下不需要借助外力作用，经引发就能自动进行的过程。

### 2.1.5.1　自发过程的特征

自发过程不受时间限制，与反应速率无关，如 $H_2+1/2O_2 \xlongequal{} H_2O$ 在室温下能自发进行但反应速率非常慢。不过经点燃后就会迅速反应，甚至发生爆炸。

化学热力学的自发过程代表一种可能性，并不代表其现实性。

自发过程具有一定的方向性，自发过程都只能向着与热力学系统外界趋于平衡的方向进行，其逆过程都是非自发过程。

### 2.1.5.2　标准态与非标准态

状态函数在不同的体系或同一体系不同状态时具有不同的数值，而热力学能 $U$ 以及后面要讲的 $H$、$G$ 是状态函数，其绝对值是无法确定的。为了方便比较它们的相对值，需要规定一种状态作为比较的基准。我国国家标准及国际纯粹与应用化学联合会（IUPAC）推荐了在化学热力学中的标准状态。

物质的标准状态简称为标准态，化学热力学上有严格的规定。固体或液体纯相，其标准状态是 $x_i=1$，即摩尔分数为 1；溶液中的物质 B，其标准状态是浓度为 $1\text{mol}\cdot\text{dm}^{-3}$，标准状态浓度的符号为 $c^{\ominus}$；气态物质其标准状态为分压等于 $1\times10^5\text{Pa}$ 或 100kPa，标准状态分压的符号为 $p^{\ominus}$。

化学热力学的标准状态与标准状况是不同的。标准状况是指 101.325kPa 和 273.15K（0℃）时的状况。

## 2.1.6　热力学能

**热力学能**也称为内能，它是体系内部能量的总和，包括体系内部分子的动能（分子运动包括平动、转动、振动）、分子内电子运动的能量、原子核内的能量、分子间作用能等各种形式的能量。由于体系内部质点运动及相互作用很复杂，因而热力学能的绝对数值很难确定。但它是状态函数，当状态发生变化时，热力学能的变化量 $\Delta U$ 的值只取决于体系的始态和终态，即体系的始态和终态一定时，$\Delta U=U_{终态}-U_{始态}$。

热力学第一定律即能量守恒定律指出，自然界的一切物质都具有能量，能量有各种不同的形式，能够从一种形式转化为另一种形式，在转化过程中，能量总值不变。环境和体系的能量转化主要有做内功（$W$）和热传递（$Q$）两种形式。对于某封闭体系：

$$\Delta U=Q+W \tag{2-2}$$

即封闭体系状态发生变化时，其热力学能的变化等于体系吸收的热量与环境向体系做功之和。

等容过程中，体系与环境之间没有体积功传递，即 $W=0$，所以等容过程的热效应为

$$\Delta U=Q_V \tag{2-3}$$

# 2.2 焓

## 2.2.1 焓与焓变

封闭体系中压力相等（$p_1=p_2=p_{外}$），温度相等（$T_1=T_2$），体系只做体积功。此时，体系吸收或放出的热量称为该反应的等压反应热，用 $Q_p$ 表示。

对有气体参加或者生成的反应，可能会引起体积变化（由 $V_1$ 变为 $V_2$），体系做体积功时，体系对环境做的体积功：

$$W=-p_{外}(V_2-V_1)=-p_{外}\Delta V$$

$$\Delta U=Q_p+W$$

$$=Q_p-p_{外}\Delta V$$

$$U_2-U_1=Q_p-p_{外}(V_2-V_1)$$

移项后得

$$Q_p=(U_2+p_{外}V_2)-(U_1+p_{外}V_1)$$

$$H=U+pV \tag{2-4}$$

式中，$H$ 为焓。由于 $U$、$p$、$V$ 都是状态函数，所以 $H$ 也是状态函数。$H$ 与 $U$ 的单位相同。因为不能确定 $U$ 的绝对值，所以也不能确定 $H$ 的绝对值。由式(2-4) 可得

$$\Delta H=H_2-H_1=(U_2+p_2V_2)-(U_1+p_1V_1)$$

$$\Delta H=Q_p \tag{2-5}$$

式(2-5) 表明，在等压和不做非体积功的过程中，封闭体系从环境吸收的热量等于体系焓的增加。

在一定温度下，某一封闭容器中进行的气相反应的恒容反应热 $Q_V$，与同一反应在恒压条件下进行的恒压反应热 $Q_p$ 之间有如下的关系：

$$Q_p=Q_V+\Delta nRT \tag{2-6}$$

式(2-6) 中，当反应物与生成物中气体物质的量相等（$\Delta n=0$）时，或反应物与生成物全是固体或液体时，恒压反应热与恒容反应热相等，即

$$Q_p=Q_V \tag{2-7}$$

## 2.2.2 标准摩尔生成焓

在标准态下，由最稳定的纯态单质生成单位物质的量的某物质的焓变，称为该物质的**标准摩尔生成焓**，符号为 $\Delta_f H_m^{\ominus}$（$^{\ominus}$表示标准态，下标 f 为单词“formation”的首字母），其单位为 $kJ \cdot mol^{-1}$，通常使用的是 298.15K 下的标准摩尔生成焓数据。

由 $\Delta_f H_m^{\ominus}$ 的定义可知，任何温度下，最稳定单质的标准摩尔生成焓均为 0。对有多种同素异形体的单质，如碳的单质石墨、金刚石、无定形碳和 $C_{60}$ 等，其参考状态单质为最稳定的石墨。但也有例外，磷最稳定的单质是黑磷，其次是红磷，最不稳定的是白磷，但是磷的参考状态单质为白磷 $P_4$（s，白），因为白磷较常见，结构简单，易得纯净物。

利用本书附录 1 和物理化学手册可以查到常见物质在 298.15K，标准态下的标准摩尔生成焓 $\Delta_f H_m^{\ominus}$，通过比较 $\Delta_f H_m^{\ominus}$ 的数值可以推断某些相同类型化合物的稳定性。化合物的 $\Delta_f H_m^{\ominus}$ 越小，化合物越稳定。

离子的标准摩尔生成焓指在温度 $T$ 下由参考状态的单质生成无限稀溶液中 1mol 离子时的标准摩尔焓变。在水溶液中阴、阳离子总是同时存在，只能测得阳离子和阴离子的标准摩尔生成焓之和。为了求得单一离子的标准摩尔生成焓，规定 $H^+(\infty, aq)$ 的标准摩尔生成焓为 0，$(\infty, aq)$ 代表无限稀释水溶液，通常在温度为 298.15K，$H^+$ 的标准摩尔生成焓，以 $\Delta_f H_m^{\ominus}(H^+)$ 表示，即 $\Delta_f H_m^{\ominus}(H^+)=0$。其他离子在 298.15K 时的标准摩尔生成焓如表 2-1 所示（表中数据是指无限稀释、标准压力下，$1mol \cdot L^{-1}$ 理想溶液中的 $\Delta_f H_m^{\ominus}$）。

**表 2-1 298.15K 时水溶液中一些离子的标准摩尔生成焓**

| 离子 | $\Delta_f H_m^{\ominus}/kJ \cdot mol^{-1}$ | 离子 | $\Delta_f H_m^{\ominus}/kJ \cdot mol^{-1}$ | 离子 | $\Delta_f H_m^{\ominus}/kJ \cdot mol^{-1}$ |
|---|---|---|---|---|---|
| $H^+$ | 0 | $Na^+$ | −239.66 | $Cd^{2+}$ | −72.38 |
| $Li^+$ | −278.44 | $K^+$ | −251.12 | $Pb^{2+}$ | −1.63 |
| $Ag^+$ | 105.90 | $Fe^{3+}$ | −47.7 | $OH^-$ | −229.95 |
| $Mg^{2+}$ | −461.96 | $Co^{2+}$ | −67.4 | $F^-$ | −329.11 |
| $Ca^{2+}$ | −542.96 | $Ni^{2+}$ | −64.0 | $Cl^-$ | −167.44 |
| $Mn^{2+}$ | −218.82 | $Cu^{2+}$ | 64.39 | $Br^-$ | −120.92 |
| $Fe^{2+}$ | −87.9 | $Zn^{2+}$ | −152.42 | $I^-$ | −55.94 |

### 2.2.3 标准摩尔反应焓

在温度 $T$ 和标准态下，某化学反应在 $\xi=1.0mol$ 时的焓变称为该反应的**标准摩尔反应焓**，用 $\Delta_r H_m^{\ominus}$ 表示，单位为 $kJ \cdot mol^{-1}$。

使用标准摩尔反应焓时应注意：

① 必须标明化学反应计量式中各物质的聚集状态。物质的聚集状态不同，反应的标准摩尔焓不同。例如：

$$O_2(g)+2H_2(g) = 2H_2O(g);\ \Delta_r H_m^{\ominus}(298.15K)=-483.6kJ \cdot mol^{-1}$$

$$O_2(g)+2H_2(g) = 2H_2O(l);\ \Delta_r H_m^{\ominus}(298.15K)=-571.6kJ \cdot mol^{-1}$$

② 必须明确写出化学反应计量式。化学反应计量数不同时，$\Delta_r H_m^{\ominus}$ 值不同，例如：

$$N_2(g)+3H_2(g) = 2NH_3(g);\ \Delta_r H_m^{\ominus}(298.15K)=-92.2kJ \cdot mol^{-1}$$

$$\frac{1}{2}N_2(g)+\frac{3}{2}H_2(g) = NH_3(g);\ \Delta_r H_m^{\ominus}(298.15K)=-46.1kJ \cdot mol^{-1}$$

③ 注明反应温度。若整个化学反应在常温、标准压力下进行，则以 $\Delta_r H_m^{\ominus}$（298.15K）表示。

注意：标准摩尔生成焓对应的是某个物质，而标准摩尔反应焓对应的是某个反应。

可由标准摩尔生成焓（$\Delta_f H_m^{\ominus}$）计算标准摩尔反应焓（$\Delta_r H_m^{\ominus}$）。

例如以下反应：

$$cC+dD = yY+zZ$$

$$\Delta_r H_m^{\ominus}=[y\Delta_f H_m^{\ominus}(Y)+z\Delta_f H_m^{\ominus}(Z)]-[c\Delta_f H_m^{\ominus}(C)+d\Delta_f H_m^{\ominus}(D)] \quad (2\text{-}8)$$

或

$$\Delta_r H_m^{\ominus}=\sum v_i \Delta_f H_m^{\ominus}(\text{生成物})+\sum v_i \Delta_f H_m^{\ominus}(\text{反应物}) \quad (2\text{-}9)$$

由式(2-8) 或式(2-9) 可见，化学反应的标准摩尔反应焓变等于生成物的标准摩尔生成焓的总和减去反应物的标准摩尔生成焓的总和。

由于反应物的化学计量数 $v_i$ 为负值，所以式(2-9) 中为加号。

**【例题 2-1】** 甲苯、二氧化碳和水在 298.15K 下的标准摩尔生成焓如下。

| 物质 | $C_6H_5CH_3$ (l) | $CO_2$ (g) | $H_2O$ (l) |
| --- | --- | --- | --- |
| $\Delta_f H_m^{\ominus}/kJ \cdot mol^{-1}$ | −48.0 | −393.5 | −285.8 |

计算在 298.15K 和恒压下，20g 液体甲苯完全燃烧所放出的热量。

**解** 甲苯燃烧方程式 $C_6H_5CH_3(l)+9O_2(g) \xlongequal{} 7CO_2(g)+4H_2O(l)$

$$\Delta_r H_m^{\ominus} = 7\Delta_f H_m^{\ominus}[CO_2(g)] + 4\Delta_f H_m^{\ominus}[H_2O(l)] - \Delta_f H_m^{\ominus}[C_6H_5CH_3(l)]$$
$$= [7\times(-393.5kJ\cdot mol^{-1}) + 4\times(-285.8kJ\cdot mol^{-1})] - [(-48.0kJ\cdot mol^{-1})]$$
$$= -3849.8kJ\cdot mol^{-1}$$

$$M(C_6H_5CH_3) = 92g\cdot mol^{-1}$$

则 $n = 20g \div 92g\cdot mol^{-1} = 0.22mol$

20g 液体甲苯完全燃烧所放出的热量 $\Delta H = -3849.8kJ\cdot mol^{-1}\times 0.22mol = -846.9kJ$

**【例题 2-2】** 已知下列反应：

(1) $2Cu_2O(s)+O_2(g) \longrightarrow 4CuO(s)$；$(\Delta_r H_m^{\ominus})_1 = -292kJ\cdot mol^{-1}$

(2) $CuO(s)+Cu(s) \longrightarrow Cu_2O(s)$；$(\Delta_r H_m^{\ominus})_2 = -11.3kJ\cdot mol^{-1}$

在不查 $\Delta_f H_m^{\ominus}$ 数据表的前提下，试计算 CuO(s) 的 $\Delta_f H_m^{\ominus}$。

**解** 式(2)×2＝式 (3)：(3) $2CuO(s)+2Cu(s) \longrightarrow 2Cu_2O(s)$

$$(\Delta_r H_m^{\ominus})_3 = 2(\Delta_r H_m^{\ominus})_2 = -22.6kJ\cdot mol^{-1}$$

式(3)＋式(1)＝式(4)：(4) $2Cu(s)+O_2(g) \longrightarrow 2CuO(s)$；

$$(\Delta_r H_m^{\ominus})_4 = (\Delta_r H_m^{\ominus})_3 + (\Delta_r H_m^{\ominus})_1 = -314.6kJ\cdot mol^{-1}$$

$$\Delta_f H_m^{\ominus}(CuO,s) = \frac{(\Delta_r H_m^{\ominus})_4}{2} = \frac{-314.6kJ\cdot mol^{-1}}{2} = -157.3kJ\cdot mol^{-1}$$

## 2.2.4 标准摩尔燃烧焓

**标准摩尔燃烧焓**的定义：1mol 标准态物质 B，在温度 $T$ 下完全燃烧（或完全氧化）生成相同温度下的指定产物时的标准摩尔反应焓变，用符号 $\Delta_c H_m^{\ominus}$ [下标 c 表示燃烧（combustion）] 表示，单位为 $kJ\cdot mol^{-1}$。

如完全燃烧的指定产物分别为 $CO_2(g)$、$H_2O(l)$、$N_2(g)$、$SO_2(g)$ 等，$\Delta_c H_m^{\ominus}=0$。常见物质的标准摩尔燃烧焓变一般数据在表 2-2 或物理化学手册表中查得。由于反应物已完全燃烧（或完全氧化），所以反应后的产物必定不能再燃烧。

**表 2-2 某些物质的标准摩尔燃烧焓** (298.15K)

| 物质 | $\Delta_c H_m^{\ominus}/kJ\cdot mol^{-1}$ | 物质 | $\Delta_c H_m^{\ominus}/kJ\cdot mol^{-1}$ |
| --- | --- | --- | --- |
| $H_2(g)$ | −285.8 | $(C_2H_5)_2O(g)$ | −2751.1 |
| C(cr) | −393.5 | HCOOH(l)甲酸 | −254.6 |
| CO(g) | −282.98 | $CH_3COOH(l)$乙酸 | −874.2 |
| $C_2H_2(g)$ | −1301.1 | $CH_3CHO(l)$乙醛 | −1166.3 |
| $C_2H_4(g)$ | −1411.2 | $C_2H_5OH(l)$乙醇 | −1366.8 |
| $C_6H_6(l)$ | −3269.0 | $H_2(COO)_2(cr)$草酸 | −245.6 |
| HCHO(g)甲醛 | −570.8 | $CH_3CHO(g)$乙醛 | −1192.5 |
| $(C_2H_5)_2O(l)$乙醚 | −2723.6 | $(CH_3)_2O(g)$二甲醚 | −1460.5 |

注：g 代表气体；l 代表液体；cr 代表晶体。

在燃烧反应中，所有产物的 $\Delta_c H_m^\ominus=0$，化学反应的标准摩尔反应焓等于反应物的标准摩尔燃烧焓减去生成物的标准摩尔燃烧焓，即

$$\Delta_r H_m^\ominus=-\sum v_i \Delta_c H_m^\ominus(\text{反应物})-\sum v_i \Delta_c H_m^\ominus(\text{生成物}) \tag{2-10}$$

对于反应：
$$C_6H_6(l)+\frac{15}{2}O_2(g)\longrightarrow 6CO_2(g)+3H_2O(l)$$

$$\Delta_r H_m^\ominus=-\left[\Delta_c H_m^\ominus(C_6H_6,l)+\frac{15}{2}\Delta_c H_m^\ominus(O_2,g)\right]-[6\Delta_c H_m^\ominus(CO_2,g)+3\Delta_c H_m^\ominus(H_2O,l)]$$

$$=-\left[(-1)\times(-3269.0\text{kJ}\cdot\text{mol}^{-1})+\frac{15}{2}\times 0\right]-[6\times 0+3\times 0]=-3269\text{kJ}\cdot\text{mol}^{-1}$$

也可由**键焓**（$\Delta_b H_m^\ominus$）计算化学反应焓变。

热化学中键焓是指在标准压力和温度 $T$ 下，断裂 1mol 气态物质化学键，并使之成为气态原子时的反应焓变，用（$\Delta_b H_m^\ominus$）表示，单位为 $\text{kJ}\cdot\text{mol}^{-1}$。

$$AB(g)\longrightarrow A(g)+B(g)；\Delta_b H_m^\ominus$$

断开键时，系统吸收热量，所以键焓大于零，即 $\Delta_b H_m^\ominus>0$。键焓越高，化学键越稳定。

键焓与键的解离能（符号 $D$）在意义上有所不同，解离能是指断裂气态化合物中某一个具体的键，生成气态原子所需要的能量，而前者则是一个平均值。例如：

$$H_2O(g)=\!=\!=H(g)+OH(g)；D_1=502.1\text{kJ}\cdot\text{mol}^{-1}$$

$$OH(g)=\!=\!=H(g)+O(g)；D_2=423.4\text{kJ}\cdot\text{mol}^{-1}$$

而键焓为

$$\Delta_b H_m^\ominus(OH)=\frac{(502.1+423.4)\text{kJ}\cdot\text{mol}^{-1}}{2}=462.75\text{kJ}\cdot\text{mol}^{-1}$$

不同化合物中，同一化学键的键焓不一定相同。例如，甲醇 $CH_3OH$ 和乙醇 $C_2H_5OH$ 中的 O—H 键的键焓不相等。键焓是作为计算使用的一种平均数据，而不是直接实验结果。但对于双原子分子来说，等压下，键焓和键的解离能是相等的。由于键焓数据很不完善，而且不够准确，所以，目前只能用一些已知的键焓数据来估算化学反应焓变。反应的焓变为生成化学键所释放的热量和断开化学键所吸收热量的代数和。

**【例题 2-3】** 利用键能数据估算下面反应的反应热：

$$2NH_3(g)+3Cl_2(g)=\!=\!=N_2(g)+6HCl(g)$$

**解** 由反应方程式 $2NH_3(g)+3Cl_2(g)=\!=\!=N_2(g)+6HCl(g)$ 可知：

反应过程中断裂的化学键有 6 个 N—H 键，3 个 Cl—Cl 键；

形成的化学键有 1 个 N≡N 键，6 个 Cl—H 键。

有关化学键的键能数据为：

$\Delta_b H_m^\ominus(\text{N—H})=389\text{kJ}\cdot\text{mol}^{-1}$，$\Delta_b H_m^\ominus(\text{Cl—Cl})=243\text{kJ}\cdot\text{mol}^{-1}$，

$\Delta_b H_m^\ominus(\text{N}\equiv\text{N})=945\text{kJ}\cdot\text{mol}^{-1}$，$\Delta_b H_m^\ominus(\text{Cl—H})=431\text{kJ}\cdot\text{mol}^{-1}$。

$$\Delta_r H_m^\ominus=[6\Delta_b H_m^\ominus(\text{N—H})+3\Delta_b H_m^\ominus(\text{Cl—Cl})]-[\Delta_b H_m^\ominus(\text{N}\equiv\text{N})+6\Delta_b H_m^\ominus(\text{Cl—H})]$$

$$=(6\times 389+3\times 243)\text{kJ}\cdot\text{mol}^{-1}-(1\times 945+6\times 431)\text{kJ}\cdot\text{mol}^{-1}$$

$$=-468\text{kJ}\cdot\text{mol}^{-1}$$

和标准摩尔生成焓计算的结果（$-462\text{kJ}\cdot\text{mol}^{-1}$）相比，非常接近。

## 2.2.5　盖斯定律

化学反应的热效应可以用实验方法测得，但许多化学反应由于速率过慢，测量时间过长，或因热量散失等原因而难于测准反应热；还有一些化学反应由于条件难于控制、产物不

纯，也难于测量反应热。于是如何通过热化学方法计算反应热，成为化学家关注的问题。

1840 年，化学家盖斯（G. H. Hess）通过大量热化学实验总结出一条定律：化学反应不管是一步完成或分几步完成，其总反应所放出的热量或吸收的热量是相同的。

盖斯定律也是热力学第一定律的一个必然推论。其实质是化学反应的焓变只与始态和终态有关，而与所经历的途径无关。

盖斯定律表明，热化学方程式可以用简单代数方程的加减运算，计算那些难以测量的反应热。例如：

$$C(s)+\frac{1}{2}O_2(g)=\!=\!=CO(g)$$

产物中必然混有 $CO_2(g)$，该反应的 $\Delta_r H_m^{\ominus}$（298.15K）就不能直接测量，而应用盖斯定律通过热化学方程计算就可以求得。

该反应的 $\Delta_r H_m^{\ominus}$（298.15K）可以由以下两个反应的反应热求得：

$$①C(s)+O_2(g)=\!=\!=CO_2(g);\ \Delta_r H_{m1}^{\ominus}$$

$$②CO(g)+\frac{1}{2}O_2(g)=\!=\!=CO_2(g);\ \Delta_r H_{m2}^{\ominus}$$

①－②得

$$C(s)+\frac{1}{2}O_2(g)=\!=\!=CO(g)$$

$$\Delta_r H_m^{\ominus}=\Delta_r H_{m1}^{\ominus}-\Delta_r H_{m2}^{\ominus}$$

**【例题 2-4】** $N_2H_4$ 和 $H_2O_2$ 的混合物可作为火箭燃料，它们的反应如下：

$$N_2H_4(g)+2H_2O_2(g)=\!=\!=N_2(g)+4H_2O(g)$$

（1）若已知 $N_2H_4(g)$ 的 $\Delta_f H_m^{\ominus}=95.4kJ\cdot mol^{-1}$；反应 $H_2(g)+H_2O_2(g)=\!=\!=2H_2O(g)$，$\Delta_r H_m^{\ominus}=-348.6kJ\cdot mol^{-1}$。求上述反应的 $\Delta_r H_m^{\ominus}$。

（2）已知 $\Delta H_{H-H}^{\ominus}=436kJ\cdot mol^{-1}$，$\Delta H_{H-O}^{\ominus}=465kJ\cdot mol^{-1}$。求 $H_2O_2$ 中 O—O 键的键焓。

**解** （1）$N_2(g)+2H_2(g)=\!=\!=N_2H_4(g)$；$\Delta_r H_m^{\ominus}=95.4kJ\cdot mol^{-1}$①

$H_2(g)+H_2O_2(g)=\!=\!=2H_2O(g)$；$\Delta_r H_m^{\ominus}=-348.6kJ\cdot mol^{-1}$②

2×②－①：$N_2H_4(g)+2H_2O_2(g)=\!=\!=N_2(g)+4H_2O(g)$

$\Delta_r H_m^{\ominus}=2\times(-348.6)-95.4=-792.6$（$kJ\cdot mol^{-1}$）

（2）$H_2(g)+H_2O_2(g)=\!=\!=2H_2O(g)$；$\Delta_r H_m^{\ominus}=-348.6kJ\cdot mol^{-1}$

$\Delta_r H_m^{\ominus}=\Delta_b H_{H-H}^{\ominus}+2\Delta_b H_{H-O}^{\ominus}+\Delta_b H_{O-O}^{\ominus}-4\Delta_b H_{H-O}^{\ominus}=-348.6$（$kJ\cdot mol^{-1}$）

$\Delta_b H_{O-O}^{\ominus}=-348.6+2\times465-436=145.4$（$kJ\cdot mol^{-1}$）

## 2.3 熵

自发过程一般都朝着能量降低的方向进行。能量越低，体系的状态就越稳定。对于化学反应，很多放热反应在 298.15K、标准态下是自发的。例如：

$$CH_4(g)+2O_2(g)=\!=\!=CO_2(g)+2H_2O(l);\ \Delta_r H_m^{\ominus}=-890.36kJ\cdot mol^{-1}$$

有人曾试图以反应的焓变 $\Delta_r H_m^{\ominus}$ 作为反应自发性的判据。他们认为在等温等压条件下，当 $\Delta_r H_m^{\ominus}<0$ 时，化学反应自发进行；$\Delta_r H_m^{\ominus}>0$ 时，化学反应不能自发进行。但实践表明：有些吸热过程 $\Delta_r H_m^{\ominus}>0$，亦能自发进行，例如水的蒸发等。可见，把焓变作为反应自发性的判据是不准确、不全面的。除了反应焓变以外，还有其他因素会影响化学和物理过程的自发性。

为什么有些吸热过程亦能自发进行呢？下面以 $NH_4Cl$ 的溶解和 $Ag_2O$ 的分解为例说明。

$NH_4Cl$ 晶体中的 $NH_4^+$ 和 $Cl^-$ 的排列是整齐、有序的。$NH_4Cl$ 晶体投入水中后，自发溶解形成水合离子（以 aq 表示）并在水中扩散。在 $NH_4Cl$ 溶液中，无论是 $NH_4^+$(aq)、$Cl^-$ (aq) 还是水分子，它们的分布情况比 $NH_4Cl$ 溶解前要混乱得多。

又如 $Ag_2O$ 的分解过程，反应后，不但物质的种类和“物质的量”增多，更重要的是产生了热运动自由度很大的气体，整个物质体系的混乱程度增大了。由此可见，自然界中的物理和化学的自发过程一般都朝着混乱程度（简称混乱度）增大的方向进行。

体系内组成物质粒子运动的混乱程度，在热力学中用另一个物理量“熵”来表示。一定条件下处于一定状态的物质及整个体系都有其各自确定的熵值。因此，**熵**是描述物质混乱度大小的物理量，同时也是体系的状态函数之一。物质（或体系）的混乱度越大，对应的熵值就越大，熵的符号用 $S$ 表示，单位为 $J \cdot K^{-1}$。

热力学第二定律认为“不可能把热从低温物体传到高温物体而不产生其他影响，或不可能从单一热源取热使之完全转换为有用的功而不产生其他影响，或不可逆热力过程中熵的微增量总是大于零”，其又称“熵增定律”，表明在自然过程中，一个孤立系统的总混乱度（即熵）不会减小。

在 20 世纪初，德国物理学家能斯特（W. Nernst）从大量实验现象总结出了一个普遍的规则，即随着热力学温度趋近于零，凝聚系统的熵变化趋近于零，即

$$\lim_{T \to 0K} (\Delta S) = 0$$

在 0K 时，一个完整无损的纯净晶体，其组分粒子（原子、分子或离子）都处于完全有序的排列状态，因此，可以把任何纯净物的完美晶态物质在 0K 时的熵值规定为零（$S_0 = 0$，下标“0”表示在 0K）。

$$S(\text{完整晶体}, 0K) = 0 \tag{2-11}$$

式(2-11) 又称为**热力学第三定律**。依据该定律，通过实验或计算可求得各种物质在指定温度下的熵。

## 2.3.1 标准摩尔熵

1mol 某纯物质 B 在标准压力 $p^\ominus$ 下的熵称为标准摩尔熵，符号为 $S_m^\ominus$，单位是 $J \cdot mol^{-1} \cdot K^{-1}$。在 298.15K 时，所有物质的标准摩尔熵均大于零，即 $S_m^\ominus$ (298.15K)>0。但在水溶液中，热力学规定 $S_m^\ominus(H^+, aq, 298.15K) = 0$，并以此为基准，可计算出水溶液中其他离子的标准摩尔熵的相对值。水溶液中的某些离子的标准摩尔熵虽为负值，但不影响化学反应熵变的计算结果。常见物质的标准摩尔熵见附录 1。

影响物质标准摩尔熵值的因素有：

（1）物质的聚集状态

由熵值数据可得：同一种物质熵值大小的次序为气态熵>液态熵>固态熵。例如：

$$S_m^\ominus(H_2O, g, 298.15K) = 188.8 J \cdot mol^{-1} \cdot K^{-1}$$

$$S_m^\ominus(H_2O, l, 298.15K) = 69.9 J \cdot mol^{-1} \cdot K^{-1}$$

$$S_m^\ominus(H_2O, s, 298.15K) = 39.3 J \cdot mol^{-1} \cdot K^{-1}$$

（2）分子量

由熵值数据可得：分子量相近并且分子结构相似的物质，其 $S_m^\ominus$ 相近。而分子结构相似，分子量不同的物质，其 $S_m^\ominus$ (B，相态，298.15K) 随分子量的增大而增大。

例如，298.15K，气态卤化氢 HF(g)、HCl(g)、HBr(g)、HI(g) 的 $S_m^\ominus$ 依次增大，如

表 2-3 所示。

表 2-3 常见气态卤化氢的 $S_m^\ominus$

| 气态的卤化氢 | HF(g) | HCl(g) | HBr(g) | HI(g) |
|---|---|---|---|---|
| $S_m^\ominus/J \cdot mol^{-1} \cdot K^{-1}$ | 173.8 | 186.9 | 198.7 | 206.6 |

(3) 温度

物质的熵值随温度的升高而增大。温度越高，分子的热运动越剧烈，其混乱度也越大。

(4) 压力

气态物质的熵值随压力的增大而减小。气体的压力越大，相对体积越小，分子运动的空间越小，混乱度也越小。

### 2.3.2 化学反应的熵变

熵与焓一样都是状态函数，所以化学反应过程的熵变只与始态和终态有关，而与途径无关。任一化学反应的熵变都可利用标准摩尔熵求得。

例如，在 298.15K 下的化学反应：

$$cC + dD = yY + zZ$$

$$\Delta_r S_m^\ominus(298.15K) = [y\Delta S_m^\ominus(Y) + z\Delta S_m^\ominus(Z)] - [d\Delta S_m^\ominus(D) + c\Delta S_m^\ominus(C)] \quad (2\text{-}12)$$

$$或\sum \Delta_r S_m^\ominus(298.15K) = \sum v_i S_m^\ominus(生成物) + \sum v_i S_m^\ominus(反应物) \quad (2\text{-}13)$$

**【例题 2-5】** 计算反应 $2SO_2(g) + O_2(g) = 2SO_3(g)$ 在 298.15K 时的标准摩尔熵变 ($\Delta_r S_m^\ominus$)，并判断反应是熵增还是熵减。

**解** $2SO_2(g) + O_2(g) = 2SO_3(g)$

$S_m^\ominus/J \cdot mol^{-1} \cdot K^{-1}$ 248.22 205.138 256.76

$$\begin{aligned}\Delta_r S_m^\ominus &= \sum v_i S_m^\ominus(生成物) + \sum v_i S_m^\ominus(反应物) \\ &= 2 \times 256.76J \cdot mol^{-1} \cdot K^{-1} + [(-2) \times (248.22J \cdot mol^{-1} \cdot K^{-1}) + \\ &\quad (-1) \times (205.138J \cdot mol^{-1} \cdot K^{-1})] \\ &= -188.06J \cdot mol^{-1} \cdot K^{-1}\end{aligned}$$

$\Delta_r S_m^\ominus < 0$，故在 298.15K、标准态下该反应为熵减的反应。

虽然熵增有利于反应的自发进行，但是与反应焓变一样，不能仅用熵变作为反应自发性的判据。例如，$SO_2$ 氧化成 $SO_3$ 的反应在 298.15K、标准态下是一个自发反应，但其 $\Delta_r S_m^\ominus < 0$。又如，水转化为冰的过程，其 $\Delta_r S_m^\ominus < 0$，但在 $T < 273.15K$ 的条件下却是自发过程。这表明过程（或反应）的自发性不仅与焓变和熵变有关，而且还与温度有关。

## 2.4 吉布斯自由能

### 2.4.1 化学反应的吉布斯自由能变

1878 年美国著名的物理化学家吉布斯（J. W. Gibbs）提出体系的焓变、熵变和温度三者关系的新的状态函数变量，称为**摩尔吉布斯自由能变量**（简称自由能变），以 $\Delta_r G_m$ 表示。吉布斯证明：在等温、等压条件下，反应的摩尔吉布斯自由能变与摩尔反应焓变（$\Delta_r H_m$）、摩尔反应熵变（$\Delta_r S_m$）、温度（$T$）之间有如下关系：

$$\Delta_r G_m = \Delta_r H_m - T\Delta_r S_m \quad (2\text{-}14)$$

式(2-14) 表明，在等温、等压的封闭体系内，不做非体积功的前提下，$\Delta_r G_m$ 可作为热化学反应自发过程的判据：

$\Delta_r G_m < 0$：自发过程，化学反应可正向进行。

$\Delta_r G_m = 0$：平衡状态。

$\Delta_r G_m > 0$：非自发过程，化学反应可逆向进行。

即在等温、等压的封闭体系内，不做非体积功，任何自发过程总是朝着吉布斯自由能（$G$）减小的方向进行。$\Delta_r G_m = 0$ 时，反应达平衡，体系的 $G$ 降低到最小值，此即为**最小自由能原理**。

由此可以看出，在等温、等压下，$\Delta_r G_m$ 取决于 $\Delta_r H_m$、$\Delta_r S_m$ 和 $T$。只有算出各个温度下的 $\Delta_r H_m$ 和 $\Delta_r S_m$，求出 $\Delta_r G_m$，才可判断自发进行的方向。

实验证明，温度对焓变和熵变的影响较小，通常认为：

$$\Delta_r H_m(T) \approx \Delta_r H_m^{\ominus}(298.15\text{K})$$

$$\Delta_r S_m(T) \approx \Delta_r S_m^{\ominus}(298.15\text{K})$$

所以，在任一温度 $T$ 下的吉布斯自由能变可按式(2-15) 作近似计算。

$$\begin{aligned}\Delta_r G_m(T) &= \Delta_r H_m(T) - T\Delta_r S_m(T) \\ &= \Delta_r H_m\ (298.15\text{K}) - T\Delta_r S_m\ (298.15\text{K})\end{aligned} \tag{2-15}$$

若在标准态下，式(2-15) 可以写作：

$$\Delta_r G_m^{\ominus}(T) = \Delta_r H_m^{\ominus}(298.15\text{K}) - T\Delta_r S_m^{\ominus}(298.15\text{K}) \tag{2-16}$$

## 2.4.2 标准摩尔生成吉布斯自由能

与热力学能和焓一样，吉布斯自由能的绝对值也是无法测量的。除了用式(2-16) 计算标准摩尔反应吉布斯自由能变以外，还可用标准摩尔生成吉布斯自由能计算。

(1) 标准摩尔生成吉布斯自由能（$\Delta_f G_m^{\ominus}$）

在标准态下，由稳定的纯态单质生成单位物质的量的某物质时的吉布斯自由能变称为该物的标准摩尔生成吉布斯自由能，以符号 $\Delta_f G_m^{\ominus}$ 表示，单位为 $\text{kJ} \cdot \text{mol}^{-1}$。在任何温度下，参考状态单质的 $\Delta_f G_m^{\ominus} = 0$。

由附录 1 热力学数据表中查出的 $\Delta_f G_m^{\ominus}$ 均是 298.15K 下的 $\Delta_f G_m^{\ominus}$。例如：

$$\Delta_f G_m^{\ominus}(\text{C},\text{石墨},298.15\text{K}) = 0;\ \Delta_f G_m^{\ominus}(\text{H}_2,\text{g},298.15\text{K}) = 0$$

(2) 标准摩尔反应吉布斯自由能变的计算

$G$ 是状态函数，在 298.15K 下，任一确定的化学反应，在标准状态下的 $\Delta_r G_m^{\ominus}$(298.15K) 只与始态和终态物质的 $\Delta_f G_m^{\ominus}$ 有关，

即 $\Delta_r G_m^{\ominus}(298.15\text{K}) = \sum v_i \Delta_f G_m^{\ominus}(\text{生成物}) + \sum v_i \Delta_f G_m^{\ominus}(\text{反应物})$。

根据 $\Delta_r G_m^{\ominus} < 0$ 或 $\Delta_r G_m^{\ominus} > 0$ 只能判断在标准态下反应能否正向自发进行，而绝不能用来判断非标准状态下反应的进行方向，非标准状态下反应进行的方向必须用 $\Delta_r G_m$ 来判断。

**【例题 2-6】** 在 298.15K、标准压力下，碳酸钙能否分解为氧化钙和二氧化碳？

**解** 由附录 1 中查得：$CaCO_3(s) \longrightarrow CaO(s) + CO_2(g)$

| | $CaCO_3(s)$ | $CaO(s)$ | $CO_2(g)$ |
|---|---|---|---|
| $\Delta_f G_m^{\ominus}/\text{kJ} \cdot \text{mol}^{-1}$ | −1128.79 | −604.03 | −394.359 |
| $\Delta_f H_m^{\ominus}/\text{kJ} \cdot \text{mol}^{-1}$ | −1206.92 | −635.09 | −393.5 |
| $S_m^{\ominus}/\text{J} \cdot \text{mol}^{-1} \cdot \text{K}^{-1}$ | 92.9 | 39.75 | 213.74 |

方法一：

$$\begin{aligned}\Delta_r G_m^{\ominus}(298.15\text{K}) &= \sum v_i \Delta_f G_m^{\ominus}(\text{生成物}) + \sum v_i \Delta_f G_m^{\ominus}(\text{反应物}) \\ &= [(-394.359\text{kJ} \cdot \text{mol}^{-1}) + (-604.03\text{kJ} \cdot \text{mol}^{-1})] + [(-1) \times (-1128.79\text{kJ} \cdot \text{mol}^{-1})] \\ &= 130.40\text{kJ} \cdot \text{mol}^{-1}\end{aligned}$$

由于 $\Delta_r G_m^{\ominus}(298.15K)>0$，故在 298.15K、标准态下碳酸钙不会自发分解。

方法二：

$\Delta_r H_m^{\ominus}(298.15K)=\sum v_i \Delta_f H_m^{\ominus}$(生成物)$+\sum v_i \Delta_f H_m^{\ominus}$(反应物)

$=[(-393.5kJ\cdot mol^{-1})+(-635.09kJ\cdot mol^{-1})]+[(-1)\times(-1206.92kJ\cdot mol^{-1})]$

$=178.33kJ\cdot mol^{-1}$

$\Delta_r S_m^{\ominus}(298.15K)=\sum v_i S_m^{\ominus}$(生成物)$+\sum v_i S_m^{\ominus}$(反应物)

$=213.74J\cdot mol^{-1}\cdot K^{-1}+39.75J\cdot mol^{-1}\cdot K^{-1}+[(-1)\times 92.9J\cdot mol^{-1}\cdot K^{-1}]$

$=160.59J\cdot mol^{-1}\cdot K^{-1}$

$\Delta_r G_m^{\ominus}(T)=\Delta_r H_m^{\ominus}(298.15K)-T\Delta_r S_m^{\ominus}(298.15K)$

$=178.33kJ\cdot mol^{-1}-298.15K\times 160.59\times 10^{-3}kJ\cdot mol^{-1}\cdot K^{-1}$

$=130.45kJ\cdot mol^{-1}>0$

由上计算可知，该分解反应是焓增、熵增反应，298.15K、标准态下不能自发进行。

**【例题 2-7】** 尿素（$NH_2CONH_2$）的生成可用反应方程式表示如下：

$$CO_2(g)+2NH_3(g)=\!=\!=(NH_2)_2CO(s)+H_2O(l)$$

回答下列问题：

(1) 在 298.15K 时，上述反应的 $\Delta_r H_m^{\ominus}=-133kJ\cdot mol^{-1}$，$\Delta_r S_m^{\ominus}=-424J\cdot K^{-1}\cdot mol^{-1}$，判断反应标准态下能否自发进行。

(2) 在标准态下最高温度为何值时，反应就不再自发进行？

**解** (1) 根据吉布斯-亥姆霍兹公式，298K 时反应的标准吉布斯自由能变为

$$\Delta_r G_m^{\ominus}(T)=\Delta_r H_m^{\ominus}(298.15K)-T\Delta_r S_m^{\ominus}(298.15K)$$
$$=-133-298.15\times(-424)\times 10^{-3}$$
$$=-6.58\ (kJ\cdot mol^{-1})<0$$，正向反应自发。

(2) $\Delta_r H_m^{\ominus}$、$\Delta_r S_m^{\ominus}$ 随温度变化不大，标准态下反应不能自发进行的条件是：

$$\Delta_r G_m^{\ominus}(T)=\Delta_r H_m^{\ominus}(298.15K)-T\Delta_r S_m^{\ominus}(298.15K)>0$$

则 $T>\dfrac{-133}{-424\times 10^{-3}}=314\ (K)$

反应不再自发进行，故最高反应温度为 314K。

### 2.4.3 非标准态吉布斯自由能的计算

利用化学反应的标准摩尔吉布斯自由能变 $\Delta_r G_m^{\ominus}(T)$ 只能判断化学反应在等温、标准状态下的反应方向。实际上，许多化学反应都是在非标准状态下发生的。在等温、等压、非标准状态下，必须用 $\Delta_r G_m(T)$ 判断反应的方向。那么，如何求算非标准状态下化学反应的摩尔吉布斯自由能变呢？

对任一反应来说：

$$cC+dD=\!=\!=yY+zZ$$

根据热力学原理，反应摩尔吉布斯自由能变有如下关系式：

$$\Delta_r G_m=\Delta_r G_m^{\ominus}+RT\ln Q \tag{2-17}$$

式(2-17) 称为化学反应等温方程式。$Q$ 为反应商。

对于气体反应： $Q=\dfrac{[p(Y)/p^{\ominus}]^y[p(Z)/p^{\ominus}]^z}{[p(C)/p^{\ominus}]^c[p(D)/p^{\ominus}]^d}$

对于水溶液中的（离子）反应：$Q=\dfrac{[c(Y)/c^{\ominus}]^y[c(Z)/c^{\ominus}]^z}{[c(C)/c^{\ominus}]^c[c(D)/c^{\ominus}]^d}$

由于固态或液态处于标准态时对反应的 $\Delta_r G_m$ 影响较小，故它们在反应商（$Q$）表达式

中不出现。

**【例题 2-8】** 计算下列可逆反应在 723K 和指定非标准态时的 $\Delta_r G_m$，并判断该反应自发进行的方向。

$$2SO_2(g)+O_2(g)\!=\!=\!=2SO_3(g)$$

非标准态分压/Pa　　$1.0\times10^4$　$1.0\times10^4$　$1.0\times10^8$

**解**　(1) 根据 $\Delta_r G_m=\Delta_r G_m^\ominus+RT\ln Q$，先计算出 $\Delta_r G_m^\ominus$ ($T$)、$RT\ln Q$ 两项。

$$2SO_2(g)+O_2(g)\!=\!=\!=2SO_3(g)$$

$\Delta_f H_m^\ominus(298.15K)/kJ\cdot mol^{-1}$　$-296.83$　$0$　$-395.72$

$S_m^\ominus(298.15K)/J\cdot mol^{-1}\cdot K^{-1}$　$248.22$　$205.138$　$256.76$

$$\Delta_r H_m^\ominus(298.15K)=\sum v_i\Delta_f H_m^\ominus(\text{生成物})+\sum v_i\Delta_f H_m^\ominus(\text{反应物})$$
$$=[2\times(-395.72kJ\cdot mol^{-1})]+[(-2)\times(-296.83kJ\cdot mol^{-1})+0]$$
$$=-197.78kJ\cdot mol^{-1}$$

$$\Delta_r S_m^\ominus(298.15K)=\sum v_i S_m^\ominus(\text{生成物})+\sum v_i S_m^\ominus(\text{反应物})$$
$$=(2\times256.76J\cdot mol^{-1}\cdot K^{-1})+[(-2)\times248.22J\cdot mol^{-1}\cdot K^{-1}+(-1)\times205.138J\cdot mol^{-1}\cdot K^{-1}]=-188.06J\cdot mol^{-1}\cdot K^{-1}$$

$$\Delta_r G_m^\ominus(723K)=\Delta_r H_m^\ominus(723K)-723K\times\Delta_r S_m^\ominus(723K)$$
$$\approx\Delta_r H_m^\ominus(298.15K)-723K\times\Delta_r S_m^\ominus(298.15K)$$
$$=-197.78kJ\cdot mol^{-1}\times10^3-723K\times(-188.06J\cdot mol^{-1}\cdot K^{-1})$$
$$=-61813J\cdot mol^{-1}$$

(2)
$$RT\ln Q=2.303RT\lg\frac{[p(SO_3)/p^\ominus]^2}{[p(SO_2)/p^\ominus]^2[p(O_2)/p^\ominus]^1}$$
$$=2.303\times8.314J\cdot mol^{-1}\cdot K^{-1}\times$$
$$723K\times\lg\left[\frac{\left(\frac{1.0\times10^8}{1.0\times10^5}\right)^2}{\left(\frac{1.0\times10^4}{1.0\times10^5}\right)^2\times\left(\frac{1.0\times10^4}{1.0\times10^5}\right)}\right]=2.303\times8.314J\cdot mol^{-1}\cdot K^{-1}\times723K\times9.0=$$
$$124590.5J\cdot mol^{-1}$$

(3) $\Delta_r G_m(723K)=\Delta_r G_m^\ominus(723K)+RT\ln Q$

$\approx(-61813+124590.5)J\cdot mol^{-1}=62777J\cdot mol^{-1}=62.777kJ\cdot mol^{-1}>0$

计算结果表明，该反应在本题条件下逆向自发进行。

由此可以总结几种求算标准摩尔吉布斯自由能的方法：

(1) 298.15K、标准态下：

方法一：由吉布斯-亥姆霍兹公式计算。

$$\Delta_r G_m^\ominus(T)=\Delta_r H_m^\ominus(298.15K)-T\Delta_r S_m^\ominus(298.15K)$$

方法二：由摩尔生成吉布斯自由能 $\Delta_f G_m^\ominus$ 计算。

$$\Delta_r G_m^\ominus=\sum v_i\Delta_f G_m^\ominus(\text{生成物})+\sum v_i\Delta_f G_m^\ominus(\text{反应物})$$

(2) 非 298.15K、标准态下：

只能通过吉布斯-亥姆霍兹公式计算。

$$\Delta_r G_m^\ominus=\Delta_r H_m^\ominus-T\Delta_r S_m^\ominus$$

(3) 非标准态下：

$$\Delta_r G_m=\Delta_r G_m^\ominus+RT\ln Q$$

### 2.4.4 使用 $\Delta_r G_m$ 判据的条件

从上述讨论中得知，反应的吉布斯自由能变（$\Delta_r G_m$）用于判断反应进行的方向与限度，其与反应焓变（$\Delta_r H_m$）、熵变（$\Delta_r S_m$）的计算原则相同，即与反应的始态和终态有关，与反应的具体途径无关。在应用反应的吉布斯自由能变时应该注意什么问题呢？

根据热力学原理，使用 $\Delta_r G_m$ 判据有三个先决条件：

① 反应体系必须是封闭体系，反应过程中体系与环境之间不得有物质的交换，不能加入反应物或取走生成物等。

② $\Delta_r G_m$ 只给出了某温度、压力条件下（而且要求始态和终态各物质温度、压力相等）反应的可能性，未必能说明其他温度、压力条件下反应的可能性。例如，反应 $SO_2$ 转换成 $SO_3$ 在 298.15K、标准态下 $\Delta_r G_m^{\ominus}(298.15K)<0$，反应自发向右进行；而在 723K、$p(SO_3)=1.0\times10^8$ Pa、$p(SO_2)=p(O_2)=1.0\times10^4$ Pa 的非标准态下，$\Delta_r G_m(723K)>0$，反应不能自发向右进行。

③ 反应体系必须不做非体积功（或者不受外界如“场”的影响），反之，判据将不适用。例如，$2NaCl(s) = 2Na(s) + Cl_2(g)$，$\Delta G_m>0$，按热力学原理此反应是不能自发进行的，但如果采用电解的方法（环境对体系做电功），则可以强制其向右进行。

注意，某些 $\Delta_r G_m^{\ominus}<0$ 的反应能自发进行，但速度未必很快，例如：

$$H_2(g)+\frac{1}{2}O_2(g) = H_2O(l)$$

在 298.15K 和标准态下的 $\Delta_r G_m^{\ominus}(298.15K)=-237.129kJ\cdot mol^{-1}<0$，按理说应该能自发向右进行，但因反应速率极小而实际上可以认为不发生反应，若有催化剂或点火引发则可剧烈反应，甚至还会发生爆炸。

## 习题

2.1 热和功是能量传递的两种方式，两者有何区别？为什么热和功只有在过程进行时才有意义？

2.2 物体的温度越高，则热量越多。“煤炭中有很多热”这句话对吗？

2.3 熵变的定义和熵的热力学性质是什么？热温熵（$Q/T$）就是过程的熵变吗？

2.4 等容反应热（$Q_V$）、等压反应热（$Q_p$）是状态函数吗？

2.5 运用盖斯定律进行热化学计算时，需满足几个条件？

2.6 热力学第二定律有何含义？

2.7 计算等压下反应 $2Al(s)+Fe_2O_3(s) = Al_2O_3(s)+2Fe(s)$ 的标准摩尔反应焓变，并判断此反应是吸热还是放热反应。

2.8 已知下列光合作用：$6CO_2(g)+6H_2O(l) \xrightarrow{h\nu,\text{叶绿素}} C_6H_{12}O_6(s)+6O_2(g)$；$\Delta_r H_m^{\ominus}=2802kJ\cdot mol^{-1}$。

(1) 试计算葡萄糖（$C_6H_{12}O_6$）的标准摩尔生成焓。

(2) 每合成 1kg 葡萄糖需要吸收多少千焦太阳能？

2.9 求下列反应：$(COOH)_2(s)+2CH_3OH(l) = (COOCH_3)_2(l)+2H_2O(l)$ 的 $\Delta_r H_m^{\ominus}$。已知 298.15K 下，反应：

① $(COOH)_2(s)+\frac{1}{2}O_2(g)$ ══ $2CO_2(g)+H_2O(l)$；$\Delta_c H_m^\ominus=251.5kJ\cdot mol^{-1}$

② $CH_3OH(l)+\frac{3}{2}O_2(g)$ ══ $CO_2(g)+2H_2O(l)$；$\Delta_c H_m^\ominus=-726.5kJ\cdot mol^{-1}$

③ $(COOCH_3)_2(l)+\frac{7}{2}O_2(g)$ ══ $4CO_2(g)+3H_2O(l)$；$\Delta_c H_m^\ominus=-1677.8kJ\cdot mol^{-1}$

2.10 已知：

① $Fe_2O_3(s)+3CO(g)$ ══ $2Fe(s)+3CO_2(g)$；$\Delta_r H_{m1}^\ominus=-27.6kJ\cdot mol^{-1}$

② $3Fe_2O_3(s)+CO(g)$ ══ $2Fe_3O_4(s)+CO_2(g)$；$\Delta_r H_{m2}^\ominus=-58.58kJ\cdot mol^{-1}$

③ $Fe_3O_4(s)+CO(g)$ ══ $3FeO(s)+CO_2(g)$；$\Delta_r H_{m3}^\ominus=38.07kJ\cdot mol^{-1}$

不查表计算下列反应的 $\Delta_r H_m^\ominus$：$FeO(s)+CO(g)$ ══ $Fe(s)+CO_2(g)$

2.11 已知下列热化学反应方程式：

① $C_2H_2(g)+\frac{5}{2}O_2(g)$ ══ $2CO_2(g)+H_2O(l)$；$\Delta_r H_{m1}^\ominus=-1300kJ\cdot mol^{-1}$

② $C(s)+O_2(g)$ ══ $CO_2(g)$；$\Delta_r H_{m2}^\ominus=-394kJ\cdot mol^{-1}$

③ $H_2(g)+\frac{1}{2}O_2(g)$ ══ $H_2O(l)$；$\Delta_r H_{m3}^\ominus=-286kJ\cdot mol^{-1}$

计算 $\Delta_f H_m^\ominus(C_2H_2,g)$。

2.12 (1) 写出 $H_2(g)$、$CO(g)$、$CH_3OH(l)$ 燃烧反应的热化学方程式；

(2) 甲醇的合成反应为 $2H_2(g)+CO(g)$ ══ $CH_3OH(l)$，利用 $\Delta_c H_m^\ominus(CO,g)$、$\Delta_c H_m^\ominus(H_2,g)$、$\Delta_c H_m^\ominus(CH_3OH,l)$ 计算该反应的 $\Delta_r H_m^\ominus$。

已知：$\Delta_c H_m^\ominus(CO,g)=-282.98kJ\cdot mol^{-1}$，$\Delta_c H_m^\ominus(H_2,g)=-285.8kJ\cdot mol^{-1}$；$\Delta_c H_m^\ominus(CH_3OH,l)=-726.51kJ\cdot mol^{-1}$。

2.13 已知下列物质的生成焓：

| 物质 | $NH_3$ (g) | NO (g) | $H_2O$ (g) |
|---|---|---|---|
| $\Delta_f H_m^\ominus/kJ\cdot mol^{-1}$ | −46.1 | 90.25 | −241.826 |
| $\Delta_f G_m^\ominus kJ\cdot mol^{-1}$ | −16.4 | 86.55 | −228.6 |

试计算在25℃、标准状态下，6mol $NH_3(g)$ 氧化为 NO (g) 及 $H_2O(g)$ 的反应热效应，判断该反应在25℃、标准状态下的自发性。

2.14 电子工业中清洗硅片上 $SiO_2$ (s) 的反应是：

$SiO_2(s)+4HF(g)$ ══ $SiF_4(g)+2H_2O(g)$，$\Delta_r H_m^\ominus(298.15K)=-94.04kJ\cdot mol^{-1}$，$\Delta_r S_m^\ominus(298.15K)=-75.8J\cdot mol^{-1}\cdot K^{-1}$。设 $\Delta_r H_m^\ominus$ 和 $\Delta_r S_m^\ominus$ 不随温度而变化，试求此反应自发进行的温度条件。有人提出用 HCl(g) 代替 HF，试通过计算判定此建议是否可行。

2.15 用 $BaCO_3$ 热分解制取 BaO 要求温度很高。如果在 $BaCO_3$ 中加入一些炭粉，分解温度可明显降低。试通过计算来解释这一现象。已知：

| 项目 | $BaCO_3$ | BaO | $CO_2$ | CO | C |
|---|---|---|---|---|---|
| $\Delta_f H_m^\ominus/kJ\cdot mol^{-1}$ | −1213.0 | −548.0 | −393.5 | −110.53 | 0 |
| $S_m^\ominus/J\cdot mol^{-1}\cdot K^{-1}$ | 112.1 | 72.1 | 213.74 | 197.660 | 5.74 |

2.16 在298.15K和标准状态下进行如下反应：

$$A(g)+B(g)\longrightarrow 2C(g)$$

若该反应通过两种途径来完成，途径Ⅰ系统放热 184.6kJ · $mol^{-1}$，但没有做功；途径Ⅱ，系统做了最大功，同时吸收 6.0kJ · $mol^{-1}$ 的热量。试分别求两种途径的 $Q$、$W$、$\Delta_r H^{\ominus}$、$\Delta_r S^{\ominus}$ 和 $\Delta_r G^{\ominus}$。

2.17　373K、101kPa 下，1.0mol 水完全汽化。将水蒸气看成是理想气体且忽略其液态时的体积，试计算过程的体积功 $W$；若已知水在此条件下的汽化热为 40.6kJ · $mol^{-1}$，试求过程的 $\Delta H$。

# 第3章 化学反应速率和化学平衡

对于一个化学反应，人们除了关心其反应方向、反应热效应以外，还应关心反应的现实性，即反应的速率和反应进行的限度。本章将在学习化学反应的质量关系和能量关系的基础上，介绍活化能、平衡常数等概念，着重讨论关于化学反应两个现实性方面的问题，即反应速率和化学平衡。

研究化学反应速率有着十分重要的实际意义。如果炸药爆炸的速率及水泥硬化的速率都很慢，那它们就不会有现在这样广泛的用途；相反，如果橡胶迅速老化变脆，钢铁很快被腐蚀，那么它们也就没有了实际应用价值。因此，研究化学反应速率对生产以及人类生活都是十分必要的。

反应速率的研究属于化学动力学的范畴，而化学平衡的研究则属于化学热力学的内容。化学热力学基础一章中，已经学习了恒温、恒压、无非体积功的化学反应自发进行的判据。本章将进一步讨论各种化学热力学数据之间的关系，使化学热力学知识更加完整。

## 3.1 化学反应速率

不同的化学反应，有些进行得很快，几乎在瞬间完成，例如火药爆炸、酸碱中和反应等。有些反应却进行得很慢，例如石油在地壳内的形成历时几十万年。我们可以用热力学的知识判断一个化学反应在某一条件下进行的可能性及其热效应，但热力学原理并不能推测化学反应进行的快慢。有些反应从热力学角度看，反应的吉布斯自由能变 $\Delta_r G_m^{\ominus}$ 很小，自发进行趋势很大，但化学反应进行的速率很慢。如氢气和氧气的混合物在常温下生成水的反应：

$$H_2(g)+\frac{1}{2}O_2(g)=\!=\!=H_2O(l)；\ \Delta_r G_m^{\ominus}=-237.1kJ\cdot mol^{-1}$$

从该反应 $\Delta_r G_m^{\ominus}$ 来看，正向反应自发进行的趋势很大，但实际上该反应很慢，在室温下放置几年甚至几十年也看不到有一滴水生成。这是因为热力学只通过考虑反应的始态和终态来判断反应的方向，而不涉及反应的途径。但化学反应的快慢又与途径有关，采取不同的途径，反应的快慢不同。为了定量地比较化学反应进行的快慢，必须学习化学反应速率的概念。

不同的化学反应，反应的快慢可以用反应速率来表示。**化学反应速率**是指在一定条件下反应物转变为生成物的速率，其单位为 $mol\cdot L^{-1}\cdot s^{-1}$、$mol\cdot L^{-1}\cdot min^{-1}$ 或 $mol\cdot L^{-1}\cdot h^{-1}$。反应速率可分为平均反应速率（$\bar{v}$）和瞬时反应速率（$v$）。

（1）平均反应速率（$\bar{v}$）

单位时间内反应物浓度的减少或生成物浓度的增加值即为平均反应速率（$\bar{v}$）。

$$aA+bB=\!=\!=cC+dD$$

$$\bar{v}_A = -\frac{c_{A_2} - c_{A_1}}{t_2 - t_1} = -\frac{\Delta c_A}{\Delta t}\text{（负号表示浓度减小）}$$

$$\bar{v}_C = +\frac{c_{C_2} - c_{C_1}}{t_2 - t_1} = +\frac{\Delta c_C}{\Delta t}\text{（正号表示浓度增加）}$$

除了用反应物 A、生成物 C 表示平均反应速率外，也可以用其他反应物或生成物来表示。例如，对于反应 $2N_2O_5 \longequal 4NO_2 + O_2$，在某一时间段内的反应速率可以用反应物 $N_2O_5$ 来表示，也可以用生成物 $NO_2$、$O_2$ 来表示。

用不同物质表示的反应速率，虽然它们的数值并不相同，但反映的问题实质是统一的［如 $\bar{v}(N_2O_5) : \bar{v}(NO_2) : \bar{v}(O_2) = 2 : 4 : 1$，速率之比等于对应物质的系数之比］。为了解决这个问题，可以除以相应物质在反应方程式中的系数，这样不管用哪种物质来表示，其速率均相同。

对于任一化学反应 $aA + bB \longequal cC + dD$，则有

$$\frac{1}{a}\bar{v}(A) = \frac{1}{b}\bar{v}(B) = \frac{1}{c}\bar{v}(C) = \frac{1}{d}\bar{v}(D)。$$

（2）瞬时反应速率（$v$）

以上所涉及的反应速率是某一时间间隔内的平均反应速率。时间间隔越小，越能反映出时间间隔内某一时刻的反应速率。瞬时反应速率可看作时间间隔无限小时，浓度的变化值与时间间隔的比值，即平均反应速率的极限值。如反应：$A \longrightarrow C$，则有

$$v_A = -\lim_{\Delta t \to 0} \frac{\Delta c_A}{\Delta t} = -\frac{dc_A}{dt}$$

$$v_C = \lim_{\Delta t \to 0} \frac{\Delta c_C}{\Delta t} = \frac{dc_C}{dt}$$

瞬时反应速率通常用作图的方法通过斜率求得。

例如，对于 313K 时的 $N_2O_5$ 分解反应，以时间 $t$ 为横坐标，浓度 $c$ 为纵坐标，可得图 3-1。则直线 $AB$ 的斜率为该时间段内 $N_2O_5$ 的分解速率，$D$ 点切线的斜率为该时刻 $N_2O_5$ 分解的瞬时分解速率。在某些情况下，可以近似认为瞬时速率等于平均速率。

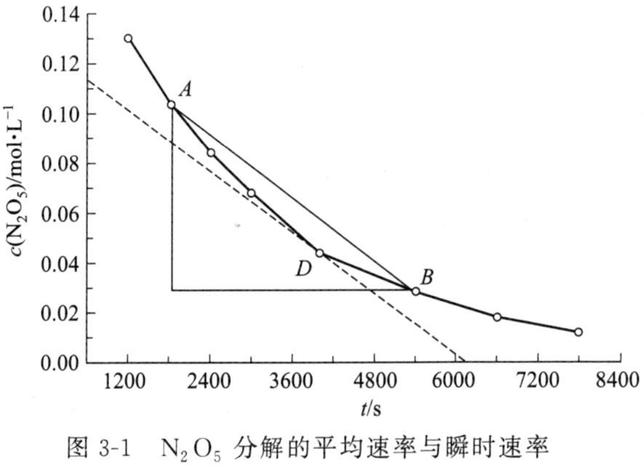


图 3-1　$N_2O_5$ 分解的平均速率与瞬时速率

# 3.2 反应速率理论简介

20 世纪，反应速率理论的研究取得了较大进展。1918 年路易斯（G. N. Lewis）在气体

分子运动论的基础上提出了化学反应速率的碰撞理论。到了20世纪30年代艾林（H. D. Eyring）在量子力学和统计力学的基础上提出了化学反应速率的过渡态理论。

### 3.2.1　碰撞理论

碰撞理论认为，分子、原子或离子之间要发生反应，必须要进行相互碰撞，反应物分子之间的碰撞是发生化学反应的前提条件。但并不是所有碰撞都能导致反应的发生，反应物分子之间的绝大多数碰撞都是无效的，它们碰撞后立即分开，并无反应发生，仅有极少数的碰撞才能导致反应的发生。例如，713K下，$H_2$与$I_2$合成HI(g)的反应，若$H_2$(g)与$I_2$(g)的浓度均为$0.02mol \cdot L^{-1}$时，碰撞频率高达$1.27\times10^{29}$次$\cdot mL^{-1}\cdot s^{-1}$。其中每发生$10^{13}$次碰撞才有一次能发生反应，其他绝大多数碰撞是无效的弹性碰撞，不能发生反应。由此可见，可将碰撞分成无效碰撞和有效碰撞。反应物分子碰撞后立即分开，并无反应发生的碰撞称为**无效碰撞**；能导致化学反应发生的碰撞，称为**有效碰撞**。

分子发生有效碰撞必须满足以下两个条件：

① 在碰撞时，反应物分子必须有恰当的取向，使相应的原子能够相互接触形成生成物。比如反应$NO_2+CO \xlongequal{} NO+CO_2$，只有当CO分子中碳原子与$NO_2$分子中氧原子相碰撞时，才有可能发生反应，而氧原子与氧原子、碳原子与氮原子、氧原子与氮原子相碰撞的这几种取向，均不会发生化学反应。$NO_2$和CO间的碰撞见图3-2。

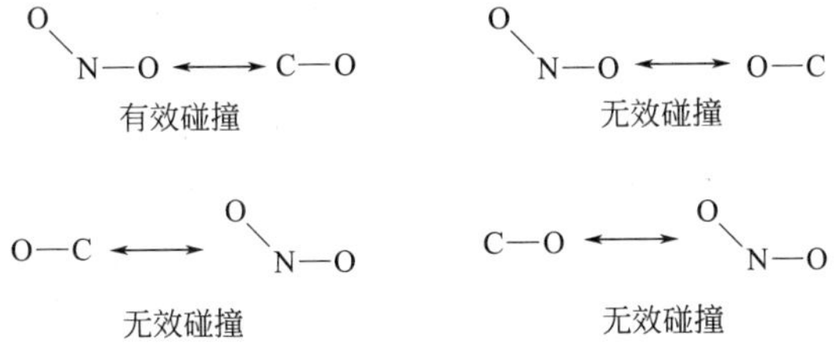


图3-2　$NO_2$和CO间的碰撞

② 反应物分子必须具有足够的能量，在碰撞时原子的外电子层才能相互穿透，电子重新排列，导致旧键破裂形成新键（形成生成物）。我们把能够导致有效碰撞的分子称为活化分子。

一定温度下气体分子的能量分布情况如图3-3所示。

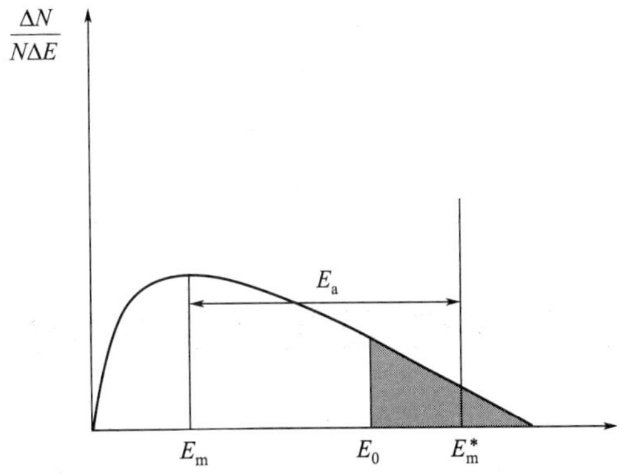


图3-3　气体分子的能量分布情况

$E_m$：反应物分子的平均能量。大多数分子具有的能量与平均能量接近，能量特别大的或特别小的分子都较少。

$E_m^*$：活化分子的平均能量。

$E_0$：活化分子必须具有的最低能量。

$E_a$：活化分子的平均能量与反应物分子的平均能量之差，称为活化能，即$E_a=E_m^*-E_m$。

在一定温度下，反应的$E_a$越大，活化分子百分数越小，反应速率就越小；反之，$E_a$越小，活化分子百分数越大，反应速率就越大。

### 3.2.2　过渡态理论

碰撞理论比较直观，应用在化学反应中容易理解。由于碰撞理论把分子看成没有内部结构和内部运动的刚性球体，所以对于涉及结构复杂的分子的反应，碰撞理论适应性有限。而为了解释反应过程及其能量的变化，过渡态理论就应运而生。

反应速率的过渡态理论是用量子力学的方法计算反应物分子在相互作用过程中势能的变化。该理论认为，化学反应不是通过反应物分子间的简单碰撞就可以完成，而是在反应分子相互接近时要经过一个中间过渡状态，即形成一个“活化配合物”，然后再转化为产物。例如，CO 与 $NO_2$ 反应的过渡态理论示意图如图 3-4 所示。

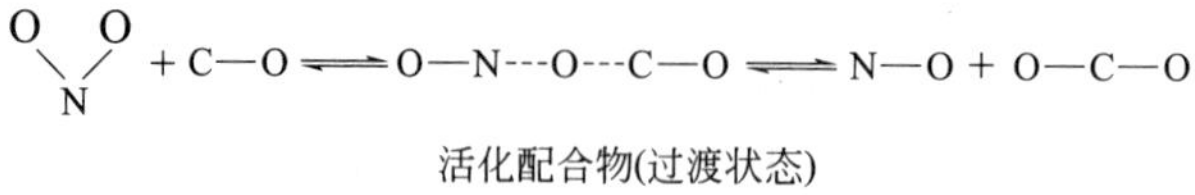


图 3-4　CO 与 $NO_2$ 反应示意图

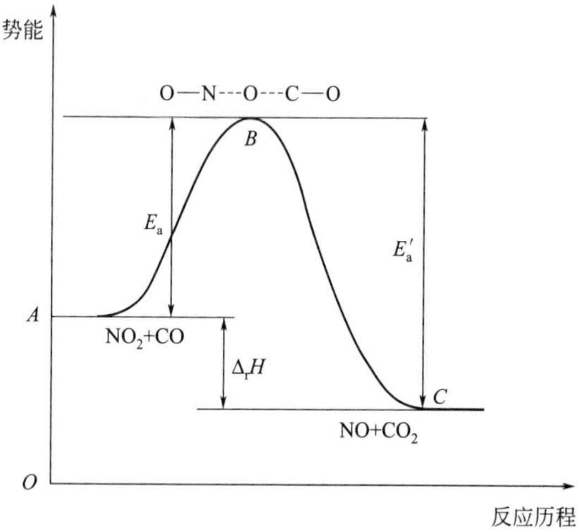


图 3-5　反应历程-势能图

中间过渡态形成的活化配合物中，原来分子中的旧键（N—O）强度被削弱，但还没有完全断开，新化学键（C—O）正在形成。处于该状态下的活化配合物具有较高的势能，不稳定，易分解为原来的反应物 $NO_2$ 和 CO 或产物 NO 和 $CO_2$。

过渡态理论中活化能 $E_a$ 的含义与碰撞理论中活化能的含义不同。过渡态理论中活化能 $E_a$ 是指活化配合物的平均能量与反应物平均能量之差，即要使反应发生所必须克服的势能垒，见图 3-5。

*A* 点：反应物分子的平均能量；

*B* 点：活化配合物分子的平均能量；

*C* 点：产物分子的平均能量；

*A* 点与 *B* 点之间的距离：正反应的活化能 $E_a$；

*B* 点与 *C* 点之间的距离：逆反应的活化能 $E_a'$；

*A* 点与 *C* 点之间的距离：该反应的焓变 $\Delta_r H = E_a - E_a'$。

从图 3-5 可以看出，一定温度下，反应的活化能越大（即能峰越高），得到的活化分子数就越少，反应速率越慢；反之，活化能越小，反应速率就越快。

## 3.3　影响反应速率的因素

化学反应速率的大小主要与反应物自身的性质或结构有关。例如，无机物之间的反应一般比有机物之间的反应快得多；对于无机物之间的反应来说，分子之间进行的反应一般较慢，而溶液中离子间进行的反应则较快。除了反应物的本性外，反应速率还要受到温度、浓度、催化剂等外界条件的影响。

### 3.3.1　温度对反应速率的影响

调节温度是控制反应速率有效方法。无论对于吸热反应还是放热反应，温度升高时反应速率都将加快。并且温度对反应速率的影响相当大，对于有些反应，温度升高几摄氏度到几十摄氏度，反应速率增加几倍、几十倍乃至上千倍，那反应速率和温度之间有什么定量关系呢？早在 1884 年荷兰物理化学家 J. H. van't Hoff 根据实验数据得出一条经验规则：反应温度每升高 10K，反应速率或反应速率常数一般增大 2～4 倍，即

$$\frac{v_{(T+10K)}}{v_T}=\frac{k_{(T+10K)}}{k_T}=2\sim4$$

1889 年瑞典化学家阿仑尼乌斯在总结了大量的实验事实的基础上，提出了反应速率常数与温度之间的定量关系式。

$$k=A\mathrm{e}^{-\frac{E_a}{RT}} \tag{3-1}$$

式中，$A$ 是指前因子（或称频率因子），它的单位与 $k$ 相同；$E_a$ 是活化能，kJ·mol$^{-1}$；$R$ 是气体摩尔常数，8.314J·mol$^{-1}$·K$^{-1}$；$T$ 是反应温度，K；e是自然对数的底数，e=2.718。

对于某一指定反应，活化能 $E_a$、指前因子 $A$ 可近似视为一定值（即不随温度而变化），速率常数仅取决于温度。

对式(3-1) 两端同时取自然对数，得一直线方程：

$$\ln k=-\frac{E_a}{RT}+\ln A$$

对式(3-1) 两端同时取常用对数，得一直线方程：

$$\lg k=-\frac{E_a}{2.303RT}+\lg A \tag{3-2}$$

$E_a$ 的求算：以 $\lg k$-$1/T$ 作图，得斜率$=-\frac{E_a}{2.303R}$，$E_a=-$斜率$\times2.303R$。

**【例题 3-1】** 已知反应 $H_2(g)+I_2(g)$ $=\!=\!=$ $2HI(g)$在不同温度下的速率常数 $k$ 值如下，试用作图法求该反应的活化能 $E_a$。

| $T$/K | 576 | 629 | 666 | 700 | 781 |
|---|---|---|---|---|---|
| $k$/mol$^{-1}$·dm$^3$·s$^{-1}$ | $1.32\times10^{-4}$ | $2.52\times10^{-3}$ | $1.41\times10^{-2}$ | $6.43\times10^{-2}$ | 1.34 |

解法一：从式(3-2) 可知，以 $\lg k$-$1/T$ 作图，得一直线，如图 3-6 所示。

直线斜率$=-\frac{E_a}{2.303R}$

直线斜率$=\frac{1.00+4.20}{(1.20-1.80)\times10^{-3}\mathrm{K}^{-1}}$

$=-8.67\times10^3$K

即$-8.67\times10^3\mathrm{K}=-\frac{E_a}{2.303R}$

解得 $E_a$=166.0kJ·mol$^{-1}$

解法二：将 $T_1$、$k_1$ 和 $T_2$、$k_2$ 代入直线方程(3-2)，两式相减即可求得 $E_a$。

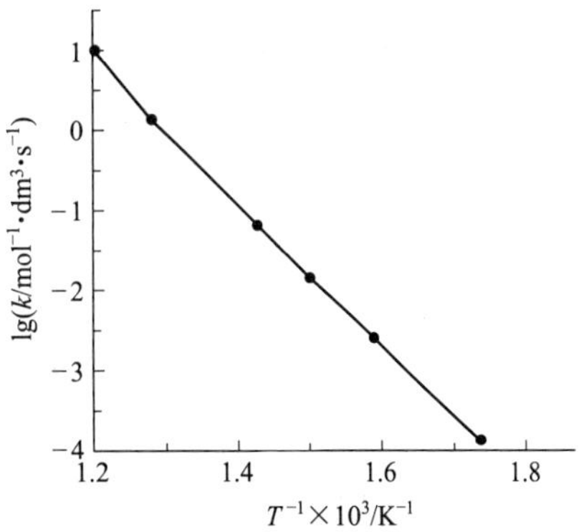


图 3-6 $\lg k$-$1/T$

## 3.3.2 浓度或压力对反应速率的影响

压力对反应速率的影响实质上是通过改变反应物或生成物浓度而实现的。在分析压力对反应速率的影响时，最终应落实到浓度上，将压力问题转化为浓度问题。因此，这里将浓度与压力对化学反应速率的影响归在一起讨论。

（1）基元反应和非基元反应

能一步完成的反应称为**基元反应**或简单反应。基元反应的逆反应也是基元反应，如：

$$2NO_2(g) = 2NO(g) + O_2(g)$$

$$NO_2(g) + CO(g) = NO(g) + CO_2(g)$$

许多化学反应，尽管其反应方程式看似简单，但却不是基元反应，而是经由两个或多个步骤完成的复杂反应。这样分几步进行的反应，称为**非基元反应**或复杂反应。

如：$2NO(g) + 2H_2(g) = N_2(g) + 2H_2O$ 要分三步进行。

第一步：$2NO = N_2O_2$（快）；

第二步：$N_2O_2 + H_2 = N_2O + H_2O$（慢）；

第三步：$N_2O + H_2 = N_2 + H_2O$（快）。

由于反应第二步进行得很慢，成为影响整个非基元反应快慢的决定性步骤，因此将进行较慢的反应称为决速步，所以总反应的快慢就取决于决速步反应的速率。

（2）质量作用定律

对于基元反应，在一定温度下，其反应速率与反应物浓度系数次方的乘积成正比，这种定量关系叫**质量作用定律**。如对于基元反应

$$aA + bB = cC + dD$$

其反应速率方程式为 $v = kc_A^a c_B^b$，该式称为**速率方程**，其中 $k$ 为速率常数，它代表单位浓度的反应速率。另外，$k$ 取决于反应物的本性，与反应物的浓度无关，但 $k$ 与反应的温度、介质、催化剂等有关。$k$ 的单位取决于反应级数：一级反应，$k$ 的单位是 $s^{-1}$；二级反应，$k$ 的单位是 $L \cdot mol^{-1} \cdot s^{-1}$；$n$ 级反应，$k$ 的单位是 $L^{n-1} \cdot mol^{1-n} \cdot s^{-1}$。因此，由给出的反应速率常数单位，可以判断出反应的级数。

注意：质量作用定律只适用于基元反应。

（3）反应级数

速率方程中浓度（或分压）的指数称为反应级数。如 $aA + bB = cC + dD$，速率方程为 $v = kc_A^m c_B^n$。

式中，$m$ 为对 A 物质的反应级数；$n$ 为对 B 物质的反应级数；$m+n$ 为该反应的总反应级数，简称为该反应的级数。

注意：由于反应级数是通过实验测得的，它是化学反应中若干基元反应的综合表现，所以反应级数的取值可以是零级、一级、二级、三级，也可以是分数级。

如零级：$2Na + 2H_2O = 2NaOH + H_2$　　$v = k$

一级：$C + O_2 = CO_2$　　$v = kc_{O_2}$

二级：$NO_2 + CO = NO + CO_2$　　$v = kc_{NO_2} c_{CO}$

三级：$2H_2 + 2NO = 2H_2O + N_2$　　$v = kc_{H_2} c_{NO}^2$

1.5 级：$H_2 + Cl_2 = 2HCl$　　$v = kc_{H_2} c_{Cl_2}^{\frac{1}{2}}$

反应级数的大小，反映了浓度对反应速率的影响程度。级数越大，表明浓度对反应速率的影响越大。对于零级反应，反应速率与浓度无关。对于反应速率方程，需要注意以下几点：

① 反应速率方程式（$v = kc_A^m c_B^n$）只能由实验得出，而不能由反应方程式得出。

② 只有当得知某一反应为基元反应时，速率方程式中浓度的指数才是方程式中反应物的系数。

③ 由于固体和纯液体本身为标准态，即单位浓度，因此不必列入反应速率方程中，如果反应物为气体，则可用气体的分压来代替浓度。

④ 若实验测出的反应级数与反应方程式中的系数相吻合，该反应也不一定是基元反应，如

$$H_2(g)+I_2(g) \rightleftharpoons 2HI(g)$$

根据实验结果，其速率方程式为 $v=kc_{H_2}c_{I_2}$，但它是一个分两步完成的非基元反应。

第一步：$I_2 \rightleftharpoons 2I$（快）；

第二步：$H_2+2I \rightleftharpoons 2HI$（慢）。

**【例题 3-2】** 乙醛分解反应：

$$CH_3CHO(g) = CH_4(g)+CO(g)$$

在 303K，测得乙醛不同浓度时的反应速率如下：

| $c(CH_3CHO)/mol \cdot L^{-1}$ | 0.10 | 0.20 | 0.30 | 0.40 |
|---|---|---|---|---|
| $v/mol \cdot L^{-1} \cdot s^{-1}$ | 0.025 | 0.102 | 0.228 | 0.406 |

（1）写出该反应的速率方程；

（2）求反应的速率常数 $k$；

（3）求 $c(CH_3CHO)=0.25mol \cdot L^{-1}$ 时的反应速率。

**解** （1）该反应的速率方程为

$$v=kc(CH_3CHO)^n$$

可任选两组数据，代入速率方程以求 $n$ 值，如选第 1、4 两组数据得

$$0.025=k(0.10)^n$$

$$0.406=k(0.40)^n$$

两式相除得

$$\frac{0.025}{0.406}=\frac{(0.10)^n}{(0.40)^n}=\left(\frac{1}{4}\right)^n$$

解得 $n \approx 2$，故得该反应的速率方程为

$$v=kc(CH_3CHO)^2$$

（2）将任一组实验数据（如第 3 组）代入速率方程，可得 $k$ 值。

$$0.228=k(0.30)^2$$

$$k=2.53L \cdot mol^{-1} \cdot s^{-1}$$

（3）$c(CH_3CHO)=0.25mol \cdot L^{-1}$ 时

$$v=kc(CH_3CHO)^2=2.53\times0.25^2=0.158\ (mol \cdot L^{-1} \cdot s^{-1})$$

### 3.3.3　催化剂对反应速率的影响

虽然提高反应温度、浓度可以加快反应速率，然而在实际生产中该操作往往会带来较高的能耗和成本，且高温对设备也会有特殊的要求。但是应用催化剂可以在不提高反应温度及浓度的情况下极大地提高反应速率。**催化剂**是能改变化学反应速率，但是在反应前后自身组成、质量以及化学性质不会发生改变的物质。其中，能加快化学反应速率的为**正催化剂**；能降低化学反应速率的为**负催化剂**。

从能量角度而言，催化剂能够改变反应速率的原因是改变了反应历程，降低了反应的活化能（$E_a$），进而使反应速率增加。如图 3-7 所示，从图中可以看出加入催化剂后，活化能降低，进而加快了反应速率，即催化剂降低了 $E_a$，使 $k$ 值增大。

需要注意的是，催化剂对正、逆反应活化能的降低同步进行，即催化剂同等程度地加快了正、逆反应速率；催化剂的存在，不改变反应的始态和终态，即不会改变 $\Delta G$、$\Delta H$，催化剂只能改变反应途径，而不能改变反应发生的方向；催化剂只能加速热力学上认为可以发

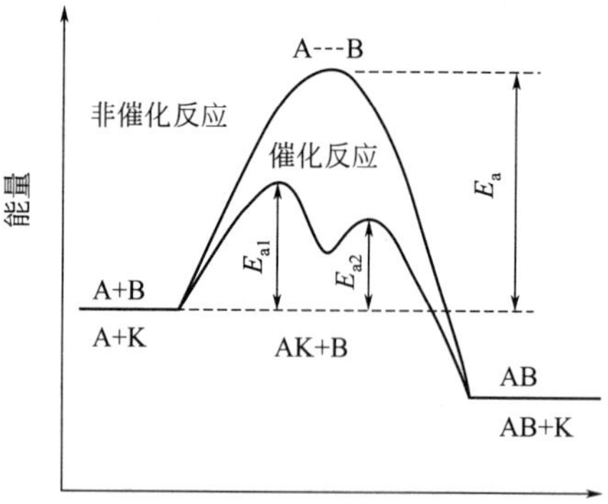


图 3-7　催化剂对反应历程和活化能的影响

生的反应，对于通过热力学计算不能发生的反应，使用任何催化剂都是徒劳的。

虽然在化学反应前后，催化剂的组成、质量以及化学性质都没有发生改变，但实际上，催化剂在许多反应中参与了化学反应过程，而且发生了相应的变化，只不过在反应结束后又被复原。例如，$SO_2$ 与 $O_2$ 作用生成 $SO_3$ 的反应，加入催化剂后改变了 $SO_2$ 转变为 $SO_3$ 的反应历程：

第一步：　$2NO(g)+O_2(g) \longrightarrow 2NO_2(g)$　（反应较快）

第二步：　$2SO_2(g)+2NO_2(g) \longrightarrow 2SO_3(g)+2NO(g)$　（反应很快）

总反应：　$2SO_2(g)+O_2(g) \xrightarrow{NO(g)} 2SO_3(g)$　（反应较快）

可以看出，第一步反应消耗掉的 NO(g) 在第二步反应中如数获得再生。NO(g) 实际上起到了催化剂的作用。

在速率方程中，催化剂的影响体现在反应速率常数中。对于确定的反应，反应温度一定时，应用不同的催化剂一般有不同的速率常数 $k$。

以上我们讨论了浓度、温度、催化剂对反应速率的影响。除此以外，反应速率还与反应物之间接触面积的大小、接触概率的大小有关。为此，在化学工业生产中都会把固态反应物进行粉碎、搅拌均匀，之后再进行相关反应；将液态反应物喷淋、雾化，使其与气态反应物充分混合、接触；对于溶液中进行的反应则采用搅拌、振荡的方法，加强扩散作用，使反应物之间的碰撞频率增加并使生成物及时脱离反应界面。

此外，超声波、激光、高能射线的作用，也会影响某些化学反应的反应速率。

## 3.4　可逆反应与反应平衡

在众多的化学反应中，仅有少数反应能进行“到底”，即反应物几乎完全转变为生成物。但在同样条件下，生成物几乎不能反应得到反应物，如 $KClO_3$ 的分解、酸碱中和反应等。这种只能向一个方向进行的反应，称为**不可逆反应**。

$$2KClO_3 = 2KCl+3O_2\uparrow$$

$$HCl+NaOH = NaCl+H_2O$$

对于绝大多数反应来说，在一定条件下，反应既能按反应方程式从左向右进行（正反应），也能从右向左进行（逆反应），这种同时向正、逆两个方向进行的反应，称为**可逆反应**，如：

$$CO(g)+H_2O(g) \rightleftharpoons H_2(g)+CO_2(g)$$

$$N_2O_4(g) \rightleftharpoons 2NO_2(g)$$

可逆反应进行到一定程度时，便会建立起平衡，即正、逆反应速率相等。正、逆反应速率相等时的状态，称为**化学平衡**。化学平衡是针对可逆反应而言的，对于非可逆反应，不存在化学平衡问题。

化学平衡状态具有几个重要特征：只有在恒温条件、封闭体系中进行的可逆反应，才能建立化学平衡，这是建立平衡的前提；正、逆反应速率相等是建立平衡的条件；平衡状态是封闭体系中可逆反应进行的最大限度，各物质浓度不再随时间变化，这是建立平衡的标志；化学平衡是有条件的平衡，当外界条件改变时，正、逆反应速率发生变化，原平衡被破坏，直到建立新的动态平衡。

达到动态平衡后，就需要一个物理量来定量描述可逆反应的进行程度，这就是化学平衡常数。化学平衡常数包括经验平衡常数与标准平衡常数，这两种类型的平衡常数均只与温度有关。

### 3.4.1 经验平衡常数

对于可逆反应：$a\text{A}+b\text{B} \rightleftharpoons d\text{D}+e\text{E}$，在一定温度下达到平衡时，有如下关系式

$$K_c=\frac{c_\text{D}^d c_\text{E}^e}{c_\text{A}^a c_\text{B}^b} \tag{3-3}$$

表示在一定温度下，某可逆反应达到平衡时，产物浓度幂的乘积与反应物浓度幂的乘积之比是一个常数，即化学平衡常数，也称经验平衡常数。其中，以浓度表示的称为**浓度平衡常数**，用 $K_c$ 表示；以分压表示的称为**压力平衡常数**，用 $K_p$ 表示。

某一时刻下，气相反应达到平衡，可以用平衡浓度计算得出 $K_c$，同理也可以由平衡分压计算出 $K_p$。虽然一般情况下 $K_c$ 和 $K_p$ 并不相等，但是它们表示的却是同一个平衡状态，因此二者之间应该有固定的数量关系。联系两者的关系式是

$$p=\frac{n}{V}RT=cRT$$

从而有

$$K_p=K_c(RT)^{\Delta n} \tag{3-4}$$

在对 $K_c$ 和 $K_p$ 进行转换时，必须注意各种物理量的单位。

$\Delta n$ 为反应前后气体分子数之差，相当于反应式中的 $(d+e)-(a+b)$。

平衡常数的大小是衡量化学反应进行程度的物理量。也就是说，可以用 $K$ 值来估计反应的可能性，如 $N_2+O_2 \rightleftharpoons 2NO$，$K=10^{-30}$，此值很小，说明几乎没有反应；$N_2O_4 \rightleftharpoons 2NO_2$，$K=0.36$，此值较小，说明有一定程度的反应。

又如 $Ag^+ + Cl^- \rightleftharpoons AgCl$，$K=1.0\times10^{10}$，$K$ 值很大，说明该反应进行程度非常大。但是，$K$ 值不能预示反应达到平衡所需时间，也不能说明化学反应速率的快慢。

书写平衡常数表达式时有以下注意事项：

① 反应中的固体和纯液体不写在平衡常数表达式中。

$$\text{HgO(s)} \rightleftharpoons \text{Hg(l)}+\frac{1}{2}\text{O}_2\text{(g)} \qquad K_p=p(\text{O}_2)^{1/2}$$

$$\text{CaCO}_3\text{(s)} \rightleftharpoons \text{CaO(s)}+\text{CO}_2\text{(g)} \qquad K_p=p(\text{CO}_2)$$

② 同一化学反应，由于反应方程式书写不同，$K$ 的表达式也不同，$K$ 值亦不同。所以，要注意 $K$ 的表达式与方程式相一致。

$$\text{N}_2\text{O}_4 \rightleftharpoons 2\text{NO}_2 \qquad K_c=\frac{(c_{\text{NO}_2})^2}{c_{\text{N}_2\text{O}_4}}$$

$$2\text{NO}_2 \rightleftharpoons \text{N}_2\text{O}_4 \qquad K_c''=\frac{c_{\text{N}_2\text{O}_4}}{(c_{\text{NO}_2})^2}=\frac{1}{K_c}$$

$$NO_2 \rightleftharpoons \frac{1}{2}N_2O_4 \qquad K'''_c = \frac{\sqrt{c_{N_2O_4}}}{c_{NO_2}} = \frac{1}{\sqrt{K_c}}$$

③ 由于化学反应的平衡常数随温度而改变，使用时须注明相应的温度。

### 3.4.2 标准平衡常数

若在经验平衡常数表达式中浓度或分压除以标准值，则该平衡常数称为**标准平衡常数**。如对于气相反应 $aA(g)+b(B)(g) \rightleftharpoons cC(g)+dD(g)$

$$K^\ominus = \frac{\left[\frac{p(C)}{p^\ominus}\right]^c \left[\frac{p(D)}{p^\ominus}\right]^d}{\left[\frac{p(A)}{p^\ominus}\right]^a \left[\frac{p(B)}{p^\ominus}\right]^b}$$

$$aA(aq)+bB(aq) \rightleftharpoons cC(aq)+dD(aq)$$

$$K^\ominus = \frac{\left[\frac{c(C)}{c^\ominus}\right]^c \left[\frac{c(D)}{c^\ominus}\right]^d}{\left[\frac{c(A)}{c^\ominus}\right]^a \left[\frac{c(B)}{c^\ominus}\right]^b}$$

与经验平衡常数相比，标准平衡常数中每种物质的平衡浓度均除以标准浓度，每种气体物质的平衡分压均除以标准压力。此外，通常情况下，经验平衡常数的量纲不为1，而标准平衡常数的量纲为1。

**【例题 3-3】** 实验测知，制备水煤气的反应：

$$C(s)+H_2O(g) \rightleftharpoons CO(g)+H_2(g)$$

在1000K下达到平衡时，$c(CO)=c(H_2)=7.6\times10^{-3}\,mol\cdot L^{-1}$，$c(H_2O)=4.6\times10^{-3}\,mol\cdot L^{-1}$；平衡分压 $p(CO)=p(H_2)=0.63\times10^5\,Pa$，$p(H_2O)=0.38\times10^5\,Pa$。试计算该反应的 $K_c$、$K_p$ 及标准平衡常数 $K^\ominus$。

**解**

| | $C(s)+H_2O(g) \rightleftharpoons$ | $CO(g)+$ | $H_2(g)$ |
|---|---|---|---|
| 平衡浓度/$10^{-3}\,mol\cdot L^{-1}$ | 4.6 | 7.6 | 7.6 |
| 平衡分压/$10^5\,Pa$ | 0.38 | 0.63 | 0.63 |

则

$$K_c = \frac{c(CO)c(H_2)}{c(H_2O)} = \frac{(7.6\times10^{-3}\,mol\cdot L^{-1})^2}{4.6\times10^{-3}\,mol\cdot L^{-1}} = 1.3\times10^{-2}\,mol\cdot L^{-1}$$

$$K_p = \frac{p(CO)p(H_2)}{p(H_2O)} = \frac{(0.63\times10^5\,Pa)^2}{0.38\times10^5\,Pa} = 1.0\times10^5\,Pa$$

$$K^\ominus = \frac{[p(CO)/p^\ominus][p(H_2)/p^\ominus]}{p(H_2O)/p^\ominus} = \frac{(0.63\times10^5\,Pa/1.0\times10^5\,Pa)^2}{0.38\times10^5\,Pa/1.0\times10^5\,Pa} = 1.0$$

## 3.5 化学平衡的计算

一个反应进行程度的大小除了用平衡常数 $K$ 来衡量外，还可以利用平衡转化率来进行定量的描述。平衡转化率就是反应物转化为生成物的部分占该反应物起始总量的百分数。

$$平衡转化率(\alpha)=\frac{反应物转化量}{反应物起始总量}\times 100\%$$

平衡常数与转化率均可表示正反应进行程度的大小，但又有所不同。转化率与反应体系的起始状态有关，而且必须要明确指出反应物中哪种物质的转化率。

**【例题 3-4】** 在 763.8K 时，反应 $H_2(g)+I_2(g)\rightleftharpoons 2HI(g)$ 的 $K_c=45.7$，如果反应开始时 $H_2$ 和 $I_2$ 的浓度均为 $1.00mol\cdot L^{-1}$，求反应达平衡时各物质的平衡浓度及 $I_2$ 的平衡转化率。

**解** 设达平衡时 $c(HI)=x\ mol\cdot L^{-1}$

| | $H_2(g)$ + | $I_2(g)\rightleftharpoons$ | $2HI(g)$ |
|---|---|---|---|
| 始态浓度/$mol\cdot L^{-1}$ | 1.00 | 1.00 | 0.00 |
| 变化浓度/$mol\cdot L^{-1}$ | $-\frac{x}{2}$ | $-\frac{x}{2}$ | $+x$ |
| 平衡浓度/$mol\cdot L^{-1}$ | $1.00-\frac{x}{2}$ | $1.00-\frac{x}{2}$ | $x$ |

根据平衡常数表达式，则 $K_c=\frac{c(HI)^2}{c(H_2)\ c(I_2)}=\frac{x^2}{\left(1.00-\frac{x}{2}\right)^2}$

将 $K_c=45.7$ 代入上式，解方程得 $x=1.54$，所以平衡时

$$c(H_2)=c(I_2)=\left(1.00-\frac{1.54}{2}\right)=0.23(mol\cdot L^{-1})$$

$$c(HI)=1.54mol\cdot L^{-1}$$

$I_2$ 的转化浓度为 $1.00-0.23=0.77\ (mol\cdot L^{-1})$。

故 $I_2$ 的平衡转化率 $\alpha=\frac{0.77}{1.00}\times 100\%=77\%$。

**【例题 3-5】** 673K 时，将 0.025mol $COCl_2(g)$ 充入 1.0L 容器中，重新建立下列平衡：

$$COCl_2(g)\rightleftharpoons CO(g)+Cl_2(g)$$

平衡时有 16% $COCl_2$ 解离，求此时的 $K^{\ominus}$。

**解**

| | $COCl_2(g)\rightleftharpoons$ | $CO(g)+$ | $Cl_2(g)$ |
|---|---|---|---|
| 起始浓度/$mol\cdot L^{-1}$ | 0.025 | 0 | 0 |
| 平衡浓度/$mol\cdot L^{-1}$ | 0.021 | 0.004 | 0.004 |

根据 $p=cRT$，可求得平衡时 $p(COCl_2)=117.5kPa$、$p(CO)=p(Cl_2)=22.38kPa$，再把 $p$ 值代入

$$K^{\ominus}=\frac{[p(CO)/p^{\ominus}][p(Cl_2)/p^{\ominus}]}{p(COCl_2)/p^{\ominus}}$$

$$=\frac{[22.38/(1.0\times 10^2)]^2}{117.5/(1.0\times 10^2)}=0.043$$

## 3.6 平衡常数与自由能变的关系

前面已经叙述了用 $\Delta_r G_m^{\ominus}$ 来判断反应的自发方向，它的前提条件是体系中各物质都处于标准状态，即对于气相反应，各物质的分压都是 100kPa；对于溶液反应，各物质的浓度恰好为 $1mol\cdot L^{-1}$。换句话说，用 $\Delta_r G_m^{\ominus}$ 只能判断体系中各种物质都处于标准状态时的反应方向。那么，当它们的浓度（或分压）是任意值时，该如何去判断反应的自发方向呢？

根据热力学推导，平衡常数也可由化学反应等温式推出

$$\Delta_r G_m = \Delta_r G_m^{\ominus} + RT\ln Q \tag{3-5}$$

当系统达到平衡时，不但意味着 $\Delta_r G_m(T)=0$，而且意味着反应商等于标准平衡常数，即

$$\Delta_r G_m^{\ominus} = -RT\ln K^{\ominus} = -2.303RT\lg K^{\ominus} \tag{3-6}$$

式(3-6) 是一个重要公式，在 $\Delta_r G_m^{\ominus}$ 为已知的情况下可以通过它来计算 $K^{\ominus}$。若将式(3-6) 代入式(3-5)，可得到 $\Delta_r G_m = -RT\ln K^{\ominus} + RT\ln Q$。

上式还可以变换为 $\Delta_r G_m = RT\ln \dfrac{Q}{K^{\ominus}} = 2.303RT\lg \dfrac{Q}{K^{\ominus}}$，分析该式可知：

当 $Q<K^{\ominus}$ 时，$\Delta_r G_m<0$，反应朝正向进行；

当 $Q=K^{\ominus}$ 时，$\Delta_r G_m=0$，反应达到平衡；

当 $Q>K^{\ominus}$ 时，$\Delta_r G_m>0$，反应朝逆向进行。

即可比较反应的 $Q$ 和平衡常数 $K^{\ominus}$ 的大小来判断反应进行的方向。

**【例题 3-6】** 写出反应 $C(s)+CO_2(g) \rightleftharpoons 2CO(g)$ 的标准平衡常数表达式，并分别求出温度为 298.15K 和 1173K 时的平衡常数 $K^{\ominus}$（假定焓变和熵变不随温度变化）。

**解**

$$C(s)+CO_2(g) \rightleftharpoons 2CO(g)$$

$$K^{\ominus} = \frac{[p(CO)/p^{\ominus}]^2}{p(CO_2)/p^{\ominus}}$$

根据相关数据计算：

| | $C(s)$ | $+CO_2(g) \rightleftharpoons$ | $2CO(g)$ |
|---|---|---|---|
| $\Delta_f H_m^{\ominus}/kJ \cdot mol^{-1}$ | 0 | −393.5 | −110.53 |
| $S_m^{\ominus}/J \cdot mol^{-1} \cdot K^{-1}$ | 5.74 | 213.74 | 197.660 |
| $\Delta_f G_m^{\ominus}/kJ \cdot mol^{-1}$ | 0 | −394.359 | −137.2 |

(1) 在 298.15K 时

$$\begin{aligned}\Delta_r G_m^{\ominus} &= \sum v_i \Delta_f G_m^{\ominus}(\text{生成物}) + \sum v_i \Delta_f G_m^{\ominus}(\text{反应物}) \\ &= -137.2kJ \cdot mol^{-1} \times 2 + [(-1)\times(-394.359kJ \cdot mol^{-1})] \\ &= 119.959kJ \cdot mol^{-1}\end{aligned}$$

$$\Delta_r G_m^{\ominus} = -2.303RT\lg K^{\ominus}$$

$$\begin{aligned}\lg K^{\ominus}(298.15K) &= -\frac{119.959\times10^3 J \cdot mol^{-1}}{2.303\times8.314J \cdot mol^{1} \cdot K^{-1}\times298.15K} \\ &= -21.02\end{aligned}$$

$$K^{\ominus}(298.15K) = 9.5\times10^{-22}$$

(2) 在 1173K 时

$$\begin{aligned}\Delta_r H_m^{\ominus} &= \sum v_i \Delta_f H_m^{\ominus}(\text{生成物}) + \sum v_i \Delta_f H_m^{\ominus}(\text{反应物}) \\ &= -110.53kJ \cdot mol^{-1} \times 2 + [(-1)\times(-393.5kJ \cdot mol^{-1})] \\ &= 172.44kJ \cdot mol^{-1}\end{aligned}$$

$$\begin{aligned}\Delta_r S_m^{\ominus} &= \sum v_i S_m^{\ominus}(\text{生成物}) + \sum v_i S_m^{\ominus}(\text{反应物}) \\ &= 2\times(197.660J \cdot mol^{-1} \cdot K^{-1}) + [(-1)\times(213.74J \cdot mol^{-1} \cdot K^{-1}) + (-1)\times \\ &\quad (5.74J \cdot mol^{-1} \cdot K^{-1})] = 175.84J \cdot mol^{-1} \cdot K^{-1}\end{aligned}$$

$$\Delta_r G_m^{\ominus}(T) \approx \Delta_r H_m^{\ominus}(298.15K) - T\Delta_r S_m^{\ominus}(298.15K)$$

$$\Delta_r G_m^{\ominus}(1173K) \approx 172.44\times10^3 J \cdot mol^{-1} - 1173K\times175.84J \cdot mol^{-1} \cdot K^{-1}$$

$$=-33820.32\text{J}\cdot\text{mol}^{-1}$$

$$\lg K^{\ominus}(1173\text{K})=-\frac{\Delta_r G_m^{\ominus}(1173\text{K})}{2.303RT}$$

$$=\frac{33820.32\text{J}\cdot\text{mol}^{-1}}{2.303\times 8.314\text{J}\cdot\text{mol}^{-1}\cdot\text{K}^{-1}\times 1173\text{K}}$$

$$=1.506$$

$$K^{\ominus}(1173\text{K})=32.12$$

## 3.7 多重平衡规则

在一个化学反应过程中，若有多个平衡同时存在，并且一种物质同时参与几种平衡，这种现象称为多重平衡。如 $SO_2$、$SO_3$、$O_2$、NO、$NO_2$ 五种气体同时存在于同一反应器中，此时至少同时存在三种平衡。

$$SO_2(g)+\frac{1}{2}O_2(g)\rightleftharpoons SO_3(g) \qquad K_1=\frac{p_{SO_3}}{p_{SO_2}(p_{O_2})^{1/2}} \tag{3-7}$$

$$NO_2(g)\rightleftharpoons NO(g)+\frac{1}{2}O_2(g) \qquad K_2=\frac{(p_{O_2})^{1/2}p_{NO}}{p_{NO_2}} \tag{3-8}$$

$$SO_2(g)+NO_2(g)\rightleftharpoons SO_3(g)+NO(g) \qquad K_3=\frac{p_{SO_3}p_{NO}}{p_{SO_2}p_{NO_2}} \tag{3-9}$$

可以发现：式(3-9)=式(3-7)+式(3-8)；$K_1K_2=K_3$。

由此可以得到多重平衡规则，即在相同条件下，如有两个反应方程式相加（或相减）得到第三个反应方程式，则第三个反应方程式的平衡常数为前两个反应方程式平衡常数之积（或商）。

## 3.8 影响化学反应平衡的因素

化学平衡是一个动态平衡，一旦外界条件（如温度、压力、浓度等）发生改变，之前的平衡被打破，其结果必然是在新的条件下建立起新的平衡状态。这种因外界条件改变，使可逆反应从原来的平衡状态转变到新的平衡状态的过程，称为化学平衡的移动。如上所述，从物质的变化角度来说，化学平衡是可逆反应正、逆反应速率相等时的状态；从能量变化角度说，可逆反应达平衡时，$\Delta_r G_m=0$，$Q=K^{\ominus}$。因此，一切能导致 $\Delta_r G_m$ 和 $Q$ 发生变化的外界条件都会使平衡发生移动。

### 3.8.1 浓度对平衡的影响

增大反应物浓度或减少生成物浓度，平衡将沿正反应方向移动；反之，则向逆反应方向移动。例如，$BiCl_3$ 水解生成不溶性 BiOCl 和盐酸的反应：

$$BiCl_3(aq)+H_2O(l)\rightleftharpoons BiOCl(s)+2HCl(aq)$$

向系统中逐滴加入盐酸，平衡向逆反应方向移动的标志是 BiOCl 沉淀减少或消失；向系统中加 $H_2O$，平衡向正反应方向移动的标志是 BiOCl 沉淀重新出现或沉淀量增多。

从平衡常数与反应商之间的关系看，平衡状态下 $Q=K^{\ominus}$，任何一种反应物或产物浓度的改变都将导致 $Q\neq K^{\ominus}$。增大产物浓度或减小反应物浓度使 $Q>K^{\ominus}$，平衡向逆反应方向移动，移动的结果使 $Q$ 减小，直至 $Q$ 重新等于 $K^{\ominus}$；反之，减小产物浓度或增大反应物浓

度则使 $Q<K^{\ominus}$，平衡向正反应方向移动，移动的结果使 $Q$ 增大，直至 $Q$ 重新等于 $K^{\ominus}$。具体如表 3-1 所示。

**表 3-1 浓度对化学平衡的影响**

| 热力学判据 | | 平衡 |
|---|---|---|
| $\Delta_r G_m = RT\ln\frac{Q}{K^{\ominus}}=0$ | $Q=K^{\ominus}$ | 不移动 |
| $\Delta_r G_m = RT\ln\frac{Q}{K^{\ominus}}<0$ | $Q<K^{\ominus}$ | 正向移动 |
| $\Delta_r G_m = RT\ln\frac{Q}{K^{\ominus}}>0$ | $Q>K^{\ominus}$ | 逆向移动 |

**【例题 3-7】** 在某温度下，已知反应 $CO(g)+H_2O(g) \rightleftharpoons H_2(g)+CO_2(g)$ 的 $K_c$ 为 9。若 CO 和 $H_2O$ 的起始浓度均为 $0.02mol\cdot L^{-1}$，求 CO 的平衡转化率。

**解** 设反应达到平衡时体系中 $H_2$ 和 $CO_2$ 浓度均为 $x$ $mol\cdot L^{-1}$。

| | $CO(g)$ | $+H_2O(g) \rightleftharpoons$ | $H_2(g)$ | $+CO_2(g)$ |
|---|---|---|---|---|
| 起始浓度/$mol\cdot L^{-1}$ | 0.02 | 0.02 | 0 | 0 |
| 平衡浓度/$mol\cdot L^{-1}$ | $0.02-x$ | $0.02-x$ | $x$ | $x$ |

$$K_c=\frac{c(H_2)c(CO_2)}{c(CO)c(H_2O)}=\frac{x^2}{(0.02-x)^2}=9$$

解方程得 $x=0.015$。

由反应方程式可知，平衡时已转化的 CO 浓度为 $0.015mol\cdot L^{-1}$。

所以，CO 的平衡转化率为 $\frac{0.015mol\cdot L^{-1}}{0.02mol\cdot L^{-1}}\times 100\%=75\%$。

## 3.8.2 压力对平衡的影响

如果把气体方程 $p=(n/V)RT$ 中的 $n/V$ 看作浓度项，不难得知压力变化对平衡的影响实质是通过浓度的变化来起作用。由于固、液相浓度几乎不随压力而变化，因而改变压力对无气相参与的系统影响甚微。以合成氨的反应为例，来说明压力是如何影响气相反应的平衡移动。相关的反应方程式和标准平衡常数如下。

$$3H_2(g)+N_2(g) \rightleftharpoons 2NH_3(g)$$

$$K^{\ominus}=\frac{\left[\frac{p(NH_3)}{p^{\ominus}}\right]^2}{\left[\frac{p(N_2)}{p^{\ominus}}\right]\left[\frac{p(H_2)}{p^{\ominus}}\right]^3}$$

如果平衡系统的总压力增至原来的 2 倍，此时各组分的压力都相应增至原来的 2 倍：$p'(H_2)=2p(H_2)$；$p'(N_2)=2p(N_2)$；$p'(NH_3)=2p(NH_3)$。于是

$$Q=\frac{\left[\frac{2p(NH_3)}{p^{\ominus}}\right]^2}{\left[\frac{2p(N_2)}{p^{\ominus}}\right]\left[\frac{2p(H_2)}{p^{\ominus}}\right]^3}=\frac{1}{4}K^{\ominus}$$

$Q<K^{\ominus}$，平衡正向移动，即向气体体积减小的方向移动。大家还可以自己讨论压力对 $H_2(g)$ 和 $I_2(g)$ 生成 HI(g) 的平衡的影响。与上述反应不同，该气相反应方程式两端气体分子数相等。

通过讨论不难得出，压力变化只对反应前后气体分子数目有变化的反应有影响。增大压

力，平衡向分子数减少的方向移动；减小压力，平衡向分子数增加的方向移动。具体影响如表 3-2 所示。

**表 3-2 压力对化学平衡的影响**

<table>
<tr><td>压力变化 \ Δn \ 平衡移动方向</td><td>$\Delta n>0$<br>气体分子总数增加的反应</td><td>$\Delta n<0$<br>气体分子总数减少的反应</td></tr>
<tr><td rowspan="2">压缩体积以增加体系总压力</td><td>$Q>K^{\ominus}$<br>平衡向逆反应方向移动</td><td>$Q<K^{\ominus}$<br>平衡向正反应方向移动</td></tr>
<tr><td colspan="2">平衡均向气体分子总数减少的方向移动</td></tr>
<tr><td rowspan="2">增大体积以降低体系总压力</td><td>$Q<K^{\ominus}$<br>平衡向正反应方向移动</td><td>$Q>K^{\ominus}$<br>平衡向逆反应方向移动</td></tr>
<tr><td colspan="2">平衡均向气体分子总数增加的方向移动</td></tr>
</table>

**【例题 3-8】** 将 1.0mol $N_2O_4$ 置于一密闭容器中，$N_2O_4(g)$ 按下式分解：

$$N_2O_4(g) \rightleftharpoons 2NO_2(g)$$

在 25℃及 100kPa 达平衡时，测得 $N_2O_4$ 的转化率为 50%，计算：

(1) 反应的 $K^{\ominus}$；

(2) 25℃、1000kPa 达平衡时，$N_2O_4$ 的转化率及 $N_2O_4$ 和 $NO_2$ 的分压；

(3) 由计算说明压力对此平衡移动的影响。

**解** (1)

| | $N_2O_4(g) \rightleftharpoons$ | $2NO_2(g)$ |
|---|---|---|
| 起始物质的量/mol | 1.0 | 0 |
| 变化量/mol | $-1.0\alpha$ | $+2(1.0\alpha)$ |
| 平衡量/mol | $1.0\times(1.0-\alpha)$ | $2.0\alpha$ |

平衡时 $N_2O_4$ 和 $NO_2$ 的分压为

$$p(N_2O_4)=\frac{1.0-\alpha}{1.0+\alpha}p_{总}$$

$$p(NO_2)=\frac{2.0\alpha}{1.0+\alpha}p_{总}$$

$$K^{\ominus}=\frac{[p(NO_2)/p^{\ominus}]^2}{p(N_2O_4)/p^{\ominus}}=\frac{\left[\left(\frac{2.0\alpha}{1.0+\alpha}\right)\left(\frac{p_{总}}{p^{\ominus}}\right)\right]^2}{\left(\frac{1.0-\alpha}{1.0+\alpha}\right)\left(\frac{p_{总}}{p^{\ominus}}\right)}$$

$$=\frac{4.0\alpha^2}{1.0-\alpha^2}\times\frac{p_{总}}{p^{\ominus}}$$

$$=\frac{4.0\times0.50^2}{1.0-0.50^2}\times1.0$$

$$=1.3$$

(2) 1000kPa 时，$K^{\ominus}$不变（因为 $T$ 不变），则

$$K^{\ominus}=\frac{4.0\alpha'^2}{1.0-\alpha'^2}\times\frac{p_{总}}{p^{\ominus}}$$

$$1.3=\left(\frac{4.0\alpha'^2}{1.0-\alpha'^2}\right)\times10$$

$$\alpha'=0.18=18\%$$

平衡时各组分的分压为

$$p(N_2O_4)=\frac{1.0-\alpha'}{1.0+\alpha'}p_{总}=\left(\frac{1.0-0.18}{1.0+0.18}\right)\times 1000\text{kPa}$$
$$=694.9\text{kPa}$$
$$p(NO_2)=\frac{2.0\alpha'}{1.0+\alpha'}p_{总}=\left(\frac{2.0\times 0.18}{1.0+0.18}\right)\times 1000\text{kPa}$$
$$=305.1\text{kPa}$$

（3）总压力由 100kPa 增加到 1000kPa，$N_2O_4$ 的转化率由 50%降至 18%，说明平衡向左移动，即向气体分子数减少的方向移动。

### 3.8.3 温度对平衡的影响

温度对化学平衡的影响与浓度、压力对平衡的影响有本质的区别。在一定的温度下，浓度、压力改变时，因系统组成改变而使平衡发生移动，而平衡常数并未改变。但温度变化时，主要改变了平衡常数，从而导致了平衡的移动。要定量地讨论温度对平衡的影响，必须先了解温度与平衡常数的关系。

$$\Delta_r G_m^{\ominus}=-RT\ln K^{\ominus} \tag{3-10}$$
$$\Delta_r G_m^{\ominus}=\Delta_r H_m^{\ominus}-T\Delta_r S_m^{\ominus} \tag{3-11}$$

将式(3-10) 与式(3-11) 联立可得

$$\ln K^{\ominus}=\frac{\Delta_r S_m^{\ominus}}{R}-\frac{\Delta_r H_m^{\ominus}}{RT} \tag{3-12}$$

设在温度 $T_1$ 和 $T_2$ 时，平衡常数为 $K_1^{\ominus}$ 和 $K_2^{\ominus}$，并设 $\Delta_r H^{\ominus}$ 和 $\Delta_r S^{\ominus}$ 不随温度而改变，则有

$$\ln K_1^{\ominus}=\frac{\Delta_r S_{m1}^{\ominus}}{R}-\frac{\Delta_r H_{m1}^{\ominus}}{RT_1} \tag{3-13}$$
$$\ln K_2^{\ominus}=\frac{\Delta_r S_{m2}^{\ominus}}{R}-\frac{\Delta_r H_{m2}^{\ominus}}{RT_2} \tag{3-14}$$

式(3-14)－式(3-13) 得

$$\ln\frac{K_2^{\ominus}}{K_1^{\ominus}}=\frac{\Delta_r H_m^{\ominus}}{R}\times\frac{T_2-T_1}{T_1T_2} \tag{3-15}$$

上式是表述 $K^{\ominus}$ 与 $T$ 关系的一个重要方程式，可以利用该式来分析温度对平衡移动的影响。对于一反应：

若 $\Delta_r H^{\ominus}<0$（放热），当 $T_2>T_1$ 时，则 $K_2^{\ominus}<K_1^{\ominus}$，平衡逆向移动；

若 $\Delta_r H^{\ominus}>0$（吸热），当 $T_2>T_1$ 时，则 $K_2^{\ominus}>K_1^{\ominus}$，平衡正向移动。

通过以上分析可以得出温度对平衡移动的具体影响：升高温度，平衡向吸热反应的方向移动；降低温度，平衡向放热反应的方向移动。具体如表 3-3 所示。

**表 3-3 温度对平衡的影响**

| $T$ \ $\Delta_r H_m^{\ominus}$ \ $K^{\ominus}(T)$ | $\Delta_r H_m^{\ominus}<0$（放热反应） | $\Delta_r H_m^{\ominus}>0$（吸热反应） |
|---|---|---|
| $T$ 升高时 | $K^{\ominus}(T)$变小，平衡逆向移动 | $K^{\ominus}(T)$增大，平衡正向移动 |
| $T$ 降低时 | $K^{\ominus}(T)$增大，平衡正向移动 | $K^{\ominus}(T)$变小，平衡逆向移动 |

### 3.8.4 催化剂对平衡的影响

催化剂虽然可以改变化学反应速率，但是在一定温度下，对于任一可逆反应，无论是否

使用催化剂，反应的始态、终态都是一样的，即反应的焓变 $\Delta H$、熵变 $\Delta S$ 及标准吉布斯自由能变 $\Delta_r G_m^{\ominus}(T)$ 相等。根据 $\Delta_r G_m^{\ominus}(T) = -RT\ln K^{\ominus}(T)$，在一定温度下，$K^{\ominus}(T)$ 不变，说明催化剂并不影响反应的平衡状态。但把催化剂加入尚未达到平衡的可逆反应体系中，可以降低反应的活化能，缩短到达平衡的时间，有利于提高生产效率。

综上所述，浓度、压力、温度都是影响平衡的因素，这些因素对化学平衡的影响可以概括为：如果向平衡系统施加外力，平衡将沿着减小此外力的方向移动。这是法国化学家吕·查德里提出的，故称为吕·查德里原理。

吕·查德里原理是各种科学原理中适用范围最广的原理之一，除化学反应外，还适用于物理、生物、经济活动等领域的平衡系统。但必须注意，它只能应用在已经达到平衡的体系，对于未达平衡的体系是不适用的。

## 习题

3.1　什么是化学反应平均速率、瞬时速率？两种反应速率之间有何区别与联系？

3.2　什么是活化能？如何理解活化能的含义？

3.3　简述反应速率碰撞理论的理论要点。

3.4　简述反应速率过渡状态理论的理论要点。

3.5　比较浓度、温度和催化剂对反应速率的影响。有何相同、不同之处？

3.6　下面说法你认为正确与否？说明理由。

(1) 反应的级数与反应的分子数是同义词。

(2) 在反应历程中，定速步骤是反应速率最慢的一步。

(3) 反应速率常数的大小就是反应速率的大小。

(4) 从反应速率常数的单位可以判断该反应的级数。

3.7　平衡浓度是否随温度变化？是否随起始浓度变化？

3.8　平衡常数是否随起始浓度变化？转化率是否随起始浓度变化？

3.9　平衡常数能否代表转化率？如何正确认识两者之间的关系？

3.10　反应 $H_2(g)+I_2(g) \longrightarrow 2HI(g)$ 为二级反应，其反应速率方程式为 $v=kc(H_2)c(I_2)$。当 $H_2$ 和 $I_2$ 浓度均为 $2.0mol \cdot L^{-1}$ 时反应速率为 $0.1mol \cdot L^{-1} \cdot s^{-1}$，试求：

(1) 当 $c(H_2)=0.10mol \cdot L^{-1}$，$c(I_2)=0.50mol \cdot L^{-1}$ 时的反应速率；

(2) 当反应进行一段时间后，测得反应体系中 $c(H_2)=0.60mol \cdot L^{-1}$，$c(I_2)=0.10mol \cdot L^{-1}$，$c(HI)=0.20mol \cdot L^{-1}$，反应的起始速率是多少？

3.11　对于某气相反应 $A(g)+3B(g)+2C(g) \longrightarrow D(g)+2E(g)$，测得如下的动力学数据：

**动力学数据**

| 项目 | $c_A/mol \cdot L^{-1}$ | $c_B/mol \cdot L^{-1}$ | $c_C/mol \cdot L^{-1}$ | $(d[D]/dt)/mol \cdot L^{-1} \cdot s^{-1}$ |
|---|---|---|---|---|
| 1 | 0.20 | 0.40 | 0.10 | $x$ |
| 2 | 0.40 | 0.40 | 0.10 | $4x$ |
| 3 | 0.40 | 0.40 | 0.20 | $8x$ |
| 4 | 0.20 | 0.20 | 0.20 | $x$ |

(1) 分别求出 A、B、C 的反应级数；

（2）写出反应的速率方程；

（3）若 $x=6.0\times10^{-2}mol\cdot L^{-1}\cdot s^{-1}$，求该反应的速率常数。

3.12 已知反应 $CH_3CHO(g)=CH_4(g)+CO(g)$ 的活化能 $E_a=188.3kJ\cdot mol^{-1}$，当以碘蒸气为催化剂时，反应的活化能变为 $E'_a=138.1kJ\cdot mol^{-1}$。试计算 800K 时，加入碘蒸气作催化剂后，反应速率增大为原来的多少倍。

3.13 某温度下，$N_2O_4(g)$ 部分分解成 $NO_2(g)$。平衡时体系的总压为 $p_0$，平衡转化率为 $\alpha_1$。现将总压降为 $0.1p_0$，试用 $\alpha_1$ 表示出这时的平衡转化率 $\alpha_2$。若总压较大时的平衡转化率 $\alpha_1=25\%$，试计算总压较小时的平衡转化率 $\alpha_2$。

3.14 反应 $2NaHCO_3(s)\rightleftharpoons Na_2CO_3(s)+CO_2(g)+H_2O(g)$ 的标准摩尔反应热为 $1.29\times10^2kJ\cdot mol^{-1}$。若 303K 时 $K^\ominus=1.66\times10^{-5}$，计算 393K 的 $K^\ominus$。

3.15 反应 $3H_2(g)+N_2(g)\rightleftharpoons 2NH_3(g)$ 200℃时的平衡常数 $K_1^\ominus=0.64$，400℃时的平衡常数 $K_2^\ominus=6.0\times10^{-4}$，据此求该反应的标准摩尔反应热 $\Delta_r H_m^\ominus$ 和 $NH_3$ 的标准摩尔生成热 $\Delta_f H_m^\ominus$。

3.16 500K 时，反应 $PCl_5(g)\rightleftharpoons PCl_3(g)+Cl_2(g)$ 在一容积为 $1.00dm^3$ 的容器中进行。

（1）反应开始时容器内有 0.010mol $PCl_5$，$PCl_5$ 的平衡转化率为 65.5%。试求该反应的 $K_c$；

（2）反应开始时容器内有 0.010mol $PCl_5$ 和 0.010mol $PCl_3$，试求 $PCl_5$ 的平衡转化率；

3.17 已知反应 $H_2S(g)+Cu(s)\rightleftharpoons CuS(s)+H_2(g)$ 298K 时的 $\Delta_r G_m^\ominus=-20.2kJ\cdot mol^{-1}$。试计算：

（1）该反应的标准平衡常数 $K^\ominus$；

（2）若空气中 $H_2S$ 的分压为 3.1Pa，试计算可以确保铜单质免遭 $H_2S$ 腐蚀时 $H_2$ 的分压。

3.18 $PCl_5$ 分解反应 $PCl_5(g)\rightleftharpoons PCl_3(g)+Cl_2(g)$ 的 $\Delta_r H_m^\ominus=116kJ\cdot mol^{-1}$。已知在 250℃和 100kPa 下，$PCl_5$ 离解率为 80%。试判断 0.1mol $PCl_5$、0.5mol $PCl_3$ 和 0.2mol $Cl_2$ 混合后在以下三种情况下反应的方向：

（1）250℃和 100kPa 下；

（2）250℃和 1000kPa 下；

（3）350℃和 1000kPa 下。

3.19 反应 $N_2O_5=2NO_2+\frac{1}{2}O_2$，其温度与速率常数的数据列于下表，求反应的活化能。

**温度与速率常数的数据**

| $T/K$ | $k/s^{-1}$ | $T/K$ | $k/s^{-1}$ |
|---|---|---|---|
| 338 | $4.87\times10^{-3}$ | 308 | $1.35\times10^{-4}$ |
| 328 | $1.50\times10^{-3}$ | 298 | $3.46\times10^{-5}$ |
| 318 | $4.98\times10^{-4}$ | 273 | $7.87\times10^{-7}$ |

3.20 298.15K 时，反应 $2H_2O_2(l)\rightleftharpoons 2H_2O(l)+O_2(g)$ 的 $\Delta_r H_m^\ominus=-196.10kJ\cdot mol^{-1}$，$\Delta_r S_m^\ominus=125.76J\cdot mol^{-1}\cdot K^{-1}$。试分别计算该反应在 298.15K 和 373.15K 的 $K^\ominus$。

# 第4章 酸碱解离平衡

酸与碱是化学中最重要的基本概念之一。从开始学习化学就知道酸性与 $H^+$ 有关，碱性与 $OH^-$ 有关。随着科学的发展，人们对酸碱的认识更加深入，发展了广义酸碱概念。

本章我们首先讨论酸碱理论，进而讨论弱酸、弱碱及其盐在水溶液中的离子平衡以及影响酸、碱度的因素。

## 4.1 酸碱的多种定义

从早期化学家 Boyle（1684 年）提出酸碱理论到 1963 年美国化学家 Pearson 提出软硬酸碱理论（SHAB）的将近 300 年中，酸碱定义名目颇多，我们选择其中有代表性的理论来讨论。本节主要讨论以下几种酸碱理论。

### 4.1.1 阿仑尼乌斯酸碱解离理论

1887 年，瑞典物理化学家阿仑尼乌斯提出了酸碱的解离学说，又称为阿仑尼乌斯酸碱解离理论。该理论认为：酸是在水溶液中解离产生的阳离子全部是氢离子（$H^+$）的化合物；碱是在水溶液中解离产生的阴离子全部是氢氧根离子（$OH^-$）的化合物。酸碱中和反应的实质就是 $H^+$ 和 $OH^-$ 结合为 $H_2O$。阿仑尼乌斯酸碱解离理论的优点是能简明地解释水溶液中的酸碱反应，水溶液中的酸碱强度的标度很明确；缺点是该理论把酸碱限制在水溶液中，即使 $NH_3(g)+HCl(g) \longrightarrow NH_4Cl(s)$ 这样的反应，也不属于酸碱反应，而且将碱限制于氢氧化物。

### 4.1.2 富兰克林酸碱溶剂理论

1905 年，美国化学家富兰克林提出了**酸碱溶剂理论**。该理论是从各种不同溶剂中也同样存在酸碱反应发展起来的。

按照纯溶剂是否自偶解离出溶剂和质子来分，溶剂可分为两类。

① 质子型溶剂，如 $H_2SO_4(l)$ 和 $NH_3(l)$ 等，理所应当是质子型溶剂。

$$2H_2SO_4(l) \rightleftharpoons H_3SO_4^+ + HSO_4^-$$

$$2NH_3(l) \rightleftharpoons NH_4^+ + NH_2^-$$

② 非质子型溶剂，如 $N_2O_4(l)$、$SO_3(l)$ 等。

$$N_2O_4(l) \rightleftharpoons NO^+ + NO_3^-$$

$$2SO_3(l) \rightleftharpoons SO_2^{2+} + SO_4^{2-}$$

比较水中 $H_3O^+ + OH^- \longrightarrow 2H_2O$ 的典型中和反应，溶剂理论中的酸碱可定义为：能解离出溶剂特征阳离子的物质，称为该溶剂的酸；能解离出溶剂特征阴离子的物质，称为该溶剂的碱。这样一来，酸碱就扩大到非水体系中了。例如在 $NH_3(l)$ 中，$NH_2^-$ 为一元碱，

$NH^{2-}$ 为二元碱，$N^{3-}$ 为三元碱，$NH_4^+$ 为一元酸。

### 4.1.3 布朗斯特酸碱质子理论

1923 年，丹麦化学家布朗斯特（Bronsted）和英国化学家劳里（Lowry）提出了**酸碱质子理论**。该理论认为：凡是能给出质子的物质（正离子、负离子或分子）称为质子酸；凡是能接受质子的物质（离子或分子）称为质子碱。该理论把酸与碱统一在质子上，其关系式为

$$A(酸) \longrightarrow B(碱) + H^+(质子)$$

这种关系称为**共轭酸碱对**（conjugate acid and base pair），故酸碱质子理论又称为共轭酸碱理论。按照酸碱质子论，酸可以分类成分子酸，如 $H_2SO_4$、HCl、$CH_3COOH$；阴离子酸，如 $HSO_3^-$、$HC_2O_4^-$；阳离子酸，如 $H_3O^+$、$NH_4^+$、$C_6H_5NH_3^+$。碱可以分类成分子碱，如 $NH_3$、$N_2H_4$、$NH_2OH$；阴离子碱，如 $OH^-$、$S^{2-}$、$CH_3COO^-$；阳离子碱，如 $N_2H_5^+$ 等。根据布朗斯特酸碱理论，判断某物质是酸还是碱要结合具体的反应，例如：

$$H_2SO_4 \rightleftharpoons HSO_4^- + H^+ \qquad HSO_4^- \text{ 表现为碱}$$

$$HSO_4^- \rightleftharpoons SO_4^{2-} + H^+ \qquad HSO_4^- \text{ 表现为酸}$$

该理论不存在盐的概念。因为组成盐的离子已变成了离子酸和离子碱。该理论的酸碱是共轭的，弱酸共轭强碱，弱碱共轭强酸。因此，已知某酸（碱）的强度，便可知其共轭碱（酸）的强度。

该理论的优点是将酸碱反应扩大到气相、液相、解离和水解等反应。

（1）气相中的酸碱反应

$$HCl(g) + NH_3(g) \xlongequal{} NH_4Cl(s)$$

（2）解离反应

a. 自偶反应

$$H_2O(酸) + H_2O(碱) \rightleftharpoons H_3O^+(酸) + OH^-(碱)$$

$$NH_3(l) + NH_3(l) \rightleftharpoons NH_4^+ + NH_2^-$$

b. 酸解离

$$HAc + H_2O \rightleftharpoons H_3O^+ + Ac^-$$

c. 碱解离

$$NH_3 + H_2O \rightleftharpoons NH_4^+ + OH^-$$

（3）水解反应

弱酸根或者弱碱根的水解反应实际上可以看作共轭碱或共轭酸与水反应。例如：

$$CH_3COO^- + H_2O \rightleftharpoons CH_3COOH + OH^-$$

$$[Fe(H_2O)_6]^{3+} + H_2O \rightleftharpoons [Fe(OH)(H_2O)_5]^{2+} + H_3O^+$$

### 4.1.4 路易斯酸碱电子理论

1923 年，美国化学家路易斯（Lewis）提出**酸碱电子论**。该理论将酸碱定义为：凡是能接受电子对的物质，称为路易斯酸；凡是能给出电子对的物质，称为路易斯碱。可以用 A+ ∶B ⟶ A∶B 来表示路易斯酸（A）与路易斯碱（∶B）之间的反应，生成的 AB 称为酸碱加合物。$Co^{2+}$、$Zn^{2+}$、$Re^{3+}$、$H^+$、$Cu^{2+}$、$Ag^+$、$BF_3$ 等可以接受电子对，属于酸；$OH^-$、$NH_3$、$F^-$ 等可以提供电子对，属于碱。例如：

$$Cu^{2+} + 4NH_3 \xlongequal{} [Cu(NH_3)_4]^{2+}$$

$$Cu^{2+}+4NH_3 = \left[\begin{array}{c} NH_3 \\ \downarrow \\ NH_3 \rightarrow Cu \leftarrow NH_3 \\ \uparrow \\ NH_3 \end{array}\right]^{2+}$$

酸碱电子论的优点是扩大了酸和碱的范围，包容了离子论、质子论和溶剂论等的酸碱定义，所以该理论又称为广义酸碱理论。有了广义酸碱定义，所有化学反应都可分为三大类：

（1）酸碱反应

$$A+:B \longrightarrow A:B$$

$$FeBr_3+Br^- = FeBr_4^-$$

（2）氧化还原反应

$$Red\cdot +Ox \longrightarrow Red^+Ox^-$$

$$2Cu+O_2 = 2CuO$$

（3）自由基反应

$$X\cdot +Y \longrightarrow X+Y\cdot \text{或} X\cdot + \cdot Y \longrightarrow X:Y$$

$$CH_4+Cl_2 \xrightarrow{\text{光照}} CH_3Cl+HCl$$

### 4.1.5　皮尔逊软硬酸碱理论

1963年，美国化学家皮尔逊（Pearson）提出软硬酸碱理论，简称HSAB（hard-soft-acid-base）理论，是一种尝试解释酸碱反应及其性质的理论，目前在化学研究中得到了广泛的应用。其中最重要的是对配合物稳定性的判别和其反应机理的解释。软硬酸碱理论的基础是酸碱电子论，即以电子对得失作为判定酸、碱的标准。

酸碱的软硬分类是在路易斯酸碱理论的基础上进行的，将酸和碱根据性质的不同分为“硬”“软”两类。“硬”是指具有较高电荷密度、较小半径的粒子（离子、原子、分子），即电荷密度与粒子半径的比值较大。半径小、电荷高的阳离子一般属于硬酸。

如：$Na^+$、$Mg^{2+}$　ⅠA、ⅡA族阳离子

$B^{3+}$、$Al^{3+}$、$Si^{4+}$　ⅢA、ⅣA族阳离子

$La^{3+}$、$Ce^{4+}$、$Ti^{4+}$　高电荷、半径小的阳离子

$Cr^{3+}$、$Mn^{2+}$、$Fe^{3+}$　$(9\sim17)e^-$的阳离子

“软”是指具有较低电荷密度和较大半径的粒子。“硬”粒子的极化性较低，但极性较大；“软”粒子的极化性较高，但极性较小。半径大、电荷低的阳离子一般属于软酸，如$Cu^+$、$Ag^+$、$Cd^{2+}$、$Hg_2^{2+}$、$Tl^+$、$Pt^{2+}$等。

路易斯酸中接受电子对的原子，其变形性介于硬酸和软酸之间者属于交界酸，如$Cr^{2+}$、$Fe^{2+}$、$Co^{2+}$、$Ni^{2+}$、$Cu^{2+}$、$Zn^{2+}$、$Sn^{2+}$、$Pb^{2+}$、$Sb^{3+}$、$Bi^{3+}$等。

路易斯碱中给出电子对的原子电负性大，其电子云不易变形，不易失去电子，则这种碱称为硬碱，如$F^-$、$C^-$、$H_2O$、$OH^-$、$O_2^-$、$SO_4^{2-}$、$NO_3^-$、$ClO_4^-$、$CH_3COO^-$、$NH_3$等。

路易斯碱中给出电子对的原子电负性小，其电子云易变形，易失去电子，则这种碱称为软碱，如$I^-$、$S^{2-}$、$CN^-$、$SCN^-$、$CO$、$S_2O_3^{2-}$、$C_6H_6$等。

路易斯碱中给出电子对的原子变形性介于硬碱和软碱之间者属于交界碱，如$Br^-$、$SO_3^{2-}$、$N_2$、$NO_2^-$等。

软硬酸碱结合的原则：软亲软，硬亲硬；软和硬，不稳定。

# 4.2 弱电解质的解离反应与平衡常数

## 4.2.1 电离学说

1887年，瑞典化学家阿仑尼乌斯（S. A. Arrhenius）提出了电解质的电离理论。

① 由于极性溶剂的作用，电解质在溶液中自动解离成自由移动的带正、负电荷的溶剂合离子，这一过程称为**解离**。

② 正、负离子不停地运动，相互碰撞时又可以结合成离子对或分子，减少了溶液中自由移动的溶剂合离子数，所以在电解质溶液中，电解质只是部分解离。电解质在溶剂中解离出自由移动的离子的分数，称为**解离度**，用 $\alpha$ 表示。

有人用凝固点下降对氢氧化钠溶液进行了实验，结果列于表4-1中。发现随着氢氧化钠浓度的减小，其凝固点下降的理论值与实验值的比值逐渐趋近于2，根据阿仑尼乌斯电离理论，说明一个氢氧化钠“分子”电离出两个离子：

$$NaOH = Na^{+} + OH^{-}$$

**表4-1 NaOH溶液凝固点下降理论值与实验值的比值随浓度的变化**

| $c(NaOH)/mol \cdot L^{-1}$ | 0.50 | 0.20 | 0.10 | 0.05 | 0.01 | 0.005 |
|---|---|---|---|---|---|---|
| $i = \Delta T_f / \Delta T'_f$ | 1.81 | 1.84 | 1.87 | 1.89 | 1.94 | 1.96 |

按照一定浓度电解质溶液解离度的大小，电解质可分为强电解质和弱电解质。对于 $0.100mol \cdot L^{-1}$ 的电解质溶液，强电解质的表观解离度大于30%，弱电解质解离度小于3%。对于同一种电解质，其浓度越小，解离度越大。例如，$0.100mol \cdot L^{-1}$ 的醋酸溶液，$\alpha = 1.34\%$；$5 \times 10^{-6} mol \cdot L^{-1}$ 的醋酸溶液，$\alpha = 82\%$。强电解质表观解离度总是小于100%，如 $0.100mol \cdot L^{-1}$ 盐酸，$\alpha = 92.6\%$。这是因为电荷相反的离子总会相碰撞而形成一定数量的、暂时结合的“离子对”，限制了离子的活动性，导致溶液中离子的“有效浓度”小于它们看作完全解离的浓度，所以强电解质的表观解离度总是小于1。

常用单位体积中所含有的能自由运动的离子的物质的量表示有效浓度，称为**活度**，用 $a$ 表示，它与浓度的关系如下：

$$a = fc$$

$f$ 为活度系数，一般情况下，$f < 1$。电解质溶液愈稀，离子间相互牵制的程度愈小，则 $f$ 愈大。当溶液极稀时，$f$ 接近于1，活度就基本上等于实际浓度。

## 4.2.2 水溶液中的酸碱标度

水是最常见的溶剂，按照布朗斯特酸碱质子理论，水本身存在自偶解离平衡：

$$H_2O + H_2O \rightleftharpoons H_3O^{+} + OH^{-}$$

在25℃时，精确实验测得纯水中的 $H_3O^{+}$ 与 $OH^{-}$ 的浓度都为 $1.0 \times 10^{-7} mol \cdot L^{-1}$。

上述解离平衡表达式为 $K_W^{\ominus} = \dfrac{\dfrac{c(H_3O^{+})}{c^{\ominus}} \times \dfrac{c(OH^{-})}{c^{\ominus}}}{[c(H_2O)/c^{\ominus}]^2} = 1.0 \times 10^{-14}$。$K_W^{\ominus}$ 称为**水的离子积常数**，简称为水的离子积。$K_W^{\ominus}$ 是温度的函数，温度越高，$K_W^{\ominus}$ 越大。

298.15K时可测知 $K_W^{\ominus} = 1.0 \times 10^{-14}$，此值也可通过热力学计算求出：

$$\lg K_W^{\ominus} = \frac{-\Delta_r G_m^{\ominus}}{2.303RT} = \frac{-79.89 \times 10^3 J \cdot mol^{-1}}{2.303 \times 8.314 J \cdot mol^{-1} \cdot K^{-1} \times 298.15K} = -13.99$$

$$K_W^{\ominus}=1.0\times10^{-14}$$

在水溶液和生物体液中 $H_3O^+$ 和 $OH^-$ 浓度一般很小。为了方便地表示酸度，1909 年丹麦生物化学家索伦森（Sorensen）首先提出了用氢离子浓度的负对数来表示溶液的酸度，记作 pH，即 $pH=-\lg\frac{c(H_3O^+)}{c^{\ominus}}$ 或 $pH=-\lg\frac{c(H^+)}{c^{\ominus}}$。同理，用氢氧根离子浓度的负对数来表示溶液的碱度，记作 pOH，即 $pOH=-\lg\frac{c(OH^-)}{c^{\ominus}}$。在 25℃时，$K_W=1.0\times10^{-14}$，所以 $pH+pOH=pK_W=14$。在 25℃时，pH 可以区分酸性溶液、中性溶液与碱性溶液。

酸性溶液　$[H^+]>1.0\times10^{-7}mol\cdot L^{-1}$，$pH<7$

中性溶液　$[H^+]=1.0\times10^{-7}mol\cdot L^{-1}$，$pH=7$

碱性溶液　$[H^+]<1.0\times10^{-7}mol\cdot L^{-1}$，$pH>7$

### 4.2.3　解离平衡及平衡常数

根据阿仑尼乌斯解离理论，弱电解质在水溶液中是部分解离的，在溶液中存在着已解离的弱电解质的组分离子和未解离的弱电解质分子之间的平衡，这种平衡称为**解离平衡**。例如，在一元弱酸（HA）的水溶液中存在着如下平衡：

$$HA(aq)\rightleftharpoons H^+(aq)+A^-(aq)$$

根据化学平衡原理，HA 解离平衡常数表达式应为

$$K_i(HA)=\frac{c(H^+)c(A^-)}{c(HA)}\text{或}K_i^{\ominus}(HA)=\frac{[c(H^+)/c^{\ominus}][c(A^-)/c^{\ominus}]}{c(HA)/c^{\ominus}}$$

式中，$c(H^+)$、$c(A^-)$、$c$（HA）为达平衡时 $H^+$、$A^-$ 和 HA 的平衡浓度，$mol\cdot L^{-1}$；$K_i$ 为 HA 的**实验解离常数**；$K_i^{\ominus}$为 HA 的**标准解离常数**。考虑到 $c^{\ominus}=1.0mol\cdot L^{-1}$，为演算简便起见，一般可以不再出现 $c^{\ominus}$项。一般以 $K_a^{\ominus}$ 表示弱酸的解离常数，$K_b^{\ominus}$ 表示弱碱的解离常数。如 HA 的解离平衡常数表达式可简写为

$$K_i^{\ominus}(HA)=\frac{c(H^+)c(OH^-)}{c(HA)} \tag{4-1}$$

解离常数 $K_i^{\ominus}$是表征弱电解质解离限度大小的特性常数，$K_i^{\ominus}$越小，表示弱电解质解离越困难，即电解质越弱。

$K_i^{\ominus}$具有一般平衡常数的特性，是与温度有关的函数，与物质的浓度无关。但是，温度对 $K_i^{\ominus}$的影响不显著，因此，室温下研究解离平衡时，一般可以不考虑温度对 $K_i^{\ominus}$的影响。

由不同实验方法和实验条件测得的解离常数之间略有差异，与利用热力学数据计算求得的 $K_1^{\ominus}$ 也未必完全吻合。本书附录 2 列出了一些常见弱酸、弱碱的实验解离常数。考虑到 $K_i^{\ominus}$与 $K_i$ 在数值上实际相差不大，在计算精度要求不高时常常可以混用。

### 4.2.4　解离度与稀释定律

弱电解质解离达平衡后，已解离的弱电解质分子的百分数，称为**解离度**。实际应用时常以已解离的那部分弱电解质浓度百分数来表示：

$$\text{解离度}(\alpha)=\frac{\text{解离部分弱电解质浓度}}{\text{解离前弱电解质浓度}}\times100\%$$

解离度是表征弱电解质解离程度大小的特征常数，在温度、浓度相同条件下，$\alpha$ 越小，电解质越弱。

解离度与解离常数之间有一定关系。设一元弱酸 HAc 的起始浓度为 $c$，解离度为 $\alpha$，则

$$K_a^\ominus = \frac{c(H^+)c(A^-)}{c(HA)} = \left(\frac{\alpha^2}{1-\alpha}\right)c$$

若 $(c/c^\ominus)/K_i^\ominus \geqslant 500$，则 $1-\alpha \approx 1$，上式可改写为

$$K_i^\ominus \approx c\alpha^2 \quad \alpha \approx \sqrt{\frac{K_i^\ominus}{c}} \tag{4-2}$$

从式(4-2) 可见，浓度越小，解离度越大，这种关系称为**稀释定律**。由于 $\alpha$ 随 $c$ 而变，而 $K_i^\ominus$ 不随 $c$ 而变，因此 $K_i^\ominus$ 能更本质地反映弱电解质的解离特性。

### 4.2.5 弱电解质中离子浓度的计算

由 $K_a^\ominus$ 与 $K_b^\ominus$ 的平衡关系表达式可直接计算有关离子的浓度，关键在于熟悉平衡原理和弄清体系中有关离子浓度，并采取合理的近似处理。

例如，求某浓度 HAc 溶液中的 $c(H^+)$。

设：HAc 的初始浓度为 $c_0$ $(mol \cdot L^{-1})$，解离平衡时已解离出的为 $x$ $(mol \cdot L^{-1})$。

| | $HAc \rightleftharpoons$ | $H^+$ | $+Ac^-$ |
|---|---|---|---|
| 初始浓度/$mol \cdot L^{-1}$ | $c_0$ | 0 | 0 |
| 变化浓度/$mol \cdot L^{-1}$ | $x$ | $x$ | $x$ |
| 平衡浓度/$mol \cdot L^{-1}$ | $c_0-x$ | $x$ | $x$ |

$$K_a^\ominus = \frac{c(H^+)c(Ac^-)}{c(HAc)} = \frac{x^2}{c_0-x}$$

因为 $K_i^\ominus(HAc)=1.8\times10^{-5}$ 很小，说明平衡时 $c(H^+)$ 很小，$c_0 \gg x$，即 $c_0-x \approx c_0$，上式可改写为

$$K_a^\ominus = \frac{x^2}{c_0}$$

即

$$c(H^+) = \sqrt{K_a^\ominus c_0} \tag{4-3}$$

上式是计算初始浓度为 $c_0$ 的一元弱酸溶液中 $c(H^+)$ 的近似公式，若不能满足近似条件时，必须解一元二次方程。

$$K_a^\ominus = \frac{x^2}{c_0-x}$$

可得下式：

$$c(H^+) = -\frac{K_a^\ominus}{2} + \sqrt{\frac{K_a^{\ominus 2}}{4} + K_a^\ominus c_0} \tag{4-4}$$

实践证明，当 $c(H^+)/c_0$ （即解离度）$<5\%$ 或 $\frac{c_0}{K_a^\ominus}>500$ 的情况下可使用近似公式，否则将会引起较大的误差。对于更弱的酸或浓度极稀的酸，还要考虑水本身解离的 $c(H^+)$。

对于一元弱碱，同理可以得到计算 $c(OH^-)$ 的近似公式。

$$c(OH^-) = \sqrt{K_b^\ominus c_0} \tag{4-5}$$

**【例题 4-1】** 计算 298K 时下列 HAc 溶液的 $c(H^+)$。

(1) $0.100mol \cdot L^{-1}$；(2) $1.0\times10^{-5} mol \cdot L^{-1}$。

**解** (1) 查附录 2 得 $K^\ominus(HAc)=1.8\times10^{-5}$，$(c/c^\ominus)/K_i^\ominus \geqslant 500$，所以 (1) 可采用近似公式求解。

$$c(H^+)=\sqrt{K_a^\ominus c_0}=\sqrt{1.8\times10^{-5}\times0.100}=1.3\times10^{-3}\ (mol\cdot L^{-1})$$

(2) $\frac{c_0}{K_a^\ominus}=0.57<500$，不可近似计算。

$$c(H^+)=-\frac{K_a^\ominus}{2}+\sqrt{\frac{K_a^{\ominus 2}}{4}+K_a^\ominus c_0}$$

$$=-\frac{1.8\times10^{-5}}{2}+\sqrt{\frac{(1.8\times10^{-5})^2}{4}+1.8\times10^{-5}\times10^{-5}}=7.2\times10^{-6}\ (mol\cdot L^{-1})$$

如果按照近似公式，就会得出荒谬的结果：

$$c(H^+)=\sqrt{K_a^\ominus c_0}=\sqrt{1.8\times10^{-5}\times1.0\times10^{-5}}=1.33\times10^{-5}\ (mol\cdot L^{-1})>c_0\ (酸)$$

### 4.2.6 多元弱酸和弱碱的解离

多元弱酸和弱碱在水溶液中的解离是分步（或分级）进行的，平衡时每一级都有相应的解离平衡常数。例如，三元中强酸磷酸（$H_3PO_4$）在水溶液中主要存在着三个平衡：

第一步解离：$H_3PO_4 \rightleftharpoons H_2PO_4^- + H^+$

$$K_{a1}^\ominus(H_3PO_4)=\frac{c(H^+)c(H_2PO_4^-)}{c(H_3PO_4)}=7.1\times10^{-3}$$

第二步解离：$H_2PO_4^- \rightleftharpoons HPO_4^{2-} + H^+$

$$K_{a2}^\ominus(H_3PO_4)=\frac{c(H^+)c(HPO_4^{2-})}{c(H_2PO_4^-)}=6.3\times10^{-8}$$

第三步解离：$HPO_4^{2-} \rightleftharpoons PO_4^{3-} + H^+$

$$K_{a3}^\ominus(H_3PO_4)=\frac{c(H^+)c(PO_4^{3-})}{c(HPO_4^{2-})}=4.8\times10^{-13}$$

从所列数据看出，分步解离常数 $K_{a1}^\ominus \gg K_{a2}^\ominus \gg K_{a3}^\ominus$。这是由弱酸的本性及其结构决定的。第二步解离需从带有负电荷的离子 $H_2PO_4^-$ 中再解离出 $H^+$，要比从不带电的中性分子中解离 $H^+$ 所需要克服的静电引力大；同理第三步解离比第二步更困难。由于各级解离常数相差甚大（一般每一级相差十万倍），故在计算多元弱酸溶液中的 $H^+$ 浓度时，只需考虑第一步解离即可。若对多元弱酸、弱碱的相对强弱进行比较时，只需比较它们的第一级解离常数即可。

**【例题 4-2】** 常温、常压下 $H_2S$ 在水中的溶解度为 0.10mol·L$^{-1}$，试求 $H_2S$ 饱和溶液中 $c$（$H^+$）、$c$（$S^{2-}$）及 $H_2S$ 的解离度。

**解** 由于 $K_W^\ominus \ll K_{a1}^\ominus$、$K_{a2}^\ominus \ll K_{a1}^\ominus$，故可根据第一级解离平衡计算 $c(H^+)$。

设溶液中 $c(H^+)$ 为 $x$ mol·L$^{-1}$。

$$H_2S \rightleftharpoons H^+ + HS^-$$

平衡浓度/mol·L$^{-1}$　　0.10−$x$　　$x$　　$x$

因为 $c/K_{a1}^\ominus=0.10/(1.1\times10^{-7})>500$，所以 $0.10-x\approx0.10$。

即　　$(x^2/0.10)\approx1.1\times10^{-7}$，$x=1.0\times10^{-4}$

$$c(H^+)=1.0\times10^{-4}\,mol\cdot L^{-1}$$

$c(S^{2-})$ 可由二级解离平衡计算：

$$\frac{c(H^+)c(S^{2-})}{c(HS^-)}=K_{a2}^\ominus$$

$$c(S^{2-})=K_{a2}^\ominus\frac{c(HS^-)}{c(H^+)}$$

因为 $K_{a2}^{\ominus} \ll K_{a1}^{\ominus}$，所以 $c(HS^-) \approx c(H^+)$

即 $c(S^{2-}) \approx K_{a2}^{\ominus} = 1.3 \times 10^{-13} mol \cdot L^{-1}$

$$\alpha = \sqrt{\frac{K_{a1}^{\ominus}}{c}} = \sqrt{\frac{1.1 \times 10^{-7}}{0.10}} = 0.10\%$$

计算表明：二元弱酸（如 $H_2S$）溶液中酸根离子浓度 $c(S^{2-})$ 近似地等于 $K_{a2}^{\ominus}$，而与弱酸的起始浓度关系不大。

利用多重平衡规则，也可求得 $H_2S$ 溶液中的 $c(S^{2-})$。

$$H_2S \rightleftharpoons H^+ + HS^- ; K_{a1}^{\ominus} = \frac{\frac{c(H^+)}{c^{\ominus}} \times \frac{c(HS^-)}{c^{\ominus}}}{\frac{c(H_2S)}{c^{\ominus}}}$$

$$HS^- \rightleftharpoons H^+ + S^{2-} ; K_{a2}^{\ominus} = \frac{\frac{c(H^+)}{c^{\ominus}} \times \frac{c(S^{2-})}{c^{\ominus}}}{\frac{c(HS^-)}{c^{\ominus}}}$$

两式相加得

$$H_2S \rightleftharpoons 2H^+ + S^{2-} ; K_a^{\ominus} = K_{a1}^{\ominus} K_{a2}^{\ominus}$$

即
$$\frac{c^2(H^+)c(S^{2-})}{c(H_2S)(c^{\ominus})^2} = K_{a1}^{\ominus} K_{a2}^{\ominus} \tag{4-6}$$

由式(4-6) 可知，二元弱酸（$H_2S$）溶液中 $c(H^+)$、$c(S^{2-})$ 与 $c(H_2S)$ 之间的关系。常温常压下，$H_2S$ 饱和溶液中 $c(H_2S) = 0.10mol \cdot L^{-1}$，式(4-6) 可写成

$$\begin{aligned} c^2(H^+)c(S^{2-}) &= 0.10 K_{a1}^{\ominus} K_{a2}^{\ominus} (c^{\ominus})^2 \\ &= 0.10 \times 1.1 \times 10^{-7} \times 1.3 \times 10^{-13} \ (c^{\ominus})^2 \end{aligned}$$

即 $c^2(H^+)c(S^{2-}) = 1.4 \times 10^{-21} (c^{\ominus})^2$

或 $$c(S^{2-}) = \frac{1.4 \times 10^{-21} (c^{\ominus})^2}{c^2(H^+)} \ (mol \cdot L^{-1})$$

由上式可以看出，在 $H_2S$ 饱和溶液中，$c(S^{2-})$ 与 $c^2(H^+)$ 成反比，如果增大 $c(H^+)$，则可显著地降低 $c(S^{2-})$，因此调节 $H_2S$ 溶液的酸度，可有效地控制 $H_2S$ 溶液中 $c(S^{2-})$。

除多元弱酸外，多元弱碱如 $Al(OH)_3$、中强酸如 $H_3PO_4$ 等，以及 $HgCl_2$、$Hg(CN)_2$ 等少数的盐，在溶液中也是分步解离的。

# 4.3 解离平衡的移动和影响因素

弱电解质的解离平衡是一个动态平衡。当外界条件改变时，旧的平衡受到破坏，在新的条件下建立新的平衡，这就是解离平衡的移动。例如，向 NaAc 溶液中加入一定量的 HAc，因溶液中 $Ac^-$ 浓度大大增加，导致原来 HAc 的解离平衡向左移动，从而降低了 HAc 的解离度。下面详细介绍影响解离平衡移动的因素：同离子效应和盐效应。

## 4.3.1 同离子效应

在弱电解质溶液中，若加入另一种含有相同离子的易溶强电解质，相当于在化学平衡体系中加入产物，使解离平衡向左移动，使原弱电解质解离程度减小，这种现象叫**同离子效应**。

例如，一定浓度的氨在水中解离出 $OH^-$，加入酸碱指示剂酚酞显红色。在此溶液中加入一定量的 $NH_4Cl$ 固体，溶液逐渐变为无色，表明加入 $NH_4Cl$ 后，氨的解离度减小，$NH_4^+$ 浓度的增加使 $NH_3 \cdot H_2O$ 的解离平衡向左移动，解离度减小。导致 $OH^-$ 浓度减小。

$$NH_3 \cdot H_2O \rightleftharpoons NH_4^+ + OH^-$$

$$NH_4Cl = NH_4^+ + Cl^-$$

**【例题 4-3】** 已知氨水的解离常数 $K^{\ominus}(NH_3)=1.75\times10^{-5}$，求：

(1) $0.20mol \cdot L^{-1}$ $NH_3 \cdot H_2O$ 溶液中的 $c(OH^-)$、pH 及解离度；

(2) 在此溶液中加入 $NH_4Cl$ 固体，使 $NH_4^+$ 的浓度为 $1.0mol \cdot L^{-1}$，再求 $NH_3 \cdot H_2O$ 溶液中的 $c(OH^-)$、pH 及解离度。

**解** (1)

$$NH_3 \cdot H_2O \rightleftharpoons NH_4^+ + OH^-$$

$c/K^{\ominus}(NH_3)=0.20/(1.75\times10^{-5})=11428.6>500$，可简化计算。

$$c(OH^-)_1=\sqrt{c(NH_3)K^{\ominus}(NH_3)}=\sqrt{0.20\times1.75\times10^{-5}}=1.9\times10^{-3}(mol \cdot L^{-1})$$

$$pH_1=14-pOH_1=14-[-\lg(1.9\times10^{-3})]=11.28$$

$$\alpha_1=\frac{c(OH^-)}{c(NH_3 \cdot H_2O)}=\frac{1.9\times10^{-3}}{0.20}\times100\%=0.95\%$$

(2) 加入 $NH_4Cl$ 后，$NH_4Cl = NH_4^+ + Cl^-$，设平衡时溶液中 $c(OH^-)_2$ 为 $x$ $mol \cdot L^{-1}$。

$$NH_3 \cdot H_2O \rightleftharpoons NH_4^+ + OH^-$$

| | $NH_3 \cdot H_2O$ | $NH_4^+$ | $OH^-$ |
|---|---|---|---|
| 起始浓度/$mol \cdot L^{-1}$ | 0.2 | 1.0 | 0 |
| 变化浓度/$mol \cdot L^{-1}$ | $x$ | $x$ | $x$ |
| 平衡浓度/$mol \cdot L^{-1}$ | $0.2-x$ | $1.0+x$ | $x$ |

因为 $\frac{c/c^{\ominus}}{K_b^{\ominus}}>500$，再加上同离子效应，$x$ 更小，$0.20-x\approx0.20$，$1.0+x\approx1.0$。

$$K^{\ominus}(NH_3)=\frac{c(NH_4^+)c(OH^-)}{c(NH_3 \cdot H_2O)c^{\ominus}}=\frac{1.0x}{0.2}=1.75\times10^{-5}$$

$$c(OH^-)=x=3.5\times10^{-6}mol \cdot L^{-1}$$

$$pH_2=14-pOH_2=14-[-\lg(3.5\times10^{-6})]=8.54$$

$$\alpha_2=\frac{c(OH^-)}{c(NH_3 \cdot H_2O)}=\frac{3.5\times10^{-6}}{0.2}\times100\%=1.75\times10^{-3}\%$$

$$\frac{\alpha_1}{\alpha_2}=\frac{0.95}{1.75\times10^{-3}}=542.85$$

可见，同离子效应对弱电解质解离度的影响是如此之大。

### 4.3.2 盐效应

在弱电解质溶液中，若加入不含有相同离子的易溶强电解质，由于溶液中离子浓度增大，离子相互牵制的作用增强，弱电解质解离的阴阳离子化合形成分子的机会减小，从而使弱电解质分子浓度减小，离子浓度增大，即解离度也增大，活度系数减小，弱电解质离子的有效浓度（即活度）减小，从而使弱电解质的解离平衡向右移动，造成弱电解质的解离度有所增加。向弱电解质溶液中加入其他强电解质使弱电解质的解离度增大的现象称为**盐效应**。

实际上，盐效应的影响通常很小，在加入含有相同离子的易溶强电解质造成同离子效应的同时，也有盐效应，只是盐效应造成弱电解质解离度的增加远远小于同离子效应造成弱电解质解离度减小，故在有同离子效应时不考虑盐效应。

### 4.3.3 缓冲溶液

常见的水溶液若受到酸或碱的作用，其 pH 易发生明显变化。如在 1L 水中加入 1mL $1mol \cdot L^{-1}$ 盐酸，pH 值会立即降为 3 左右。但许多化学反应和生产过程常要求在一定的 pH 范围内才能进行或进行得比较完全。那么，怎样的溶液才具有维持自身 pH 范围不变的作用呢？实践发现，弱酸与弱酸盐、弱碱与弱碱盐等混合液具有这种作用。具有保持 pH 相对稳定作用的溶液是**缓冲溶液**，下面将详细介绍缓冲溶液的组成及原理和缓冲容量及其计算。

(1) 缓冲溶液的组成

缓冲溶液大多是由弱酸及其强碱盐或弱碱及其强酸盐溶液组成的，或者是某些多元弱酸的酸式盐溶液。例如：HAc-NaAc、$NH_3 \cdot H_2O$-$NH_4Cl$ 等。

(2) 缓冲溶液的缓冲原理

现以 HAc-NaAc 混合溶液为例说明缓冲作用的原理。在 HAc-NaAc 混合溶液中存在以下解离过程：

$$HAc \rightleftharpoons H^+ + Ac^-$$
$$NaAc = Na^+ + Ac^-$$

由于 NaAc 完全解离，溶液中存在着大量的 $Ac^-$ 和 HAc 分子。这种在溶液中同时存在大量弱酸分子及该弱酸根离子（或大量的弱碱和该弱碱的阳离子），就是缓冲溶液组成的特征。缓冲溶液中的弱酸及其盐（或弱碱及其盐）称为缓冲对。

当向此混合溶液中加入少量强酸时，溶液中大量的 $Ac^-$ 将与加入的 $H^+$ 结合而生成难解离的 HAc 分子，以致溶液中的 $H^+$ 浓度几乎不变，换句话说，$Ac^-$ 起了抗酸的作用；当加入少量强碱时，由于溶液中的 $H^+$ 将与 $OH^-$ 结合并生成 $H_2O$，使 HAc 的解离平衡向右移动，继续解离出的 $H^+$ 仍与 $OH^-$ 结合，致使溶液中 $OH^-$ 的浓度几乎不变，因而 HAc 分子在这里起了抗碱的作用。

由此可见，缓冲溶液的缓冲作用就在于溶液中存在着大量的未解离的弱酸（或弱碱）分子及其盐的离子。此溶液中的弱酸（或弱碱）好比潜在的 $H^+$（或 $OH^-$）的仓库，当外界引起 $c(H^+)$ 或 $c(OH^-)$ 降低时，弱酸（或弱碱）就及时地解离出 $H^+$（或 $OH^-$）；当外界引起 $c(H^+)$ 或 $c(OH^-)$ 增加时，大量存在的弱酸盐（或弱碱盐）的离子则将其“吃掉”，从而维持溶液的 pH 基本不变。

(3) 缓冲容量和缓冲范围

化学上用**缓冲容量**表达缓冲溶液的缓冲能力，它是指维持系统 pH 大体恒定的条件下，缓冲溶液能够中和外来酸或外来碱的量。任何缓冲溶液的缓冲能力都是有限的，或者说，外加酸碱超过一定的限度则失去缓冲作用。不同缓冲溶液有其各自的缓冲范围，**缓冲范围**是指能够起缓冲作用的 pH 区间，它可由弱酸的 $K_a^\ominus$ 或弱碱的 $K_b^\ominus$ 计算出来。

对于由弱酸及其盐组成的缓冲溶液而言，$c(\text{酸})/c(\text{盐})$ 应处于 1/10～10 之间。

根据公式 $pH = pK_a^\ominus - \lg \dfrac{c(\text{酸})}{c(\text{盐})}$，可知这种区间的边界分别为

$$pH = pK_a^\ominus - \lg 10 = pK_a^\ominus - 1$$
$$pH = pK_a^\ominus - \lg \frac{1}{10} = pK_a^\ominus + 1 \tag{4-7}$$

即缓冲区间为 $pH = pK_a^\ominus \pm 1$

同样，可根据公式 $pOH = pK_b^\ominus - \lg \dfrac{c(\text{碱})}{c(\text{盐})}$ 得到弱碱及其盐 pOH 缓冲区间为 pOH＝

$pK_b^\ominus \pm 1$。

也就是说，缓冲溶液只能将溶液的酸碱度控制在弱酸的 $pK_a^\ominus$ 或弱碱的 $pK_b^\ominus$ 附近。注意，在 $c$(酸)$=c$(盐)、$c$(碱)$=c$(盐) 的情况下（即上述浓度比为 1），pH 和 pOH 分别等于 $pK_a^\ominus$ 和 $pK_b^\ominus$，此时系统的缓冲能力是最大的。

# 4.4 盐类的水解及计算

当盐类溶于水时，其溶液可能是中性、酸性或碱性。这是因为盐的某些离子会和水解产生的 $H^+$ 或 $OH^-$ 作用，生成对应的弱酸或弱碱，从而使水解平衡发生移动，改变了原来溶液中 $H^+$ 和 $OH^-$ 浓度的相对大小。

过去很多人常用纯碱作去污剂洗碗，为什么 $Na_2CO_3$ 有去污能力呢？由于 $CO_3^{2-}$ 与水中的 $H^+$ 结合生成难电离的 $HCO_3^-$，使溶液中 $OH^-$ 浓度远大于 $H^+$ 浓度，溶液显碱性，而 $OH^-$ 易与油脂结合生成具有亲水性的物质，所以 $Na_2CO_3$ 有去污能力。

盐解离出的离子与水解离出的 $H^+$ 或 $OH^-$ 结合生成弱酸或弱碱而使溶液的酸碱性发生改变的反应称为**盐类水解**。

## 4.4.1 水解反应与水解常数

（1）水解反应

盐类的水解反应是指盐的组分离子与水解离出来的 $H^+$ 或 $OH^-$ 结合成弱电解质的反应，它是中和反应的逆反应。

① 强酸强碱盐　例如，NaCl 在水溶液中不会水解，其溶液为中性。

② 强碱弱酸盐　例如，NaAc 在水溶液中水解的离子方程式为

$$Ac^- + H_2O \rightleftharpoons HAc + OH^-$$

强碱弱酸盐（如 NaAc）的水解实际上只是其阴离子（如 $Ac^-$）发生水解，使溶液呈碱性。

③ 强酸弱碱盐　例如，$NH_4Cl$ 在水溶液中水解的离子方程式为

$$NH_4^+ + H_2O \rightleftharpoons NH_3 \cdot H_2O + H^+$$

强酸弱碱盐（如 $NH_4Cl$）的水解实际上是其阳离子（如 $NH_4^+$）发生水解，使溶液呈酸性。

④ 弱酸弱碱盐　弱酸弱碱盐解离出来的阴、阳离子均能发生水解，例如，AB 型弱酸弱碱盐的水解：

$$A^+ + B^- + H_2O \rightleftharpoons \underset{(弱酸)}{HB} + \underset{(弱碱)}{AOH}$$

弱酸弱碱盐溶液的酸碱性视水解产物 $K_a^\ominus(HB)$ 和 $K_b^\ominus(NH_3 \cdot H_2O)$ 的相对大小而定。例如：

$$NH_4F: NH_4^+ + F^- + H_2O \rightleftharpoons NH_3 \cdot H_2O + HF$$

$$K_a^\ominus(HF) > K_b^\ominus(NH_3 \cdot H_2O) \qquad \text{显酸性}$$

$$NH_4Ac: NH_4^+ + Ac^- + H_2O \rightleftharpoons NH_3 \cdot H_2O + HAc$$

$$K_a^\ominus(HAc) \approx K_b^\ominus(NH_3 \cdot H_2O) \qquad \text{基本显中性}$$

$$NH_4CN: NH_4^+ + CN^- + H_2O \rightleftharpoons NH_3 \cdot H_2O + HCN$$

$$K_a^\ominus(HCN) < K_b^\ominus(NH_3 \cdot H_2O) \qquad \text{显碱性}$$

（2）水解常数

水解反应与 $H_2O$ 的解离平衡和弱酸（或弱碱）的解离平衡有关。例如，强碱弱酸盐 NaOAc 的水解反应式可由下列两解离平衡式相减得到：

$$H_2O \rightleftharpoons H^+ + OH^-;\ K_W^\ominus$$

$$HAc \rightleftharpoons H^+ + Ac^-;\ K_a^\ominus$$

$$Ac^- + H_2O \rightleftharpoons OH^- + HAc^-;\ K_h^\ominus$$

$$\frac{[c(HAc)/c^\ominus][c(OH^-)/c^\ominus]}{c(Ac^-)/c^\ominus} = K_h^\ominus = \frac{K_W^\ominus}{K_a^\ominus} \tag{4-8}$$

$K_h^\ominus$ 是水解反应的平衡常数，称为**水解常数**。

同理可推得一元弱碱强酸盐水解常数关系式为

$$K_h^\ominus = \frac{K_W^\ominus}{K_b^\ominus} \tag{4-9}$$

一元弱酸弱碱盐水解常数关系式为

$$K_h^\ominus = \frac{K_W^\ominus}{K_a^\ominus K_b^\ominus} \tag{4-10}$$

各种水解反应的水解常数（$K_h$）没有现成数据可查，需要通过计算求得。

$K_h^\ominus$ 值越大，表示相应盐的水解程度越大。

盐类的水解程度，可以用水解度（$h$）来衡量：

$$\text{水解度}(h) = \frac{\text{盐水解部分的物质的量(或浓度)}}{\text{始态盐的物质的量(或浓度)}} \times 100\%$$

## 4.4.2 分步水解

与多元弱酸解离时分步进行一样，多元弱酸盐的水解也是分步进行的。以二元弱酸盐 $Na_2S$ 为例：

第一步水解：　$S^{2-} + H_2O \rightleftharpoons HS^- + OH^-$

$$K_{h1}^\ominus = \frac{c(HS^-)c(OH^-)}{c(S^{2-})} \times \frac{c(H^+)}{c(H^+)} = \frac{K_W^\ominus}{K_{H_2S(2)}^\ominus} = \frac{1.0\times10^{-14}}{1.3\times10^{-13}} = 7.7\times10^{-2}$$

第二步水解：　$HS^- + H_2O \rightleftharpoons H_2S + OH^-$

$$K_{h2}^\ominus = \frac{c(H_2S)c(OH^-)}{c(HS^-)} \times \frac{c(H^+)}{c(H^+)} = \frac{K_W^\ominus}{K_{H_2S(1)}^\ominus} = \frac{1.0\times10^{-14}}{1.1\times10^{-7}} = 9.1\times10^{-8}$$

由于 $K_{a1}^\ominus \gg K_{a2}^\ominus$，则 $K_{h1}^\ominus \gg K_{h2}^\ominus$。可见，多元弱酸盐的水解以第一步水解为主，在计算溶液 pH 时，可按一元弱酸盐处理。

除了碱金属及部分碱土金属外，几乎所有的金属阳离子都会发生不同程度的水解，非一价金属阳离子的水解也是分步进行的。例如，$Fe^{3+}$ 的水解过程如下，由于水解程度依次减小，所以不会有大量 $Fe(OH)_3$ 生成。

$$Fe^{3+} + H_2O \rightleftharpoons Fe(OH)^{2+} + H^+$$

$$Fe(OH)^{2+} + H_2O \rightleftharpoons Fe(OH)_2^+ + H^+$$

$$Fe(OH)_2^+ + H_2O \rightleftharpoons Fe(OH)_3 + H^+$$

此外，在水解反应的同时，还有聚合和脱水作用发生，因此水解产物也并非都是氢氧化物，所以多元弱碱盐的水解要比多元弱酸盐复杂得多。

**【例题 4-4】** 计算 $0.10mol\cdot L^{-1}$ $NH_4Cl$ 溶液的 pH 和水解度。

**解**

$$NH_4^+ + H_2O \rightleftharpoons NH_3\cdot H_2O + H^+$$

$$K_h^\ominus=\frac{K_W^\ominus}{K_b^\ominus}=\frac{1.0\times10^{-14}}{1.75\times10^{-5}}=5.7\times10^{-10}$$

因为 $K_h^\ominus \gg K_W^\ominus$，所以可以忽略 $H_2O$ 解离所提供的 $H^+$。

设达平衡时，$c(H^+)=x\ mol\cdot L^{-1}$。

$$NH_4^+ + H_2O \rightleftharpoons NH_3\cdot H_2O + H^+$$

平衡浓度/$mol\cdot L^{-1}$　　$0.10-x$　　$x$　　$x$

$$\frac{c(NH_3\cdot H_2O)c(H^+)}{c(NH_4^+)}=K_h^\ominus$$

$$\frac{x^2}{0.10-x}=5.7\times10^{-10}$$

因为 $(c/c^\ominus)/K_h^\ominus=0.10/(5.7\times10^{-10})>500$，所以 $0.10-x\approx0.10$

故
$$\frac{x^2}{0.10}=5.7\times10^{-10}，x=7.5\times10^{-6}$$

$$c(H^+)=7.5\times10^{-6}mol\cdot L^{-1}$$

$$pH=-lg[c(H^+)/c^\ominus]=-lg(7.5\times10^{-6})=5.12$$

$$水解度(h)=\frac{7.5\times10^{-6}mol\cdot L^{-1}}{0.10mol\cdot L^{-1}}\times100\%=7.5\times10^{-3}\%$$

### 4.4.3 影响水解的因素

由于盐类水解现象广泛存在，不论化工生产及实验室工作都会经常碰到，但不管是利用还是防止盐类水解的发生，都要根据平衡移动原理。另外，盐溶液的浓度、温度和酸度也是影响盐类水解的重要因素。

(1) 加入酸或碱

由于水解将生成 $H^+$ 或 $OH^-$，所以加入酸或碱可以抑制或促进水解。例如，实验室配制 $SnCl_2$ 及 $FeCl_3$ 溶液，由于强酸弱碱盐水解而得到浑浊溶液。

$$Sn^{2+}+2H_2O \rightleftharpoons 2H^+ + Sn(OH)_2\downarrow$$

$$Fe^{3+}+3H_2O \rightleftharpoons Fe(OH)_3\downarrow + 3H^+$$

上述溶液实际上不是用水而是用稀盐酸溶液配制的，以防止水解产生沉淀。同样原因，检验 $Fe^{3+}$ 用的 $NH_4SCN$ 溶液在配制时也要加入少量盐酸，以防在检验时，因 $NH_4SCN$ 的加入使溶液的 pH 改变，导致 $Fe^{3+}$ 水解，从而不出现血红色的“反常”现象。

(2) 改变溶液浓度

稀释溶液相当于加入了水解反应物 $H_2O$，将使平衡向水解的方向进行。例如，在制备 $Fe(OH)_3$ 溶胶时，把 20%的 $FeCl_3$ 溶液滴加到沸腾的蒸馏水中，以便溶液足够稀，保证能充分水解。

(3) 温度

水解是中和反应的逆反应，是吸热过程，故加热有利于水解反应的进行。制备 $Fe(OH)_3$ 溶胶时要把蒸馏水加热至沸，就是为充分水解创造条件。

### 4.4.4 盐类水解的应用

水解在生活中的应用广泛，生活中常利用水解原理配制易水解的盐，实现物质的分离、鉴定和提纯等。

(1) 配制溶液

在实验室中，配制一些易水解盐的溶液时，如 $Na_2S$、$SnCl_2$、$SbCl_3$、$Bi(NO_3)_3$ 等，

为抑制其水解，必须先将它们溶解在相应的碱或酸中。例如，配制 $Bi(NO_3)_3$ 溶液时，需先加入适量的稀硝酸；配制 $Na_2S$ 溶液时，需先加入适量的 NaOH 溶液。

（2）分离提纯

在分析化学中，常利用盐类的水解反应达到物质的分离、鉴定和提纯的目的。例如，利用锑盐、铋盐的水解生成 SbOCl、BiOCl 沉淀来鉴定锑、铋；为了除去少量混入的铁盐杂质，一般是加入少量 $H_2O_2$ 将 $Fe^{2+}$ 氧化成 $Fe^{3+}$，然后利用后者的强烈水解倾向，加热、调 pH＝3～4，促进 $Fe^{3+}$ 水解，使形成 $Fe(OH)_3$ 沉淀分离除去。

（3）生产制备

有些盐如 $SnCl_2$、$SbCl_3$、$Bi(NO_3)_3$、$TiCl_4$ 等水解产生沉淀，生产上可利用这种作用来制备有关的化合物。例如，$TiO_2$ 的制备反应如下：

$$\underset{\text{无色液体}}{TiCl_4} + H_2O \rightleftharpoons \underset{\text{黄绿色}}{TiOCl_2} + 2HCl$$

$$TiOCl_2 + (x+1)H_2O(\text{过量}) \rightleftharpoons TiO_2 \cdot xH_2O + 2HCl$$

操作时加入大量的水（增加反应物），同时进行蒸发，赶出 HCl（减少生成物），促使水解平衡彻底向右移动，得到水合二氧化钛，再经焙烧即得无水 $TiO_2$。

（4）生活中的应用

生活中利用盐类水解的情况还有很多。如 $Al_2(SO_4)_3$、$FeCl_3$ 水解后产生胶状氢氧化物，具有很强的吸附作用，可用作净水剂；用 NaOH 和 $Na_2CO_3$ 的混合液作为化学除油液，就是利用了 $Na_2CO_3$ 溶液的水解性。

## 习题

4.1 下列说法是否正确？若有错误请纠正，并说明理由。

（1）酸或碱在水中的解离是一种较大的分子拆开而形成较小离子的过程，这是吸热反应，温度升高将有利于解离。

（2）$1\times10^{-5}mol\cdot L^{-1}$ 的盐酸溶液冲稀 1000 倍，溶液的 pH 值等于 8.0。

（3）将氨水和 NaOH 溶液的浓度各稀释为原来 1/2 时，两种溶液中 $OH^-$ 浓度均减小为原来的 1/2。

（4）pH 相同的 HCl 和 HAc 溶液浓度相同。

4.2 健康人血液的 pH 值为 7.35～7.45。患某种疾病的人的血液 pH 值可暂时降到 5.90，此时血液中 $c(H^+)$ 为正常状态的多少倍？

4.3 在 1.0L $0.1mol\cdot L^{-1}$ 氨水中，应加入多少克 $NH_4Cl$ 固体，才能使溶液的 pH 值等于 9.00（忽略固体加入对溶液体积的影响）？

4.4 试计算：

（1）pH＝1.00 与 pH＝2.00 的 HCl 溶液等体积混合后溶液的 pH；

（2）pH＝2.00 的 HCl 溶液与 pH＝13.00 的 NaOH 溶液等体积混合后溶液的 pH。

4.5 某一元弱酸 HA 的浓度为 $0.010mol\cdot L^{-1}$，在常温下测得其 pH 值为 4.0，求该一元弱酸的解离常数和解离度。

4.6 已知 $0.010mol\cdot L^{-1}$ $H_2SO_4$ 溶液的 pH＝1.84，求 $HSO_4^-$ 的解离常数。

4.7 在氢硫酸和盐酸混合溶液中，$c(H^+)$ 为 $0.3mol\cdot L^{-1}$，已知 $c(H_2S)$ 为 $0.1mol\cdot L^{-1}$，求该溶液中的 $S^{2-}$ 浓度。

4.8 将 $0.20mol\cdot L^{-1}$ HCOOH（$K_a^{\ominus}=1.8\times10^{-4}$）溶液和 $0.40mol\cdot L^{-1}$ HCN

($K_a^\ominus=6.2\times10^{-10}$)溶液等体积混合，求混合溶液的 pH 值。

4.9 取 100g $NaAc\cdot3H_2O$ 溶液，加入 13mL $6.0mol\cdot L^{-1}$ HAc 溶液，然后用水稀释至 1.0L，此缓冲溶液的 pH 值是多少？若向此溶液中通入 0.10mol HCl 气体（忽略溶液体积的变化)，求溶液的 pH 值变化为多少。

4.10 某三元弱酸解离平衡如下：

$$H_3A \rightleftharpoons H_2A^- + H^+;\ K_{a1}^\ominus$$

$$H_2A^- \rightleftharpoons HA^{2-} + H^+;\ K_{a2}^\ominus$$

$$HA^{2-} \rightleftharpoons A^{3-} + H^+;\ K_{a3}^\ominus$$

(1) 预测各步解离常数的大小。

(2) 在什么条件下，$[HA^{2-}]=K_{a2}^\ominus$？

(3) $[A^{3-}]=K_{a3}^\ominus$ 是否成立？说明理由。

(4) 根据三个解离平衡，推导出包含 $[A^{3-}]$、$[H^+]$ 和 $[H_3A]$ 的平衡常数表达式。

4.11 在 291K、101kPa 时，硫化氢在水中的溶解度是 2.61 体积/1 体积水。

(1) 求饱和 $H_2S$ 水溶液的物质的量浓度；

(2) 求饱和 $H_2S$ 水溶液中 $H^+$、$HS^-$、$S^{2-}$ 的浓度和 pH；

(3) 当用盐酸将饱和 $H_2S$ 水溶液的 pH 值调至 2.00 时，溶液中 $HS^-$ 和 $S^{2-}$ 的浓度又为多少？

已知 291K 时，氢硫酸的解离常数为 $K_{a1}^\ominus=1.1\times10^{-7}$，$K_{a2}^\ominus=1.3\times10^{-13}$。

4.12 将 10g $P_2O_5$ 溶于热水生成磷酸，再将溶液稀释至 1.00L，求溶液中各组分的浓度。

已知 298K 时，$H_3PO_4$ 的解离常数为 $K_{a1}^\ominus=7.1\times10^{-3}$，$K_{a2}^\ominus=6.3\times10^{-8}$，$K_{a3}^\ominus=4.8\times10^{-13}$。

4.13 欲用 $H_2C_2O_4$ 和 NaOH 配制 pH=4.19 的缓冲溶液，问需要的 $0.100mol\cdot L^{-1}$ $H_2C_2O_4$ 溶液与 $0.100mol\cdot L^{-1}$ NaOH 溶液的体积比为多少？

已知：298K 时，$H_2C_2O_4$ 的解离常数为 $K_{a1}^\ominus=5.9\times10^{-2}$、$K_{a2}^\ominus=6.4\times10^{-5}$。

4.14 在人体血液中，$H_2CO_3$-$NaHCO_3$ 缓冲对的作用之一是从细胞组织中迅速除去由于激烈运动产生的乳酸（表示为 HL)。

(1) 求 $HL+HCO_3^- \rightleftharpoons H_2CO_3+L^-$ 的平衡常数 $K^\ominus$。

(2) 若血液中 $[H_2CO_3]=1.4\times10^{-3}mol\cdot L^{-1}$，$[HCO_3^-]=2.7\times10^{-2}mol\cdot L^{-1}$，求血液的 pH。

(3) 若运动时 1.0L 血液中产生的乳酸为 $5.0\times10^{-3}$mol，则血液的 pH 变为多少？

已知：298K 时 $H_2CO_3$ 的解离常数为 $K_{a1}^\ominus=4.5\times10^{-7}$，$K_{a2}^\ominus=4.7\times10^{-11}$，乳酸 HL 的解离常数为 $K_a^\ominus=1.4\times10^{-4}$。

4.15 1.0L $0.20mol\cdot L^{-1}$ 盐酸和 1.0L $0.40mol\cdot L^{-1}$ 醋酸钠溶液混合，试计算：

(1) 溶液的 pH；

(2) 向混合溶液中加入 0.1L $0.50mol\cdot L^{-1}$ NaOH 溶液后的 pH；

(3) 向混合溶液中加入 0.1L $0.50mol\cdot L^{-1}$ HCl 溶液后的 pH；

(4) 混合溶液稀释 1 倍后溶液的 pH。

4.16 在 0.020L $0.30mol\cdot L^{-1}$ $NaHCO_3$ 溶液中加入 $0.20mol\cdot L^{-1}$ $Na_2CO_3$ 溶液后，溶液的 pH 值变为 10.00。求加入 $Na_2CO_3$ 溶液的体积。

已知：298K 时，$H_2CO_3$ 的解离常数为 $K_{a1}^\ominus=4.5\times10^{-7}$，$K_{a2}^\ominus=4.7\times10^{-11}$。

4.17 欲配制 pH 值为 3 的缓冲溶液，已知下列物质的 $K_a^\ominus$：

(1) HCOOH；$K_a^{\ominus}=1.8\times10^{-4}$

(2) HAc；$K_a^{\ominus}=1.8\times10^{-5}$

(3) $NH_4^+$；$K_a^{\ominus}=5.7\times10^{-10}$

选择哪一种弱酸及其共轭碱较合适？

4.18 在 0.100mol·$L^{-1}$ HAc 溶液中，加固体 NaAc 使其浓度为 0.100mol·$L^{-1}$，求此混合溶液中 $c(H^+)$ 和 HAc 的解离度。

# 第5章　沉淀溶解平衡

沉淀的生成和溶解现象在生活中时有发生。例如，肾结石通常是生成了难溶物 $CaC_2O_4$ 和 $Ca_3(PO_4)_2$，暖壶里的水垢主要是难溶物 $CaCO_3$，用食醋浸泡暖壶中的水垢会使难溶物部分溶解等。实际上许多电解质，如氢氧化物、碳酸盐、少量的硫酸盐和氯化物等在水中的溶解度很小，它们都是难溶电解质。难溶强电解质是沉淀溶解平衡讨论的对象，通常将溶解度小于 0.01g/100g 水的物质称为**难溶物**；溶解度大于 1g/100g 水的物质称为**可溶物**；溶解度介于 0.01～1g/100g 水的物质称为**微溶物**。

在化学上，常常用沉淀反应来鉴别或分离一些金属离子或酸根离子。研究这类反应的平衡，有助于了解和解决许多实际问题。例如，在自然界中，各种矿石是怎样积淀而成的？如何处理和溶解矿石？如何通过难溶物质的形成来达到某种物质的化学分离？这些都是沉淀溶解平衡要解决的问题。本章主要讨论沉淀溶解平衡原理以及影响因素。

## 5.1　难溶电解质的溶度积与溶解度

### 5.1.1　溶度积常数

难溶电解质 $BaSO_4$ 在水中溶解度虽然不大，但仍有少量的 $BaSO_4$ 将与极性水分子发生作用，水分子中带正电荷的一端与 $BaSO_4$ 固体表面上的 $SO_4^{2-}$ 相互吸引，而另一些水分子中带负电荷的一端与 $BaSO_4$ 固体表面上的 $Ba^{2+}$ 相互吸引，这种作用力减弱了固体表面 $SO_4^{2-}$ 和 $Ba^{2+}$ 的相互作用，使得一部分 $Ba^{2+}$ 和 $SO_4^{2-}$ 成为水合离子，脱离固体表面进入溶液，这个过程就是**溶解**。随着溶液中水合 $Ba^{2+}$ 和水合 $SO_4^{2-}$ 的增多，其中一些 $Ba^{2+}$ 和 $SO_4^{2-}$ 受固体表面的吸引，重新析出在固体表面，这个过程就是**沉淀**，如图 5-1 所示。当溶解产生的 $Ba^{2+}$ 和 $SO_4^{2-}$ 的数目与沉淀消耗的 $Ba^{2+}$ 和 $SO_4^{2-}$ 的数目相同时，即两个过程达到动态平衡，达到**沉淀溶解平衡**。$BaSO_4$ 在 $H_2O$ 中的沉淀溶解平衡可以表示为

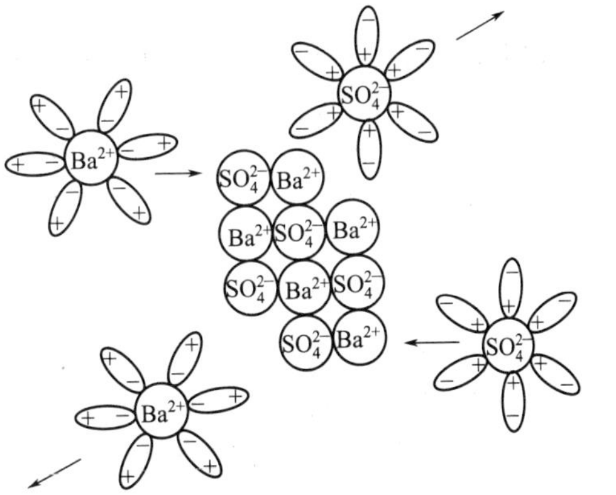

图 5-1　$BaSO_4$ 的溶解、沉淀示意图

$$BaSO_4(s) \xrightleftharpoons[\text{沉淀}]{\text{溶解}} Ba^{2+}(aq) + SO_4^{2-}(aq)$$

$$K_{sp}^{\ominus} = [c(Ba^{2+})c(SO_4^{2-})]/(c^{\ominus})^2 \tag{5-1}$$

该式表明，在一定温度下，各个难溶电解质的饱和溶液中，各组分离子浓度幂的乘积等于一定值。所以沉淀溶解平衡的平衡常数又称为**溶度积常数**（简称溶度积），写作 $K_{sp}^{\ominus}$，即

对于一般难溶电解质 $A_mB_n$，其溶解平衡的通式可以表示为

$$A_mB_n(s) \underset{\text{沉淀}}{\overset{\text{溶解}}{\rightleftharpoons}} mA^{n+}(aq) + nB^{m-}(aq)$$

溶解平衡常数表达式为

$$K_{sp}^{\ominus}(A_mB_n) = [c(A^{n+})]^m[c(B^{m-})]^n/(c^{\ominus})^{m+n}$$

$K_{sp}^{\ominus}$ 是表征难溶电解质溶解能力的特性常数，$K_{sp}^{\ominus}$ 越小，物质的溶解能力越弱。关于平衡常数的规定和平衡常数的性质，$K_{sp}^{\ominus}$ 均适用。它是温度的函数，可以由实验测定，也可以通过热力学数据计算。一些常温下难溶电解质的溶度积的实验数据见本书的附录 3，粗略计算时可以当作 $K_{sp}^{\ominus}$ 使用。

## 5.1.2 溶度积常数与溶解度的关系

物质的溶解度（solubility）通常指在一定温度下，100g 水中所能溶解溶质的最大质量，也可用在一定温度下饱和溶液中浓度来表示，单位为 $g \cdot L^{-1}$ 或 $mol \cdot L^{-1}$。

例如，已知某化合物以 $g \cdot L^{-1}$ 为单位的溶解度，要计算它的溶度积常数时，一般先要换算成以 $mol \cdot L^{-1}$ 为单位的溶解度，进而算出化合物饱和溶液组成离子的浓度，最后算出溶度积常数。

**【例题 5-1】** 已知某温度下 $Ag_2CrO_4$ 的溶解度为 $6.50 \times 10^{-5} mol \cdot L^{-1}$，求 $Ag_2CrO_4$ 的 $K_{sp}^{\ominus}$。

**解** 设平衡时，$Ag_2CrO_4$ 的溶解度为 $x$ $mol \cdot L^{-1}$。

$$Ag_2CrO_4 \rightleftharpoons 2Ag^+ + CrO_4^{2-}$$

平衡浓度/$mol \cdot L^{-1}$ $\qquad 2x \qquad x$

饱和溶液中 $CrO_4^{2-}$ 的浓度可以代表 $Ag_2CrO_4$ 的溶解度，而 $Ag^+$ 的浓度则是 $Ag_2CrO_4$ 溶解度的 2 倍。

$$K_{sp}^{\ominus} = [c(Ag)^+]^2 c[CrO_4^{2-}]/(c^{\ominus})^3$$
$$= 4 \times (6.50 \times 10^{-5})^3 = 1.1 \times 10^{-12}$$

**【例题 5-2】** 已知 298.15K 时 AgCl 的 $K_{sp}^{\ominus} = 1.77 \times 10^{-10}$，求 AgCl 的溶解度。

**解** 设平衡时 $Ag^+$ 的浓度为 $x$ $mol \cdot L^{-1}$。

$$AgCl \rightleftharpoons Ag^+ + Cl^-$$

平衡浓度/$mol \cdot L^{-1}$ $\qquad x \qquad x$

$$K_{sp}^{\ominus} = [c(Ag^+)c(Cl^-)]/(c^{\ominus})^2 = x^2 = 1.77 \times 10^{-10}$$
$$x = 1.33 \times 10^{-5}$$

故 AgCl 的溶解度为 $1.33 \times 10^{-5} mol \cdot L^{-1}$。

通过上面的两道例题，可以了解到溶解度与溶度积常数有以下区别。

① 溶解度与溶度积描述的物质种类不同。溶解度用来表示物质（包括电解质和非电解质、易溶物质和难溶物质等）的溶解性能，而溶度积常数只用来表示难溶电解质的溶解性能。

② $K_{sp}^{\ominus}$ 也是一种平衡常数，只受温度的影响，不受外加离子的影响，而溶解度则不同。例如，在 $BaSO_4$ 饱和溶液中加入 $BaCl_2$，尽管外加了 $Ba^{2+}$，达到新的平衡后 $K_{sp}^{\ominus}$ 仍然不变，但溶解度却减小了。

③ 用溶度积常数比较难溶电解质的溶解性能时，只能在相同类型（例如：同为 AB 型如 AgCl，或同为 $A_2B$ 型如 $Ag_2CrO_4$ 等）且为基本不水解的难溶强电解质之间进行（如表 5-1）。同类型物质在同浓度下，$K_{sp}^{\ominus}$ 小的溶解度也小，即在相同条件下优先沉淀。

表 5-1　不同类型电解质的溶度积和溶解度

| 类型 | 难溶电解质 | $K_{sp}^{\ominus}$ | $s$/mol·L$^{-1}$ |
|---|---|---|---|
| AB | AgCl | $1.77\times10^{-10}$ | $1.33\times10^{-5}$ |
| | AgBr | $5.35\times10^{-13}$ | $7.33\times10^{-7}$ |
| | AgI | $8.53\times10^{-17}$ | $9.23\times10^{-9}$ |
| $AB_2$ | $MgF_2$ | $6.51\times10^{-9}$ | $1.2\times10^{-3}$ |
| $A_2B$ | $Ag_2CrO_4$ | $1.12\times10^{-12}$ | $6.54\times10^{-5}$ |

对于易水解的难溶电解质，其溶度积和溶解度的关系就比较复杂，以 ZnS 为例，在饱和溶液中

$$ZnS(s) \rightleftharpoons Zn^{2+} + S^{2-}$$
$$Zn^{2+} + H_2O \rightleftharpoons Zn(OH)^{+} + H^{+}$$
$$S^{2-} + H_2O \rightleftharpoons HS^{-} + OH^{-}$$
$$s(ZnS) \approx c(Zn^{2+}) + c[Zn(OH)^{+}]$$
$$s(S^{2-}) \approx c(S^{2-}) + c(HS^{-})$$

水解程度 $S^{2-} \gg Zn^{2+}$，使 $c(Zn^{2+}) > c(S^{2-})$，如果按 $s=\sqrt{K_{sp}^{\ominus}}c^{\ominus}$ 计算会产生较大的误差。

## 5.2　溶度积规则及计算

对于任一沉淀溶解平衡过程

$$A_mB_n \rightleftharpoons mA^{n+}(aq) + nB^{m-}(aq)$$
$$Q=[c(A^{n+})]^m[c(B^{m-})]^n/(c^{\ominus})^{m+n}$$

式中，$Q$ 为难溶电解质的反应商。

由第 2 章学过的判据可知，$Q$ 与 $K_{sp}^{\ominus}$ 存在如下关系：

$$Q\begin{cases} < K_{sp}^{\ominus}，\text{沉淀溶解或无沉淀析出；} \\ = K_{sp}^{\ominus}，\text{平衡状态，饱和溶液；} \\ > K_{sp}^{\ominus}，\text{生成沉淀。} \end{cases}$$

以上规律称为**溶度积规则**。通过溶度积规则可以判断沉淀的生成或溶解的趋势。

**【例题 5-3】** 在 10mL 0.10mol·L$^{-1}$ 的 $MgSO_4$ 溶液中加入 10mL 0.10mol·L$^{-1}$ $NH_3\cdot H_2O$，有无 $Mg(OH)_2$ 沉淀生成？若有沉淀生成，需在混合溶液中加入多少克固体 $NH_4Cl$ 才能使生成的 $Mg(OH)_2$ 沉淀全部溶解？

**解**　由于等体积混合，所以各物质的浓度均减小一半，即

$$c(Mg^{2+})=\frac{1}{2}\times0.10mol\cdot L^{-1}=5.0\times10^{-2}mol\cdot L^{-1}$$

$$c(NH_3\cdot H_2O)=\frac{1}{2}\times0.10mol\cdot L^{-1}=5.0\times10^{-2}mol\cdot L^{-1}$$

(1) 设混合后反应前 $c(OH^{-})=x$ mol·L$^{-1}$。

$$NH_3\cdot H_2O \rightleftharpoons NH_4^{+} + OH^{-}$$

平衡浓度/mol·L$^{-1}$　　$0.050-x$　　$x$　　$x$

$$\frac{c(NH_4^{+})c(OH^{-})}{c(NH_3\cdot H_2O)}=K_b^{\ominus}(NH_3\cdot H_2O)$$

因为 $(c/c^{\ominus})/K_b^{\ominus}=0.050/(1.75\times10^{-5})>500$，所以 $0.050-x\approx0.050$。

$$\frac{x^2}{0.050}=1.75\times10^{-5}, x=9.35\times10^{-4}$$

$$c(OH^-)=9.35\times10^{-4}mol\cdot L^{-1}$$

$$c(Mg^{2+})[c(OH^-)]^2/(c^{\ominus})^3=5.0\times10^{-2}\times(9.35\times10^{-4})^2=4.371\times10^{-8}$$

$$4.371\times10^{-8}>K_{sp}^{\ominus}[Mg(OH)_2]=5.61\times10^{-12}$$

则有 $Mg(OH)_2$ 沉淀生成。

(2) 要使生成的 $Mg(OH)_2$ 沉淀完全溶解，加入的 $NH_4Cl(s)$ 必须使溶液中 $c(OH^-)$ 降到符合下式要求。

$$c(Mg^{2+})[c(OH^-)]^2<K_{sp}^{\ominus}[Mg(OH)_2](c^{\ominus})^3$$

$$c(OH^-)<\sqrt{\frac{K_{sp}^{\ominus}[Mg(OH)_2]}{c(Mg^{2+})}(c^{\ominus})^3}$$

$$=\sqrt{\frac{5.61\times10^{-12}\ (mol\cdot L^{-1})^2}{5.0\times10^{-2}}}=1.1\times10^{-5}mol\cdot L^{-1}$$

这样，溶液中的 $c(NH_4^+)$ 至少要达到 $y$ mol·L$^{-1}$。

$$NH_3\cdot H_2O \rightleftharpoons NH_4^+ + OH^-$$

平衡浓度/mol·L$^{-1}$ $5.0\times10^{-2}-1.1\times10^{-5}$ $y$ $1.1\times10^{-5}$

$\approx5.0\times10^{-2}$

$$\frac{1.1\times10^{-5}y}{5.0\times10^{-2}}=1.75\times10^{-5}, y=8.0\times10^{-2}$$

则

$$c(NH_4^+)>8.0\times10^{-2}mol\cdot L^{-1}$$

其中，$1.1\times10^{-5}$mol·L$^{-1}$ 的 $OH^-$ 是 $NH_3\cdot H_2O$ 解离所提供的，加入部分为 $c(NH_4^+)>8.0\times10^{-2}mol\cdot L^{-1}-1.1\times10^{-5}mol\cdot L^{-1}\approx8.0\times10^{-2}mol\cdot L^{-1}$。

因此，在 20mL 溶液中至少应加入 $NH_4Cl$ 的量为 $8.2\times10^{-2}mol\cdot L^{-1}\times0.020L\times53.5g\cdot mol^{-1}=8.8\times10^{-2}g$。

利用溶度积规则，可以判断沉淀的生成和溶解，在实际生产中能够通过该规则控制离子的浓度，实现沉淀的生成、溶解、转化和分步沉淀等。

## 5.3 沉淀反应的影响因素

影响沉淀溶解平衡过程的因素主要有同离子效应、pH 的变化等。对于含多种离子的溶液可通过形成不同难溶电解质的方式将其分步沉淀分离。

### 5.3.1 同离子效应对沉淀反应的影响

同离子效应不仅会使弱电解质的解离度降低，也会使难溶电解质的溶解度降低。

**【例题 5-4】** 计算 $BaSO_4$ 在 298.15K、0.10mol·L$^{-1}$ $Na_2SO_4$ 溶液中的溶解度 ($s$)。

**解** 考虑到 $BaSO_4$ 基本上不水解，设 $s=x$ mol·L$^{-1}$，则

$$BaSO_4(s)\rightleftharpoons Ba^{2+}(aq)+SO_4^{2-}(aq)$$

平衡浓度/mol·L$^{-1}$ $x$ $x+0.10$

$$c(Ba^{2+})c(SO_4^{2-})=K_{sp}^{\ominus}(BaSO_4)(c^{\ominus})^2$$

$$x(x+0.10)=1.08\times10^{-10}$$

因为 $K_{sp}^{\ominus}(BaSO_4)$ 非常小，$x$ 比 0.10 小得多，所以 $0.10+x\approx0.10$，故

$$0.10x=1.08\times10^{-10}\quad x=1.08\times10^{-9}$$

$$s=1.08\times10^{-9}\,mol\cdot L^{-1}$$

即 $BaSO_4$ 在 298.15K、$0.10mol\cdot L^{-1}$ $Na_2SO_4$ 溶液中的溶解度为 $1.08\times10^{-9}mol\cdot L^{-1}$，相当于 $BaSO_4$ 在纯水中溶解度（$1.04\times10^{-5}mol\cdot L^{-1}$）的万分之一。

从上述例题中可以看出，利用同离子效应可以使某种离子沉淀得更完全。因此在进行沉淀反应时，为确保沉淀完全（一般来说，离子浓度小于 $10^{-5}mol\cdot L^{-1}$ 时，可以认为沉淀基本完全），加入的沉淀剂可以适当过量（一般过量 20%～50%）。

## 5.3.2 pH 对沉淀反应的影响

调节溶液的 pH，可以使溶液中某些金属离子沉淀为氢氧化物（或硫化物），从而达到分离、提纯的目的。当沉淀为难溶弱酸盐时，溶液酸度的变化也会对沉淀的溶解度产生影响。

（1）氢氧化物沉淀

对于难溶氢氧化物，要使其沉淀完全，除了加入稍过量的沉淀剂外，还必须控制溶液的 pH 才能确保沉淀完全。

下面以生成金属氢氧化物沉淀为例进行讨论。由于难溶性金属氢氧化物的溶度积不同，故沉淀时所需的 $OH^-$ 浓度或 pH 也不相同。例如，在 $M(OH)_n$ 型难溶氢氧化物的多相离子平衡中：

$$M(OH)_n(s) \rightleftharpoons M^{n+}(aq)+nOH^{-1}(aq)$$

$$c(M^{n+})[c(OH^-)]^n=K_{sp}^{\ominus}[M(OH)_n](c^{\ominus})^{n+1}$$

氢氧化物开始沉淀时 $OH^-$ 的最低浓度为

$$c(OH^-)\geqslant\sqrt[n]{\frac{K_{sp}^{\ominus}[M(OH)_n]}{c(M^{n+})}(c^{\ominus})^{n+1}}$$

通常认为溶液中某离子的浓度$<10^{-5}mol\cdot L^{-1}$ 时，该离子沉淀完全。若 $M^{n+}$ 沉淀完全，则 $OH^-$ 的最低浓度为

$$c'(OH^-)\geqslant\sqrt[n]{\frac{K_{sp}^{\ominus}[M(OH)_n]}{10^{-5}}(c^{\ominus})^{n+1}}$$

同理，各种不同溶度积的难溶性弱酸盐（如硫化物）开始沉淀和沉淀完全的 pH 也是不同的。

**【例题 5-5】** 为除去 $1.0mol\cdot L^{-1}$ $ZnSO_4$ 溶液中的 $Fe^{3+}$，溶液的 pH 应控制在什么范围？

**解** 依题意，$Fe^{3+}$ 沉淀完全时，$Zn^{2+}$ 还未开始沉淀，即可达到分离提纯的目的。

$Fe(OH)_3$ 沉淀完全时

$$c(OH^-)=\sqrt[3]{\frac{2.79\times10^{-39}}{10^{-5}}}\,mol\cdot L^{-1}$$

$$=6.53\times10^{-12}mol\cdot L^{-1},\ pH=2.81$$

$Zn(OH)_2$ 开始沉淀时

$$c(OH^-)=\sqrt{\frac{3.0\times10^{-17}}{1.0}}\,mol\cdot L^{-1}$$

$$=5.48\times10^{-9}mol\cdot L^{-1},\ pH=5.74$$

pH 应该控制在 2.81～5.74 之间。

（2）硫化物沉淀

**【例题 5-6】** 0.10mol·L$^{-1}$ $ZnCl_2$ 溶液中通入 $H_2S$ 气体使 $H_2S$ 饱和（浓度约为 0.10mol·L$^{-1}$），酸度控制在什么范围才能使 ZnS 沉淀？已知：$K_{sp}^{\ominus}(ZnS)=2.5\times10^{-22}$，$H_2S$ 的解离常数 $K_1=1.1\times10^{-7}$，$K_2=1.3\times10^{-13}$。

**解** （1）由 ZnS 的溶度积常数算出使 ZnS 开始沉淀的最低 $S^{2-}$ 的浓度。

$$c(S^{2-})=\frac{K_{sp}^{\ominus}(ZnS)}{c(Zn^{2+})/c^{\ominus}}=\frac{2.5\times10^{-22}}{0.10}=2.5\times10^{-21}(mol\cdot L^{-1})$$

（2）$H_2S$ 饱和溶液中 $H_2S$ 的浓度约为 0.10mol·L$^{-1}$，但是 $c(S^{2-})$ 还涉及下述平衡并与溶液的酸度有关。

$$H_2S \rightleftharpoons 2H^+ + S^{2-}$$

$$K_a^{\ominus}=K_1K_2=\frac{[c(H_3O)^+/c^{\ominus}]^2[c(S^{2-})/c^{\ominus}]}{c(H_2S)/c^{\ominus}}=1.1\times10^{-7}\times1.3\times10^{-13}=1.43\times10^{-20}$$

将最低需要的 $c(S^{2-})/c^{\ominus}$ 代入 $H_2S$ 的解离常数即可求得 $c(H^+)/c^{\ominus}$。

$$[c(H^+)/c^{\ominus}]^2[c(S^{2-})/c^{\ominus}]=1.43\times10^{-20}$$

$$c(H^+)/c^{\ominus}=\sqrt{1.43\times10^{-20}/2.5\times10^{-21}}=0.76$$

因此要使 ZnS 沉淀出来，溶液的 $c(H^+)$ 不能高于 0.76mol·L$^{-1}$。

（3）难溶弱酸盐沉淀

**【例题 5-7】** 求 $SrF_2$ 分别在 pH=3.00、pH=5.00 溶液中的溶解度。已知：$K_{sp}^{\ominus}(SrF_2)=4.3\times10^{-9}$，$K_a^{\ominus}(HF)=6.3\times10^{-4}$。

**解** 溶液中存在以下平衡

$$SrF_2 \rightleftharpoons Sr^{2+} + 2F^-$$

$$H^+ + F^- \rightleftharpoons HF$$

$$K_{sp}^{\ominus}(SrF_2)=c(Sr^{2+})[c(F^-)]^2=4.3\times10^{-9} \tag{1}$$

$$K_a^{\ominus}(HF)=\frac{c(H^+)c(F^-)}{c(HF)}=6.3\times10^{-4}$$

$$\frac{c(F^-)}{c(HF)}=\frac{6.3\times10^{-4}}{c(H^+)}$$

当 pH=3.00 时，即 $c(H^+)=10^{-3}$，则：

$$\frac{c(F^-)}{c(HF)}=\frac{6.3\times10^{-4}}{10^{-3}}=\frac{0.63}{1}\longrightarrow\frac{c(F^-)}{c(HF)+c(F^-)}=\frac{0.63}{1.63} \tag{2}$$

由于 $SrF_2$ 溶解得到的 $F^-$ 将部分转化为 HF，若 $c(SrF_2)$ 等于溶解度 $s$，则 $c(F^-)+c(HF)=2s$。(2)式可以化简为

$$c(F^-)=\frac{0.63}{1.63}[c(HF)+c(F^-)]$$

$$c(F^-)=\frac{0.63\times2s}{1.63}=0.773s$$

代入 (1)式：

$$c(Sr^{2+})[c(F^-)]^2=4.3\times10^{-9}$$

$$s\times(0.773s)^2=4.3\times10^{-9}$$

$$s=1.9\times10^{-3}mol\cdot L^{-1}$$

同理，当 pH=5.00 时，即 $c(H^+)=10^{-5}$，则

$$\frac{c(F^-)}{c(HF)}=\frac{6.3\times10^{-4}}{10^{-5}}=\frac{63}{1}\longrightarrow\frac{c(F^-)}{c(HF)+c(F^-)}=\frac{63}{64}$$

$$c(F^-)=\frac{63}{64}[c(HF)+c(F^-)]$$

$$c(F^-)=\frac{63\times 2s}{64}=1.97s$$

所以
$$c(Sr^{2+})[c(F^-)]^2=4.3\times 10^{-9}$$
$$s\times(1.97s)^2=4.3\times 10^{-9}$$
$$s=1.03\times 10^{-3}\,mol\cdot L^{-1}$$

通过计算，若酸度增加，$SrF_2$ 的溶解度增大，这是因为加入的 $H^+$ 和 $F^-$ 结合，相当于消耗了产物。根据勒夏特列原理，平衡将向产物增多的方向移动，即向 $SrF_2$ 溶解的方向移动，所以 $SrF_2$ 的溶解度增大。

### 5.3.3 分步沉淀

利用难溶物质溶解度的差异使几种混合离子先后生成沉淀的方法叫作分步沉淀。例如，向含有 $S^{2-}$ 和 $CrO_4^{2-}$ 的混合溶液中滴加 $Pb(NO_3)_2$ 溶液会生成黑色的 PbS 沉淀，继续滴加溶液到一定量才会产生黄色的 $PbCrO_4$ 沉淀。

**【例题 5-8】** 在浓度均为 $0.010\,mol\cdot L^{-1}$ $I^-$、$Cl^-$ 的溶液中加入 $AgNO_3$ 溶液是否能达到分离目的？

**解** （1）判断沉淀次序

同类型：$K_{sp}^{\ominus}(AgCl)=1.77\times 10^{-10}>K_{sp}^{\ominus}(AgI)=8.53\times 10^{-17}$，所以 AgI 先沉淀。

为达到分离的目的，即要求 AgI 沉淀完全时 AgCl 不沉淀。

（2）计算 AgCl 开始沉淀时的 $c(Ag^+)$

$$c(Ag^+)>\frac{K_{sp}^{\ominus}(c^{\ominus})^2}{c(Cl^-)}=\frac{1.77\times 10^{-10}}{0.010}mol\cdot L^{-1}=1.77\times 10^{-8}\,mol\cdot L^{-1}$$

（3）计算 $c(Ag^+)=1.77\times 10^{-8}\,mol\cdot L^{-1}$ 时 $c(I^-)$

$$c(I^-)=\frac{K_{sp}^{\ominus}(c^{\ominus})^2}{c(Ag^+)}=\frac{8.53\times 10^{-17}}{1.77\times 10^{-8}}mol\cdot L^{-1}=4.82\times 10^{-9}\,mol\cdot L^{-1}<10^{-5}\,mol\cdot L^{-1}$$

即 AgCl 开始沉淀时 AgI 已经沉淀完全。

很多金属离子的硫化物是难溶化合物，且溶度积相差很大，因此可以利用分步沉淀进行分离。根据溶度积原理，不同金属离子产生硫化物沉淀时，对溶液中 $c(S^{2-})$ 的要求是不同的，而 $c(S^{2-})$ 又与溶液中的 $c(H^+)$ 保持一定的平衡关系，因此有可能通过控制溶液中的 $c(H^+)$ 来控制金属离子的分步沉淀。

**【例题 5-9】** 在含 $0.20\,mol\cdot L^{-1}$ $Ni^{2+}$、$0.30\,mol\cdot L^{-1}$ $Fe^{3+}$ 的溶液中加入 NaOH 溶液使其分离，计算溶液的 pH 控制范围。已知：$K_{sp}^{\ominus}[Fe(OH)_3]=2.79\times 10^{-39}$，$K_{sp}^{\ominus}[Ni(OH)_2]=5.48\times 10^{-16}$。

**解** 不同类型，须计算开始沉淀所需沉淀剂的浓度，所需浓度小的先沉淀。

（1）判断沉淀次序，计算开始沉淀的 $c(OH^-)$

$$c_1(OH^-)>\sqrt{\frac{K_{sp}^{\ominus}(c^{\ominus})^3}{c(Ni^{2+})}}=\sqrt{\frac{5.48\times 10^{-16}}{0.20}}mol\cdot L^{-1}=5.23\times 10^{-8}\,mol\cdot L^{-1}$$

$$c_2(OH^-)>\sqrt[3]{\frac{K_{sp}^{\ominus}(c^{\ominus})^4}{c(Fe^{3+})}}=\sqrt[3]{\frac{2.79\times 10^{-39}}{0.30}}mol\cdot L^{-1}=2.10\times 10^{-13}\,mol\cdot L^{-1}$$

$c_2(OH^-)<c_1(OH^-)$，$Fe(OH)_3$ 先沉淀。

（2）计算 $Fe(OH)_3$ 沉淀完全时的 pH

$$c(OH^-)>\sqrt[3]{\frac{K_{sp}^{\ominus}[Fe(OH)_3]}{c(Fe^{3+})}\times(c^{\ominus})^4}=\sqrt[3]{\frac{2.79\times 10^{-39}}{10^{-5}}}mol\cdot L^{-1}=6.53\times 10^{-12}\,mol\cdot L^{-1}$$

$$pH=2.81$$

(3) 计算 $Ni(OH)_2$ 开始沉淀时的 pH

$$c(OH^-)=5.23\times10^{-8}mol\cdot L^{-1}$$
$$pH=6.72$$

为了使离子分离，pH 应该控制在 2.81～6.72。

分步沉淀在科学实验和化工生产中有着广泛的应用。例如，利用金属硫化物的分步沉淀和金属氢氧化物的分步沉淀可对金属离子混合溶液中的金属离子进行分离。

# 5.4 沉淀的溶解与转化

## 5.4.1 沉淀溶解的方法

根据溶度积规则，当 $Q<K_{sp}^{\ominus}$ 时，已有的沉淀将溶解，直至达到 $Q=K_{sp}^{\ominus}$，重新建立平衡。当已有的沉淀完全溶解，仍未达到平衡时，即形成不饱和溶液。

一切能降低反应商 $Q$ 使 $Q<K_{sp}^{\ominus}$ 的方法，都能使沉淀溶解平衡向沉淀溶解的方向移动。例如，使相关离子生成弱电解质；将相关离子氧化或还原；生成配离子等。

(1) 使相关离子生成弱电解质

利用酸与难溶电解质的组分离子结合成可溶性弱电解质。例如，难溶弱酸盐 $CaCO_3$ 溶于盐酸，正是由 $H^+$ 与 $CO_3^{2-}$ 结合成 $HCO_3^-$、$H_2CO_3$，使 $Q<K_{sp}^{\ominus}(CaCO_3)$ 所致。

$$CaCO_3 \rightleftharpoons Ca^{2+}+CO_3^{2-};\ K_{sp}^{\ominus}(CaCO_3)=\frac{c(CO_3^{2-})c(Ca^{2+})}{(c^{\ominus})^2}$$

$$CO_3^{2-}+H^+ \rightleftharpoons HCO_3^-;\ K_2^{\ominus}=1/K_a^{\ominus}(HCO_3^-)$$

$$+)\ HCO_3^-+H^+ \rightleftharpoons H_2CO_3;\ K_3^{\ominus}=1/K_a^{\ominus}(H_2CO_3)$$

$$CaCO_3(s)+2H^+ \rightleftharpoons Ca^{2+}+H_2CO_3;\ K^{\ominus}=K_{sp}^{\ominus}(CaCO_3)K_2^{\ominus}K_3^{\ominus}$$

$$K^{\ominus}=\frac{K_{sp}^{\ominus}(CaCO_3)}{K_a^{\ominus}(HCO_3^-)K_a^{\ominus}(H_2CO_3)}$$
$$=\frac{2.8\times10^{-9}}{4.5\times10^{-7}\times4.7\times10^{-11}}=1.3\times10^{8}$$

由于该反应的平衡常数 $K^{\ominus}$ 很大，所以 $CaCO_3$ 与盐酸的反应能进行完全。可以推断，难溶弱酸盐的 $K_{sp}^{\ominus}$ 越大，对应弱酸的 $K_a^{\ominus}$ 越小，难溶弱酸盐越易被酸溶解。但是并非所有的难溶弱酸盐都能溶于强酸，像 CuS、HgS、$AsS_3$ 等由于它们的 $K_{sp}^{\ominus}$ 极小，即使用浓盐酸也不能有效降低 $c(S^{2-})$ 使之溶解。

难溶氢氧化物如 $Al(OH)_3$、$Fe(OH)_3$、$Cu(OH)_2$ 等都可以用强酸溶解，是由于生成难解离的 $H_2O$。有一些不太难溶的氢氧化物如 $Mg(OH)_2$、$Mn(OH)_2$ 等甚至可以溶于铵盐溶液，这是由于生成弱碱 $NH_3\cdot H_2O$。

**【例题 5-10】** 将 0.01mol CoS 溶于 1.0L 盐酸中。试求所需盐酸的最低浓度。已知：$K_{sp}^{\ominus}(CoS)=4.0\times10^{-21}$。

**解** 依题意，当 0.01mol CoS 完全溶于 1.0L 盐酸中时，$c(Co^{2+})=0.01mol\cdot L^{-1}$。若假定溶解下来的 $S^{2-}$ 完全转变成 $H_2S$，则体系中 $c(H_2S)=0.01mol\cdot L^{-1}$（这种假定的合理性，后面将定量地讨论）。

方法一：先求与 $0.01mol\cdot L^{-1}$ $Co^{2+}$ 共存的 $c(S^{2-})$。

$$CoS \rightleftharpoons Co^{2+} + S^{2-}$$

平衡相对浓度/$mol \cdot L^{-1}$　　　　0.01　$c(S^{2-})$

$$K_{sp}^{\ominus}(CoS)=\frac{c(Co^{2+})c(S^{2-})}{(c^{\ominus})^2}=4.0\times10^{-21}$$

即

$$0.01c(S^{2-})=4.0\times10^{-21}$$

所以

$$c(S^{2-})=4.0\times10^{-19}mol \cdot L^{-1}$$

再由 $c(S^{2-})$ 和 $c(H_2S)$ 根据 $H_2S$ 的解离平衡求出平衡时的 $c(H^+)$。

$$H_2S \rightleftharpoons 2H^+ \quad + \quad S^{2-}$$

平衡相对浓度/$mol \cdot L^{-1}$　　0.01　　$c(H^+)$　　$4.0\times10^{-19}$

$$K=K_1K_2=\frac{[c(H^+)]^2c(S^{2-})}{c(H_2S)}$$

所以

$$c(H^+)=\sqrt{\frac{K_1K_2c(H_2S)}{c(S^{2-})}}=\sqrt{\frac{1.1\times10^{-7}\times1.3\times10^{-13}\times0.01}{4.0\times10^{-19}}}$$

解得

$$c(H^+)=0.019mol \cdot L^{-1}$$

这里求出的是 CoS 完全溶解时 $H^+$ 的平衡浓度。它与题目要求的溶解 CoS 所需要的 $H^+$ 的浓度，即所需要的盐酸的最低浓度并不一致。还必须考虑当 0.01mol 的 FeS 完全溶解时所消耗的 $c(H^+)$。

$$CoS+2HCl \rightleftharpoons CoCl_2+H_2S$$

溶解 0.01mol CoS 时，生成 0.01mol 的 $H_2S$，会消耗 0.02mol $H^+$。它也应该包括在溶解 CoS 所需要的盐酸的最低浓度中。所以，所需要的盐酸的最低浓度是

$$0.019mol \cdot L^{-1}+0.02mol \cdot L^{-1}=0.039mol \cdot L^{-1}$$

对于溶解下来的 $S^{2-}$ 是否完全转变成 $H_2S$ 应有一个正确的认识。与 $0.01mol \cdot L^{-1}$ 的 $Co^{2+}$ 共存的 $S^{2-}$ 的浓度为 $4.0\times10^{-2}mol \cdot L^{-1}$，所以认为 $S^{2-}$ 已经可以忽略不计是合理的。

$$H_2S \rightleftharpoons H^+ + HS^-$$

$$K_1=\frac{c(H^+)c(HS^-)}{c(H_2S)}=1.1\times10^{-7}$$

所以

$$\frac{c(HS^-)}{c(H_2S)}=\frac{1.1\times10^{-7}}{c(H^+)}$$

若

$$c(H^+)=0.1mol \cdot L^{-1}$$

则

$$\frac{c(HS^-)}{c(H_2S)}=\frac{1.1\times10^{-7}}{0.01}=1.1\times10^{-5}$$

这个结果意味着 $c(HS^-)$ 与 $c(H_2S)$ 相比完全可以忽略。所以解题过程中的假定是完全合理的，即可以认为溶解下来的 $S^{2-}$ 完全转变成 $H_2S$。

方法二：

$$CoS+2H^+ \rightleftharpoons Co^{2+}+H_2S \tag{1}$$

平衡浓度/$mol \cdot L^{-1}$　　　　$c(H^+)$　　0.01　　0.01

$$K=\frac{c(Co^{2+})c(H_2S)}{[c(H^+)]^2}$$

$$K=\frac{c(Co^{2+})c(H_2S)}{[c(H^+)]^2}\times\frac{c(S^{2-})}{c(S^{2-})}$$

$$K=\frac{c(Co^{2+})c(S^{2-})}{\frac{[c(H^+)]^2c(S^{2-})}{c(H_2S)}}=\frac{K_{sp}^{\ominus}}{K_1^{\ominus}K_2^{\ominus}}$$

所以 $$K=\frac{4.0\times10^{-21}}{1.1\times10^{-7}\times1.3\times10^{-13}}=0.28$$

得 $$[c(H^+)]^2=\frac{c(Co^{2+})c(H_2S)}{K^{\ominus}}$$

$$c(H^+)=\sqrt{\frac{c(Co^{2+})c(H_2S)}{K^{\ominus}}}=\sqrt{\frac{0.01\times0.01}{0.28}}mol\cdot L^{-1}=0.019mol\cdot L^{-1}$$

所需要的盐酸的最低浓度是

$$0.019mol\cdot L^{-1}+0.02mol\cdot L^{-1}=0.039mol\cdot L^{-1}$$

可以从反应式(1) 清楚地看到，0.01mol CoS 溶解时，曾消耗 0.02mol $H^+$。

解题过程中的反应方程式（1）可由（2)式－(3）式得到。

$$CoS \rightleftharpoons Co^{2+}+S^{2-} \quad K_{sp} \tag{2}$$

$$H_2S \rightleftharpoons 2H^++S^{2-} \quad K_{1+2}=K_1K_2 \tag{3}$$

故反应式的平衡常数为 $$K=\frac{K_{sp}}{K_{1+2}}=\frac{K_{sp}}{K_1K_2}=0.28$$

由于该反应的 $K$ 很大，所以 CoS 能很好地溶于盐酸中。可以推出：难溶弱酸盐的 $K_{sp}^{\ominus}$ 越大，对应弱酸的 $K_a^{\ominus}$ 越小，难溶弱酸盐越易被酸溶解。上述计算说明，利用金属硫化物在酸中溶解性的差别，可以将金属离子分离。这是定性分析化学中离子分离的基础。

采用例题 5-10 的方法，可以计算出将 0.01mol SnS（其 $K_{sp}^{\ominus}=1.0\times10^{-25}$）溶于 1.0L 盐酸中，所需盐酸的最低浓度为 $3.8mol\cdot L^{-1}$。故 SnS 不溶于较稀的（$0.3mol\cdot L^{-1}$）盐酸。同样，将 0.01mol CuS 溶于 1.0L 盐酸中，$K_{sp}^{\ominus}(CuS)=6.3\times10^{-36}$，计算所需盐酸的最低浓度为 $4.8\times10^5 mol\cdot L^{-1}$。而这种浓度的盐酸根本不可能存在，故 CuS 不能溶于盐酸中。

反应 $CuS+2H^+ \rightleftharpoons Cu^{2+}+H_2S$ 的平衡常数过小：

$$K=\frac{K_{sp}^{\ominus}}{K_1K_2}=4.4\times10^{-16}$$

也就是说，并非所有的难溶弱酸盐都能溶于强酸，像 CuS、HgS、$AsS_3$ 等的 $K_{sp}^{\ominus}$ 极小，即使用浓盐酸也不能有效降低 $c(S^{2-})$ 使之溶解。

（2）将相关离子氧化或还原

由上面的计算可知，盐酸也不能使 CuS 溶解，那还有其他的方法吗？实验事实表明，CuS 在 $HNO_3$ 中可以溶解。其中 $S^{2-}$ 被硝酸氧化为硫单质，从而使溶液中的 $S^{2-}$ 显著降低，反应商 $Q<K_{sp}^{\ominus}(CuS)$，沉淀逐渐溶解。

$$3CuS+2NO_3^-+8H^+ \rightleftharpoons 3Cu^{2+}+2NO+3S+4H_2O$$

该反应的平衡常数较大。在第 6 章中，将介绍如何求算这类反应的平衡常数，如何判断这类反应进行的方向。

（3）生成配离子

AgCl 沉淀难溶于水和酸，但可以溶于氨水，原因是 $Ag^+$ 与 $NH_3$ 配位生成 $[Ag(NH_3)_2]^+$，使沉淀溶解平衡右移，使 AgCl 溶解。

$$AgCl+2NH_3 \rightleftharpoons [Ag(NH_3)_2]^++Cl^-$$

### 5.4.2　沉淀的相互转化

有些沉淀既不溶于酸，又不能用氧化还原或形成配合物的方法溶解。这时可以借助某种合适的溶剂，把这种难溶的电解质转化为另一种难溶的电解质，然后再使其溶解。借助某一试剂的作用，把一种难溶电解质转化为另一种难溶电解质的过程，称为**沉淀的相互转化**。例如，水垢的主要成分除了易溶于酸的 $CaCO_3$ 外，还有既难溶于水、又难溶于酸的 $CaSO_4$。为了除去附在锅炉内壁的锅垢，可借助 $Na_2CO_3$，将 $CaSO_4$ 转化为疏松且可溶于酸的 $CaCO_3$，其反应过程为

$$CaSO_4(s) \rightleftharpoons Ca^{2+} + SO_4^{2-}$$
$$+$$
$$Na_2CO_3 = CO_3^{2-} + 2Na^+$$
$$\Updownarrow$$
$$CaCO_3(s)$$

由于 $CaSO_4$ 的溶度积（$4.93\times10^{-5}$）大于 $CaCO_3$ 的溶度积（$2.8\times10^{-9}$），$Ca^{2+}$ 与加入的 $CO_3^{2-}$ 结合成溶度积更小的 $CaCO_3$ 沉淀，从而降低了溶液中 $Ca^{2+}$ 浓度，破坏了 $CaSO_4$ 的溶解平衡，使 $CaSO_4$ 不断转化为 $CaCO_3$。总反应式可表示为

$$CaSO_4(s) + CO_3^{2-} \rightleftharpoons CaCO_3(s) + SO_4^{2-}$$

$$K^{\ominus} = \frac{c(SO_4^{2-})}{c(CO_3^{2-})} = \frac{c(SO_4^{2-})c(Ca^{2+})}{c(CO_3^{2-})c(Ca^{2+})} = \frac{K_{sp}^{\ominus}(CaSO_4)}{K_{sp}^{\ominus}(CaCO_3)} = \frac{4.93\times10^{-5}}{2.8\times10^{-9}} = 1.8\times10^4$$

通过上述计算，可以看出此沉淀转化反应向右进行的趋势比较大。可见，两种难溶电解质溶度积的相对大小是影响类型相同的难溶电解质沉淀转化程度大小的关键。通常，溶度积较大的难溶电解质容易转化为溶度积较小的难溶电解质。而且，两者的溶度积相差越大，沉淀转化越完全。

沉淀转化原理在化工生产中获得广泛的应用。例如，生产锶盐时，考虑到原料天青石（含 65%～85% $SrSO_4$）既不溶于水，也不为一般的酸所分解，于是先采用 $Na_2CO_3$ 溶液将捣碎的 $SrSO_4$ 逐步转化为可溶于酸的 $SrCO_3$。

$$SrSO_4(s) + CO_3^{2-} \rightleftharpoons SrCO_3(s) + SO_4^{2-}$$

$$K^{\ominus} = \frac{c(SO_4^{2-})}{c(CO_3^{2-})} = \frac{K_{sp}^{\ominus}(SrSO_4)}{K_{sp}^{\ominus}(SrCO_3)} = \frac{3.44\times10^{-7}}{5.60\times10^{-10}} = 6.14\times10^2$$

**【例题 5-11】** 将 0.010mol AgCl 置于 100mL 纯水中达到平衡。向此体系中加入 0.0050mol 固体 KI，达到平衡后，有多少摩尔的 AgCl 转化为 AgI？溶液中 $Ag^+$、$Cl^-$、$I^-$ 的平衡浓度各为多少（设加入 AgCl 和 KI 后，水的体积变化忽略不计，也不考虑 $Ag^+$ 与 $Cl^-$、$I^-$ 形成配离子）？

**解**　所加入的 KI 的浓度为

$$0.0050\times1000/100 = 0.050\ (mol\cdot L^{-1})$$

设每升中有 $x$ mol AgCl 发生转化

$$AgCl(s) + I^-(aq) \rightleftharpoons AgI(s) + Cl^-(aq)$$

平衡浓度/$mol\cdot L^{-1}$　　$0.05-x$　　　　$x$

$$K^{\ominus} = \frac{c(Cl^-)}{c(I^-)} = \frac{K_{sp}^{\ominus}(AgCl)}{K_{sp}^{\ominus}(AgI)} = \frac{1.77\times10^{-10}}{8.52\times10^{-17}} = 2.1\times10^6$$

即

$$\frac{x}{0.050-x}=2.1\times10^{6}$$

$$c(Cl^-)=x=0.050mol\cdot L^{-1}$$

$$c(Ag^+)=\frac{K_{sp}^{\ominus}(AgCl)}{c(Cl^-)}=\frac{1.77\times10^{-10}}{0.050}=3.5\times10^{-9}\ (mol\cdot L^{-1})$$

$$c(I^-)=\frac{c(Cl^-)}{2.1\times10^{6}}=\frac{0.050}{2.1\times10^{6}}=2.4\times10^{-8}\ (mol\cdot L^{-1})$$

$$n(AgCl)=c(Cl^-)V_{总}=0.050\times0.1=0.005\ (mol)$$

所加入的 AgCl 有 0.005mol 转化成了 AgI。

# 5.5 沉淀反应的应用

沉淀反应在日常生产生活中应用非常广泛。例如，通过沉淀反应将杂质离子转化成难溶性电解质，从而将其去除；对于多种离子混合的溶液，在判断是否存在某种离子时可以利用其特征的沉淀反应来判断；还可以利用不同离子的溶度积不同，将混合离子分离。

## 5.5.1 除杂

以粗盐的提纯为例：粗盐中含有 $Ca^{2+}$、$Mg^{2+}$、$SO_4^{2-}$ 等杂质离子，通过将它们转化为沉淀的方式，除去这些杂质离子。

$$SO_4^{2-}+Ba^{2+}(过量)=\!=\!=BaSO_4\downarrow$$

$$Ba^{2+}+CO_3^{2-}(过量)=\!=\!=BaCO_3\downarrow$$

$$Ca^{2+}+CO_3^{2-}(过量)=\!=\!=CaCO_3\downarrow$$

$$2Mg^{2+}+2OH^-+CO_3^{2-}=\!=\!=Mg_2(OH)_2CO_3\downarrow$$

过滤后，过量的 $CO_3^{2-}$ 和 $OH^-$ 通过加盐酸，调节 pH≈7 即可除去。

## 5.5.2 离子鉴定与分离

### 5.5.2.1 常见阳离子的鉴定

(1) $Ag^+$ 的鉴定

取适量 $AgNO_3$ 试液于试管中，滴加几滴 HCl 溶液，产生白色沉淀，然后在沉淀中滴加 $NH_3\cdot H_2O$ 至沉淀完全溶解，最后用 $HNO_3$ 酸化，白色沉淀再次出现。

$$Ag^++Cl^-=\!=\!=AgCl\downarrow$$

$$AgCl(s)+2NH_3\cdot H_2O=\!=\!=[Ag(NH_3)_2]^++Cl^-+2H_2O$$

$$[Ag(NH_3)_2]^++Cl^-+2H^+=\!=\!=AgCl\downarrow(白色)+2NH_4^+$$

(2) $Cu^{2+}$ 的鉴定

取适量 $CuCl_2$ 于试管中，滴加 HAc 酸化，然后逐滴加入 $K_4[Fe(CN)_6]$ 溶液，生成红棕色的 $Cu_2[Fe(CN)_6]$。

$$2Cu^{2+}+[Fe(CN)_6]^{4-}\xrightarrow{中性或酸性介质}Cu_2[Fe(CN)_6]\downarrow(红棕色)$$

注意 $Fe^{3+}$、$Bi^{3+}$、$Co^{2+}$ 等离子与 $[Fe(CN)_6]^{4-}$ 亦可发生反应，会干扰对 $Cu^{2+}$ 的鉴定。

(3) $Ni^{2+}$ 的鉴定

在 $NiSO_4$ 溶液中加入氨水调节 pH≈10，加入丁二酮肟溶液，会立即生成一种鲜红色的二丁二酮肟合镍（Ⅱ）螯合物。

$$NiSO_4+2NH_3\cdot H_2O=\!=\!=Ni(OH)_2\downarrow+(NH_4)_2SO_4$$

$$Ni(OH)_2 + \begin{matrix} H_3C-C=NOH \\ H_3C-C=NOH \end{matrix} \rightleftharpoons \text{螯合物} + 2H_2O$$

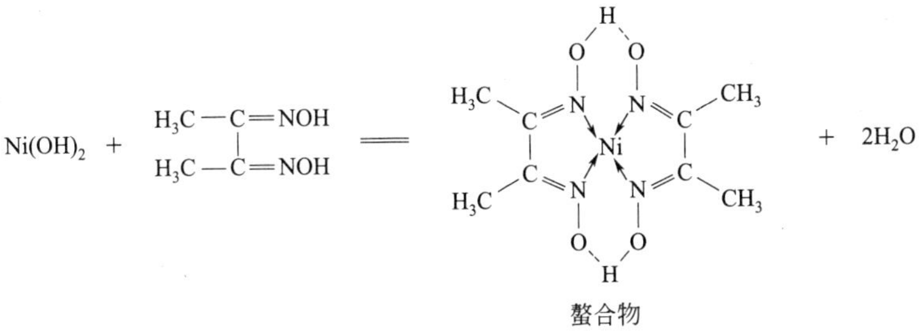

(4) $Sn^{2+}$、$Hg^{2+}$ 的相互鉴定

向 $HgCl_2$ 溶液中逐滴加入 $SnCl_2$ 溶液，先出现 $Hg_2Cl_2$ 白色沉淀，继续加入 $SnCl_2$ 溶液，沉淀由白变灰最后变成黑色的 Hg。

$$SnCl_2 + 2HgCl_2 = SnCl_4 + Hg_2Cl_2 \downarrow \text{（白色沉淀）}$$
$$Hg_2Cl_2 + SnCl_2 = SnCl_4 + 2Hg \downarrow \text{（黑色沉淀）}$$

(5) $Ba^{2+}$ 的鉴定

向 $BaCl_2$ 溶液中加入等量的 HAc 和 NaAc 溶液，然后滴加 $K_2CrO_4$ 将有黄色沉淀生成。

$$Ba^{2+} + CrO_4^{2-} \xrightarrow{\text{中性或弱酸性}} BaCrO_4 \downarrow \text{（黄色）}$$

注意：$Sr^{2+}$、$Pb^{2+}$、$Ni^{2+}$、$Ag^+$、$Zn^{2+}$、$Cu^{2+}$、$Bi^{3+}$ 等离子与 $CrO_4^{2-}$ 亦可发生反应，会干扰对 $Ba^{2+}$ 的鉴定。

(6) $Na^+$、$K^+$ 的鉴定

通常钠盐和钾盐都易溶于水，但在特殊反应中也能生成难溶物用于鉴别。例如，向 NaCl 溶液中滴加饱和的六羟基锑酸钾溶液，会出现白色晶状沉淀。向 KCl 溶液中滴加饱和的酒石酸氢钠溶液，也会产生白色的晶状沉淀。

$$Na^+ + K[Sb(OH)_6] = Na[Sb(OH)_6]\text{（白色）} \downarrow + K^+$$
$$K^+ + NaHC_4H_4O_6 = KHC_4H_4O_6 \text{（白色）} \downarrow + Na^+$$

(7) $Mg^{2+}$ 的鉴定

向 $Mg^{2+}$ 溶液中滴加 NaOH 溶液，调节 pH 至弱碱性，再加入镁试剂（Ⅰ）（对硝基苯偶氮苯二酚），会生成天蓝色沉淀。

#### 5.5.2.2 常见阴离子的鉴定

(1) $NO_3^-$ 的鉴定

在适量 $NaNO_3$ 溶液的中央放一粒 $FeSO_4$ 晶体，然后在晶体上滴一滴浓 $H_2SO_4$，晶体周围会有棕色出现，即生成硫酸亚硝基铁。

$$3Fe^{2+} + NO_3^- + 4H^+ = 3Fe^{3+} + NO + 2H_2O$$
$$Fe^{2+} + SO_4^{2-} + NO = Fe(NO)SO_4$$

(2) $NO_2^-$ 的鉴定

在 $NaNO_2$ 溶液中滴加少量 HAc 酸化，然后滴加适量对氨基苯磺酸和 α-奈胺，将有玫瑰红色出现。

(3) $SO_4^{2-}$ 的鉴定

在 $Na_2SO_4$ 溶液中，加入盐酸和 $BaCl_2$ 溶液，有白色沉淀产生。

$$Ba^{2+} + SO_4^{2-} = BaSO_4 \downarrow$$

(4) $SO_3^{2-}$ 的鉴定

在 $Na_2SO_3$ 溶液中，加入少量 $H_2SO_4$ 后迅速加入 $KMnO_4$ 溶液，可观察到紫色褪去。

$$2MnO_4^- + 5SO_3^{2-} + 6H^+ = 2Mn^{2+} + 5SO_4^{2-} + 3H_2O$$

(5) $PO_4^{3-}$ 的鉴定

在 $Na_3PO_4$ 溶液中，加入 $HNO_3$ 溶液后迅速加入 $(NH_4)_2MoO_4$ 溶液，微热，可以观察到有黄色沉淀生成。

### 5.5.2.3 离子分离

(1) 典型阳离子的分离

例如，含 $Mg^{2+}$、$Ba^{2+}$、$Ni^{2+}$、$Cu^{2+}$、$Ag^+$ 的混合液，利用沉淀反应可以逐个分离，分离步骤如图 5-2。

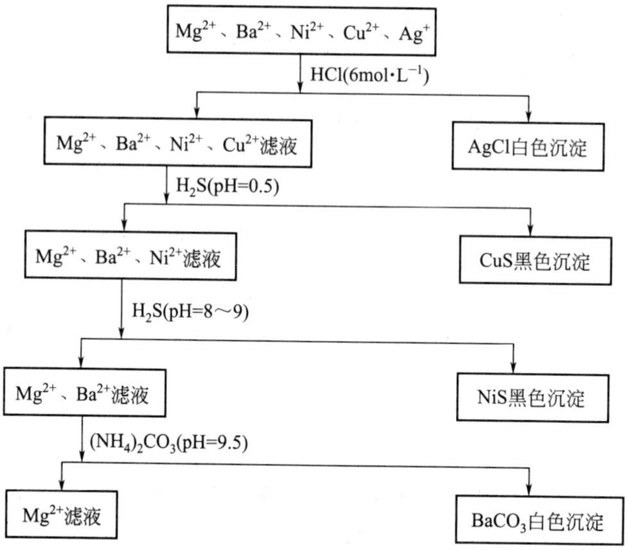


图 5-2 典型阳离子分离步骤图

(2) 典型阴离子的分离

例如，含有 $Cl^-$、$Br^-$、$I^-$ 的混合溶液，利用沉淀反应可以逐个分离，分离步骤如图 5-3。

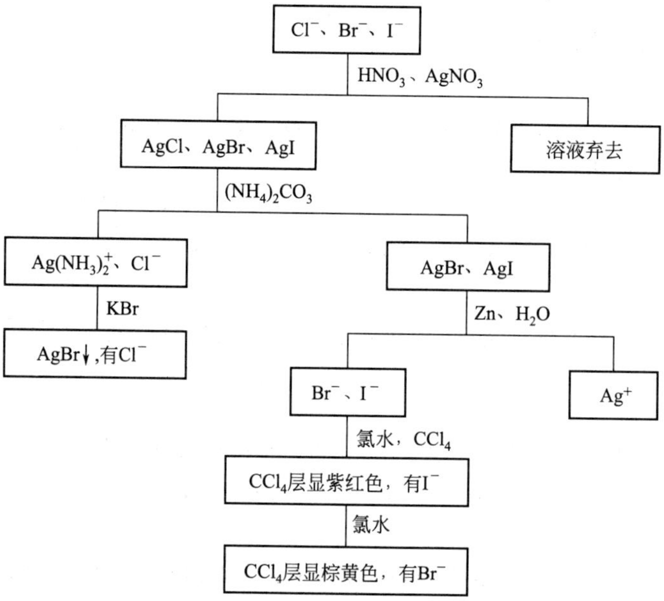


图 5-3 典型阴离子分离步骤图

## 习题

5.1 以 AgCl 为例，简述难溶性的强电解质在水中实现沉淀溶解平衡的过程。

5.2 因为 $BaSO_4$ 的 $K_{sp}^{\ominus}$ 比 $BaCO_3$ 的 $K_{sp}^{\ominus}$ 小，所以不能通过与 $Na_2CO_3$ 溶液作用将 $BaSO_4$ 转化成 $BaCO_3$，此结论正确吗？

5.3 对于难溶性电解质的溶解度而言，盐效应将会使其增大还是减小？同离子效应将会使其增大还是减小？后一种效应一般与前一种效应相比怎么样？

5.4 向含有 $Cd^{2+}$ 和 $Fe^{2+}$ 浓度均为 $0.020mol \cdot L^{-1}$ 的溶液中通入 $H_2S$ 达饱和，欲使两种离子完全分离，则溶液的 pH 应控制在什么范围？已知：$K_{sp}^{\ominus}(CdS)=8.0\times10^{-27}$，$K_{sp}^{\ominus}(FeS)=6.3\times10^{-18}$；常温常压下，饱和 $H_2S$ 溶液的浓度为 $0.1mol \cdot L^{-1}$；$H_2S$ 的解离常数为 $K_{a1}^{\ominus}=1.1\times10^{-7}$，$K_{a2}^{\ominus}=1.3\times10^{-13}$。

5.5 已知 $CaF_2$ 的溶度积为 $5.2\times10^{-9}$，求 $CaF_2$ 在下列情况时的溶解度（以 $mol \cdot L^{-1}$ 表示）：

（1）在纯水中；

（2）在 $1.0\times10^{-2}mol \cdot L^{-1}$ NaF 溶液中；

（3）在 $1.0\times10^{-2}mol \cdot L^{-1}$ $CaCl_2$ 溶液中。

5.6 $Ba^{2+}$ 和 $Sr^{2+}$ 的混合溶液中，二者的浓度均为 $0.10mol \cdot L^{-1}$，将极稀的 $Na_2SO_4$ 溶液滴加到混合溶液中。已知 $BaSO_4$ 的 $K_{sp}^{\ominus}=1.08\times10^{-10}$，$SrSO_4$ 的 $K_{sp}^{\ominus}=3.4\times10^{-7}$。求当 $Ba^{2+}$ 已有 99%沉淀为 $BaSO_4$ 时 $Sr^{2+}$ 的浓度。

5.7 将 20mL $0.01mol \cdot L^{-1}$ $BaCl_2$ 溶液和 20mL $0.02mol \cdot L^{-1}$ $H_2SO_4$ 溶液，在强烈搅拌下与 960mL 水相混合，利用计算结果判断是否有 $BaSO_4$ 沉淀生成。已知：$BaSO_4$ 的 $K_{sp}^{\ominus}=1.08\times10^{-10}$。

5.8 采用加入 KBr 溶液的方法，将 AgCl 沉淀转化为 AgBr 沉淀。试求 $Br^-$ 的浓度必须保持大于 $Cl^-$ 的浓度的多少倍？已知：AgCl 的 $K_{sp}^{\ominus}=1.77\times10^{-10}$，AgBr 的 $K_{sp}^{\ominus}=5.35\times10^{-13}$。

5.9 溶液中 $FeCl_2$ 和 $CuCl_2$ 两者的浓度均为 $0.10mol \cdot L^{-1}$，向其中通入 $H_2S$ 气体至饱和。通过计算判断沉淀生成情况属于下列哪一种。已知：FeS 的 $K_{sp}^{\ominus}=6.3\times10^{-18}$，CuS 的 $K_{sp}^{\ominus}=6.3\times10^{-36}$，$H_2S$ 的 $K_{a}^{\ominus}=1.43\times10^{-20}$。

（1）先生成 CuS 沉淀，后生成 FeS 沉淀；

（2）先生成 FeS 沉淀，后生成 CuS 沉淀；

（3）只生成 CuS 沉淀，不生成 FeS 沉淀；

（4）只生成 FeS 沉淀，不生成 CuS 沉淀。

5.10 海水中几种离子的浓度如下：

| $M^{n+}$ | $Na^+$ | $Mg^{2+}$ | $Ca^{2+}$ | $Al^{3+}$ | $Fe^{3+}$ |
|---|---|---|---|---|---|
| $c(M^{n+})/mol \cdot L^{-1}$ | 0.46 | 0.050 | 0.010 | $4.0\times10^{-7}$ | $2.0\times10^{-7}$ |

（1）$OH^-$ 浓度多大时，$Mg(OH)_2$ 开始沉淀？

（2）在该 $OH^-$ 浓度下，是否还有别的离子沉淀？

5.11 工业废水的排放标准规定 $Cd^{2+}$ 降到 $0.10mol \cdot L^{-1}$ 以下即可排放。若用消石灰中和沉淀法除去 $Cd^{2+}$，按理论计算，废水溶液的 pH 至少应为多大？

5.12 在 10mL $1.5\times10^{-3}mol \cdot L^{-1}$ $MnSO_4$ 溶液中，加入 5.0mL $0.15mol \cdot L^{-1}$

$NH_3 \cdot H_2O$，能否生成 $Mn(OH)_2$ 沉淀？

5.13 一溶液中 $SO_4^{2-}$ 及 $CO_3^{2-}$ 的浓度均为 0.10mol·L$^{-1}$，向其中逐滴加入 $Ba^{2+}$ 溶液。试通过计算说明：

(1) 哪种离子先沉淀？

(2) 两种离子的浓度达到何种比例时才能同时沉淀？

(3) 开始同时沉淀时，先沉淀的离子浓度为多少？

5.14 在 0.10L $BaSO_4$ 饱和溶液的底部有 0.466g $BaSO_4$ 沉淀。欲使其完全转化为 $BaCO_3$ 沉淀，试计算至少要向体系中加入多少克 $Na_2CO_3$ 固体。

5.15 试比较 AgI 在纯水中和在 0.010mol·L$^{-1}$KI 溶液中的溶解度。已知：AgI 的 $K_{sp}^{\ominus}=8.52\times10^{-17}$。

5.16 某溶液中含有 0.10mol·L$^{-1}$ $Ba^{2+}$ 和 0.10mol·L$^{-1}$ $Ag^+$，在滴加 $Na_2SO_4$ 溶液时（忽略体积的变化），哪种离子首先沉淀出来？当第二种离子沉淀析出时，第一种被沉淀离子是否沉淀完全？两种离子有无可能用沉淀法分离？

5.17 现有一瓶含有 $Fe^{3+}$ 杂质的 0.10mol·L$^{-1}$ $MgCl_2$ 溶液，欲使 $Fe^{3+}$ 以 $Fe(OH)_3$ 沉淀形式除去，溶液的 pH 应控制在什么范围？

5.18 某溶液中含有 $Fe^{2+}$ 和 $Fe^{3+}$，浓度均为 0.10mol·L$^{-1}$，若要求 $Fe(OH)_3$ 沉淀完全而不产生 $Fe(OH)_2$ 沉淀，求溶液的 pH 应控制在什么范围？已知：$Fe(OH)_3$ 的 $K_{sp}^{\ominus}=2.79\times10^{-39}$，$Fe(OH)_2$ 的 $K_{sp}^{\ominus}=4.87\times10^{-17}$。

5.19 已知 AgCl 的 $K_{sp}^{\ominus}=1.77\times10^{-10}$，求 AgCl 饱和溶液中 $Ag^+$ 的浓度；若加入盐酸，使溶液的 pH=3.0，再求溶液中 $Ag^+$ 的浓度。

5.20 某一元弱酸 HA 溶液的 $c(H^+)=a$ mol·L$^{-1}$，在此溶液中加入过量难溶盐 MA，实现沉淀溶解平衡时，溶液的 $c(H^+)=b$ mol·L$^{-1}$。设酸的浓度满足解离平衡的近似计算条件，求 MA 的溶度积常数 $K_{sp}^{\ominus}$。

5.21 已知 $K_{sp(Zn(OH)_2)}^{\ominus}=3.0\times10^{-17}$，则 $Zn(OH)_2$ 的溶解度是多少？

5.22 在 100mL 含 0.10mol·L$^{-1}$ $Cu^{2+}$ 和 0.10mol·L$^{-1}$ $H^+$ 的溶液中，通入 $H_2S$ 使其饱和，计算残留在溶液中的 $Cu^{2+}$ 有多少克？已知：CuS 的 $K_{sp}^{\ominus}=6.3\times10^{-36}$，$H_2S$ 的 $K_a^{\ominus}=1.43\times10^{-20}$。

5.23 某化工厂用盐酸加热处理粗 CuO 的方法制备 $CuCl_2$，每 100mL 所得的溶液中有 0.0558g $Fe^{2+}$ 杂质。该厂采用使 $Fe^{2+}$ 氧化为 $Fe^{3+}$ 再调整 pH 使 $Fe^{3+}$ 以 $Fe(OH)_3$ 沉淀析出的方法除去铁杂质。请在 $KMnO_4$、$H_2O_2$、$NH_3 \cdot H_2O$、$Na_2CO_3$、ZnO、CuO 等化学品中为该厂选出合适的氧化剂和调整 pH 的试剂，并通过计算说明：

(1) 为什么不用直接沉淀出 $Fe(OH)_2$ 的方法提纯 $CuCl_2$？

(2) 该厂所采用除去铁杂质方法的可行性。

(3) $Fe(OH)_3$ 开始沉淀时的 pH 为多少？

(4) $Fe(OH)_3$ 沉淀完全时的 pH 为多少？

已知：$Fe(OH)_3$ 的 $K_{sp}^{\ominus}=2.79\times10^{-39}$，$Fe(OH)_2$ 的 $K_{sp}^{\ominus}=4.87\times10^{-17}$。

5.24 向浓度均为 0.10mol·L$^{-1}$ 的 $Zn^{2+}$、$Mn^{2+}$ 混合液中不断通入 $H_2S$ 气体 [$c(H_2S)=0.10$mol·L$^{-1}$]。溶液的 pH 应控制在什么范围可以达到 $Zn^{2+}$、$Mn^{2+}$ 分步沉淀？已知：$K_{sp,ZnS}^{\ominus}=1.6\times10^{-24}$，$K_{sp,MnS}^{\ominus}=2.5\times10^{-13}$，$K_{a1,H_2S}^{\ominus}=1.17\times10^{-7}$，$K_{a2,H_2S}^{\ominus}=1.3\times10^{-13}$。

# 第6章 氧化还原反应与电化学

氧化还原反应是一类重要的化学反应，常应用于电化学研究中。与酸碱中和、水解及沉淀反应不同，氧化还原反应总是伴随着电子的转移。

本章主要介绍氧化数、电极电势等概念，讨论氧化还原反应方程式的配平、电极电势产生的原因、影响电极电势的因素及氧化还原反应进行的方向和限度；分析该类反应自发进行特有的热力学判据，从而掌握更加完整的化学热力学理论。

## 6.1 氧化数与氧化还原反应的配平

### 6.1.1 氧化数

1970 年国际纯粹与应用化学联合会（IUPAC）规定：氧化数是某一元素一个原子的荷电数，这个荷电数可假设把每个键中的电子指定给电负性更大的原子而求得。由此可见，元素的氧化数是指元素原子在其化合态中的形式电荷数。在离子化合物中，简单阴、阳离子所带的电荷数就是该元素原子的氧化数。例如，在 KI 中，K 的氧化数为 +1，I 的氧化数为 −1。对共价化合物来说，共用电子对偏向吸引电子能力较大的原子，例如，在 HCl（H：Cl）中，Cl 原子的形式电荷为 −1，H 原子的形式电荷为 +1。为了便于确定元素原子的氧化数，人们从经验中总结出确定“氧化数”的一些规则：

① 在离子型化合物中，阴阳离子的电荷数就是它们的氧化数。如 NaCl 中钠是 +1 价离子，其氧化数为 +1；氯是 −1 价离子，其氧化数为 −1，整个化合物氧化数的代数和等于零。

② 在具有极性键的共价化合物中，原子的表观价态就是它们的氧化数。例如，$NH_3$ 分子中，每个氢原子氧化数为 +1，电负性较大的氮原子氧化数为 −3，整个化合物氧化数的代数和亦为零。

③ 所有单质中原子的氧化数为零。除过氧化物、超氧化物、$O_2(PtF_6)$ 和 $OF_2$ 以外的化合物中，氧的氧化数一般为 −2。除金属氢化物以外的化合物中，氢的氧化数为 +1。这些是计算其他元素原子氧化数的依据。

④ 对于弱酸根等原子团，氧化数的代数和应等于原子团的总电荷。例如，$CrO_3^{2-}$ 中每个氧原子的氧化数为 −2，则 Cr 原子的氧化数计算如下。

$$CrO_3^{2-}$$
$$x+3\times(-2)=-2$$
$$x=+4$$

⑤ 在复杂的情况下，氧化数可以是分数，并且不必考虑实际的成键情况。

氧化数与化合价有一定的区别和联系，氧化数是人为规定的一种宏观统计数值，是通过计算得出的；化合价则代表一种元素的原子形成的化学键的数目，是一种微观真实值，只有正整数。多数情况下，一种元素的氧化数的绝对值等于其化合价。

**【例题 6-1】** 求 $S_4O_6^{2-}$ 中 S 的氧化数。

**解** 已知 O 的氧化数为 $-2$，设 S 的氧化数为 $x$。

根据化合物中各元素原子氧化数的代数和为零的规则可列出：

$$4x+(-2)\times 6=-2$$

$$x=+5/2$$

## 6.1.2 氧化还原反应的配平

氧化数的概念可以应用于氧化还原反应式的配平。常用的氧化还原反应的配平方法主要有氧化数法和离子-电子法。

### 6.1.2.1 氧化数法

在一个氧化还原反应中，元素原子氧化数升高的总数和原子氧化数降低的总数是相等的。依据该守恒规则可以找出还原剂和氧化剂分子式前面相应的系数而完成氧化还原反应式的配平。

氧化数法的三种类型如下：

按化合物氧化数升降物质的数量不同，可以将氧化数法分为以下三类，下面我们以具体的案例说明配平步骤。

① 只有两种元素氧化数升降 以 $HClO_3+P_4+H_2O \longrightarrow HCl+H_3PO_4$ 为例。

a. 写出化学方程式，找出元素氧化数降低值与元素氧化数升高值。

$$H\overset{+5}{Cl}O_3+\overset{0}{P_4}+H_2O \longrightarrow H\overset{-1}{Cl}+H_3\overset{+5}{P}O_4$$

b. 根据得失电子守恒原则，求出各元素氧化数升降值。

$$H\overset{+5}{Cl}O_3+\overset{0}{P_4}+H_2O \longrightarrow H\overset{-1}{Cl}+H_3\overset{+5}{P}O_4$$

$\downarrow 6$ $\uparrow 5\times 4=20$

c. 约分后，十字相乘。

$$H\overset{+5}{Cl}O_3+\overset{0}{P_4}+H_2O \longrightarrow H\overset{-1}{Cl}+H_3\overset{+5}{P}O_4$$

3 10

d. 用观察法配平氧化数未改变的元素数目。

$$10HClO_3+3P_4+18H_2O = 10HCl+12H_3PO_4$$

② 多种元素氧化数升降 当一个反应不止有两种元素氧化数变化时，可将升高或降低的元素合在一起计算变化值。例如：$PbO_2+MnBr_2+HNO_3 \longrightarrow Pb(NO_3)_2+Br_2+HMnO_4+H_2O$。

a. 写出化学方程式，找出元素氧化数降低值与元素氧化数升高值。

$$\overset{+4}{Pb}O_2+\overset{+2}{Mn}\overset{-1}{Br_2}+HNO_3 \longrightarrow \overset{+2}{Pb}(NO_3)_2+\overset{0}{Br_2}+H\overset{+7}{Mn}O_4+H_2O$$

$\downarrow 2$ $\uparrow 5+1\times 2$

b. 根据得失电子守恒原则，求出各元素氧化数升降值。

$$\overset{+4}{Pb}O_2+\overset{+2}{Mn}\overset{-1}{Br_2}+HNO_3 \longrightarrow \overset{+2}{Pb}(NO_3)_2+\overset{0}{Br_2}+H\overset{+7}{Mn}O_4+H_2O$$

$\downarrow 2$ $\uparrow (5+2\times 1)$

c. 约分后，十字相乘。

$$\overset{+4}{Pb}O_2+\overset{+2}{Mn}\overset{-1}{Br_2}+HNO_3 \longrightarrow \overset{+2}{Pb}(NO_3)_2+\overset{0}{Br_2}+H\overset{+7}{Mn}O_4+H_2O$$

2 7

d. 用观察法配平氧化数未改变的元素数目。

$$7PbO_2 + 2MnBr_2 + 14HNO_3 = 7Pb(NO_3)_2 + 2Br_2 + 2HMnO_4 + 6H_2O$$

③ 同一元素氧化数部分升降 铜和稀硝酸的反应中，稀硝酸既有氧化性又有酸性，在此反应中稀硝酸中的氮元素氧化数部分升高。在配平此类反应时要考虑氧化数不发生变化元素的个数，即从方程式的另一侧配平。

a. 写出化学方程式，找出元素氧化数降低值与元素氧化数升高值。

$$\overset{0}{Cu} + H\overset{+5}{N}O_3(\text{稀}) \longrightarrow \underset{\uparrow 2}{\overset{+2}{Cu}}(NO_3)_2 + \underset{\downarrow 3}{\overset{+2}{N}O}\uparrow + H_2O$$

b. 根据第一条规则，求出各元素氧化数升降值，约分后，十字相乘。

$$\overset{0}{Cu} + H\overset{+5}{N}O_3(\text{稀}) \longrightarrow \overset{+2}{Cu}(NO_3)_2 + \overset{+2}{N}O\uparrow + H_2O$$

2 ⟷ 3（交叉相乘）

c. 利用氧化数升价，从氧化数全部发生变化的物质配起，最后由观察法配平氧化数部分发生改变的元素和氧化数未改变的元素数目。

$$3Cu + 8HNO_3(\text{稀}) = 3Cu(NO_3)_2 + 2NO\uparrow + 4H_2O$$

氧化数法的优点是简单、快速，既适用于水溶液中的氧化还原反应，也适用于气、固相的氧化还原反应。

使用氧化数法必须要知道元素的氧化数，不方便用于氧化数是分数和不知道元素氧化数的氧化还原反应。

#### 6.1.2.2 离子电子法

基于氧化数法的不足，化学家们又发展出了离子电子法，该法配平时无需知道元素的氧化数，可直接写出离子反应方程式，能反映出水溶液中氧化还原反应的实质。但是，离子电子法的适用范围较窄，仅限于液相反应，不适于气相和固相氧化还原方程式的配平。离子电子法又称“半电池法”，其遵守的原则为反应过程中氧化剂得到的电子数等于还原剂失去的电子数。下面以 $MnO_4^- + SO_3^{2-} + H^+ \longrightarrow Mn^{2+} + SO_4^{2-}$ 为例来说明具体配平步骤。

$$MnO_4^- + SO_3^{2-} + H^+ \longrightarrow Mn^{2+} + SO_4^{2-}$$

① 将反应分解为两个半反应方程式。

$$MnO_4^- + H^+ \longrightarrow Mn^{2+}$$

$$SO_3^{2-} \longrightarrow SO_4^{2-}$$

② 判断介质的酸碱性，使半反应两边相同元素的原子个数守恒。

由于左边多 4 个 O 原子，所以右边加 4 个 $H_2O$，左边加 8 个 $H^+$。

$$MnO_4^- + 8H^+ \longrightarrow Mn^{2+} + 4H_2O$$

由于右边多 1 个 O 原子，左边加 1 个 $H_2O$，右边加 2 个 $H^+$。

$$SO_3^{2-} + H_2O \longrightarrow SO_4^{2-} + 2H^+$$

③ 用加减电子数法使两边电荷数守恒：

$$MnO_4^- + 8H^+ + 5e^- \longrightarrow Mn^{2+} + 4H_2O$$

$$SO_3^{2-} + H_2O - 2e \longrightarrow SO_4^{2-} + 2H^+$$

④ 求出电子数的最小公倍数，并乘以两个半反应，使得失电子数守恒。

$$2\times(MnO_4^- + 8H^+ + 5e^- \longrightarrow Mn^{2+} + 4H_2O)$$

$$5\times(SO_3^{2-} + H_2O - 2e^- \longrightarrow SO_4^{2-} + 2H^+)$$

⑤ 两个半反应相加，约分得出配平的离子方程式。

$$2MnO_4^- + 6H^+ + 5SO_3^{2-} = 2Mn^{2+} + 5SO_4^{2-} + 3H_2O$$

由这个例子可以清晰看出离子电子法配平分为五步：①拆成两个半反应；②原子守恒；③电荷守恒；④得失电子守恒；⑤相加两个半反应。

用离子电子法配平氧化还原反应的难点在于若反应物和生成物内所含的氧原子数目不等，需根据介质的酸碱性，分别在半反应方程式中加 $H^+$、$OH^-$ 或 $H_2O$ 使反应式两边的氧原子数相等，其经验规则如表 6-1 所示。

**表 6-1　不同介质条件下配平氧原子数**

| 介质条件 | 反应方程式箭号左边添加物 | |
|---|---|---|
| | 反应式左边氧原子数多于右边时 | 反应式左边氧原子数少于右边时 |
| 酸性 | $H^+$ | $H_2O$ |
| 碱性 | $H_2O$ | $OH^-$ |
| 中性 | $H_2O$ | $H_2O$ |

**【例题 6-2】** 配平离子方程式 $MnO_4^- + SO_3^{2-} \longrightarrow MnO_4^{2-} + SO_4^{2-}$（碱性条件）。

**解**　$MnO_4^- + SO_3^{2-} \longrightarrow MnO_4^{2-} + SO_4^{2-}$

拆成两个半反应：　$MnO_4^- \longrightarrow MnO_4^{2-}$　$SO_3^{2-} \longrightarrow SO_4^{2-}$

原子守恒、电荷守恒：　$MnO_4^- + e^- \longrightarrow MnO_4^{2-}$　(1)

$SO_3^{2-} + 2OH^- - 2e^- \longrightarrow SO_4^{2-} + H_2O$　(2)

得失电子数守恒，由（1）×2+（2）得：

$$2MnO_4^- + SO_3^{2-} + 2OH^- = 2MnO_4^{2-} + SO_4^{2-} + H_2O$$

# 6.2　原电池与电极电势

## 6.2.1　原电池

### 6.2.1.1　原电池的概念

1799 年，意大利物理学家伏特（A. Volta）将锌片和铜片放入盛有盐水的容器中，制成了世界上第一个原电池，为电化学的建立和发展开辟了道路。后来人们把利用自发的氧化还原化学反应产生电流的装置统称为**原电池**。

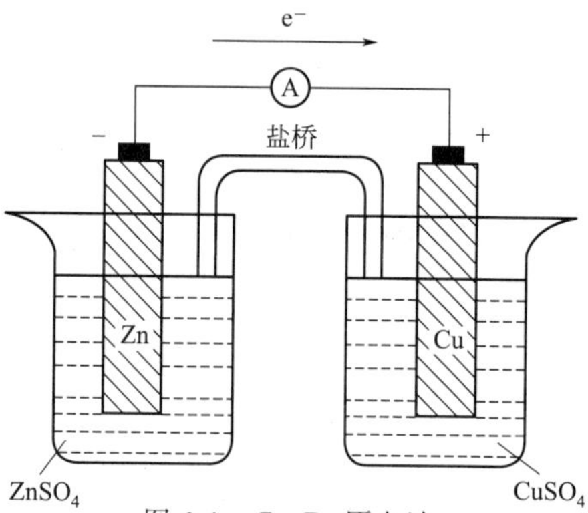

图 6-1　Cu-Zn 原电池

如图 6-1 所示，在一个烧杯中放入 $ZnSO_4$ 溶液并插入 Zn 片，在另一个烧杯中放入 $CuSO_4$ 溶液并插入 Cu 片，两个烧杯用盐桥连接起来，再用导线连接 Zn 片和 Cu 片，中间串联一个检流计，则可以看到检流计的指针发生偏转，这表明导线中有电流通过。由检流计指针偏转方向可知，电流由正极（电子流入的电极）流向负极（电子流出的电极）。

负极发生氧化反应：　$Zn - 2e^- = Zn^{2+}$

正极发生还原反应：　$Cu^{2+} + 2e^- = Cu$

总反应：　$Zn + Cu^{2+} = Cu + Zn^{2+}$

由此可见，可以将原电池对应的氧化还原反应拆成两个半反应，构成两个半电池，把 Zn 片（还原剂）和 $CuSO_4$ 溶液（氧化剂）分开，使氧化反应、还原反应分别在负极和正极反应，让电子通过溶液外的金属导线从 Zn 转移给 $Cu^{2+}$，使电子沿着导线做定向运动，以此产生电流，将化学能转变为电能。

原电池产生电流的原因在于两个电极的电势不同，即在两个电极间存在电势差。

#### 6.2.1.2　原电池的组成

一般的原电池由以下三部分构成：

(1) 半电池和电对

原电池都是由两个半电池所组成。以 Cu-Zn 原电池为例，Cu-Zn 原电池由 Zn 和 $ZnSO_4$ 溶液、Cu 和 $CuSO_4$ 溶液所构成的两个半电池组成。每个半电池含有同一元素不同氧化数的两种物质，氧化数高的称为**氧化型物质**，氧化数低的称为**还原型物质**，同一种元素的氧化型物质和还原型物质构成**氧化还原电对**，如 $Zn^{2+}/Zn$、$Cu^{2+}/Cu$。非金属单质及其相应的离子，也可以构成氧化还原电对，如 $H^+/H_2$、$O_2/OH^-$ 等。

氧化型物质和还原型物质在一定条件下可以互相转化：

$$\text{氧化型} + ne^- \rightleftharpoons \text{还原型}$$

(2) 盐桥

原电池中的**盐桥**通常是装有含有琼脂的饱和 KCl 溶液的 U 形管，其作用是接通内电路和进行电性中和。

在选择盐桥时要注意，盐桥中的电解质不能与两个半电池溶液发生化学反应，如果半电池溶液是 $AgNO_3$ 溶液，其中的 $Ag^+$ 会与 $Cl^-$ 生成 AgCl 沉淀，此时不能用 KCl，可改用 $KNO_3$ 或 $NH_4NO_3$。

(3) 外电路

用金属导线把一个灵敏电流计与两个电极串联起来，接通外电路，从电流计的转动和偏向可知氧化还原反应是否进行及电流的方向。

#### 6.2.1.3　原电池的表示方法

电化学中常用电池符号表示原电池。例如，Cu-Zn 原电池可以表示为

$$(-)Zn|Zn^{2+}(c_1)\parallel Cu^{2+}(c_2)|Cu(+)$$

即把负极（－）写在左边，正极（＋）写在右边；其中“|”表示两相界面，“‖”表示盐桥；$c$ 表示溶液的浓度（气体以分压 $p$ 表示）。

例如电池反应：

$$2Fe^{2+}(c_1)+Cl_2(p_1)=\!=\!=2Fe^{3+}(c_2)+2Cl^-(c_3)$$

两电对分别是两种不同价态的金属离子和非金属及其离子，电对物质本身不能导电，需引进辅助电极，通常用惰性电极。惰性电极是一种能够导电而不参加电极反应的电极，如铂电极、石墨电极等。此原电池表示为

$$(-)Pt|Fe^{2+}(c_1),Fe^{3+}(c_2)\parallel Cl^-(c_3)|Cl_2(p_1),Pt(+)$$

$Fe^{2+}$、$Fe^{3+}$ 均在溶液相中，彼此无界面，不用表示界面的单垂线（|），只需用逗号分开即可，注意盐桥（‖）两边一定是两种溶液，表示盐桥连接两溶液。因为离子浓度或气体分压不同，电极电势不同，所以电对中的离子要标出浓度，气体要标出分压。

在原电池的表示中应该注意以下几点：

① 半电池中没有导体时，一般需外加能导电且不参与电极反应的惰性电极，如 Pt、石墨等。

② 电极中含有同种元素不同氧化态的离子时，高氧化态离子靠近盐桥，低氧化态离子靠近电极，中间用“,”分开。

例如：$Sn^{4+}(c_1)$，$Sn^{2+}(c_2)|Pt(+)$

③ 组成电极中既有气体又有溶液时，气体物质写在靠近导体这一边，并应注明压力，

溶液靠近盐桥。

例如：$H^+(c_1)|H_2(p)$，Pt(+)

④ 参加电极反应的其他物质也应写入电池符号中。

例如：$Cr_2O_7^{2-}(c_1)$，$H^+(c_2)$，$Cr^{3+}(c_3)|Pt(+)$

## 6.2.2 电极电势

原电池由两个独立的半电池组成，每一个半电池相当于一个电极，分别发生氧化反应和还原反应。那么电极的电势是如何产生的？有什么办法能测出电极电势呢？

### 6.2.2.1 电极电势产生的原因——双电层理论

1889年，德国能斯特（W. Nernst）首先提出，后经其他科学家完善，建立了**双电层理论**，对电极电势产生的机理做了较好的解释。

把某金属薄片插入含有该金属离子的盐溶液中，将有两种情况发生。

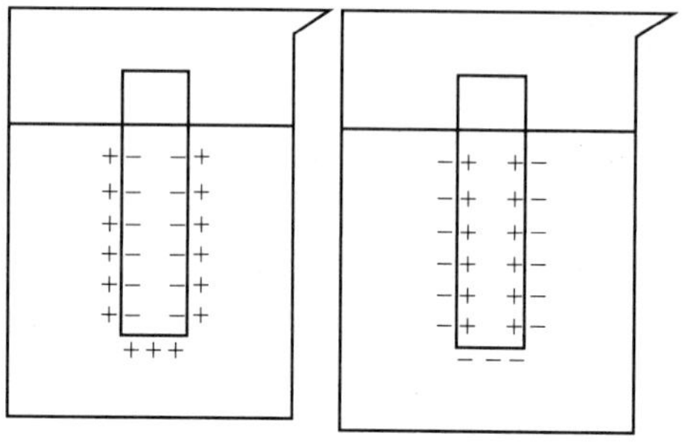


图 6-2 锌、铜电极双层电子的产生

一种情况是金属中的离子进入溶液中，在金属表面留下多余的电子，如图 6-2(a) 所示，当金属越活泼或溶液中金属离子浓度越小时，这种倾向越大；另一种情况是溶液中的金属离子在金属表面得到电子而沉积，这样金属表面就带有多余的正电荷，溶液则带有多余的负电荷，如图 6-2(b) 所示，当金属越不活泼或溶液中金属离子浓度越大时，这种倾向越大。这两种情况都会使金属与溶液之间形成双电层。当金属在溶液中溶解和沉积的速率相等时，则达到动态平衡：

$$M(s) \rightleftharpoons M^{n+}(aq) + ne^-$$

由于金属溶解的倾向大于沉积的倾向，导致达平衡时，金属表面带负电荷与其盐溶液带正电荷之间就产生**电势差**，这种电势差称为该金属的**平衡电极电势**（简称**电极电势**）。若利用原电池原理，将两个活动性不同的金属作为原电池的两个电极，再以原电池的形式连接起来，就能产生电流。例如，Cu-Zn 原电池中，由于 Zn 比 Cu 活泼，Cu 电极的电极电势比 Zn 电极的电极电势高，所以电流由 Cu 电极流向 Zn 电极。

### 6.2.2.2 标准电极电势

电极电势的大小能够反映金属得失电子能力的大小，对于定量地比较金属在溶液中的活泼性有重要意义。例如，锌铜原电池的电势差是 1.1V，说明铜电极的电势比锌电极高 1.1V，那铜电极和锌电极的电极电势分别是多少呢？迄今为止，平衡电极电势的绝对数值还无法测量，但可用比较的方法确定它的相对值，就如同用海平面为基准来测定山的高度一样。按照 1953 年 IUPAC 的建议，采用标准氢电极作为标准电极，规定其电极电势为零，以此来衡量其他电极的电极电势。

（1）标准氢电极

如图 6-3 所示，**标准氢电极**是把镀有一层铂黑的铂片浸入 $H^+$ 浓度为 $1mol \cdot L^{-1}$ 的溶液中，在 298.15K 时通入压力为 100kPa 的纯氢气让铂黑吸附并维持饱和状态，被铂黑吸附的 $H_2$ 与溶液中的 $H^+$ 在 298.15K 时建立如下半衡：

$$2H^+(1mol \cdot L^{-1}) + 2e^- \rightleftharpoons H_2(100kPa)$$

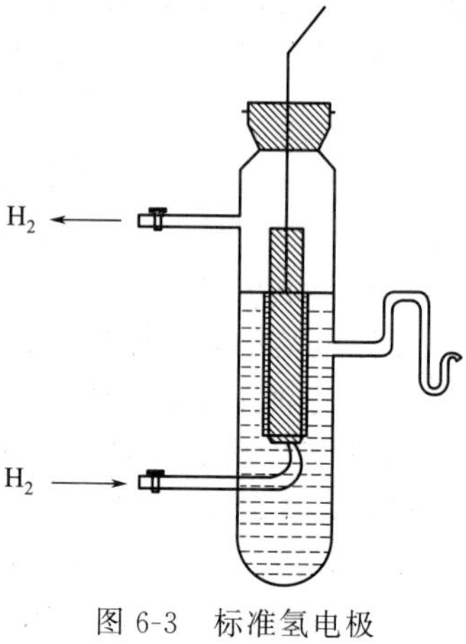


图 6-3 标准氢电极

这样，在铂片上吸附的氢气与溶液中的 $H^+$ 组成电对 $H^+/H_2$，构成标准氢电极，此时的电极电势称为氢电极的标准电极电势，表示为 $\varphi^{\ominus}(H^+/H_2)=0V$。

(2) 标准电极电势的测定

若要确定某待测电极的电极电势，可把该电极与标准氢电极组成原电池，由于标准氢电极的电极电势为 0，这样测量该原电池的**电动势**（$E$）即可确定待测电极的电极电势：

$$E=\varphi_+-\varphi_-$$

若待测电极处于标准态，即物质皆为纯净物，组成电对的有关物质的浓度为 $1.0mol \cdot L^{-1}$，气体的分压为 100kPa，则所测得的电动势称为标准电动势（$E^{\ominus}$）。

$$E^{\ominus}=\varphi_+^{\ominus}-\varphi_-^{\ominus}$$

例如，欲测锌电极的标准电极电势，可组成原电池：

$$(-)Zn|Zn^{2+}(1.00mol \cdot L^{-1}) \parallel H^+(1.00mol \cdot L^{-1})|H_2(100kPa),Pt(+)$$

在 298.15K 时，测得该原电池的标准电动势 $E^{\ominus}$ 为 0.762V，又因为 $\varphi^{\ominus}(H^+/H)=0V$，所以锌电极的标准电极电势为：

$$\varphi^{\ominus}(Zn^{2+}/Zn)=\varphi^{\ominus}(H^+/H_2)-E^{\ominus}=0-0.762V=-0.762V$$

用类似的方法可测得许多电极的标准电极电势，见附录 4。查阅标准电极电势数据时，要与所给条件相符。

使用电极电势表时要注意以下几点：

① 电极反应中各物质均为标准态，温度为 298.15K。

② 要注意介质的 pH，不同的酸碱度对应不同的表。

③ 表中的标准电极电势是电极反应处于平衡态时的标准值，与反应速率无关。

④表中的 $\varphi^{\ominus}$ 只适用于标准态下的水溶液，对气体体系不适用。

⑤ 电极电势的代数值与方程式的书写形式无关，因为代表物质得失电子的能力及物质的特性，不受物质数量的影响，因此不具有加和性。

电极电势 $\varphi^{\ominus}$ 的数值越小，该电对对应的还原型物质的还原能力越强，氧化型物质的氧化能力越弱；$\varphi^{\ominus}$ 的数值越大，该电对对应的还原型物质的还原能力越弱，氧化型物质的氧化能力越强。

#### 6.2.2.3 影响电极电势的因素

标准电极电势是在标准态、298.15K 之下测定的，如果外界条件如温度、浓度、强度、发生变化，则反应就处于非标准状态。此时，电极电势也发生了变化，因此就必须讨论非标准态的电极电势。

W. Nernst 从理论上推导出电极电势与浓度之间的关系：

$$\text{氧化型}+ne^- \rightleftharpoons \text{还原型}$$

$$\varphi=\varphi^{\ominus}+\frac{RT}{nF}\ln\frac{c(\text{氧化型})}{c(\text{还原型})}$$

此式称为能斯特方程式。式中，$\varphi$ 为电对在某一浓度时的电极电势；$\varphi^{\ominus}$ 为电对的标准电极电势；$c$(氧化型)、$c$(还原型) 分别表示电极反应中在氧化型、还原型一侧各物种相对浓度（或相对压力）幂的乘积；$R$ 为摩尔气体常数；$T$ 为热力学温度；$F$ 为法拉第常数；$n$ 为电极反应式中转移的电子数。

当电极电势单位用 V、浓度单位用 $mol \cdot L^{-1}$、压力单位用 Pa 表示时，$R=8.314J \cdot K^{-1} \cdot mol^{-1}$。

如果将自然对数改为常用对数，$R$ 取 $8.314J \cdot K^{-1} \cdot mol^{-1}$，$F$ 取 $96485J \cdot V^{-1} \cdot mol^{-1}$，则在 298.15K 时：

$$\varphi=\varphi^{\ominus}+\frac{RT}{nF}\ln\frac{c(\text{氧化型})}{c(\text{还原型})}$$

$$\varphi=\varphi^{\ominus}+\frac{0.0592\text{V}}{n}\lg\frac{c(\text{氧化型})}{c(\text{还原型})}$$

从能斯特方程式可看出，对于确定的电对，当体系温度一定时，其非标准态的电极电势 $\varphi$ 主要与标准电极电势 $\varphi^{\ominus}$ 有关，$c$(氧化型)/$c$(还原型）的大小对其也有一定影响。

**【例题 6-3】** 在 298.15K 下，将 Pt 浸入 $c(Cr_2O_7^{2-})=c(Cr^{3+})=1.00\text{mol}\cdot\text{L}^{-1}$，$c(H^+)=10.0\text{mol}\cdot\text{L}^{-1}$ 的溶液中，计算 $\varphi(Cr_2O_7^{2-}/Cr^{3+})$。

**解** 电极反应为

$$Cr_2O_7^{2-}+14H^++6e^-=\!=\!=2Cr^{3+}+7H_2O$$

$$\begin{aligned}\varphi(Cr_2O_7^{2-}/Cr^{3+})&=\varphi^{\ominus}(Cr_2O_7^{2-}/Cr^{3+})+\frac{0.0592\text{V}}{n}\lg\frac{[c(Cr_2O_7^{2-})/c^{\ominus}][c(H^+)/c^{\ominus}]^{14}}{[c(Cr^{3+})/c^{\ominus}]^2}\\&=+1.36\text{V}+\frac{0.0592\text{V}}{6}\lg\frac{1.0\times(10.0)^{14}}{1.00}\\&=+1.50\text{V}\end{aligned}$$

当有 $H^+/OH^-$ 参与电池反应时，溶液的 pH 对电极电势有很大的影响，同样，生成沉淀或弱电解质也会对电极电势有影响。

**【例题 6-4】** 在含有 $Ag^+/Ag$ 电对的体系中，电极反应为：

$$Ag^++e^-\rightleftharpoons Ag,\ \varphi^{\ominus}=0.799\text{V}$$

加入 NaCl 溶液使 $c(Cl^-)$ 维持在 $1.00\text{mol}\cdot\text{L}^{-1}$，试计算值 $\varphi(Ag^+/Ag)$。

**解** 当加入 NaCl 溶液时，便产生 AgCl 沉淀：

$$Ag^++e^-=\!=\!=Ag$$

这时 $c(Ag^+)=\dfrac{K_{sp}^{\ominus}(AgCl)(c^{\ominus})^2}{c(Cl^-)}$

当 $c(Cl^-)=1.00\text{mol}\cdot\text{L}^{-1}$ 时：

$$c(Ag^+)=\frac{1.77\times10^{-10}}{1.00}=1.77\times10^{-10}\ (\text{mol}\cdot\text{L}^{-1})$$

把 $c(Ag^+)$ 代入下式：

$$\begin{aligned}\varphi(Ag^+/Ag)&=\varphi^{\ominus}(Ag^+/Ag)+\frac{0.0592\text{V}}{1}\lg[c(Ag^+)/c^{\ominus}]\\&=0.799\text{V}+\frac{0.0592\text{V}}{1}\lg(1.77\times10^{-10})\\&=0.222\text{V}\end{aligned}$$

由于 AgCl 沉淀的生成，$Ag^+$ 平衡浓度减小，$Ag^+/Ag$ 电对的电极电势下降了 0.57V，使 $Ag^+$ 氧化能力下降。

#### 6.2.2.4 电极电势的应用

（1）计算原电池的电动势

当电极中的物质均在标准态时，电池中电极电势代数值大的为正极，代数值小的为负极，原电池的标准电动势为 $E^{\ominus}=\varphi_+^{\ominus}-\varphi_-^{\ominus}$；当电极中的物质为非标准态时，应先用 Nernst 方程计算出正、负极的电极电势，再由 $E=\varphi_+-\varphi_-$ 求算出原电池的电动势。

**【例题 6-5】** 试判断下列原电池的正、负极，并计算其电动势。

$$Zn|Zn^{2+}(0.0010\text{mol}\cdot\text{L}^{-1})\|Zn^{2+}(1.0\text{mol}\cdot\text{L}^{-1})|Zn$$

**解**　由附录 4 查得 $\varphi^{\ominus}(Zn^{2+}/Zn)=-0.7626V$

根据能斯特方程可写出：

$$\varphi(Zn^{2+}/Zn)=\varphi^{\ominus}(Zn^{2+}/Zn)+\frac{0.0592V}{2}\lg[c(Zn^{2+}/c^{\ominus})]$$
$$=-0.7626V+\frac{0.0592V}{2}\lg0.001$$
$$=-0.851V$$

根据 $\varphi$ 代数值大的电对作为（+）极，$\varphi$ 代数值小的电对作为（－）极，所以盐桥左边为负极，盐桥右边为正极，即

$$(-)Zn|Zn^{2+}(0.0010mol\cdot L^{-1})\parallel Zn^{2+}(1.0mol\cdot L^{-1})|Zn(+)$$

$$E=\varphi_{(+)}-\varphi_{(-)}$$
$$=-0.7626V-(-0.851V)$$
$$=0.088V$$

上述原电池的正、负两极电对相同，只是半电池内离子浓度不同，这种原电池称为**浓差电池**。

（2）比较氧化剂和还原剂的相对强弱

电极电势代数值的大小反映了电对中氧化型物质得电子能力和还原型物质失电子能力的强弱。标准电极电势 $\varphi^{\ominus}$ 的代数值越大，电对中的氧化型物质的氧化性越强，对应的还原型物质的还原性越弱。

例如：

$$F_2(g)+2e^-\rightleftharpoons 2F^-(aq);\ \varphi^{\ominus}=2.87V$$

氧化态物质 $F_2$ 易得 2 个电子，$F_2$ 是强氧化剂；还原态物质 $F^-$ 难失去电子，$F^-$ 是弱还原剂。

$$Li^+(aq)+e^-\rightleftharpoons Li;\ \varphi^{\ominus}=-3.045V$$

还原态物质 Li 易失去 1 个电子，Li 是强还原剂；氧化态物质 $Li^+$ 难得到 1 个电子，$Li^+$ 是弱氧化剂。

**【例题 6-6】**　在标准态时，下列电对中，哪种是最强的氧化剂？哪种是最强的还原剂？列出各氧化态物质氧化能力和各还原态物质还原能力的强弱次序。

$$MnO_4^-/Mn^{2+},\ Fe^{3+}/Fe^{2+},\ Fe^{2+}/Fe,\ S_2O_8^{2-}/SO_4^{2-},\ I_2/I^-$$

**解**　查附录 4 得各电对的 $\varphi^{\ominus}$ 值分别为：

$\varphi^{\ominus}(MnO_4^-/Mn^{2+})=1.49V$，$\varphi^{\ominus}(Fe^{3+}/Fe^{2+})=0.770V$，$\varphi^{\ominus}(Fe^{2+}/Fe)=-0.44V$，$\varphi^{\ominus}(S_2O_8^{2-}/SO_4^{2-})=2.0V$，$\varphi^{\ominus}(I_2/I^-)=0.535V$。

比较可知，$\varphi^{\ominus}(S_2O_8^{2-}/SO_4^{2-})$ 的代数值最大，$\varphi^{\ominus}(Fe^{2+}/Fe)$ 的代数值最小，故 $S_2O_8^{2-}$ 是最强的氧化剂，Fe 是最强的还原剂。各氧化态物质氧化能力由强到弱的次序为

$$S_2O_8^{2-}>MnO_4^->Fe^{3+}>I_2>Fe^{2+}$$

各还原态物质还原能力由强到弱的次序为

$$Fe>I^->Fe^{2+}>Mn^{2+}>SO_4^{2-}$$

电极电势除了在计算原电池的电动势方面和比较氧化剂和还原剂的氧化还原能力相对强弱方面有应用之外，在氧化还原反应的方向和限度方面也有一定应用，此类应用将在下节中详细讲解。

# 6.3 氧化还原反应的方向与限度

## 6.3.1 氧化还原反应的方向

如前所述，化学反应自发进行的判据为 $\Delta_r G_m < 0$，其与原电池电动势之间存在如下关系：

$$\Delta_r G_m = -nFE$$

式中，$n$ 为电池反应中转移的电子数；$F$ 为法拉第常数；$E$ 为电池的电动势。

故 $\Delta_r G_m = -nFE = -nF(\varphi_+ - \varphi_-)$，若在标准态下，则 $\Delta_r G_m^\ominus = -nFE^\ominus = -nF(\varphi_+^\ominus - \varphi_-^\ominus)$

当 $E^\ominus = \varphi_+^\ominus - \varphi_-^\ominus > 0$ 时，$\Delta G < 0$，反应自发进行；

当 $E^\ominus = \varphi_+^\ominus - \varphi_-^\ominus < 0$ 时，$\Delta G > 0$，反应非自发进行，即逆向进行。

氧化还原反应的一般规律为

较强的氧化剂＋较强的还原剂⟶较弱的还原剂＋较弱的氧化剂

## 6.3.2 影响氧化还原反应方向的因素

（1）浓度

判断氧化还原反应的方向，严格来说，应该根据能斯特方程式求得在给定条件下各电对的电极电势值，然后再进行比较和判断。不过浓度（或气体分压）的变化对电对电极电势的影响通常不太大，如果两个电对的标准电极电势相差比较大（$E^\ominus > 0.2V$），一般可以用标准电极电势来判断氧化还原反应进行的方向；但是如果相差较小（$E^\ominus < 0.2V$），离子浓度变化较大时，有可能导致氧化还原反应方向发生改变。

**【例题 6-7】** 试判断下述反应：

$$Pb^{2+} + Sn \rightleftharpoons Pb + Sn^{2+}$$

在（1）标准态；（2）非标准态，且 $\frac{c(Pb^{2+})}{c(Sn^{2+})} = \frac{0.0010}{1.0}$ 时反应自发进行的方向。

**解** （1）标准态时：

$$\begin{aligned} E^\ominus &= \varphi^\ominus(Pb^{2+}/Pb) - \varphi^\ominus(Sn^{2+}/Sn) \\ &= -0.126V - (-0.136V) \\ &= 0.010V > 0 \end{aligned}$$

上述反应自发向右进行。

（2）非标准态时：

$$\begin{aligned} E &= \left\{\varphi^\ominus(Pb^{2+}/Pb) + \frac{0.0592V}{2}\lg[c(Pb^{2+})/c^\ominus]\right\} - \left\{\varphi^\ominus(Sn^{2+}/Sn) + \frac{0.0592V}{2}\lg[c(Sn^{2+}/c^\ominus)]\right\} \\ &= E^\ominus + \frac{0.0592V}{2}\lg\frac{c(Pb^{2+})/c^\ominus}{c(Sn^{2+})/c^\ominus} = 0.010V + \frac{0.0592V}{2}\lg\frac{0.0010}{1.00} \\ &= -0.079V < 0 \end{aligned}$$

所以上述反应的方向发生逆转，即自发地向左进行。

（2）酸度

对于某些有含氧酸及其盐（如 $H_3AsO_4$、$KMnO_4$、$K_2Cr_2O_7$ 等）参加的氧化还原反应，溶液的酸度有时会导致反应方向的改变。例如，下列可逆反应：

$$H_3AsO_4 + 2I^- + 2H^+ \underset{\text{碱性介质}}{\overset{\text{强酸性介质}}{\rightleftharpoons}} HAsO_2 + I_2 + 2H_2O$$

pH≈8 时，$I_2$ 可定量地被 $AsO_2^-$ 还原，而在 $c(H^+)=4\sim6mol\cdot L^{-1}$ 时，$H_3AsO_4$ 可以定量地被 $I^-$ 还原。表 6-2 所示为酸度对反应方向的影响。

**表 6-2 酸度对反应方向的影响**

| 介质 | $c(H^+)/mol\cdot L^{-1}$ | $\varphi(H_3AsO_4/HAsO_2)/V$ | $\varphi^{\ominus}(I_2/I^-)/V$ | 反应方向 |
|---|---|---|---|---|
| 酸性 | 4.0 | 0.60 | 0.535 | 向右 |
| 碱性 | $1.0\times10^{-8}$ | 0.67 | 0.535 | 向左 |

**【例题 6-8】** 重铬酸钾是一种常见的氧化剂，讨论它在 $c(H^+)$ 为 $1mol\cdot L^{-1}$ 和 $10^{-3}mol\cdot L^{-1}$ 溶液中的氧化性。

**解** 电极反应 $Cr_2O_7^{2-} + 14H^+ + 6e^- = 2Cr^{3+} + 7H_2O$

$$\varphi^{\ominus}(Cr_2O_7^{2-}/Cr^{3+}) = 1.36V$$

根据电极反应的能斯特方程

$$\varphi(Cr_2O_7^{2-}/Cr^{3+}) = \varphi^{\ominus}(Cr_2O_7^{2-}/Cr^{3+}) + \frac{0.0592V}{6}\lg\frac{c(Cr_2O_7^{2-})/c^{\ominus}[c(H^+)/c^{\ominus}]^{14}}{[c(Cr^{3+})/c^{\ominus}]^2}$$

将 $c(Cr_2O_7^{2-})$ 和 $c(Cr^{3+})$ 固定为 $1mol\cdot L^{-1}$

$$\varphi(Cr_2O_7^{2-}/Cr^{3+}) = \varphi^{\ominus}(Cr_2O_7^{2-}/Cr^{3+}) + \frac{0.0592V}{6}\lg[c(H^+)/c^{\ominus}]^{14}$$

当 $c(H^+)=1mol\cdot L^{-1}$ 时

$$\varphi(Cr_2O_7^{2-}/Cr^{3+}) = \varphi(Cr_2O_7^{2-}/Cr^{3+}) = 1.36V$$

当 $c(H^+)=10^{-3}mol\cdot L^{-1}$ 时

$$\varphi(Cr_2O_7^{2-}/Cr^{3+}) = 1.36V + \frac{0.0592V}{6}\lg(10^{-3})^{14} = 0.95V$$

从计算可见，重铬酸钾在强酸性溶液中的氧化性比在弱酸性溶液中强。在实验室和工业生产中，总是在较强的酸性溶液中使用重铬酸钾作为氧化剂。

## 6.3.3 氧化还原反应进行的次序

对于存在多个氧化还原电对的反应而言，反应首先发生在电极电势差值较大的两个电对之间。

**【例题 6-9】** 在 $Br^-$ 和 $I^-$ 的混合溶液中加入 $Cl_2$，哪种离子先被氧化？

已知：

| 电对 | $Cl_2/Cl^-$ | $Br_2/Br^-$ | $I_2/I^-$ |
|---|---|---|---|
| $\varphi^{\ominus}/V$ | 1.3583 | 1.065 | 0.535 |

**解** 由于 $\varphi^{\ominus}(Cl_2/Cl^-)-\varphi^{\ominus}(Br_2/Br^-)<\varphi^{\ominus}(Cl_2/Cl^-)-\varphi^{\ominus}(I_2/I^-)$，所以反应先在 $Cl_2$ 和 $I^-$ 之间发生。

**【例题 6-10】** 从 $Fe_2(SO_4)_3$ 和 $KMnO_4$ 中选择一种合适的氧化剂，使含有 $Cl^-$、$Br^-$ 和 $I^-$ 混合溶液中的 $I^-$ 被氧化，而 $Cl^-$、$Br^-$ 不被氧化。

已知：

| 电对 | $I_2/I^-$ | $Br_2/Br^-$ | $Cl_2/Cl^-$ | $Fe^{3+}/Fe^{2+}$ | $MnO_4^-/Mn^{2+}$ |
|---|---|---|---|---|---|
| $\varphi^{\ominus}/V$ | 0.535 | 1.065 | 1.3583 | 0.770 | 1.49 |

**解** 由题可知：

$\varphi^\ominus(I_2/I^-)<\varphi^\ominus(MnO_4^-/Mn^{2+})$，$\varphi^\ominus(Br_2/Br^-)<\varphi^\ominus(MnO_4^-/Mn^{2+})$，$\varphi^\ominus(Cl_2/Cl^-)<\varphi^\ominus(MnO_4^-/Mn^{2+})$。

由于 $MnO_4^-/Mn^{2+}$ 的电极电势大于 $I_2/I^-$、$Br_2/Br^-$、$Cl_2/Cl^-$，所以 $KMnO_4$ 可依次把 $I^-$、$Cl^-$、$Br^-$ 氧化，不可采用 $KMnO_4$ 作氧化剂。

$\varphi^\ominus(I_2/I^-)<\varphi^\ominus(Fe^{3+}/Fe^{2+})$，$\varphi^\ominus(Br_2/Br^-)>\varphi^\ominus(Fe^{3+}/Fe^{2+})$，$\varphi^\ominus(Cl_2/Cl^-)>\varphi^\ominus(Fe^{3+}/Fe^{2+})$。

由于 $Fe^{3+}/Fe^{2+}$ 的电极电势只大于 $I_2/I^-$ 的电极电势，仅能够将 $I^-$ 氧化，所以可采用 $Fe_2(SO_4)_3$ 作氧化剂。

### 6.3.4 氧化还原反应的限度

由第 3 章讨论可知：

$$\lg K^\ominus=-\frac{\Delta_r G_m^\ominus}{2.303RT}$$

在 298.15K 下，将 $\Delta_r G_m^\ominus=-nFE^\ominus$ 代入上式，得：

$$\lg K^\ominus=\frac{nE^\ominus}{0.0592}=\frac{n(\varphi_+^\ominus-\varphi_-^\ominus)}{0.0592}$$

在 298.15K 时，氧化还原反应的标准平衡常数只与标准电动势有关，而与溶液的起始浓度（或分压）无关，也就是说，只要知道氧化还原反应所组成的原电池的标准电动势，就可以确定氧化还原反应可能进行的最大限度。

**【例题 6-11】** 试计算在 298.15K 时反应 $Pb^{2+}+Sn \rightleftharpoons Pb+Sn^{2+}$ 的标准平衡常数；若 $Pb^{2+}$ 的初始浓度为 $2mol\cdot L^{-1}$，反应达平衡后 $c(Pb^{2+})$ 多大？

**解**

$$E^\ominus=\varphi^\ominus(Pb^{2+}/Pb)-\varphi^\ominus(Sn^{2+}/Sn)$$
$$=(-0.126V)-(-0.136V)=0.010V$$
$$\lg K^\ominus=\frac{nE^\ominus}{0.0592V}=\frac{2\times0.010V}{0.0592V}=0.34$$
$$K^\ominus=2.2$$

$$Pb^{2+}+Sn \rightleftharpoons Pb+Sn^{2+}$$

平衡浓度/$mol\cdot L^{-1}$　　$2.0-x$　　　　$x$

$$K^\ominus=\frac{c(Sn^{2+})/c^\ominus}{c(Pb^{2+})/c^\ominus}=\frac{x}{2.0-x}=2.2$$
$$x=1.4$$
$$c(Pb^{2+})=(2.0-x)mol\cdot L^{-1}=0.6mol\cdot L^{-1}$$

由于 $K^\ominus$ 较小，平衡时 $c(Pb^{2+})$ 仍较大，该反应进行得很不完全。

通过上面讨论可以看出，根据电极电势的相对大小，能够判断氧化还原反应自发进行的方向和限度。但是要指明，电极电势的大小不能判断反应速率的大小。

例如：

$$2MnO_4^-+5Zn+16H^+ = 2Mn^{2+}+5Zn^{2+}+8H_2O$$

查附录 4 得 $\varphi^\ominus(MnO_4^-/Mn^{2+})=+1.49V$，$\varphi^\ominus(Zn^{2+}/Zn)=-0.7626V$

$$E^\ominus=2.27V$$
$$\lg K^\ominus=\frac{nE^\ominus}{0.0592V}=\frac{10\times2.27V}{0.0592V}$$

$$K^{\ominus}=2.7\times10^{383}$$

计算表明，上述反应可以进行完全。然而实验证明，在酸性介质中，如果用纯锌与高锰酸盐作用，因反应速率极小而不易察觉，只有在 $Fe^{3+}$ 的催化下，反应才明显进行。

# 6.4　元素电势图及其应用

同一元素不同氧化数物质氧化还原能力相对强弱的图示法有多种。物理学家拉提莫（W. M. Latimer）把不同氧化态间的标准电极电势，按照氧化态依次降低的顺序，排列成图解，这种方式称为元素的**电极电势图**，也称为 Latimer 图。它是某元素各种氧化态之间标准电极电势的变化图解。

## 6.4.1　元素标准电极电势图

许多元素具有多种氧化数，可以组成多种氧化还原电对。不同电对间氧化还原能力是不同的。例如，铁有 0、+2、+3 和+6 等氧化态，它们可以组成下列电对：

$$Fe^{2+}+2e^{-}\rightleftharpoons Fe;\ \varphi^{\ominus}(Fe^{2+}/Fe)=-0.44V$$

$$Fe^{3+}+e^{-}\rightleftharpoons Fe^{2+};\ \varphi^{\ominus}(Fe^{3+}/Fe^{2+})=0.770V$$

$$FeO_4^{2-}+8H^{+}+3e^{-}=\!=\!=Fe^{3+}+4H_2O;\ \varphi^{\ominus}(FeO_4^{2-}/Fe^{3+})=1.90V$$

同一元素任意两个不同氧化态间均可组成电对，除了上述电对外，还有 $FeO_4^{2-}/Fe^{2+}$、$FeO_4^{2-}/Fe$ 等电对，把半反应式写出较麻烦，若将各种氧化态按照由高到低的顺序，从左到右进行排列，并把各电对的标准电极电势写在连接两氧化态间的横线上，写起来方便，看起来也一目了然。如上面一系列铁的不同氧化态间的电势可表示为：

$$FeO_4^{2-}\overset{1.90V}{\overline{\qquad}}Fe^{3+}\overset{0.770V}{\overline{\qquad}}Fe^{2+}\overset{-0.44V}{\overline{\qquad}}Fe$$

由于两种元素各电对在酸性和碱性溶液中测得的$\varphi^{\ominus}$不同，因此元素电势图可分为两种：$\varphi_A^{\ominus}$ 和$\varphi_B^{\ominus}$。例如，氧在酸、碱介质中的标准电极电势图如下所示。

氧化数　　0 ——— −1 ——— −2

$\varphi_A^{\ominus}/V$　　$O_2\overset{0.695}{\overline{\qquad}}H_2O_2\overset{1.763}{\overline{\qquad}}H_2O$

（$O_2$ 至 $H_2O$：1.229）

$\varphi_B^{\ominus}/V$　　$O_2\overset{-0.076}{\overline{\qquad}}HO_2^{-}\overset{0.867}{\overline{\qquad}}OH^{-}$

（$O_2$ 至 $OH^{-}$：0.401）

## 6.4.2　元素标准电极电势图的应用

（1）计算其他电对的标准电极电势

例如，有下列元素电势图：

$$A\frac{\varphi_1^{\ominus}}{z_1}B\frac{\varphi_2^{\ominus}}{z_2}C\frac{\varphi_3^{\ominus}}{z_3}D$$

（A 至 D：$\frac{\varphi^{\ominus}}{z}$）

从理论上可导出下列公式：

$$z\varphi^{\ominus}=z_1\varphi_1^{\ominus}+z_2\varphi_2^{\ominus}+z_3\varphi_3^{\ominus}$$

$$\varphi^{\ominus}(A/D)=\frac{z_1\varphi_1^{\ominus}+z_2\varphi_2^{\ominus}+z_3\varphi_3^{\ominus}}{z}$$

注意：$z_1$、$z_2$、$z_3$ 分别为各电对中对应元素氧化型与还原型的氧化数之差（均取正值）。

**【例题 6-12】** 已知氯在酸性介质中的标准电极电势图如下：

$$\underbrace{ClO_3^- \xrightarrow{1.21V} HClO_2 \xrightarrow{\varphi} HClO}_{1.43V}$$

计算$\varphi^\ominus(HClO_2/HClO)$。

**解**

$$4\varphi^\ominus(ClO_3^-/HClO)=2\varphi^\ominus(ClO_3^-/HClO_2)+2\varphi^\ominus(HClO_2/HClO)$$

$$\varphi^\ominus(HClO_2/HClO)=\frac{4\varphi^\ominus(ClO_3^-/HClO)-2\varphi^\ominus(ClO_3^-/HClO_2)}{2}$$

$$=\frac{4\times1.43-2\times1.21}{2}=1.65\ (V)$$

(2) 判断能否发生歧化反应

具有多种氧化态的元素，当它处于中间氧化态时，在适当条件下，自身既能够被氧化又能够被还原，这类反应叫**歧化反应**或**自身氧化还原反应**。例如：

$$Cl_2+2NaOH = NaClO+NaCl+H_2O$$

在这一反应中，反应前，氯元素的氧化数为 0，反应后一部分升为+1，另一部分降为−1，氯气既是氧化剂又是还原剂，所以该反应是歧化反应。

判断歧化反应发生对认识物质的性质和确定制备物质的条件都具有重要意义。

**【例题 6-13】** 由电极电势图 $\underbrace{Cu^{2+} \xrightarrow{0.159} Cu^+ \xrightarrow{0.52} Cu}_{0.340}$ 判断 $Cu^+$ 能否发生歧化反应。

**解** 由题目信息可知：

$\varphi^\ominus(Cu^+/Cu)>\varphi^\ominus(Cu^{2+}/Cu^+)$，组成电池反应时，$\varphi^\ominus(Cu^+/Cu)$ 作正极，发生还原反应：

$$Cu^+ +e^- \rightleftharpoons Cu$$

而$\varphi^\ominus(Cu^{2+}/Cu^+)$ 作负极，发生的氧化还原反应为：

$$2Cu^+ \rightleftharpoons Cu+Cu^{2+}$$

$$E^\ominus=\varphi_+^\ominus-\varphi_-^\ominus=0.361V>0$$

所以该反应可以自发进行，即可以发生歧化反应。

由此可知，对于某元素电极电势图（$M^{2+}\xrightarrow{\varphi^\ominus_{左}}M^+\xrightarrow{\varphi^\ominus_{右}}M$）：

当$\varphi^\ominus_{右}>\varphi^\ominus_{左}$时，$M^+$ 容易发生如下歧化反应：

$$2M^+ = M^{2+}+M$$

当$\varphi^\ominus_{右}<\varphi^\ominus_{左}$时，$M^+$ 虽处于中间氧化数，但不能发生歧化反应，而逆向反应则是可以进行的，即发生归中反应：

$$M^{2+}+M = 2M^+$$

(3) 解释元素的氧化还原特性

根据元素电势图，还可以说明某元素的一些氧化还原特性。例如，金属铁在酸性介质中的元素电势图为

$$\varphi_A^\ominus/V \quad Fe^{3+}\xrightarrow{+0.770}Fe^{2+}\xrightarrow{-0.44}Fe$$

利用此电势图，可以预测金属铁在酸性介质中的一些氧化还原特性。因为$\varphi^\ominus$($Fe^{2+}$/

$Fe)=-0.44V$，$\varphi^{\ominus}(H^+/H_2)=0V$，$H^+$的氧化性强于$Fe^{2+}$，所以在稀盐酸或稀硫酸等非氧化性稀酸中，Fe被$H^+$氧化为$Fe^{2+}$：

$$Fe+2H^+ = Fe^{2+}+H_2\uparrow$$

而$\varphi^{\ominus}(Fe^{3+}/Fe^{2+})=+0.770V>\varphi^{\ominus}(H^+/H_2)$，所以$Fe^{3+}$的氧化性大于$H^+$的氧化性，所以$H^+$不能将$Fe^{2+}$氧化$Fe^{3+}$。

但是在酸性介质中，$Fe^{2+}$也是不稳定的，易被空气中氧所氧化。

因为$Fe^{3+}+e^- \rightleftharpoons Fe^{2+}$；$\varphi^{\ominus}=(Fe^{3+}/Fe^{2+})=+0.770V$。

而$O_2+4H^++4e^- \rightleftharpoons 2H_2O$；$\varphi^{\ominus}(O_2/H_2O)=+1.229V$。

所以$O_2$可以把$Fe^{2+}$氧化为$Fe^{3+}$：$4Fe^{2+}+O_2+4H^+ \rightleftharpoons 4Fe^{3+}+2H_2O$

由于$\varphi^{\ominus}(Fe^{2+}/Fe)<\varphi^{\ominus}(Fe^{3+}/Fe^{2+})$，故$Fe^{2+}$不会发生歧化反应，却可以发生**归中反应**：

$$Fe+2Fe^{3+} \rightleftharpoons 3Fe^{2+}$$

因此，在$Fe^{2+}$盐溶液中，加入少量金属铁，能避免$Fe^{2+}$被空气中氧气氧化为$Fe^{3+}$。

在比较同种元素不同氧化态物质的氧化性时，必须把它们与另一氧化态（较低或最低氧化态）物质组成电对，计算并比较各电对的$\varphi^{\ominus}$，从而确定它们氧化性的相对强弱。如氯有各种氧化态，一般会误认为氯的氧化态越高，其氧化性越强，实际上从电极电势数据可知，氧化态最高的$ClO_4^-$，其氧化性最弱。

$$\varphi_A^{\ominus}/V \qquad ClO_4^- \xrightarrow{1.201} ClO_3^- \xrightarrow{1.21} HClO_2 \xrightarrow{1.64} HClO \xrightarrow{1.63} Cl_2 \xrightarrow{1.3583} Cl^-$$

# *6.5 化学电池与电解

理论上任何一个自发进行的氧化还原反应都可以设计成原电池，常见的化学电池主要有以下几种。

## 6.5.1 常见的化学电池

(1) 一次电池

**一次电池**也叫**原电池**，属于化学电池。电池中的活性物质用完后，电池即失去效用，而不能用简单的方法再生。铜锌电池、锌锰电池、锌汞电池、镁锰电池等均属于一次电池。

① 锌锰电池　锌锰电池是人们日常生活中使用最多的干电池。1888年，Gassner最早制出锌锰（Zn-Mn）干电池。Zn-Mn干电池结构如图6-4所示。该电池用锌皮（负极）作外壳，用一根石墨棒作正极，在石墨棒周围裹上一层$MnO_2$、炭黑及$NH_4Cl$溶液的混合物。在混合物和锌皮之间注入由$NH_4Cl$、$ZnCl_2$和淀粉制成的浆糊状物作为电解液。锌筒上口用松香蜡、沥青等物密封。

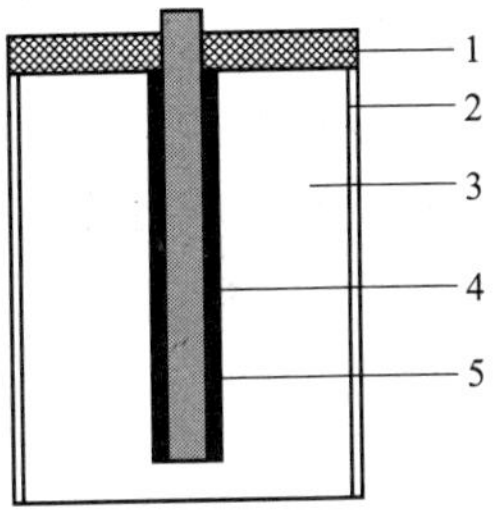


图6-4　Zn-Mn干电池结构图

1—封盖；2—锌皮负极；3—$NH_4Cl$、$ZnCl_2$、淀粉糊；4—$MnO_2$；5—碳棒正极

Zn-Mn干电池的电极和电池反应可简化表达如下。

负极：$Zn-2e^- = Zn^{2+}$

正极：$2NH_4^++2MnO_2+2e^- = 2NH_3+2MnO(OH)$

电池反应：$Zn+2NH_4^++2MnO_2 \longrightarrow Zn^{2+}+2NH_3+2MnO(OH)$

该电池的正常电动势在1.45～1.50V范围内，在有效放电期间电压比较稳定。但在低温下放电性能较差，如20℃时100mA电流放电电压降低40mV，在－20℃以同样大小电流放电电压下降90mV。电池的防漏性能较差。

② Ag-Zn 微型电池　银锌电池是一种质量轻、体积小的一次电池，常用于电子手表、计算器等。负极材料为锌，正极材料为氧化银，电解质为氢氧化钾溶液，其电极反应如下。

负极：$Zn+2OH^- -2e^- = Zn(OH)_2$

正极：$Ag_2O+H_2O+2e^- = 2Ag+2OH^-$

电池反应：$Zn+Ag_2O+H_2O = 2Ag+Zn(OH)_2$

（2）二次电池

与一次电池不同，**二次电池（蓄电池）**是一类能经历数百次反复放电、充电使用的电池。

① 铅蓄电池　铅蓄电池是工业上和实验室里用得最多的蓄电池，最早（1859 年）由 G. Plante 发明，汽车启动电源也常用它。铅蓄电池是一种单液电池，电池负极是海绵状的金属铅，正极的铅板上涂有二氧化铅，正、负极板交替排列，并浸泡在 30% $H_2SO_4$ 溶液（密度为 $1.2g \cdot cm^{-3}$）中，放电时，电极和电池反应如下。

负极（Pb）：$Pb+SO_4^{2-}-2e^- = PbSO_4$

正极（$PbO_2$）：$PbO_2+SO_4^{2-}+4H^+ +2e^- = PbSO_4+2H_2O$

电池反应：$Pb+PbO_2+2H_2SO_4 \underset{充电}{\overset{放电}{\rightleftharpoons}} 2PbSO_4+2H_2O$

当铅酸蓄电池电解质硫酸的密度取 $1.25 \sim 1.28g \cdot cm^{-3}$，理论电压为 2V，电池放电电压降至 1.8V 时，应该停止放电，准备进行充电，充电反应是放电反应的逆反应。

铅酸蓄电池的放电量主要取决于参与反应物质的量，如 $PbO_2$、Pb 和 $H_2SO_4$ 的浓度。为维持电池的放电量，可用凝胶类物质作为介质，以减少自放电。

② 碱性蓄电池　化学电源中，凡采用碱性电解液（如 KOH、NaOH 等）的电池，均属碱性电池。与铅蓄电池相比，碱性蓄电池体积小、质量轻、使用寿命长（可反复充、放电 $2\times10^3 \sim 4\times10^3$ 次），但价格较贵，其体积、电压和 Zn-Mn 干电池相近。市售商品有镍镉（Ni-Cd）电池（1899 年瑞典人 Jungner 发明）和镍铁（Ni-Fe）电池（1900 年 Edison 发明）两类。镍镉电池主要用于电动工具中。镍铁电池最大的优势是价格低廉，但镍铁电池充电效率低。镍铁电池能够长时间小电流放电，所以一般在铁路信号发送及备用电源方面得到广泛的应用。它们的电池反应为

$$Cd+2NiO(OH)+2H_2O \underset{充电}{\overset{放电}{\rightleftharpoons}} 2Ni(OH)_2+Cd(OH)_2$$

$$Fe+2NiO(OH)+2H_2O \underset{充电}{\overset{放电}{\rightleftharpoons}} 2Ni(OH)_2+Fe(OH)_2$$

镍氢电池是被认为可取代镍镉电池的新型碱性蓄电池，其能量密度高，同型号的容量比镍镉电池高 50%～100%，无镉污染，可大电流充放电，电压为 1.2V，与镍镉电池具有互换性。我国研制的高能密封镍氢电池（储氢材料为 $LaNi_5$ 系合金）用于轿车动力系统，最高速度为 $140km \cdot h^{-1}$，行程 $260km \cdot h^{-1}$。

镍氢电池的正极材料为 $Ni(OH)_2$，负极材料为储氢合金（通常为 $LaNi_5$ 型混合稀土系储氢合金，表示为 M），其电池反应为

$$MH(金属型氢化物)+NiO(OH) \rightleftharpoons Ni(OH)_2+M$$

③ 锂离子电池　锂离子电池是 $Li^+$ 嵌入化合物为正、负极的可充电电池。正极材料常用 $Li_xCoO_2$，也可用 $Li\text{-}NiO_2$、$Li_xMnO_4$ 或 $Li_xFePO_4$。负极采用锂-碳层间化合物 $Li_xC_6$，$LiPF_6$-EC（碳酸乙烯酯）-DEC（碳酸二乙酯）非水电解质作为电池电解液。

锂离子电池的充放电反应式为

$$LiCoO_2+C_6 \underset{充电}{\overset{放电}{\rightleftharpoons}} CoO_2+LiC_6$$

锂离子电池也称摇椅电池，是指锂离子在正、负极之间摇来摇去。锂离子电池具有高工作电压（平均工作电压 3.6～3.5V）、高比能量（$100W \cdot h \cdot g^{-1}$ 以上）、循环寿命长（>1000 次）及无污染等特点。

（3）燃料电池

随着现代尖端技术的发展，迫切需要研制轻型、高能、长效和对环境不产生污染的新型化学电源。燃料电池就是其中之一。

燃料电池是使燃料与氧气发生化学反应时，其化学能直接转变为电能的一种原电池。现代的燃料电池其正极和负极都用微孔惰性材料制成，负极方面连续送入气态燃料（如氢、天然气、发生炉煤气、水煤气等）；正极方面连续送入空气或氧气。电解质可用酸、碱或金属氧化物。

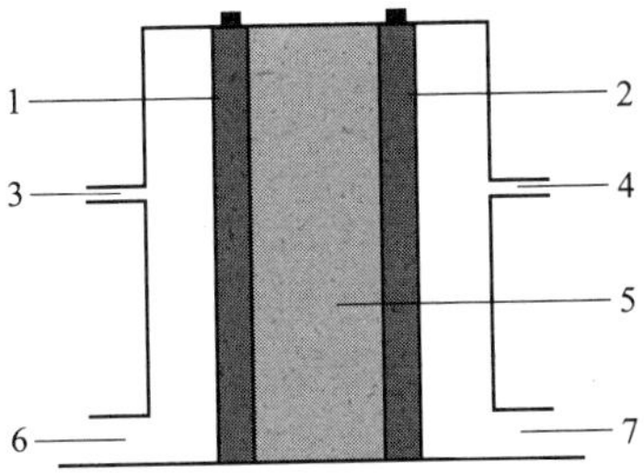


图 6-5　氢氧燃料电池示意图

1—负极；2—正极；3—$H_2$ 入口；4—$O_2$ 入口；

5—电解质溶液；6,7—$H_2O$ 及气体出口

碱性的氢氧燃料电池结构如图 6-5 所示。以多孔的镍电极为电池负极，多孔氧化镍覆盖的镍为正极，用多孔隔膜将电池分成三部分，中间部分盛 70% KOH 溶液，左侧通入燃料 $H_2$，右侧通入氧化剂 $O_2$。气体通过隔膜扩散到 KOH 溶液部分，发生下列电极和电池反应：

负极：$H_2(g)+2OH^- -2e^- \longrightarrow 2H_2O(l)$

正极：$\frac{1}{2}O_2(g)+H_2O+2e^- \longrightarrow 2OH^-$

电池反应：$H_2(g)+\frac{1}{2}O_2(g) \longrightarrow H_2O(l)$

燃料电池最大的优点是能量转换效率很高，一般燃料电池的能量利用率可达 80%以上，甚至可接近 100%，并且可以大功率供电。另外，燃料电池不需要锅炉发电机、汽轮机等，对大气不造成污染，电池的容量要比一般化学电源大得多。尽管燃料电池的成本很高，至今未能普遍使用，但随着科学技术的发展，其应用的前景是十分广阔的，特别是在平衡人类社会的电力负荷方面，必将大显身手。

除以上介绍的几种化学电池外，钠硫电池、光电化学电池、导电高聚物电池、超级电容器等新型电池也先后研究开发出来。这些新型电池一般具有电动势较高、比功率高、电容量较大、无污染等优点。

## 6.5.2　电解及其应用

使电流通过电解质溶液（或熔融液）在两电极上分别发生氧化和还原反应的过程称为**电解**。这种借助电流引起氧化还原反应的装置称为电解池。电解池中与电源负极相连接的电极称为**阴极**，与电源正极相连接的电极称为**阳极**。在发生反应时，电解质溶液中的正离子移向

阴极，从阴极上得到电子，发生还原反应；负离子移向阳极，在阳极上给出电子，发生氧化反应。离子在相应电极上得失电子的过程均称**放电**。

电解是电化学工业中规模最大的生产工艺。电解过程已广泛应用于有色金属冶炼、氯碱和无机盐生产及电解加工方面，下面我们将详细介绍电解在生活和生产中的应用。

（1）电解精制金属

电解精制金属的原理：阴极过程是金属离子的阴极还原，阳极过程是可溶性阳极（待精制的金属）的阳极溶解。精制过程中电极电势代数值比待精炼金属更大的杂质将不溶解，而留在阳极泥中；反之，那些电极电势代数值比待精炼金属更小的杂质将发生阳极溶解，进入电解液。这样一来，正好实现了分离杂质、提纯金属的目的。

（2）电解抛光

**电解抛光**是一种金属表面精加工的方法。阳极是待抛光的金属制品，金属制品表面突出的部分优先溶解，进而消除表面的粗糙状态，使之具有镜面般的外观。与机械抛光相比，电解抛光加工后的表面无应力产生。

对于铝及其合金来说，其阳极氧化作用不仅是抛光，而主要是在金属及其合金制品表面形成均匀、致密的氧化保护膜。工艺上只要选择相应的电解液（如硫酸、铬酸等），在一定的工艺条件（电流密度、温度、时间、搅拌速率等）下，在阳极表面将会形成适宜厚度（比通常氧化膜厚几倍甚至几十倍）的膜。经过处理的铝及其合金材料，其硬度和耐磨性大大提高，其绝缘性、耐热性、抗腐蚀性等也大有改善，从而扩大了它在航空航天和电子工业等多方面的应用。

（3）电解加工

**电解加工**是利用金属在电解液中发生电化学阳极溶解的原理，将部件加工成形的一种特殊加工方法。加工时，待加工的部件作为阳极，模件工具为阴极，两极间用电解液冲刷，当通电时，待加工部件就会按模件的式样随模件的吃进而溶解下来。

电解加工对于高硬度、难加工、形状复杂或薄壁的金属及合金材料的加工具有显著优势。目前，电解加工已获得广泛应用，如在炮管膛线、叶片、整体叶轮模具、异型孔及异型零件、倒角和去毛刺等加工中，电解加工工艺已占有重要甚至不可替代的地位。

（4）电镀

**电镀**是利用电解方法对镀件进行电沉积的一种工艺。电镀时，欲镀物件作阴极，镀层金属作阳极，镀液中的镀层金属离子在直流电的作用下沉积在镀件表面，形成致密的金属或合金层。

金属电镀的目的主要是使金属增强抗腐蚀的能力或表面强度，也有单纯为美观的。电镀时在盛有电镀液的镀槽中，经过清理和特殊预处理的镀件作阴极，镀层金属（在空气或溶液中较稳定的金属，如 Cr、Ni、Zn）作阳极。电镀液由镀层金属的化合物、导电的盐类、缓冲剂、pH 调节剂和添加剂等的水溶液组成。通电后，电镀液中的金属离子在阴极上被还原形成致密的镀层。电镀过程中阳极被氧化生成金属阳离子，镀液中镀层金属阳离子的浓度不变。在有些情况下，如镀铬，是采用铅、铅锑合金制成的不溶性阳极，它只起传递电子、导通电流的作用，因此，电解液中的铬离子浓度需依靠定期地向镀液中加入铬化合物来维持。电镀时，阳极材料的质量、电镀液的成分、温度、电流密度、通电时间、搅拌强度等都会影响镀层的质量，需要适时进行控制。

电镀方式分为挂镀（或槽镀）、滚镀、连续镀和刷镀等，主要与待镀件的尺寸和批量有关。挂镀适用于一般尺寸的制品，如汽车的保险杠、自行车的车把等；滚镀适用于小零件，如螺母、垫圈等；连续镀适用于成批生产的线材和带材；刷镀适用于局部镀或修复。

# *6.6　金属腐蚀与防腐

## 6.6.1　金属的腐蚀

金属腐蚀按其作用特点可分为化学腐蚀、生物化学腐蚀和电化学腐蚀。由氧化性物质直接与金属发生化学反应而造成的腐蚀称为**化学腐蚀**，如金属在干燥气体或不导电的非水溶液中的腐蚀；**生物化学腐蚀**是由某些微生物的代谢作用引发的，如硫酸盐还原细菌、铁细菌等的代谢产生的 $H_2S$、$H_2SO_4$、$CO_2$ 等“排泄物”都促进了钢铁构件的腐蚀；**电化学腐蚀**是金属与介质之间形成原电池，发生阳极金属材料氧化造成的。

电化学腐蚀是金属腐蚀中最普遍也是最主要的。钢铁在潮湿的空气中所发生的腐蚀是电化学腐蚀最突出的例子。在潮湿的空气中，钢铁表面会吸附一层薄薄的水膜。如果这层水膜呈较强酸性，$H^+$ 得电子析出氢气，这种电化学腐蚀称为**析氢腐蚀**；如果这层水膜呈弱酸性或中性，能溶解较多氧气，则 $O_2$ 得电子而析出 $OH^-$，这种电化学腐蚀称为**吸氧腐蚀**，它是钢铁腐蚀的主要原因，其原电池反应如下。

负极：$Fe-2e^- \xlongequal{} Fe^{2+}$（水膜呈弱酸性或中性）

正极：$O_2+4e^-+2H_2O \xlongequal{} 4OH^-$（水膜呈弱酸性或中性）

电池反应：$4Fe(OH)_2+O_2+2H_2O \xlongequal{} 4Fe(OH)_3$

## 6.6.2　金属腐蚀的预防

金属的腐蚀是金属与周围介质发生化学或电化学作用的结果，因此，防止金属腐蚀必须从金属和介质两个角度来考虑。

（1）把金属制成耐腐蚀合金

可根据不同用途把金属制成耐腐蚀的合金。例如，铁中加入硅量达 14%时，得到的高硅铁表面因形成氧化硅保护膜，对热硫酸、硝酸等都有较好的耐腐蚀能力。又如含 18% Cr、8% Ni 的钢，即型号为“18.8”的不锈钢，也具有较好的耐腐蚀能力。

（2）在金属表面覆盖保护层

金属表面覆盖保护层的方法有很多，最简便的方法是在金属表面涂上耐腐蚀的油漆。也能够利用电解原理在金属表面进行喷镀、电镀或化学镀。可利用化学手段在金属表面进行钝化处理，例如，用浓硝酸处理过的铁丝，其表面被致密的氧化膜覆盖而失去活性。

（3）在介质中加入缓蚀剂

在腐蚀介质中加入少量的缓蚀剂可以明显抑制其对金属的腐蚀。缓蚀剂按组分可分为无机缓蚀剂和有机缓蚀剂两大类。无机缓蚀剂有聚磷酸盐、铬酸盐、硅酸盐等，一般认为其作用是在金属表面形成氧化物等保护膜或吸附层；有机缓蚀剂常用的有乌洛托品（六亚甲基四胺）等含 N、S、O 的有机物。工业生产中的锅炉、容器、管道常采用缓蚀剂防腐。

（4）电化学保护法

① 阳极保护法以设备作为阳极，从外部通入电流。当阳极电极电势足够大时，在设备表面形成致密的氧化物保护膜，腐蚀速率急速下降使设备得到保护。

② 阴极保护法将被保护的金属构件作为阴极与外电源的负极相接，体系中连接一块导电的不溶性物质（如石墨、废钢或高硅铸铁等）作为阳极，在直流电作用下金属构件得到保护（如图 6-6 所示）。或者采用牺牲阳极的办法，连接一块电极电势较低的金属，例如，在钢铁设备上连接锌、镁或铝等活泼金属作为阳极，由于后者电极电势比较低，作为阳极会逐渐被腐蚀，而作为阴极的钢铁设备获得保护（如图 6-7 所示）。阴极保护法广泛用于土壤和

海水中的金属构件如管道、电缆、钻井平台、码头等的保护，为了延长金属构件的使用寿命，一般与涂料联合应用。

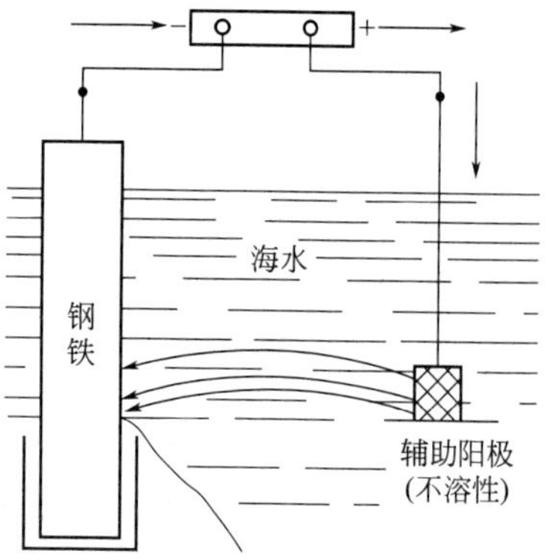


图 6-6 外加电流保护法示意图
箭头方向为电流方向

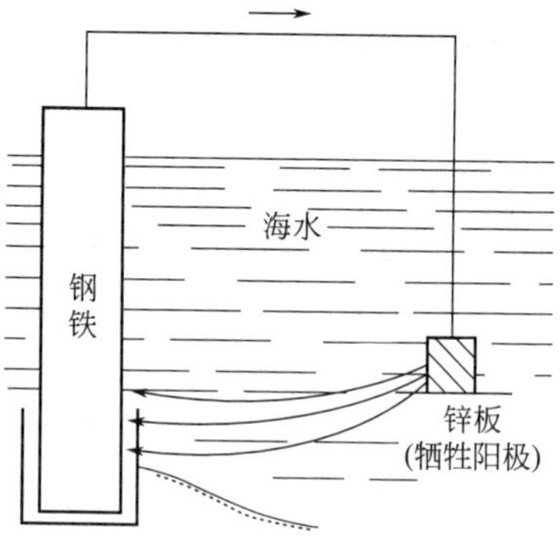


图 6-7 牺牲阳极保护法示意图
箭头方向为电流方向

## 习题

6.1 什么是氧化数？氧化还原反应的实质是什么？标准电极电势是如何确定的？它有哪些重要应用？

6.2 指出下列物质中各元素原子的氧化数。

$Cs^+$、$F^-$、$NH_4^+$、$H_3O^+$、$H_2O_2$、$Na_2O_2$、$KO_2$、$CH_3OH$、$Cr_2O_7^{2-}$、$KCr(SO_4)_2 \cdot 12H_2O$。

6.3 举例说明什么是歧化反应。

6.4 将下列氧化还原反应设计成原电池，并写出原电池符号。

(1) $Cl_2(g)+2I^- = I_2+2Cl^-$

(2) $MnO_4^-+5Fe^{2+}+8H^+ = Mn^{2+}+5Fe^{3+}+4H_2O$

(3) $Zn+CdSO_4 = ZnSO_4+Cd$

6.5 试用标准电极电势值，判断下列每组物质能否共存。并说明理由。

(1) $Fe^{3+}$ 和 $Sn^{2+}$；(2) $Fe^{3+}$ 和 Cu；(3) $Fe^{3+}$ 和 Fe；(4) $Fe^{2+}$ 和 $Cr_2O_7^{2-}$（酸性介质）；(5) $Cl^-$、$Br^-$ 和 $I^-$；(6) $I_2$ 和 $Sn^{2+}$。

6.6 根据下列元素电势图回答问题。

$$\varphi_A^{\ominus}/V \quad \begin{array}{l} Cu^{2+} \xrightarrow{0.159} Cu^+ \xrightarrow{0.52} Cu \\ Ag^{2+} \xrightarrow{1.980} Ag^+ \xrightarrow{0.799} Ag \\ Fe^{3+} \xrightarrow{0.770} Fe^{2+} \xrightarrow{-0.44} Fe \\ Au^{3+} \xrightarrow{1.36} Au^+ \xrightarrow{1.83} Au \end{array}$$

(1) $Cu^+$、$Ag^+$、$Fe^{2+}$、$Au^+$ 等离子中哪些能发生歧化反应？

(2) 在空气中（注意氧气的存在），上述四种元素各自最稳定的是哪种离子？

6.7 配平下列反应方程式。

(1) $S_2O_8^{2-}+Mn^{2+} \longrightarrow MnO_4^-+SO_4^{2-}$

(2) $S_2O_3^{2-}+I_2 \longrightarrow S_4O_6^{2-}+I^-$

(3) $H_2O_2+Cr(OH)_4^- \longrightarrow CrO_4^{2-}+H_2O$

(4) $MnO_4^-+H_2O_2+H^+ \longrightarrow Mn^{2+}+O_2+H_2O$

(5) $I_2+OH^- \longrightarrow I^-+IO_3^-$

(6) $BrO_3^-+Br^- \longrightarrow Br_2$

(7) $As_2S_3+NO_3^- \longrightarrow AsO_4^{3-}+NO+SO_4^{2-}$

(8) $P_4+OH^- \longrightarrow PH_3+H_2PO_2^-$

6.8　下列物质在一定条件下均可作为还原剂：$SnCl_2$、$FeCl_2$、KI、Zn、$H_2$、Mg、Al、$H_2S$。试根据它们在酸性介质中对应的标准电极电势数据按其还原能力递增顺序重新排列，并写出它们对应的氧化产物。

6.9　下列物质在一定条件下均可作为氧化剂：$KMnO_4$、$K_2Cr_2O_7$、$FeCl_3$、$H_2O_2$、$I_2$、$Cl_2$、$SnCl_4$、$PbO_2$、$NaBiO_3$。试根据它们在酸性介质中对应的标准电极电势数据，把上述物质按其氧化能力递增顺序重新排列，并写出它们对应的还原产物。

6.10　已知$\varphi^{\ominus}(Ag_2SO_4/Ag)=0.654V$，$\varphi^{\ominus}(Ag^+/Ag)=0.799V$。

$$Ag_2SO_4(s)+H_2(p^{\ominus}) \rightleftharpoons 2Ag+H_2SO_4(0.1000mol \cdot L^{-1})$$

(1) 将反应设计成原电池，写出电池符号。

(2) 计算电池的电动势。

(3) 计算 $Ag_2SO_4$ 的 $K_{sp}^{\ominus}$（$H_2SO_4$ 作为二元强酸处理）。

6.11　已知 $MnO_4^-+8H^++5e^- \rightleftharpoons Mn^{2+}+4H_2O$，$\varphi^{\ominus}=1.49V$；$Fe^{3+}+e^- \rightleftharpoons Fe^{2+}$，$\varphi^{\ominus}=0.770V$。

(1) 判断下列反应的方向：

$$MnO_4^-+5Fe^{2+}+8H^+ \rightleftharpoons Mn^{2+}+5Fe^{3+}+4H_2O$$

(2) 将这两个半电池组成原电池，用电池符号表示该原电池的组成，标明正、负极并计算其标准电动势。

(3) 当氢离子浓度为 $10.0mol \cdot L^{-1}$，其他各离子浓度均为 $1.00mol \cdot L^{-1}$ 时，计算该电池的电动势。

6.12　求下列情况下在298.15K时有关电对的电极电势。[(4)、(5) 忽略加入固体时引起的溶液体积变化]

(1) 金属铜放在 $0.50mol \cdot L^{-1}$ $Cu^{2+}$溶液中，$\varphi^{\ominus}$ $(Cu^{2+}/Cu)$ 为多少？

(2) 在上述 (1) 的溶液中加入固体 $Na_2S$，使溶液中的 $c(S^{2-})=1.0mol \cdot L^{-1}$，$\varphi(Cu^{2+}/Cu)$ 为多少？

(3) 100kPa 氢气通入 $0.10mol \cdot L^{-1}$ HCl 溶液中 $\varphi(H^+/H_2)$ 为多少？

(4) 在1.0L 上述 (3) 的溶液中加入0.10mol 固体 NaOH，$\varphi(H^+/H_2)$ 为多少？

(5) 在1.0L 上述 (3) 的溶液中加入0.10mol 固体 NaOAc，$\varphi(H^+/H_2)$ 为多少？

6.13　已知半电池反应：

$$Ag^++e^- \rightleftharpoons Ag, \varphi^{\ominus}(Ag^+/Ag)=0.799V$$

$$AgBr(s)+e^- \rightleftharpoons Ag+Br^-, \varphi^{\ominus}(AgBr/Ag)=0.0711V$$

试计算 $K_{sp}^{\ominus}(AgBr)$。

6.14　已知锰的元素电势图：

$$E_A^{\ominus}/V \qquad MnO_4^- \xrightarrow{0.56} MnO_4^{2-} \xrightarrow{\varphi_1} MnO_2 \xrightarrow{\varphi_2} Mn^{3+} \xrightarrow{1.5} Mn^{2+} \xrightarrow{-1.18} Mn$$

$MnO_4^- \to MnO_2$：1.70　　$MnO_2 \to Mn^{2+}$：1.23

(1) 求$\varphi_A^{\ominus}(MnO_4^{2-}/MnO_2)$和$\varphi_A^{\ominus}(MnO_2/Mn^{3+})$。

(2) 图中哪些物质能发生歧化反应？

(3) 金属Mn溶于稀HCl或$H_2SO_4$溶液中的产物是$Mn^{2+}$还是$Mn^{3+}$？为什么？

6.15 在25℃时，饱和甘汞电极与铜电极在$CuSO_4$溶液中组成原电池，其电动势为0.0414V。已知$\varphi^{\ominus}(HgCl_2/Hg)=0.2415V$；$\varphi^{\ominus}(Cu^{2+}/Cu)=0.340V$，$\varphi^{\ominus}(Cu^{2+}/Cu^{+})=0.159V$。试求$CuSO_4$的浓度。

6.16 已知下面电池在298.15K时电动势$E=0.551V$，计算弱酸的解离常数。

$$(-)Pt,H_2(100kPa)|HA(1.0mol\cdot L^{-1}),A^{-}(1.0mol\cdot L^{-1})\|H^{+}(1.0mol\cdot L^{-1})|H_2(100kPa),Pt(+)$$

6.17 已知$\varphi^{\ominus}(Cu^{2+}/Cu)=0.340V$，$\varphi^{\ominus}(Cu^{2+}/Cu^{+})=0.159V$，$K_{sp}^{\ominus}(CuCl)=1.72\times10^{-7}$，通过计算判断反应$Cu^{2+}+Cu+2Cl^{-}=2CuCl$在298.15K、标准态下能否自发进行，并计算反应的平衡常数$K^{\ominus}$和标准吉布斯自由能变化$\Delta_rG_m^{\ominus}$。

6.18 某学生为测定CuS的溶度积常数，设计如下原电池：正极为铜片，浸在0.1mol·$L^{-1}$ $Cu^{2+}$的溶液中，再通入$H_2S$气体使之达到饱和，负极为标准锌电极，测得电池电动势为0.670V。已知$\varphi^{\ominus}(Cu^{2+}/Cu)=0.340V$，$\varphi^{\ominus}(Zn^{2+}/Zn)=-0.7626V$，$H_2S$的$K_{a1}^{\ominus}=1.1\times10^{-7}$、$K_{a2}^{\ominus}=1.3\times10^{-13}$，求CuS的溶度积常数。

6.19 假定其他离子的浓度为1.0mol·$L^{-1}$，气体的分压为$1.00\times10^5$Pa，欲使下列反应能自发进行，要求HCl的最低浓度是多少？已知$\varphi^{\ominus}(Cr_2O_7^{2-}/Cr^{3+})=1.36V$，$\varphi^{\ominus}(Cl_2/Cl^{-})=1.3583V$，$\varphi^{\ominus}(MnO_2/Mn^{2+})=1.23V$。

(1) $MnO_2+4HCl=MnCl_2+Cl_2\uparrow+2H_2O$

(2) $K_2Cr_2O_7+14HCl=2KCl+2CrCl_3+3Cl_2\uparrow+7H_2O$

6.20 在下列四种条件下电解$CuSO_4$溶液，写出阴极和阳极上发生的电极反应，并指出溶液组成如何变化。

(1) 阴极、阳极均为铜电极；

(2) 阴极为铜电极，阳极为铂电极；

(3) 阴极为铂电极，阳极为铜电极；

(4) 阴极、阳极均为铂电极。

# 第7章 原子结构和元素周期表

原子（atom）是物质发生化学反应的基本微粒，物质众多的化学性质在很大程度上是由原子内部结构决定的。原子结构研究的问题主要是原子由哪些微粒组成、这些微粒在原子内部以怎样的方式排布、微粒之间的结合力具有怎样的性质等。19世纪，一大批杰出的科学家以其卓越的实验探索和理论研究，提出原子不是之前所假设的简单实体，而是由许多微小粒子组成的复杂体系。这样的发现使人们不断向原子的真实结构逼近，从而开创了科学技术史上一个辉煌的新时代。

本章先介绍核外电子运动的特殊性，接着对核外电子的运动状态进行描述，最后介绍核外电子排布与元素周期表的关系及元素周期表的周期性。

## 7.1 核外电子运动的特殊性

### 7.1.1 氢原子光谱和玻尔模型

#### 7.1.1.1 氢原子光谱

众所周知，电子、质子、中子、阴极射线、X射线的发现以及卢瑟福（Rutherford）有核原子模型（或星系式原子模型）的建立正确地回答了原子的组成问题。对于原子中核外电子的分布规律和运动状态等问题的解决，以及近代原子结构理论的确立，则是从氢原子光谱实验开始的。

太阳光或白炽灯所发出的白光是一种混合光。它通过三棱镜折射后，便分成红、橙、黄、绿、青、蓝、紫等不同波长的光。这样得到的光谱便是**连续光谱**。

然而，并非所有的光源都能给出连续光谱。如将Na放在煤气灯火焰上灼烧，发出的光经过三棱镜分光后，就能看到几条亮线，这是一种不连续光谱，也称为**线状光谱**或**原子光谱**。实际上，每种原子都具有自己的特征光谱，如图7-1所示。

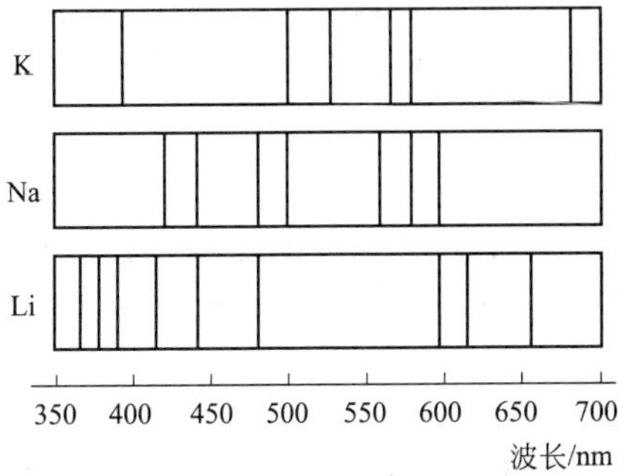


图7-1 某些碱金属的可见原子光谱

氢原子光谱作为最简单的一种原子光谱，人们对它的研究也比较详尽。获得氢原子光谱的实验装置如图 7-2 所示。

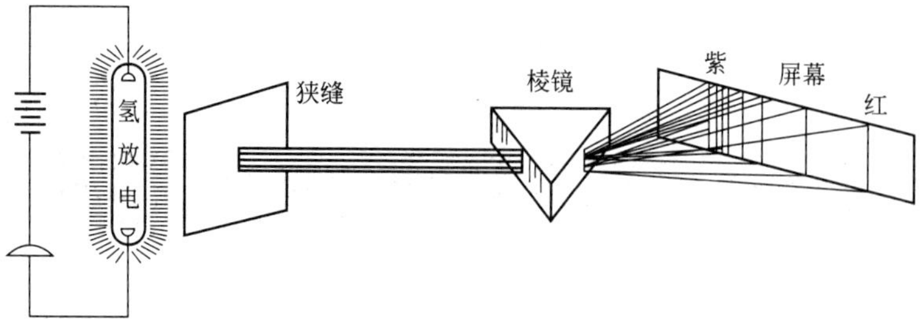


图 7-2　氢原子光谱实验装置图

在一个熔接着两个电极的高真空玻璃管内，通入极少量的高纯低压氢气，然后在两极上施加高电压，使低压气体放电发光。若使这种光线经狭缝，再通过三棱镜分光后，便可得含有几条谱线的线状光谱——氢原子光谱。

氢原子光谱在可见光区（380～780nm）有四条比较明显的、颜色不同的谱线，通常用 $H_\alpha$、$H_\beta$、$H_\gamma$、$H_\delta$ 来标识，对于这四条特征谱线，其波长或频率都是确定的，如表 7-1 所示。

**表 7-1　可见光区氢原子光谱的主要谱线**

| 谱线符号 | 波长/nm | 颜色 |
|---|---|---|
| $H_\alpha$ | 656 | 红 |
| $H_\beta$ | 486 | 蓝绿 |
| $H_\gamma$ | 434 | 青 |
| $H_\delta$ | 410 | 蓝紫 |

在原子光谱中，各谱线的波长或频率都具有一定的规律性。1883 年瑞士物理学家巴尔麦（Balmer）发现，氢原子光谱可见区各谱线的波长之间有如下关系：

$$\lambda = B\ \frac{n^2}{n^2-4} \tag{7-1}$$

式中，$\lambda$ 为波长；$B$ 为巴尔麦常量$\left(B=\frac{4}{R}, R \text{ 为里德堡常数}\right)$，其值为 $3.6456\times10^{-7}$m。当 $n$ 分别为 3、4、5、6 时，由上式就分别得到 $H_\alpha$、$H_\beta$、$H_\gamma$、$H_\delta$ 四条谱线的波长。可见区的这几条谱线被命名为巴尔麦线系。

当人们用卢瑟福的有核原子模型从理论上解释氢原子光谱时，这一原子模型受到了强烈的挑战。1913 年，丹麦人玻尔（N. Bohr）提出了新的原子结构理论，这一理论解释了当时的氢原子线状光谱，既说明了谱线产生的原因，又说明了谱线的波数所表现出的规律性。

#### 7.1.1.2　玻尔理论

玻尔氢原子模型是当时最新的物理学（普朗克黑体辐射和量子概念、爱因斯坦光子论、卢瑟福原子带核模型等）基础上建立的氢原子核外电子运动模型，解释了氢原子光谱，后人称之为**玻尔理论**。

（1）行星模型

氢原子的核外电子在一定的线性轨道上绕核运行，正如太阳系的行星绕太阳运行一样。因此，玻尔氢原子模型可以形象地称为“行星模型”。这是一种“类比”的科学思维方法，但是类比并不能揭示不同事物的本质差异。后来的量子理论根据新的实验基础完全抛弃了玻尔行星模型的“外壳”，但玻尔行星模型的合理“内核”被保留下来赋予了新的内容。

（2）定态假设

氢原子中的电子在氢原子核的势能场中进行运动，但是其运动轨道并不是任意的。电子只能在以原子核为中心的某些能量（$E$）确定的圆形轨道上进行运动。这些轨道的能量状态不会随着时间的推移而发生改变，因此被称为定态轨道。电子在定态轨道上运动时，既不会吸收能量也不会释放能量。

（3）轨道能级的概念

不同的定态轨道具有不同的能量。离核越近的轨道，能量越低，即电子被原子核束缚得越牢；离核越远的轨道，能量就越高。轨道这些不同的能量状态，称为**能级**。氢原子轨道能级如图 7-3 所示。正常状态下，电子会尽可能处于离核较近且能量较低的轨道上，此时原子所处的状态称为**基态**（ground state）。在高温火焰、电火花或者电弧作用下，基态原子中的电子会获得能量，跃迁到离核较远、能量较高的空轨道上去，这时原子所处的状态称为**激发态**（excited state）。$n\to\infty$时，电子所处的轨道能量定为零，这意味着电子被激发到该能级时，获得了足够大的能量，因此可以完全摆脱核势能场的束缚而电离。因此，离核越近的轨道，能级越低，势能值也越低。

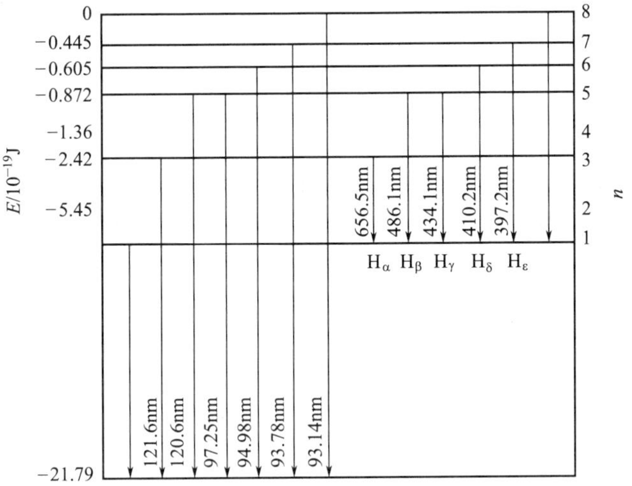


图 7-3 氢原子轨道能级示意图

（4）跃迁规则

当电子吸收光子就会跃迁到能量较高的激发态，反之，当返回基态或能量较低的激发态时激发态的电子会放出光子。光子的能量为跃迁前后两个能级的能量之差，这就是“跃迁规则”，可以用普朗克方程来计算任一与跃迁相关的光子的能量和波长。

$$h\nu=E_2-E_1 \text{ 或 } \nu=\frac{E_2-E_1}{h} \qquad (7\text{-}2)$$

$$\lambda=\frac{c}{\nu}$$

式中，$h$ 为普朗克常量，$h=6.626\times10^{-34}\text{J}\cdot\text{s}$；$c$ 为光速，$c=3\times10^{8}\text{m}\cdot\text{s}^{-1}$。

**【例题 7-1】** 根据跃迁规则求算氢原子核外电子由 $n=3$ 能级跃迁到 $n=2$ 能级时放出的光波的频率和波长。

解 $\nu=\dfrac{E_3-E_2}{h}=\dfrac{-2.42\times10^{-19}\text{J}-(-5.45\times10^{-19}\text{J})}{6.626\times10^{-34}\text{J}\cdot\text{s}}=4.57\times10^{14}\text{s}^{-1}$

$$\lambda_{3\to2}=\frac{c(\text{光速})}{\nu_{3\to2}}=\frac{3\times10^{8}\text{m}\cdot\text{s}^{-1}\times10^{9}}{4.57\times10^{14}\text{s}^{-1}}=656.5\text{nm}$$

玻尔理论具有一定的成功之处，但是也有很大的局限性。若用该理论来进一步研究氢原子光谱的精细结构以及多电子原子的光谱现象，就会遇到许多无法解释的问题。原因是玻尔的基本假设是在经典物理的基础上加入了量子化条件，其本身就存在着不能自圆其说的内在矛盾，本质上仍然属于经典力学范畴。为此，必须进一步从电子本性及其运动规律入手，建立起崭新的原子结构理论。

### 7.1.2 微观粒子的性质

微观粒子与宏观物体的性质和运动规律有着显著的区别。微观粒子有两大明显的特点，第一，既有波动性又有粒子性，即波粒二象性；第二，不能同时准确测定微观粒子的空间位置与动量，即不确定原理，又称为测不准关系。

#### 7.1.2.1 波粒二象性

(1) 光的波粒二象性

20 世纪初，人们根据光的干涉、衍射和光电效应等实验现象认识到光既具有波的性质，又具有粒子的性质，即光具有**波粒二象性**。普朗克方程结合相对论中的质能联系定律 $E=mc^2$ 可以推出光子的波长 $\lambda$ 和动量 $p$ 之间的关系：

$$p=mc=\frac{E}{c}=\frac{h\nu}{c}=\frac{h}{\lambda} \tag{7-3}$$

在式(7-3) 中，表征粒子性的物理量是能量 $E$ 和动量 $p$，表征波动性的物理量是频率 $\nu$ 和波长 $\lambda$。普朗克常量定量地将这两种性质联系了起来，从而很好地揭示了光的本质。

光具有波粒二象性，在一定的条件下，粒子性比较明显；但是在另一种限定条件下，波动性比较明显。例如，光在空间传播过程中发生的干涉、衍射现象就突出表现了光的波动性；而光与实物接触进行能量交换时就突出地表现出光的粒子性，发生光电效应时就是如此。必须牢记的是，光的这种波动性、粒子性不能再用经典物理学概念去理解，即光既不是经典意义上的波，也不是经典意义上的粒子。

(2) 电子的波粒二象性

1924 年，法国物理学家德布罗意（Louis de Broglie）在光的波粒二象性的启发下，大胆地提出实物粒子、电子、原子等也具有波粒二象性的假设。他指出，电子等微粒除了具有粒子性也具有波动性，并根据波粒二象性的关系［式(7-3)］预言高速运动的电子的波长 $\lambda$ 符合公式：

$$\lambda=\frac{h}{p}=\frac{h}{mv} \tag{7-4}$$

式中，$m$ 为电子的质量；$v$ 为电子的速度；$p$ 为电子的动量；$h$ 为普朗克常量，$h=6.626\times10^{-34}\text{J}\cdot\text{s}$。这种波通常叫**物质波**，亦称**德布罗意波**。

1927 年，美国两位科学家戴维森（Davission）和革末（Germer）以及英国人汤姆生（G. P. Thomson）通过电子衍射实验证实了德布罗意的假设。他们发现，当电子射线穿过薄晶片时，会像单色光通过小圆孔一样发生衍射现象。电子衍射实验如图 7-4 所示。电子从阴极灯丝 K 飞出，经过电势差为 $V$ 的电场加速后，通过小孔 D，成为很细的电子束。M 是薄晶片，晶体中质点间的距离相当于小狭缝。电子束穿过 M 投射到有感光底片的屏幕

P上，得到一系列衍射环纹。电子发生衍射现象，这就说明电子运动与光相似，具有波动性。

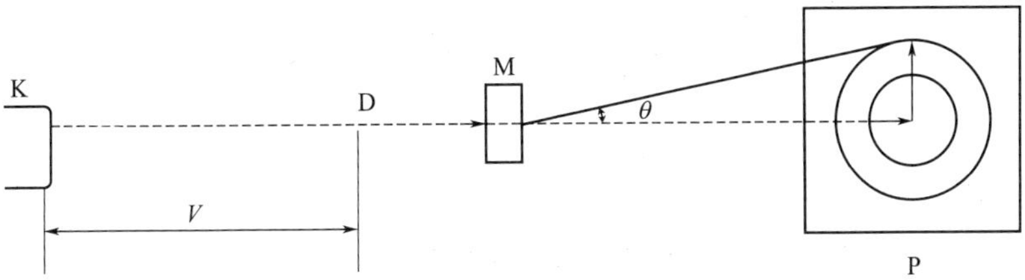


图7-4 电子衍射示意图

不仅电子具有波粒二象性，实际上，运动着的质子、中子、原子和分子等微粒也能产生衍射现象，说明这些微粒也都具有波动性。因此波粒二象性是微观粒子的运动特征。由于微观粒子与宏观物体不同，具有波粒二象性，因此描述电子等微粒的运动规律不能沿用经典的牛顿力学，而是要用描述微粒运动的量子力学。

#### 7.1.2.2 海森堡不确定原理

德国物理学家海森堡（W. Heisenberg）在爱因斯坦（Einstein）相对论的启发下，经过严格的理论分析和推导，论证了微观粒子的运动规律不同于宏观物体。1927年，海森堡提出了不确定原理，即对运动中的微观粒子来说，不能同时准确确定它的位置和动量，其关系式为

$$\Delta \chi \Delta p \geqslant \frac{h}{4\pi} \tag{7-5}$$

式中，$\Delta \chi$ 为位置不精确量；$\Delta p$ 为动量不精确量；$h$ 为普朗克常量。该关系式表明：$\Delta \chi$ 越小，$\Delta p$ 就越大，以此来确保两项的乘积不小于$\frac{h}{4\pi}$。或者说，位置测定得越准确，测得的动量就越不准确。事实上，迄今为止，都未能找到一种既不改变电子位置又不改变电子动量的实验方法，来同时精确测定其位置和动量。

我们可以将不确定原理理解为亚原子粒子运动轨迹的不确定性。正是由于这种不确定性的暗示，电子才不可能按照玻尔模型中行星绕太阳那样运动。科学上目前普遍接受玻恩（M. Born）的“统计解释”，即电子的波动性与其微粒行为的统计性规律有着密切联系。人们无法得知每个电子落在感光屏的哪个位置，但统计结果却能显示电子在不同区域出现的机会。出现概率大的区域就是微粒波强度大的区域。从这个层面上讲，实物的微粒波就是概率波，是性质上不同于光波的一种波。波动力学的轨道概念与电子在核外空间出现机会最多的区域相联系。这里需要强调的是，玻尔模型的原子轨道和波动力学的原子轨道截然不同。前者代表的是原子核外电子运动的某个确定的圆形轨道，后者代表的是电子在原子核外运动的某个空间范围。有时为了避免与经典力学中的玻尔轨道相混淆，又称为**原子轨函**（即原子轨道函数）。

## 7.2 核外电子的运动规律

### 7.2.1 薛定谔方程与波函数

1926年，奥地利物理学家薛定谔（E. Schrodinger）根据微观粒子的波粒二象性，运用

德布罗意（Louis de Broglie）关系式，联系光的波动方程，类比推演出描述微观粒子运动状态的基本方程，即薛定谔方程：

$$\frac{\partial^2 \psi}{\partial x^2}+\frac{\partial^2 \psi}{\partial y^2}+\frac{\partial^2 \psi}{\partial z^2}+\frac{8\pi^2 m}{h^2}(E-V)\psi=0 \tag{7-6}$$

此方程是一个二阶偏微分方程，在式(7-6) 中，波函数 $\psi$ 是坐标 $x$、$y$ 和 $z$ 的函数；$E$ 是体系的总能量；$V$ 是势能；$m$ 是微观粒子的质量；$h$ 是普朗克常数。

薛定谔方程的建立及求解是一个复杂的数学问题，不是无机化学所要求的。现在，我们所要掌握的是求解薛定谔方程之后的一些对了解原子结构有用的结果。薛定谔方程作为处理原子、分子中电子运动的基本方程，它的每一个合理的 $\psi$ 解都描述该电子运动的某一稳定状态，与这个解相应的 $E$ 值就是粒子在此稳定状态下的能量。例如，基态氢原子中电子所处的能态：

$$\Psi_{1s}=-\sqrt{\frac{1}{\pi a_0^3}}\,e^{-r/a_0} \qquad E_{1s}=-2.179\times10^{-18}\,J$$

式中，$r$ 为电子离原子核的距离；$a_0$ 为玻尔半径；π 为圆周率；e 为自然对数的底数。由此可见，在量子力学中是用波函数与其相对应的能量来对微观粒子的运动状态进行描述的。

将波函数 $\psi$ 的角度分布部分（$Y$）作图，所得的图像就称为原子轨道的角度分布图，如图 7-5 实线部分所示。

### 7.2.2 电子云

（1）概率和概率密度概念

具有波粒二象性的电子不能像宏观物体那样沿着固定的轨道运动。虽然不可能同时准确地测定核外某电子在某一瞬间的具体位置和运动速度，但是可用统计的方法讨论该电子在核外空间某一区域内出现机会的多少。

电子在核外空间某个区域内出现的机会称为概率（$W$），在空间某单位体积内出现的概率称为概率密度（$|\psi|^2$）。二者的关系具体可以表述为：

$$概率(W)=体积(V)\times概率密度(|\psi|^2)$$

电子在核外空间某区域内出现的概率等于概率密度与该区域总体积的乘积，当然这只有在概率密度相等的前提下才成立。

（2）**电子云与电子云图**

为了生动形象地表示电子在核外空间出现的概率分布情况，可用小黑点的疏密情况来表示电子在核外空间各处的概率密度 $|\psi|^2$。黑点密集的地方表示电子在那里出现的概率密度较大，黑点稀疏的地方表示电子在那里出现的概率密度较小。这种图形称为电子云图，也就是 $|\psi|^2$ 的图像。由此可见，电子云就是概率密度的形象化描述。

原子轨道和电子云的空间图像既不是通过实验也不是直接观察到的，而是根据量子力学计算得到的数据绘制出来的。可以看出，电子云的角度分布剖面图（如图 7-5 虚线部分）与相应的原子轨道角度分布剖面图（如图 7-5 实线部分）基本相似，但有两点不同：①原子轨道分布图带有正、负号，而电子云角度分布图均为正值（习惯不标出正号）；②电子云角度分布图比原子轨道角度分布要“瘦”些，这是因为 $Y$ 值一般是小于 1 的，所以 $|Y|^2$ 值就更小些。

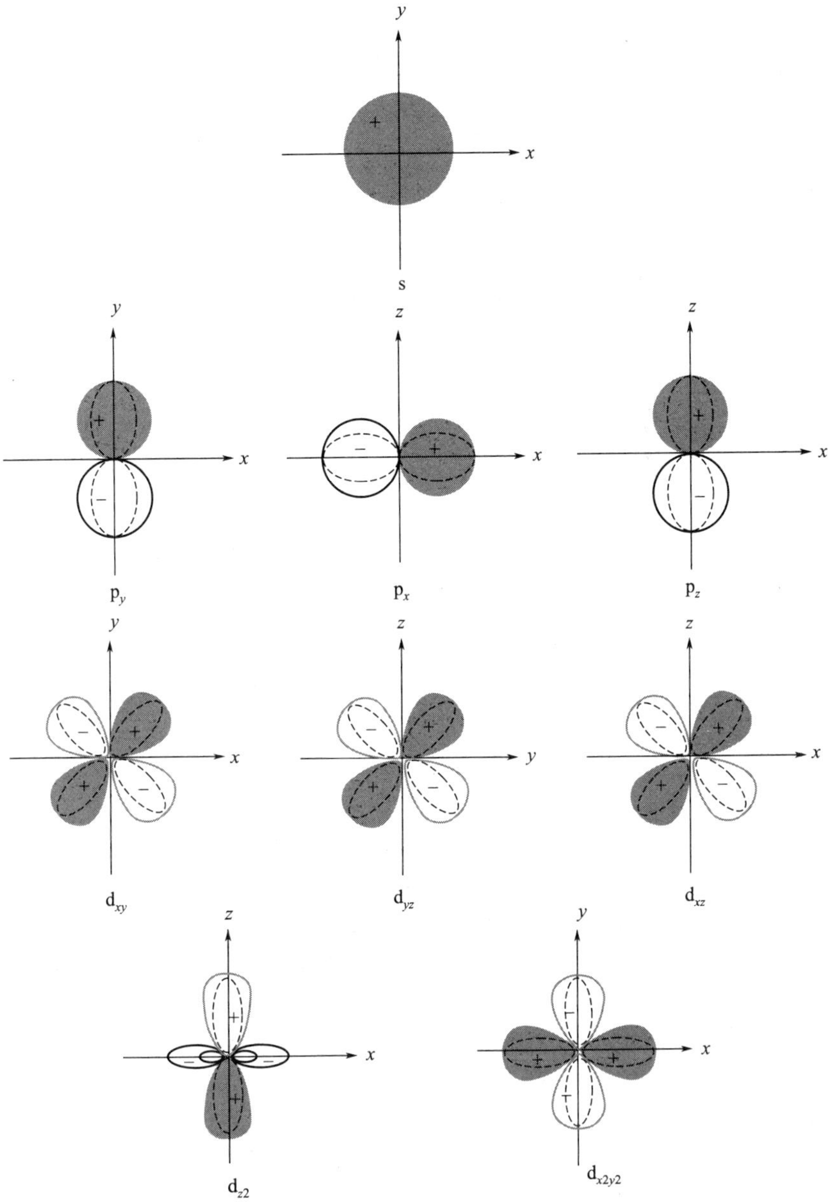


图 7-5　s、p、d 原子轨道（实线部分）、电子云（虚线部分）角度分布剖面图

### 7.2.3　四个量子数

众所周知，地球上某一点的位置可以用经度、纬度来进行精确定位。同样，可以用四个量子数 $n$、$l$、$m$、$m_s$ 来描述原子中各电子的运动状态，包括电子所在的电子层、电子的亚层、原子轨道的伸展方向及电子的自旋方向等。

（1）**主量子数（*n*）**

$n$ 为主量子数（principal quantum number），与能层相对应。它的取值为 1，2，3，…，$n$ 等正整数。$n$ 用来描述原子中电子出现概率最大的区域离核的远近，或者说它决定电子层数。例如，$n=1$ 代表电子属于第一电子层，离核最近；$n=2$ 代表电子属于第二电子层，离核的距离比第一层稍远；依此类推，$n$ 越大电子离核的平均距离越远。常用大写字母 K，L，

M，N，O，P，Q 分别代表 $n=1$，2，3，4，5，6，7 的电子层数，如表 7-2 所示。

**表 7-2　主量子数与对应电子层符号**

| $n$ | 1 | 2 | 3 | 4 | 5 | 6 | 7 |
|---|---|---|---|---|---|---|---|
| 电子层符号 | K | L | M | N | O | P | Q |

主量子数 $n$ 还是决定电子能量高低的重要因素。对于单电子原子或离子来说，$n$ 越大，电子的能量就越高。例如，氢原子各电子层电子的能量为：

$$E_n=-\frac{13.6}{n^2}\text{eV} \tag{7-7}$$

但是对于多电子原子来说，核外电子的能量除了取决于主量子数 $n$ 以外，还与原子轨道或电子云的形状有关。

（2）**角量子数（$l$）**

角量子数（$l$）主要决定原子轨道形状，在多电子原子中，电子能量由 $n$ 和 $l$ 共同决定。角量子数（angular quantum number）的取值为 0，1，2，3，4，…，$n-1$，对应的光谱学符号分别为 s，p，d，f，g 等，即 $l$ 的取值受制于主量子数 $n$，只能取从 0 到 $n-1$ 的整数，共有 $n$ 个值，角量子数的允许取值如表 7-3 所示。

**表 7-3　角量子数的允许取值**

| $n$ | $l$ | | | |
|---|---|---|---|---|
| 1 | 0 | | | |
| 2 | 0 | 1 | | |
| 3 | 0 | 1 | 2 | |
| 4 | 0 | 1 | 2 | 3 |
| 亚层符号 | s(球形) | p(哑铃形) | d(花瓣形) | f(更复杂) |

在 $n$ 相同的电子层中，不同形状的轨道称为亚层。当 $n=4$ 时，由表 7-3 可知，核外第四层有 4 个亚层。因此，角量子数 $l$ 的不同取值代表同一电子层中不同形状的亚层。

在多电子原子中电子的能量 $E$ 不仅取决于 $n$，而且还受限于 $l$，即多电子原子中电子的能量由 $n$ 和 $l$ 共同决定。$n$ 相同，$l$ 不同的原子轨道，角量子数 $l$ 越大，其能量 $E$ 越大。例如，$E_{4s}<E_{4p}<E_{4d}<E_{4f}$。

（3）**磁量子数（$m$）**

磁量子数 $m$（magnetic quantum number）用来表征原子中某些原子轨道在核外空间不同的伸展方向或原子轨道在核外的空间取向。

磁量子数的取值范围受制于角量子数。当角量子数为 $l$ 时，磁量子数的取值是从 $-l$ 经 0 到 $+l$ 的所有整数，即 $m=0$，$\pm1$，$\pm2$，…，$\pm l$。由此可见，$m$ 有 $2l+1$ 个数值。磁量子数 $m$ 的每一个数值代表原子轨道的一种伸展方向或一个原子轨道，因此一个亚层中 $m$ 有几个数值，该亚层中就有几个伸展方向不同的原子轨道。磁量子数的允许取值与亚层轨道数具体见表 7-4。

例如，当 $l$ 为 2（d 亚层）时，$m$ 可有五个取值（$m=-2$，$-1$，0，$+1$，$+2$），表明 d 亚层有五个伸展方向不同的原子轨道，即 $d_{z^2}$，$d_{xy}$，$d_{yz}$，$d_{xz}$，$d_{x^2-y^2}$。前面已经指出，核外电子的能量仅取决于主量子数 $n$ 和角量子数 $l$，而与磁量子数 $m$ 无关。也就是说，原子轨道在空间的伸展方向虽然不同，但这并不影响电子的能量。例如，五个 d 轨道（$d_{z^2}$，$d_{xy}$，$d_{yz}$，$d_{xz}$，$d_{x^2-y^2}$）的能量是完全相同的。像这种 $n$ 和 $l$ 相同，而 $m$ 不同的各能量相同的轨道，叫作简并轨道或等价轨道。

表 7-4 磁量子数的允许取值与亚层轨道数

| $l$ | $m$ | | | | | | | 轨道数 |
|---|---|---|---|---|---|---|---|---|
| 0(s) | | | | 0 | | | | 1 |
| 1(p) | | | +1 | 0 | −1 | | | 3 |
| 2(d) | | +2 | +1 | 0 | −1 | −2 | | 5 |
| 3(f) | +3 | +2 | +1 | 0 | −1 | −2 | −3 | 7 |

(4) **自旋量子数（$m_s$）**

我们已经知道 $n$、$l$、$m$ 三个量子数是薛定谔方程解的要求，与实验相符合。但是在使用分辨率很高的光谱仪观察氢原子光谱时，发现氢原子在不均匀磁场中，电子由 2p 能级跃迁到 1s 能级时，得到的并不是一条谱线而是两条靠得很近的谱线。这种双线的光谱精细结构用 $n$、$l$、$m$ 三个量子数无法解释，即它不可能是因原子轨道运动状态不同而引起的，电子必定还存在其他的运动形式。

1925 年，荷兰物理学家乌伦贝克（G. hlenbeck）和哥德希密特（S. goudsmmit）提出了第四个量子数——自旋量子数（spin magnetic quantum number），用符号 $m_s$ 表示。需要说明的是“电子自旋”并非真像地球绕轴自旋一样，它只是表示电子自身的两种不同状态。自旋量子数 $m_s$ 允许的取值只有两个，即 $m_s=\pm\frac{1}{2}$，所以 $m_s$ 也是量子化的。因此电子只有两种相反的自旋方式，通常用↑和↓表示。正是由于 $n$、$l$、$m$ 三个量子数对应相同的电子具有两种不同的自旋方式，才导致了氢原子光谱的精细结构。

综上所述，$n$、$l$、$m$ 一组三个量子数可以决定一个原子轨道，但原子中每个电子的运动状态必须用 $n$、$l$、$m$、$m_s$ 四个量子数来描述。四个量子数确定之后，电子在核外空间的运动状态就确定了。

**【例题 7-2】** 在下列各组量子数中，填入恰当的量子数。

(1) $n=?$　$l=2$　$m=0$　$m_s=+\frac{1}{2}$

(2) $n=2$　$l=?$　$m=-1$　$m_s=+\frac{1}{2}$

(3) $n=4$　$l=2$　$m=0$　$m_s=?$

(4) $n=2$　$l=0$　$m=?$　$m_s=+\frac{1}{2}$

**解**　(1) $n\geqslant 3$　(2) $l=1$　(3) $m_s=\pm\frac{1}{2}$　(4) $m=0$

# 7.3 核外电子排布和元素周期律

用薛定谔方程可以精确求解氢原子或类氢原子的核外电子所具有的能量和原子轨道半径。但是对于多电子原子体系，用薛定谔方程求解核外电子的能量具有一定的难度，这是因为在该方程中要增加电子与电子之间存在排斥能这一项，因此只能用近似的方法来计算多电子原子核外电子所处的能级。

## 7.3.1 多电子原子轨道的能级

(1) 鲍林近似能级图

1939 年，在大量光谱数据的基础上，美国化学家鲍林（Pauling）通过近似的理论计算，提出了多电子原子的原子轨道近似能级图，如图 7-6 所示。图中的能级顺序是指电子按能级从低到高在核外排布的顺序，即填入电子时各能级能量的相对高低。图中一个小圆圈代表一条轨道，同一水平线上的小圆圈称为等价轨道。箭头所指的方向则表示轨道能量逐渐升高的方向。鲍林将能量接近的能级划分为一组，图中用方框框起，这样的能级组共有七个，从能量最低的一组起分别叫第一能级组、第二能级组……，依此类推。不同的能级组之间能量差异较大，同一能级组内各能级的能量差异较小。除第一能级组只有 1s 能级外，其余各能级组均以 s 轨道开始并以 p 轨道结束。七个能级组与周期表中七个周期相对应。

近似能级图提供的其他信息有：$n$ 相同时，轨道的能级由 $l$ 决定，$l$ 越大，能级越高。

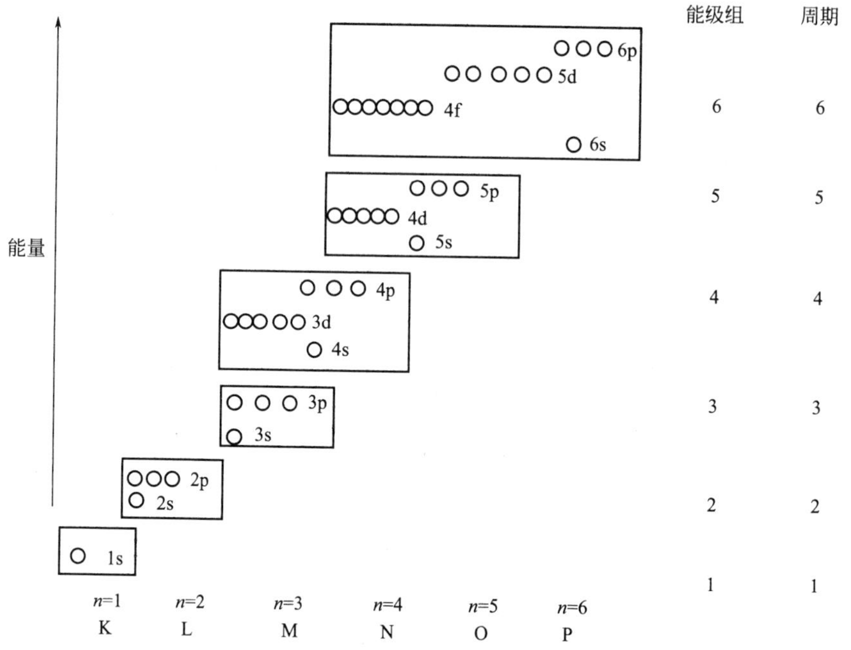


图 7-6　鲍林原子轨道近似能级图

$n$ 相同而轨道能级不同的现象叫**能级分裂**。例如，对于多电子原子能级高低次序，我国化学家徐光宪教授曾经提出了 $n+0.7l$ 近似规则。对于一个能级，其 $n+0.7l$ 越大，能量越高。而且该能级所在能级组的组数，就是 $n+0.7l$ 的整数部分。以第六能级组为例，其能级顺序为 $E_{6s}<E_{4f}<E_{5d}<E_{6p}$，对应的$n+0.7l$ 的大小顺序为 $6<6.1<6.4<6.7$。这一规则被称为 $n+0.7l$ 规则。这一现象则被称为能级交错。对于同一电子层则有：

$$E(ns)<E(np)<E(nd)<E(nf)$$

（2）屏蔽效应

能级交错和能级分裂现象都可以通过屏蔽效应和钻穿效应来解释。

氢原子的核电荷 $Z=1$，核外只有一个电子，所以只存在这个电子与核之间的作用力，电子的能量只同主量子数 $n$ 相关，即

$$E=-\frac{13.6Z^2}{n^2}\text{eV}(Z=1) \tag{7-8}$$

但是在多电子原子中，一个电子不仅要受到原子核的引力，还要受到其他电子的斥力。例如，Be 原子核带四个正电荷，核外有四个电子：第一层有两个电子，第二层有两个电子。对第二层的一个电子来说，它不仅受到核对它的引力，还受到第一层两个电子、同层电子对它的排斥作用。为了讨论方便，我们经常把这种内层电子的排斥作用考虑为对核电荷的屏

蔽，相当于使核有效电荷数减小，于是有：

$$Z^{*}=Z-\sigma \tag{7-9}$$

式中，$Z^{*}$ 为有效核电荷数；$Z$ 为核电荷数；$\sigma$ 为屏蔽常数（screening constant），它代表由于电子间的斥力而使原核电荷数减小的部分。这样处理之后，对于多电子原子中的一个电子来说，其能量则可用与式(7-8）类似的公式加以讨论了，即

$$E=-\frac{13.6(Z-\sigma)^{2}}{n^{2}}\text{eV} \tag{7-10}$$

由式(7-10）可知，如果能得到屏蔽常数，就可计算出多电子原子中各能级的近似能量。由于其他电子对某一电子的排斥作用而屏蔽了一部分核电荷，使有效核电荷数降低，削弱了核电荷对该电子的吸引，这种作用称为**屏蔽效应**（screening effect）。

影响屏蔽常数大小的因素主要有：屏蔽的电子离核的远近及其运动状态，产生屏蔽作用的电子的数目及它所处原子轨道的大小、形状。可以用斯莱特（Slater）提出的规则近似求算出屏蔽常数的大小。该方法可归纳为用表 7-5 提供的数据计算 $\sigma$，再进一步根据式(7-10）求出多电子原子中某电子的能量。计算结果表明，在多电子原子中，由于角量子数不同的电子受到了不同的屏蔽作用，所以发生了能级分裂。

从斯莱特规则中，我们还看到被屏蔽电子分别是 d、f 电子和 s、p 电子时，屏蔽常数并不相同，即同一个内层电子对 s、p 电子的屏蔽作用小，对 d、f 电子的屏蔽作用大。这个问题的实质，要归结到电子云的径向分布乃至钻穿效应的影响。

**表 7-5 原子轨道中一个电子对屏蔽常数的贡献**

| 被屏蔽电子 | 屏蔽电子 | | | | | | | |
|---|---|---|---|---|---|---|---|---|
| | 1s | 2s,2p | 3s,3p | 3d | 4s,4p | 4d | 4f | 5s,5p |
| 1s | 0.30 | | | | | | | |
| 2s,2p | 0.85 | 0.35 | | | | | | |
| 3s,3p | 1.00 | 0.85 | 0.35 | | | | | |
| 3d | 1.00 | 1.00 | 1.00 | 0.35 | | | | |
| 4s,4p | 1.00 | 1.00 | 0.85 | 0.85 | 0.35 | | | |
| 4d | 1.00 | 1.00 | 1.00 | 1.00 | 1.00 | 0.35 | | |
| 4f | 1.00 | 1.00 | 1.00 | 1.00 | 1.00 | 1.00 | 0.35 | |
| 5s,5p | 1.00 | 1.00 | 1.00 | 1.00 | 0.85 | 0.85 | 0.85 | 0.35 |

（3）钻穿效应

在原子核附近出现概率较大的电子，可以较多地避免其他电子对其屏蔽作用，从而受到较大的有效核电荷的吸引，导致其具有较低的能量。对于给定的主量子数 $n$，从电子云径向分布图可知，角量子数 $l$ 愈小，内层概率峰数就愈多，钻穿能力也就越强，从而轨道能量就愈低。如图 7-7 所示，4s 内层有 3 个概率峰，3d 内层无概率峰。由于径向分布，角量子数 $l$ 小的电子会钻穿到核的附近，回避掉其他电子对其屏蔽能力，从而使自身的能量降低，这种作用称为**钻穿效应**（penetrating effect）。有时外层电子的能量会低于内层电子甚至倒数第三层电子的能量，从而引起能级交错。

如 $E_{4s}<E_{3d}$，这种能级交错现象就可以用钻穿效应来解释。如图 7-7 所示，由 4s 和 3d 电子云的径向分布图可知，虽然 4s 电子的最大概率峰相比于 3d 电子的最大概率峰离核远，本应有 $E_{4s}>E_{3d}$，但由于 4s 电子内层的小概率峰出现在离核较近的地方，对降低能量起到了很大的作用，因而 $E_{4s}$ 在近似能级图中比 $E_{3d}$ 小些。故按照鲍林的轨道近似能级图填充电子时，会优先填充 4s 电子，之后再填充 3d 电子。

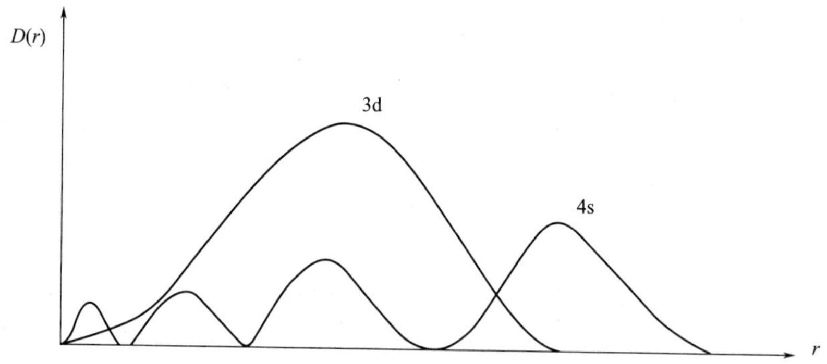


图 7-7　4s、3d 电子云的径向分布图

## 7.3.2　基态原子的核外电子排布

根据光谱实验结果，人们总结出原子核外电子排布需要遵循三个原则，即能量最低原理、泡利原理、洪德规则。

### 7.3.2.1　排布原则

（1）能量最低原理

能量越低越稳定，这是自然界普遍遵循的一个规律。原子中的电子排布同样遵循这个规律。电子在原子中所处的状态总是要尽可能使整个体系的能量处于最低，只有这样，整个体系才能达到最稳定的状态。即多电子原子在基态时，核外电子总是尽可能分布到能量最低的轨道，这称为**能量最低**原理。

（2）泡利原理

泡利原理也称为泡利不相容原理。在同一原子中没有四个量子数完全相同的电子，或者说每一个轨道最多只能容纳两个自旋相反的电子。

由泡利不相容原理可推知各电子层和电子亚层的最大容量（见表 7-6），各层最大容量与主量子数之间的关系：最大容量$=2n^2$。

**表 7-6　各电子层和亚层的最大电子容量**

| 电子层 | 电子亚层 | 轨道数 | 各亚层最大容量 | 各层最大容量 |
|---|---|---|---|---|
| 1 | 1s | 1 | 2 | 2 |
| 2 | 2s | 1 | 2 | 8 |
| | 2p | 3 | 6 | |
| 3 | 3s | 1 | 2 | 18 |
| | 3p | 3 | 6 | |
| | 3d | 5 | 10 | |
| 4 | 4s | 1 | 2 | 32 |
| | 4p | 3 | 6 | |
| | 4d | 5 | 10 | |
| | 4f | 7 | 14 | |

（3）洪德规则

德国科学家洪德（F. Hund）在大量光谱实验数据的基础上总结出电子分布到能量相同的等价轨道时，总是优先以自旋相同的方向单独占据能量相同的轨道。或者说排布在等价轨道中自旋相同的单电子越多，体系就越趋于稳定。洪德规则有时也被称为等价轨道原理。

作为洪德规则的发展，实践证明，能量简并的等价轨道处于全充满、半充满或全空的状态时是比较稳定的，简并度高的轨道更是如此，如：

全充满：$p^6$、$d^{10}$、$f^{14}$；例如铜原子的核外电子排布为［Ar］$3d^{10}4s^1$，而不是［Ar］$3d^9 4s^2$。

半充满：$p^3$、$d^5$、$f^7$；例如铬原子的核外电子排布为［Ar］$3d^5 4s^1$，而不是［Ar］$3d^4 4s^2$。

全空：$p^0$、$d^0$、$f^0$；例如镧原子的核外电子排布为［Xe］$5d^1 6s^2$，而不是［Xe］$6s^2 4f^1$。

根据上述核外电子排布的三原则，基本可以解决核外电子排布问题。核外电子排布三原则只是一般的规律，对于某一元素的实际电子排布情况，要以光谱实验结果为准。光谱实验结果证明多数元素的电子排布符合上述规则，但仍有少数元素不符合这三个规则，例如 $^{41}Nb[Kr]4d^4 5s^1$、$^{44}Ru[Kr]4d^7 5s^1$ 等。

#### 7.3.2.2　简单基态阳离子的电子分布

根据鲍林近似能级图，基态原子外层轨道能级高低顺序为 $E_{ns}<E_{(n-2)f}<E_{(n-1)d}<E_{np}$。若按照此顺序，$Fe^{2+}$ 的电子分布式应该为［Ar］$3d^4 4s^2$。但是实验证实，$Fe^{2+}$ 的电子分布式实际为［Ar］$3d^6$。原因是阳离子的有效核电荷比原子的多，造成基态阳离子的轨道能级与基态原子的轨道能级有所差异。

通过对基态原子和离子内轨道能级的研究，并在大量光谱数据的基础上，归纳出两条经验规律。

基态原子外层电子填充顺序为：$\rightarrow ns \rightarrow (n-2)f \rightarrow (n-1)d \rightarrow np$。

价电子电离顺序为：$\rightarrow np \rightarrow ns \rightarrow (n-1)d \rightarrow (n-2)f$。

**【例题 7-3】** 请根据相关知识分别写出 Fe 与 $Fe^{2+}$ 的电子分布式。

**解**　$^{26}Fe$　$1s^2 2s^2 2p^6 3s^2 3p^6 3d^6 4s^2$ 或［Ar］$3d^6 4s^2$

$Fe^{2+}$　$1s^2 2s^2 2p^6 3s^2 3p^6 3d^6$ 或［Ar］$3d^6$

关于近似能级图和原子核外电子排布需要注意以下几个问题：

① 近似能级图所给出的能级交错现象，一般出现在电子最外层新增加的电子，对于已充满电子的内层轨道，应按电子层的先后顺序排列。例如，49 号元素 In 的电子排布式为 $1s^2 2s^2 2p^6 3s^2 3p^6 3d^{10} 4s^2 4p^6 4d^{10} 5s^2 5p^1$。

② 为了简化，可用加上方括号的相应稀有气体的元素符号表示已填满的内层轨道，例如 $1s^2 2s^2 2p^6 3s^2 3p^6 3d^{10} 4s^2 4p^6$＝［Kr］。所以基态 In 原子的电子排布式可以简化为［Kr］$4d^{10} 5s^2 5p^1$。这种表示方法不仅简洁，而且突出了在化学反应中最为活跃的价层电子。

③ 鲍林的近似能级图仅仅是一个近似的规律，随着原子序数的增加，能级顺序会发生变化，所以会发现某些不符合近似能级图顺序的“例外”情况。

④ 还可以用“电子分布图”表示：用方格（圆圈）或短线表示一个原子轨道，分别用不同指向的箭头“↑”或“↓”表示电子的自旋状态，这种方式还可以进一步表示电子所处的具体轨道和自旋状态。

### 7.3.3　原子的电子层结构和元素周期表

1869 年，俄国人门捷列夫（Mendeleev）提出了最早的元素周期表，他对当时发现的 63 种元素的性质进行总结和对比分析，发现化学元素之间的本质联系——元素的性质随原子量递增而发生周期性的递变。虽然当时对元素周期表的意义不是十分清楚，但是随着人们对原子结构的深入研究，已经越来越能理解周期表的科学内涵。到目前为止，人们已经提出了各式各样的周期表，如短式周期表、长式周期表、三角形周期表、螺旋式周期表、宝塔式周期表等，但目前最通用的是表 7-7 所示的由维尔纳（A. Werner）首先倡导的长式周期表。

**表 7-7 维尔纳长式周期表**

| | ⅠA | ⅡA | ⅢB | ⅣB | ⅤB | ⅥB | ⅦB | Ⅷ | | | ⅠB | ⅡB | ⅢA | ⅣA | ⅤA | ⅥA | ⅦA | 0 |
|---|---|---|---|---|---|---|---|---|---|---|---|---|---|---|---|---|---|---|
| 1 | H | | | | | | | | | | | | | | | | | He |
| 2 | Li | Be | | | | | | | | | | | B | C | N | O | F | Ne |
| 3 | Na | Mg | | | | | | | | | | | Al | Si | P | S | Cl | Ar |
| 4 | K | Ca | Sc | Ti | V | Cr | Mn | Fe | Co | Ni | Cu | Zn | Ga | Ge | As | Se | Br | Kr |
| 5 | Rb | Sr | Y | Zr | Nb | Mo | Tc | Ru | Rh | Pd | Ag | Cd | In | Sn | Sb | Te | I | Xe |
| 6 | Cs | Ba | La-Lu | Hf | Ta | W | Re | Os | Ir | Pt | Au | Hg | Tl | Pb | Bi | Po | At | Rn |
| 7 | Fr | Ra | Ac-Lr | Rf | Db | Sg | Bh | Hs | Mt | Ds | Rg | Cn | Nh | Fl | Mc | Lv | Ts | Og |

| | | | | | | | | | | | | | | |
|---|---|---|---|---|---|---|---|---|---|---|---|---|---|---|
| La | Ce | Pr | Nd | Pm | Sm | Eu | Gd | Tb | Dy | Ho | Er | Tm | Yb | Lu |
| Ac | Th | Pa | U | Np | Pu | Am | Cm | Bk | Cf | Es | Fm | Md | No | Lr |

根据元素最后一个电子填充的能级不同，可以将周期表中的元素分为 5 个区，即 s 区、p 区、d 区、ds 区、f 区。实际上是把价电子构型相似的元素集中分布在同一个区，如表 7-8 所示。

s 区和 p 区元素合称为主族元素。人们将 d 区元素称为过渡元素，有时也将 ds 区元素列为过渡元素。第 4、第 5 和第 6 周期的过渡元素分别又叫第一、第二和第三过渡系元素。f 区元素的最后一个电子填在外数第 3 层，因而叫内过渡元素，填入 4f 亚层和 5f 亚层的内过渡元素分别又叫镧系元素（lanthanide）和锕系元素（actinide）。

**表 7-8 元素的分区**

| | ⅠA | ⅡA | ⅢB | ⅣB | ⅤB | ⅥB | ⅦB | ⅧB | ⅠB | ⅡB | ⅢA | ⅣA | ⅤA | ⅥA | ⅦA | 0 |
|---|---|---|---|---|---|---|---|---|---|---|---|---|---|---|---|---|
| 1 | s 区 $ns^{1\sim2}$ | | d 区 $(n-1)d^{1\sim10}ns^{0\sim2}$ | | | | | | ds 区 $(n-1)d^{10}ns^{1\sim2}$ | | p 区 $ns^2np^{1\sim6}$ | | | | | |
| 2 | | | | | | | | | | | | | | | | |
| 3 | | | | | | | | | | | | | | | | |
| 4 | | | | | | | | | | | | | | | | |
| 5 | | | | | | | | | | | | | | | | |
| 6 | | | | | | | | | | | | | | | | |
| 7 | | | | | | | | | | | | | | | | |

| | |
|---|---|
| 镧系 | f 区 $(n-2)f^{0\sim14}(n-1)d^{0\sim2}ns^2$ |
| 锕系 | |

元素周期表中的横行叫作**周期**（period），七个周期分别与七个能级组相对应。在元素周期表中，各能级组电子的填入起始于 s 轨道，终止于 p 轨道；各周期中化学元素的个数（2、8、8、18、18、32、32）对应于各能级组中电子的最大容量；对于只包含两种元素的周期称为特短周期，含 8 种、18 种和 32 种元素的周期分别叫作短周期、长周期和特长周期。表中的直列叫族（group）。如果元素的原子最后填入电子的亚层为 s 或 p 亚层的，该元素便属于 A 族元素（也称为主族元素）；如果最后填入电子的亚层为 d 亚层或 f 亚层的，该元素

便属 B 族元素（也称为副族元素或过渡元素）。同族元素具有相似的电子组态，从而导致它们具有相似的化学性质。各种原子的价电子数与元素的族号密切相关，s 区和 d 区元素的价电子数都等于其族号（例如，Na 和 Cr 的价电子数分别为 1 和 6），d 区元素的价电子包括了最外层的 s 电子和次外层的全部 d 电子；p 区元素的价电子数等于列号减 10（He 例外），例如，Al 的价电子数为 3（即 13－10）；如果采用罗马数字族号，p 区元素的价电子数即等于族号，例如，硫属于第Ⅵ族，价电子数为 6。

原子的电子层结构与族的关系如表 7-9 所示。

**表 7-9　原子的电子层结构与族的关系**

| 元素 | 族数 |
|---|---|
| s 区、p 区、ds 区 | 等于最外层电子数 |
| d 区<br>(其中，Ⅷ族只适用于 Fe、Ru、Os) | 等于最外层电子数＋次外层 d 电子数 |

# 7.4　元素基本性质的周期性

原子的电子层结构随着核电荷数的递增呈现周期性变化，进而影响到原子的某些性质，如原子半径、电离能、电子亲和能、电负性等，也呈现明显的周期性变化。

## 7.4.1　原子半径

量子力学的原子模型认为，核外电子的运动是按照概率来分布的。由于原子本身并没有鲜明的界面，所以原子核到最外电子层的距离，实际上是难以确定的。通常所讨论的原子半径是根据相邻原子之间的核间距来定义的。经常讨论的原子半径有如下三种。

（1）**共价半径**

两个相同的原子通过共价键结合时，其核间距的一半，称为原子的共价半径（covalent radii）。如果没有特别强调，通常指的是形成共价单键时的共价半径。例如，把 C-C 核间距的一半（77pm）定为 C 原子的共价半径，把 Cl-Cl 核间距的一半（99pm）定为 Cl 原子的共价半径（图 7-8）。

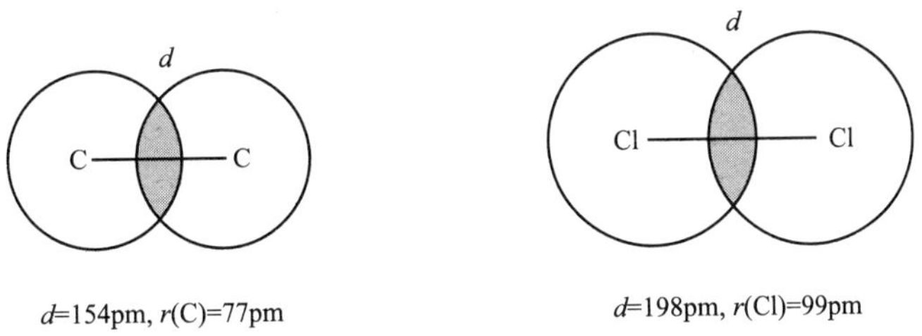


图 7-8　C 原子与 Cl 原子的共价半径

（2）**金属半径**

金属晶体中，两个相邻金属原子核间距的一半，称为该金属原子的金属半径（metal radii）。例如，把金属铜中两个相邻 Cu 原子核间距的一半（128pm）定为 Cu 原子的半径（图 7-9）。

（3）**范德华半径**

对于稀有气体，分子之间不存在共价键和金属键，因此该类型的分子是以范德华力（即分子间力）结合的。例如，稀有气体晶体相邻分子核间距的一半，称为该原子的范德华半径

(van der Waals radii)。例如，氖（Ne）的范德华半径为 160pm，如图 7-10 所示。一般来说，同一元素的共价半径比其金属半径小些。这是因为形成共价键时，轨道的重叠程度比形成金属键时大些。而范德华半径一般较大，因为分子间力不能将单原子分子拉得更紧密。

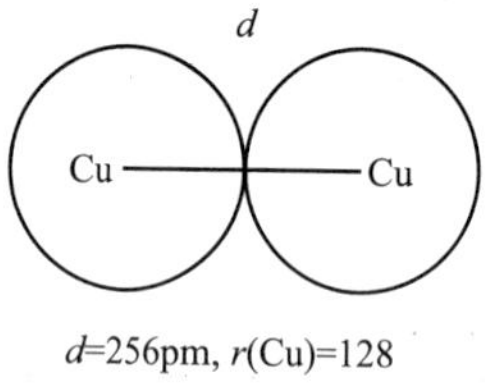


图 7-9　Cu 原子的金属半径

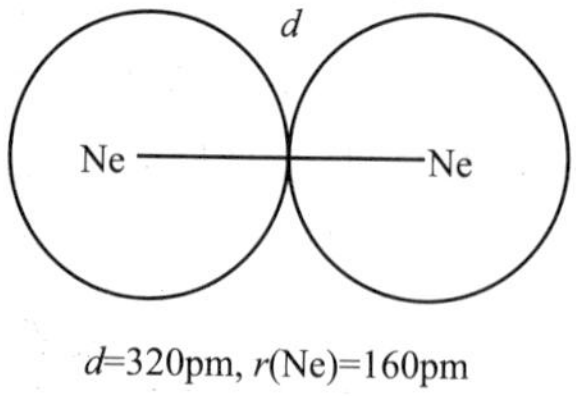


图 7-10　Ne 原子的范德华半径

（4）原子半径的变化规律

同一周期从左到右，原子半径的变化主要受到两个因素的影响。

① 从左向右，随着核电荷数的增加，原子核对外层电子的吸引力也增加，使原子半径逐渐减小。

② 从左向右，随着核外电子数的增加，电子间的相互斥力增强，使得原子半径逐渐增大。

这是两个完全相反作用的影响因素。但是，由于增加的电子不足以完全屏蔽增加的核电荷，因此同一周期从左向右，原子半径在逐渐减小。对于 $d^{10}$ 电子构型，因为有较大的屏蔽作用，所以原子半径略有增大，$f^7$ 和 $f^{14}$ 电子构型也有类似情况。原子半径表见表 7-10。

**表 7-10　原子半径表**

单位：pm

| | | | | | | | | | | | | | | | | | |
|---|---|---|---|---|---|---|---|---|---|---|---|---|---|---|---|---|---|
| H 37 | | | | | | | | | | | | | | | | | He 122 |
| Li 152 | Be 111 | | | | | | | | | | | B 88 | C 77 | N 70 | O 66 | F 64 | Ne 160 |
| Na 186 | Mg 160 | | | | | | | | | | | Al 143 | Si 117 | P 110 | S 104 | Cl 99 | Ar 191 |
| K 227 | Ca 197 | Sc 161 | Ti 145 | V 132 | Cr 125 | Mn 124 | Fe 124 | Co 125 | Ni 125 | Cu 128 | Zn 133 | Ga 122 | Ge 122 | As 121 | Se 117 | Br 114 | Kr 198 |
| Rb 248 | Sr 215 | Y 181 | Zr 160 | Nb 143 | Mo 136 | Tc 136 | Ru 133 | Rh 135 | Pd 138 | Ag 144 | Cd 149 | In 163 | Sn 141 | Sb 141 | Te 137 | I 133 | Xe 217 |
| Cs 265 | Ba 217 | Lu 173 | Hf 159 | Ta 143 | W 137 | Re 137 | Os 134 | Ir 136 | Pt 136 | Au 144 | Hg 160 | Tl 170 | Pb 175 | Bi 155 | Po 153 | At | Rn 220 |

| | | | | | | | | | | | | | | |
|---|---|---|---|---|---|---|---|---|---|---|---|---|---|---|
| La 188 | Ce 183 | Pr 183 | Nd 182 | Pm 181 | Sm 180 | Eu 204 | Gd 180 | Tb 178 | Dy 177 | Ho 177 | Er 176 | Tm 175 | Yb 194 | Lu 173 |

应该注意的是，就同一周期而言，d 区过渡元素从左向右原子半径减小的程度远小于主族元素。这是因为过渡元素随着原子序数的增加，新增加的电子填充到次外层，而次外层电子对核电荷的抵消作用远大于最外层电子，致使有效核电荷增加的程度较小，所以同一周期内过渡元素从左向右原子半径减小的程度就相对较小。而且，从ⅠB 族元素起，次外层 $(n-1)$d 轨道已经处于充满状态，能较为显著地抵消核电荷对外层 $n$s 电子的引力，所以原子半径反而有所增大，如 Cu、Zn 的半径比同周期 d 区元素半径略有增大。

15 种镧系元素从 La 至 Lu 的原子半径总共减小约 14pm 的这一事实，称为镧系收缩。镧系收缩使镧系后面的各过渡元素的原子半径都相应缩小，使第三过渡系列元素的原子半径与第二过渡系列元素的原子半径极为相近，导致了 Mo 和 W、Nb 和 Ta、Zr 和 Hf 等在性质上具有极大的相似性，分离困难。同时镧系收缩导致镧系各元素之间的原子半径非常相近，性质相似，分离非常困难。

同一主族中，从上到下原子半径也受两种因素影响。

① 同一主族中，从上到下核外电子数增多，电子层数增加，使得原子半径逐渐增大；

② 同一主族中，从上到下核电荷数逐渐增加，原子核对外层电子的吸引力也增加，使得原子半径逐渐减小。

在这两种相反因素中，①占据主导作用，所以从上到下原子半径逐渐增大。但是副族元素除钪族外，从上往下原子半径一般略为增大，其中第五周期和第六周期的同族元素之间，原子半径非常接近。

## 7.4.2 电离能

原子失去电子的难易程度可用电离能（$I$）来衡量。1mol 气态的基态原子 M 失去一个电子生成 1mol 气态的正离子 $M^+$ 所需要的能量，称为该原子的**第一电离能（$I_1$）**，单位为 $kJ \cdot mol^{-1}$。例如：

$$Mg(g) - e^- \xlongequal{} Mg^+(g) \qquad I_1 = 738kJ \cdot mol^{-1}$$

元素的第一电离能越小，原子就越容易失去电子，该元素的金属性就越强。因此，元素的第一电离能可作为衡量该元素金属活泼性的一个尺度。1mol 气态的正离子 $M^+$ 再失去一个电子成为 1mol 气态 $M^{2+}$ 所需要的最少能量，称为**第二电离能（$I_2$）**。例如：

$$Mg^+(g) - e^- \xlongequal{} Mg^{2+}(g) \qquad I_2 = 1451kJ \cdot mol^{-1}$$

其余第三、第四等电离能依此类推，表 7-11 给出周期系中各元素的电离能。它可以衡量原子失去电子或得到电子倾向的大小，反映出元素的许多物理性质和化学性质。下面讨论元素的第一电离能随原子序数的周期性变化规律。

**表 7-11　元素的电离能数据 $I_1$**　　单位：$kJ \cdot mol^{-1}$

| | | | | | | | | | | | | | | | | | |
|---|---|---|---|---|---|---|---|---|---|---|---|---|---|---|---|---|---|
| H 1312.0 | | | | | | | | | | | | | | | | | He 2372.3 |
| Li 520.3 | Be 899.5 | | | | | | | | | | | B 800.6 | C 1086.4 | N 1402.3 | O 1314.0 | F 1681.0 | Ne 2080.7 |
| Na 495.8 | Mg 737.7 | | | | | | | | | | | Al 577.6 | Si 786.5 | P 1011.8 | S 999.6 | Cl 1251.1 | Ar 1520.5 |
| K 413.9 | Ca 589.8 | Sc 631 | Ti 658 | V 650 | Cr 652.8 | Mn 717.4 | Fe 759.4 | Co 758 | Ni 736.7 | Cu 745.5 | Zn 906.4 | Ga 578.8 | Ge 762.2 | As 944 | Se 940.9 | Br 1140 | Kr 1350.7 |
| Rb 403.0 | Sr 549.5 | Y 616 | Zr 660 | Nb 664 | Mo 685.0 | Tc 702 | Ru 711 | Rh 720 | Pd 805 | Ag 731.0 | Cd 867.7 | In 558.3 | Sn 708.6 | Sb 831.6 | Te 869.3 | I 1008.4 | Xe 1170.4 |
| Cs 375.7 | Ba 502.9 | | Hf 654 | Ta 761 | W 770 | Re 760 | Os 840 | Ir 880 | Pt 870 | Au 890.1 | Hg 1007.0 | Tl 589.3 | Pb 715.5 | Bi 703.3 | Po 812 | At | Rn 1037.6 |

| | | | | | | | | | | | | | | |
|---|---|---|---|---|---|---|---|---|---|---|---|---|---|---|
| La 538.1 | Ce 534.4 | Pr 528.1 | Nd 533.1 | Pm 538.6 | Sm 544.5 | Eu 547.1 | Gd 593.4 | Tb 565.8 | Dy 573.0 | Ho 581.0 | Er 589.3 | Tm 596.7 | Yb 603.4 | Lu 523.5 |
| Ac 498.8 | Th 608.5 | Pa 568.3 | U 597.6 | Np 604.5 | Pu 581.4 | Am 576.4 | Cm 578.1 | Bk 598.0 | Cf 606.1 | Es 619.4 | Fm 627.2 | Md 634.9 | No 641.6 | Lr |

根据表中列出的电离能数据，总结出电离能的变化规律如下。

① 对同一元素，其电离能 $I_1 < I_2 < I_3 < I_4$，这是由于原子每失去一个电子后，其余电子受核的引力增大，与原子核结合得更牢固。另外，电离能增加的幅度也不同，失去内层电子时，电离能增加的幅度突然增加。因此，由实验测定电离能数据，可以研究核外电子分层排布的情况。

② 同一周期主族元素，第一电离能从左向右总趋势是逐渐增大的。同周期从左至右元素的核电荷数增多，原子半径逐渐减小，原子核对外层电子的引力逐渐增强，导致原子失去电子的能力减弱。虽然 $I_1$ 总趋势在增大，但其并不是直线增大，而是出现一些曲折变化。如第二周期、第三周期ⅡA族和ⅤA族的Be、N、Mg、P外层电子排布分别为 $ns$ 全充满状态和 $np$ 半充满状态，属于较稳定状态，因此要夺取其电子需较多的能量，故这几个元素原子 $I_1$ 的数据反常，比其右边的原子的 $I_1$ 要高。

③ 同一周期副族元素，从左向右原子半径减小的幅度很小，有效核电荷数增加较少，核对外层电子引力略微增强，又受到镧系收缩的影响，因而 $I_1$ 总体看来略有增大，而且个别元素电离能变化还不十分规律，造成同一周期副族元素金属性变化不明显。

④ 对同一主族元素自上而下，有两种互相矛盾的因素影响电离能的变化：随着核电荷数 $Z$ 的逐渐增大，原子核对电子的吸引力逐渐增大，使电离能 $I_1$ 增大；随着电子层数自上而下逐渐增加，原子半径逐渐增大，导致核外电子离核逐渐变远，原子核对电子的吸引力减小，使电离能 $I_1$ 减小。在这两对矛盾中，第二种矛盾起主导作用。所以同主族中自上而下，元素的电离能逐渐减小。

对于副族元素，同主族从上向下原子半径只是略有增加，而且由于镧系收缩的影响，造成第五、六周期元素的原子半径非常接近，核电荷数增加较多，因而第四周期与第六周期同族元素相比较，$I_1$ 总趋势是增大的，但其变化没有较直观的规律。

电离能的大小只能衡量气态原子失去电子变为气态离子的难易程度，至于金属在溶液中发生化学反应形成阳离子的倾向，还是要根据金属的电极电势进行估量。

### 7.4.3 电子亲和能

结合电子的难易程度可以用**电子亲和能（$E$）**来进行衡量。1mol基态气态原子M得到一个电子形成1mol气态阴离子 $M^-$ 所放出的能量叫该元素的第一电子亲和能（electron affinity），单位为 $kJ\cdot mol^{-1}$。依此类推，可以得到第二电子亲和能 $E_2$ 以及第三电子亲和能 $E_3$ 等。

以O原子为例进行说明：

$$O(g)+e^- \longrightarrow O^-(g) \qquad E_1=-141kJ\cdot mol^{-1}$$

它表示1mol气态O原子得到1mol电子后，转变为1mol气态 $O^-$ 时所放出的能量为 $-141kJ$。通常来说，元素的第一电子亲和能为负值，表示该元素得到一个电子形成负离子时放出能量。但是也有元素的 $E_1$ 为正值，这表示该原子得电子时要吸收能量，说明这种元素的原子变成负离子很困难。所有元素的第二电子亲和能均为正值，因为阴离子本身是个负电场，对外加电子有排斥作用，要再加合电子时，环境必须对体系做功，即要吸收能量。例如：

$$O^-(g)+e^- \longrightarrow O^{2-}(g) \qquad E_2=780kJ\cdot mol^{-1}$$

显然，元素的第一电子亲和能代数值越小，原子就越容易得到电子；反之，元素的第一电子亲和能代数值越大，原子就越难得到电子。

非金属元素一般具有较大的电离能，较难失去电子，但它有明显的得电子倾向。非金属元素的电子亲和能越大，表示其得到电子的倾向越大，即变成阴离子的可能性越大。一般来说，主族元素电子亲和能随原子半径的减小而逐渐减小，因为半径小时，核电荷对电子的引力增大。因此，电子亲和能在同周期元素中从左向右呈逐渐减小的趋势，而同主族中从上到下则呈出逐渐增大的趋势。

### 7.4.4 电负性

元素的电离能表示元素的原子失去电子可能性的大小，而电子亲和能则表示元素的原子得到电子可能性的大小。但许多化合物在形成时，元素的原子经常既不会失去电子也不会得到电子，如 $Cl_2$ 与 $H_2$ 的反应，电子只是在它们的原子之间发生了偏移。因此仅从电离能或电子亲和能来衡量元素的金属性或非金属性是片面的。

1932 年，鲍林提出了电负性的概念，即**电负性**（electronegativity）是指在形成化学键时，元素的原子吸引电子的能力。它较为全面地反映了元素金属性和非金属性的强弱。鲍林在把元素 F 的电负性指定为 4.0 的基础上，从相关分子的键能数据出发进行计算，并与 F 的电负性 4.0 进行对比，从而得到了其他元素的电负性数值（见表 7-13），因此鲍林的电负性是一个相对的数值。通常而言，某元素的电负性越大，表示它的原子在分子中吸引成键电子（即共用电子）的能力越强。

同一周期从左向右，随着元素的非金属性逐渐增强，电负性逐渐递增。

同一主族从上向下，随着元素的金属性依次增强，电负性也逐渐递减。因此在周期表中，右上方的元素氟是电负性最大的元素，而左下方的元素钫则是电负性最小的元素。

对于副族元素，ⅢB～ⅤB 族从上往下，电负性变小；ⅥB～ⅡB 族从上往下，电负性变大。

电负性的大小可以衡量元素的金属性与非金属性。一般认为，电负性在 2.0 以上的元素属于非金属元素，而电负性在 2.0 以下的属于金属元素。

**表 7-12　元素的电负性数据**

| | | | | | | | | | | | | | | | | |
|---|---|---|---|---|---|---|---|---|---|---|---|---|---|---|---|---|
| H<br>2.1 | | | | | | | | | | | | | | | | |
| Li<br>1.0 | Be<br>1.5 | | | | | | | | | | | B<br>2.0 | C<br>2.5 | N<br>3.0 | O<br>3.5 | F<br>4.0 |
| Na<br>0.9 | Mg<br>1.2 | | | | | | | | | | | Al<br>1.5 | Si<br>1.8 | P<br>2.1 | S<br>2.5 | Cl<br>3.0 |
| K<br>0.8 | Ca<br>1.0 | Sc<br>1.3 | Ti<br>1.5 | V<br>1.6 | Cr<br>1.6 | Mn<br>1.5 | Fe<br>1.8 | Co<br>1.9 | Ni<br>1.9 | Cu<br>1.9 | Zn<br>1.6 | Ga<br>1.6 | Ge<br>1.8 | As<br>2.0 | Se<br>2.4 | Br<br>2.8 |
| Rb<br>0.8 | Sr<br>1.0 | Y<br>1.2 | Zr<br>1.4 | Nb<br>1.6 | Mo<br>1.8 | Tc<br>1.9 | Ru<br>2.2 | Rh<br>2.2 | Pd<br>2.2 | Ag<br>1.9 | Cd<br>1.7 | In<br>1.7 | Sn<br>1.8 | Sb<br>1.9 | Te<br>2.1 | I<br>2.5 |
| Cs<br>0.7 | Ba<br>0.9 | Lu<br>1.2 | Hf<br>1.3 | Ta<br>1.5 | W<br>1.7 | Re<br>1.9 | Os<br>2.2 | Ir<br>2.2 | Pt<br>2.2 | Au<br>2.4 | Hg<br>1.9 | Tl<br>1.8 | Pb<br>1.9 | Bi<br>1.9 | Po<br>2.0 | At<br>2.2 |

## 习题

7.1　玻尔（Bohr）氢原子模型的理论基础是什么？简要说明玻尔理论的基本论点。

7.2　光和电子都具有波粒二象性，其实验基础是什么？

7.3　微观粒子具有哪些运动特性？

7.4　原子中电子的运动有何特点？概率与概率密度有何区别与联系？

7.5　量子力学原子模型是如何描述核外电子运动状态的？

7.6　下列各组量子数中哪些是不合理的？为什么？

（1）$n=2$，$l=1$，$m=0$　（2）$n=2$，$l=2$，$m=-1$　（3）$n=3$，$l=0$，$m=0$

（4）$n=3$，$l=1$，$m=1$　（5）$n=2$，$l=0$，$m=-1$　（6）$n=2$，$l=3$，$m=2$

7.7　判断下列说法正确与否。简要说明原因。

（1）s 电子轨道是绕核运转的一个圆圈，而 p 电子是走“8”形。

（2）电子云图中黑点越密表示此处电子越多。

（3）$n=4$ 时，表示有 4s、4p、4d 和 4f 四条轨道。

（4）只有基态氢原子中，原子轨道的能量才由主量子数 $n$ 单独决定。

（5）氢原子的有效核电荷数与核电荷数相等。

7.8　什么是屏蔽效应和钻穿效应？怎样解释同一主层中的能级分裂及不同主层中的能级交错现象？

7.9　为什么每个电子层最多只能容纳 $2n^2$ 个电子？

7.10　为什么原子的最外电子层上最多只能有 8 个电子？次外层上最多只能有 18 个电子？

7.11　为什么周期表中各周期的元素数目并不一定等于原子中相应电子层的电子最大容量 $2n^2$？

7.12　量子数 $n=3$、$l=1$ 的原子轨道的符号是怎样的？该类原子轨道的形状如何？有几种空间取向？共有几个轨道？可容纳多少个电子？

7.13　试解释为什么在氢原子中 3s 和 3p 轨道的能量相等，而在氯原子中 3s 轨道的能量比 3p 轨道的能量要低。

7.14　试判断满足下列条件的元素有哪些？写出它们的电子排布式，元素符号，中、英文名称。

（1）有 6 个量子数为 $n=3$、$l=2$ 的电子，有 2 个量子数为 $n=4$、$l=0$ 的电子；

（2）第五周期的稀有气体元素；

（3）第四周期的第六个过渡元素；

（4）电负性最大的元素；

（5）基态 4p 轨道半充满的元素；

（6）基态 4s 轨道只有 1 个电子的元素。

7.15　在下列各组电子分布中哪种属于原子的基态？哪种属于原子的激发态？哪种纯属错误？

（1）$1s^2 2s^1$　（2）$1s^2 2s^2 2d^1$　（3）$1s^2 2s^2 2p^4 3s^1$　（4）$1s^2 2s^4 2p^2$

7.16　（1）试写出 s 区、p 区、d 区及 ds 区元素的价层电子构型。

（2）下列价层电子构型的元素位于周期表中哪一个区？

$ns^2$　$ns^2np^5$　$(n-1)d^2ns^2$　$(n-1)d^{10}ns^2$

7.17　说明在同周期和同族中原子半径的变化规律，并讨论其原因。

7.18　解释下列现象：

（1）Na 的第一电离能小于 Mg，而 Na 的第二电离能却远远大于 Mg；

（2）$Na^+$、$Mg^{2+}$、$Al^{3+}$ 为等电子体，且属于同一周期，但离子半径逐渐减小，分别为 98pm、74pm、57pm；

（3）基态 Be 原子的第一、二、三、四级电离能分别为 $I_1=899kJ \cdot mol^{-1}$、$I_2=1757kJ \cdot mol^{-1}$、$I_3=1.484\times10kJ \cdot mol^{-1}$、$I_4=2.100\times10^4kJ \cdot mol^{-1}$，其数值逐渐增大并有突跃。

7.19　试给出电子亲和能和电负性的定义。它们都能表示原子吸引电子的难易程度，请指出两者有何区别？

7.20　已知元素 $^{55}Cs$、$^{38}Sr$、$^{34}Se$、$^{17}Cl$，试回答下列问题：

（1）原子半径由小到大的顺序；

（2）第一电离能由小到大的顺序；

（3）电负性由小到大的顺序。

# 第8章 分子结构

根据原子结构知识可以解释物质的一些宏观性质，如元素金属性、非金属性及其递变规律等。但我们还无法解释物质的同素异形、同分异构现象。这是因为物质的性质不仅与原子的结构有关，还与物质的分子结构或晶体结构有关。自然界中的物质，除了稀有气体外，其他元素在通常条件下不能以孤立原子稳定存在，而是以原子（或离子）互相结合成分子（或晶体）的形式存在。分子是体现物质化学性质的最小微粒，也就是说，物质的性质主要取决于分子的性质。所以，对分子结构的研究有利于了解物质的性质与其内部结构的关系。分子结构通常包括以下三个方面的内容：化学键（离子键、共价键、金属键）、分子的空间（几何）构型、分子间力（色散力、诱导力、取向力）。

## 8.1 化学键参数

化学上通常把分子或晶体中相邻原子或离子间强烈的相互作用力称为**化学键**（chemical bond）。它包括离子键、共价键和金属键三种类型。用来表征化学键性质的某些物理量如键长、键能、键角、键级等称为**化学键参数**（bond parameter）。

### 8.1.1 键能

标准状态下，断裂 1mol 气态分子 AB 的化学键，使之成为气态 A 原子和气态 B 原子时所需要的能量，称为 AB 分子的**解离能**（dissociation energy），用符号 $D$(A—B) 表示。气体分子每断开单位物质的量的某键时的焓变称为该键的**键能**（bond energy），单位为 $kJ \cdot mol^{-1}$，即

$$AB(g) = A(g) + B(g) \qquad D(A—B)$$

$$H—Cl(g) = H(g) + Cl(g) \qquad D(H—Cl) = 431kJ \cdot mol^{-1}$$

对于双原子分子，其键能和键的解离能相等。对多原子分子，由于拆开每个键所需的能量数值不同，因此键能为每一种键的平均解离能。例如在标准状态下

$$H_2O = H(g) + OH(g) \qquad D_1 = 498kJ \cdot mol^{-1}$$

$$OH = H(g) + O(g) \qquad D_2 = 428kJ \cdot mol^{-1}$$

$$E(O—H) = \frac{D_1 + D_2}{2} = \frac{498 + 428}{2} = (463kJ \cdot mol^{-1})$$

键能是衡量化学键强弱程度的参数，键能越大化学键越牢固。同一种键在不同分子中，键能大小可能不同。

$$D^{\ominus}_{N_2O_4}(N—N) = 167kJ \cdot mol^{-1}$$

$$D^{\ominus}_{N_2H_4}(N—N) = 247kJ \cdot mol^{-1}$$

一些常见键能数据见表 8-1。

**表 8-1　部分化学键的键能和键长**

| 键 | 键长/pm | 键能/kJ·mol$^{-1}$ | 键 | 键长/pm | 键能/kJ·mol$^{-1}$ |
|---|---|---|---|---|---|
| C—C | 145 | 347 | F—H | 92 | 567 |
| C=C | 134 | 598 | Cl—H | 128 | 431 |
| C≡C | 120 | 820 | Br—H | 141 | 366 |
| Si—Si | 235 | 226 | I—H | 161 | 298 |
| N—N | 146 | 159 | C—F | 138 | 452 |
| N≡N | 110 | 946 | C—Cl | 177 | 351 |
| P—P | 221 | 201 | C—O | 143 | 351 |
| O—O | 145 | 142 | C=O | 121 | 803 |
| O=O | 121 | 498 | N—O | 115 | 222 |
| S—S | 205 | 225 | C=N | 127 | 615 |
| H—H | 74 | 435 | C≡N | 116 | 891 |
| F—F | 142 | 158 | C—S | 182 | 255 |
| Cl—Cl | 199 | 242 | C—H | 109 | 413 |
| Br—Br | 228 | 193 | Si—H | 146 | 323 |
| I—I | 267 | 151 | N—H | 101 | <339 |

通常，相同原子间键能随键数增大而增大，即三键>双键>单键；键能一般随原子半径增大而减小，但第二周期的 $F_2$、$O_2$、$N_2$ 分子由于本身原子半径小，原子靠得很近时，孤电子对之间显示过大的斥力，它们的键能分别比同族的 $Cl_2$、$S_2$、$P_4$ 分子的键能小；键能愈大，键愈牢固，含有该键的分子愈稳定。

## 8.1.2　键长

分子内成键两原子核间的平衡距离称为**键长**（Bond length）。通过分子光谱或 X 射线衍射等方法可以测定键长。两原子之间形成的化学键数目越多，键长越短，键能越大，分子也就越稳定。但是同一种键在不同分子中，键长基本是一个定值，见表 8-2。

**表 8-2　同种键在不同分子中的键长**

| 键 | C—C | 金刚石 | 乙烷 | 丙烷 |
|---|---|---|---|---|
| $L_b$/pm | 154 | 153 | 154 | 155 |

## 8.1.3　键角

**键角**（bond angle）是指两个相邻化学键的夹角。键角也可以通过 X 射线衍射的方法来确定。如果知道了一个分子中所有化学键的键长和键角，则其空间构型就可以确定。一些常见分子的键角和键长数据见表 8-3。

**表 8-3　一些分子的键长和键角**

| 分子式 | 键长/pm | 键角 | 分子几何构型 |
|---|---|---|---|
| $CO_2$ | 116.2 | 180° | 直线形 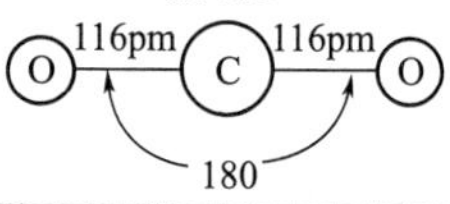  |

续表

| 分子式 | 键长/pm | 键角 | 分子几何构型 |
| --- | --- | --- | --- |
| $H_2O$ | 98 | 104°45′ | 角形 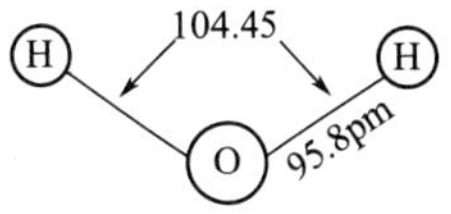  |
| $NH_3$ | 100.8 | 107°18′ | 三角锥形 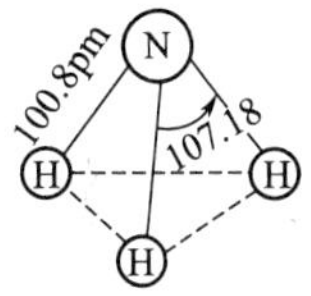  |
| $CH_4$ | 109.1 | 109°28′ | 正四面体形 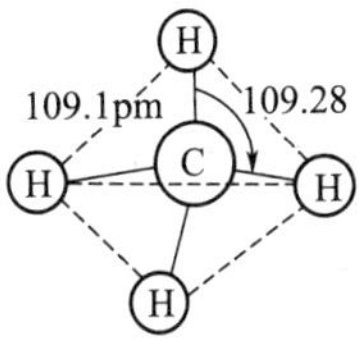  |
| $PCl_5$ | 204.0<br>211.0 | 90°<br>120° | 三角双锥形 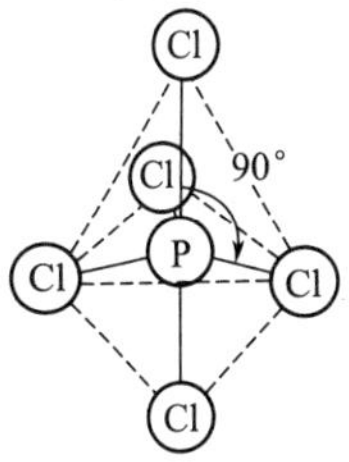  |

## 8.1.4 偶极矩

**偶极矩**（bond dipolemoment）是衡量化学键极性大小的物理量。物理学中把带相等电量、电性相反（$+q$ 和 $-q$）、彼此相距为 $d$ 的两个点电荷构成的系统称为偶极子（electric dipole），如图 8-1 所示。

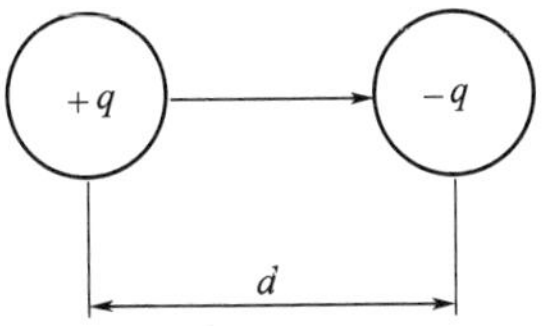

图 8-1 偶极子示意图

偶极子其电量（$q$）与距离的乘积称为偶极矩，用符号 $\mu$ 来表示，数学表达式为

$$\mu = dq \tag{8-1}$$

分子中原子间距离的数量级为 $10^{-8}$cm，电子电量的数量级为 $10^{-10}$esu，因此曾将 $10^{-18}$cm·esu 作为偶极矩 $\mu$ 的单位，称为“德拜”（Debye），用 D 表示。规定偶极矩的方向从正极指向负极。若两个点电荷是两个成键原子，则偶极矩称为**键矩**。

同种原子形成的化学键，由于电负性相同，电子同等程度分布在两个原子周围，正负电荷中心重合，$\mu=0$，这样的化学键为非极性键，如 $H_2$、$O_2$、$N_2$ 等双原子分子中的化学键。

两个不同原子之间形成的化学键，由于不同元素的电负性不同，原子间的电子对不可能位于两原子间的正中间，就必将产生正负电荷中心不重合的现象，$\mu \neq 0$，这样的化学键称为极性键。成键两原子间的电负性差值越大，键矩就越大，键的极性越强。

键的极性是由成键元素的电负性差造成的。成键元素的电负性差愈大，共用电子对偏向的程度就越大，键矩就越大，键的极性也就越大。当键的极性增加到一定程度时，共用电子对有可能完全转移到电负性大的元素原子一边，从而发生质变成为离子键。因此，离子键可以看成是极性共价键的极端。一般认为，当两元素的电负性之差大于 1.7 时，键有大于 50%的离子性，由此认为两原子间形成了离子键，否则就是共价键。所以，可以用键矩来衡量化学键的极性大小，当 $\mu=0$ 时，为非极性键；当 $\mu \neq 0$ 时，为极性键；$\mu$ 越大，键的极性就越强。

# 8.2 离子键

德国化学家柯塞尔（W. Kossel）于 1916 年提出了离子键的概念，建立了离子键理论。他认为阴阳离子之间的静电作用形成的化学键为**离子键**（ionic bond）。离子键大量存在于离子晶体中。

## 8.2.1 离子键的形成

电负性相差较大（一般要求大于 1.7），活泼金属和非金属在一定的条件下发生电子转移，形成阴阳离子，同时阴阳离子靠电性引力结合在一起，离子间引力和斥力达到平衡，使体系能量降得更低，形成了离子键。

## 8.2.2 离子键的特点

（1）离子键的本质

离子键的本质是点电荷之间的静电引力。引力的大小可用库仑公式表示

$$f=K\frac{q^{+}q^{-}}{d^{2}} \tag{8-2}$$

离子电荷愈大，离子核间距愈小（在一定范围内），离子间引力则愈强。如 NaBr 与 NaCl 比较，电荷数相同，但 NaCl 中离子间距离较小，离子键强，熔、沸点就较高。若电荷、核间距这两个因素对熔、沸点同时影响时，离子电荷是主要因素。例如，CaO 的熔、沸点远高于 NaF，就是离子的电荷起主要作用。

（2）离子键没有方向性

点电荷形成的电场是球形对称的，一个离子可以在任何方位上与带相反电荷的离子产生静电引力，因此，离子键没有方向性。

（3）离子键没有饱和性

由于离子键是阳离子和阴离子之间的静电作用，因此决定了离子键没有饱和性，但在实际的离子晶体中，由于空间位阻的作用，每一个离子周围紧邻排列的带相反电荷的离子是有限的。例如，在 NaCl 晶体中，每一个 $Na^{+}$ 周围只能容纳 6 个 $Cl^{-}$，每个 $Cl^{-}$ 周围只能容纳 6 个 $Na^{+}$。而在 CsCl 晶体中，每一个 $Cs^{+}$ 周围只有 8 个 $Cl^{-}$ 紧邻，每一个 $Cl^{-}$ 周围只有 8 个 $Cs^{+}$ 靠得最近。

（4）离子键的强度

离子键的强度可用**晶格能**（lattice energy）来衡量，用符号 $U$ 来表示，单位为 kJ ·

$mol^{-1}$。晶格能是指在标准状态下，拆开单位物质的量的离子晶体使其变为气态离子所需吸收的能量。对任一离子型化合物有

$$M_mX_n(s) = mM^{n+}(g) + nX^{m-}(g)$$

晶格能 $U^{\ominus}$ 越大，离子键强度越高，晶体稳定性越高，熔、沸点越高，硬度越大。

由于实验条件所限，至今大多数离子晶体的晶格能是通过热力学玻恩-哈伯（Born-Haber）循环间接计算得来的。现以 NaCl 为例说明玻恩-哈伯循环的应用。

如图 8-2 所示，图中 $D^{\ominus}$ 代表 $Cl_2$ 的解离能（$239.6kJ \cdot mol^{-1}$）；$S^{\ominus}$ 代表金属 Na 的升华热（$108.4kJ \cdot mol^{-1}$）；$I^{\ominus}$ 代表 Na 的电离能（$495.8kJ \cdot mol^{-1}$）；$E_A^{\ominus}$ 代表 Cl 的电子亲和能（$-348.7kJ \cdot mol^{-1}$）；$\Delta_f H_m^{\ominus}$ 代表 NaCl 的标准生成焓（$-411.2kJ \cdot mol^{-1}$）；$U^{\ominus}$ 代表 NaCl 的晶格能。

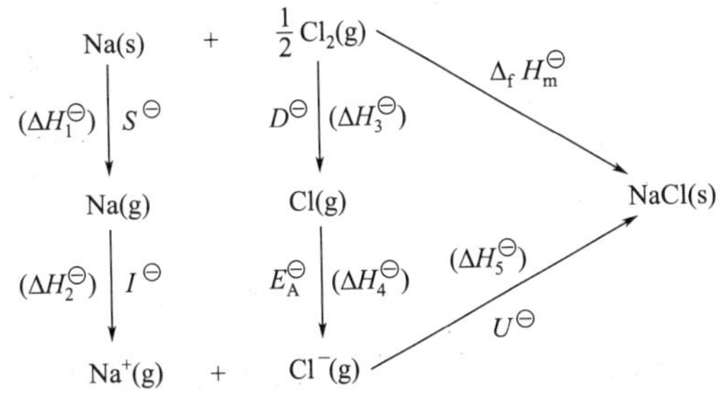


图 8-2 玻恩-哈伯循环计算 NaCl 的晶格能

根据盖斯定律

$$\Delta_f H_m^{\ominus} = \Delta H_1^{\ominus} + \Delta H_2^{\ominus} + \Delta H_3^{\ominus} + \Delta H_4^{\ominus} - \Delta H_5^{\ominus}$$

$$\Delta_f H_m^{\ominus} = S^{\ominus} + I^{\ominus} + \frac{1}{2}D^{\ominus} + E_A^{\ominus} - U^{\ominus}$$

得到

$$U^{\ominus} = S^{\ominus} + I^{\ominus} + \frac{1}{2}D^{\ominus} + E_A^{\ominus} - \Delta_f H_m^{\ominus}$$

$$= (108.4 + 495.8 + 239.6 \times \frac{1}{2} - 348.7 + 411.2)kJ \cdot mol^{-1} = 786.5kJ \cdot mol^{-1}$$

# 8.3 价键理论

1927 年，德国化学家黑特勒（W. Heitler）和伦敦（F. London）应用量子力学理论成功解释了氢分子的形成，后来又经鲍林（Pauling）等人的发展，建立了现代价键理论（valence bond theory，VB）。

## 8.3.1 共价键的本质

以 $H_2$ 的形成为例，假定 A、B 两个 H 原子中电子的自旋方向是相反的，当两个原子相互靠近时，A 原子核既吸引 A 原子的电子，也吸引 B 原子的电子，B 原子核既吸引 B 原子的电子，也吸引 A 原子的电子，这时电子在 A、B 两核间出现的概率增加，增强了对两核的吸引力，使体系能量低于两原子单独存在时的能量。随着两核距离进一步拉近，达到 $R_0$（约为 74pm）时，体系能量达到最低点。A、B 原子若再进一步靠近时，则由于原子核之间的斥力增大，反而使体系能量升高，又会把两原子核推回到 $R_0$ 附近。这样，两原子在核间距 $R_0$ 附近保持平衡距离，体系的能量处于最低点，形成了共价键，生成了

$H_2$ 分子。

当两个氢原子的成单电子自旋方向相同时，随着氢原子的相互靠近，体系能量逐渐升高，并不出现低能量的稳定状态，这种情况称为 $H_2$ 分子的**排斥态**（repulsion state），如图 8-3(a) 所示。当两个氢原子的电子自旋相反时，原子间则产生引力，原子核间电子云密度增大，体系的能量低于两个氢原子能量之和，这种状态称为氢原子的**吸引态**（attraction state），如图 8-3(b) 所示。

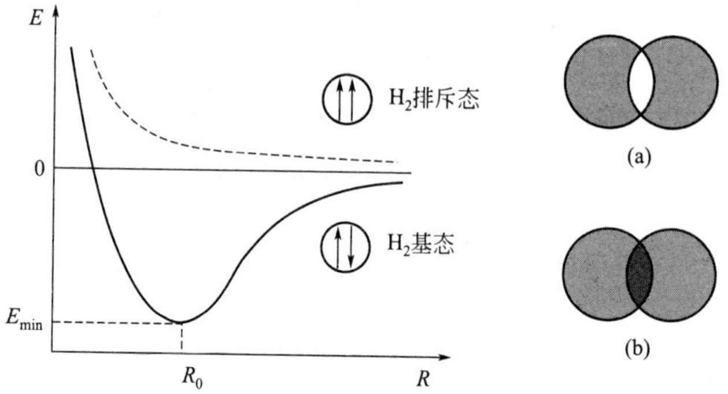

图 8-3  $H_2$ 形成过程的能量变化

由此可知，共价键是原子间由于成键电子的原子轨道重叠而形成的化学键。因此共价键的本质和电性相关，其结合力是两个原子核对共用电子对形成的负电区域的吸引力，而不是阴阳离子间的静电引力。

### 8.3.2　现代价键理论的要点

(1) 共价键的成键条件

① 能量近似原则　只有能量相近的原子轨道才有可能相互重叠。

② 对称性匹配原则　原子轨道同号叠加，异号叠减。其根源在于波函数的叠加与叠减，就如同波的叠加和叠减。

③ 最大重叠原则　原子轨道重叠越多，两个原子核间的电子云密度越大，对两核的吸引越强，体系越稳定。

(2) 共价键的饱和性和方向性

当成单电子自旋相反的两个原子相互靠近时，两电子配对，核间电子云密度增大，体系能量降低，形成共价键。原子中有几个单电子，就最多形成几个共价键。稀有气体原子中没有单电子，所以，两个稀有气体原子就不能结合形成双原子分子。但有些已成对的电子，在特定条件下也可拆分成单电子而参与成键。例如，硫原子（$1s^2 2s^2 2p^6 3s^2 3p^4$）的价层中原子只有两个未成对电子：

S　[↑↓]　[↑↓][↑][↑]　[ ][ ][ ][ ][ ]
　　3s　　　3p　　　　　　3d

当遇到电负性大的 F 原子时，价电子对可以拆开，使未成对电子数增至 6 个：

S　[↑]　[↑][↑][↑]　[↑][↑][ ][ ][ ]
　　3s　　　3p　　　　　　3d

从而可与 6 个 F 原子的未成对电子配对成键，形成 $SF_6$ 分子：

$$[\cdot\ddot{S}\cdot] + 6[\cdot\ddot{F}:] \longrightarrow \begin{array}{c} F\ \ \ F \\ \diagdown\ \diagup \\ F-S-F \\ \diagup\ \diagdown \\ F\ \ \ F \end{array}$$

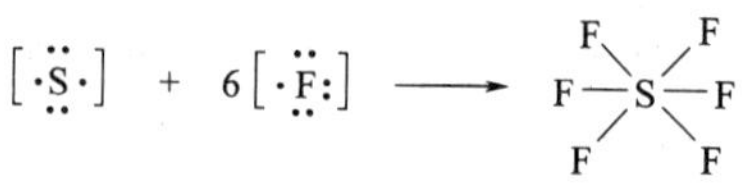

由于原子轨道有一定的形状，在空间又有一定的伸展方向，因此成键轨道只有选择一定重叠方位去重叠时，才能使两原子核间的电子密度最大，使体系能量处于最低的状态。如图 8-4 所示，成键电子的原子轨道只有沿着轨道延伸的方向进行重叠（s 轨道与 s 轨道的重叠例外），才能实现最大限度的重叠，这就决定了共价键的方向性，如图 8-4(c）是最佳的重叠方向。

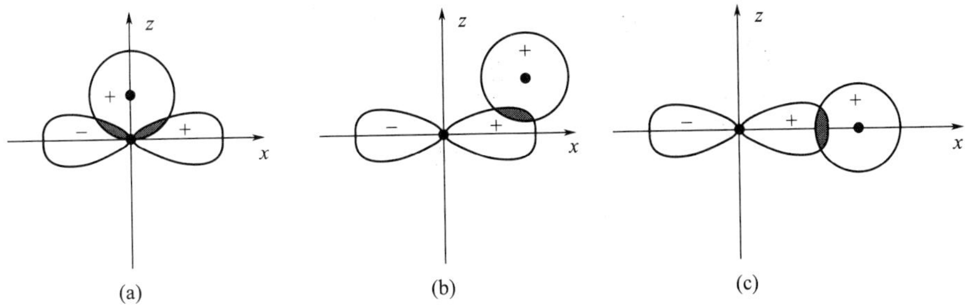


图 8-4　HCl 分子的成键图

（3）共价键的类型

由于原子轨道的形状和空间取向不同，两原子轨道的重叠方式不同，共价键分为 σ 键和 π 键两种主要类型。

① **σ 键**　如果两原子轨道沿键轴（即两原子核连线）方向按“头碰头”重叠，轨道重叠部分沿键轴呈圆柱形对称分布，即原子轨道沿键轴旋转时图形和符号都不变，这种共价键即为 σ 键，形成 σ 键的电子称为 σ 电子，σ 键是构成分子的骨架，如图 8-5 所示。

② **π 键**　如果原子轨道按“肩并肩”方式发生重叠，成键的原子轨道通过键轴的一个节面呈反对称性，即成键轨道在该平面上下两部分形状相同但符号相反，这种共价键称为 π 键，如图 8-6 所示。

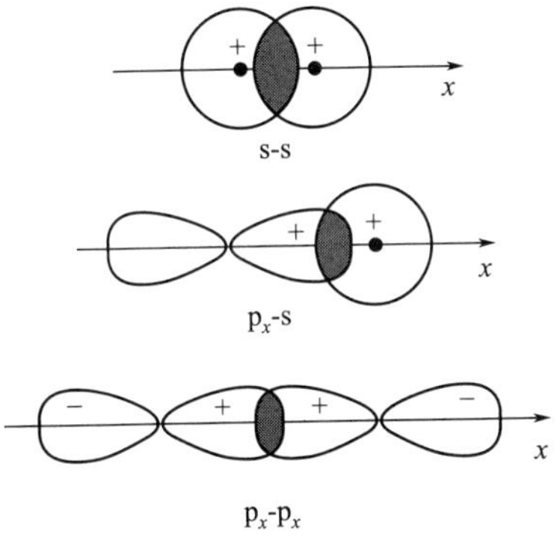


图 8-5　σ 键的形成

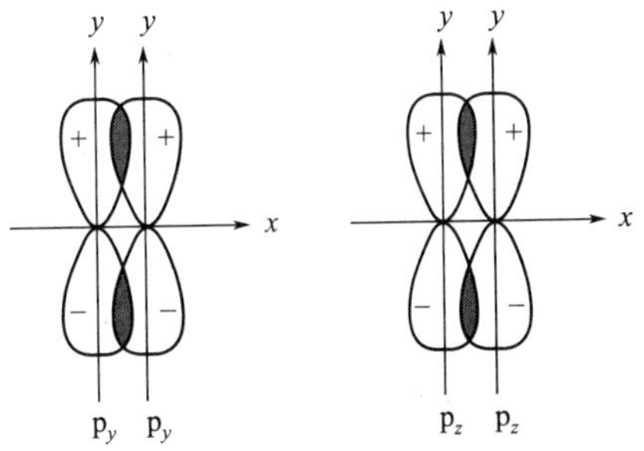


图 8-6　π 键的形成

由于 π 键的重叠程度没有 σ 键大，π 键的键能要比 σ 键小，所以 π 键是化学反应过程中的“积极参与者”。两个原子之间最多只能形成一个 σ 键，而 π 键可以是多个。例如，N 原子的价层电子构型是 $2s^2 2p^3$，形成 $N_2$ 分子时，2p 轨道上的 3 个单电子参与成键。这 3 个 2p 电子分别分布在 3 个相互垂直的 $2p_x$、$2p_y$、$2p_z$ 轨道中，当 2 个 N 原子的 $2p_x$ 轨道沿着 $x$ 轴方向以“头碰头”的方式重叠时，形成一个 σ 键；当这 2 个 N 原子进一步靠近时，垂直于键轴（这里指 $x$ 轴）的 $2p_y$ 和 $2p_z$ 轨道也分别以“肩并肩”的方式重叠，形成 2 个 π 键。图 8-7 即为 $N_2$ 分子中化学键示意图。

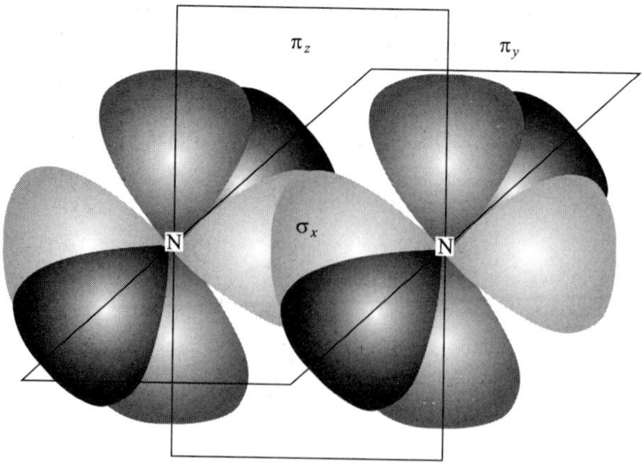


图 8-7 $N_2$ 的化学键示意图

(4) 配位共价键

配位共价键 (coordinate covalent bond) 简称配位键，是指两原子的成键电子全部由一个原子提供所形成的共价键，其中提供所有成键电子的称为配位体（简称配体），提供空轨道接纳电子的称为受体。

以 CO 为例，在 CO 中 C 原子的 2p 轨道上有两个电子，O 原子的 2p 轨道上有四个电子。两个原子 $2p_x$ 轨道上的电子以“头碰头”的方式结合形成一个 σ 键，$2p_y$ 轨道上的电子以“肩并肩”的方式形成一个 π 键，同时 O 原子 p 轨道上剩余的两个电子正好与 C 原子的 2p 空轨道形成一个 π 配键 [图 8-8(a)]。根据 CO 的成键过程，CO 的电子式和分子结构式一般如图 8-8(b) 所示。

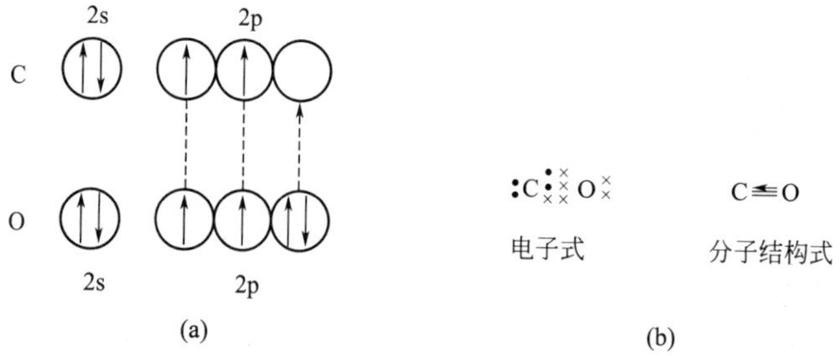


图 8-8 CO 成键过程及电子式和分子结构式

(5) 共价键与离子键

离子键与共价键之间并没有严格界限。共价键可以分为极性键和非极性键。在极性键中，成键原子虽然没有发生电子得失，但也因电子对的偏移，它们带有部分的正电荷或负电荷。电负性越小的原子对电子对的控制越弱，键的极性越大。当键的极性大到一定程度时，电负性较小的原子将失去对电子对的控制，此时极性共价键就转化为离子键，因而极性键实际上是非极性共价键与离子键之间的过渡状态，换句话说，离子键和非极性键是极性键的两个极端。例如，H—H、H—I、H—Br、H—Cl、H—F、$Na^+F^-$，从左到右键的极性增强，最终过渡到离子键。

可用离子性百分数来定量描述离子键和共价键的过渡状况。两种元素的电负性差越大，其化学键的离子性也越强。电负性差值与离子性百分数的关系见表 8-4。

表 8-4　电负性差值与离子性百分数的关系

| 电负性差 | 0 | 0.4 | 0.8 | 1.2 | 1.6 | 1.8 | 2.0 | 2.4 | 2.5 | 3.2 |
|---|---|---|---|---|---|---|---|---|---|---|
| 离子性百分数/% | 0 | 4 | 15 | 30 | 47 | 55 | 63 | 76 | 86 | 92 |

① Cs 和 F 的电负性差为 3.2，离子性百分数为 92%，也就是说，即使是最强的金属与最强的非金属化合时，化学键也不是纯粹的离子键。

② 以氯气为例，两个成键原子的电负性差为零，离子性百分数为零。但即使在非极性键中电子对也不是“不偏不倚”的，还会出现瞬间偶极，进一步产生范德华力，使得这些共价分子固态时形成分子晶体。

③ 通常我们把电负性差大于 1.7、离子性百分数在 50%以上的键称为离子键，反之属于共价键。

④ 由于离子键与共价键是过渡的，使得离子化合物与共价化合物的界限也是模糊的，通常以熔点 400℃为界。离子晶体在熔化时需要克服较强的离子键，熔点一般高于 400℃；分子晶体在熔化时只需克服范德华力，故熔点一般低于 400℃。金属氧化物、碱、盐一般属于离子化合物，而非金属氧化物、酸、有机物等都属于共价化合物。

价键理论较好地解释了共价键的形成过程和本质，以及共价键的饱和性、方向性，但用它来解释多原子分子时遇到了问题，例如，甲烷分子为什么是 $CH_4$ 而不是 $CH_2$？根据价键理论的饱和性原则，一个碳原子只能与两个氢原子结合，键角也应该是 90°，但事实证明其键角是 109°28′。像这些问题都无法用价键理论解释，说明价键理论在解释多原子分子时具有一定的局限性。

# 8.4　杂化轨道理论

为了能够从理论上解释多原子分子或离子的立体结构，1931 年鲍林在量子力学的基础上提出了**杂化轨道理论**（hybrid orbital theory），接下来对其进行详细介绍。

## 8.4.1　杂化轨道理论要点

在形成分子时，由于原子的相互影响，若干不同类型能量相近的原子轨道混合起来，重新组合成一组新轨道，称为**杂化轨道**（hybrid orbital）。

① 成键时，原子中能量相近的原子轨道可以相互混合，重新组成新的原子轨道（杂化轨道）。

② 形成杂化轨道的数目遵循轨道守恒原则，即形成的杂化轨道数目等于参加杂化的原子轨道数目。

③ 杂化轨道比未杂化的轨道在空间的分布更合理，成键能力更强，形成的化学键键能更大，使生成的分子更稳定。杂化轨道的成键能力比没有杂化的原子轨道强，并且 d、p 轨道成分越多，成键能力越强。杂化方式决定着杂化轨道的空间分布，从而决定了分子的空间（几何）构型。

这里需要注意的两点是：原子轨道的杂化只能在形成分子的过程中才会发生；参加杂化的轨道是同一原子中的轨道。

## 8.4.2　几种常见杂化轨道类型与分子几何构型

按杂化时轨道参与的种类可以将杂化轨道分为 s-p 型、s-p-d 型和 f-d-s-p 型等，常见的杂化轨道类型为前两种，故本节只介绍前两种。

(1) **s-p 型杂化**

只有 s 轨道和 p 轨道参与的杂化称为 s-p 型杂化，主要有以下 3 种。

① **sp 杂化** 一条 $ns$ 轨道、一条 $np$ 轨道杂化，形成两个等同的 sp 杂化轨道。轨道间夹角为 180°，呈直线型，如图 8-9 所示。

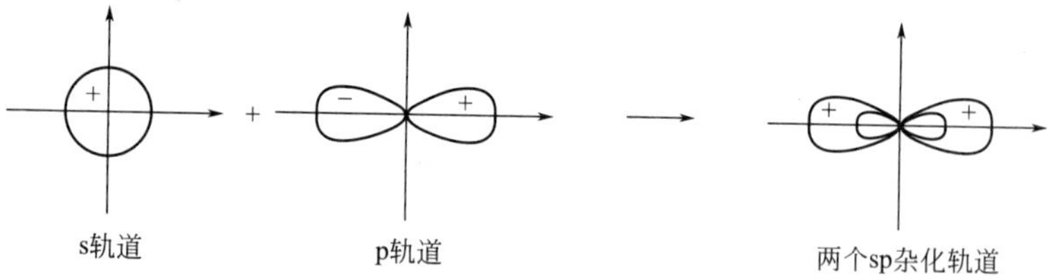


图 8-9 sp 杂化轨道的形成及空间取向

由实验可知，$BeCl_2$ 分子是一个直线形共价化合物，键角为 180°，两个 Be—Cl 键的键长完全相等，基于杂化轨道理论可做如下解释。如图 8-10 所示，Be 原子 2s 轨道上的一个电子被激发到 2p 轨道上，然后 2s 轨道与 2p 轨道进行杂化，形成两条能级相同的 sp 杂化轨道，与两个 Cl 原子形成 σ 键。周期表中ⅡB 族的 Zn、Cd、Hg 元素组成的共价化合物及 $C_2H_2$ 等多采用 sp 杂化。

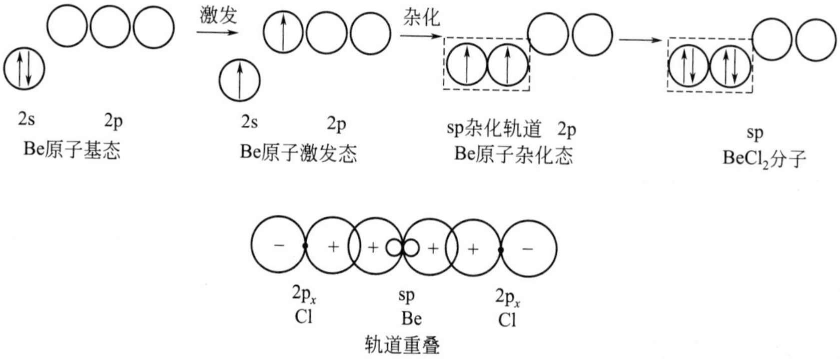


图 8-10 $BeCl_2$ 的成键过程

② **$sp^2$ 杂化** 1 条 $ns$ 轨道和 2 条 $np$ 轨道杂化，产生 3 个等同的 $sp^2$ 杂化轨道，$sp^2$ 杂化轨道间夹角为 120°，呈平面三角形，如图 8-11 所示。

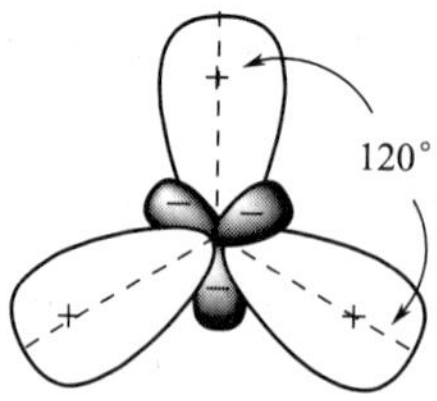


图 8-11 $sp^2$ 杂化轨道

实验证明 $BF_3$ 具有平面三角形结构，如图 8-12 所示。B 原子位于三角形的中心，三个 B—F 键完全等同，键角为 120°。可用杂化轨道理论做如下解释：B 原子 2s 轨道上的一个电子被激发到 2p 轨道上，然后一条 2s 轨道与两条 2p 轨道进行杂化，形成三条 $sp^2$ 杂化轨道，每条 $sp^2$ 杂化轨道与一个 F 原子以 σ 键方式形成等边平面三角形 $BF_3$ 分子，B 原子位于三角形正中心。大多数气态卤化硼分子及乙烯分子都采用 $sp^2$ 杂化方式成键。

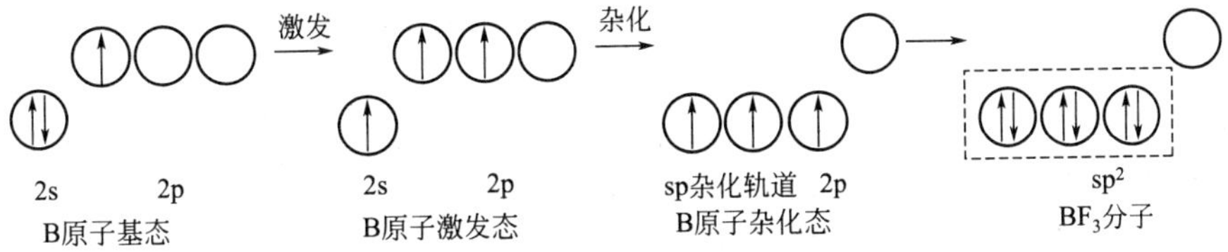


图 8-12　B 原子的 $sp^2$ 杂化轨道形成示意图

③ **$sp^3$ 杂化**　1 条 *n*s 轨道和 3 条 *n*p 轨道发生的杂化称为 $sp^3$ 杂化，可形成 4 条能量相等的 $sp^3$ 杂化轨道。$CH_4$ 的成键过程可用 $sp^3$ 杂化轨道进行解释。C 原子 2s 轨道上的一个电子被激发到 2p 轨道上，然后一条 2s 轨道与三条 2p 轨道进行杂化，形成四条等同的 $sp^3$ 杂化轨道，每条 $sp^3$ 杂化轨道与一个 H 原子以 σ 键方式形成 $CH_4$ 分子，C 原子位于四面体的正中心。根据理论，其键角为 109°28′，表示 $CH_4$ 分子为正四面体构型，与实验测定相符，如图 8-13 所示。除 $CH_4$ 外，$CCl_4$、$SiH_4$、$SiCl_4$、$CeCl_4$ 等分子也采用 $sp^3$ 杂化方式成键。

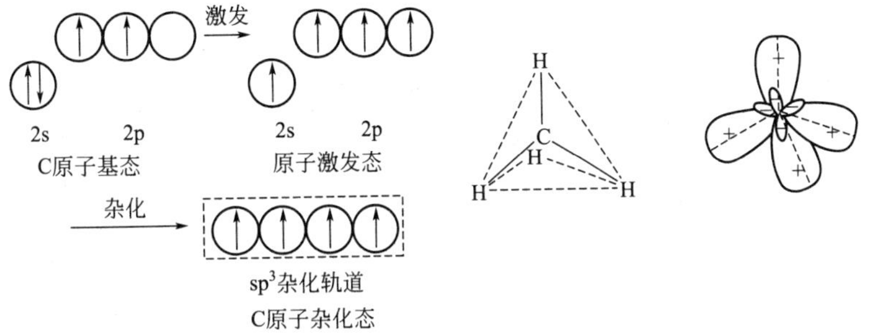


图 8-13　C 原子 $sp^3$ 杂化轨道的形成和 $CH_4$ 分子结构示意图

（2）**s-p-d 型杂化**

第三周期及其后的元素原子价层中有 d 轨道，若（*n*−1）d 或 *n*d 轨道与 *n*s、*n*p 轨道能级比较接近，成键时有可能发生 s-p-d（或 d-s-p）型杂化。

① **$sp^3$d 杂化**　1 条 *n*s 轨道、3 条 *n*p 轨道和 1 条 *n*d 轨道杂化可形成 5 条 $sp^3$d 杂化轨道，杂化轨道的几何构型为三角双锥形，轨道间的夹角有 90°、120°和 180°三种。

例如，$PCl_5$ 的成键过程可用 $sp^3$d 杂化轨道进行解释，如图 8-14 所示。P 原子 3s 轨道上的一个电子被激发到 3d 轨道上，然后一条 3s 轨道、三条 3p 轨道和一条 3d 轨道进行杂

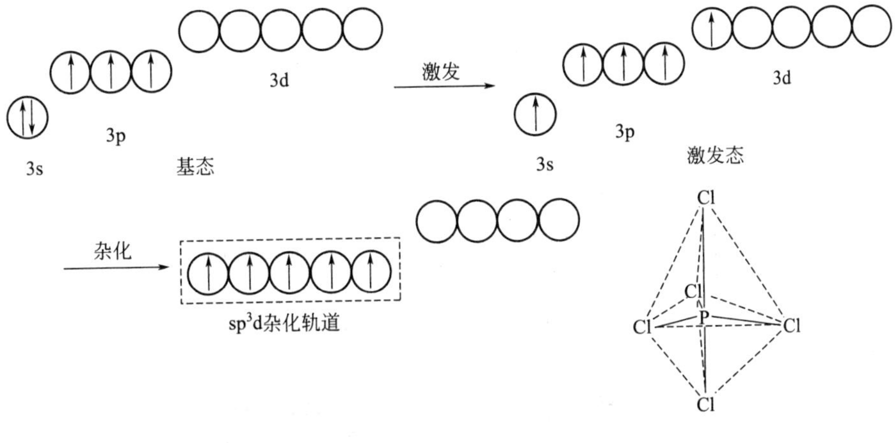


图 8-14　P 原子 $sp^3$d 杂化轨道的形成和 $PCl_5$ 分子结构示意图

化，形成五条能量相等的 $sp^3d$ 杂化轨道，每条 $sp^3d$ 杂化轨道与一个 Cl 原子以 σ 键方式形成三角双锥形 $PCl_5$ 分子。

② **$sp^3d^2$ 杂化** 1 条 $ns$ 轨道、3 条 $np$ 轨道和 2 条 $nd$ 轨道可杂化形成 6 条能量相等的 $sp^3d^2$ 杂化轨道，这种杂化轨道的几何构型为正八面体形，轨道间的夹角有 90°和 180°两种。

$SF_6$ 分子的成键过程可用 $sp^3d^2$ 杂化轨道进行解释。如图 8-15 所示，S 原子 3s 和 3p 轨道上各有一个电子被激发，然后一条 3s 轨道、三条 3p 轨道和两条 3d 轨道进行杂化，形成六条完全等同的 $sp^3d^2$ 杂化轨道，每条 $sp^3d^2$ 杂化轨道与一个 F 原子以 σ 键方式形成正八面体形 $SF_6$ 分子。

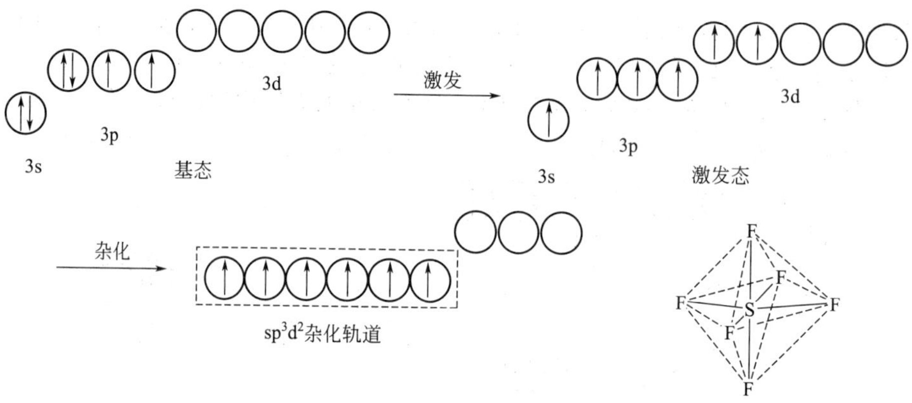


图 8-15 S 原子 $sp^3d^2$ 杂化轨道的形成示意图和 $SF_6$ 分子结构图

③ **不等性杂化** 在上述分子的形成过程中，中心原子都进行了“激发—杂化—成键”的过程，原子轨道发生杂化后，形成一系列能量相等的杂化轨道，杂化轨道的几何构型与分子的几何构型一致。此类杂化称为等性杂化。

在实践中人们发现 $NH_3$ 的成键方式似乎与 $BF_3$ 类似，$H_2O$ 的成键方式似乎与 $BeCl_2$ 类似，但实验证明 $NH_3$ 的键角为 107°18′，而 $H_2O$ 的键角为 104°45′，这又当如何解释呢？实际上，在一些杂化轨道中，若各轨道的成分并不相同，且轨道中具有已成对电子的杂化被称为**不等性杂化**。

在 $NH_3$ 分子中，中心 N 原子采取 $sp^3$ 不等性杂化，其中 3 条杂化轨道各含有 1 个单电子，另 1 条杂化轨道含有 1 对电子，单电子的杂化轨道分别与 3 个 H 原子的 1s 轨道重叠形成 3 个 σ 键。由于 $NH_3$ 分子中有 1 对孤对电子，它对 3 对成键电子的压缩作用使得键角从 109°28′压缩到 107°42′，$NH_3$ 分子的几何构型为三角锥形（图 8-16）。

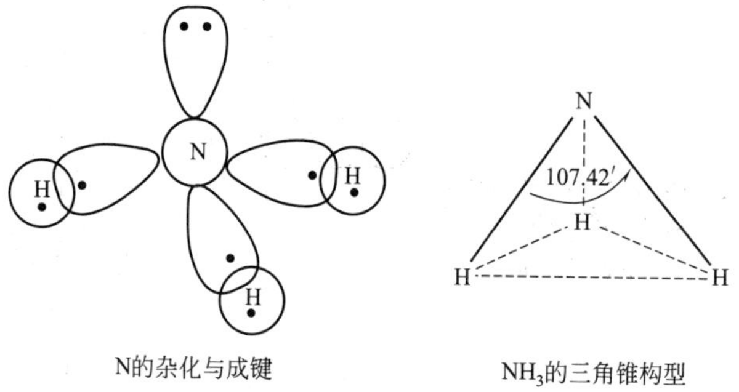


图 8-16 $NH_3$ 分子结构图

# *8.5　价层电子对互斥理论

虽然利用杂化轨道理论可以解释许多已知的分子结构，但要推测未知共价分子的构型，特别是中心原子杂化轨道类型的判断是比较困难的。如果不知道一个共价型分子或离子的中心原子是采取何种杂化时，要怎么判断它的空间构型呢？1940 年，西奇威克（N. V. Sidgwick）和鲍威尔（H. M. Powell）提出的价层电子对互斥理论（valence shell electron pair repulsion，VSEPR 理论）就很好地解决了这个问题。

## 8.5.1　价层电子对互斥理论要点

对于 $AB_n$ 分子或离子，其空间构型取决于中心原子 A 周围价层电子对数，同时其价层电子对尽可能彼此远离，使它们之间的斥力最小。电子对的类型不同，排斥力也不同，不同类型电子对之间排斥力大小顺序如下：

孤对-孤对＞孤对-键对＞键对-键对

价层电子对通常采取对称结构，如表 8-5 所示。

**表 8-5　价电子对数与理想几何构型**

| 价电子对数 | 理想几何构型 | 价电子对夹角 |
|---|---|---|
| 2 | 直线形 | 180° |
| 3 | 三角形 | 120° |
| 4 | 四面体 | 109°28′ |
| 5 | 三角双锥 | 90°、120°、180° |
| 6 | 八面体 | 90°、180° |

常见 $AB_nL_m$ 型的价电子对数、成键电子对数、几何构型等如表 8-6 所示。

**表 8-6　$AB_nL_m$ 分子的中心原子的价电子对排布方式和分子的几何构型**

| A 的价电子对数 | 成键电子对数 $n$ | 孤电子对数 $m$ | 分子类型 $AB_nL_m$ | A 的价电子对的排布方式 | 几何构型 | 实例 |
|---|---|---|---|---|---|---|
| 2 | 2 | 0 | $AB_2$ |  | 直线形 | $BeCl_2$、$CO_2$ |
| 3 | 3 | 0 | $AB_3$ | 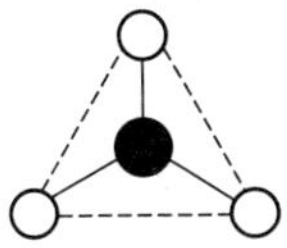 | 平面三角形 | $BF_3$、$BCl_3$、$SO_3$、$CO_3^{2-}$、$NO_3^-$ |
| | 2 | 1 | $AB_2L$ | 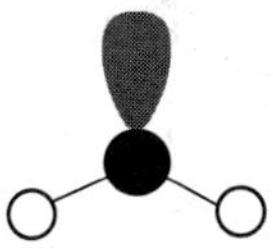 | V 形 | $PbCl_2$、$SO_2$、$O_3$、$NO_2$、$NO_2^-$ |

续表

| A的价电子对数 | 成键电子对数 $n$ | 孤电子对数 $m$ | 分子类型 $AB_nL_m$ | A的价电子对的排布方式 | 几何构型 | 实例 |
|---|---|---|---|---|---|---|
| | 4 | 0 | $AB_4$ | 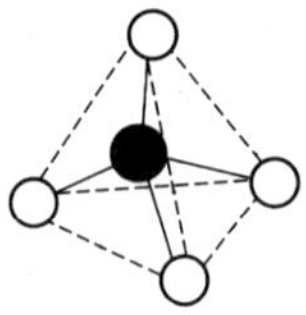 | 四面体 | $CH_4$、$CCl_4$、$SiCl_4$、$NH_4^+$、$SO_4^{2-}$、$PO_4^{3-}$ |
| 4 | 3 | 1 | $AB_3L$ | 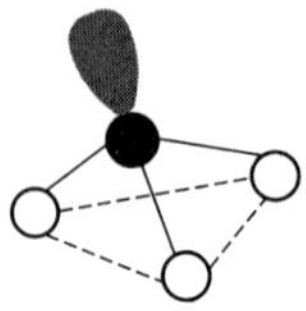 | 三角锥形 | $NH_3$、$PF_3$、$AsCl_3$、$H_3O^+$、$SO_3^{2-}$ |
| | 2 | 2 | $AB_2L_2$ | 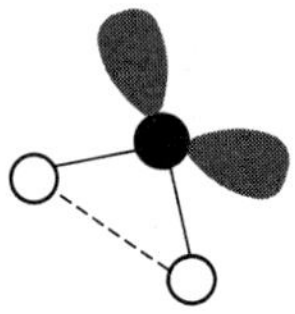 | V形 | $H_2O$、$H_2S$、$SF_2$、$SCl_2$ |
| | 5 | 0 | $AB_5$ | 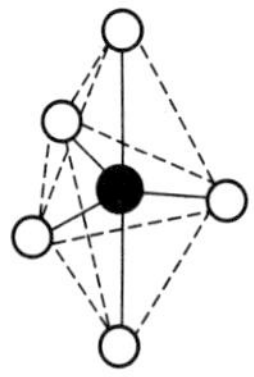 | 三角双锥形 | $PF_5$、$PCl_5$、$AsF_5$ |
| 5 | 4 | 1 | $AB_4L$ | 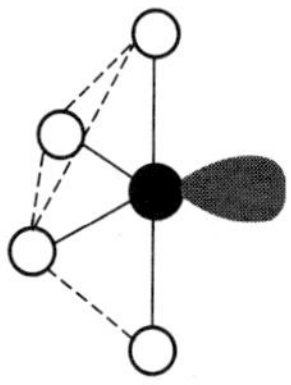 | 变形四面体 | $SF_4$、$TeCl_4$ |
| | 3 | 2 | $AB_3L_2$ | 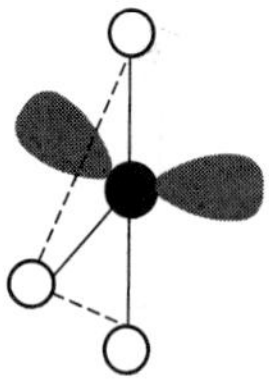 | T形 | $ClF_3$、$BrF_3$ |
| | 2 | 3 | $AB_2L_3$ | 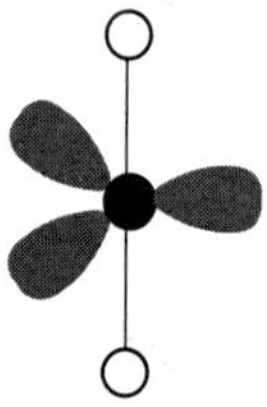 | 直线形 | $XeF_2$、$I_3^-$、$IF_2^-$ |

续表

| A的价电子对数 | 成键电子对数 $n$ | 孤电子对数 $m$ | 分子类型 $AB_nL_m$ | A的价电子对的排布方式 | 几何构型 | 实例 |
|---|---|---|---|---|---|---|
| | 6 | 0 | $AB_6$ | 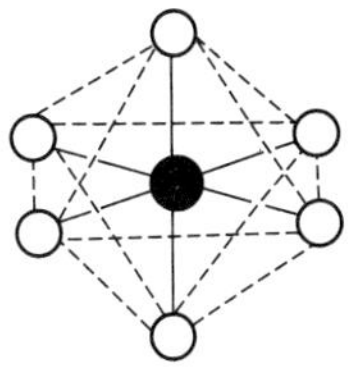 | 正八面体 | $SF_6$、$SiF_6^{2-}$、$AlF_6^{3-}$ |
| 6 | 5 | 1 | $AB_5L$ | 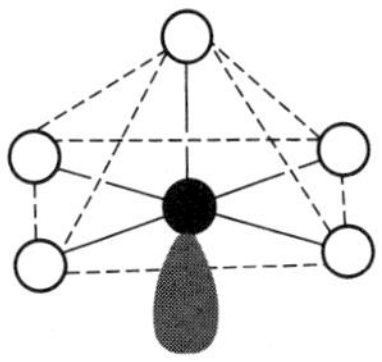 | 四角锥形 | $ClF_5$、$BrF_5$、$IF_5$ |
| | 4 | 2 | $AB_4L_2$ | 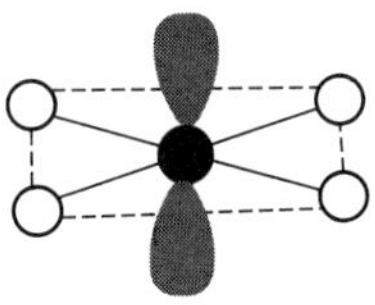 | 平面正方形 | $XeF_4$、$ICl_4^-$ |

由于重键（双键、三键）比单键包含的电子数目多，占据空间大，排斥力也较大，排斥作用的顺序为三键＞双键＞单键。因此，对于含有重键的分子来说，π 键电子对虽然不能改变分子的基本形状，但对键角有一定影响。一般单键与单键之间的键角较小，单键与双键、双键与双键之间的键角较大。当价层电子对总数超过 6 时，价层电子对的空间排布可能采取不同的几何构型。以价层电子对都是 7 的 $IF_7$ 和 $XeF_6$ 两种分子为例，在 $IF_7$ 分子中，7 对价层电子都是成键电子，它们对称排列成五角双锥形状，分子也具有五角双锥结构。在 $XeF_6$ 分子中，7 对价层电子有 6 对成键电子和 1 对孤电子对，由于孤电子对强烈地排斥其他 6 个成键电子对，分子为畸变八面体结构。

中心原子价层电子对数可由下述方法确定。

中心原子 A 的价层电子对数＝(中心原子 A 的价电子数＋配位原子提供的电子数±离子电荷数)/2。若计算出的数值为奇数时，按一对处理。

① 作为配位原子时 H 和 X（卤原子）各提供一个价电子，O 族原子提供的电子数为 0。

② 卤素为中心原子时，提供的价电子数为 7；O 族为中心原子时，提供的价电子数为 6。

③ 阳离子价层电子总数应减去阳离子的电荷数，阴离子价层电子总数应加上阴离子的电荷数。

## 8.5.2 价层电子对互斥理论的应用案例

(1) $BeCl_2$

中心原子为 Be，配位原子为 Cl，Be 原子的价层电子对数$=\frac{2+2}{2}=2$，电子对的几何构型与分子几何构型一致，直线形。

(2) $SO_4^{2-}$

中心原子为 S，配位原子为 O，S 原子的价层电子对数$=\frac{6+0\times4+2}{2}=4$，电子对的几何构型与离子几何构型一致，四面体。

(3) $NH_4^+$

中心原子为 N，配位原子为 H，N 原子的价层电子对数$=\frac{5+1\times4-1}{2}=4$，电子对的几何构型与离子几何构型一致，四面体。

(4) $NO_2$

中心原子为 N，配位原子为 O，N 原子的价层电子对数$=\frac{5+0\times2}{2}=2.5$，按 3 对电子处理，电子对的几何构型为平面三角形，而 $NO_2$ 分子中只有 2 个配位原子，所以分子的几何构型为 V 形。

(5) $ClF_3$

中心原子为 Cl，配位原子为 F，Cl 原子的价层电子对数$=\frac{7+1\times3}{2}=5$，电子对的几何构型为三角双锥形，但分子中只有三个配位原子，有两对孤对电子，分子的空间构型有三种可能，如图 8-17 所示。

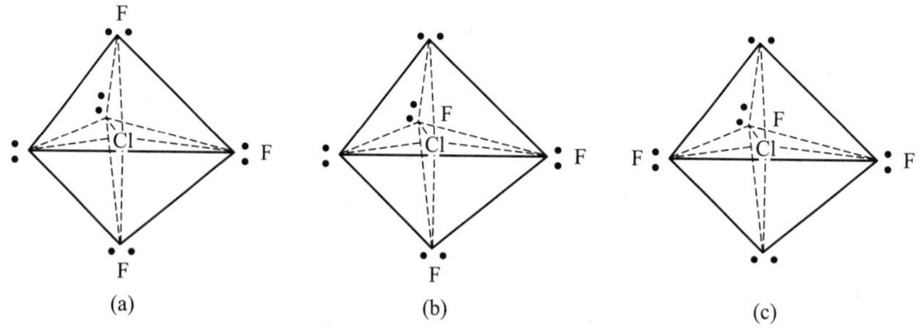


图 8-17　$ClF_3$ 的三种可能空间结构

构型 (a) 没有 90°孤对电子与孤对电子的相互排斥，存在 4 个 90°孤对电子与成键电子对的排斥和 2 个 90°成键电子对之间的排斥；构型 (b) 存在 1 个 90°孤对电子与孤对电子的排斥、3 个 90°孤对电子与成键电子对的排斥、2 个成键电子对与成键电子对的排斥；构型 (c) 虽然没有 90°孤对电子与孤对电子的排斥，但存在 6 个孤对电子与成键电子对的排斥。根据电子对之间排斥力的大小顺序：孤对-孤对＞孤对-键对＞键对-键对，构型 (b) 中存在 1 个 90°的孤对-孤对电子对，而其他两种则没有，所以首先排除掉该构型的结构；在构型 (a) 和构型 (c) 两种结构中，构型 (a) 中存在 4 对孤对-键对电子对，而构型 (c) 中存在 6 对孤对-键对电子对，所以 $ClF_3$ 的空间构型为构型 (a)，即其分子的几何构型为 T 形。

## 8.6　分子轨道理论

价键理论和电子对互斥理论很好地解释了一些分子的价键形成过程和空间构型，但无法解释 $O_2$ 分子顺磁性、氢气分子离子 $H_2^+$ 稳定存在等众多问题。美国科学家密立根 (R. A. Milliken) 和洪德 (F. Hund) 于 1932 年提出**分子轨道理论**，该理论阐述了价键理论无法解释的问题。

## 8.6.1　分子轨道理论基本要点

① 分子轨道由原子轨道线性组合而成，有几条原子轨道参加，就可以形成几条分子轨道，其中一半为成键轨道（低能态轨道），一半为反键轨道（高能态轨道）。原子轨道用符号s、p、d等来表示，分子轨道常用符号σ、$\sigma^*$、π、$\pi^*$等来表示。

② 原子轨道组合成分子轨道后，分子中电子不再从属于某一个原子，而在整个分子范围内运动。分子轨道中电子运动的状态用分子轨道波函数$\psi$来描述。

③ 根据线性组合方式的不同，分子轨道可分为σ分子轨道和π分子轨道。σ分子轨道是由原子轨道以“头碰头”的方式形成的，若原子轨道采用“肩并肩”方式组合，则形成的是π分子轨道。

④ 原子轨道有能量高低，分子轨道同样也有能量的高低顺序，分子轨道中的电子排布，也遵守能量最低原理、泡利不相容原理和洪德规则。分子轨道的电子总数等于各原子轨道的电子数之和。

## 8.6.2　分子轨道的形成

原子轨道线性组合形成分子轨道遵守如下三个原则。

（1）**对称性匹配**

原子轨道波函数在不同的象限中有正负之分，所以原子轨道的图形也分正号部分和负号部分。当两个原子轨道以同号（“+”与“+”、“−”与“−”）部分相重叠时，对称性相同，体系能量降低，组成成键分子轨道，简称**成键轨道**（bonding orbital）。如果两个原子轨道以异号（“+”与“−”或“−”与“+”）部分相重叠，对称性不同，体系能量升高，组成反键分子轨道，简称**反键轨道**（anti bonding orbital）。所以，在组合成分子轨道的过程中，若同号组合则叠加、异号组合则叠减，叠加形成低能态的成键分子轨道，叠减形成高能态的反键分子轨道。

（2）**能量近似**

在对称性匹配的能量轨道中，只有能量相近的原子轨道才能线性组合成有效的分子轨道。例如$O_2$分子中，一个O原子的1s轨道只能与另一个O原子中能量相近的1s轨道组合，而不能与能量差较大的2s轨道或2p轨道组合。

（3）**最大重叠**

在能量近似和对称性匹配的原则下，原子轨道组合叠加的程度越高，分子轨道的能量越低，形成的分子越稳定。所以，通常优先形成σ分子轨道，再形成π分子轨道。

① s-s组合　两个原子的$n$s轨道形成分子轨道的过程如图8-18所示。

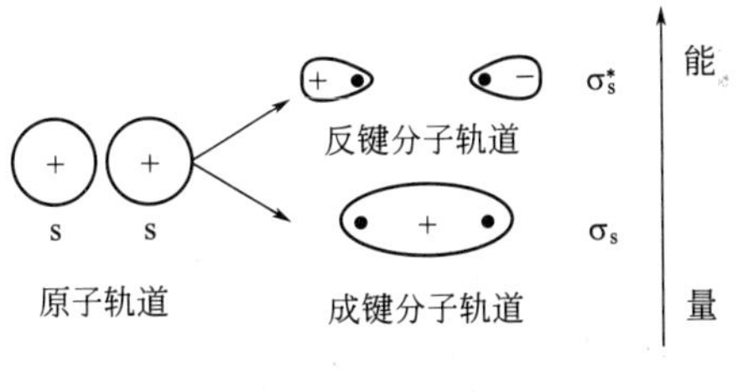


图8-18　s-s重叠型σ分子轨道

② s-p组合　一个原子的s轨道与另一个原子的p轨道形成的分子轨道如图8-19所示。

③ p-p组合　一个原子的p轨道与另一个原子的p轨道形成的分子轨道如图8-20和图8-21所示。

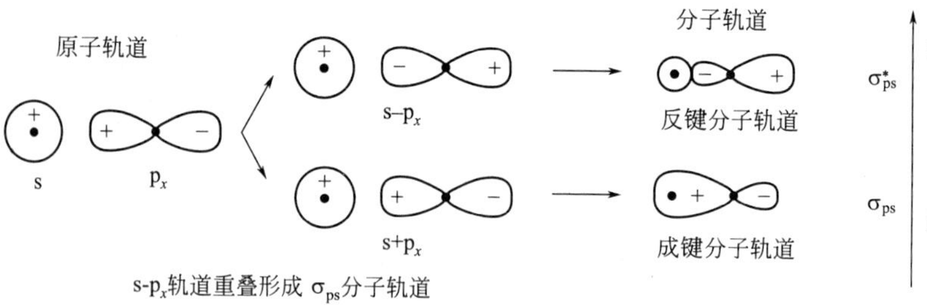


图 8-19 s-p 重叠型 σ 分子轨道

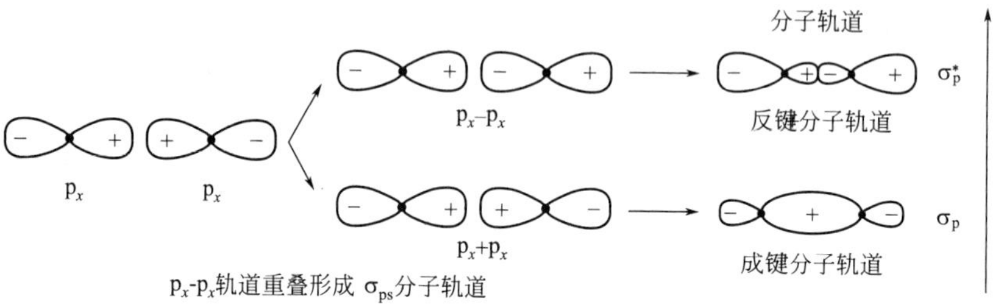


图 8-20 p-p“头碰头”方式重叠型 σ 分子轨道

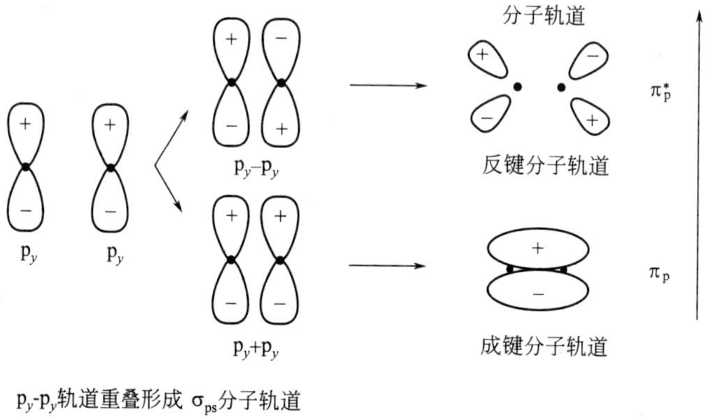


图 8-21 p-p“肩并肩”方式重叠型 π 分子轨道

## 8.6.3 同核双原子分子的分子轨道能级

第一、二周期同核双原子分子的分子轨道能级图如图 8-22 所示。不同分子的分子轨道能量往往是不同的，要通过光谱实验来确定。

图 8-22(a) 为 $F_2$、$O_2$ 的分子轨道能级图，图 8-22(b) 为第一、二周期其他元素组成的同核双原子分子的分子轨道能级图。可以发现，在图 8-22(a) 中 $O_2$ 和 $F_2$ 的 $E\sigma_{2p}<E\pi_{2p}$，即 $F_2$、$O_2$ 的分子轨道能级顺序为

$$(\sigma_{1s})<(\sigma_{1s}^*)<(\sigma_{2s})<(\sigma_{2s}^*)<(\sigma_{2p_x})<(\pi_{2p_y})=(\pi_{2p_z})<(\pi_{2p_y}^*)=(\pi_{2p_z}^*)<(\sigma_{2p_x}^*)$$

第一、二周期其他同核双原子分子的能级顺序为（除 $O_2$、$F_2$）

$$(\sigma_{1s})<(\sigma_{1s}^*)<(\sigma_{2s})<(\sigma_{2s}^*)<(\pi_{2p_y})=(\pi_{2p_z})<(\sigma_{2p_x})<(\pi_{2p_y}^*)=(\pi_{2p_z}^*)<(\sigma_{2p_x}^*)$$

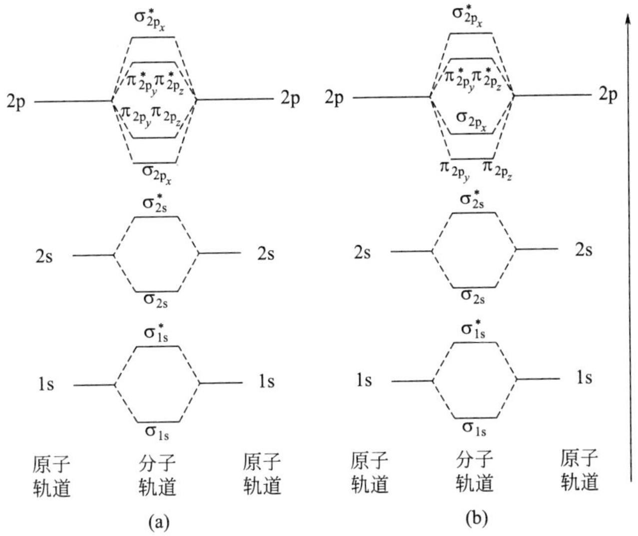


图 8-22　同核双原子分子的轨道能级图

下面应用分子轨道理论来描述某些同核双原子分子的结构。

（1）$F_2$ 分子结构

$F_2$ 分子由两个 F 原子组成。F 原子的电子层结构为 $1s^2 2s^2 2p^5$。通过实验知道，$F_2$ 分子轨道能量的相对高低见图 8-23。$F_2$ 分子中 18 个电子在各分子轨道中的分布为

$$F_2[(\sigma_{1s})^2(\sigma_{1s}^*)^2(\sigma_{2s})^2(\sigma_{2s}^*)^2(\sigma_{2p_x})^2(\pi_{2p_y})^2(\pi_{2p_z})^2(\pi_{2p_y}^*)^2(\pi_{2p_z}^*)^2]$$

这种按分子轨道能级高低填充电子的表达式称为分子轨道的电子排布式，其中 $\sigma_{1s}$ 和 $\sigma_{1s}^*$ 轨道上的电子为内层电子。由于成键电子和反键电子在内层分子轨道上已经填满，成键作用可近似认为相互抵消，对成键没有贡献。因此 $F_2$ 分子中电子的排布有时不写 $\sigma_{1s}$ 和 $\sigma_{1s}^*$ 轨道，而用符号 KK 表示，其中每一个 K 代表 K 层原子轨道上的两个电子。

$$F_2[KK(\sigma_{2s})^2(\sigma_{2s}^*)^2(\sigma_{2p_x})^2(\pi_{2p_y})^2(\pi_{2p_z})^2(\pi_{2p_y}^*)^2(\pi_{2p_z}^*)^2]$$

其中，$(\sigma_{2s})^2$、$(\sigma_{2p_x})^2$ $(\pi_{2p_y})^2$ 与 $(\pi_{2p_z})^2$ 为成键轨道，$(\sigma_{2s}^*)^2$、$(\pi_{2p_y}^*)^2$ 与 $(\pi_{2p_z}^*)^2$ 为反键轨道。对成键起作用的主要是（$\sigma_{2p_x}$）轨道上的两个 σ 电子，成键的 $(\sigma_{2p_x})^2$ 表示有 1 个 σ 键，所以 $F_2$ 分子中两个 F 原子之间是以一个 σ 共价键结合的，这一点和价键理论一致。

（2）$N_2$ 分子结构

N 原子的电子层结构为 $1s^2 2s^2 2p^3$。通过实验知道，$N_2$ 分子轨道能量的相对高低见图 8-24，因此 $N_2$ 分子轨道电子排布式为

$$N_2[KK(\sigma_{2s})^2(\sigma_{2s}^*)^2(\pi_{2p_y})^2(\pi_{2p_z})^2(\sigma_{2p_x})^2]$$

$(\sigma_{2s})^2$ 为成键轨道，$(\sigma_{2s}^*)^2$ 为反键轨道，二者也可近似相互抵消，因此对成键起作用的主要是（$\pi_{2p_y}$）、（$\pi_{2p_z}$）轨道上的 4 个 π 电子和 $\sigma_{2p_x}$ 轨道上的 2 个 σ 电子，即 $N_2$ 分子中 2 个原子间形成了 2 个 π 键和 1 个 σ 键，或者说形成了三键，这一点和价键理论也是一致的。而且，$N_2$ 分子的结构仍然可以采用与电子配对法相同的形式。

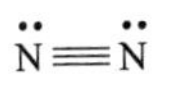

分子结构式

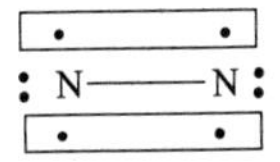

价键结构式

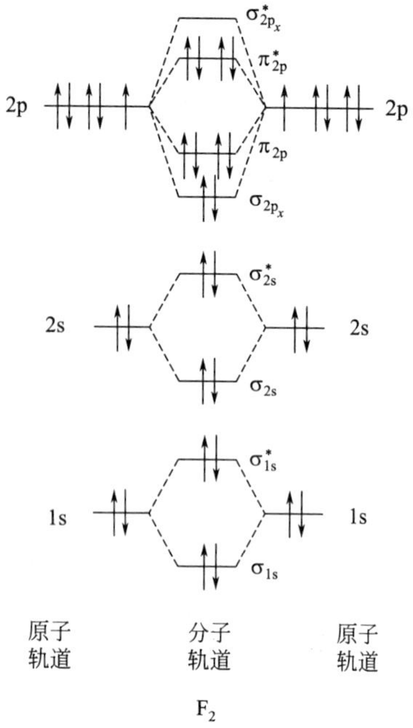


图 8-23 $F_2$ 的分子轨道能级图

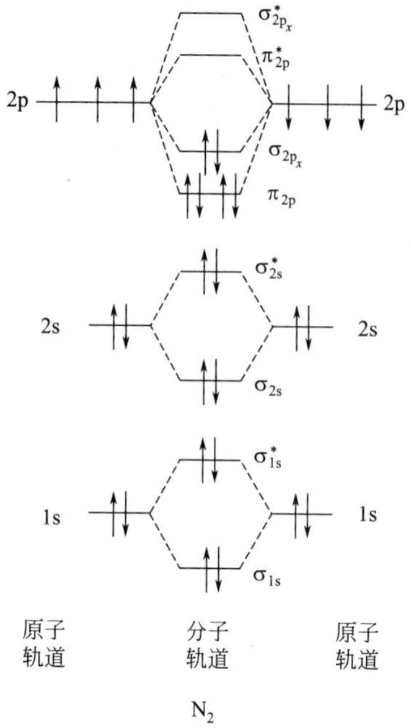


图 8-24 $N_2$ 的分子轨道能级图

## 8.6.4 分子轨道理论的应用

（1）推测分子的存在和阐明分子的结构

按分子轨道理论，只有成键轨道电子数大于反键轨道电子数时，该分子才能稳定存在，因此可以用来推测一些分子的存在形式及证明分子的结构。

① $H_2^+$ 分子的结构　$H_2{}^+$ 中只有一个电子进入成键轨道，其分子轨道的电子排布式为 $H_2^+[(\sigma_{1s})^1]$，理论上推断该分子是存在的。实验证明，$H_2^+$ 的解离能为 269kJ · mol$^{-1}$，小于氢气分子中 H—H 键的解离能（455kJ · mol$^{-1}$）。

② 稀有气体的存在形式　以氦气为例，假定氦气以双原子分子（$He_2$）形式存在，其分子轨道电子排布为 $He_2[(\sigma_{1s})^2\ (\sigma^*_{1s})^2]$，成键电子数等于反键电子数，对成键的作用相互抵消，所以分子是不存在的，即氦气以单原子分子形式存在。同理也可推测氦气的正离子分子 $He_2^+$ 是可以存在的。

（2）键级

在分子轨道理论中，成键轨道中的电子数与反键轨道中电子数之差的一半即为**键级**，可用来粗略推断键能的大小。估计分子稳定性的相对大小，但是键级相同的分子其稳定性也有差别。表 8-7 为一些分子的键级和键能，其中 $H_2$、$F_2$ 的键级相同，但键能的差别很大。

$$键级=\frac{成键电子数-反键电子数}{2}$$

**表 8-7　一些分子的键级和键能**

| 分子 | $He_2$ | $H_2^+$ | $H_2$ | $F_2$ | $N_2$ |
|---|---|---|---|---|---|
| 键级 | $\frac{2-2}{2}=0$ | $\frac{1-0}{2}=\frac{1}{2}$ | $\frac{2-0}{2}=1$ | $\frac{10-8}{2}=1$ | $\frac{10-4}{2}=3$ |
| 键能/kJ · mol$^{-1}$ | 0 | 256 | 436 | 158 | 946 |

键级的大小表示相邻原子间成键的强度。键级越大，键越稳定。键级等于零，表示成键和反键能量彼此抵消，分子不可能存在。

(3) 推测分子的顺磁性与反磁性

磁性实验发现，凡有未成对电子的分子，在外加磁场中必顺着磁场方向排列，即分子具有**顺磁性**，具有这种性质的物质叫**顺磁性物质**；反之，电子完全配对的分子为**反磁性物质**。

按价键理论，$O_2$ 分子的结构为：

电子式

O═O

分子结构式

即 $O_2$ 分子是以双键结合的，分子中没有未成对电子，应具有反磁性。但磁性和光谱实验表明，$O_2$ 分子具有顺磁性且含有两个未成对的电子。

按分子轨道理论，$O_2$ 的分子轨道电子排布如下：

$$O_2[KK(\sigma_{2s})^2(\sigma_{2s}^*)^2(\sigma_{2p_x})^2(\pi_{2p_y})^2(\pi_{2p_z})^2(\pi_{2p_y}^*)^1(\pi_{2p_z}^*)^1]$$

可以看出，$\pi_{2p_y}^*$ 和 $\pi_{2p_z}^*$ 轨道上有两个未成对的单电子，这很好地解释了实验观察到 $O_2$ 分子具有顺磁性。根据分子轨道理论知识可以很容易推测出 $O_2^{2+}$、$O_2$、$O_2^{2-}$ 的键级大小排列顺序为 $O_2^{2+}>O_2>O_2^{2-}$，稳定性也必然是 $O_2^{2+}>O_2>O_2^{2-}$。由于 $O_2^{2+}$ 和 $O_2^{2-}$ 中没有成单电子，所以是反磁性的。分子轨道理论克服了价键理论的不足，把成键条件放宽，即使单电子进入成键轨道，只要分子体系能量降低也可成键，扩大了分子轨道的应用范围。

## *8.7 金属键理论

周期表中金属元素大约占 80%。除汞是液态外，其余金属元素都以金属晶体形式存在。金属一般都有金属光泽，易导电、导热，有良好的延展性，易于机械加工成形等。这些共性表明金属晶体内部应具有相似的结构。金属元素在结构上的主要特征是金属原子半径较大、价层电子数较少、易脱落、晶体中每个原子的配位数较大。这些特点决定了金属晶体内部有它自己特有的成键方式，即**金属键**（metallic bond）。有关金属键的理论目前主要有自由电子理论和能带理论。

### 8.7.1 自由电子理论

亨得里克·安顿·洛伦兹（H. A. Lorentz）和保罗·德鲁得（P. Derude）于 20 世纪初提出了自由电子理论（free electron theory）。该理论认为金属原子电负性、电离能较小，价电子容易脱落。脱落下来的电子不再属于某一个原子，而是在整个金属晶格内自由运动，这些电子称为自由电子。这些自由电子可以在金属离子或原子之间自由运动，由于这些自由运动的电子来回穿梭，把金属离子或原子“连接”在一起形成了金属晶体。这种靠脱离下来的自由电子把金属离子或原子连接在一起的作用，称为金属键，见图 8-25。金属键没有饱和性和方向性，金属原子之间紧密堆积成金属晶体。自由电子理论可以定性解释一些金属的物理性质，如：在外电场的作用下，金属晶体中的自由电子可以定向移动，所以金属具有导电性。自由电子和金属原子不断碰撞，能够传递热量；自由电子也容易吸收可见光的能量，电子由低能级跃迁到高能级再回到低能级时多余的能量以可见光

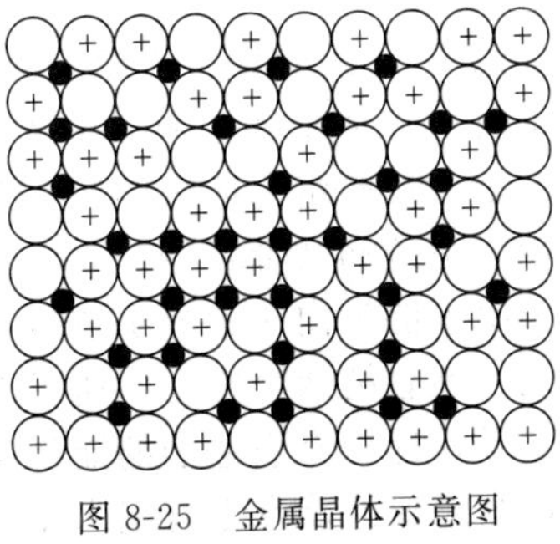

图 8-25 金属晶体示意图

的形式释放，导致金属有光泽。

### 8.7.2 金属键的能带理论

将分子轨道理论应用于金属晶体的研究中，逐步发展形成了**金属键的能带理论**（energy band theory）。能带理论中把金属晶体看作一个大分子，无数个金属原子结合在一起形成无数条分子轨道，然后应用分子轨道理论来描述金属晶体内电子的运动状态。图 8-26 以金属 Li 和 Be 为例说明能带理论。

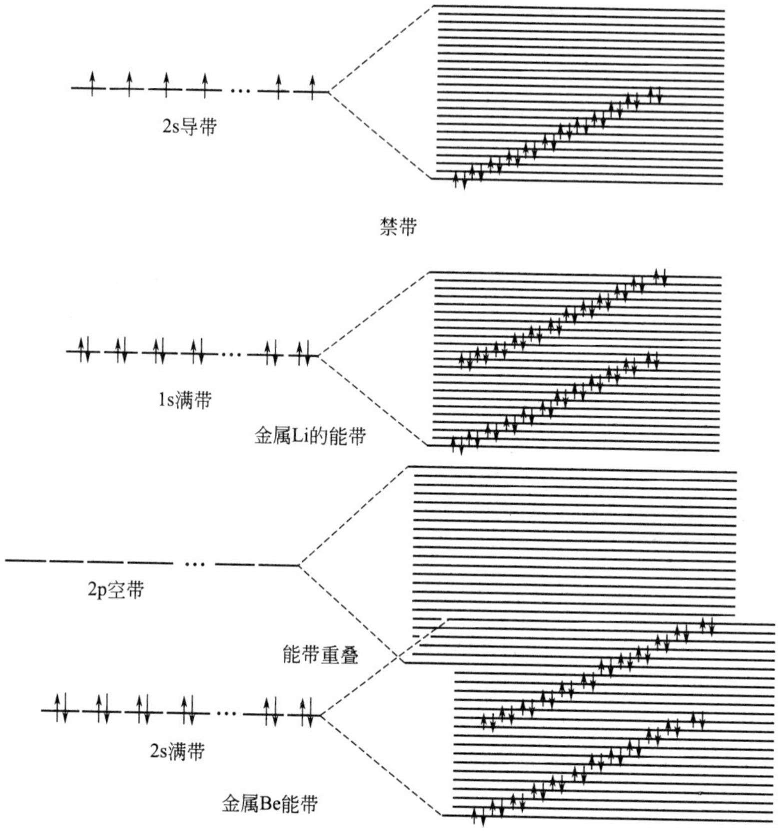


图 8-26 碱金属 Li 和碱土金属 Be 的能带

两个锂原子的 2 条 2s 轨道组合形成 2 条分子轨道，其中一条为成键的 $\sigma$ 轨道，另一条为反键的 $\sigma^*$ 轨道。如果有 $n$ 个锂原子组合在一起，则可以组成 $n$ 条分子轨道，其中有 $\frac{n}{2}$ 条成键分子轨道和 $\frac{n}{2}$ 条反键分子轨道。成键的分子轨道充满电子，反键分子轨道是空着的。锂原子的 1s 轨道同样可以组成成键分子轨道和反键分子轨道，但不管成键分子轨道还是反键分子轨道，都充满电子。在这些轨道中，由于相邻分子轨道之间能量差很小，连成一片，称为能带。按照组合能带的原子轨道能级以及电子在能带中分布的不同，能带可以分为满带、导带、空带和禁带。

由于能带内所含分子轨道数与参加组合的原子轨道数是相同的，同时每一个分子轨道最多也只能容纳两个电子，所以参加组合的原子轨道如完全充满电子，则该能带也必然完全充满电子，这种充满电子的能带叫**满带**，如锂的 $1s^2$ 能带。如果参加组合的原子轨道未充满电子，则形成的能带也肯定未充满电子。这种能带上的电子，在外电场的作用下，电子很容易在该能带上定向移动产生电流，这种能带叫**导带**，如锂的 2s 能带。如果原来的原子轨道中没有电子，则组成的能带上也肯定没有电子，这种能带称为**空带**。相邻两个能带之间的能量间隔称为**禁带**。禁带中没有分子轨道，不能填充电子。

铍的 2s 能带为满带，2p 为空带，但它们之间有部分重叠，形成一个导带，电子可以在该导带中运动产生电流。如果只有满带和空带，且两者不重叠，该晶体能否导电就取决于禁带的宽窄。若禁带的能量 $\Delta E \leqslant 3.0\text{eV}$，晶体在低温下不导电，但受光照或加热时满带上的电子吸收能量后可以跃迁至空带上，又变成了导体，这种晶体称为**半导体**；若禁带的能量 $\Delta E \geqslant 5.0\text{eV}$，电子难以被激发到空带上，无法导电，这种材料就是**绝缘体**。

能带理论在解释导体、半导体和绝缘体的区别方面非常成功。

# 8.8 分子间作用力和氢键

如前所述，离子键、共价键和金属键这三大类型的化学键是原子或离子间的强相互作用，其键能约为一百到几百千焦每摩尔，而分子之间弱的相互作用称为分子间作用力（intermolecular force）或范德华力（van der Waals force），其结合能比化学键能约小 1～3 个数量级，大约为几到几十千焦每摩尔。虽然能量较小，但分子间作用力却是决定物质熔、沸点，溶解度，汽化热，表面张力等物理性质的主要因素。随着现代实验技术的进步，特别是 X 射线衍射法测定晶体结构工作的广泛开展，得到了大量分子结构数据，越来越多的介于化学键和范德华力之间的弱相互作用形式为人们发现。这些作用被称为次级键或二级化学键。

由于分子间力在本质上属于电学性质的范畴，因此在介绍分子间力之前，先熟悉分子电学性质——分子极性。

## 8.8.1 分子的极性

分子的极性是相对于分子总体内部正、负电荷整体分布而言的。从分子的整体来说，分子是电中性的，因为分子中正、负电荷数量相等。但就分子内部这两种电荷分布情况来看，可将分子分成极性分子和非极性分子。若两种电荷的正、负电荷中心不重合，分子就有正、负两极，分子具有极性，称为**极性分子**（polar molecule）。反之，若正、负电荷中心是重合的，即分子没有极性，为**非极性分子**（non-polar molecule）。

分子极性强弱可以用一个物理量偶极矩 $\mu$ 进行定量判断。$\mu=0$，为非极性分子；$\mu \neq 0$，为极性分子；$\mu$ 愈大，分子的极性愈强。因而可以根据偶极矩的大小来比较分子极性的大小。常见分子的偶极矩见表 8-8。

**表 8-8　一些分子的偶极矩及几何构型**

| 分子 | 偶极矩 $\mu$/D | 几何构型 | 分子 | 偶极矩 $\mu$/D | 几何构型 |
|---|---|---|---|---|---|
| $H_2$ | 0 | 直线形 | HI | 0.38 | 直线形 |
| $F_2$ | 0 | 直线形 | $H_2O$ | 1.85 | V 形 |
| $P_4$ | 0 | 正四面体 | $H_2S$ | 1.10 | V 形 |
| $S_8$ | 0 | 皇冠形 | $NH_3$ | 1.48 | 三角锥 |
| $O_2$ | 0 | 直线形 | $SO_2$ | 1.60 | V 形 |
| $O_3$ | 0.54 | V 形 | $CH_4$ | 0 | 正四面体 |
| HF | 1.92 | 直线形 | HCN | 2.98 | 直线形 |
| HCl | 1.08 | 直线形 | $NF_3$ | 0.24 | 三角锥 |
| HBr | 0.78 | 直线形 | LiH | 5.88 | 直线形 |

一般来说，双原子分子的极性与键的极性一致。同核的双原子分子，如 $H_2$、$F_2$、$O_2$ 等，为非极性分子；异核双原子分子，如 HF、HCl、CO 等，为极性分子。

多原子分子的极性不仅与键的极性有关，还取决于分子的几何构型。如 $CO_2$、$SO_3$、$CH_4$ 等，尽管键有极性，但分子中正、负电荷重合，为非极性分子；而 $H_2O$、$NH_3$、$SO_2$ 等，键有极性，分子的正、负电荷中心也不重合，分子也有极性。

### 8.8.2 分子的变形性

前面讨论分子的极性时，只是考虑孤立分子中电荷的分布情况，如果将分子置于外加电场 $E$ 中，则其中的电荷分布可能会发生某些变化。

在外电场的作用下，分子和离子一样，其内部电荷将发生相应的变化，这种变化称为**分子的变形性**。非极性分子在外电场中，分子中带正电荷的核将向电场负极的方向偏移，而核外的电子云则偏向电场正极方向，结果使非极性分子的正、负电荷中心不再重合，产生了极性，这个过程称为分子的**极化过程**。在外电场的影响（诱导）下产生的偶极，称为**诱导偶极**。电场越强，分子产生的诱导偶极也就越大，两者成正比关系，可以表示为

$$\mu_{\text{诱导}} = \alpha E$$

式中，$\mu_{\text{诱导}}$ 为诱导偶极矩；$E$ 为电场强度；$\alpha$ 为极化率。

若取消外电场，又恢复到 $\mu_{\text{诱导}}=0$，分子恢复为非极性分子。

分子的变形性大小可用极化率 $\alpha$ 来表示。极化率 $\alpha$ 也反映了分子外层电子云的可移动性或可变性，是分子本身的性质，其数值可由实验测定。由表 8-9 可以看出，随着分子量的增大，极化率 $\alpha$ 相应增大，即分子的变形性增大。

**表 8-9 一些分子的极化率**

| 分子 | $\alpha/10^{-30}m^3$ | 分子 | $\alpha/10^{-30}m^3$ | 分子 | $\alpha/10^{-30}m^3$ | 分子 | $\alpha/10^{-30}m^3$ |
|---|---|---|---|---|---|---|---|
| He | 0.203 | HCl | 2.56 | $H_2$ | 0.81 | CO | 1.93 |
| Ne | 0.392 | HBr | 3.49 | $O_2$ | 1.55 | $CO_2$ | 2.59 |
| Ar | 1.63 | HI | 5.20 | $N_2$ | 1.72 | $NH_3$ | 2.34 |
| Kr | 2.46 | $H_2O$ | 1.59 | $Cl_2$ | 4.50 | $CH_4$ | 2.60 |
| Xe | 4.01 | $H_2S$ | 3.64 | $Br_2$ | 6.43 | $C_2H_6$ | 4.50 |

对于极性分子来说，本身就存在着偶极，这种偶极叫**固有偶极**。没有外电场的作用时，它们一般都做不规则的热运动。但在外电场作用下，极性分子的正极一端将转向负电极，负极端则转向正电极，亦即都顺着电场的方向整齐地排列，这一过程叫分子的定向极化。而且在电场的进一步作用下，产生诱导偶极。这时，极性分子的偶极为固有偶极和诱导偶极之和，分子的极性有所增强。

另外，分子的极化也能在电容器的极板间发生。由于极性分子自身就存在着正、负两极，作为一个微电场，极性分子与极性分子之间、极性分子与非极性分子之间同样也会发生极化作用。这种极化作用对分子间力的产生有重要影响。

### 8.8.3 分子间作用力

分子间作用力是由科学家范德华（van der Waals）于 1873 年首先发现并提出的，因此人们把**分子间作用力又称为范德华力**。分子间作用力主要影响物质的物理性质（如熔、沸点，溶解度，黏度等）。分子间作用力因起因不同，可以分为取向力、诱导力和色散力三种类型。

(1) **取向力**

极性分子都有自己的固有偶极。当两个极性分子相互接近时，固有偶极间同极相斥、异极相吸，使分子发生相对转动，结果处于异极相吸的状态，如图 8-27 所示。

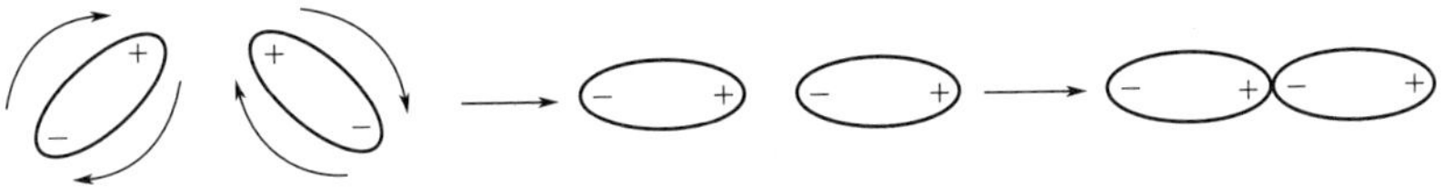

图 8-27 极性分子之间的相互作用

这种由于异极相吸使极性分子有序排列的定向过程叫**取向**。已经定向的极性分子产生的正、负电荷的静电引力称为**取向力**。取向力存在于极性分子和极性分子之间。取向力的大小与分子的极性大小有关，分子的极性越大，取向力越大。另外，取向力还与温度有关，温度越高，热运动越剧烈，分子取向越困难，取向力就越小。

(2) **诱导力**

当极性分子和非极性分子相互接近时，非极性分子处于极性分子产生的电场中，非极性分子的电子云与原子核发生相对位移，正、负电荷中心由重合变成不重合，产生了偶极。产生的偶极与固有偶极间的作用力叫诱导力（图 8-28）。

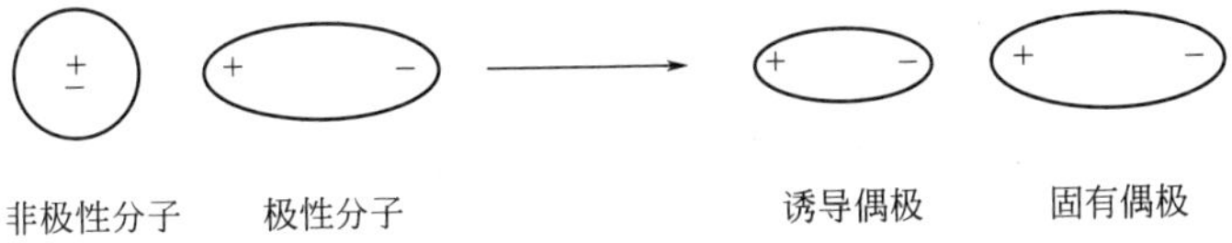


图 8-28 极性分子与非极性分子之间的作用

极性分子和极性分子相互接近时，除了取向力以外，在固有偶极的相互影响下，极性分子也会发生变形，产生诱导偶极，使极性分子的偶极矩增大，从而使极性分子间出现额外的吸引力。所以，诱导力不仅存在于极性分子与非极性分子之间，也存在于极性分子之间。由于非极性分子之间没有固有偶极，所以不存在诱导力。诱导力的大小与极性分子偶极矩的大小和被诱导分子的变形性大小有关。诱导分子偶极矩越大，诱导分子的变形性越大，诱导力越大。

(3) **色散力**

非极性分子虽然正、负电荷中心是重合的，但由于分子中的电子和原子核每时每刻都在不断运动，运动过程中经常会发生电子云和原子核之间的瞬间位移，导致正、负电荷中心不重合，从而产生偶极，这种偶极叫瞬时偶极。由瞬时偶极产生的分子间力为**色散力**。

色散力产生于核与电子的瞬间相对位移，所以不仅非极性分子之间存在色散力，极性分子之间、极性分子与非极性分子之间都存在色散力。尽管每个分子的瞬时偶极存在的时间很短，但其会不断产生，并统计性地大量存在，因而是分子间力的一种主要作用。色散力的大小与分子的变形性有关，变形性越大，瞬时偶极矩越大，色散力就越大。

总之，非极性分子之间只有色散力，极性分子与非极性分子之间有色散力和诱导力，而极性分子之间存在色散力、诱导力和取向力。

色散力、诱导力和取向力统称分子间力，也称范德华力，本质上是一种电性引力，其强度比化学键的键能要小 1～2 个数量级，一般只有几到几十千焦每摩尔。其作用范围约几百皮米，并随分子间距离增大而迅速减小。分子间力和共价键的不同点在于分子间力没有方向性和饱和性，对于大多数分子而言，在三种作用力中，以色散力为主，只有极少数强极性的分子是以取向力为主的，并且诱导力通常都很小。表 8-10 介绍了一些分子的各种分子间力的分配情况。

表 8-10　分子各种分子间作用力的分配情况　　单位：$kJ \cdot mol^{-1}$

| 分子 | 色散力 | 诱导力 | 取向力 | 分子间力的总和 |
|---|---|---|---|---|
| $H_2$ | 0.17 | 0.00 | 0.00 | 0.17 |
| Ar | 8.49 | 0.00 | 0.00 | 8.49 |
| CO | 8.79 | 0.0084 | 0.029 | 8.78 |
| $H_2O$ | 8.996 | 1.92 | 36.36 | 47.28 |
| $NH_3$ | 14.73 | 1.55 | 13.31 | 29.59 |
| HCl | 16.82 | 1.004 | 3.305 | 21.13 |
| NBr | 21.92 | 0.502 | 0.686 | 23.11 |
| HI | 27.86 | 0.113 | 0.03 | 28.00 |

分子间力主要影响物质的物理性质，例如熔、沸点，溶解度，物质的吸附性能和硬度等。

① 对物质熔、沸点的影响　液态物质分子间力越大，汽化热就越大，沸点就越高；固态物质分子间力越大，熔化热就越大，熔点就越高。一般来说，结构相似的同系列物质分子量越大，分子变形性也越大，分子间力越强，物质的沸点、熔点也就越高。

② 对物质溶解度的影响　分子间力对液体的互溶度以及固态、气态非电解质在液体中的溶解度也有一定影响。溶质或溶剂（指同系物）的极化率越大，分子变形性和分子间力越大，溶解度也越大。

③ 对物质吸附性的影响　有些化工厂用活性炭来净化吸收含有苯、甲苯等有毒有害的尾气，就是利用苯、甲苯等物质的分子量比氧气、氮气大得多，变形性大，与活性炭之间的分子间作用力大，容易被吸附的原理。

④ 分子间力对分子型物质的硬度的影响　分子极性小的聚乙烯、聚异丁烯等物质，分子间力较小，因而硬度不大；含有极性基团的有机玻璃等物质，分子间引力较大，相对硬度也较大。

## 8.8.4 氢键

按分子间作用力可推测出氮族、氧族、卤族氢化物的熔、沸点应是在同一族中从上到下依次升高的，但事实并非如此，熔、沸点最高的反而是每一族中的第一个氢化物，即 $NH_3$、$H_2O$、HF 的熔、沸点最高。这种反常现象的原因在于 $H_2O$、HF、$NH_3$ 各自的分子之间存在着另外一种作用力，这种作用力就是**氢键**（hydrogen bond）。

（1）氢键的形成

以 HF 为例说明氢键的形成，见图 8-29。在 HF 分子中，F 的电负性很大，共用电子对强烈偏向 F 原子，使得 H 原子几乎呈裸露质子状态而带部分正电荷，F 原子带部分负电荷。这个带正电荷的氢原子与附近另一个 HF 分子中带部分负电荷的 F 原子产生静电吸引作用力。这个静电吸引作用力（即 H 原子与 F 原子之间以虚线相连的作用）就是氢键。

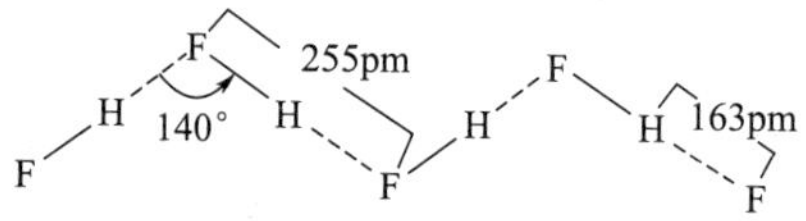


图 8-29　HF 分子间的氢键

氢键的组成可表示为 X—H┈Y 。式中，X 和 Y 代表 F、O、N 等电负性大而原子半径较小的非金属原子。X 和 Y 可以是相同的元素，也可以是两种不同的元素。

目前人们对氢键的定义至今仍有两种不同的理解。第一种把 X—H┈Y 整个结构叫氢键，因此氢键的键长就是指 X 与 Y 之间的距离，如 F—H┈F 的键长为 255pm。第二种把 H┈Y 叫氢键，这样 H┈F 之间的距离 163pm 才算是氢键的键长。

（2）氢键形成的条件

分子中必须有一个含孤对电子、带有较多负电荷、电负性大、半径小的 X 原子（如 F、O、N 原子等），同时，必须有一个与 X 形成强极性键的 H 原子。

（3）氢键的特点

① 氢键具有方向性、饱和性　在氢键 X—H┈Y 体系中，X、H、Y 三个原子尽量位于一条直线上（分子间内氢键除外），这样 X、Y 原子间距离最远，彼此间斥力最小，这就是氢键的方向性。饱和性是指每一个 X—H 只能与一个 Y 原子形成氢键。如果再外来一个 Y 原子，这时外来的 Y 原子与原先的 Y 原子间产生的排斥力要大于 Y 原子与 H 原子之间正、负电性的吸引力。

② 氢键的本质是一种电性引力　氢键的本质是电性作用，其强弱与形成氢键的非氢原子的电负性、原子半径、所带电荷多少有关。元素电负性越大、原子半径越小、原子所带的负电荷越多，形成的氢键就越强。

（4）氢键的类型

氢键可分为分子间氢键和分子内氢键两种。

① 分子间氢键　X—H┈Y 中的 X 与 Y 来自不同的分子，二者形成的氢键为分子间氢键。在分子间氢键中， X—H┈Y 尽量位于同一直线上。例如，HF、$H_2O$、$NH_3$ 分子均可形成分子间氢键。

② 分子内氢键　分子内氢键是指形成氢键的 X 与 Y 原子来源于同一个分子。分子内氢键由于受环状结构的限制， X—H┈Y 往往不能在同一直线上。如图 8-30 所示，邻硝基苯酚可以形成分子内氢键，但对硝基苯酚和间硝基苯酚就难以形成分子内氢键，只能形成分子间氢键。同样，在硝酸等含氧酸分子中也可以形成分子内氢键。

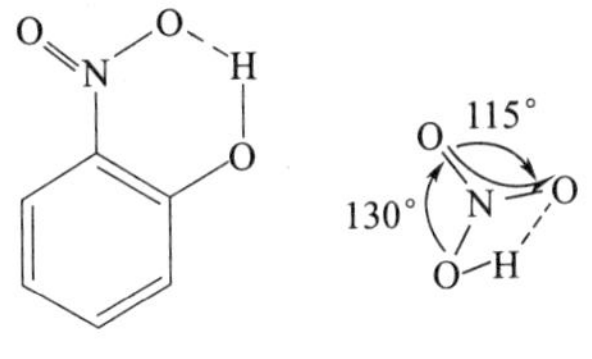


图 8-30　分子内氢键

（5）氢键对物质性质的影响

① 熔、沸点　分子间有氢键的物质熔化或汽化时，除了要克服分子间力外，还必须提高温度，额外地供应一份能量来破坏分子间氢键。所以这些物质的熔点、沸点比同系列氢化物的熔点、沸点高。而分子内氢键的形成降低了分子的极性，使分子间的作用力减小，从而降低了物质的熔、沸点。例如，有分子内氢键的邻硝基苯酚熔点（45℃）比有分子间氢键的间硝基苯酚的熔点（96℃）和对位硝基苯酚的熔点（114℃）都低。

② 对溶解度的影响　在极性溶剂中，若溶质分子与溶剂分子之间可以形成氢键，则溶质的溶解度增大。例如，HF 和 $NH_3$ 在水中的溶解度很大，甲醇、乙醇可以以任意比溶于水，就是这个缘故。

③ 对黏度的影响　分子间有氢键的液体，一般黏度较大。例如，甘油、磷酸等多羟

基化合物由于分子间可形成众多氢键，这些物质通常为黏稠状液体。

④ 对密度的影响　通常液体分子间存在的氢键会使其密度增大。温度越低形成的氢键越多，密度越大。例如，浓硫酸的密度大就是因为存在分子间氢键。但水是一个特例，它在4℃时密度最大。这是因为在4℃以上时，分子的热运动是主要的，使水的体积膨胀，密度减小；在4℃以下时，分子间的热运动降低，形成氢键的倾向增加，形成分子间氢键越多，分子间的空隙越大。当水结成冰时，全部水分子都以氢键连接，每个H原子都参与形成氢键，每个氧原子周围都有四个氢（除两个共价键外，每个氧可另外形成两个氢键），结果使每个水分子周围有四个水分子，按四面体分布，形成空旷的结构，体积增大，密度减小。

## 习题

8.1　离子键是怎样形成的？离子键的特征和本质是什么？为什么离子键无饱和性和方向性，而在离子晶体中每个正负离子周围都有一定数目的带相反电荷的离子？

8.2　试说明共价键的形成、本质和特点。

8.3　简述分子轨道理论的基本论点。

8.4　用VB法和MO法分别说明 $H_2$ 能稳定存在，而 $He_2$ 分子不能稳定存在的原因。

8.5　在 $BCl_3$ 和 $NCl_3$ 分子中，中心原子的氧化数和配体数都相同，为什么 $BCl_3$ 分子的几何构型是平面三角形，而 $NCl_3$ 分子却是三角锥形。

8.6　什么情况下发生不等性杂化？$CH_3Cl$ 是等性杂化还是不等性杂化？

8.7　下列各变化中，中心原子的杂化轨道类型及空间构型如何变化？

(1) $BF_3 \longrightarrow BF_4^-$；(2) $H_2O \longrightarrow H_3O^+$；(3) $NH_3 \longrightarrow NH_4^+$。

8.8　用价层电子对互斥理论推断下列分子或离子的空间构型。

$BeCl_2$、$CO_2$、$SO_4^{2-}$、$SO_2$、$XeO_4$、$SF_6$、$BCl_3$、$PH_3$、$SnCl_2$、$H_2S$、$SF_4$、$ICl_4^-$、$NH_4^+$、$BrF_3$。

8.9　判断下列各组物质间存在什么形式的分子间作用力。

(1) 硫化氢气体；(2) 甲烷气体；(3) 氯仿气体；(4) 碘与四氯化碳。

8.10　下列说法中哪些是不正确的？并说明理由。

(1) 非极性分子中只含非极性共价键；

(2) 极性分子只含极性共价键；

(3) 色散力只存在于非极性分子之间；

(4) 共价型的氢化物间可以形成氢键；

(5) 一般来说，σ键比π键的键能大；

(6) 按价键理论，π键不能单独存在，在共价双键或三键中只能有一个σ键；

(7) s电子与s电子间配对形成的共价键一定是σ键，p电子与p电子间配对形成的化学键一定是π键。

8.11　下列每对分子中，哪个分子的极性较强？试简单说明理由。

(1) HCl和HBr；(2) $H_2O$ 和 $H_2S$；(3) $NH_3$ 和 $PH_3$；(4) $CH_4$ 和 $CCl_4$；(5) $CH_4$ 和 $CH_3Cl$；(6) $BF_3$ 和 $NF_3$。

8.12　判断下列各组分子之间存在何种形式的分子间作用力。

(1) $CS_2$ 和 $CCl_4$；(2) $H_2O$ 与 $N_2$；(3) $H_2O$ 与 $NH_3$。

8.13　解释下列实验现象。

（1）沸点：HF＞HI＞HCl，$BiH_3$＞$NH_3$＞$PH_3$；

（2）熔点：BeO＞LiF；

（3）$SiCl_4$ 比 $CCl_4$ 易水解；

（4）金刚石比石墨硬度大。

8.14 下列物质哪些易溶于水？哪些难溶于水？根据分子结构简述。

HCl、$NH_3$、$I_2$、$CH_4$、$CCl_4$、$C_2H_5OH$。

8.15 解释为什么 $O_2$ 是顺磁性物质、$N_2$ 是反磁性物质？并从键级大小方面比较两者的稳定性。

8.16 试由下列物质的沸点推断其分子间作用力的大小，并按分子间作用力由大到小的顺序排列。这一顺序与分子量的大小有何关系？

$Cl_2$（－34.1℃）、$O_2$（－183℃）、$N_2$（－198.0℃）、$H_2$（－252.8℃）、$I_2$（181.2℃）、$Br_2$（58.8℃）。

8.17 按 VSEPR 模型，$ICl_3$、$NO_2^+$、$XeF_4$、$ICl_2^-$ 各为何种几何构型？请用有关化学键理论具体分析离子 $NO_2^+$ 的成键情况。

8.18 P 原子在 $PCl_3$、$PCl_5$、$POCl_3$、$PCl_4^+$ 和 $PCl_6^-$ 中分别采用什么杂化轨道成键？这些分子或离子各是何种几何构型？

8.19 判断下列各组分子之间存在什么形式的分子间作用力。

（1）苯和 $CCl_4$；（2）氨和水；（3）$CO_2$ 气体；（4）HBr 气体；（5）甲醇和水。

8.20 下列化合物中哪些存在氢键？是分子内氢键还是分子间氢键？

$C_6H_6$、$C_2H_6$、$NH_3$、邻羟基苯甲醛、间硝基苯甲醛、对硝基苯甲醛、固体硼酸。

# 第9章 晶体结构与性质

物质通常呈气、液、固三种聚集态。固态物质又分为晶体和非晶体。**晶体**是原子、分子或离子在空间按一定规律周期性重复排列构成的固体，如石英、食盐、方解石等。本章主要介绍晶体的结构及性质。

## 9.1 晶体和非晶体

### 9.1.1 晶体的特征

与非晶体相比，晶体有以下几个基本特征。

#### 9.1.1.1 有固定的熔点

在一定压力下对晶体加热，只有达到某一温度（熔点）时，晶体才开始熔化。从开始熔化到全部熔化之前，即使持续加热，温度也始终保持不变，直至晶体全部熔化后温度才会上升。如冰的熔点是0℃。而非晶体无固定的熔点，在加热时，由开始软化到完全熔化，整个过程中温度不断变化。如松香在50～70℃软化，70℃以上全部熔化。

#### 9.1.1.2 有固定的几何外形

晶体在生长过程中会自发地形成有规则的多面体几何外形，如食盐、石英、方解石，它们的结构如图9-1。晶体的理想外形为凸多面体，满足欧拉公式：$F+V=E+2$（$F$——晶面，$V$——顶点，$E$——晶棱）。例如，NaCl晶体呈立方体，有6个面，12条棱，8个顶点。虽然，有时由于晶体生长的环境不同，所得的晶体在外形上有缺陷或歪曲，但对某一物质的晶体来讲，晶面间所形成的夹角（晶角）总是不变的，这条规律称为晶面角守恒定律。而非晶体没有固定的几何外形，如玻璃、松香、石蜡等可能有多种几何外形。

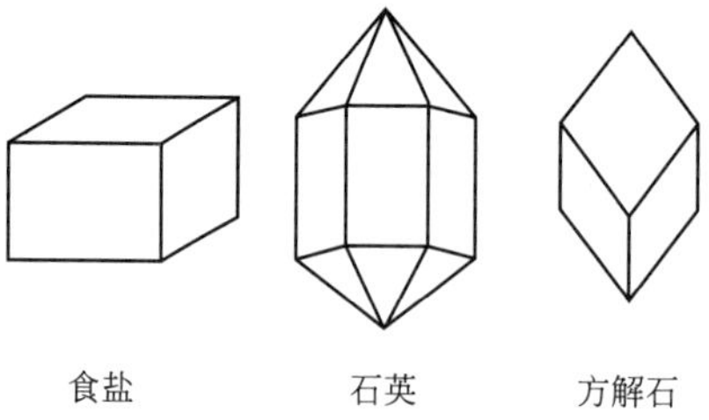


图9-1 几种晶体的外形

#### 9.1.1.3 各向异性

晶体在不同方向上表现出一些不同的物理性质的现象称为**各向异性**。在晶体的不同方向进行测定时，晶体的力学性质、光学性质、导电性、导热性、溶解性、机械强度等通常是不相同的。在石墨晶体内，平行于石墨层方向的电导率比垂直于石墨层方向的大5000倍左右。

晶体和非晶体在性质上的差异是由于两者内部结构不同而造成的。晶体内部微粒呈长程有序性的排列，在不同方向按确定的规律重复性排列，造成晶体的各向异性。而非晶体内部微粒呈无序的、不规律的排列。石英晶体和石英玻璃（非晶体）中微粒排列见图 9-2。

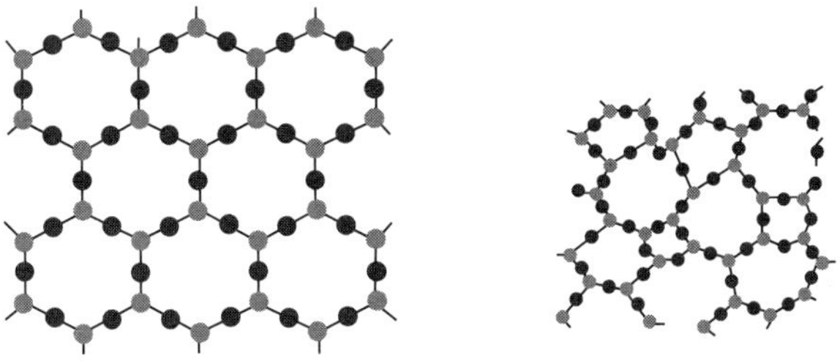

石英晶体　　石英玻璃

图 9-2 石英晶体和石英玻璃结构特点示意图

## 9.1.2 晶体的内部结构

### 9.1.2.1 晶格

为了研究晶体中微粒的排列规律，法国结晶学家布拉维（A. Bravais）提出把晶体中规则排列的微粒抽象为几何学中的点，并称为**结点**。这些结点的总和称为**空间点阵**。沿着一定的方向按某种规则把结点连接起来，则可以得到描述各种晶体内部结构的几何图像——晶体的空间格子，简称**晶格**。

由于晶格结点在空间中位置的不同，晶格可有各种形状。其中，立方体晶格具有最简单的结构，可分为三种类型，如图 9-3 所示。

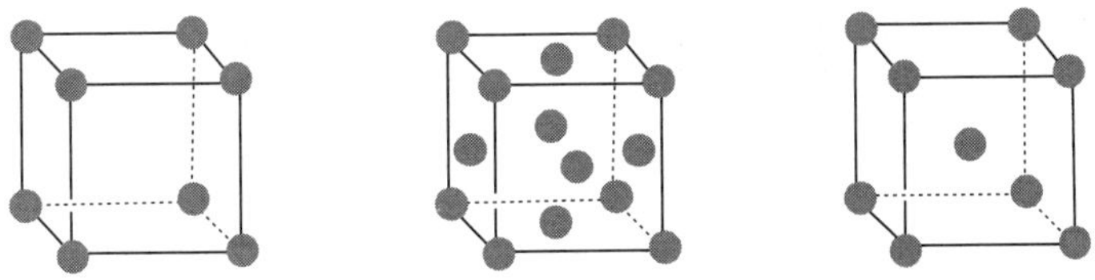

(a) 简单立方晶格　(b) 面心立方晶格　(c) 体心立方晶格

图 9-3 立方晶格

### 9.1.2.2 晶胞和晶胞参数

在晶格中，能表现出其结构一切特征的基本重复单位称为**晶胞**。而晶体按晶胞的组成结构在三维空间重复排列。晶胞是能代表晶体化学组成的平行六面体的基本重复单元。NaCl 的晶胞结构如图 9-4 所示。

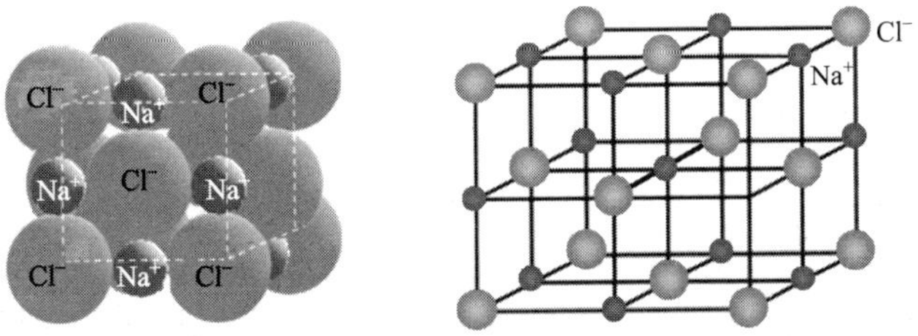


图 9-4 氯化钠晶体的结构

平行六面体三个方向的矢量长度 $a$、$b$、$c$ 及它们间的夹角 $\alpha$、$\beta$、$\gamma$ 称为**晶胞参数**。

虽然世界上晶体有上万种，但依据晶胞的特征，可将晶体分为 7 个晶系，如表 9-1 所示。

表 9-1 晶体晶系及实例

| 晶系 | 晶胞 | | 实例 |
|---|---|---|---|
| 立体 | $a=b=c$ | $\alpha=\beta=\gamma=90°$ | NaCl、CaF、ZnS、Cu |
| 四方 | $a=b\neq c$ | $\alpha=\beta=\gamma=90°$ | $SiO_2$、$MgF_2$、$NiSO_4$、Sn |
| 正交 | $a\neq b\neq c$ | $\alpha=\beta=\gamma=90°$ | $K_2SO_4$、$BaCO_3$、$HgCl_2$、$I_2$ |
| 三方 | $a=b=c$ | $\alpha=\beta=\gamma<120°(\neq 90°)$ | $Al_2O_3$、$CaCO_3$(方解石)、As、Bi |
| 六方 | $a=b\neq c$ | $\alpha=\beta=90°,\gamma=120°$ | $SiO_2$(石英)、AgI、CuS、Mg |
| 单斜 | $a\neq b\neq c$ | $\alpha=\gamma=90°,\beta\neq 90°$ | $KClO_3$、$K_3[Fe(CN)_6]$、$Na_2B_4O_7$ |
| 三斜 | $a\neq b\neq c$ | $\alpha\neq\beta\neq\gamma\neq 90°$ | $CuSO_4\cdot 5H_2O$、$K_2Cr_2O_7$ |

### 9.1.3 非晶体物质

**非晶体物质**指的是结构长程无序（近程可能有序）的固体物质。它由不呈周期性排列的原子或分子凝聚而成，由于形成条件不同而呈不同形状，如粉末薄膜、块状、凝胶等。玻璃体是典型的非晶体，所以非晶固态又称玻璃态。重要的玻璃态物质有氧化物玻璃（简称玻璃）、金属玻璃、非晶半导体及高分子化合物四大类。

晶体和非晶体在一定条件下可以相互转化。如把石英晶体熔化并迅速冷却可以得到石英玻璃；涤纶熔体若迅速冷却可得无定形体，若慢慢冷却则可得到晶体。由此可见，晶态和非晶态物质在不同条件下可形成不同状态的固体。从热力学角度说，晶态比非晶态稳定，非晶态物质有自发转变为晶态物质的倾向。

## 9.2 不同晶体类型及特性

根据组成晶体质点的种类及质点间结合力的不同，可以把晶体分成离子晶体、原子晶体、分子晶体和金属晶体四大类型。

### 9.2.1 离子晶体

#### 9.2.1.1 离子晶体的特性

阴、阳离子通过离子键结合形成的晶体称为**离子晶体**。晶格结点上的粒子为阴、阳离子。离子晶体的熔点较高、硬度较大，但比较脆，在水溶液中或熔化状态下可导电。

离子晶体中阴、阳离子在空间中的排列情况是多种多样的。这里主要介绍 AB 型，即只含有一种阳离子和一种阴离子，且两者电荷数相同的离子晶体，主要有 NaCl 型、CsCl 型和立方 ZnS 型三种，如图 9-5 所示。

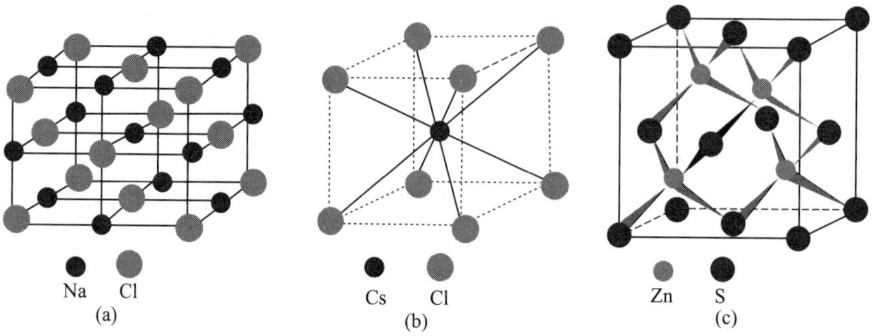


图 9-5 AB 型离子晶体的晶格结构

（1）NaCl 型

阴、阳离子构成面心立方晶胞，每个晶胞中阴、阳离子的配位数均为 6，由图 9-5（a）可知。其立方晶胞的边长 $a=563$pm，阴、阳两离子间的距离为 $0.5a$，即 281.5pm。如 LiF、AgF、NaBr、KI、MgO、CaS 均属于 NaCl 型。

（2）CsCl 型

阴、阳离子构成了体心立方晶胞，晶胞大小由一个边长确定，$Cs^+$ 位于立方晶胞的中心，$Cl^-$ 位于立方晶胞的 8 个顶点，阴、阳离子的配位数都是 8，由图 9-5(b) 可知。阴、阳离子间的距离可由几何构型计算得到，$d=\frac{\sqrt{3}}{2}a=0.866a$。对于 CsCl 晶体，$a=411$pm，$d=356$pm。如 CsBr、CsI、TlCl 均属于 CsCl 型。

（3）立方 ZnS 型

ZnS 的阴、阳离子构成面心立方晶格，假如 $S^{2-}$ 按面心立方排布，则 $Zn^{2+}$ 均匀地填充在 4 个小立方体的体心上，构成立方 ZnS 晶胞，每个晶胞中含有 4 个 $Zn^{2+}$ 和 4 个 $S^{2-}$，阴、阳离子的配位数均为 4，由图 9-5(c) 可知。对于立方 ZnS 晶体，根据几何构型计算出阴、阳离子间的距离 $d=\frac{\sqrt{3}}{4}a=0.433a$，立方 ZnS 晶体的 $a=539$pm，$d=233$pm。如 ZnO、HgS、BeO、ZnSe 均属于立方 ZnS 型。

离子晶体的构型与外界条件有关，一定条件下可以变化。例如，CsCl 晶体在常温下是 CsCl 型的，但在高温下可以转变为 NaCl 型。这种组成相同而晶体构型不同的现象称为**同质多晶现象**。

### 9.2.1.2 离子晶体的稳定性

不同的阴、阳离子结合形成不同的晶格结构，其主要原因是阴、阳离子的半径比不同造成的，阴、阳离子半径比越大，配位数越大。这种阴、阳离子半径比与配位数之间的关系称为半径比规则。阴、阳离子半径比与晶格结构的对应关系见表 9-2。

**表 9-2 AB 型离子晶体的晶格结构与正、负离子半径比的关系**

| $r^+/r^-$ | 配位数 | 空间构型 | 实例 |
|---|---|---|---|
| 0.225→0.414 | 4 | ZnS | ZnS、ZnO、BeS、HgS、BeO、CuCl、CuBr |
| 0.414→0.732 | 6 | NaCl | MgO、KCl、NaBr、LiF、CaS、CaO、MgO |
| 0.732→1.00 | 8 | CsCl | CsBr、CsI、CsCl、TlCl、TlCN、$NH_4Cl$ |

同种构型的离子化合物，离子电荷数越多，核间距越短，晶格能就越大，且熔点越高，硬度越大。从表 9-3 可以看到一些离子晶体物质的物理性质与晶格能的对应关系。

**表 9-3 晶体的物理性质与晶格能**

| NaCl 型晶体 | NaI | NaBr | NaCl | NaF | BaO | SrO | CaO | MgO |
|---|---|---|---|---|---|---|---|---|
| 核间距/pm | 318 | 294 | 279 | 231 | 277 | 257 | 240 | 210 |
| 晶格能/kJ·mol$^{-1}$ | 704 | 747 | 785 | 923 | 3054 | 3223 | 3401 | 3791 |
| 熔点/℃ | 661 | 747 | 801 | 993 | 1918 | 2430 | 2614 | 2852 |
| 硬度(金刚石=10) | — | — | 2.5 | 2～2.5 | 3.3 | 3.5 | 4.5 | 5.5 |

因此，利用晶格能数据可以解释和预测离子晶体的某些物理性质。晶格能可作为衡量离子晶体稳定性的标志，晶格能（$U$）越大，该离子晶体越稳定。

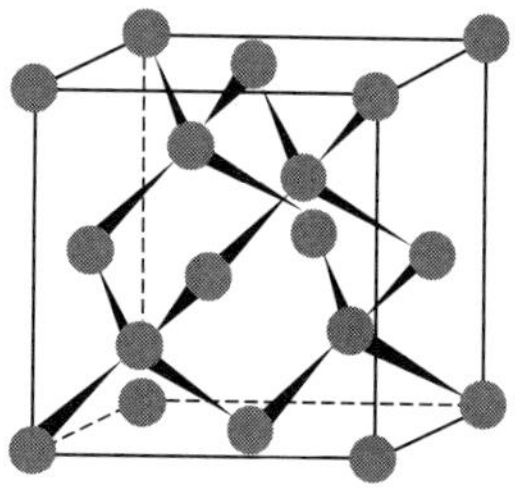

图 9-6　金刚石的晶胞结构

### 9.2.2　原子晶体

原子间通过共价键结合而成的晶体称为**原子晶体**。晶格结点上的粒子为原子。常见的原子晶体有金刚石（C）、晶体硅（Si）、晶体硼（B）、晶体锗（Ge）、石英（$SiO_2$）、金刚砂（SiC）、氮化铝（AlN）、氮化硼（BN）等。图 9-6 为金刚石的晶胞。在金刚石中，每个碳原子以 $sp^3$ 杂化形式与相邻的 4 个碳原子结合，形成正四面体结构。

原子晶体共价键强度高，破坏这种键需很高的能量，所以这类晶体的熔点很高、硬度极大，一般不导电，在大多数常见溶剂中不溶解。一些原子晶体的熔点见表 9-4。

**表 9-4　某些原子晶体型物质的熔点**

| 物质 | 熔点/K | 物质 | 熔点/K |
|---|---|---|---|
| C | 3844 | SiC | >2973 |
| Si | 1688 | BN | 3774 |
| Ge | 1200 | $SiO_2$ | 1973 |

### 9.2.3　分子晶体

分子通过分子间作用力结合而成的晶体称为分子晶体。其晶格结点上的粒子为分子。干冰（固态 $CO_2$）是典型的分子晶体，其结构如图 9-7 所示。由于分子间的作用力较弱，使得分子晶体的熔、沸点低，硬度小，易挥发，易溶于非极性溶剂中。其固态和熔化状态不导电。但某些强极性共价型分子晶体在水溶液中能导电，这是由于其在水中发生了解离作用，生成了大量的正、负离子，如卤化氢分子晶体。

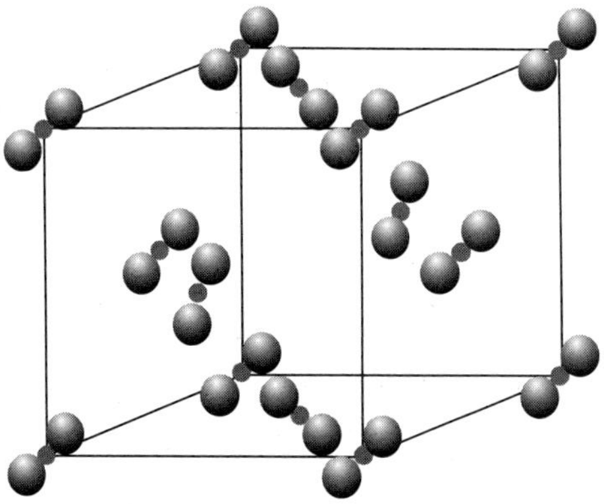

图 9-7　干冰（固态 $CO_2$）分子晶体结构

稀有气体、大多数非金属单质（如氢气、氮气、氧气、卤素单质、磷、硫黄等）和非金属形成的化合物（如 HCl、$CO_2$ 等）以及大部分有机化合物，在固态时都是分子晶体。有些分子晶体间除了存在分子间作用力外，同时还存在氢键，如冰、草酸、硼酸、间苯二酚等均属于氢键型分子晶体。

### 9.2.4　金属晶体

金属原子、金属离子和自由电子通过金属键结合在一起形成的晶体称为**金属晶体**。金属晶体晶格结点上的粒子为金属原子或金属离子。金属晶体有金属光泽，良好的导电、导热性，优良的延展性，而不同晶体其硬度和熔、沸点差别较大。例如，Hg 的熔点为 −38.87℃，而 W 的熔点为 3410℃；金属 Na 的硬度是 0.4，而金属 Cr 的硬度为 9.0。在金属晶体中，粒子采取紧密堆积结构。常见的紧密堆积结构有六方、面心立方和体心立方三种（如图 9-8 所示）。

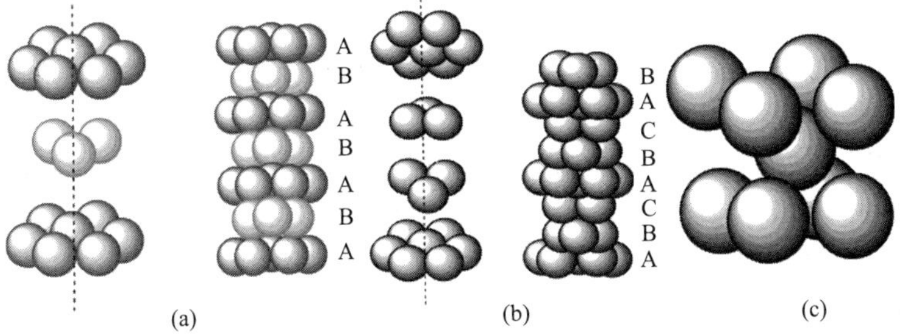


图 9-8　六方紧密堆积（a）、面心立方紧密堆积（b）和体心立方紧密堆积（c）

以上先后介绍了四种晶体的基本构型和特性，现小结于表 9-5 中。

**表 9-5　四种晶体的结构和特性**

| 晶体类型 | 晶格上的结点 | 质点间作用力 | 晶体特性 | 实例 |
|---|---|---|---|---|
| 原子晶体 | 原子 | 共价键 | 熔点极高、硬度极大、不导电 | 金刚石、硅、硼、SiC、AlN、$SiO_2$ |
| 离子晶体 | 阴、阳离子 | 静电引力 | 熔点较高、略硬而脆。除固体电解质外，固态时一般不导电（熔化或溶于水时能导电） | 活泼金属的氧化物和盐类等，如 NaCl、CsCl、ZnS、$CaF_2$、$TiO_2$ |
| 分子晶体 | 分子 | 范德华力<br>氢键 | 熔点低、硬度小、易挥发、不导电 | 稀有气体、多数非金属单质、非金属化合物、有机化合物等 |
| 金属晶体 | 金属原子<br>金属离子 | 金属键 | 具有良好的导电性、导热性、延展性，有金属光泽，熔点、硬度差别大 | Na、K、Fe、Mn、W、Ag 等大多数金属或合金 |

# *9.3　离子的极化

阴、阳离子自身产生的电场使周围离子的正、负电荷重心不再重合，产生诱导偶极，这个过程称为**离子极化**。离子极化的结果使物质在结构和性质上发生相应变化。离子极化与离子的电荷、半径和电子构型有关。

## 9.3.1　离子的特征

### 9.3.1.1　离子的电荷

简单阴、阳离子的电荷是在形成离子化合物过程中得、失电子时产生的，得、失电子数目就是离子的电荷数目，失去电子带正电荷，得到电子带负电荷。复杂离子或原子团的电荷是整个基团所带电荷数，如 $NH_4^+$ 带一个单位正电荷，$SO_4^{2-}$ 带两个单位负电荷。

### 9.3.1.2　离子的半径

离子半径有以下变化规律：

① 对同一主族具有相同电荷的离子而言，半径自上而下增大。例如，$Li^+ < Na^+ < K^+ < Rb^+ < Cs^+$；$Mg^{2+} < Ca^{2+} < Sr^{2+} < Ba^{2+}$；$F^- < Cl^- < Br^- < I^-$。

② 同周期元素的离子，从左到右随着核电核数的增加，阳离子半径减小，阴离子半径也减小。例如，$Na^{+}>Mg^{2+}>Al^{3+}$；$F^{-}<O^{2-}<N^{3-}$。

③ 同一元素能形成几种带不同电荷的正离子时，则高价离子的半径小于低价离子的半径。例如，$Fe^{3+}<Fe^{2+}$；$Sn^{4+}<Sn^{2+}$。同一元素其阴离子半径大于原子半径，阳离子半径小于原子半径。例如，$S^{2-}>S>S^{4+}>S^{6+}$。

④ 对等电子离子而言，半径随负电荷的降低和正电荷的升高而减小。例如，$O^{2-}>F^{-}>Na^{+}>Mg^{2+}>Al^{3+}$。

⑤ 相同电荷的过渡元素和内过渡元素正离子的半径均随原子序数的增加而减小。例如，$Ce^{3+}>Pr^{3+}>Nd^{3+}$。

⑥ 周期表中处于相邻族的左上方和右下方对角线位置的正离子半径相近。如 $Li^{+}$(60pm)—$Mg^{2+}$ (65pm)，$Na^{+}$ (95pm)—$Ca^{2+}$ (99pm)，$Sc^{3+}$ (81pm)—$Zr^{4+}$ (80pm)。

**9.3.1.3 离子的电子构型**

简单的阴离子都具有 8 电子的稳定结构，不存在不同电子构型问题。对于阳离子来讲，离子的电子构型一般分为以下几种：

① 2 电子构型（$ns^2$），最外层为 2 个电子，如 $Li^{+}$、$Be^{2+}$ 等。

② 8 电子构型（$ns^2np^6$），最外层为 8 个电子，如周期表中 s 区元素（除 H 和 Li）的离子。

③ (9～17) 电子构型（$ns^2np^6nd^{1\sim9}$），如 $Cu^{2+}$、$Fe^{2+}$、$Fe^{3+}$、$Cr^{3+}$、$Mn^{2+}$ 等。

④ 18 电子构型（$ns^2np^6nd^{10}$），如 $Cu^{+}$、$Ag^{+}$、$Zn^{2+}$、$Cd^{2+}$、$Hg^{2+}$ 等。

⑤ (18+2) 电子构型[$(n-1)s^2(n-1)p^6(n-1)d^{10}ns^2$]，如 $Pb^{2+}$、$Sn^{2+}$、$Bi^{3+}$ 等。

离子的电子构型对性质的影响主要和离子极化过程有关。

### 9.3.2 离子的极化过程

离子和分子一样，也具有变形性。对孤立的简单离子来说，离子的电荷分布基本上是球形对称的，离子本身正、负电荷中心是重合的，不存在偶极。但当离子置于电场中，离子的原子核就会受到正电场的排斥和负电场的吸引，而离子中的电子则会受到正电场的吸引和负电场的排斥，离子就会发生变形而产生诱导偶极，这个过程称为**离子的极化**。

离子本身带有电荷，当电荷相反的离子相互接近时，彼此使另一离子正、负电荷重心发生相对位移而产生诱导偶极，该过程也是离子的极化过程。也就是说离子的极化过程就是使对方离子变形产生诱导偶极的过程。离子间的极化是双方同时发生的，导致了双方不同程度的变形。因此，离子极化的强弱取决于离子的极化力和变形性。

**9.3.2.1 极化力**

**极化力**是使异号离子变形产生诱导偶极的能力。阳离子半径小，电场强，极化力也较强。阴离子半径大，电场弱，主要考虑它的变形性。影响极化力大小的因素有以下几个。

① 正电荷数　阳离子带的电荷越多，极化力就越强。

② 半径　阳离子半径越小，电场越集中，极化力就越强。

③ 电子构型　实验表明，当电荷相当、半径相近时，极化力的大小取决于它的电子构型。实践证明，不同电子构型极化力的排序为 8 电子构型<(9～17) 电子构型<18 电子构型<(18+2) 电子构型。

在以上三个因素中，电荷、离子半径是决定性条件，只有当这两个条件相近时，离子的电子构型才起明显作用。

**9.3.2.2 离子的变形性**

受异号离子极化而发生电子云变形的性能称为离子的**变形性**。影响离子变形性大小的因素主要有以下几个。

（1）半径

离子半径越大，离子越易变形。离子半径越大，其外层电子离核越远，核对它的吸引力越小，所以易变形。如 $Li^+ < Na^+ < K^+ < Rb^+ < Cs^+$；$F^- < Cl^- < Br^- < I^-$。

（2）电荷

电子构型相同、半径相近时，正电荷越低、负电荷越高，变形性越大。如 $O^{2-} > F^- > Na^+ > Mg^{2+} > Al^{3+} > Si^{4+}$；$S^{2-} > Cl^-$。

（3）电子构型

不同电子构型的阳离子变形性的排序为 8 电子构型<(9～17) 电子构型<18 电子构型和(18+2) 电子构型。

（4）复杂离子、对称性高的离子

这类离子的变形性通常都较小，并且复杂阴离子中心原子的氧化数越高，越不易变形。例如，$ClO_4^- < ClO_3^- < NO_3^- < OH^-$。

离子变形性大小可用离子极化率度量。**离子极化率**（$\alpha$）定义为离子在单位电场中受极化所产生的诱导偶极矩（$\mu$）。

$$\alpha = \frac{\mu}{E}$$

显然，$E$ 一定时，$\mu$ 越大，$\alpha$ 也越大，即离子变形性越大。

实验证明，最容易变形的是体积大的阴离子和 18 及（18+2）电子构型少电荷的阳离子；最不容易变形的是半径小、电荷数多的稀有气体构型的阳离子。

### 9.3.3 离子的极化规律

一般来说，阳离子带正电荷，外电子层上少了电子，所以极化力较强，变形性一般不大；而阴离子半径一般较大，外层上又多了电子，所以容易变形，极化力较弱。因此，当阴、阳离子相互作用时，多数情况下，阴离子对阳离子的极化作用可以忽略，仅考虑阳离子对阴离子的极化作用，即阳离子使阴离子发生变形，产生诱导偶极，如图 9-9 所示。其一般规律如下：

① 阴离子半径相同时，阳离子的电荷越多，阴离子越容易受极化，产生的诱导偶极越大，如图 9-9(a) 所示。

② 阳离子的电荷相同时，阳离子半径越大，阴离子受极化程度越小，产生的诱导偶极越小，如图 9-9(b) 所示。

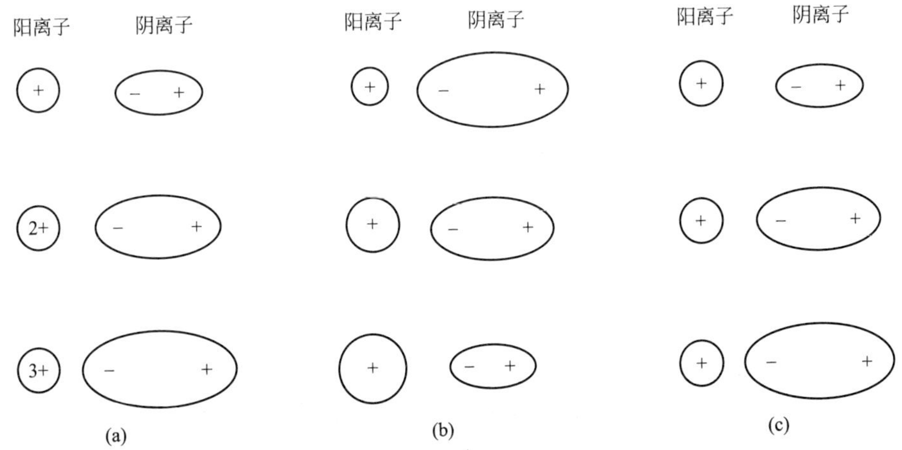


图 9-9　阴离子极化规律示意图

③ 阳离子的电荷相同、大小相近时，阴离子半径越大，越容易受极化，产生的诱导偶极越大，如图 9-9(c) 所示。

### 9.3.4 离子的附加极化作用

当阳离子也容易变形时，除要考虑阳离子对阴离子的极化作用外，还必须考虑阴离子对阳离子的极化作用。阴离子受极化所产生的诱导偶极会反过来诱导变形性大的稀有气体型阳离子，使阳离子也发生变形。阳离子所产生的诱导偶极会加强阳离子对阴离子的极化能力，使阴离子诱导偶极增大，这种效应叫**附加极化作用**，如图 9-10 所示。

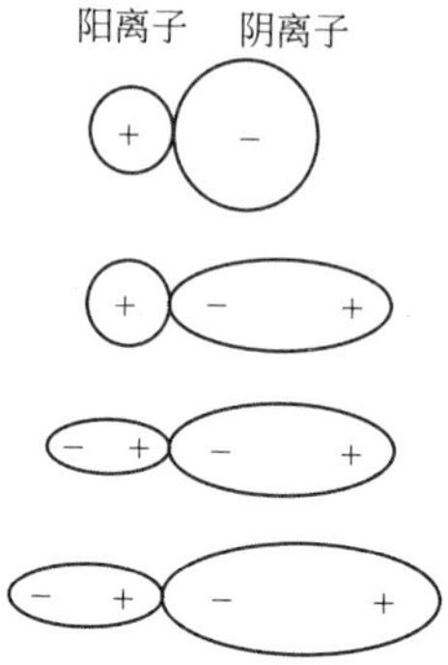


图 9-10 离子附加极化作用示意图

在离子晶体中，每个离子的总极化能力等于该离子固有的极化力和附加极化力之和。

### 9.3.5 离子极化对物质结构和性质的影响

离子的极化作用使化学键的极性减弱，化合物的键型及晶型发生改变，因此物理性质也发生相应的变化，主要体现在以下几个方面。

#### 9.3.5.1 极化对键型的影响

离子极化作用不同程度地存在于阴、阳离子之间。当极化力强、变形性大的阳离子与变形性大的阴离子相互接触时，由于阴、阳离子相互极化作用显著，阴离子的电子云便会向阳离子偏移，同时阳离子的电子云也会发生相应变形。这导致阳、阴离子外层轨道不同程度地发生重叠，阴、阳离子的核间距缩短（即键长缩短），键的极性减弱，从而使化合物的化学键从离子键向共价键过渡，如图 9-11 所示。

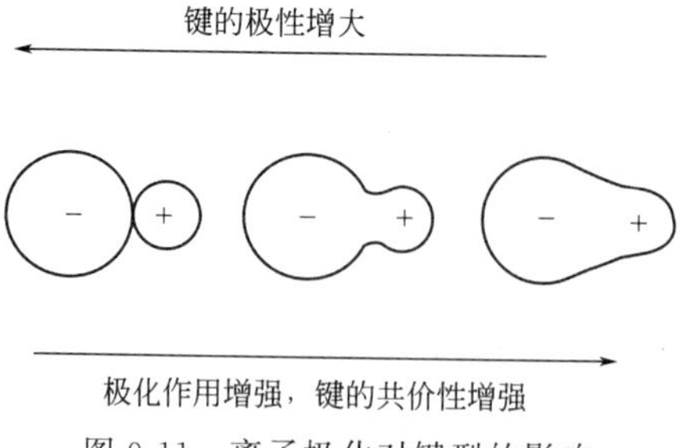


图 9-11 离子极化对键型的影响

#### 9.3.5.2 极化对晶型转变的作用

当阳离子的极化力很强、阴离子变形性很大时，足够的诱导偶极所产生的附加作用力会破坏离子的振动规律，缩短离子间距离，使晶体向配位数减小的晶体构型转化。例如，从 AgF 到 AgI，随着极化作用的增强，化合物的晶体类型也发生了改变，如 AgI 的晶体类型由 NaCl 型变为了 ZnS 型，如表 9-6 所示。

**表 9-6 极化对卤化银晶型的影响**

| 化合物 | AgF | AgCl | AgBr | AgI |
|---|---|---|---|---|
| $r^+/r^-$ | 0.85 | 0.63 | 0.57 | 0.51 |
| 晶体类型 | NaCl | NaCl | NaCl | ZnS |
| 配位数 | 6∶6 | 6∶6 | 6∶6 | 4∶4 |

应用离子极化解释一些物理性质时，有时也会出现例外。离子极化概念一般对同系列化合物物理性质变化的解释较为适用。

#### 9.3.5.3 极化作用对物理性质的影响

(1) 熔点降低

在 NaCl、$MgCl_2$、$AlCl_3$ 化合物中，阳离子极化力：$Al^{3+}>Mg^{2+}>Na^+$，化合物的极化作用：$AlCl_3>MgCl_2>NaCl$，NaCl 保持典型的离子化合物特点，而 $AlCl_3$ 的性质接近于共价化合物的性质，所以熔点：$NaCl>MgCl_2>AlCl_3$。

(2) 溶解度减小

从 $F^-$ 到 $I^-$，随着离子半径增大，离子的变形性增大，极化作用增强，所以，溶解度：AgF>AgCl>AgBr>AgI。NaCl 比 CuCl 的溶解度大，其原因是阳离子的电子构型不同。$Na^+$ 为 8 电子构型，而 $Cu^+$ 为 18 电子构型，18 电子构型离子极化力远大于 8 电子构型的离子，所以 CuCl 的极化作用强于 NaCl，CuCl 向共价键转变，导致了 CuCl 的溶解度小于 NaCl 的溶解度。

(3) 颜色加深

离子极化作用越强，轨道重叠程度就越大，电子跃迁时所需要的能量小，物质吸收长波长的光，使得化合物颜色加深。如 AgCl（白）、AgBr（浅黄色）、AgI（黄色）随着极化作用增强，化合物颜色加深。

## 习题

9.1 试推测下列物质可形成何种类型的晶体。

KCl、Si、Pt、$H_2S$、$O_2$

9.2 指出下列物质在晶体中质点间的作用力、晶体类型和熔点高低。

(1) KCl；(2) SiC；(3) $CH_3Cl$；(4) $NH_3$；(5) Cu；(6) Xe

9.3 解释下列事实。

(1) 金属 Al、Fe 可以压成片、抽成丝，但石灰石却不能；

(2) $SiO_2$ 熔点高于 $CO_2$；

(3) 冰的熔点高于干冰（固态 $CO_2$）；

(4) NaCl 易溶于水，而 CuCl 难溶于水。

9.4 为什么 $PF_5$ 的熔、沸点低于 $PCl_5$？$PCl_5$ 的熔、沸点低于 $PCl_3$？

9.5 已知晶体 NaF、ScN、TiC、MgO 的核间距相差不大，试推测这些化合物的熔、沸点和硬度大小次序。

9.6 将下列两组离子分别按离子极化力及变形性由小到大的次序重新排列。

(1) $Al^{3+}$ $Na^+$ $Si^{4+}$；(2) $Sn^{2+}$ $Ge^{2+}$ $I^-$

9.7 比较下列各组化合物离子极化作用强弱，并预测溶解度相对大小。

（1）ZnS、CdS、HgS；（2）$PbCl_2$、$PbBr_2$、$PbI_2$；（3）CaS、FeS、ZnS

9.8 试用离子极化的观点解释 AgF 易溶于水，而 AgCl、AgBr、AgI 难溶于水，并且由 AgF 到 AgCl、由 AgBr 到 AgI 溶解度依次减小的现象。

9.9 已知 $AlF_3$ 为离子键型化合物，$AlCl_3$、$AlBr_3$ 为过渡键型化合物，$AlI_3$ 为共价键型化合物，试说明它们键型存在差别的原因。

9.10 $r(Cu^+)<r(Ag^+)$，所以 $Cu^+$ 的极化力大于 $Ag^+$，但 $Cu_2S$ 的溶解度却大于 $Ag_2S$，何故？

# 第10章 配合物的结构与性质

配合物是结构复杂、不符合经典化学键理论的一类物质。例如，将氨水滴入无水 $CoCl_3$ 溶液中，会得到一种新的物质，其组成为 $CoCl_3 \cdot 6NH_3$。它的性质和结构均证明 $CoCl_3 \cdot 6NH_3$ 不是 $CoCl_3$ 的简单氨合物，那么这种新物质的价键是怎样的呢？1893 年，瑞士化学家维尔纳（A. Werner）提出了配位理论，把这种价键称为配位键，将这类化合物归为配位化合物（简称配合物），因而维尔纳也被看作是近代配位化学的创始人。

迄今为止，配合物已大量进入了人们的生产、生活。几乎所有元素都能形成配合物，其数量已远远超过常规的无机化合物。研究配合物也成为化学领域中一门独立的学科，即配位化学。配合物及配位化学的应用极为广泛，在原子能工业、催化、光电磁性材料、石油化工、电镀工艺、环境保护、医药、农作物生长及分析化学等方面起着重要作用。

## 10.1 配合物的基本概念

常见的无机物是原子间通过离子键或共价键结合而成的简单化合物，如 NaCl、$CuSO_4$、AgCl、$H_2O$、$NH_3$、CO、$CO_2$ 等，这些简单化合物还可以相互加合形成一些复杂化合物，例如，

$$CuSO_4 + 4NH_3 = [Cu(NH_3)_4]SO_4$$

$$AgCl + 2NH_3 = [Ag(NH_3)_2]Cl$$

在 $[Cu(NH_3)_4]SO_4$ 或 $[Ag(NH_3)_2]Cl$ 溶液中，除 $[Cu(NH_3)_4]^{2+}$、$SO_4^{2-}$、$[Ag(NH_3)_2]^+$、$Cl^-$ 外，几乎检测不出 $Cu^{2+}$、$Ag^+$ 和 $NH_3$，说明 $Cu^{2+}$、$Ag^+$ 与 $NH_3$ 间存在特殊的相互作用，而且这种相互作用既不同于分子间作用力也不同于一般的化学键。像 $[Cu(NH_3)_4]^{2+}$、$[Ag(NH_3)_2]^+$ 这样的复杂离子不仅存在于晶体中，也存在于水溶液中，人们将 $Cu^{2+}$、$Ag^+$ 与 $NH_3$ 之间的作用力称为配位键，将 $[Cu(NH_3)_4]SO_4$、$[Ag(NH_3)_2]Cl$ 这一类物质称为配合物。

### 10.1.1 配合物的定义

随着配位化学的不断发展，人们提出了各种有关配合物的定义，然而每一个定义都很快被新型配合物的出现和对配合物结构的新认识所打破。

《无机化学命名原则》对配合物的定义："配合物是由可以给出孤电子对或多个不定域电子的一定数目的离子或分子（称为配体）和具有接受孤电子对或多个不定域电子的空位的原子或离子（统称中心原子）按一定的组成和空间构型所形成的化合物。"简而言之，即由中心原子（或离子）和配体分子（或离子）以配位键相结合而形成的复杂分子或离子通常称为配位单元，含有配位单元的化合物称为配合物。如 $[Ag(NH_3)_2]Cl$、$K_2[PtCl_6]$、$[Ni(CO)_4]$、$[Fe(CO)_5]$、$[Cu(NH_3)_4]SO_4$ 等。

### 10.1.2 配合物的组成

配合物是由中心原子与配体在一定条件下形成的，除配分子外，配合物均由内界和外界

构成，下面以具体的配合物为例进行详细说明。

#### 10.1.2.1 内界与外界

**内界**是指中心离子（或原子）与配体以配位键紧密结合而形成的一个稳定的整体。如 $[Ag(NH_3)_2]Cl$ 中的 $[Ag(NH_3)_2]^+$ 为内界，通常用方括号"[]"将其标明。配合物的内界多为带电荷的**配离子**，也有不带电荷的配位分子。配合物的性质主要取决于内界的性质，内界是配合物的特征部分。

配离子的电荷数等于中心原子（或离子）与配体电荷数的代数和，内界可以是阳离子，如 $[Ni(NH_3)_4]^{2+}$、$[Zn(NH_3)_4]^{2+}$；也可以是阴离子，如 $[Fe(CN)_6]^{3-}$、$[Ni(CN)_4]^{2-}$、$[AlF_6]^{3-}$ 等；还可以是中性分子，如 $[Ni(CO)_4]$。为了使配合物分子呈电中性，配离子会结合等量的带异号电荷的离子，这些等量的带异号电荷的离子称为配合物的**外界**，如 $[Cu(NH_3)_4]SO_4$，其组成与结构如图 10-1 所示。

内界与外界之间是以离子键结合的，在水溶液中类似于强电解质，会发生解离。也有些配合物的阴、阳离子均是配离子，两部分为各自的内界，如 $[Cu(NH_3)_4][PtCl_4]$。

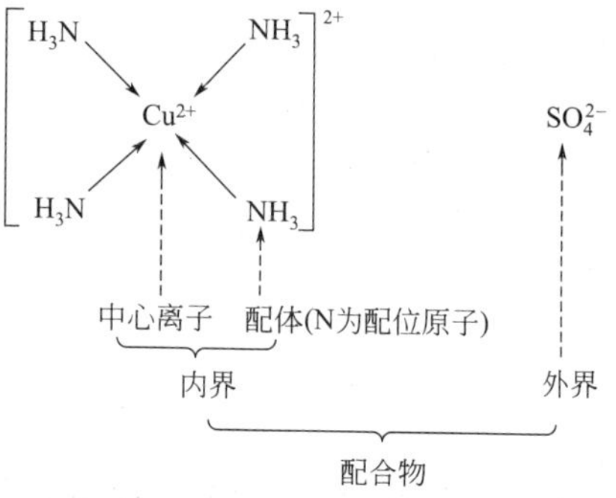


图 10-1 $[Cu(NH_3)_4]SO_4$ 的组成与结构

#### 10.1.2.2 形成体

中心离子（或原子）位于配位单元的几何中心，又称为配合物的**形成体**。一般情况下，形成体的半径较小，容易接受孤对电子，易与配位原子形成配位键。形成体可以是金属离子，如 $Cu^{2+}$、$Mn^{2+}$、$Co^{2+}$、$Fe^{3+}$、$La^{3+}$ 等；也可以是中性原子，如 $[Ni(CO)_4]$、$[Fe(CO)_5]$、$[Cr(CO)_6]$ 中的 Ni、Fe 和 Cr；少数高氧化态的非金属元素也可作为形成体，如 $[BF_4]^-$、$[SiF_6]^{2-}$、$[PF_6]^-$ 中的 B(Ⅲ)、Si(Ⅳ)、P(Ⅴ) 等。

#### 10.1.2.3 配体与配位原子

**配体**是指含有配位原子的中性分子或离子，如 $H_2O$、$NH_3$、$F^-$、$SO_4^{2-}$、$SCN^-$、$NO_3^-$ 等。**配位原子**是指配体中给出孤电子对与形成体直接形成配位键的原子。常见配位原子有 O、S、N、C、F、Cl、Br、I 等。根据配体在配合物中所提供的配位原子的数目，可把配体分为两大类：单齿配体和多齿配体。含有单个配位原子的配体为**单齿配体**；含有两个或两个以上配位原子的配体为**多齿配体**，多齿配体与形成体形成的配合物称为螯合物（chelate）。常见的单齿配体见表 10-1，多齿配体见表 10-2。

**表 10-1 常见的单齿配体**

| | |
|---|---|
| 卤素配体 | $F^-$、$Cl^-$、$Br^-$、$I^-$ |
| 以 O 原子作为配位原子的配体 | $H_2O$、$OH^-$、$O_2^{2-}$、ROH、$RCOO^-$、$R_2O$(醚类)、$ONO^-$（亚硝酸根）、$CO_3^{2-}$、$PO_4^{3-}$、$SO_4^{2-}$ |
| 以 S 原子作为配位原子的配体 | $S^{2-}$、$SCN^-$、$CH_3S^-$、RSH(硫醇)、RSAr(硫醚) |
| 以 N 原子作为配位原子的配体 | $NH_3$、$NO_3^-$、NO(亚硝基)、$NCS^-$（异硫氰酸根）、$C_5H_5N$(吡啶)、$RNH_2$、$R_2NH$、$R_3N$ |
| 以 P 原子作为配位原子的配体 | $PH_3$、$PR_3$、$PF_3$、$PCl_3$、$PBr_3$ |
| 以 C 原子作为配位原子的配体 | CO(羰基)、$CN^-$（氰根）、RNC |

**表 10-2　常见的多齿配体**

| 分子式 | 名称 | 缩写符号 |
| --- | --- | --- |
| 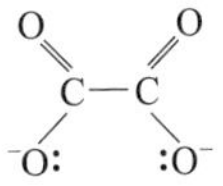 | 草酸根 | ox |
| 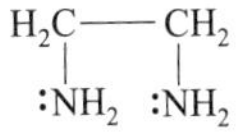 | 乙二胺 | en |
| 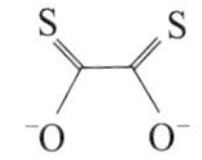 | 二硫代草酸根 | dto |
| 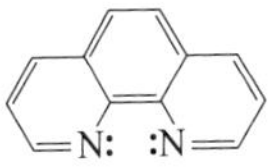 | 邻菲咯啉 | *o*-phen |
| 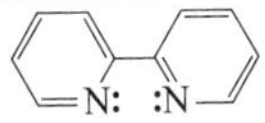 | 联吡啶 | bpy |
| 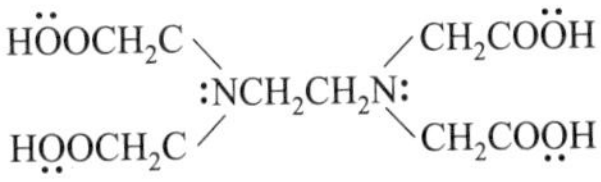 | 乙二胺四乙酸 | $H_4EDTA$ |

为了减少孤电子对间的斥力，形成体的空轨道在接受配体的孤电子对时，配位原子应尽可能地彼此远离。对于配体中含有多个孤电子对的原子，如 NO 中的 N、O，这两原子连接或间隔太小，存在空间效应，因此也只能有一个原子作为配位原子。由于 N 的电负性小于 O，因而 N 给电子能力强，通常为配位原子。同理，$CN^-$ 作配体时，C 作为配位原子。

### 10.1.2.4　配体数与配位数

配体数是指配合物中配体的总数，而配位数是形成体与配体间的配位键数，注意不要将二者混淆。通常由单齿配体形成的配合物，配体数等于配位数，例如，$[Co(NH_3)_6]Cl_3$ 中配位数是 6，有 6 个 N 原子与 Co 配位，配体数也是 6；而由多齿配体形成的配合物，通常配体数小于配位数，配位数为配离子中配体数与配体齿数乘积的加和，如 $[Cu(en)_3]$ 中配体数为 3，由于配体是双齿配体，配位数为 6。

配位数与形成体和配体的半径、电荷及外界实验条件有关。

(1) 形成体的影响

形成体的电荷数越多，对配体的吸引能力越强，配位数就越大。如 $[Fe(CN)_6]^{4-}$ 中 $Fe^{2+}$ 的配位数为 6，$[Fe(CN)_7]^{4-}$ 中 $Fe^{3+}$ 的配位数为 7。当形成体的电荷数相同时，半径越大，其周围可容纳较多配体，易形成高配位的配合物。如 $Al^{3+}$ 和 $F^-$ 可以形成配位数为 6 的 $[AlF_6]^{3-}$，而半径较小的 $B^{3+}$ 只能形成配位数为 4 的 $[BF_4]^-$。但形成体半径过大时，它对配体的吸引能力减小，配体与形成体的结合力减弱，配位数反而会减小。如 $Cd^{2+}$ 和 $Cl^-$ 形成配位数为 6 的 $[CdCl_6]^{4-}$，而半径较大的 $Hg^{2+}$ 和 $Cl^-$ 形成配位数为 4 的 $[HgCl_4]^{2-}$。

(2) 配体的影响

配体的负电荷越多，配体间斥力增大，配位数减小。如 $Zn^{2+}$ 和 $NH_3$ 形成配位数为 6 的 $[Zn(NH_3)_6]^{2+}$，而 $Zn^{2+}$ 和电荷数较多的 $OH^-$ 形成配位数为 4 的 $[Zn(OH)_4]^{2-}$。对于同一形成体来说，随着配体半径的增加，形成体周围能容纳的配体数目减少，因而配位数减小。如半径较大的 $Cl^-$ 与 $Al^{3+}$ 配位时，只能形成配位数为 4 的 $[AlCl_4]^-$，而半径较小的 $F^-$ 与 $Al^{3+}$ 配位时，可形成配位数为 6 的 $[AlF_6]^{3-}$。

（3）外界条件的影响

配体的浓度越大，反应温度越低，越容易形成高配位的配合物。如 $Fe^{3+}$ 与 $SCN^-$ 形成配离子时，随 $SCN^-$ 浓度的增大，配位数可以从 1 增大到 6，随溶液温度升高，配位数降低。

**【例题 10-1】** 指出配合物 $K[Fe(en)Cl_2Br_2]$ 的形成体、形成体氧化数、配体、配位原子、配体数、配位数、配离子电荷、外界离子。

**解**

| | |
|---|---|
| 形成体：$Fe^{3+}$ | 形成体氧化数：+3 |
| 配体：en、$Cl^-$、$Br^-$ | 配位原子：N、Br、Cl |
| 配体数：5 | 配位数：6 |
| 配离子电荷：−1 | 外界离子：$K^+$ |

### 10.1.3 配合物的命名

配合物的命名遵循无机化合物的命名原则，命名时，阴离子在前，阳离子在后。

#### 10.1.3.1 配离子的命名

配体的名称写在形成体的前面，用“合”连接起来。不同配体的命名顺序与书写顺序一致，配体间用圆点“·”分开，配体的数目用倍数词头一、二、三、四等数字表示，形成体的氧化数用圆括号括起来，并用罗马数字标明，可概括为“配体+合+形成体（氧化数）”。如 $[SiF_6]^{2-}$ 称为六氟合硅（Ⅳ），$[Zn(NH_3)_4]^{2+}$ 称为四氨合锌（Ⅱ），$[Pt(en)_2]^{2+}$ 称为二乙二胺合铂（Ⅱ）。

#### 10.1.3.2 含配阴离子配合物的命名

命名为“配离子+酸+外界阳离子”。如 $K_3[Fe(CN)_6]$ 称为六氰合铁（Ⅲ）酸钾。若配合物含有结晶水时，应说明结晶水的个数，并在结晶水和配合物间加一个“合”，如 $K_2[Fe(CN)_6]\cdot 3H_2O$ 称为三水合六氰合铁（Ⅱ）酸钾。若外界阳离子为氢离子，则在配阴离子之后缀以“酸”，如 $H_2[PtCl_6]$ 称为六氯合铂（Ⅳ）酸。

#### 10.1.3.3 含配阳离子配合物的命名

命名为“外界阴离子+化（或酸）+配阳离子”。至于用“化”还是用“酸”，要与普通无机物的命名相对应。若外界为无氧酸根，称为某化某；若外界为含氧酸根，称为某酸某；若外界为氢氧根，称为氢氧化某。如 $[Ag(NH_3)_2]Cl$ 称为氯化二氨合银（Ⅰ），$[Cu(NH_3)_4]SO_4$ 称为硫酸四氨合铜（Ⅱ），$[Zn(NH_3)_4](OH)_2$ 称为氢氧化四氨合锌（Ⅱ）。

#### 10.1.3.4 配离子中配体的排列次序

当配合物中含有多个配体时，配体间用“·”分开，并遵循以下规则：

① 先无机配体后有机配体。如 $K[SbCl_5(C_6H_5)]$ 的命名，氯离子在苯基之前，称为五氯·苯基合锑（Ⅴ）酸钾。

② 先阴离子配体后中性分子配体。如 $[PtCl_2(NH_3)_4]Cl_2$ 的命名，氯离子在氨分子之前，称为二氯化二氯·四氨合铂（Ⅳ）。

③ 同类配体，按配位原子元素符号的英文字母顺序排列。如 $[Co(NH_3)_5H_2O]Cl_3$ 的命名，由于英文字母中 N 排列在 O 之前，所以氨排在水之前，称为三氯化五氨·一水合钴（Ⅲ）。

④ 同类配体，若配位原子相同，原子数较少的配体写在前面。如 $[Pt(NO_2)_2NH_3(NH_2OH)]$ 的命名，硝基在氨之前，氨在羟胺之前，称为二硝基·一氨·一羟胺合铂

(Ⅱ)。

⑤ 同类配体，若配位原子和所含原子数目均相同，则按与配位原子相连的其他原子的字母排列次序排列。如 $[Pt(NH_2)(NO_2)(NH_3)_2]$ 的命名，由于英文字母中 H 排在 O 之前，所以氨基排在硝基之前，称为氨基·硝基·二氨合铂（Ⅱ）。

⑥ 当配合物中含有两个配体时，若配体组成相同、配位原子不同，其命名也不同。例如，$SCN^-$ 作为配体时，配位原子为 S，则命名为硫氰酸根；$NCS^-$ 作配体时，配位原子为 N，则命名为异硫氰酸根。例如，$[Co(NSC)_2(SCN)_2]$ 命名为二异硫氰酸根·二硫氰酸根合钴（Ⅳ）。同样地，当 $ONO^-$ 作为配体时，配位原子为 O，则命名为亚硝酸根，$NO_2^-$ 作配体时，配位原子为 N，则命名为硝基。

多个配体按配位原子的字母顺序排列时，配体与配体之间用“·”分开，以避免混淆一些复杂配体。

#### 10.1.3.5 无外界配合物的命名

没有外界的配位化合物命名同配位离子的命名方法相同，形成体的氧化数可不标明。如 $[Ni(CO)_4]$ 称为四羰基合镍，$[Fe(CO)_5]$ 称为五羰基合铁，$[Co(NO_2)_3(NH_3)_3]$ 称为三硝基·三氨合钴（Ⅲ）。

#### 10.1.3.6 常见配合物的俗名

有些配合物应用比较广泛，常用一些俗名对其进行命名，见表 10-3。

**表 10-3 一些常见配合物的命名**

| 类别 | 化学式 | 系统命名 | 俗名 |
|---|---|---|---|
| 配位酸 | $H[AuCl_4]$ | 四氯合金(Ⅲ)酸 | 氯金酸 |
| | $H_2[PtCl_6]$ | 六氯合铂(Ⅳ)酸 | 氯铂酸 |
| | $H_2[PtCl_4]$ | 四氯合铂(Ⅱ)酸 | 氯亚铂酸 |
| | $H_2[SiF_6]$ | 六氟合硅(Ⅳ)酸 | 氟硅酸 |
| 配位碱 | $[Ag(NH_3)_2]OH$ | 氢氧化二氨合银(Ⅰ) | |
| 配位盐 | $K_3[Fe(CN)_6]$ | 六氰合铁(Ⅲ)酸钾 | 铁氰化钾(赤血盐) |
| | $K_4[Fe(CN)_6]$ | 六氰合铁(Ⅱ)酸钾 | 亚铁氰化钾(黄血盐) |
| | $K_2[PtCl_6]$ | 六氯合铂(Ⅳ)酸钾 | 氯铂酸钾 |
| | $Na_3[AlF_6]$ | 六氟合铝(Ⅲ)酸钠 | 氟铝酸钠、冰晶石 |
| 中性分子 | $[(NH_4)_2Pt]Cl_6$ | 六氯合铂(Ⅳ)酸铵 | 氯铂酸铵 |
| 配离子 | $[Ag(NH_3)_2]^+$ | 二氨合银(Ⅰ)离子 | 银氨配离子 |
| | $[Cu(NH_3)_4]^{2+}$ | 四氨合铜(Ⅱ)离子 | 铜氨配离子 |

### 10.1.4 配合物的空间构型和异构现象

配合物的空间（几何）构型与形成体的杂化类型及配位数有关，常见的空间（几何）构型如图 10-2 所示。

配合物中也存在化学式相同但结构和性质不同的异构现象。配合物的异构现象是配合物的重要性质之一，它与配合物的物理、化学性质等密切相关。配合物的异构现象主要有两大类——结构异构（或称为构造异构）和立体异构（或称为空间异构）。当配体与形成体的键连关系相同，但形成体周围各配体的位置或在空间的排列次序不同时会产生**立体异构**，若配体与形成体的键连关系不同时会产生**结构异构**。

#### 10.1.4.1 结构异构

组成相同但键连关系不同是结构异构的特点，主要有解离异构、水合异构、配位异构和键合异构等类型。

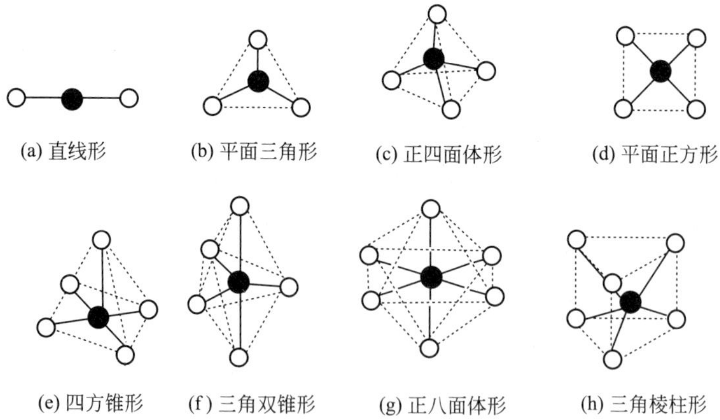


图 10-2　配合物常见的空间（几何）构型

（1）解离异构

组成相同的配合物，在水溶液中解离得到不同配位化合物内界和外界离子的现象称为**解离异构**。例如，$[Co(SO_4)(NH_3)_5]Br$（红色）与 $[CoBr(NH_3)_5]SO_4$（紫色）互为解离异构体，前者在水溶液中解离出的离子是 $[Co(SO_4)(NH_3)_5]^+$ 和 $Br^-$，当向溶液中加入 $AgNO_3$ 溶液时，会产生浅黄色 AgBr 沉淀；而后者在水溶液中解离出的离子是 $[CoBr(NH_3)_5]^{2+}$ 和 $SO_4^{2-}$，加入 $AgNO_3$ 溶液时无黄色沉淀生成，但向溶液中加入 $BaCl_2$ 溶液时，产生白色 $BaSO_4$ 沉淀。

（2）水合异构

由于水分子在内、外界造成的解离异构称为**水合异构**。如 $[Cr(H_2O)_4Cl_2]Cl \cdot 2H_2O$、$[Cr(H_2O)_5Cl]Cl_2 \cdot H_2O$ 和 $[Cr(H_2O)_6]Cl_3$ 各含有 4、5、6 个配位水分子。$[Cr(H_2O)_6]Cl_3$ 的溶液呈紫罗兰色，加入 $AgNO_3$ 溶液，所有的 $Cl^-$ 立即沉淀出来。$[Cr(H_2O)_5Cl]Cl_2 \cdot H_2O$ 的溶液呈绿色，加入 $AgNO_3$ 溶液时，只有$\frac{2}{3}$的 $Cl^-$ 被沉淀。$[Cr(H_2O)_4Cl_2]Cl \cdot 2H_2O$ 的溶液也呈绿色，加入 $AgNO_3$ 溶液时，只有$\frac{1}{3}$的 $Cl^-$ 生成沉淀。

（3）配位异构

当形成配合物的阳离子和阴离子皆为配离子时才有可能产生**配位异构**，整个配合物的组成相同，只是配体在配阴离子和配阳离子之间的分配不同而引起异构现象。例如，$[Co(NH_3)_6][Cr(CN)_6]$ 中的 $Co^{3+}$ 与 $Cr^{3+}$ 交换配体，得到其配位异构体 $[Cr(NH_3)_6][Co(CN)_6]$。

（4）键合异构

**键合异构**是由于多齿配体以不同配位原子与形成体配位所产生的异构现象。例如 $[Co(NO_2)(NH_3)_5]Cl_2$ 与 $[Co(ONO)(NH_3)_5]Cl_2$ 属于键合异构体。$[Co(NO_2)(NH_3)_5]Cl_2$ 为土黄色晶体，在空气中能稳定存在；$[Co(ONO)(NH_3)_5]Cl_2$ 是红色晶体，在空气中不稳定，久置会逐渐转变为稳定的硝基异构体。前者的配体 $NO_2^-$ 中的 N 原子为配位原子，后者的配体 $ONO^-$ 中的 O 原子为配位原子。

### 10.1.4.2　立体异构

立体异构的特点是键连关系相同。其中，配体相互位置不同的为顺反异构（或几何异构），而配体相互位置关系相同但空间排布取向不同的为旋光异构（或对应异构）。

（1）顺反异构

**顺反异构**是指在配合物中，相同的配体相互靠近处于邻位（顺式）或彼此远离处于对位

（反式）而产生的异构现象。顺反异构常发生在配位数为 4 的平面正方形配合物和配位数为 6 的八面体配合物中。对于配位数为 2、3 及配位数为 4 的四面体配合物来说，不可能存在这类异构现象，因为在这些体系中所有的配体位置都是彼此相邻的。以平面正方形配合物 [$Pt(NH_3)_2Cl_2$] 为例，其有两种同分异构体。

反式(*trans*-)

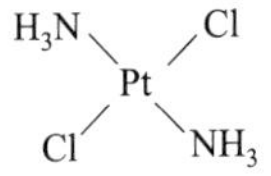


$\mu=0$　淡黄　$s=0.0366g(25℃)$

难溶于极性溶剂

顺式(*cis*-)

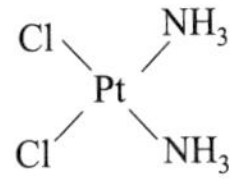


$\mu>0$　棕黄　$s=0.2523g(25℃)$

易溶于极性溶剂

同分异构体不仅物理性质不同，而且某些化学性质及生物活性也不同，如 *cis*-[$Pt(NH_3)_2Cl_2$] 具有良好的抗癌活性，称为顺铂（cisplatin）。当它进入人体后，能与 DNA（去氧核糖核酸）结合形成一种隐蔽的 *cis*-DNA 加合物，干扰 DNA 的复制，阻止癌细胞的再生、扩散。而 *trans*-[$Pt(NH_3)_2Cl_2$] 因其结构简单“笨拙”，生成后很快被细胞识别而被除掉，因此不具有抗癌功效。

对于配位数为 6 的八面体配合物来讲，异构现象取决于配体的种类和数目，常见的八面体形配合物（或配离子）的顺反异构情况见表 10-4。例如，$MX_4Y_2$ 和 $MX_3Y_3$ 的顺反异构体如图 10-3 所示。

**表 10-4　八面体形配合物（或配离子）的顺反异构情况**

| 类型 | 顺反异构体数目 | 实例 |
|---|---|---|
| $MX_4Y_2$ | 2 | [$Pt(NH_3)_4Cl_2$]$^{2+}$ |
| $MX_3Y_3$ | 2 | [$Pt(NH_3)_3Cl_3$]$^{+}$ |
| $MX_4YZ$ | 2 | [$Pt(NH_3)_4(OH)Cl$]$^{2+}$ |
| $MX_3Y_2Z$ | 3 | [$Pt(NH_3)_2(OH)_3Cl$] |
| $MX_2Y_2Z_2$ | 5 | [$Pt(NH_3)_2(OH)_2Cl_2$] |

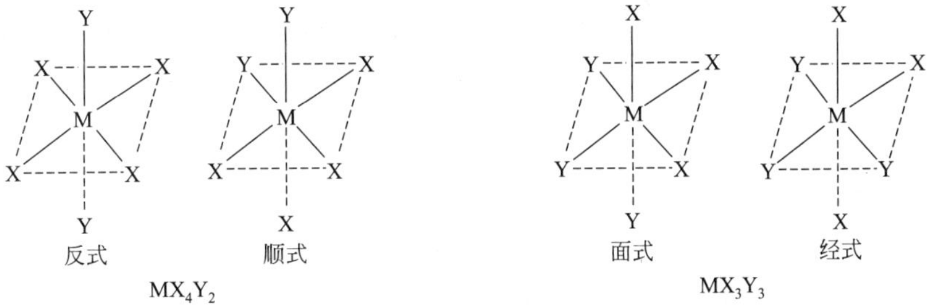


图 10-3　$MX_4Y_2$ 和 $MX_3Y_3$ 的顺反异构体

以 [$Pt(NH_3)_2(OH)_2Cl_2$] 为例说明 $MX_2Y_2Z_2$ 的五种顺反异构体的空间构型，如图 10-4 所示。

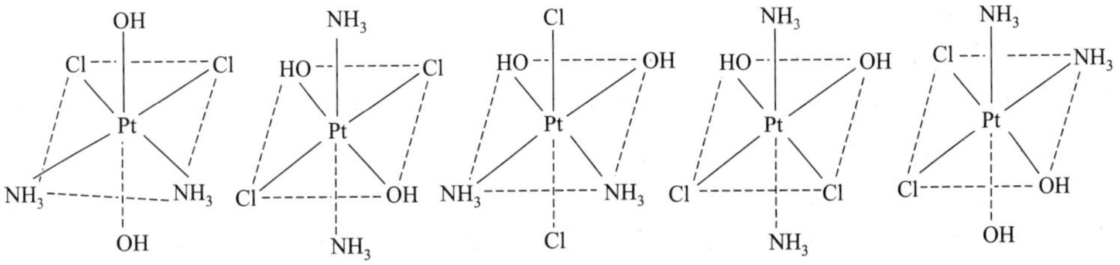

图 10-4　[$Pt(NH_3)_2(OH)_2Cl_2$] 的顺反异构体构型

（2）旋光异构

若一个分子的空间结构与其镜像不能重合，好比人的左手和右手，则该分子与其镜像互为**旋光异构体**。例如，[$CoClBr_2(NH_3)_2(H_2O)$] 存在两种不能完全重合的结构。

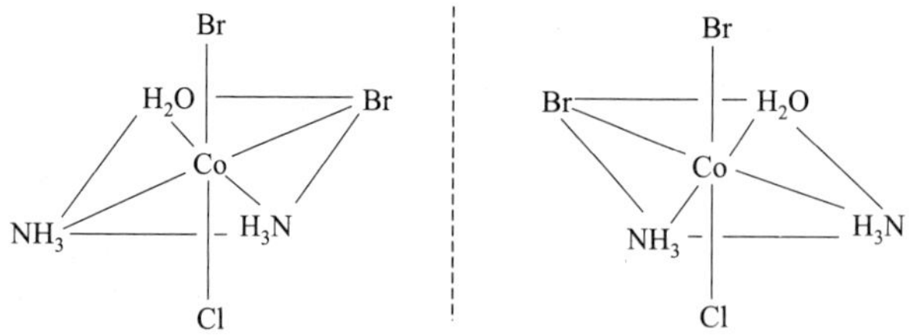


可以看出这两种结构虽不能重合，但两者互成镜像，就像人的左、右手，因此人们将这种性质称为**手性**（chirality）。手性化合物的特征性质是可使平面偏振光发生偏转。互成镜影的异构体偏振光的偏转角度相同、方向相反。若异构体的偏振光沿逆时针方向旋转称为**左旋异构体**，若异构体偏振光沿顺时针方向旋转则称为**右旋异构体**。

当配合物分子既不含对称面，又不含对称中心时，则该分子一般为手性分子，有旋光属性和旋光异构体。例如，四面体结构的四配位 MXYZW，其有旋光异构体，结构如图 10-5 所示。旋光异构体的许多化学性质和物理性质相同，只是光学性质和某些生物活性有所不同。在制备过程中，左、右旋异构体常以等量混合物的形式出现，表现不出旋光性质，称为**外消旋化合物**（racemic mixture）。这样的混合物用普通的物理、化学方法难以分离，一般选用含某种旋光异构体的色谱柱进行分离。

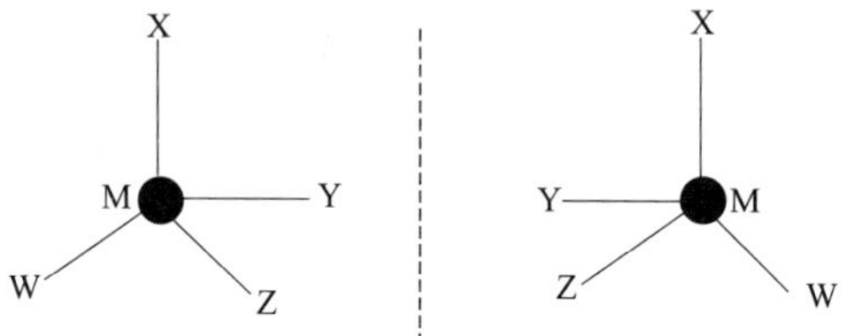


图 10-5　MXYZW 的旋光异构体

# 10.2　配合物的化学键理论

配位键指的是配体与形成体间的键，解释这种化学键的理论有价键理论、静电理论、晶体场理论、配位场理论、分子轨道理论等，但应用较广泛的是价键理论和晶体场理论，下面对其进行阐述。

## 10.2.1　价键理论

1931 年，美国化学家鲍林（L. Pauling）把杂化轨道理论应用于配合物的形成、几何构型、磁性等研究中。后经不断完善，形成了近代配合物价键理论（valence bond theory）。该理论认为形成配合物时，形成体（M）的某些价层空轨道在配体（L）作用下会发生杂化，用空的杂化轨道接受配体提供的孤电子对并形成配位键。下面对其基本要点及配合物的几何构型、稳定性、磁性与键型的关系进行介绍。

### 10.2.1.1　基本要点

① 形成体有空的价层轨道，配体中有可以提供孤电子对的配位原子。

② 形成体的价层空轨道首先杂化，杂化类型取决于形成体的价层电子构型和配体的数目及配位能力的强弱。常见的杂化类型有 sp、$sp^2$、$sp^3$、$dsp^2$、$sp^3d^2$、$d^2sp^3$ 等。

③ 形成体的杂化轨道与配位原子中含孤电子对的价层轨道重叠（形成体的价层空轨道接纳配体中配位原子上的孤对电子）成键，形成配合物，形成体中的配位键一般为 σ 配位键。

④ 形成体采取的杂化轨道类型决定了配离子的空间构型。

### 10.2.1.2　配合物的几何构型和配位键类型

（1）几何构型

由于形成体的杂化轨道具有一定的伸展方向，使得形成的配合物具有一定的几何构型，如表 10-5 所示。

表 10-5　轨道杂化类型与配合物的几何构型

| 配位数 | 杂化类型 | 几何构型 | 实例 |
| --- | --- | --- | --- |
| 2 | sp | 直线形  | $[Ag(NH_3)_2]^+$、$[Ag(CN)_2]^-$、$[CuCl_2]^-$、$[Hg(NH_3)_2]^{2+}$ |
| 3 | $sp^2$ | 平面三角形 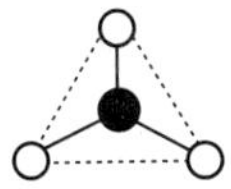 | $[CuCl_3]^{2-}$、$[HgI_3]^-$ |
| 4 | $dsp^2$ | 平面正方形 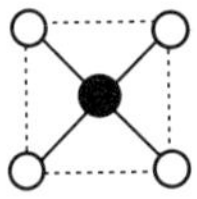 | $[Ni(CN)_4]^{2-}$、$[Cu(NH_3)_4]^{2+}$、$[PtCl_4]^{2-}$、$[Cu(CN)_4]^{2-}$、$[PtCl_2(NH_3)_2]$ |
|  | $sp^3$ | 正四面体形 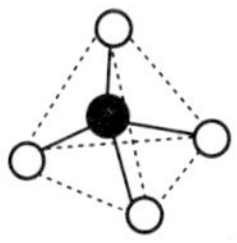 | $[Ni(NH_3)_4]^{2+}$、$[Zn(NH_3)_4]^{2+}$、$[HgI_4]^{2-}$、$[Ni(CO)_4]$、$[CoCl_4]^{2-}$ |
| 5 | $sp^3d$ | 三角双锥形 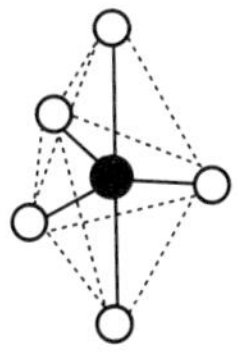 | $[Fe(SCN)_5]^{2-}$ |
|  | $dsp^3$ |  | $[Fe(CO)_5]$、$[Co(CN)_5]^{3-}$ |
| 6 | $sp^3d^2$ | 正八面体形 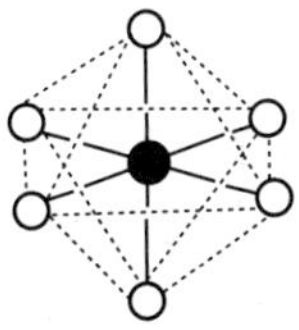 | $[CoF_6]^{3-}$、$[FeF_6]^{3-}$、$[Fe(H_2O)_6]^{3+}$ |
|  | $d^2sp^3$ |  | $[Co(NH_3)_6]^{3+}$、$[Fe(CN)_6]^{3-}$、$[Fe(CN)_6]^{4-}$、$[PtCl_6]^{2-}$ |

例如，$Ni^{2+}$ 的价层电子结构为

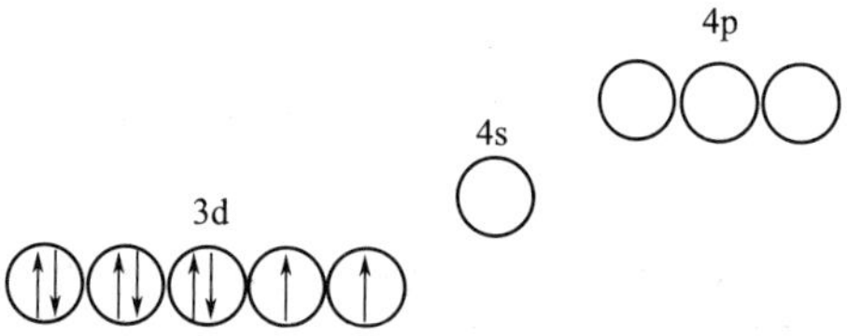


当 $Ni^{2+}$ 与 4 个 $NH_3$ 结合为 $[Ni(NH_3)_4]^{2+}$ 时，由于 $NH_3$ 的作用，$Ni^{2+}$ 的 4 个原子轨道（1 个 4s 和 3 个 4p）进行杂化，组成 4 个 $sp^3$ 杂化轨道，接受 4 个 $NH_3$ 中 N 原子提供的 4 对孤电子对而形成 4 个配位键，所以 $[Ni(NH_3)_4]^{2+}$ 的几何构型为正四面体形。

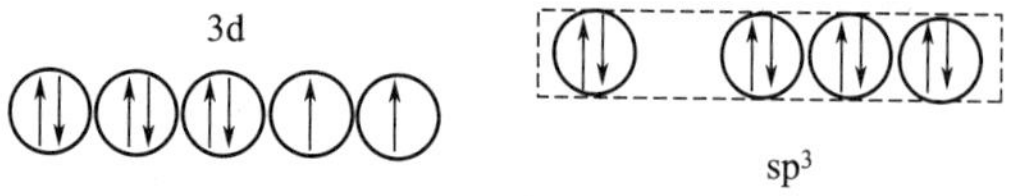


而当 $Ni^{2+}$ 与 4 个 $CN^-$ 结合为 $[Ni(CN)_4]^{2-}$ 时，由于配体 $CN^-$ 的作用，$Ni^{2+}$ 的价层电子重排，3d 轨道中的 8 个电子形成 4 对，空出 1 个 3d 轨道。这样 $Ni^{2+}$ 的 1 个 3d 轨道与 1 个 4s 轨道和 2 个 4p 轨道进行杂化，形成 4 个 $dsp^2$ 杂化轨道，接受 4 个 $CN^-$ 中 C 原子提供的 4 对孤电子对而形成 4 个配位键，所以 $[Ni(CN)_4]^{2-}$ 的几何构型为正方形。

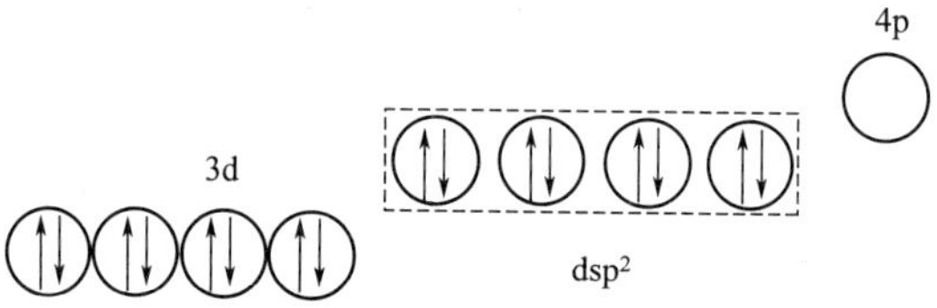


因此，配体可分为两类，能使形成体价电子发生重排的配体为强场配体，常见的强场配体有 CO、$CN^-$、$NO_2^-$ 等；不能使形成体价电子发生重排的配体为弱场配体，常见的配体有 $Cl^-$、$H_2O$、$C_2O_4^{2-}$ 等。当然，配体的强度是相对的。对于不同的形成体，相同的配体强度可能不同。例如，$[Co(NH_3)_6]^{3+}$ 中 $NH_3$ 为强场配体，而在 $[Ag(NH_3)_2]^+$ 中 $NH_3$ 为弱场配体。

**【例题 10-2】** 用价键理论解释 $[Ag(NH_3)_2]^+$ 的形成过程和直线形的空间构形。

**解** 在配体 $NH_3$ 的作用下，中心离子 $Ag^+$ 提供 1 个空的 5s 轨道和 1 个空的 5p 轨道进行 sp 杂化，杂化后的 2 个 sp 杂化轨道接受 2 个 $NH_3$ 分子中 N 原子的孤电子对形成配位键，由于 Ag 的 2 个 sp 杂化轨道的空间排布为直线形，所以 $[Ag(NH_3)_2]^+$ 的空间构型也是直线形。

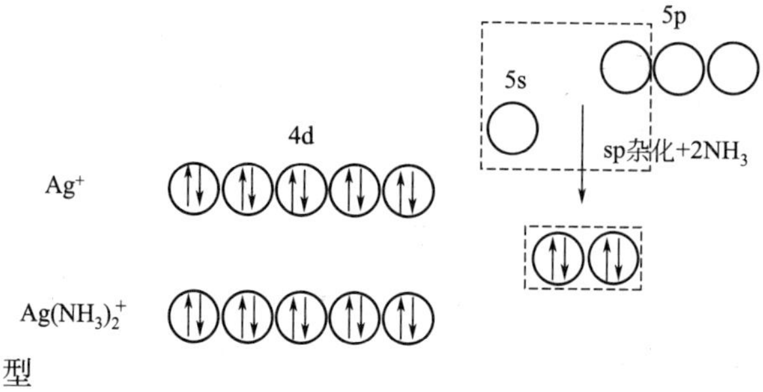


（2）配位键的类型

配合物的几何构型和配位键的类型取决于形成体的杂化轨道类型。陶布（H. Taube）提出配位键的类型有内轨配键和外轨配键，形成的配合物有内轨型配合物和外轨型配合物。

① 外轨型配合物。若形成体全以最外层轨道（$n$s、$n$p、$n$d）杂化成键，这种配位键称为**外轨配键**，形成的配合物称为**外轨型配合物**，如 $[FeF_6]^{3-}$、$[Co(NH_3)_6]^{2+}$、$[Ni(NH_3)_4]^{2+}$

等。形成体采用 sp 杂化、$sp^2$ 杂化、$sp^3$ 杂化或 $sp^3d^2$ 杂化，与配体形成配位数为 2、3、4 或 6 的配合物都是外轨型配合物。

以外轨型配合物 $[Fe(H_2O)_6]^{2+}$ 为例，$Fe^{2+}$ 的 3d 轨道上有 6 个电子［见图 10-6(a)］，这些 d 电子服从洪特规则，即尽可能排布在等价轨道中，自旋单电子数为 4。在形成 $[Fe(H_2O)_6]^{2+}$ 时，水分子中氧上的孤电子对进入 $Fe^{2+}$ 的 4s、4p 和 4d 空轨道形成 $sp^3d^2$ 杂化轨道［见图 10-6(b)］。孤电子对进入的轨道都是形成体的最外层轨道，空间构型为八面体。孤电子对所占据的轨道均为最外层轨道，内层单电子并没有被归并重排，自旋单电子（或未成对电子）数和自由 $Fe^{2+}$ 相同，相应的配合物也叫**高自旋配合物**。

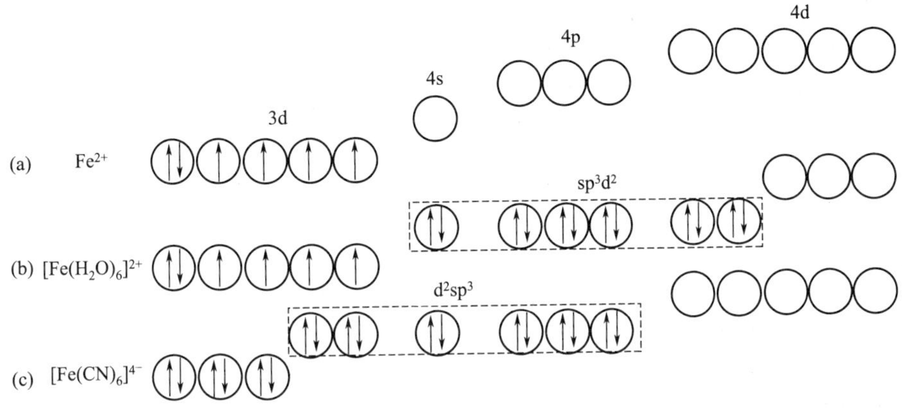


图 10-6　高自旋和低自旋型配离子成键轨道示意图

② 内轨型配合物。若形成体的次外层 $(n-1)$d 空轨道与最外层 $n$s、$n$p 轨道参与杂化，并与配体形成的配合物称为**内轨型配合物**，如 $[Fe(CN)_6]^{3-}$、$[Co(NH_3)_6]^{3+}$、$[Ni(CN)_4]^{2-}$ 等。形成体采用 $dsp^2$、$dsp^3$、$d^2sp^3$ 杂化，与配体生成配位数为 4、5、6 的配合物都是内轨型配合物，如 $Fe(CO)_5$ 为内轨型羰基配合物。

以内轨型配合物 $[Fe(CN)_6]^{4-}$ 为例，在形成 $[Fe(CN)_6]^{4-}$ 时，$CN^-$ 为强场配体，对电子的排斥力较强，能使 $Fe^{2+}$ 的 6 个 d 电子发生归并，被重排在 3 个 d 轨道中，使 2 个 d 轨道空出来。$CN^-$ 中碳原子上的孤对电子进入 $Fe^{2+}$ 的 3d、4s 和 4p 空轨道形成 $d^2sp^3$ 杂化轨道［见图 10-6(c)］。孤电子对所占据的轨道有内层轨道，单电子有时被归并成成对电子以空出内层轨道，自旋相同的单电子减少，相应的配位化合物也叫**低自旋配合物**，如 $[Fe(CN)_6]^{3-}$ 是低自旋配合物。

③ 影响配位类型的因素。配位键中的键类型与形成体的电子构型、电荷及配位原子的电负性密切相关。

当形成体的内层 d 轨道全充满（$d^{10}$）时，内层电子无法重排，只能形成外轨型配合物，如 $Ag^+$、$Zn^{2+}$、$Hg^{2+}$ 等；具有 $d^8$ 电子构型的离子很容易重排 1 个电子形成空轨道，因而大多形成内轨型配离子，如 $Ni^{2+}$、$Pt^{2+}$、$Pb^{2+}$ 等；具有 $d^4$～$d^7$ 电子构型的离子既可形成内轨型配合物又可形成外轨型配合物。

形成体的电荷数越多，越容易形成内轨型配合物。这是因为随着形成体电荷数的不断增多，对配位原子孤电子对的吸引能力增强，有利于内层 $(n-1)$d 轨道参与成键，即形成内轨型配合物。例如，$[Co(NH_3)_6]^{3+}$ 是内轨型配合物，$[Co(NH_3)_6]^{2+}$ 是外轨型配合物。

配位原子的电负性越大，越容易形成外轨配键。像 F、O 等配位原子的电负性大，不易提供孤电子对，对形成体 $(n-1)$d 轨道的排斥作用小，很难发生电子重排，倾向于生成外轨型配合物。这种配位键，离子性成分较大，又称为电价配键。而形成体与电负性较小的配

位原子 $CN^-$、CO 等配体中的配位原子 C 配位时，C 很容易提供孤电子对，使形成体内层 $(n-1)$d 轨道的电子发生重排，形成内轨配键。这种配位键离子性成分较小，共价键成分较大，又称共价配键。电负性居中的配位原子（如 N、Cl 等）与形成体配位时，有时形成外轨型配合物，有时形成内轨型配合物，这不仅与配体的种类有关，而且更大程度上取决于形成体。

### 10.2.1.3 配合物的稳定性、磁性与键型的关系

（1）配合物的稳定性与键型的关系

实验表明，同一形成体形成相同配位数的配离子时，一般内轨型配合物的稳定性大于外轨型配合物的稳定性。对于相同的形成体，因 $sp^3d^2$、$sp^3$ 杂化轨道的能量分别高于 $d^2sp^3$、$dsp^2$ 杂化轨道的能量，当形成相同配位数的配离子时，$dsp^2$ 和 $d^2sp^3$ 杂化形成的内轨型配合物比 $sp^3$ 和 $sp^3d^2$ 杂化形成的外轨型配合物稳定，如 $[Fe(CN)_6]^{3-}$ 的稳定性大于 $[FeF_6]^{3-}$ 的稳定性。配合物的稳定性与其类型的关系如表 10-6 所示。

表 10-6 配合物稳定性与配合物类型的关系

| 类型 | $[FeF_6]^{3-}$ | $[Fe(CN)_6]^{3-}$ | $[Ni(NH_3)_4]^{2+}$ | $[Ni(CN)_4]^{2-}$ |
|---|---|---|---|---|
| 杂化轨道 | $sp^3d^2$ | $d^2sp^3$ | $sp^3$ | $dsp^2$ |
| 配键类型 | 外轨型 | 内轨型 | 外轨型 | 内轨型 |
| $K_f^\ominus$ | $10^{14}$ | $10^{42}$ | $10^{7.96}$ | $10^{31.3}$ |

（2）配合物的磁性与键型的关系

价键理论不仅说明了配合物的几何构型，而且也能根据配合物中未成对电子的数目解释配合物的磁性。

物质的磁性与物质的原子、分子或离子中电子自旋运动有关。磁性强弱可用磁矩 $\mu$ 表示，其单位为波尔磁子（B. M.）。根据磁学理论，$\mu$ 与物质内部未成对电子数（$n$）的关系如下：

$$\mu=\sqrt{n(n+2)} \tag{10-1}$$

根据式(10-1) 可估算出未成对电子数 $n=0\sim5$ 的 $\mu$ 值，从而确定该配合物的磁性（$\mu>0$ 的物质具有顺磁性，$\mu=0$ 的物质具有抗磁性）。反之，通过测定配合物的磁矩，就可以推出形成体的未成对电子数目，进而推断配合物的类型。磁矩的理论值与未成对电子数的对应关系见表 10-7。

表 10-7 磁矩的理论值与未成对电子数的对应关系

| 未成对电子数 | 0 | 1 | 2 | 3 | 4 | 5 |
|---|---|---|---|---|---|---|
| $\mu_{理}$/B. M. | 0 | 1.73 | 2.83 | 3.87 | 4.90 | 5.92 |

**【例题 10-3】** 实验测得 $K_3[FeF_6]$ 的磁矩为 5.90B. M.，$K_3[Fe(CN)_6]$ 的磁矩为 2.0B. M.，试推测这两种配合物中心离子的杂化类型、配离子的空间构型及配位键的键型。

**解** $[FeF_6]^{3-}$ 的磁矩为 5.90，它应有 5 个未成对电子，与简单的 $Fe^{3+}$ 的未成对电子数目相同，说明 $Fe^{3+}$ 中的电子没有重排，以 $sp^3d^2$ 杂化轨道与配位原子 F 形成外轨配键，即 $K_3[FeF_6]$ 属于外轨型配合物；而 $K_3[Fe(CN)_6]$ 的磁矩为 2.0B. M.，此数值与具有 1 个未成对电子的磁矩理论值 1.73B. M. 相近，表明在成键过程中，形成体的未成对 d 电子发生了重排，只剩 1 个未成对单电子，空出 2 个 d 轨道，以 $d^2sp^3$ 杂化轨道与配位原子 C 形成内轨配键，所以 $K_3[Fe(CN)_6]$ 属于内轨型配合物，见表 10-8。

表 10-8 配合物的磁性与配位键类型的关系

| 项目 | $K_3[FeF_6]$ | $K_3[Fe(CN)_6]$ |
|---|---|---|
| $\mu$/B. M. | 5.90 | 2.0 |
| $n$(未成对电子数) | 5 | 1 |
| $Fe^{3+}$的 d 电子构型 | $d^5$ | |
| 杂化轨道 | $sp^3d^2$ | $d^2sp^3$ |
| 空间构型 | 正八面体 | 正八面体 |
| 配位键类型 | 外轨型 | 内轨型 |

价键理论简单明了，易于理解，可以解释配离子的几何构型、稳定性、某些化学性质和磁性。但价键理论忽略了配体对形成体的作用，而且不能定量地说明过渡金属配离子的稳定性，也不能解释配离子的吸收光谱和特征颜色等，存在一定的局限性。而后期发展起来的晶体场理论考虑了配体对形成体的影响，从能量的角度说明了配合物的结构和性质。

## *10.2.2 晶体场理论

晶体场理论（crystal field theory，CFT）于 1929 年由贝塞（H. Bethe）首先提出，直到 20 世纪 50 年代解释了过渡金属配合物的光谱性质后才被充分重视并得以发展。晶体场理论视形成体和配体为点电荷，带正电荷的形成体和带负电荷的配体以静电作用相互吸引，配体间相互排斥。该理论也考虑了带负电的配体对形成体最外层电子的排斥作用，把配体对形成体产生的静电场叫作晶体场。下面对其理论要点、能级分裂、分裂能及影响因素、电子的成对能、晶体场稳定化能及其应用进行介绍。

### 10.2.2.1 理论要点

① 形成体和配体之间仅存在静电的相互吸引和排斥作用。形成体处于带负电荷的配体（阴离子或极性分子）所形成的静电场中，二者完全靠静电作用结合在一起。

② 配体所形成的负电场对形成体的电子产生排斥作用，特别是价层 d 电子，使形成体原来能量相同的 5 个简并 d 轨道的能级发生分裂，有些 d 轨道能量升高，有些则降低。

③ 由于 d 轨道的能级分裂，d 轨道的电子需重新分布，优先占据能量低的 d 轨道，使体系能量降低，进而给配合物带来了额外的稳定化能，即**晶体场稳定化能**。

### 10.2.2.2 正八面体场中 d 轨道能级的分裂

配合物的形成体大多为过渡金属离子，其价电子层 5 个简并 d 轨道的空间取向不同，但具有相同的能量（$E_0$），如图 10-7(a) 所示。若将形成体放在球形对称的负电场中，由于 5 个简并 d 轨道的静电斥力是相同的，5 个 d 轨道的能量升高到 $E_s$ 并保持相等，能级不发生分裂，如图 10-7(b) 所示。当形成体处于八面体负电场、四面体负电场或平面正方形负电场中时，5 个轨道受到配体的静电斥力不同，导致它们的能量不同，产生分裂。

在配位数为 6 的正八面体配合物中，6 个配体位于正八面体的 6 个顶点上，如图 10-8 所示。

由于 $d_{z^2}$ 和 $d_{x^2-y^2}$ 轨道与配体迎头相碰，其电子受到的静电斥力较大，能量升高；而形成体的 $d_{xy}$、$d_{yz}$ 和 $d_{xz}$ 三个轨道插在配体的空隙中间，其电子受到的静电斥力较小，能量比前两个轨道低。这样，在正八面体配合物中，形成体 d 轨道的能级分裂成两组，如图 10-7(c) 和 (d) 所示，一组为高能量的 $d_{z^2}$ 和 $d_{x^2-y^2}$ 二重简并轨道，称为 $e_g$ 轨道；另一组为低能量的 $d_{xy}$、$d_{yz}$ 和 $d_{xz}$ 三重简并轨道，称为 $t_{2g}$ 轨道。由图 10-7(c) 和 (d) 可知，配体场越强，其 d 轨道的能级分裂程度越大。

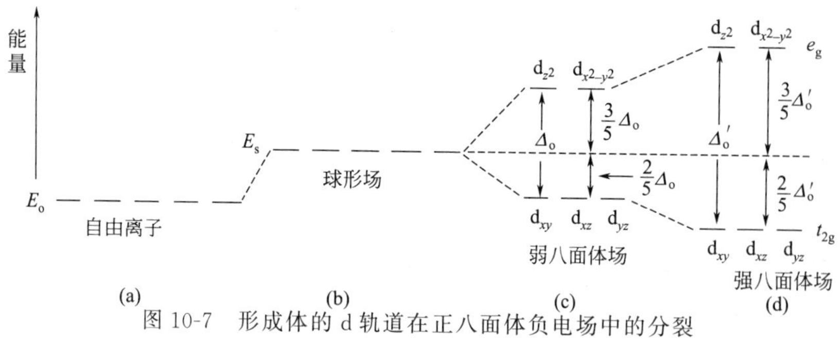


图 10-7 形成体的 d 轨道在正八面体负电场中的分裂

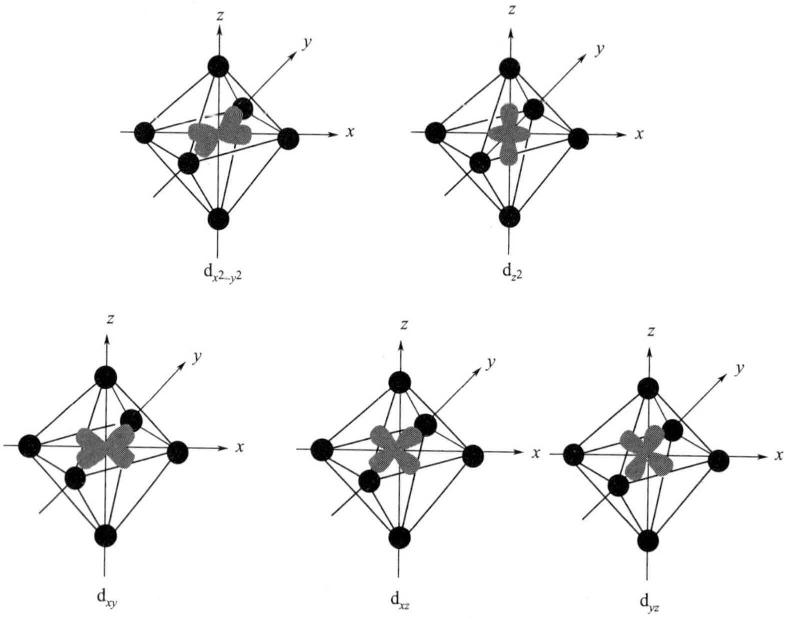


图 10-8 正八面体负电场对形成体 d 轨道的影响

#### 10.2.2.3 分裂能及其影响因素

形成体 d 轨道能级分裂后最高能级与最低能级之间的能量差称为**分裂能**，用符号 Δ 表示，单位为 $kJ \cdot mol^{-1}$。在正八面体场中分裂能（通常用 $\Delta_o$ 表示）为（$E_{e_g} - E_{t_{2g}}$），即

$$\Delta_o = E_{e_g} - E_{t_{2g}} \tag{10-2}$$

这相当于一个电子由 $t_{2g}$ 轨道跃迁到 $e_g$ 轨道所需要的能量。分裂能可通过配合物的光谱实验测得。

影响分裂能大小的因素有配合物的几何构型、配体的性质、形成体的电荷、元素所在周期数等。

（1）配合物的几何构型

在不同构型的配合物中，形成体 d 轨道能级分裂情况不同。配体场越强，d 轨道能级分裂程度越大。在同种配体中，与形成体距离相同的条件下，根据计算得出，正四面体场中 d 轨道的分裂能（$\Delta_t$）仅为正八面体场的 4/9，即 $\Delta_t = \left(\frac{4}{9}\right)\Delta_o$。

（2）配体的性质

同种形成体与不同配体形成相同构型的配离子时，其分裂能 Δ 随配体场强度不同而变化。例如，$Cr^{3+}$ 与不同配体形成八面体配离子时分裂能的大小见表 10-9。

**表 10-9　不同配体的晶体场分裂能**

| 配离子 | 配体 | 分裂能 $\Delta_o$/kJ・$mol^{-1}$ |
|---|---|---|
| $[CrCl_6]^{3-}$ | $Cl^-$ | 158 |
| $[CrF_6]^{3-}$ | $F^-$ | 182 |
| $[Cr(H_2O)_6]^{3+}$ | $H_2O$ | 208 |
| $[Cr(NH_3)_6]^{3+}$ | $NH_3$ | 258 |
| $[Cr(en)_3]^{3+}$ | en | 262 |
| $[Cr(CN)_6]^{3-}$ | $CN^-$ | 314 |

由表 10-9 可看出，$Cl^-$ 作为弱场配体，它对形成体 3d 电子的排斥作用较小，即分裂能 $\Delta_o$ 小；$CN^-$ 作为强场配体，分裂能 $\Delta_o$ 大，使得形成体 3d 电子强烈地被 $CN^-$ 排斥。因此可以看出，配体场强愈强，分裂能 $\Delta_o$ 就愈大。

通过光谱实验可得，配体场强度：

$I^- < Br^- < Cl^- < SCN^- < F^- < S_2O_3^{2-} < OH^- \approx ONO^- < C_2O_4^{2-} < H_2O < NCS^- \approx EDTA < NH_3 < en < SO_3^{2-} < NO_2^- << CN^- < CO$。

这一顺序被称为**光谱化学序列**。通常位于 $H_2O$ 前面的都是弱场配体；位于 $H_2O$ 和 $CN^-$ 间的配体是强是弱，还要看形成体，可结合配合物的磁矩来确定。另外，此序列与配位原子相关，其一般规律为卤素<氧<氮<碳。

(3) 形成体的电荷

实验证明，同种配体与同一形成体形成配合物时，形成体正电荷越多，其分裂能越大。这是由于随着形成体正电荷的增多，配体易靠近形成体，形成体外层 d 电子与配体之间的斥力增大，从而使分裂能增大。如 $[Mn(H_2O)_6]^{2+}$ 的分裂能 $\Delta$ 为 93kJ・$mol^{-1}$，而 $[Mn(H_2O)_6]^{3+}$ 的分裂能 $\Delta$ 为 251kJ・$mol^{-1}$。

第 4 周期某些 $M^{2+}$ 和 $M^{3+}$ 六水合离子的分裂能见表 10-10。

**表 10-10　第 4 周期某些 $M^{2+}$ 和 $M^{3+}$ 六水合离子的分裂能**

| 过渡金属离子 | $Ti^{2+}$ | $V^{2+}$ | $Cr^{2+}$ | $Mn^{2+}$ | $Fe^{2+}$ | $Co^{2+}$ | $Ni^{2+}$ | $Cu^{2+}$ |
|---|---|---|---|---|---|---|---|---|
| $M^{2+}$ 的 d 电子数 | $d^2$ | $d^3$ | $d^4$ | $d^5$ | $d^6$ | $d^7$ | $d^8$ | $d^9$ |
| $\Delta_o$/kJ・$mol^{-1}$ | — | 151 | 166 | 93 | 124 | 111 | 102 | 151 |
| 过渡金属离子 | $Ti^{3+}$ | $V^{3+}$ | $Cr^{3+}$ | $Mn^{3+}$ | $Fe^{3+}$ | $Co^{3+}$ | $Ni^{3+}$ | $Cu^{3+}$ |
| $M^{3+}$ 的 d 电子数 | $d^1$ | $d^2$ | $d^3$ | $d^4$ | $d^5$ | $d^6$ | $d^7$ | $d^8$ |
| $\Delta_o$/kJ・$mol^{-1}$ | 243 | 211 | 208 | 251 | 164 | — | — | — |

(4) 元素所在周期数

氧化数相同的同族过渡元素与同种配体形成配离子时，通常形成体所在周期数越大，其分裂能 $\Delta$ 越大。不同周期元素与同种配体形成配离子的分裂能见表 10-11。

**表 10-11　不同周期元素与同种配体形成配离子的分裂能**

| 周期 | 配离子 | $\Delta_o$/kJ・$mol^{-1}$ |
|---|---|---|
| 4 | $[Co(NH_3)_6]^{3+}$ | 274 |
| 5 | $[Rh(NH_3)_6]^{3+}$ | 408 |
| 6 | $[Ir(NH_3)_6]^{3+}$ | 490 |

#### 10.2.2.4 电子在晶体场中的排布

对于具有 $d^1 \sim d^3$ 电子构型的离子，根据能量最低原理和洪德规则，d 电子应分布在 $t_{2g}$ 轨道上，且自旋方向相同。例如，$Cr^{3+}$（$d^3$ 构型）的 3 个 d 电子分布方式只有一种：$t_{2g}^3$。

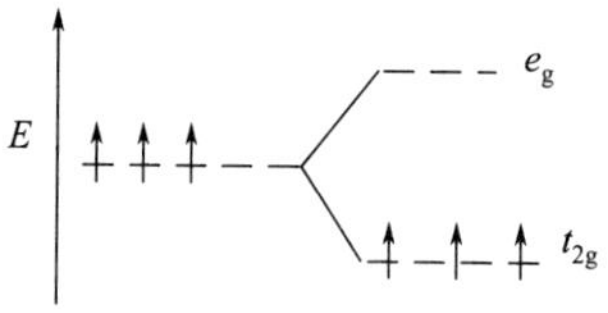


对于 $d^4 \sim d^7$ 电子构型的离子，当其形成八面体配合物时，d 电子可以有两种分布方式：一种是按能量最低原理进行排布，d 电子尽量排布在能量最低的 $t_{2g}$ 轨道上；另一种是按洪德规则进行排布，形成体的 d 电子尽量分占 $t_{2g}$ 和 $e_g$ 轨道且自旋平行。究竟采用哪种排布方式取决于分裂能（$\Delta_o$）和电子成对能（$P$）的相对大小。

**电子成对能**（$P$）是指当一个轨道上已有一个电子时，如果另有一个电子进入该轨道与之成对，为克服电子间的排斥作用所需要的能量。

当 d 轨道分裂能较小（$\Delta_o < P$）时，电子尽可能占据较多的 d 轨道，保持较多的自旋平行电子，易形成高自旋配合物。

当 d 轨道分裂能较大（$\Delta_o > P$）时，电子尽可能占据能量低的 $t_{2g}$ 轨道且自旋配对，成单电子数减少，易形成低自旋配合物。

**【例题 10-4】** 已知配离子 $[CoF_6]^{3-}$ 的分裂能 $\Delta_o = 155 kJ \cdot mol^{-1}$，电子成对能 $P = 251 kJ \cdot mol^{-1}$。推测形成体 d 电子分布及自旋状态。

**解** 因为 $\Delta_o < P$，易形成高自旋的配合物，$Co^{3+}$ 中有 6 个 d 电子，排布如下：

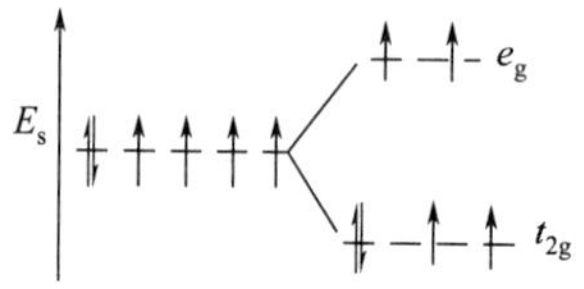


所以 $Co^{3+}$ 的 d 电子排布应为 $t_{2g}^4 e_g^2$。

同理，具有 $d^5$、$d^6$、$d^7$ 构型的形成体的 d 电子也有高自旋和低自旋两种分布方式。而具有 $d^8$、$d^9$、$d^{10}$ 构型的离子，无论怎样排布，其 d 电子的分布方式只有一种，无高低自旋之分。

通常在强场配体（如 $CN^-$）作用下，分裂能 $\Delta$ 较大，此时 $\Delta > P$，易形成低自旋配合物。在弱场配体（如 $H_2O$、$F^-$）作用下，分裂能 $\Delta$ 较小，此时 $\Delta < P$，则易形成高自旋配合物。当 $\Delta$ 和 $P$ 相近时，高自旋和低自旋两种状态具有相近的能量。在温度、溶剂等外界条件的影响下，这两种状态可以互变。

#### 10.2.2.5 晶体场稳定化能

在配体负电场的作用下，形成体的 d 轨道能级分裂，电子优先进入能量较低的 d 轨道。d 电子进入分裂后的 d 轨道与进入未分裂时的 d 轨道（在球形场中）相比，系统所降低的总能量称为**晶体场稳定化能**（crystal field stabilization energy，CFSE）。CFSE 的绝对值越大，表示系统能量降低得越多，配合物越稳定。

在八面体场中形成体 d 轨道能级分裂为 3 个 $t_{2g}$ 轨道和 2 个 $e_g$ 轨道。d 轨道在分裂前后总能量应当不变，若以分裂前球形场中的离子为基准，设其能量 $E_s = 0$，则

$$2E_{e_g} + 3E_{t_{2g}} = 0 \qquad (10\text{-}3)$$

而 $t_{2g}$ 和 $e_g$ 能量差等于分裂能：

$$E_{e_g} - E_{t_{2g}} = \Delta_o \qquad (10\text{-}4)$$

联立求解可得

$$E_{e_g}=+\frac{5}{3}\Delta_o=+0.6\Delta_o \tag{10-5}$$

$$E_{t_{2g}}=-\frac{2}{5}\Delta_o=-0.4\Delta_o \tag{10-6}$$

在八面体场中d轨道能级分裂的结果与球形场中未分裂前比较，$e_g$ 轨道的能量上升了 $0.6\Delta_o$，而 $t_{2g}$ 轨道的能量下降了 $0.4\Delta_o$。例如，$Ti^{3+}$（$d^1$）在八面体场中，其电子分布为 $t_{2g}^1$，$CFSE=1\times(-0.4\Delta_o)=-0.4\Delta_o$；$Cr^{3+}$（$d^3$）在八面体场中，其电子分布为 $t_{2g}^3$，$CFSE=3\times(-0.4\Delta_o)=-1.2\Delta_o$。但形成体的d电子数为4～7时，在强场中晶体场稳定化能还应扣除电子成对能 $P$。八面体场的晶体场稳定化能（CFSE）如表10-12所示。

**表10-12　八面体场的晶体场稳定化能（CFSE）**

| 项目 | 弱场 | | CFSE | 弱场 | | CFSE |
|---|---|---|---|---|---|---|
| | 构型 | 未成对电子数 | | 构型 | 未成对电子数 | |
| $d^1$ | $t_{2g}^1$ | 1 | $-0.4\Delta_o$ | $t_{2g}^1$ | 1 | $-0.4\Delta_o$ |
| $d^2$ | $t_{2g}^2$ | 2 | $-0.8\Delta_o$ | $t_{2g}^2$ | 2 | $-0.8\Delta_o$ |
| $d^3$ | $t_{2g}^3$ | 3 | $-1.2\Delta_o$ | $t_{2g}^3$ | 3 | $-1.2\Delta_o$ |
| $d^4$ | $t_{2g}^3e_g^1$ | 4 | $-0.6\Delta_o$ | $t_{2g}^4$ | 2 | $-1.6\Delta_o+P$ |
| $d^5$ | $t_{2g}^3e_g^2$ | 5 | $0.0\Delta_o$ | $t_{2g}^5$ | 1 | $-2.0\Delta_o+2P$ |
| $d^6$ | $t_{2g}^4e_g^2$ | 4 | $-0.4\Delta_o$ | $t_{2g}^6$ | 0 | $-2.4\Delta_o+2P$ |
| $d^7$ | $t_{2g}^5e_g^2$ | 3 | $-0.8\Delta_o$ | $t_{2g}^6e_g^1$ | 1 | $-1.8\Delta_o+P$ |
| $d^8$ | $t_{2g}^6e_g^2$ | 2 | $-1.2\Delta_o$ | $t_{2g}^6e_g^2$ | 2 | $-1.2\Delta_o$ |
| $d^9$ | $t_{2g}^6e_g^3$ | 1 | $-0.6\Delta_o$ | $t_{2g}^6e_g^3$ | 1 | $-0.6\Delta_o$ |
| $d^{10}$ | $t_{2g}^6e_g^4$ | 0 | $0.0\Delta_o$ | $t_{2g}^6e_g^4$ | 0 | $0.0\Delta_o$ |

晶体场稳定化能（CFSE）与形成体的d电子数及晶体场的场强有关，还与配合物的几何构型有关。晶体场稳定化能代数值越小，体系越稳定。

#### 10.2.2.6　晶体场理论的应用

晶体场理论在配位化学中应用广泛，能很好地解释配合物的许多性质，如配合物的颜色、磁性、稳定性等。

（1）解释配合物的颜色

物质在可见光照射下呈现的颜色是由物质对混合光的选择吸收引起的。例如，物质若吸收可见光中的红色光，便呈现蓝绿色；若吸收蓝绿色的光便显红色。即物质呈现的颜色与该物质选择吸收光的颜色互补。

过渡金属离子在配体水分子的影响下，未填满电子的d轨道能级发生分裂。当配离子吸收某一波长的可见光时，能量增大，会从 $t_{2g}$ 轨道跃迁到 $e_g$ 轨道，这种电子在d轨道上的跃迁称为**d-d跃迁**。发生d-d跃迁所需的能量为轨道的分裂能 $\Delta_o$。对于不同的中心离子，虽然配体相同（都是水分子），但 $t_{2g}$ 与 $e_g$ 能级差不同，发生d-d跃迁时所吸收的可见光不同，故呈现不同的颜色，见表10-13。例如，$[Ti(H_2O)_6]^{3+}$ 的中心离子 $Ti^{3+}$ 因吸收可见光后d电子发生d-d跃迁，其吸收光谱显示的最大吸收峰在490nm处（蓝绿光），所以它呈现与蓝绿光相应的补色——紫红色。当中心离子的d轨道为全空（$d^0$）或全满（$d^{10}$）时，不可能产生d-d跃迁，因而它们的配合物没有颜色，如 $[Zn(H_2O)_6]^{2+}$、$[Sc(H_2O)_6]^{3+}$ 等。

**表 10-13　吸收波长与显色的关系**

| 能量/kJ·mol$^{-1}$ | | 301 | 241 | 199 | 169 | | 151 | |
|---|---|---|---|---|---|---|---|---|
| 波长/nm | | 400 | 500 | 600 | 700 | | 800 | |
| 被吸收的颜色 | 不可见光区 | 可见光区 | | | | | | 不可见光区 |
| | 紫外区 | 紫 | 蓝 | 绿 | 黄 | 橙 | 红 | 红外区 |
| 观察到的颜色 | 无色 | 黄绿 | 黄 | 紫红 | 蓝 | 绿蓝 | 蓝绿 | 无色 |

综上所述，配合物的颜色是由于形成体的 d 电子进行 d-d 跃迁时选择性吸收一定波长的可见光而产生的。因此，配合物要呈现颜色，其形成体的外层 d 轨道应未填满电子，而且分裂能必须在可见光所具有的能量范围内。

（2）解释配合物的磁性

过渡金属配合物的磁性取决于金属离子 d 轨道上的未成对电子数，即与配合物的高、低自旋有关。而配合物的高、低自旋取决于 d 轨道分裂能 $\Delta_o$ 与电子成对能 $P$ 的相对大小。再根据配合物中的未成对电子数确定配合物磁矩大小和磁性。如 $[FeF_6]^{3-}$ 的配体场较弱，$\Delta_o<P$，属于高自旋配合物，$Fe^{3+}$ 的电子构型为 $t_{2g}^3e_g^2$，有 5 个未成对电子，故磁性很强，磁矩较大。而 $[Fe(CN)_6]^{3-}$ 的配体场很强，$\Delta_o>P$，属于低自旋配合物，电子构型为 $t_{2g}^5e_g^0$，只有 1 个未成对电子，故磁性很弱，磁矩较小。

（3）解释配合物的稳定性

配合物的稳定性与 CFSE 有很大的关系，CFSE 越大，配合物的稳定性越高。在八面体弱场中，由于 $d^0$、$d^5$、$d^{10}$ 电子构型形成体的轨道处于全空、半满或全满状态，CFSE 等于零，因而配合物的稳定性较差；而 $d^3$、$d^8$ 电子构型形成体的 CFSE 最大，故它们的配合物相对稳定。

晶体场理论能很好地解释配合物的颜色、几何构型、磁性、稳定性等。但是它未考虑配体的内部结构，把配体看成了点电荷，只考虑形成体与配体之间的静电作用，忽略了形成体 d 轨道与配体轨道之间的重叠，在解释配体的光谱化学序列等方面还存在缺陷。

## 10.3　配合物在水溶液中的稳定性

配合物的内界与外界之间是以离子键结合的，在水溶液中几乎是完全解离的，但配合物内界却很难解离。如在 $[Cu(NH_3)_4]SO_4$ 溶液中，若加入 $BaCl_2$ 溶液，就会立即产生白色的 $BaSO_4$ 沉淀，而加入少量稀 NaOH 溶液，得不到浅蓝色的 $Cu(OH)_2$ 沉淀，但加入 $Na_2S$ 溶液，却会得到黑色的 CuS 沉淀，并嗅到氨的特殊气味。$[Cu(NH_3)_4]^{2+}$ 在水中类似于弱电解质，这说明溶液中 $Cu^{2+}$ 浓度很小，可以发生部分解离。由于 $Cu(OH)_2$ 的 $K_{sp}^{\ominus}$ 较大，加入的少量 NaOH 溶液不足以产生 $Cu(OH)_2$ 沉淀，而 CuS 的 $K_{sp}^{\ominus}$ 很小，可与适量的 $S^{2-}$ 产生 CuS 沉淀，并促使平衡向解离的方向移动。

### 10.3.1　配位-解离平衡及其平衡常数

以配合物 $[Cu(NH_3)_4]SO_4$ 为例，其解离分下列两种情况：

$$[Cu(NH_3)_4]SO_4 \longrightarrow [Cu(NH_3)_4]^{2+}+SO_4^{2-} \tag{1}$$

$$[Cu(NH_3)_4]^{2+} \rightleftharpoons Cu^{2+}+4NH_3 \tag{2}$$

（2）式解离反应（配位反应的逆反应）是可逆的，像这样配离子在一定条件下达到 $v_{解离}=v_{配位}$ 的平衡状态，称为配离子的**解离平衡**，也称**配位平衡**。每个配离子都有确定的标

准平衡常数，例如，

$$K^{\ominus}_{不稳}=K^{\ominus}_{d}=\frac{c(Cu^{2+})[c(NH_3)]^4}{c\{[Cu(NH_3)_4]^{2+}\}}$$

$K^{\ominus}_{d}$ 称为配离子不稳定常数或解离常数。$K^{\ominus}_{d}$ 愈大表示解离反应进行程度愈大，配离子愈不稳定。若写成配离子的形成反应：

$$Cu^{2+}+4NH_3 \rightleftharpoons [Cu(NH_3)_4]^{2+}$$

平衡常数

$$K^{\ominus}_{f}=\frac{c\{[Cu(NH_3)_4]^{2+}\}}{[c(NH_3)]^4 c(Cu^{2+})}$$

$K^{\ominus}_{f}$ 称为配离子的**稳定常数**或**生成常数**。$K^{\ominus}_{f}$ 愈大表示配合反应进行程度愈大，配离子的稳定性愈大。

注意：$K^{\ominus}_{f}$ 和 $K^{\ominus}_{d}$。表示同一事物的两个方面，两者互为倒数，即 $K^{\ominus}_{f}=\frac{1}{K^{\ominus}_{d}}$。二者概念不同，使用时应注意不可混淆。在使用中，$K^{\ominus}_{f}$ 更为常见。

实际上，配离子的生成或解离都是分步进行的，因此溶液中存在着一系列的配位平衡，每一步都有相应的逐级稳定常数。例如，

$$Cu^{2+}+NH_3 \rightleftharpoons [Cu(NH_3)]^{2+} \qquad K^{\ominus}_{1}=\frac{c\{[Cu(NH_3)]^{2+}\}}{c(NH_3)c(Cu^{2+})}=10^{4.31}$$

$$[Cu(NH_3)]^{2+}+NH_3 \rightleftharpoons [Cu(NH_3)_2]^{2+} \qquad K^{\ominus}_{2}=\frac{c\{[Cu(NH_3)_2]^{2+}\}}{c(NH_3)c\{[Cu(NH_3)]^{2+}\}}=10^{3.67}$$

$$[Cu(NH_3)_2]^{2+}+NH_3 \rightleftharpoons [Cu(NH_3)_3]^{2+} \qquad K^{\ominus}_{3}=\frac{c\{[Cu(NH_3)_3]^{2+}\}}{c(NH_3)c\{[Cu(NH_3)_2]^{2+}\}}=10^{3.04}$$

$$[Cu(NH_3)_3]^{2+}+NH_3 \rightleftharpoons [Cu(NH_3)_4]^{2+} \qquad K^{\ominus}_{4}=\frac{c\{[Cu(NH_3)_4]^{2+}\}}{c(NH_3)c\{[Cu(NH_3)_3]^{2+}\}}=10^{2.3}$$

多配体配离子的**总稳定常数**（或**累积稳定常数**）等于逐级稳定常数的乘积。例如，

$$Cu^{2+}+4NH_3 \rightleftharpoons [Cu(NH_3)_4]^{2+} \qquad K^{\ominus}_{f}=K^{\ominus}_{1}K^{\ominus}_{2}K^{\ominus}_{3}K^{\ominus}_{4}=10^{13.32}$$

一些常见配离子的稳定常数如表 10-14 所示。同样，溶液中配离子的解离也是分步进行的，因此在 $[Cu(NH_3)_4]SO_4$ 溶液中，$c(Cu^{2+}):c(NH_3)\neq 1:4$，因为溶液中还有 $[Cu(NH_3)_4]^{2+}$、$[Cu(NH_3)_3]^{2+}$、$[Cu(NH_3)_2]^{2+}$、$[Cu(NH_3)]^{2+}$ 等离子。

**表 10-14 一些常见配离子的稳定常数**

| 配离子 | $K^{\ominus}_{f}$ | 配离子 | $K^{\ominus}_{f}$ |
|---|---|---|---|
| $[AgCl_2]^-$ | $1.1\times10^5$ | $[Co(NH_3)_2]^+$ | $1.32\times10^7$ |
| $[AgI_2]^-$ | $5.5\times10^{11}$ | $[Co(NCS)_4]^{2-}$ | $1.0\times10^3$ |
| $[Ag(CN)_2]^-$ | $1.26\times10^{21}$ | $[Co(NH_3)_6]^{2+}$ | $1.29\times10^5$ |
| $[Ag(NH_3)_2]^+$ | $1.12\times10^7$ | $[Co(NH_3)_6]^{3+}$ | $1.58\times10^{35}$ |
| $[Ag(SCN)_2]^-$ | $3.72\times10^7$ | $[Cu(CN)_2]^-$ | $1.0\times10^{24}$ |
| $[Ag(S_2O_3)_2]^{3-}$ | $2.88\times10^{13}$ | $[Cu(en)_2]^{2+}$ | $1.0\times10^{20}$ |
| $[AlF_6]^{3-}$ | $6.9\times10^{19}$ | $[Cu(NH_3)_2]^+$ | $7.24\times10^{10}$ |
| $[Au(CN)_2]^-$ | $1.99\times10^{38}$ | $[Cu(NH_3)_4]^{2+}$ | $2.09\times10^{13}$ |
| $[Ca(EDTA)]^{2-}$ | $1.0\times10^{11}$ | $[Fe(NCS)_2]^+$ | $2.29\times10^3$ |
| $[Cd(en)_2]^{2+}$ | $1.23\times10^{10}$ | $[Fe(CN)_6]^{4-}$ | $1.0\times10^{35}$ |

续表

| 配离子 | $K_f^\ominus$ | 配离子 | $K_f^\ominus$ |
|---|---|---|---|
| $[Fe(CN)_6]^{3-}$ | $1.0\times10^{42}$ | $[Mg(EDTA)]^{2-}$ | $4.37\times10^{8}$ |
| $[FeF_6]^{3-}$ | $2.04\times10^{14}$ | $[Ni(CN)_4]^{2-}$ | $1.99\times10^{31}$ |
| $[HgCl_4]^{2-}$ | $1.17\times10^{15}$ | $[Ni(NH_3)_6]^{2+}$ | $5.50\times10^{8}$ |
| $[HgI_4]^{2-}$ | $6.76\times10^{29}$ | $[Zn(CN)_4]^{2-}$ | $5.01\times10^{16}$ |
| $[Hg(CN)_4]^{2-}$ | $2.51\times10^{41}$ | $[Zn(NH_3)_4]^{2+}$ | $2.88\times10^{9}$ |

## 10.3.2 配离子稳定常数的有关计算

利用配离子的稳定常数可以计算配合物溶液中有关离子的浓度，判断配离子与沉淀之间、配离子之间转化的可能性。此外，还可利用 $K_f^\ominus$ 计算有关电对的电极电势。

### 10.3.2.1 计算配合物溶液中有关离子的浓度

**【例题 10-5】** 在 1mL 0.04mol·L$^{-1}$ $AgNO_3$ 溶液中，(1) 加入 1mL 1mol·L$^{-1}$ 氨水，计算平衡后溶液中 $Ag^+$ 的浓度；(2) 加入 1mL 10mol·L$^{-1}$ 氨水，计算溶液中 $Ag^+$ 的浓度。已知 $K_f^\ominus[Ag(NH_3)_2]^+=1.12\times10^7$。

**解** (1) 由于溶液的体积增加一倍，$AgNO_3$ 浓度减小一半为 0.02mol·L$^{-1}$，$NH_3$ 浓度为 0.5mol·L$^{-1}$。由于 $K_f^\ominus[Ag(NH_3)_2]^+$ 很大，可认为 $Ag^+$ 几乎全部转变为 $[Ag(NH_3)_2]^+$，设平衡时 $Ag^+$ 浓度为 $x$ mol·L$^{-1}$。

| | $Ag^+$ + | $2NH_3$ ⇌ | $[Ag(NH_3)_2]^+$ |
|---|---|---|---|
| 起始浓度 $c_0$/mol·L$^{-1}$ | 0 | $0.5-0.02\times2$ | 0.02 |
| 变化浓度 $c$/mol·L$^{-1}$ | $x$ | $2x$ | $x$ |
| 平衡浓度 $c_{eq}$/mol·L$^{-1}$ | $x$ | $0.46+2x$ | $0.02-x$ |

$$K_f^\ominus=\frac{c\{[Ag(NH_3)_2]^+\}/c^\ominus}{c(Ag^+)[c(NH_3)/c^\ominus]^2}=\frac{(0.02-x)}{x(0.46+2x)^2}=1.12\times10^7$$

$NH_3$ 过量时 $[Ag(NH_3)_2]^+$ 解离很少，故 $0.02-x\approx0.02$，$0.46+2x\approx0.46$，即

$$\frac{(0.02-x)}{x(0.46+2x)^2}\approx\frac{0.02}{x\times0.46^2}=1.12\times10^7$$

$$x=c(Ag^+)=8.44\times10^{-9}(mol\cdot L^{-1})$$

(2) 加入 1mL 10mol·L$^{-1}$ 氨水，同法处理，$y=c(Ag^+)=7.26\times10^{-11}$ (mol·L$^{-1}$)

一般而言，配离子的逐级稳定常数彼此相差不太大，在计算配合物溶液中有关离子浓度时，应考虑各级配离子的稳定常数。但在实际工作中，往往加入过量的配位剂，形成体处于最高配位状态，因而可以忽略低级配离子的稳定常数，根据总的稳定常数 $K_f^\ominus$ 来计算。

### 10.3.2.2 判断配离子与沉淀间的转化

**【例题 10-6】** 计算溶液中与 $1.0\times10^{-3}$mol·L$^{-1}$ $[Cu(NH_3)_4]^{2+}$ 和 1.0mol·L$^{-1}$ $NH_3$ 处于平衡状态时游离的 $Cu^{2+}$ 浓度。在 1L 这样的溶液中加入 0.001mol NaOH，是否有 $Cu(OH)_2$ 沉淀生成？若加入 0.001mol $Na_2S$，是否有 CuS 沉淀生成？(设溶液体积基本不变)

**解** 设平衡时 $c(Cu^{2+})=x$ mol·L$^{-1}$，

| | $Cu^{2+}$ + | $4NH_3$ ⇌ | $[Cu(NH_3)_4]^{2+}$ |
|---|---|---|---|
| 平衡浓度/mol·L$^{-1}$ | $x$ | 1.0 | $1.0\times10^{-3}$ |

已知 $[Cu(NH_3)_4]^{2+}$ 的 $K_f^\ominus=2.09\times10^{13}$，将上述各项代入累积稳定常数表达式：

$$K_f^{\ominus}=\frac{c\{[Cu(NH_3)_4]^{2+}\}}{[c(NH_3)/^{\ominus}]^4 c(Cu^{2+})}=\frac{1.0\times10^{-3}}{x\times(1.0)^4}=2.09\times10^{13}$$

$$x=\frac{1.0\times10^{-3}}{1\times2.09\times10^{13}}=4.8\times10^{-17}$$

$$c(Cu^{2+})=4.8\times10^{-17}\text{mol}\cdot\text{L}^{-1}$$

（1）当加入 0.001mol NaOH 后，溶液中 $c(OH^-)=0.001\text{mol}\cdot\text{L}^{-1}$，已知 $Cu(OH)_2$ 的 $K_{sp}^{\ominus}=2.2\times10^{-20}$。

该溶液中：

$$c(Cu^{2+})[c(OH^-)]^2=4.8\times10^{-17}\times(10^{-3})^2=4.8\times10^{-23}$$

$$4.8\times10^{-23}<K_{sp}^{\ominus}[Cu(OH)_2]=2.2\times10^{-20}$$

故加入 0.001mol NaOH 后无 $Cu(OH)_2$ 沉淀生成。

（2）若加入 0.001mol $Na_2S$，溶液中 $c(S^{2-})=0.001\text{mol}\cdot\text{L}^{-1}$（未考虑 $S^{2-}$ 的水解）。已知 $K_{sp}^{\ominus}(CuS)=6.3\times10^{-36}$，则溶液中：

$$c(Cu^{2+})c(S^{2-})=4.8\times10^{-17}\times10^{-3}=4.8\times10^{-20}$$

$$4.8\times10^{-20}>K_{sp}^{\ominus}(CuS)=6.3\times10^{-36}$$

故加入 0.001mol $Na_2S$ 后有 CuS 沉淀生成。

#### 10.3.2.3 判断配离子之间转化的可能性

与沉淀之间的转化类似，配离子之间也可以相互转化，反应通常向着生成更稳定的配离子的方向进行。两种配离子的稳定常数相差越大，转化越完全。

**【例题 10-7】** 向 $[Ag(NH_3)_2]^+$ 溶液中加入 KCN，将会发生什么变化？

**解** 溶液中可能存在两个平衡：

$$Ag^+ + 2NH_3 \rightleftharpoons [Ag(NH_3)_2]^+ \qquad K_f^{\ominus}[Ag(NH_3)_2]^+=1.12\times10^7$$

$$Ag^+ + 2CN^- \rightleftharpoons [Ag(CN)_2]^- \qquad K_f^{\ominus}[Ag(CN)_2]^-=1.26\times10^{21}$$

可能发生的反应为

$$[Ag(NH_3)_2]^+ + 2CN^- \rightleftharpoons [Ag(CN)_2]^- + 2NH_3$$

$$K^{\ominus}=\frac{c\{[Ag(CN)_2]^-\}/[c(NH_3)/]^2}{c\{[Ag(NH_3)_2]^+\}/[c(CN^-)/]^2}\times\frac{c(Ag^+)}{c(Ag^+)}$$

$$=\frac{K_f^{\ominus}c\{[Ag(CN)_2]^-\}}{K_f^{\ominus}c\{[Ag(NH_3)_2]^+\}}=\frac{1.26\times10^{21}}{1.12\times10^7}=1.13\times10^{14}$$

由平衡常数 $K^{\ominus}$ 可知，配位反应向着生成 $[Ag(CN)_2]^-$ 的方向进行的趋势很大。注意：$K^{\ominus}$ 很大，并不代表反应向正方向进行得很快。

#### 10.3.2.4 计算配离子生成半反应的电极电势

配离子在形成过程中，会导致各离子浓度发生改变，从而影响电极电势。

**【例题 10-8】** 已知 $\varphi^{\ominus}(Ag^+/Ag)=0.799V$ $[Ag(CN)_2]^-$ 的 $K_f^{\ominus}=1.26\times10^{21}$，计算 $\varphi^{\ominus}\{[Ag(CN)_2]^-/Ag\}$。

**解** 根据 $\varphi^{\ominus}\{[Ag(CN)_2]^-/Ag\}$ 的定义可知，$c[Ag(CN)_2]^-=1\text{mol}\cdot\text{L}^{-1}$，$c(CN^-)=1\text{mol}\cdot\text{L}^{-1}$

$$Ag^+ + 2CN^- \rightleftharpoons [Ag(CN)_2]^-$$

则

$$K_f^{\ominus}=\frac{c\{[Ag(CN)_2]^-\}}{c(Ag^+)[c(CN^-)]^2}$$

$$c(Ag^+)=\frac{1}{K_f^{\ominus}\{[Ag(CN)_2]^-\}}=7.94\times10^{-22}\text{mol}\cdot\text{L}^{-1}$$

因为已达到平衡，则

$$\begin{aligned}\varphi^{\ominus}\{[Ag(CN)_2]^-/Ag\} &= \varphi^{\ominus}(Ag^+/Ag) + 0.0592V\ \lg c(Ag^+)\\ &= +0.799V + 0.0592V\ \lg 7.94\times10^{-22}\\ &= +0.799V - 1.25V = -0.45V\end{aligned}$$

由此例题可以看出，当 $Ag^+$ 形成配离子以后，$\varphi^{\ominus}\{[Ag(CN)_2]^-/Ag\} < \varphi^{\ominus}(Ag^+/Ag)$，在有配体 $CN^-$ 存在时，单质银的还原能力增强，易被氧化为 $[Ag(CN)_2]^-$。可见，氧化还原电对的电极电势随着配合物的形成会发生改变。一般形成配离子后，金属离子氧化性减弱，而对应的金属还原能力增强。同种配体和同一元素不同氧化数的离子形成配位数相同的两种配离子，如 $[Fe(CN)_6]^{4-}$ 和 $[Fe(CN)_6]^{3-}$，可利用它们的 $K_f^{\ominus}$ 求出 $\varphi^{\ominus}\{[Fe(CN)_6]^{3-}/[Fe(CN)_6]^{4-}\}$。

**【例题 10-9】** 已知 $\varphi^{\ominus}(Fe^{3+}/Fe^{2+}) = +0.770V$，$K_f^{\ominus}\{[Fe(CN)_6]^{3-}\} = 1.0\times10^{42}$，$K_f^{\ominus}\{[Fe(CN)_6]^{4-}\} = 1.0\times10^{35}$，求 $\varphi^{\ominus}\{[Fe(CN)_6]^{3-}/[Fe(CN)_6]^{4-}\}$。

**解** 根据已知条件，可以设计成一个原电池：

$$(-)Pt|[Fe(CN)_6]^{3-},\ [Fe(CN)_6]^{4-},\ NaCN \parallel Fe^{3+},\ Fe^{2+}|Pt(+)$$

该电池反应为

$$Fe^{3+} + [Fe(CN)_6]^{4-} \rightleftharpoons [Fe(CN)_6]^{3-} + Fe^{2+}$$

反应的平衡常数

$$\begin{aligned}K^{\ominus} &= \frac{c(Fe^{2+})c\{[Fe(CN)_6]^{3-}\}[c(CN^-)]^6}{c(Fe^{3+})c\{[Fe(CN)_6]^{4-}\}[c(CN^-)]^6}\\ &= \frac{K_f^{\ominus}\{[Fe(CN)_6]^{3-}\}}{K_f^{\ominus}\{[Fe(CN)_6]^{4-}\}} = \frac{1.0\times10^{42}}{1.0\times10^{35}} = 1.0\times10^{7}\end{aligned}$$

再根据氧化还原反应的平衡常数与电极电势的关系：

$$\lg K^{\ominus} = \frac{z'[\varphi^{\ominus}_{(+)} - \varphi^{\ominus}_{(-)}]}{0.0592V}$$

$$\lg(1.0\times10^{7}) = \frac{1\times[0.770V - \varphi^{\ominus}_{(-)}]}{0.0592V}$$

即

$$\varphi^{\ominus}_{(-)} = \varphi^{\ominus}\{[Fe(CN)_6]^{3-}/[Fe(CN)_6]^{4-}\} = 0.36V$$

与 $\varphi^{\ominus}(Fe^{3+}/Fe^{2+}) = +0.770V$ 比较，可以推测 $[Fe(CN)_6]^{4-}$ 的还原性比 $Fe^{2+}$ 强。空气中的氧即可将 $[Fe(CN)_6]^{4-}$ 氧化为 $[Fe(CN)_6]^{3-}$，而 $Fe^{2+}$ 在相同的条件下却相对稳定；$[Fe(CN)_6]^{3-}$ 的氧化能力极弱，而 $Fe^{3+}$ 却有较强的氧化性。

## 10.3.3 影响配离子稳定性的因素

### 10.3.3.1 形成体的影响

(1) 形成体的电荷

一般来说，同一元素作为形成体时，所带的正电荷越高，配合物越稳定。例如，

$[Co(NH_3)_6]^{3+}$ $K_f^{\ominus} = 1.58\times10^{35}$， $[Co(NH_3)_6]^{2+}$ $K_f^{\ominus} = 1.29\times10^{5}$

$[Fe(CN)_6]^{3-}$ $K_f^{\ominus} = 1.00\times10^{42}$， $[Fe(CN)_6]^{4-}$ $K_f^{\ominus} = 1.00\times10^{35}$

配合物的稳定性：$[Co(NH_3)_6]^{3+} > [Co(NH_3)_6]^{2+}$，$[Fe(CN)_6]^{3-} > [Fe(CN)_6]^{4-}$。

(2) 形成体所在周期

通常来说，同族元素作为形成体，若所处的周期数较大时，其 d 轨道较伸展，配合物也稳定。例如，

$[Pt(NH_3)_6]^{2+}$　$K_f^{\ominus}=2.00\times10^{35}$，$[Ni(NH_3)_6]^{2+}$　$K_f^{\ominus}=5.50\times10^{8}$；

$[Hg(NH_3)_4]^{2+}$　$K_f^{\ominus}=1.90\times10^{19}$，$[Zn(NH_3)_4]^{2+}$　$K_f^{\ominus}=2.88\times10^{9}$。

配合物的稳定性：$[Pt(NH_3)_6]^{2+}>[Ni(NH_3)_6]^{2+}$，$[Hg(NH_3)_4]^{2+}>[Zn(NH_3)_4]^{2+}$。

#### 10.3.3.2　配体的影响

一般来说，配体中配位原子的电负性越小，给电子能力越强，配合物越稳定。例如：

配合物的稳定性：$[Co(CN)_6]^{3-}>[Co(NH_3)_6]^{3+}$，$[Cu(CN)_4]^{3-}>[Cu(NH_3)_4]^{+}$。

通常，能使分裂能增大的因素，一般也是导致配合物稳定性增大的因素。

#### 10.3.3.3　螯合效应

乙二胺和乙二胺四乙酸（EDTA）等多齿配体与金属离子形成的配合物可形成环，这种含有多元环的配合物称为**螯合物**。螯合物所具有的特殊的稳定性称为**螯合效应**。螯合物中以形成五元环、六元环的螯合物最为稳定。

例如，$Ca^{2+}$ 等非过渡金属离子一般不易形成配位化合物，但可以与乙二胺四乙酸（EDTA）形成稳定的螯合物，其结构如图 10-9 所示。因为 EDTA 有 6 个配位原子，与金属形成的螯合物含有 5 个五元环。

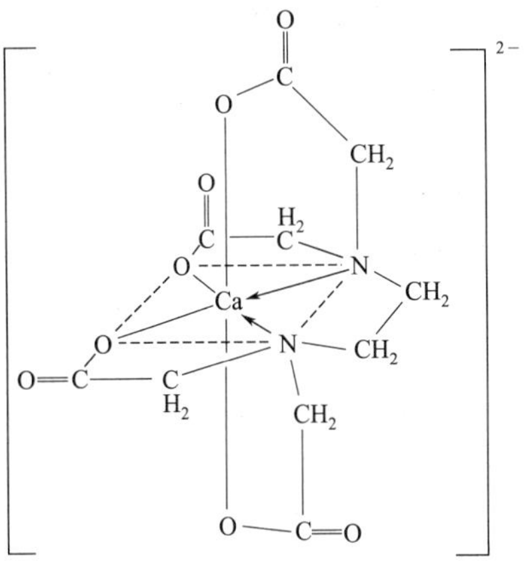

图 10-9　$[Ca(EDTA)]^{2-}$ 的结构

#### 10.3.3.4　18 电子规则

**18 电子规则**是经验规则，过渡金属价层达到 18 个电子时，形成的配合物较为稳定。这个规则也称为有效原子序数（EAN）规则。过渡金属与配体成键时倾向于 9 个价轨道（5 个 d 轨道、1 个 s 轨道、3 个 p 轨道）达到全部充满电子的状态。

18 电子规则在解释过渡金属羰基配合物时较为成功。例如，$[Fe(CO)_5]$ 中 Fe 的电子构型为 $3d^6 4s^2$，价层有 8 个电子，5 个 CO 参与配位，共提供 10 个电子，满足 18 电子规则。$[Ni(CO)_4]$、$[Co(CO)_8]$ 等都符合 18 电子规则，它们都较为稳定。而 $[Mn(CO)_5]$ 和 $[Co(CO)_4]$ 不符合 18 电子规则，都不稳定。$[Ni(C_5H_5)_2]$ 和 $[Co(C_5H_5)_2]$ 也不符合 18 电子规则，稳定性差，容易被氧化。

但 18 电子规则也有例外，例如，$[Ni(\eta\text{-}C_3H_5)_2]$、$[PdCl_2(NCph)_2]$ 虽然不符合 18 电子规则，但是也很稳定。

#### 10.3.3.5　软硬酸碱原则

软硬酸碱理论能够较好地解释一些配合物的稳定性以及元素在自然界的存在状态等。按路易斯酸碱电子理论在反应中接受电子对的物质为**酸**，给出电子对的物质为**碱**。

路易斯酸中接受电子对的原子，如果其电子云的变形性小，则称这种酸为**硬酸**，如 $Na^+$、$Mg^{2+}$ 等ⅠA、ⅡA 族阳离子，$B^{3+}$、$Al^{3+}$、$Si^{4+}$ 等ⅢA、ⅣA 族阳离子。路易斯酸中接受电子对的原子，如果其电子云的变形性大，则称这种酸为**软酸**。半径大、电荷低的阳离子一般属于软酸，如 $Cu^+$、$Ag^+$、$Cd^{2+}$、$Hg^{2+}$ 等。路易斯酸中接受电子对的原子，如果其变形性介于硬酸和软酸之间，则称这种酸为**交界酸**，如 $Cr^{2+}$、$Fe^{3+}$、$Co^{2+}$、$Ni^{2+}$、$Cu^{2+}$、$Zn^{2+}$ 等。

路易斯碱中给出电子对的原子的电负性大，其电子云不易变形，不易失去电子，则称这种碱为**硬碱**，如 $F^-$、$Cl^-$、$H_2O$、$OH^-$、$O^{2-}$、$SO_4^{2-}$、$NO_3^-$、$ClO_4^-$ 等。路易斯碱中给出电子对的原子的电负性小，其电子云易变形，易失去电子，则称这种碱为**软碱**，如 $I^-$、$S^{2-}$、$CN^-$、$SCN^-$、CO 等。路易斯碱中给出电子对的原子，其变形性介于硬碱和软碱之间，则称这种碱为**交界碱**，如 $Br^-$、$SO_3^{2-}$、$N_2$、$NO_2^-$ 等。

软硬酸碱结合的原则：软亲软，硬亲硬；软和硬，不稳定。例如，软酸 $Ag^+$ 易与软碱 $I^-$ 形成稳定的 $AgI$，软酸 $Ag^+$ 与硬碱 $F^-$ 不能形成稳定的 $AgF$，硬酸 $Al^{3+}$ 与硬碱 $F^-$ 能形成稳定的 $[AlF_6]^{3-}$ 配离子。

## *10.4 配合物的类型及应用

随着配位化学的不断发展，人们发现了多种典型的配合物，如螯合物、羰合物、金属夹心配合物等，而且配位化学已经渗透到各个学科，下面对配合物的类型及应用进行简述。

### 10.4.1 配合物的类型

目前配合物的数目庞大、种类繁多，而且涉及的范围很广，在此简单介绍以下几类典型的配合物。

#### 10.4.1.1 简单配合物

**简单配合物**是由单齿配体与形成体直接配位形成的配合物，如 $[Cu(NH_3)_4]SO_4$、$[Ag(NH_3)_2]Cl$、$K_2[PtCl_4]$ 和 $Na_3[AlF_6]$ 等。在简单配合物中，形成体的配位数等于配体个数，如 $[Cu(NH_3)_4]SO_4$ 中，$Cu^{2+}$ 的配位数为 4。另外，大量水合物也是简单配合物，例如，$CuSO_4 \cdot 5H_2O$ 即 $[Cu(H_2O)_4]SO_4 \cdot H_2O$，$FeSO_4 \cdot 7H_2O$ 即 $[Fe(H_2O)_6]SO_4 \cdot H_2O$，$CrCl_3 \cdot 6H_2O$ 即 $[Cr(H_2O)_6]Cl_3$。这些简单配合物称为维尔纳型配合物。

#### 10.4.1.2 螯合物

当多齿配体中的多个配位原子同时和形成体键合时，可形成具有环状结构的配合物，这类具有环状结构的配合物称为螯合物。通常把形成螯合物的多齿配体称为**螯合剂**，它与形成体的键合作用称为螯合。例如，二（乙二胺）合铜（Ⅱ）的结构为

$$\begin{bmatrix} H_2C-H_2N & NH_2-CH_2 \\ & Cu & \\ H_2C-H_2N & NH_2-CH_2 \end{bmatrix}^{2+}$$

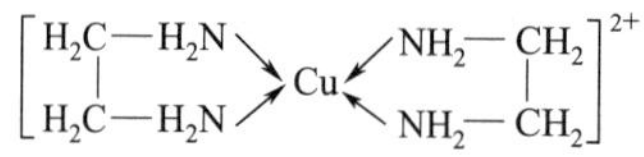

二（乙二胺）合铜中乙二胺两端的 2 个 N 原子与铜离子通过螯合作用形成了由 5 个原子组成的螯合环。

事实表明，通常螯合物比结构相似且配位原子相同的非螯合配合物稳定。它的稳定性与螯环的大小和多少有关。一般，五元环或六元环的螯合物最稳定，因为此时环的张力最小。而且一个多齿配体与中心离子形成的螯环数越多，螯合物越稳定。例如，六齿配体乙二胺四乙酸及其二钠盐（通常称为 EDTA）的分子中有 4 个羧酸基和 2 个可配位的氮原子，当 EDTA 和金属离子键合时，可形成具有 5 个螯合环的稳定螯合物。它的配位能力很强，甚至能和碱金属离子（如 $Ca^{2+}$、$Mg^{2+}$ 等）形成较稳定的 1∶1 型螯合物。

螯合物具有特殊的颜色和很高的稳定性，易溶于有机溶剂，因而在实际中有重要的作用。一些金属离子与乙二胺形成的螯合物和一般配合物的稳定常数见表 10-15。

表 10-15 一些金属离子与乙二胺形成的螯合物和一般配合物的稳定常数

| 螯合物 | $K_f^{\ominus}$ | 一般配合物 | $K_f^{\ominus}$ |
| --- | --- | --- | --- |
| $[Cu(en)_2]^{2+}$ | $1.0 \times 10^{20}$ | $[Cu(NH_3)_4]^{2+}$ | $2.09 \times 10^{13}$ |
| $[Zn(en)_2]^{2+}$ | $6.76 \times 10^{10}$ | $[Zn(NH_3)_4]^{2+}$ | $2.88 \times 10^9$ |
| $[Co(en)_3]^{2+}$ | $6.6 \times 10^{13}$ | $[Co(NH_3)_6]^{2+}$ | $1.29 \times 10^5$ |
| $[Ni(en)_3]^{2+}$ | $2.14 \times 10^{18}$ | $[Ni(NH_3)_6]^{2+}$ | $5.50 \times 10^8$ |

#### 10.4.1.3 羰合物

以 CO 为配体的配合物称为**羰基配合物**（简称羰合物）。CO 几乎可以和全部过渡金属形成稳定的配合物，如 [Fe(CO)$_5$]、[Ni(CO)$_4$] 等。

在羰合物中，CO 中的 C 原子提供孤电子对给予中心金属原子的空轨道以形成配位键[图 10-10(a)]；CO 分子以空的 π*(2p) 反键轨道接受金属原子 d 轨道上的孤电子对，形成反馈（d→p）π 键[图 10-10(b)]，该键称为 σ→π 配键，双方的电子授受作用正好互相结合，其结果使 M—C 键比共价单键略强。由此类配体形成的化合物中，金属原子常处于低正氧化态、零氧化态甚至负氧化态。

(a) M←C 间的 σ 键

(b) M→C 的反馈 π 键

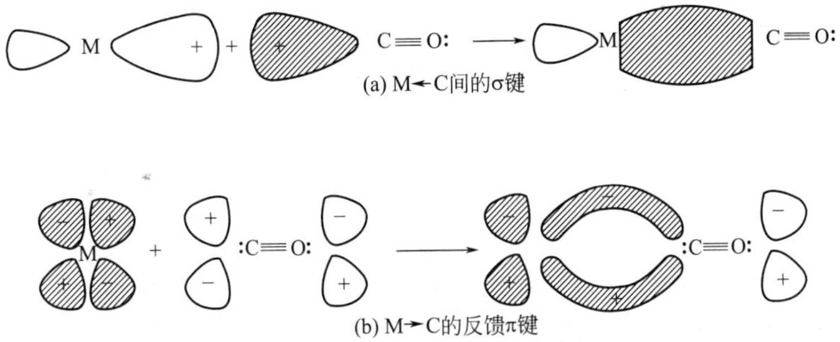

图 10-10 过渡金属 M 和 CO 间化学键的形成

例如，配合物 [Cr(CO)$_6$] 满足 EAN 规则，6 个 CO 提供 12 个电子，Cr 核外电子数为 24，周围共有 36 个电子，相当于同周期 Kr（氪）的电子数（36），因此 [Cr(CO)$_6$] 可稳定存在。

羰合物的熔点、沸点不高，易挥发，不溶于水，易溶于有机溶剂，广泛用于制备纯金属和配位催化等领域。

#### 10.4.1.4 其他类型配合物

除了以上三种外，还有多核配合物，原子簇状化合物（簇合物），同多酸、杂多酸型配合物，大环配合物，夹心配合物等。

**多核配合物**是指两个或两个以上形成体与配体结合所形成的配合物。在多核配合物中，主要靠配体在两个形成体之间"搭桥"连接，把这种能连接两个或多个形成体的配体称为**桥联配体**（简称桥基），如 OH$^-$、Cl$^-$、SO$_4^{2-}$、O$^{2-}$ 等。下面是两种多核配合物的结构：

$$\left[ (H_3N)_5Cr \underset{H}{\overset{H}{O}} Cr(NH_3)_5 \right]^{5+} \qquad \left[ (H_3N)_4Co \underset{NH_2}{\overset{O_2}{\diagup\diagdown}} Co(NH_3)_4 \right]^{4-}$$

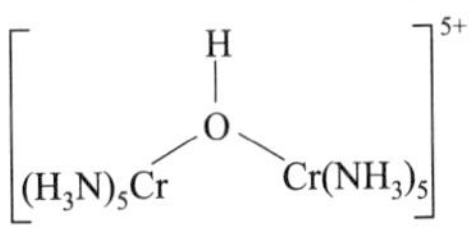

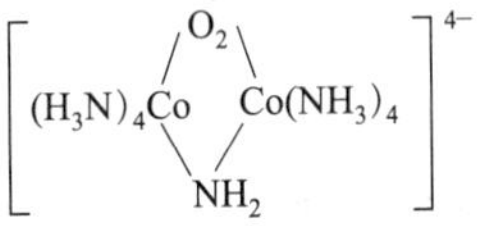

**原子簇状化合物**（簇合物）是指两个或两个以上金属原子以金属-金属键（M—M 键）直接结合而形成的化合物。如 [Re$_2$Cl$_8$]$^{2-}$ 有 24 个电子成键，其中 16 个形成 Re—Cl 键，8 个形成 Re—Re 键，即填充在一个 σ 轨道、两个 π 轨道、一个 δ 轨道，相当于一个四重键。

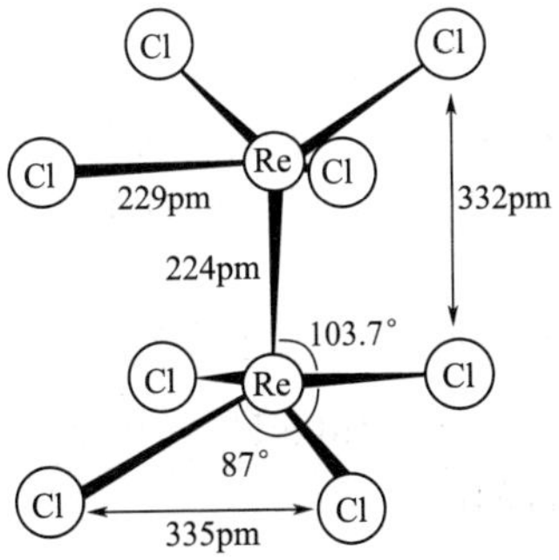

**同多酸型配合物**是由多核配离子形成的同多酸及其盐，如 $K_2Cr_2O_7$，其中 $Cr_2O_7^{2-}$ 为多核离子。

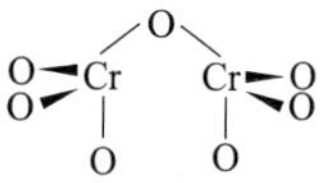

**杂多酸型配合物**是由不同酸根组成的配酸，如磷钼酸铵 $(NH_4)_3PO_4 \cdot 12MoO_3 \cdot 6H_2O$，实际上应写成 $(NH_4)_3[P(Mo_3O_{10})_4] \cdot 6H_2O$，其中 P(Ⅴ) 是形成体，四个 $Mo_3O_{10}$ 是配体。

**大环配合物**是指骨架上带有 O、N、S、P、As 等多个配位原子的多齿配体所形成的配合物，如冠醚、穴醚、索醚、氮杂冠醚等。例如，苯并-15-冠-5 的结构为

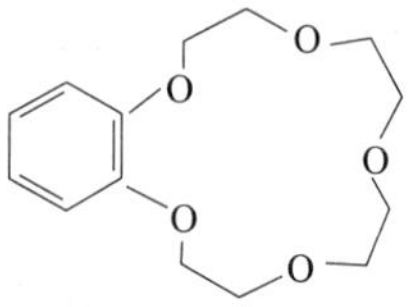

夹心配合物是指环多烯和芳烯具有的离域 π 键结构可以作为一个整体和中心金属原子通过多中心 π 键形成的配合物。在这些配合物中，中心金属原子对称地夹在两个平行的环之间，具有夹心面包式结构。如二茂铁 $[(C_5H_5)_2Fe]$，在茂环内，每个 C 原子各有一个垂直于茂环平面的 2p 轨道，5 个 2p 轨道与未成键的 p 电子形成 π 键，通过所有 π 电子与 $Fe^{2+}$ 形成夹心配合物。其结构式为

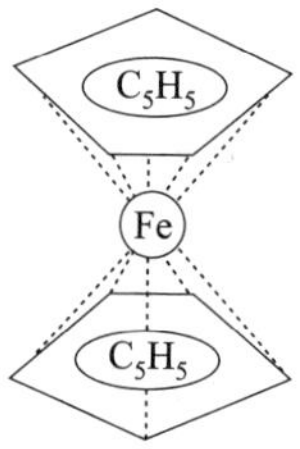


## 10.4.2 配合物的应用

配合物具有特殊的结构和性质，配位化学已渗透到很多其他学科领域，如生物化学、环境化学、药物化学、催化、冶金等。配合物化学已成为当代化学最活跃的前沿领域之一，它的发展打破了传统的无机化学和有机化学之间的界限，其新奇的特殊性能在科学研究、生产实践和社会生活中得到了广泛应用。下面从几个方面作简要介绍。

### 10.4.2.1 在分析化学方面的应用

（1）离子的鉴定

① 形成有色配离子　例如，在溶液中 $NH_3$ 与 $Cu^{2+}$ 能形成深蓝色的 $[Cu(NH_3)_4]^{2+}$，借此反应可鉴定 $Cu^{2+}$。$Fe^{3+}$ 与 $NH_4SCN$ 反应生成血红色的 $[Fe(NCS)_n]^{3-n}$ $(n=1\sim6)$，借此配位反应可鉴定 $Fe^{3+}$。

② 形成难溶有色配合物　例如，丁二肟在弱碱性介质中与 $Ni^{2+}$ 可形成鲜红色难溶二（丁二肟）合镍（Ⅱ）沉淀，借此可鉴定 $Ni^{2+}$，也可用于 $Ni^{2+}$ 的定量测定。

（2）离子的分离

例如，在含有 $Zn^{2+}$ 和 $Al^{3+}$ 的溶液中加入过量氨水：

$$Zn^{2+}、Al^{3+} \xrightarrow{\text{过量的氨水}} [Zn(NH_3)_4]^{2+}(aq) + Al(OH)_3(s)$$

可达到 $Zn^{2+}$ 和 $Al^{3+}$ 分离的目的。

（3）离子的掩蔽

在定性分析中还可以利用生成配合物来消除杂质离子的干扰，例如用 NaSCN 鉴定 $Co^{2+}$ 时，$Co^{2+}$ 与配合剂发生下列反应：

$$\underset{\text{粉红色}}{[Co(H_2O)_6]^{2+}} + 4SCN^- \longrightarrow \underset{\text{艳蓝}}{[Co(SCN)_4]^{2-}} + 6H_2O$$

若溶液中同时含有 $Fe^{3+}$，$Fe^{3+}$ 也可与 $SCN^-$ 反应，形成血红色的 $[Fe(NCS)_6]^{3-}$，妨碍了对 $Co^{2+}$ 的鉴定。倘若事先在溶液中加入足量的配合剂 NaF（或 $NH_4F$），使 $Fe^{3+}$ 形成更稳定的无色配离子 $[FeF_6]^{3-}$，这样就可以排除 $Fe^{3+}$ 对 $Co^{2+}$ 的干扰，通常把这种排除干扰的效应称为**掩蔽效应**，用到的配合剂称为**掩蔽剂**。

#### 10.4.2.2　在配位催化方面的应用

在有机合成中，凡利用配位反应而产生的催化作用，称为配位催化。其过程是单体分子先与催化剂活性中心配位，接着在配位界内进行反应。配位催化反应具有催化活性高、选择性好、反应条件温和等优点，因而在有机化学合成及石油化工方面得到了广泛的应用。例如，通过 Wacker 法用乙烯合成乙醛，采用的催化剂是 $PdCl_2$ 和 $CuCl_2$ 的稀盐酸溶液。$C_2H_4$、$H_2O$ 和 $Pd^{2+}$ 配合生成 $[PdCl_2(H_2O)(C_2H_4)]$，然后该配合物水解成中间产物 $[PdCl_2(OH)(C_2H_4)]^-$，由于 $C_2H_4$ 分子与 $Pd^{2+}$ 配位后，其中的 C═C 键在 $Pd^{2+}$ 的影响下被削弱而活化，有利于双键被打开并加成，在常温常压下乙烯就能比较容易地被氧化成乙醛，转化率高达 95%。其反应式为

$$C_2H_4 + \frac{1}{2}O_2 \xrightarrow{PdCl_2 + CuCl_2 + HCl} CH_3CHO$$

#### 10.4.2.3　在冶金、电镀方面的应用

（1）在冶金工业方面

① 金属的制备　通常大多数过渡元素能与 CO 形成金属羰基配合物。与常见的金属化合物相比，它们易挥发，受热易分解为金属和 CO。根据此特性，工业上常采用羰基化精炼技术制备高纯金属。其过程是先将含有杂质的金属制成羰基配合物使之挥发并与杂质分离，然后进行加热就可分解制得纯度很高的金属。例如，用这种技术生产高纯铁粉。

$$Fe(\text{细粉}) + 5CO \xrightarrow[20MPa]{200℃} [Fe(CO)_5] \xrightarrow{200\sim250℃} Fe(\text{高纯}) + 5CO$$

由于大多金属羰基配合物有剧毒、易燃，所以在制备和使用时应特别注意安全。

② 贵金属的提取　利用合适的配合剂从矿石中提取贵金属。例如，在 NaCN 溶液中，由于 $\varphi^{\ominus}\{[Au(CN)_2]^-/Au\}$ 比 $\varphi^{\ominus}(O_2/OH^-)$ 小得多，Au 的还原性增强，容易被 $O_2$ 氧化形成 $[Au(CN)_2]^-$ 而溶解，然后用锌粉从溶液中置换出金。

$$4Au + 8CN^- + O_2 + 2H_2O \longrightarrow 4[Au(CN)_2]^- + 4OH^-$$

$$4[Au(CN)_2]^- + 2Zn \longrightarrow 4Au\downarrow + 2[Zn(CN)_4]^{2-}$$

（2）在电镀工业方面

若想获得牢固、均匀、致密、光亮的镀层，那么金属离子在阴极镀件上的还原速率就不能太快，因此要控制镀液中有关金属离子的浓度。几十年来，镀 Cu、Ag、Au、Zn、Sn 等工艺中用 NaCN 使有关金属离子转变为氰合配离子，从而降低镀液中简单金属离子的浓度。氰化物有剧毒、容易污染环境，造成公害。20 世纪 70 年代以来人们开始研究无氰电镀工艺，目前已研究出多种非氰配位剂。例如，1-羟基亚乙基-1,1-二磷酸是一种较好的电镀通用配位剂，它与 $Cu^{2+}$ 可形成羟基亚乙基二磷酸合铜（Ⅱ）配离子，电镀所得镀层可达到质量标准。

#### 10.4.2.4　在生物、医药学方面的应用

（1）配合物可维持机体正常

生物体内的微量金属元素，尤其是过渡金属元素，主要是通过形成配合物来完成生物化学功能的。这些化合物在维持生物体内正常生理功能方面具有重要的意义。例如，植物生长中起光合作用的叶绿素是含 $Mg^{2+}$ 的配合物，输送 $O_2$ 的血红素是 $Fe^{2+}$ 的卟啉配合物。现在已知的 1000 多种生物酶中，约有 $\frac{1}{3}$ 是金属配合物。这些酶在维持体内正常代谢活动中起着非常重要的作用。

（2）配合物具有解毒作用

配合物的解毒作用：通常是以配体作为去毒剂，与体内有毒的金属原子（或离子）生成无毒的、可溶性的配合物排出体外。现代工农业的迅速发展对环境造成了严重的污染，某些非必需甚至有毒的金属可能进入体内，给人类的健康带来严重的危害，如重金属 Pb、Hg、Cd 等能与蛋白质中的—SH 相互结合，从而抑制酶的活性。除此之外，某些具有毒性的金属离子可能取代必需微量元素，如 $Cd^{2+}$ 能取代 $Zn^{2+}$，从而抑制锌金属酶的活性，某些含汞化合物进入人体后会迅速通过脑屏障对细胞造成损害。而且摄入过量的必需金属元素也会引起中毒。利用配体生成无毒的配合物可以除去这些有毒金属。临床上已广泛应用了这类金属的解毒剂，如用 $Na_2[Ca(EDTA)]$ 治疗职业性铅中毒，就是因为 $Na_2[Pb(EDTA)]$ 的稳定性比 $Na_2[Ca(EDTA)]$ 大，且 $Na_2[Pb(EDTA)]$ 易溶于水，可经肾脏排出体外。EDTA 的钙盐是体内 U、Th、Pu、Sr 等放射性元素的高效解毒剂，二巯基丙醇是治疗 As、Hg 中毒的首选药物。

（3）配合物可用于药物研制

配合物与药学的关系极为密切，许多药物本身就是配合物。例如，治疗血吸虫病的酒石酸锑钾，治疗风湿性关节炎的金的配合物，具有抗菌活性的铜、铁的 8-羟基喹啉配合物，治疗糖尿病的胰岛素（锌的配合物）和维生素 $B_{12}$（钴的配合物）等。

20 世纪 60 年代末，以金属配合物为基础的抗癌药物的研制有明显的进展。例如，1969 年 Rosenberg 发现了顺式二氯二氨合铂（Ⅳ）（顺铂）具有光谱且较高的抗癌活性。顺式二氯二氨合铂（Ⅳ）就是第一代抗癌药物。该配合物具有脂溶性载体配体 $NH_3$，可顺利地通过细胞膜的脂质层进入癌细胞内。由于进入癌细胞的顺式二氯二氨合铂（Ⅳ）有可取代配体 $Cl^-$ 存在，$Cl^-$ 即被配位能力更强的 DNA 中的配位原子所取代，进而破坏癌细胞 DNA 的复制能力，抑制了癌细胞的生长。该配合物作为抗癌药物从 1978 年开始正式应用于临床并取得良好的疗效。

在铂金属配合物的医疗作用启发下，人们又研制出了多种消炎抗菌、抗病毒的金属配合物和一些有生物功能的配合物药物，如钒氧基皮考林配合物，具有与胰岛素相同的作用，在治疗糖尿病方面有广阔的应用前景。

#### 10.4.2.5 配合物功能材料的开发应用

有些配合物常被用作功能材料，稀土、过渡金属配合物常被用作发光材料、荧光探针、磁型配合物及配合物分子器件等。

当分子或固体材料从外界接受一定能量之后，发射出一定波长和能量的光的现象称为**发光**。由于外界刺激方式不同发光可分为光致发光、电致发光。根据发光时辐射跃迁的激发态是源于配体还是源于金属离子将配合物分为配体发光配合物和金属离子发光配合物。配体发光配合物的发光在有些情况下受金属离子的影响，金属离子与配体间的配位作用，使配合物的发光性能发生了改变。如 8-羟基喹啉本身无发光性能，当其与一些金属离子（如 Al）作用形成配合物 8-羟基喹啉铝后，不仅具有发光性能，而且具有好的热稳定性，用它可以获得效率高的有机电致发光，它的结构如图 10-11 所示。配体发光配合物中的金属离子多为非过渡金属离子，配体多为含有芳香基团的有机配体；金属离子发光配合物中的金属离子多为稀土金属离子，如 $Tb^{3+}$、$Eu^{3+}$、$Sm^{3+}$、$Dy^{3+}$。

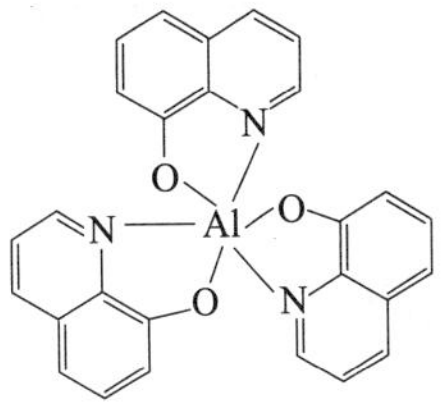

图 10-11　8-羟基喹啉铝

**荧光探针**是指其荧光性质随所处环境的性质和组分等改变而灵敏地改变的一类荧光性分子。主要有 pH、阳离子荧光探针等。可作为荧光探针的配合物分子结构如图 10-12 所示，这两种配合物的发光对阴离子 $Cl^-$、$H_2PO_4^-$ 有选择性识别作用，其中 B 物质对 $Cl^-$ 的选择性比 $H_2PO_4^-$ 高，而且 $Cl^-$ 也能增强该配合物的发光。

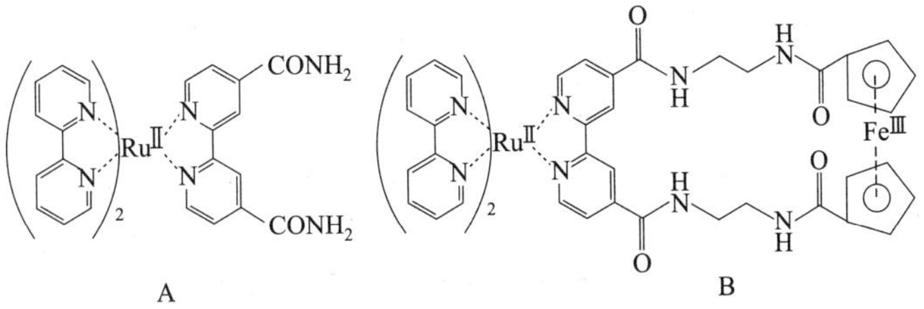

图 10-12　作为荧光探针的配合物分子

**分子基磁性材料**是由分子磁体构成的磁性材料。按配合物的构成方式和组成，可以将配合物类分子磁体分为基于六氰金属盐 $[M(CN)_6]^{(6-n)-}$ 类分子磁体、基于八氰金属盐 $[M(CN)_8]^{(8-n)-}$ 类分子磁体以及其他桥联多核配合物分子磁体等。

## 习题

10.1　哪些元素的原子或离子可以作为配合物的形成体？哪些分子和离子常作为配位体？它们形成配合物时需具备什么条件？

10.2　以 $[Cr(en)_2Cl_2]NO_3$ 为例，解释下列名词。

(1) 内界、外界和配位单元；(2) 配位体、配位原子和配位数；(3) 单齿配体和多齿配体。

10.3　无水 $CrCl_3$ 和氨作用能形成两种配合物，组成相当于 $CrCl_3 \cdot 6NH_3$ 及 $CrCl_3 \cdot 5NH_3$。在第一种配合物水溶液中加入 $AgNO_3$ 溶液能将几乎所有的氯原子沉淀为 AgCl，而在第二种配合物水溶液中加入 $AgNO_3$ 溶液仅能沉淀出 $\frac{2}{3}$ 的氯原子；加入 NaOH 并加热，两溶液均无氨味。试推算它们的内界和外界，并指出配离子的电荷数、形成体的氧化数和配合物的名称。

10.4　命名下列配合物，指出中心离子的氧化态和配位数。

$K_2[PtCl_6]$、$[Ag(NH_3)_2]Cl$、$[Cu(NH_3)_4]SO_4$、$K_2Na[Co(ONO)_6]$、$[Ni(CO)_4]$、$K_2[ZnY]$、$K_3[Fe(CN)_6]$、$[Co_2(CO)_8]$

10.5　写出下列配合物的化学式。

(1) 三氯·一氨合铂（Ⅱ）酸钾；

(2) 四氰合镍（Ⅱ）配离子；

(3) 五氰·一羰基合铁(Ⅲ)酸钠;
(4) 一羟基·一草酸根·一水·一乙二胺合铬(Ⅲ);
(5) 四(异硫氰酸根)·二氨合铬(Ⅲ)酸铵;
(6) 三硝基·三氨合钴(Ⅲ);
(7) 氯化二氯·三氨·一水合钴(Ⅲ);
(8) 二氯·二羟基·二氨合铂(Ⅳ);
(9) 六氯合铂(Ⅳ)酸钾。

10.6 下列说法哪些不正确?说明理由。
(1) 配合物由内界和外界两部分组成;
(2) 只有金属离子才能作为配合物的形成体;
(3) 配体的数目就是形成体的配位数;
(4) 配离子的电荷数等于形成体的电荷数;
(5) 配离子的几何构型取决于形成体所采用的杂化轨道类型。

10.7 有两种钴(Ⅲ)配合物组成均为 $Co(NH_3)_5Cl(SO_4)$,但分别只与 $AgNO_3$ 和 $BaCl_2$ 发生沉淀反应。写出两个配合物的化学结构式。

10.8 画出下列配合物的几何构型。
(1) $[CuCl(H_2O)_3]^+$(平面四边形); (2) 顺-$[CoBrCl(NH_3)_4]^+$;
(3) 反-$[CrCl_2(en)_2]$; (4) 反-$[NiCl_2(NH_3)_2]$。

10.9 举例说明何为内轨型配合物?何为外轨型配合物?

10.10 为什么 $[NiCl_4]^{2-}$ 是顺磁性物质,而 $[Ni(CN)_4]^{2-}$ 是抗磁性物质?试用晶体场理论判断它们的分裂能和成对能的相对大小,并指出它们的几何构型。

10.11 解释下列事实。
(1) 用王水可溶解 Pt、Au 等惰性较大的贵金属,但单独用硝酸或盐酸则不能溶解;
(2) $[Fe(CN)_6]^{3-}$ 具有顺磁性,而 $[Fe(CN)_6]^{4-}$ 具有反磁性;
(3) $[FeF_6]^{3-}$ 为高自旋配离子,而 $[Fe(CN)_6]^{3-}$ 为低自旋配离子;
(4) $[Co(H_2O)_6]^{3+}$ 比 $[Co(NH_3)_6]^{3+}$ 的稳定性差;
(5) $CuSO_4$ 为白色,$CuCl_2$ 为暗棕色。

10.12 已知下列配合物的磁矩,根据价键理论指出各形成体的价层电子排布、轨道杂化类型、配离子空间构型,并指出配合物属内轨型还是外轨型。
(1) $[Mn(CN)_6]^{3-}$ ($\mu$=2.8B.M.);(2) $[Co(H_2O)_6]^{2+}$ ($\mu$=3.88B.M.);
(3) $[Pt(CO)_4]^{2+}$ ($\mu$=0);(4) $[Cd(CN)_4]^{2-}$ ($\mu$=0)。

10.13 已知两个配离子的分裂能和成对能:

| | $[Co(NH_3)_6]^{3+}$ | $[Fe(H_2O)_6]^{2+}$ |
|---|---|---|
| 分裂能($\Delta/cm^{-1}$) | 23000 | 10400 |
| 电子成对能($P/cm^{-1}$) | 21000 | 15000 |

(1) 用价键理论及晶体场理论解释 $[Fe(H_2O)_6]^{2+}$ 是高自旋的,$[Co(NH_3)_6]^{3+}$ 是低自旋的;
(2) 计算两种配离子的晶体场稳定化能。

10.14 影响晶体场中形成体 d 轨道分裂能的因素有哪些?试举例说明。

10.15 大苏打 $Na_2S_2O_3$ 常用作照片的定影试剂,清除胶片中未曝光的 AgBr。试计算 AgBr 在 1.0mol·L$^{-1}$ $Na_2S_2O_3$ 溶液中的溶解度(以物质的量浓度表示)。

10.16 溶液中 $Cu^{2+}$ 与 $NH_3 \cdot H_2O$ 的初始浓度分别为 0.20mol·L$^{-1}$ 和 1.0mol·L$^{-1}$,若反应生成的 $[Cu(NH_3)_4]^{2+}$ 的 $K^{\ominus}_{稳}=2.09\times10^{13}$,计算平衡时溶液中残留的 $Cu^{2+}$

的浓度。

10.17 在有 AgCl 沉淀的试管中，加入过量的氨水，沉淀溶解，将此溶液分成两份，一份中加入 NaCl 溶液少许，无变化；另一份中加入 NaI 溶液少许，则出现黄色沉淀。解释以上现象，并写出有关反应方程式。

10.18 10mL 0.10mol·$L^{-1}$ $CuSO_4$ 溶液与 10mL 6.0mol·$L^{-1}$ 氨水混合并达平衡，计算溶液中 $Cu^{2+}$、$NH_3 \cdot H_2O$ 及 $[Cu(NH_3)_4]^{2+}$ 的浓度。若向此混合溶液中加入 0.010mol NaOH 固体，是否有 $Cu(OH)_2$ 沉淀生成？

10.19 计算下列反应的平衡常数，并判断反应进行的方向。

(1) $[HgCl_4]^{2-} + 4I^- \rightleftharpoons [HgI_4]^{2-} + 4Cl^-$

已知：$K_f^{\ominus}\{[HgCl_4]^{2-}\} = 1.17 \times 10^{15}$；$K_f^{\ominus}\{[HgI_4]^{2-}\} = 6.76 \times 10^{29}$。

(2) $[Cu(CN)_2]^- + 2NH_3 \cdot H_2O \rightleftharpoons [Cu(NH_3)_2]^+ + 2CN^- + 2H_2O$

已知：$K_f^{\ominus}\{[Cu(CN)_2]^-\} = 1.0 \times 10^{24}$；$K_f^{\ominus}\{[Cu(NH_3)_2]^+\} = 7.24 \times 10^{10}$。

(3) $[Fe(NCS)_2]^+ + 6F^- \rightleftharpoons [FeF_6]^{3-} + 2SCN^-$

已知：$K_f^{\ominus}\{[Fe(NCS)_2]^+\} = 2.29 \times 10^3$；$K_f^{\ominus}\{[FeF_6]^-\} = 2.04 \times 10^{14}$。

10.20 已知 $Cu^{2+} + 2e^- \rightleftharpoons Cu$ 的 $\varphi^{\ominus} = 0.34V$，$[Cu(NH_3)_4]^{2+}$ 的 $K_{稳}^{\ominus} = 2.09 \times 10^{13}$，求电对 $[Cu(NH_3)_4]^{2+}/Cu$ 的 $\varphi^{\ominus}$。

10.21 已知 $\varphi^{\ominus}(Fe^{3+}/Fe^{2+}) = 0.770V$，$\varphi^{\ominus}\{[Fe(SCN)_5]^{2-}/Fe^{2+}\} = 0.39V$。求反应 $Fe^{3+} + 5SCN^- = [Fe(SCN)_5]^{2-}$ 的平衡常数。

10.22 在 50.0mL 0.100mol·$L^{-1}$ $AgNO_3$ 溶液中加入密度为 0.932g·$cm^{-3}$、含 $NH_3$ 18.2%的氨水 30.0mL 后，再加水稀释到 100mL。

(1) 计算溶液中 $Ag^+$、$[Ag(NH_3)_2]^+$ 和 $NH_3 \cdot H_2O$ 的浓度。

(2) 向此溶液中加入 0.0745g 固体 KCl，有无 AgCl 沉淀析出？如欲阻止 AgCl 沉淀生成，在原来 $AgNO_3$ 和 $NH_3 \cdot H_2O$ 的混合溶液中，$NH_3 \cdot H_2O$ 的最低浓度应是多少？

(3) 如加 0.120g 固体 KBr，有无 AgBr 沉淀生成？如欲阻止 AgBr 沉淀生成，在原来 $AgNO_3$ 和 $NH_3 \cdot H_2O$ 的混合溶液中，$NH_3 \cdot H_2O$ 的最低浓度应是多少？

(4) 根据 (2)、(3) 的计算结果，可得出什么结论？

10.23 已知下列原电池：

$$(-)Zn|Zn^{2+}(1.00mol \cdot L^{-1}) \| Cu^{2+}(1.00mol \cdot L^{-1})|Cu(+)$$

(1) 先向右半电池中通入过量 $NH_3$，使游离 $NH_3$ 的浓度达到 1.00mol·$L^{-1}$，此时测得电动势 $E_1 = 0.7083V$，求 $K_f^{\ominus}\{[Cu(NH_3)_4]^{2+}\}$（假定 $NH_3$ 的通入不改变溶液的体积）；

(2) 然后向左半电池中加入过量 $Na_2S$，使 $c(S^{2-}) = 1.00mol \cdot L^{-1}$，求原电池的电动势 $E_2$ [已知 $K_{sp}^{\ominus}(ZnS) = 1.6 \times 10^{-24}$，假定加入 $Na_2S$ 不改变溶液的体积]；

(3) 用原电池符号表示经 (1)、(2) 处理后的新原电池，并标出正、负极；

(4) 写出新原电池的电极反应和电池反应；

(5) 计算新原电池反应的平衡常数 $K^{\ominus}$ 和 $\Delta_r G_m^{\ominus}$。

# 第11章　主族元素

主族元素是指周期表中的 s 区及 p 区元素。凡是最后一个电子填到 $ns$ 层或 $np$ 亚层的都为主族元素。沿 B-Si-As-Te-At 对角线将 p 区元素分为两部分，对角线右上方的元素为非金属元素，对角线左下方的元素为金属元素；对角线上及附近的元素可称为非金属，其性质介于金属和非金属之间，可作为半导体材料。

本章主要概述各主族元素的通性、单质及常见化合物的制备、性质及用途等。

## 11.1 氢

氢是宇宙中最丰富的元素，例如，大气的主要组成就是氢。氢也是生命元素，主要以化合态形式存在。水、糖类及所有生物组织中都含有氢，氢在地球上的丰度排第 9 位。

氢有 3 种同位素，在自然界中${}^{1}_{1}H$（氕，符号 H）占 99.9844%，${}^{2}_{1}H$（氘，符号 D）约占 0.0156%，而${}^{3}_{1}H$（氚，符号 T）的量极少，是不稳定的放射性同位素，${}^{3}_{1}H \longrightarrow {}^{3}_{2}He+\beta$。由于其相同的核外电子层结构，这 3 种同位素的化学性质相似，但物理性质存在一定的差异。本书主要研究${}^{1}_{1}H$的单质和化合物。

### 11.1.1 氢的成键特征

氢的价电子构型为 $1s^1$，能与非金属和金属化合。氢的成键方式可以分为普通方式和特殊方式两种。

#### 11.1.1.1 普通方式

（1）共价键

两个 H 原子之间共用电子对，形成非极性共价键；H 原子还与其他非金属元素化合形成极性共价键，如 HCl 等，键的极性随非金属元素电负性的增大而增大。

（2）离子键

当 H 与电负性很小的活泼金属反应时，H 原子得到一个电子形成 $H^-$，与金属离子以离子键相结合，如 NaH、$CaH_2$ 等。离子型氢化物的 $H^-$ 有很强的还原性，$\varphi(H_2/H^-)=-2.25V$，在常温下可还原金属化合物得到金属单质。例如，

$$TiCl_4+4NaH = Ti+4NaCl+2H_2\uparrow$$

#### 11.1.1.2 特殊方式

（1）氢键

在含有强极性键的共价氢化物（如 $H_2O$、$NH_3$、HF）中 H 原子定向吸引邻近电负性大、半径小、又有孤对电子的原子，它们之间形成氢键。

（2）氢桥键

在乙硼烷分子中存在着两个氢桥键，氢相当于一个桥梁，把两侧的两个 B 原子连接到一起，形成三中心两电子键。其结构式如图 11-1 所示。

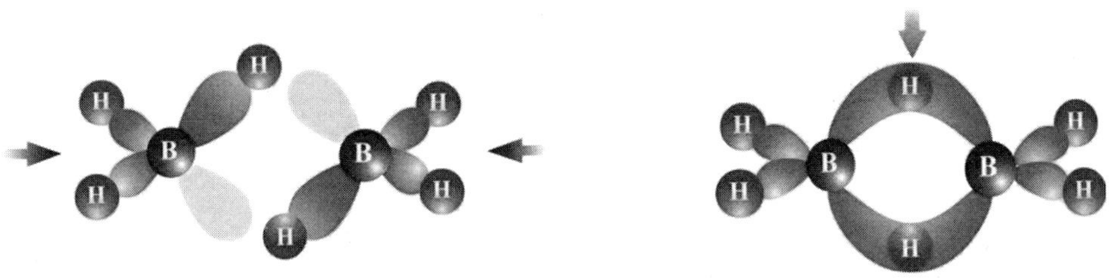


图 11-1 乙硼烷分子结构式

(3) 金属型氢化物

H 原子还可以填充到过渡金属晶格的空隙中，形成一类非整比化合物，例如 $ZrH_{1.30}$ 和 $LaH_{2.87}$ 等。

## 11.1.2 氢的性质

### 11.1.2.1 物理性质

氢是无色、无味、难溶于水、难以液化、密度最小的可燃性气体。其熔化热和汽化热分别为 117.15J·mol$^{-1}$ 和 903.74J·mol$^{-1}$；热导率为 0.187W·m$^{-1}$·K$^{-1}$，大约为空气的 5 倍。0℃时 1L 水能溶解 0.02L $H_2$。$H_2$ 在所有分子中质量最小。其分子间作用力很弱，只有冷却到−252.762℃时才能液化。

### 11.1.2.2 化学性质

由于氢分子的解离能（436kJ·mol$^{-1}$）较一般单键键能高出很多，同一般的双键键能接近，因此常温下氢分子具有一定的惰性，与许多物质反应很慢，但在高温下却是很好的还原剂。

① 加热时氢能与活泼金属（Li 和 Na）反应，生成离子型氢化物。

$$H_2+2Na \xlongequal{\triangle} 2NaH; \quad H_2+2Li \xlongequal{\triangle} 2LiH$$

② 高温下同卤素、氮气、氧气等反应，生成共价化合物。

$$H_2+3N_2 \xlongequal[\text{催化剂}]{\text{高温高压}} 2NH_3$$

③ 高温下能还原金属氧化物。

$$PdCl_2(aq)+H_2(g) \xlongequal{\text{高温}} Pd(s)+2HCl(aq)$$

此反应可使得 $PdCl_2$ 溶液析出金属单质，可用来制备单质 Pd。

④ 能还原许多有机化合物：在有机合成工业上用于不饱和烃的加氢反应及醛类的加氢还原等。

$$C_2H_4+H_2 \xlongequal[\text{催化剂}]{\text{高温高压}} C_2H_6$$

$$C_2H_5CHO+H_2 \xlongequal{\text{催化剂}} CH_3CH_2CH_2OH$$

⑤ 氢原子是一种比氢分子更强的还原剂，在常温下可还原金属氧化物。

$$CuCl_2+2H = Cu+2HCl; \qquad BaSO_4+8H = BaS+4H_2O$$

## 11.1.3 氢气的制备

### 11.1.3.1 实验室法

实验室里，常利用稀盐酸或稀硫酸与锌等活泼金属作用制取 $H_2$。因金属锌中常含有 $Zn_3P_2$、$Zn_3As_2$、ZnS 等杂质，它们与酸反应会生成 $PH_3$、$AsH_3$、$H_2S$ 等气体杂质混在氢气中，需要纯化才能得到纯净的 $H_2$。军事和气象用的氢气也常用便携的离子型氢化物与水反应而制得，适用于野外作业。

$$CaH_2 + 2H_2O \xlongequal{} Ca(OH)_2 + 2H_2 \uparrow$$

**11.1.3.2 工业法**

(1) 电解法

氢气是氯碱工业中的副产物。电解食盐水的过程中，在阳极上生成 $Cl_2$，电解池中得到 NaOH 的同时，阴极上放出 $H_2$。此法易于制备纯净的氢气，但耗能大，成本高。

用电解法制备的 $H_2$ 纯度较高。常采用质量分数为 25%的 NaOH 或 KOH 溶液为电解液进行电解。

阴极：$2H_2O + 2e^- \xlongequal{} H_2 \uparrow + 2OH^-$　　阳极：$4OH^- \xlongequal{} O_2 \uparrow + 2H_2O + 4e^-$

(2) 矿物燃料转换法

在催化剂作用下，天然气或焦炭与水蒸气作用可以得到合成气（CO 和 $H_2$ 的混合气）。

$$CH_4(g) + H_2O(g) \xlongequal[\text{Ni-Co 催化剂}]{700\sim800℃} CO(g) + 3H_2(g)$$

$$C(s) + H_2O(g) \xlongequal{1000℃} CO(g) + H_2(g)$$

合成气与 $H_2O$ 进一步反应生成 $CO_2$ 和 $H_2$，经过提纯得到氢气。

$$CO(g) + H_2O(g) \xlongequal[\text{催化剂}]{400\sim600℃} CO_2(g) + H_2(g)$$

### 11.1.4 氢能源

氢是一种极为优异的二次能源，其热值高。1kg 氢气可发热 $1.25 \times 10^6$kJ，相当于 3kg 汽油或 4.5kg 焦炭的热量。氢也是最干净的燃料，其燃烧产物是水，不污染环境。其可用于航天航空及汽车，也可制成氢氧燃料电池等。氢气还是工业的重要原料之一，主要用于化工、冶金、电子和建材等方面。

## 11.2 碱金属和碱土金属

s 区元素包括ⅠA 和ⅡA 族，ⅠA 族由 Li、Na、K、Rb、Cs、Fr 等元素组成，它们的氧化物和氢氧化物都具有强碱性，故称其为碱金属。ⅡA 族由 Be、Mg、Ca、Sr、Ba、Ra 等元素组成，由于 Ca、Sr、Ba 的氧化物性质介于“碱族”和“土族”（ⅢB）之间，故称其为碱土金属。由于 Fr 和 Ra 为放射性元素，本节不作讨论。

### 11.2.1 通性

碱金属和碱土金属元素的一些基本性质列于表 11-1 和表 11-2 中。

**表 11-1　碱金属元素的常见物理性质**

| 性质 | Li | Na | K | Rb | Cs |
|---|---|---|---|---|---|
| 价电子构型 | $2s^1$ | $3s^1$ | $4s^1$ | $5s^1$ | $6s^1$ |
| 密度/g·cm$^{-3}$ | 0.53 | 0.97 | 0.86 | 1.53 | 1.90 |
| Mohs 硬度 | 0.6 | 0.4 | 0.5 | 0.3 | 0.2 |
| 熔点/℃ | 180.54 | 97.8 | 63.2 | 39.0 | 28.5 |
| 沸点/℃ | 1347 | 881.4 | 756.5 | 688 | 705 |

续表

| 性质 | Li | Na | K | Rb | Cs |
|---|---|---|---|---|---|
| 金属半径/pm | 123 | 154 | 203 | 216 | 235 |
| $M^+$半径/pm | 60 | 95 | 133 | 148 | 269 |
| $M^+$(g)水合热/kJ·$mol^{-1}$ | −519 | −406 | −322 | −293 | −266 |
| 第一电离能 $I_1$/kJ·$mol^{-1}$ | 520 | 496 | 419 | 403 | 376 |
| 第二电离能 $I_2$/kJ·$mol^{-1}$ | 7298 | 4562 | 3051 | 2632 | 2234 |
| 电负性(χ) | 1.0 | 0.9 | 0.8 | 0.8 | 0.7 |
| $\varphi^{\ominus}(M^+/M)$/V | −3.045 | −2.714 | −2.924 | −2.98 | −3.026 |

**表 11-2 碱土金属元素的常见物理性质**

| 性质 | Be | Mg | Ca | Sr | Ba |
|---|---|---|---|---|---|
| 价电子构型 | $2s^2$ | $3s^2$ | $4s^2$ | $5s^2$ | $6s^2$ |
| 密度/g·$cm^{-3}$ | 1.85 | 1.74 | 1.55 | 2.63 | 3.62 |
| Mohs 硬度 | 4 | 2.5 | 2 | 1.8 | 1.25 |
| 熔点/℃ | 1287 | 649 | 839 | 768 | 725 |
| 沸点/℃ | 2500 | 1105 | 1494 | 1381 | (1850) |
| 金属半径/pm | 88.9 | 136.4 | 173.6 | 191.4 | 198.1 |
| $M^{2+}$半径/pm | 31 | 65 | 99 | 113 | 135 |
| $M^{2+}$(g)水合热/kJ·$mol^{-1}$ | −2494 | −1921 | −1577 | −1443 | −1305 |
| 第一电离能 $I_1$/kJ·$mol^{-1}$ | 899 | 738 | 590 | 549 | 503 |
| 第二电离能 $I_2$/kJ·$mol^{-1}$ | 1757 | 1451 | 1145 | 1064 | 965 |
| 电负性(χ) | 1.5 | 1.2 | 1.0 | 1.0 | — |
| $\varphi^{\ominus}(M^+/M)$/V | −1.99 | −2.356 | −2.84 | −2.89 | −2.92 |

碱金属和碱土金属的价层电子构型分别为 $ns^1$ 和 $ns^2$，极易失去最外层电子形成具有稀有气体电子结构的稳定离子，碱金属具有稳定的+1 氧化态，而碱土金属则具有稳定的+2 氧化态。碱金属和碱土金属单质都具有很强的还原性，是典型的活泼金属，同族元素活泼性从上到下依次增强。

从表中可以看出这两族元素的许多性质随着原子序数的递增呈现出规律的变化。但由于 $Li^+$ 和 $Be^{2+}$ 的半径远小于同族阳离子，其化合物往往具有一定的共价性。这两族元素的标准电极电势随原子序数的增加而降低，说明金属的还原性从上往下增强，但 Li 的标准电极电势却比 Cs 还低，这是由于 Li 具有很小的半径，易生成水合离子而释放较多的能量。

碱金属和碱土金属很活泼，决定了它们只能以化合态的形式存在于地壳中，碱金属的主要矿物有锂辉石 [$LiAl(SiO_3)_2$]、芒硝（$Na_2SO_4 \cdot 10H_2O$）、钠长石 {$Na[AlSi_3O_8]$}、钾长石 {$K[AlSi_3O_8]$}、明矾 {$K_2SO_4 \cdot Al_2(SO_4)_3 \cdot 24H_2O$}、光卤石 [$KCl \cdot MgSO_4 \cdot 6H_2O$] 等；碱土金属的主要矿物有绿柱石 [$3BeO \cdot Al_2O_3 \cdot 6SiO_2$，若含有 2%的 Cr 即为祖母绿]、白云石（$MgCO_3 \cdot CaCO_3$）、镁菱矿（$MgCO_3$）、方解石（$CaCO_3$）、萤石（$CaF_2$）、石膏（$CaSO_4 \cdot 2H_2O$）、菱锶矿（$SrCO_3$）、天青石（$SrSO_4$）、重晶石（$BaSO_4$）、毒重石（$BaCO_3$）等。

## 11.2.2 碱金属和碱土金属单质性质

### 11.2.2.1 物理性质

碱金属和碱土金属的一些物理性质见表 11-1 和表 11-2。除铍是钢灰色外，其余碱金属和碱土金属都显银白色，有金属光泽，有一定的导电性、导热性和延展性。碱金属具有熔点低、硬度小、密度小的特点。碱土金属的熔点、硬度、密度均高于碱金属，其原因是碱土金属的金属键比碱金属的强。

### 11.2.2.2 化学性质

碱金属和碱土金属都有很强的还原性，与许多非金属单质直接反应生成离子型化合物。在绝大多数化合物中，它们以阳离子形式存在。除 Mg、Be 外，其他碱金属和碱土金属不能存放于空气中。

（1）与非金属反应

常温下碱金属能迅速与空气中氧发生反应，在金属的表面生成一层氧化物，氧化物易吸收空气中的 $CO_2$ 而生成碳酸盐，Li 金属表面还会有氮化物生成。Na、K 在空气中稍稍加热会燃烧，Cs 和 Rb 在室温下与空气接触立即燃烧。在充足的空气中，Na 燃烧的产物是过氧化钠，K、Rb、Cs 燃烧则生成超氧化物，但锂却生成普通氧化物和少量氮化物。

$$4Li + O_2 \xlongequal{燃烧} 2Li_2O$$

$$6Li + N_2 \xlongequal{燃烧} 2Li_3N$$

$$2Na + O_2 \xlongequal{燃烧} Na_2O_2$$

$$M + O_2 \xlongequal{燃烧} MO_2 \quad (M=K、Rb、Cs)$$

常温下碱土金属在空气中缓慢反应生成氧化膜，在空气中加热能燃烧。其中，Ba 生成过氧化物，其余的生成普通氧化物，同时有氮化物生成。

$$Ba + O_2 \xlongequal{\triangle} BaO_2$$

$$2Mg + O_2 \xlongequal{\triangle} 2MgO$$

$$3Mg + N_2 \xlongequal{\triangle} Mg_3N_2$$

（2）与水的反应

碱金属除 Be 和 Mg 的金属表面能形成致密的氧化物保护膜而对水稳定外，这两族其他元素都容易和水反应生成对应的氢氧化物和氢气，并放出大量的热。

$$2Na(s) + 2H_2O(l) \xlongequal{} 2NaOH(s) + H_2(g) \qquad \Delta_r H_m^{\ominus} = -281.8\text{kJ}\cdot\text{mol}^{-1}$$

$$Ca(s) + 2H_2O(l) \xlongequal{} Ca(OH)_2(s) + H_2(g) \qquad \Delta_r H_m^{\ominus} = -414.4\text{kJ}\cdot\text{mol}^{-1}$$

碱金属和水反应十分剧烈，而碱土金属和水反应相对平稳，其原因在于碱土金属的熔点较高，不像钠、钾、铷、铯反应时能熔化成液体而加快反应；另外，碱土金属氢氧化物的溶解度较小，会覆盖在金属表面阻碍金属与水的接触，从而减缓了反应速率。

（3）与液氨的反应

碱金属及钙、锶、钡都可溶于液氨中生成蓝色的溶剂合电子及阳离子的导电溶液。

碱金属 $M(s) + (x+y)NH_3 \rightleftharpoons M^+(NH_3)_x + e^-(NH_3)_y$

碱土金属 $M(s) + (x+2y)NH_3 \rightleftharpoons M^{2+}(NH_3)_x + 2e^-(NH_3)_y$（蓝色）

（4）与 $C_2H_5OH$ 反应

碱金属与无水乙醇反应生成乙醇盐并放出氢气，乙醇钠的碱性强于氢氧化钠。

$$2Na+2C_2H_5OH = 2C_2H_5ONa+H_2\uparrow$$

（5）汞齐的生成

金属 Na 溶于水银，可以形成钠汞齐。

$$Na+Hg = HgNa$$

（6）与金属化合物的反应

碱金属和碱土金属具有很强的还原性，在稀有气体保护下可用来制备某些稀有金属及硅等。

$$TiCl_4+4Na \xlongequal{\triangle} Ti+4NaCl$$

$$SiO_2+2Mg \xlongequal{高温} Si+2MgO$$

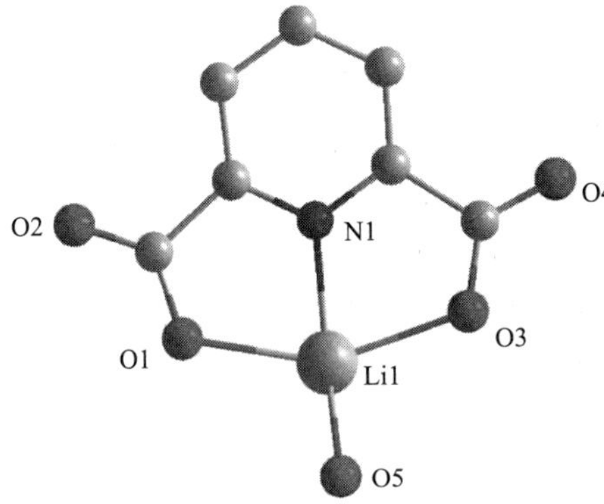


图 11-2　一种碱（土）金属的螯合物

（7）与配体的反应

碱（土）金属的电荷小、半径大，难形成配合物，只与配位能力很强的螯合配体才能形成螯合物和大环化合物，如图 11-2。

（8）焰色反应

碱金属及碱土金属元素在高温火焰中可使火焰呈现出特征颜色，这种现象称为**焰色反应**。金属原子（或离子）的电子受高温火焰的激发而跃迁到高能态轨道上，当电子从高能态轨道返回低能态轨道时，就会发射出一定波长的光束，从而使火焰呈现出特征颜色。在分析化学中常用焰色反应来鉴定这些元素。表 11-3 列出了常见碱金属和碱土金属的焰色。

**表 11-3　常见碱金属和碱土金属的焰色**

| 元素 | Li | Na | K | Rb | Cs | Ca | Sr | Ba |
|---|---|---|---|---|---|---|---|---|
| 焰色 | 洋红 | 黄 | 紫 | 紫红 | 蓝 | 橙红 | 洋红 | 黄绿 |
| 波长/nm | 670.8 | 589.6 | 404.7 | 629.8 | 459.3 | 616.2 | 707.0 | 553.6 |

碱金属与碱土金属单质的一些典型的化学反应小结见图 11-3 和图 11-4。

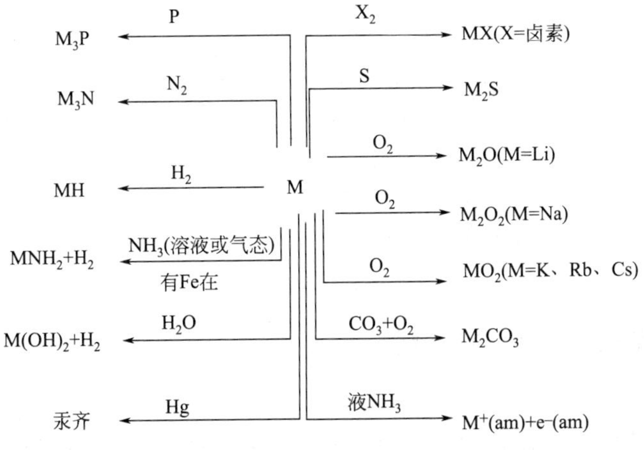


图 11-3　碱金属的某些典型反应

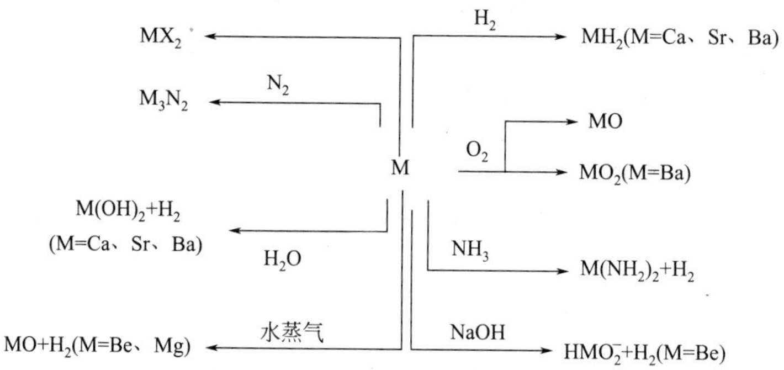


图 11-4 碱土金属的某些典型反应

## 11.2.3 碱金属和碱土金属制备

碱金属和碱土金属有强的活泼性，通常采用熔融盐电解法和热还原法来制备对应单质。

### 11.2.3.1 熔盐电解法

以电解熔融氯化钠制备钠为例，阳极材料为锂，阴极材料为铁。由于 NaCl 的熔点和 Na 的沸点接近，容易挥发失掉 Na，所以要加入助熔剂 $CaCl_2$ 以降低 NaCl 的熔点，防止 Na 挥发损失。

阳极反应：$2Cl^-(l) = Cl_2(g) + 2e^-$

阴极反应：$2Na^+(l) + 2e^- = 2Na(l)$

总反应：$2NaCl(l) = 2Na(l) + Cl_2(g)$

Li 也可以用电解熔融 Li-KCl 混合盐制得，碱土金属也可用同样方法制备。但 K 的制备不用此法。因为 K 的沸点较低，易溶解在熔盐中，不易分离，而且电解过程中产生的 $KO_2$ 与 K 还会发生爆炸。

### 11.2.3.2 热还原法

工业上多采用热还原法制备金属钾，在 850℃用金属钠还原氯化钾的反应如下。

$$Na(l) + KCl(l) \xlongequal{850\ ℃} NaCl(l) + K(g)$$

从表面上看该反应违背了一般的化学反应原则，用不活泼的金属从盐类中置换出活泼的金属。一般我们讲的金属活泼性顺序是以标准电极电势作为判断标准，适用于常温下水溶液中的反应，而上述反应是高温非水溶液下的反应，不能用金属活动性顺序来说明这类反应。

金属 Na 的沸点为 883℃，金属 K 的沸点为 760℃。在 850℃时，金属 K 以气体形式存在，而此时金属 Na 仍为液体，反应生成的钾蒸气迅速逸出，促使平衡向正方向移动，使反应得以不断向右进行。K 蒸气冷凝得到金属 K，经进一步分离、提纯，纯度可达 99.99%。

Rb 和 Cs 的制备方法类似于 K 的制备，在 750℃时用金属 K 还原 RbCl 和 CsCl 制备。金属 Be 可以在 1300℃时用金属 Mg 还原 $BeF_2$ 得到。另外，也可以用碳作还原剂，例如，金属 Mg 可以在高温下用碳还原 MgO 制得。

$$MgO(s) + C(s) \xlongequal{高温} CO(g) + Mg(s)$$

## 11.2.4 碱金属和碱土金属的化合物

### 11.2.4.1 氧化物

碱金属与氧形成的二元化合物可分为普通氧化物（$M_2O$）、过氧化物（$M_2O_2$）、超氧化物（$MO_2$）及臭氧化物（$MO_3$）。碱土金属与氧既能形成普通氧化物（MO）也能形成过氧化物（$MO_2$）及超氧化物（$MO_4$）。

（1）普通氧化物

在充足的空气中燃烧，Li、Be、Mg、Ca、Sr都生成普通氧化物$Li_2O$、BeO、MgO、CaO、SrO。其他碱金属的普通氧化物是由金属和其过氧化物或硝酸盐反应得到的。

$$4Li+O_2 \xlongequal{燃烧} 2Li_2O$$

$$Na_2O_2+2Na \xlongequal{} 2Na_2O$$

$$2KNO_3+10K \xlongequal{\triangle} 6K_2O+N_2\uparrow$$

碱土金属的普通氧化物也可以通过分解碳酸盐得到。

$$MCO_3 \xlongequal{\triangle} MO+CO_2\uparrow (M=Mg、Ca、Sr、Ba)$$

碱金属和碱土金属氧化物的性质见表11-4、表11-5。

**表11-4　碱金属氧化物的性质**

| | $Li_2O$ | $Na_2O$ | $K_2O$ | $Rb_2O$ | $Cs_2O$ |
|---|---|---|---|---|---|
| 颜色 | 白色 | 白色 | 淡黄色 | 亮黄色 | 橙红色 |
| 熔点/℃ | >1700 | 1275 | 350(分解) | 400(分解) | 400(分解) |
| 晶体类型 | 离子晶体 | 离子晶体 | 离子晶体 | 离子晶体 | 离子晶体 |
| 溶解性 | 易溶于水 | 易溶于水 | 易溶于水 | 易溶于水 | 易溶于水 |

**表11-5　碱土金属氧化物的性质**

| | BeO | MgO | CaO | SrO | BaO |
|---|---|---|---|---|---|
| 熔点/℃ | 2530 | 2852 | 2614 | 2430 | 1918 |
| 硬度(金刚石=10) | 9 | 5.6 | 4.5 | 3.5 | 3.3 |
| M—O核间距/pm | 165 | 210 | 240 | 257 | 277 |
| 晶体类型 | 离子晶体 | 离子晶体 | 离子晶体 | 离子晶体 | 离子晶体 |
| 溶解性 | 不溶于水 | 难溶于水 | 能溶于水 | 可溶于水 | 易溶于水 |

碱金属氧化物从上往下熔点依次降低，主要是原子半径增大、晶格能减小所致。碱土金属氧化物的熔点比同周期碱金属的氧化物高许多，也与晶格能的变化规律有关。碱土金属离子半径较小、正电荷高、晶格能大，导致碱土金属的热稳定性、熔点高于碱金属氧化物的。

（2）过氧化物

除了Be外，其他碱金属和碱土金属元素都能生成离子型过氧化物。过氧化物是含有过氧基（—O—O—）的化合物，可看作是$H_2O_2$的衍生物。较重要的过氧化物是过氧化钠（$Na_2O_2$）、过氧化钙（$CaO_2$）和过氧化钡（$BaO_2$）。

工业上制备过氧化钠的方法是先将钠隔绝空气加热熔化，通入一定量的除去$CO_2$的干燥空气，维持温度在177～197℃之间，钠即被氧化为$Na_2O$。进而增大除去$CO_2$的干燥空气流量并迅速提高温度至297～397℃，即可制得$Na_2O_2$黄色粉末。

$$4Na+O_2 \xlongequal{\triangle} 2Na_2O(白色)$$

$$2Na_2O+O_2 \xlongequal{\triangle} 2Na_2O_2(淡黄色)$$

在低温、碱性条件下用$H_2O_2$与$CaCl_2$反应可得到含结晶水的$CaO_2$。将含结晶水的$CaO_2$在低于100℃下脱水可生成黄色的无水$CaO_2$。

$$CaCl_2+H_2O_2 \xlongequal{} CaO_2+2HCl$$

在 497～517℃时氧气通过 BaO 即可制得 $BaO_2$。

$$2BaO+O_2 \longrightarrow 2BaO_2$$

过氧化物均不稳定，在空气中容易与水蒸气、$CO_2$ 反应放出氧气。

$$2Na_2O_2+4H_2O \longrightarrow 4NaOH+2H_2O+O_2\uparrow$$

$$2Na_2O_2+2CO_2 \longrightarrow 2Na_2CO_3+O_2$$

在防毒面具和潜水艇中经常用 $Na_2O_2$ 作为 $CO_2$ 吸收剂和供氧剂，就是基于以上反应原理。市面上销售的增氧剂大多是 $CaO_2$。

过氧化钠既具有较强的氧化性，又具有较强的碱性，常用作氧化剂、熔矿剂。例如，

$$2Fe(CrO_2)_2+7Na_2O_2 \xrightarrow{\triangle} 4Na_2CrO_4+Fe_2O_3+3Na_2O$$

(3) 超氧化物

只有半径较大的金属阳离子的超氧化物才比较稳定，如 $KO_2$、$RbO_2$、$CsO_2$、$Sr(O_2)_2Ba(O_2)_2$，而 $NaO_2$ 稳定性较差。由分子轨道理论可知，$O_2^-$ 的分子轨道排布为

$$O_2^-[KK(\sigma_{2s})^2(\sigma_{2s}^*)^2(\sigma_{2p_x})^2(\pi_{2p_y})^2(\pi_{2p_{yz}})^2(\pi_{2p_y}^*)^2(\pi_{2p_{yz}}^*)^1]$$

氧氧之间除了形成 1 个 σ 键外，还有 1 个 3 电子 π 键，键级为 1.5。与 $O_2$ 相比，$O_2^-$ 少了 1 个 3 电子 π 键，因此稳定性比 $O_2$ 差。

K、Rb、Cs 在空气中燃烧，生成超氧化物 $KO_2$、$RbO_2$、$CsO_2$。

$$M+O_2 \xrightarrow{\text{燃烧}} MO_2(M=K、Rb、Cs)$$

同样，金属超氧化物也是强氧化剂、供氧剂。

$$2MO_2+2H_2O \longrightarrow O_2\uparrow+H_2O_2+2MOH$$

$$4MO_2+2CO_2 \longrightarrow 2M_2CO_3+3O_2$$

(4) 臭氧化物

Na、K、Rb、Cs 的干燥氢氧化物粉末同 $O_3$ 反应可以生成臭氧化物 $MO_3$。

$$6MOH(s)+4O_3(g) \longrightarrow 4MO_3(s)+2MOH\cdot H_2O(s)+O_2(g)$$

产物在液氨中重结晶，可以得到橘红色晶体 $MO_3$。$MO_3$ 不稳定，缓慢分解为 $MO_2$ 和 $O_2$，遇水剧烈反应放出氧气。

$$2MO_3 \longrightarrow 2MO_2+O_2\uparrow$$

$$4MO_3+2H_2O \longrightarrow 4MOH+5O_2\uparrow$$

#### 11.2.4.2 氢氧化物

除 $Be(OH)_2$、$Mg(OH)_2$ 难溶于水外，其他碱金属和碱土金属的氢氧化物都溶于水，且碱金属氢氧化物的溶解度远大于碱土金属氢氧化物溶解度。其溶解度和碱性强弱见表 11-6。

**表 11-6 碱金属和碱土金属氢氧化物的溶解度及碱性**

| 碱金属氢氧化物 | 溶解度/mol·L$^{-1}$(288K) | 碱性 | 碱土金属氢氧化物 | 溶解度/mol·L$^{-1}$(288K) | 碱性 |
|---|---|---|---|---|---|
| LiOH | 5.3 | 中强碱 | $Be(OH)_2$ | $8.0\times10^{-6}$ | 两性 |
| NaOH | 26.4 | 强碱 | $Mg(OH)_2$ | $5.0\times10^{-8}$ | 中强碱 |
| KOH | 19.1 | 强碱 | $Ca(OH)_2$ | $1.8\times10^{-2}$ | 强碱 |
| RbOH | 17.9 | 强碱 | $Sr(OH)_2$ | $6.7\times10^{-2}$ | 强碱 |
| CsOH | 25.8 | 强碱 | $Ba(OH)_2$ | $2\times10^{-1}$ | 强碱 |

氢氧化物酸碱性递变规律，可用 M—O—H 规律说明。M—OH 在水中有两种解离方式。

$$MO^-+H^+ \xleftarrow{\text{酸式解离}} MOH \xrightarrow{\text{碱式解离}} M^++OH^-$$

M—O—H 的酸碱性取决于 $M^+$ 的离子势，$\varphi=Z/r$，$Z$ 为 $M^+$ 带的正电荷数，$r^+$ 为

$M^+$ 的半径（pm）。

$\varphi$ 越大，$M^+$ 对 M—O 键中电子的吸引力越大，O 的电子云偏向 $M^+$，O—H 键被削弱，易成酸；$\varphi$ 越小，$M^+$ 对 M—O 键中电子的吸引力越小，M—O 键的离子性越小，易成碱。人们通过研究得出用 $\sqrt{\varphi}$ 判断金属氢氧化物酸碱性的经验规则如下：

$\sqrt{\varphi}<2.2$，MOH 呈碱性；

$2.2<\sqrt{\varphi}<3.2$，MOH 呈两性；

$\sqrt{\varphi}>3.2$，MOH 呈酸性。

若把碱金属离子和碱土金属离子的 $\sqrt{\varphi}$ 加以比较，可得出碱金属和碱土金属氢氧化物碱性强弱的递变规律如图 11-5 所示。

| | $\sqrt{\varphi}$ | | $\sqrt{\varphi}$ |
|---|---|---|---|
| LiOH | 0.13 | $Be(OH)_2$ | 0.25 |
| NaOH | 0.10 | $Mg(OH)_2$ | 0.18 |
| KOH | 0.087 | $Ca(OH)_2$ | 0.14 |
| RbOH | 0.082 | $Sr(OH)_2$ | 0.13 |
| CsOH | 0.077 | $Ba(OH)_2$ | 0.12 |

碱性增强（↓，两列均自上而下）

碱性增强（→）

图 11-5　碱金属和碱土金属的氢氧化物碱性强弱的递变规律

离子势判断氢氧化物的酸碱性只是一个统计性的经验规律。事实表明，某些物质的酸碱性不符合此规律，例如，$Zn(OH)_2$ 的 $Zn^{2+}$ 半径为 74pm，$\sqrt{\varphi}=0.16$，按酸碱性的标度 $Zn(OH)_2$ 应呈碱性，而实际上 $Zn(OH)_2$ 呈两性，这说明除了离子电荷、半径外，还有别的因素如离子的电子构型等会影响氢氧化物的酸碱性。

碱金属和碱土金属氢氧化物的主要化学性质见图 11-6。

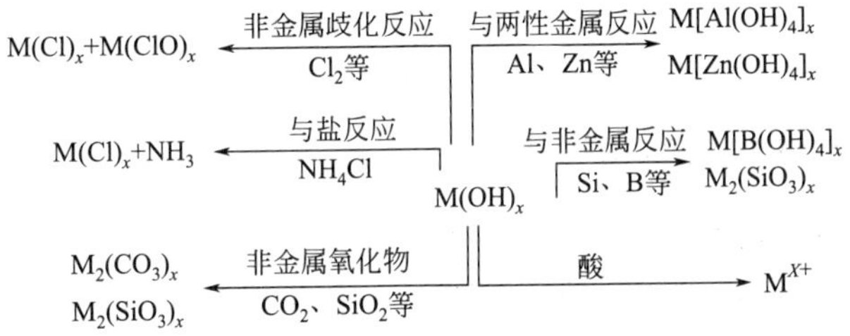


图 11-6　碱金属和碱土金属氢氧化物的主要化学性质

### 11.2.4.3　盐类

碱金属、碱土金属常见的盐有卤化物、硅酸盐、硝酸盐、碳酸盐等，这里主要介绍它们的共性。

（1）颜色

碱金属和碱土金属盐类的颜色取决于阴离子。若阴离子呈无色或白色，则其盐无色；若阴离子有色，则其盐颜色取决于阴离子颜色。如 $BaCrO_4$ 为黄色，$K_2CrO_4$ 为黄色，$K_2Cr_2O_7$ 为橙红色，$KMnO_4$ 为紫黑色。

（2）碱金属和碱土金属盐类溶解性的特点

人们在研究物质的溶解性之后总结出了“相似相溶”的规律。例如，离子晶体易溶于强极性溶剂而几乎不溶于非极性溶剂的现象，就符合这个规律。

大多数碱金属和碱土金属盐在水中都有很大的溶解度，只有少部分盐难溶于水。

（3）晶体类型

绝大多数碱金属、碱土金属盐类的晶体属于离子晶体，具有较高的熔点和沸点，常温下是固体，熔化时能导电。只有 $Be^{2+}$ 半径小，电荷较多，极化力较强，当它与易变形的阴离子如 $Cl^-$、$Br^-$、$I^-$ 结合时，其化合物过渡为共价化合物。例如，$BeCl_2$ 有较低的熔点，易升华，能溶于有机溶剂中，这些性质表明 $BeCl_2$ 为共价化合物。

（4）热稳定性

盐类热稳定性大小一般符合以下两条规律。

① 与其盐对应的酸稳定性有关，酸稳定则其盐也稳定，若酸易挥发、不稳定，其盐一般也不稳定，如硫酸盐、磷酸盐热稳定性较高，而硝酸盐、碳酸盐加热易分解。

$$4LiNO_3 \xlongequal{650℃} 2Li_2O + 4NO_2\uparrow + O_2\uparrow$$

$$2KNO_3 \xlongequal{630℃} 2KNO_2 + O_2\uparrow$$

② 与离子的极化力有关，极化作用越强，其盐稳定性越差。阳离子电荷越高，半径越小，极化力越强，其盐越不稳定，分解温度越低，如碱土金属含氧酸盐的热稳定性一般比碱金属含氧酸盐差，就是这个道理。

$$MCO_3 = MO + CO_2\uparrow$$

（5）$K^+$、$Na^+$、$Mg^{2+}$、$Ca^{2+}$、$Ba^{2+}$ 的鉴定

$K^+$、$Na^+$、$Mg^{2+}$、$Ca^{2+}$、$Ba^{2+}$ 的鉴定见表 11-7。

**表 11-7　$K^+$、$Na^+$、$Mg^{2+}$、$Ca^{2+}$、$Ba^{2+}$ 的鉴定**

| 离子 | 鉴定试剂 | 鉴定反应 |
|---|---|---|
| $Na^+$ | $KH_2SbO_4$ | $Na^+ H_2SbO_4^- \xlongequal{中性或弱碱性} NaH_2SbO_4\downarrow$（白色） |
| $K^+$ | $Na_3[Co(NO_2)_6]$ | $2K^+ + Na^+ + [Co(NO_2)_6]^{3-} \xlongequal{中性或弱酸性} K_2Na[Co(NO_2)_6]\downarrow$（亮黄） |
| $Mg^{2+}$ | 镁试剂 | $Mg^{2+}$ + 镁试剂 $\xrightarrow{碱性}$ 天蓝色↓ |
| $Ca^{2+}$ | $(NH_4)_2C_2O_4$ | $Ca^{2+} + C_2O_4^{2-} \longrightarrow CaC_2O_4\downarrow$（白色） |
| $Ba^{2+}$ | $K_2CrO_4$ | $Ba^{2+} + CrO_4^{2-} \longrightarrow BaCrO_4\downarrow$（黄色） |

### 11.2.5　锂、铍的特殊性和对角线规则

碱金属和碱土金属元素性质的递变是很有规律的，但 Li 和 Be 及其化合物却表现出反常的性质，主要原因是 Li 和 Be 的原子半径和离子半径是同族中最小，离子的极化能力是同族中最强的。

在元素周期表中，有几对处于相邻两族对角线上的元素具有十分相似的性质，该现象称为对角线规则。例如，Li 与 Mg、Be 与 Al、B 与 Si 的相似性遵循了对角线规则。

Li 与 Mg 有许多相似性，例如，Li 与 Mg 在过量的氧气中燃烧都生成普通氧化物 $Li_2O$ 和 MgO；与氮气直接作用生成 $Li_3N$ 和 $Mg_3N_2$；Li 与 Mg 的氟化物、碳酸盐、磷酸盐都难溶于水，而其他碱金属的相应盐均可溶；LiOH 与 $Mg(OH)_2$ 的溶解度都不大，而其他的碱金属氢氧化物极易溶于水。

Be 与 Al 也有许多相似性，如 Be 和 Al 都是两性金属，能溶于酸和强碱；都能被冷浓硝酸钝化，而其他碱土金属则不能；氢氧化物均为两性，而其他碱土金属氢氧化物则为碱性；铍盐和铝盐都易水解；氯化物都是共价型化合物，易升华、易聚合、易溶于有机溶剂而不易溶于水等。

# 11.3 硼族元素

硼族元素位于周期表中ⅢA族，包括硼（B）、铝（Al）、镓（Ga）、铟（In）、铊（Tl）、鉨（Nh）等元素。其中铝在地壳中的含量仅次于氧和硅，位居第三。镓、铟、铊属于稀有分散金属元素。本节主要讨论硼、铝及其化合物。

## 11.3.1 硼族元素的通性

B在自然界中主要以矿物形式存在。例如，$Na_2B_4O_7 \cdot 10H_2O$ 俗名硼砂、$Mg_2B_2O_5 \cdot H_2O$ 俗名硼镁矿、$2Mg_5B_{14}O_{26} \cdot MgCl_2$ 俗名方硼石。

硼族元素的基本性质可参见表11-8。

**表11-8 硼族元素的基本性质**

| 性质 | B | Al | Ga | In | Tl |
|---|---|---|---|---|---|
| 原子序数 | 5 | 13 | 31 | 49 | 81 |
| 原子量 | 10.81 | 26.98 | 69.72 | 114.82 | 204.38 |
| 价电子层结构 | $2s^22p^1$ | $3s^23p^1$ | $4s^24p^1$ | $5s^25p^1$ | $6s^26p^1$ |
| 主要氧化数 | +3 | +3 | (+1),+3 | +1,(+3) | +1,(+3) |
| 单质熔点/℃ | 2073 | 660 | 29.8 | 156.5 | 303.5 |
| 熔化热/kJ·mol$^{-1}$ | 22.2 | 10.7 | 5.6 | 3.3 | 4.3 |
| 单质沸点/℃ | 3658 | 2467 | 2403 | 2080 | 1453 |
| 汽化热/kJ·mol$^{-1}$ | 538.9 | 293.7 | 256.1 | 226.4 | 162.1 |
| 电子亲合能/kJ·mol$^{-1}$ | 23 | 44 | 36 | 34 | 50 |
| 第一电离能/kJ·mol$^{-1}$ | 800.6 | 577.6 | 578.8 | 558.3 | 589.3 |
| 电负性(χ) | 2.04 | 1.61 | 1.81(Ⅲ) | 1.78 | 2.04(Ⅲ) |
| 单质密度/g·cm$^{-3}$(20℃) | 2.50 | 2.69 | 5.90 | 7.31 | 11.85 |
| $M^{3+}+3e^- \rightleftharpoons M$ $\varphi^\ominus$/V | — | −1.676 | −0.529 | −0.338 | 0.72 |

硼族元素的价层电子构型为 $ns^2np^1$，一般氧化态为+3。In、Tl常见氧化态为+1，其主要原因是In的5s和Tl的6s电子具有较强的钻穿效应，它们钻穿到离核较近的地方，使得能量显著降低，导致其在化学反应中不易参与成键，这就是“惰性电子对效应”。由于惰性电子对效应，同族中从上到下，随着原子序数的递增，生成低氧化态（+1）物质的趋势增强。由于硼族元素的价层结构为 $ns^2np^1$，即拥有4个价层轨道却只有3个价电子，这种价电子数少于价层轨道数的原子或化合物称为**缺电子体**。缺电子体具有强烈的接受电子的倾向，所以它们容易形成聚合分子（如 $Al_2Cl_3$）和配合物（$HBF_4$）。在硼化合物中，硼原子最高配位数为4，而同族中其他元素有d轨道可参与成键，中心原子的最高配位数可以达到6。

## 11.3.2 硼单质及其性质

### 11.3.2.1 单质硼的结构和性质

（1）单质硼的结构

硼原子成键特点有共价性、缺电子性、多面体性。

① 形成共价键化合物。硼原子的半径小（88pm）、电负性（2.04）居中、电离能较高（801kJ·mol$^{-1}$），倾向于形成共价化合物，固态和水溶液中都存在 $B^{3+}$。

② 硼原子为缺电子原子。缺电子原子容易形成**多中心键**（指较多原子靠较少的电子结合起来的一种离域共价键），如形成三中心两电子键。

③ 多面体结构。硼单质不是单原子体，而是复杂的多面体结构。如在单质硼的结构中，12个B原子结合形成一个正二十面体，如图11-7所示。

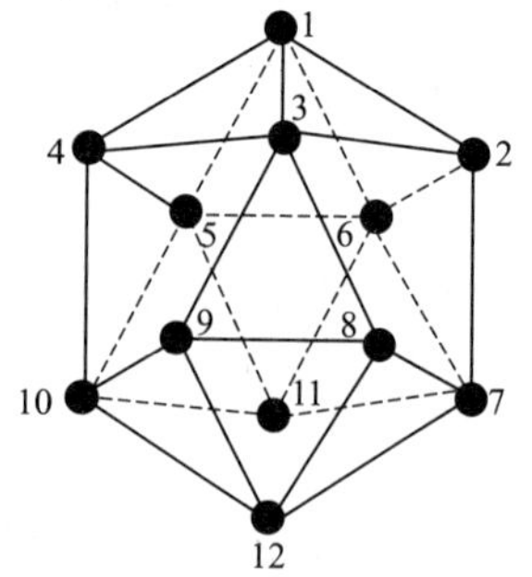


图11-7　B原子正二十面体结构

（2）单质性质

单质硼属于原子晶体，常温下相当稳定，化学性质不活泼，但无定形硼性质较活泼，能发生一些化学反应，如图11-8所示。

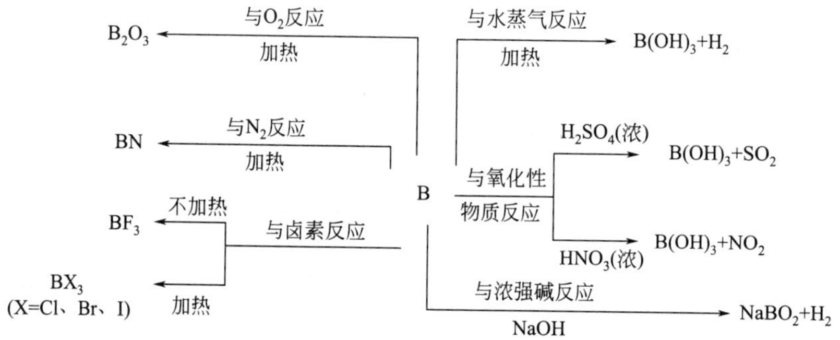


图11-8　硼单质的化学性质

### 11.3.2.2　单质硼的制备

常用碱液分解硼镁矿制单质硼。硼镁矿经热碱溶出后，通入$CO_2$调节pH，经浓缩后得到硼砂，硼砂经$H_2SO_4$酸化，析出硼酸，再加热脱水得到$B_2O_3$，最后用活泼金属如Mg在高温下还原$B_2O_3$得到单质B。主要反应如下：

$$Mg_2B_2O_5 \cdot H_2O + 2NaOH = 2NaBO_2 + 2Mg(OH)_2$$

$$4NaBO_2 + CO_2 + 10H_2O = Na_2B_4O_7 \cdot 10H_2O + Na_2CO_3$$

$$Na_2B_4O_7 + H_2SO_4 + 5H_2O = 4H_3BO_3 + Na_2SO_4$$

$$2H_3BO_3 \xlongequal{\triangle} B_2O_3 + 3H_2O$$

$$B_2O_3 + 3Mg \xlongequal{\triangle} 2B + 3MgO$$

为什么要用Mg而不用C、$H_2$或Al还原$B_2O_3$呢？由于B—O键的键能特别大，从热力学上计算可知用C或$H_2$还原$B_2O_3$制备单质B是不可能的，而用Al还原$B_2O_3$生成高熔点的$Al_2O_3$难以分离，况且会有$AlB_2$生成，影响了硼的含量和产量。

## 11.3.3　硼化合物及其性质

硼的化合物主要包括氢化物、氧化物、硼酸、硼酸盐等，下面将一一介绍。

### 11.3.3.1　硼烷

硼与氢可形成许多共价型氢化物，按组成可分为两大系列，通式分别为 $B_nH_{n+6}$（$B_4H_{10}$）和 $B_nH_{n+4}$（$B_2H_6$、$B_5H_9$、$B_6H_{10}$）。硼的氢化物物理性质与烷烃类似，故称为硼烷。最简单的硼烷是乙硼烷（$B_2H_6$）。到目前为止，还没有制得甲硼烷（$BH_3$）。

常温下，$B_2H_6$ 和 $B_4H_{10}$ 为气体，$B_5$～$B_8$ 的氢化物为液体，$B_{10}H_{14}$ 及其他高硼烷都是固体。硼烷多数有毒，其毒性不亚于氰化氢（HCN）和光气（$COCl_2$），有令人不适的特殊气味，且不稳定。

（1）硼烷的成键结构

以乙硼烷为例，其成键结构如图 11-9 所示。

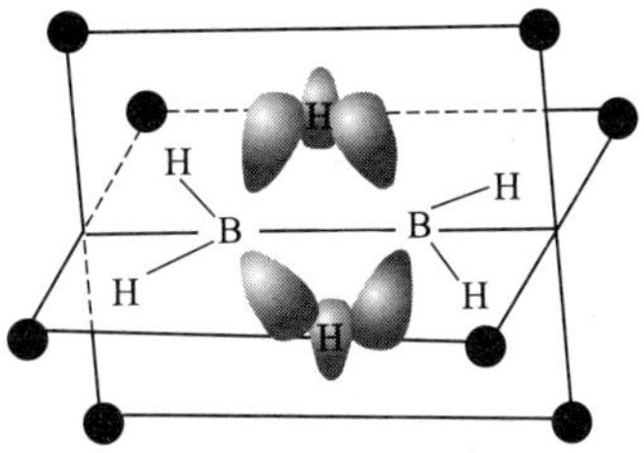


图 11-9　$B_2H_6$ 分子结构

其中 2 个 B 原子和 4 个 H 原子在同一平面上，另外 2 个 H 原子分别位于平面的上、下侧。B 原子采取 $sp^3$ 杂化，和同一平面上的 4 个 H 原子形成正常的二中心二电子 σ 键，表示为 2c-2e 键；平面上、下的 2 个 H 原子分别与 2 个 B 原子形成三中心两电子 σ 键，表示为 3c-2e 键。这种 3c-2e 键是靠 1 个 H 原子把 2 个 B 原子连接在一起，H 原子相当于一个桥梁，所以，又称为氢桥键。硼烷的成键结构很复杂，可归纳为 5 种成键情况，见表 11-9。

**表 11-9　硼烷中的化学键**

| 符号 | 意义 | 电子数 |
|---|---|---|
| B—H | 端侧的二中心二电子(2c-2e)硼氢键 | 2 |
| H<br>B⌒B | 三中心二电子(3c-2e)氢桥键 | 2 |
| B—B | 二中心二电子(2c-2e)硼硼键 | 2 |
| B<br>B⌒B | 开放的三中心二电子(3c-2e)硼桥键 | 2 |
| B　B<br>B | 闭合的三中心二电子(3c-2e)硼键 | 2 |

根据 5 种成键情况，常见硼烷结构如图 11-10 所示。

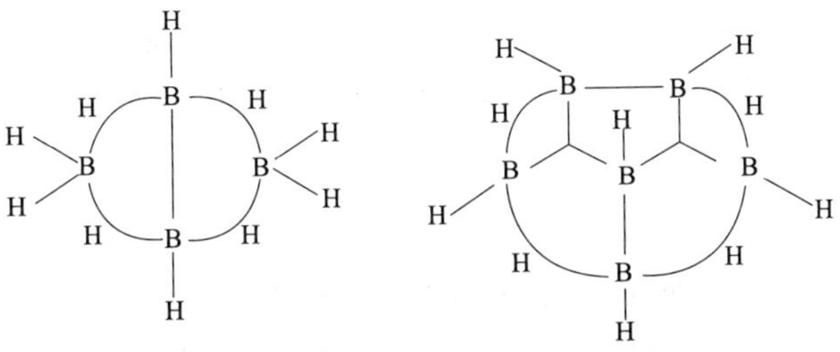

$B_4H_{10}$　　$B_6H_{10}$

图 11-10　常见硼烷结构

**(2) 乙硼烷的制备与性质**

自然界中没有天然的硼烷,硼烷也不能通过硼和氢直接化合制得,而是通过间接途径制备。$B_2H_6$ 的制备方法有以下几种:

质子置换法:$2BMn + 6H^+ \Longrightarrow B_2H_6 + 2Mn^{3+}$

氢化法:$2BCl_3 + 6H_2 \Longrightarrow B_2H_6 + 6HCl$

负氢离子置换法:$3LiAlH_4 + 4BF_3 \Longrightarrow 2B_2H_6 + 3LiF + 3AlF_3$

常温常压下,$B_2H_6$ 是无色气体,非常活泼,暴露于空气中易燃烧或爆炸,并放出大量的热。

$$B_2H_6(g) + 3O_2(g) \Longrightarrow B_2O_3(s) + 3H_2O(g) \quad \Delta_r H_m^\ominus = -2033 kJ \cdot mol^{-1}$$

$B_2H_6$ 遇水易水解释放出氢气,生成硼酸,并放出大量的热。

$$B_2H_6(g) + 6H_2O(l) \Longrightarrow 2H_3BO_3(l) + 6H_2(g) \quad \Delta_r H_m^\ominus = -510 kJ \cdot mol^{-1}$$

$B_2H_6$ 与 LiH 反应能生成有很强还原性的硼氢化锂($LiBH_4$),其广泛用于有机合成,是重要的还原剂和氢化试剂。

$$2LiH + B_2H_6 \Longrightarrow 2LiBH_4$$

硼烷还能与 CO、$NH_3$ 等具有孤对电子的小分子发生配位加合反应。

$$B_2H_6 + 2CO \Longrightarrow 2[H_3B \leftarrow CO]$$
$$B_2H_6 + 2NH_3 \Longrightarrow 2[H_3B \leftarrow NH_3]$$

#### 11.3.3.2 硼的含氧化合物

**(1) 三氧化二硼**

$B_2O_3$ 的常见化学性质见图 11-11。

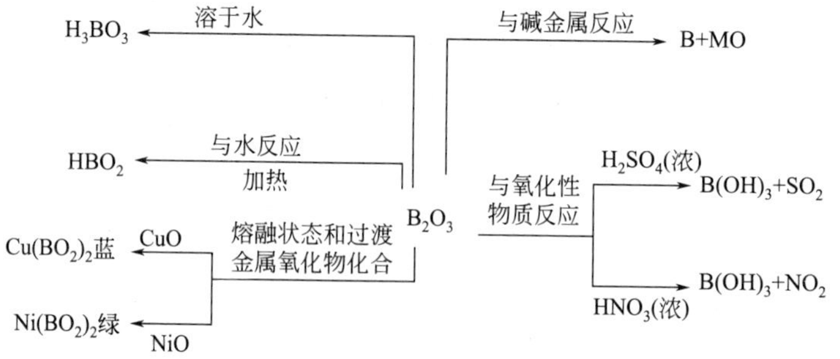

图 11-11 $B_2O_3$ 的化学性质

**(2) 硼酸**

$H_3BO_3$ 为无色片状晶体,有解离性,可作润滑剂,也常用于眼药水中。因其存在分子间氢键,冷水中溶解度不大,加热破坏了氢键,溶解性增大 [0℃时溶解度为 6.35g/(100g $H_2O$),100℃时溶解度为 27.6g/(100g $H_2O$)]。

$H_3BO_3$ 为一元弱酸($K_a^\ominus = 5.8 \times 10^{-10}$),它的酸性不是来源于自身解离的 $H^+$,而是因为它是一个典型的路易斯酸,加合了来自 $H_2O$ 中的 $OH^-$,而使 $H_2O$ 释放出 $H^+$ 导致了溶液显酸性。

$$B(OH)_3 + H_2O \Longrightarrow \left[ HO - B \begin{matrix} OH \\ \leftarrow OH \\ OH \end{matrix} \right]^- + H^+$$

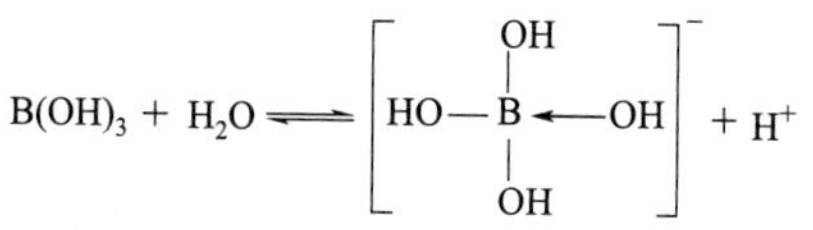

在 $H_3BO_3$ 溶液中加入多羟基化合物其酸性增强,也是因为它是一个路易斯酸。

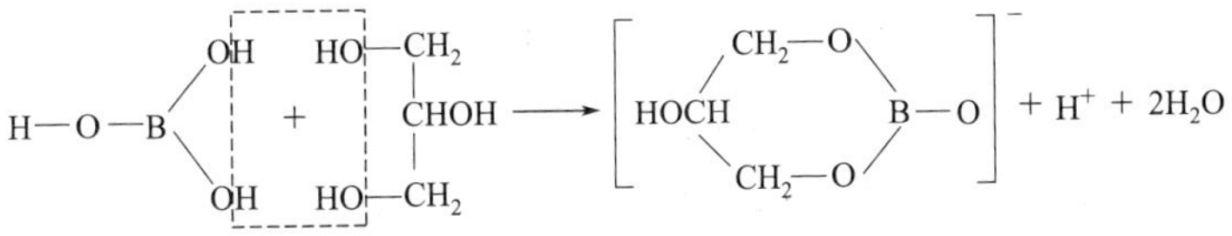

$H_3BO_3$ 和甲醇或乙醇反应可生成硼酸酯。

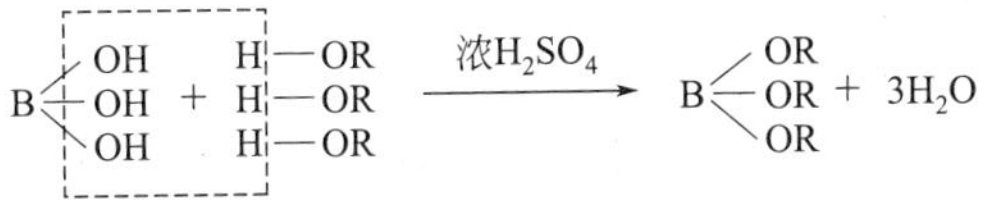

其酯燃烧呈绿色火焰，以此鉴定 $H_3BO_3$ 的存在（浓硫酸的作用是脱水，促使反应朝正方向进行）。

$H_3BO_3$ 加热脱水先生成偏硼酸（$HBO_2$），继续加热变成 $B_2O_3$。

$$2H_3BO_3 \xlongequal{\triangle} 2HBO_2 + 2H_2O \qquad 2HBO_2 \xlongequal{\triangle} B_2O_3 + 3H_2O$$

（3）硼酸盐

最重要的硼酸盐是四硼酸钠，俗称硼砂，分子式为 $Na_2B_4O_5(OH)_4 \cdot 8H_2O$，也常写作 $Na_2B_4O_7 \cdot 10H_2O$。

硼砂是无色半透明的晶体或白色结晶粉末，在空气中容易失水风化，加热到 350～400℃左右，失去全部结晶水成无水盐，在 878℃熔化为玻璃体。熔融状态的硼砂能溶解一些金属氧化物，形成偏硼酸盐，并依金属的不同而显示出特征颜色，例如，

$$Na_2B_4O_7(\text{熔融}) + CoO \xlongequal{} Co(BO_2)_2 + 2NaBO_2(\text{蓝色})$$

$$Na_2B_4O_7(\text{熔融}) + NiO \xlongequal{} Ni(BO_2)_2 + 2NaBO_2(\text{棕色})$$

这在分析化学上称为硼砂珠试验。利用此性质可以鉴定某些金属离子，也可用于焊接金属时，去除金属表面的氧化物，增强焊接的牢度。工业上硼砂常用来制彩釉，瓷器及耐酸、耐碱、耐热膨胀的玻璃。

硼砂是一个二元强碱弱酸盐，在水溶液中水解而显示较强的碱性，在分析化学上常用它作为基准试剂标定酸；另外，在实验室常用硼砂来配制一级标准的缓冲溶液，定位校准酸度计，20℃时其 pH 为 9.24。

$$[B_4O_5(OH)_4]^{-} + 5H_2O \xlongequal{} 2H_3BO_3 + 2B(OH)_4^{-}$$

$$Na_2B_4O_7 + 2HCl + 5H_2O \xlongequal{} 2NaCl + 4H_3BO_3$$

## 11.3.4　铝单质及其化合物

### 11.3.4.1　单质铝的性质及制备

（1）单质铝的性质

铝为银白色轻质金属（密度为 $2.7g \cdot cm^{-3}$），有良好的导电性、导热性和延展性，主要用来制造炊具、电线、飞机等。

铝是非常活泼的金属元素。

$$Al^{3+} + 3e^{-} \xlongequal{} Al \qquad \varphi^{\ominus} = -1.676V$$

但通常情况下，铝可以稳定存在，其原因是铝表面有一层致密氧化物保护膜，使铝不能进一步与氧和水反应，甚至遇冷浓硫酸或硝酸时也不反应，因而铝被广泛用作日常生活用品，但氧化铝保护膜可被 NaCl 和 NaOH 溶液腐蚀。

铝有很强的亲氧性，铝与氧在高温时反应放出大量的热。

$$4Al(s) + 3O_2(g) \xlongequal{\text{高温}} 2Al_2O_3(s); \quad \Delta_r H_m^{\ominus} = -1657kJ \cdot mol^{-1}$$

因此，常用铝来还原其他金属的氧化物制备金属单质，该法称为铝热法。

$$2Al+Fe_2O_3 \xlongequal{高温} 2Fe+Al_2O_3$$

$$2Al(s)+Cr_2O_3(s) \xlongequal{高温} Al_2O_3+2Cr(s)$$

铝热反应放出大量的热，温度可达 3000℃，使生成的金属熔化。焊接钢轨时，就是用铝与铁的混合物通过燃烧反应放出大量热，使钢轨熔化焊接在一起。铝也是炼钢中的脱氧剂，在钢水中投入铝块可除去溶在钢水中的氧。

铝属两性金属，既可与酸反应也可与碱反应。

$$2Al+6HCl \xlongequal{} 2AlCl_3+3H_2\uparrow$$

$$2Al+2NaOH+6H_2O \xlongequal{} 2NaAl(OH)_4+3H_2\uparrow$$

冷的浓 $H_2SO_4$ 及浓 $HNO_3$ 可使其钝化，因此可用铝罐储运浓硝酸。但铝与热的浓硫酸会发生反应。

$$2Al+6H_2SO_4(浓热) \xlongequal{} Al_2(SO_4)_3+3SO_2\uparrow+6H_2O$$

（2）单质铝的制备

Al 在自然界中主要以氧化铝（如铝矾土 $Al_2O_3 \cdot nH_2O$、刚玉 $Al_2O_3$）、冰晶石（$Na_3AlF_6$）、硅铝酸盐矿（如云母、长石）等形式存在。工业上主要以铝矾土为原料制备单质 Al。

$$Al_2O_3+2NaOH+3H_2O \xlongequal{} 2NaAl(OH)_4$$

$$NaAl(OH)_4+CO_2 \xlongequal{} Al(OH)_3\downarrow+NaHCO_3$$

$$2Al(OH)_3 \xlongequal{灼烧} Al_2O_3+3H_2O$$

在高温下电解由 $Al_2O_3$、冰晶石（$Na_3AlF_6$，2%～8%）及助熔剂萤石（$CaF_2$，约 10%）组成的混合熔液制得单质铝。

$$2Al_2O_3 \xlongequal[电解]{960\sim980℃} 4Al+3O_2\uparrow$$

#### 11.3.4.2 铝化合物

（1）三氧化二铝

$Al_2O_3$ 常见的存在形式有 $\alpha$-$Al_2O_3$ 和 $\gamma$-$Al_2O_3$。$\alpha$-$Al_2O_3$（俗称刚玉）硬度大、密度大、熔点高、化学性质稳定、不溶于酸或碱，可作高硬质材料、耐磨材料和耐火材料。刚玉的硬度略次于 SiC，常用作手表的轴承，机械手表中含有几个刚玉轴承就称为几钻。$\alpha$-$Al_2O_3$ 是无色透明的，因含有少量杂质而呈鲜明的颜色，含有微量 $Cr^{3+}$ 呈红色，称为红宝石；含有 $Fe^{2+}$、$Fe^{3+}$、$Ti^{4+}$ 的 $\alpha$-$Al_2O_3$ 呈蓝色，称为蓝宝石。可以在高温时灼烧 $Al(OH)_3$ 或一些铝的含氧酸盐制得 $\alpha$-$Al_2O_3$。

$\gamma$-$Al_2O_3$（活性氧化铝）硬度小、质轻、不溶于水、溶于酸和碱、表面积大、有强的吸附能力和催化活性，常作吸附剂和催化剂，可由 $Al(OH)_3$ 在 450℃分解得到。

（2）氢氧化铝

在铝盐中加入氨水或适量的碱可得到胶状 $Al(OH)_3$ 沉淀，若在铝盐中通入 $CO_2$，则可得到白色晶态状的 $Al(OH)_3$ 沉淀。

$Al(OH)_3$ 不溶于水，为两性略偏碱的氢氧化物。

$$Al(OH)_3+3H^+ \xlongequal{} Al^{3+}+3H_2O$$

$$Al(OH)_3+OH^- \xlongequal{} [Al(OH)_4]^-$$

经实验测定，$Al(OH)_3$ 溶于强碱 NaOH 溶液后，生成的是 $Na[Al(OH)_4]$，而非 $NaAlO_2$ 或 $Na_3AlO_3$。固态 $NaAlO_2$ 可由 $Al_2O_3$ 与 NaOH 或 $Na_2CO_3$ 固体共熔制得。

$$Al_2O_3+2NaOH \xlongequal{熔融} 2NaAlO_2+H_2O$$

$$Al_2O_3 + Na_2CO_3 \xlongequal{熔融} 2NaAlO_2 + CO_2$$

（3）铝盐

① 铝的卤化物中，$AlF_3$ 为离子型晶体且难溶于水，其他均为共价型化合物，共价性从 F→I 依次增大。

$AlCl_3$ 中 Al 是缺电子原子，存在空轨道，Cl 原子有孤对电子，因此，可以通过配位键形成具有桥式结构的双聚分子 $Al_2Cl_6$。每个 Al 原子均采用不等性 $sp^3$ 杂化，形成 4 个 σ 键和 2 个 3c-4e 键。

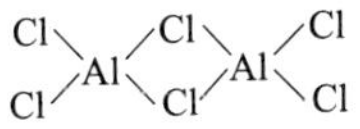

而 $AlBr_3$ 和 $AlI_3$ 基本上是共价化合物。它们在水中均发生强烈水解。

$$AlX_3 + 3H_2O = Al(OH)_3\downarrow + 3HX\uparrow\ (X = Cl、Br、I)$$

② $KAl(SO_4)_2 \cdot 12H_2O$ 俗称明矾或白矾，也可以表示为 $K_2SO_4 \cdot 2Al_2(SO_4)_3 \cdot 24H_2O$，易溶于水且水解生成 $Al(OH)_3$ 胶状沉淀，胶状的 $Al(OH)_3$ 可以吸附水中的固体悬浮物一同沉降，常用作净水剂。泡沫灭火器中装的就是 $Al_2(SO_4)_3$ 和 $NaHCO_3$ 溶液。灭火时，先使灭火器上下颠倒，让 $Al_2(SO_4)_3$ 与 $NaHCO_3$ 反应生成 $Al(OH)_3$ 和 $CO_2$，胶状 $Al(OH)_3$ 随着 $CO_2$ 一起喷射出来，覆盖在燃烧物的表面隔绝空气，和 $CO_2$ 一起共同承担灭火作用。

## 11.3.5　镓、铟、铊单质及其化合物

### 11.3.5.1　单质

Ga、In、Tl 属于稀有分散金属。Ga 是银白色金属，熔沸点（m. p＝29.78℃，b. p＝2229℃）之差是所有单质中最大的。基于这一特性，可将 Ga 填充在石英管中做成测量高温的温度计。Ga 和 As、Sb 作用生成的 GaAs、GaSb 是优良的半导体材料。

Ga 的性质和 Al 的性质极为相似。Ga 的金属性稍弱于 Al，表面也有一层氧化物保护膜。Ga、In、Tl 都能与非氧化性酸如稀 $H_2SO_4$ 反应，生成相应的盐和 $H_2$。

$$2Ga + 3H_2SO_4(稀) = Ga_2(SO_4)_3 + 3H_2\uparrow$$

$$2In + 3H_2SO_4(稀) = In_2(SO_4)_3 + 3H_2\uparrow$$

$$2Tl + H_2SO_4(稀) = Tl_2SO_4 + H_2\uparrow$$

它们也可以与氧化性酸如 $HNO_3$ 反应生成对应的盐和 $NO_2$。

$$Ga + 6HNO_3(浓) = Ga(NO_3)_3 + 3NO_2\uparrow + 3H_2O$$

$$In + 6HNO_3(浓) = In(NO_3)_3 + 3NO_2\uparrow + 3H_2O$$

$$Tl + 2HNO_3(浓) = TlNO_3 + NO_2\uparrow + H_2O$$

由于 Tl 存在很强的惰性电子对效应，6s 电子很难失去，所以，被氧化为 Tl(Ⅰ)，而 Ga(Ⅰ)、In(Ⅰ) 还原性较强，易被氧化为＋3 价离子。

常温下 Ga、In、Tl 可与氯气及溴作用。高温下它们均可以与 $O_2$、S、P 等非金属单质反应。

### 11.3.5.2　镓、铟、铊化合物

$Ga(OH)_3$ 呈两性，$In(OH)_3$ 呈两性偏碱性，均可溶于酸，也可溶于碱液。$Ga(OH)_3$ 可以溶于氨水，而 $Al(OH)_3$ 不溶；$In(OH)_3$ 在 170℃脱水后得到 $In_2O_3$，$In_2O_3$ 可溶于酸，但不溶于碱。$Tl(OH)_3$ 至今尚未制得，但 $Tl_2O_3$ 在常温下能稳定存在，TlOH 呈强碱性。

$GaCl_2$、$InCl_2$ 的实际组成为 $M[MCl_4]$，因而呈反磁性。Ga、In、Tl 的氟化物均为离子型晶体，熔点高，均溶于水且强烈水解。TlX(X=Cl、Br、I) 均难溶于水，见光分解，性质与 AgX 相似。

# 11.4 碳族元素

碳族元素位于周期表中ⅣA族，包括碳（C）、硅（Si）、锗（Ge）、锡（Sn）、铅（Pb）、𫓧（Fl）等元素。本节主要讨论碳、硅、锗、锡、铅及其化合物。

碳以游离态和化合态两种形式存在。游离态的碳如金刚石和石墨，化合态的碳又分为无机物（如碳酸盐、二氧化碳等）和有机物（如煤炭、石油、天然气、动植物体中的糖类等）两大类。本节只讨论含碳的无机化合物。硅占地壳质量的$\frac{1}{4}$，含量仅次于氧。自然界中不存在游离态的硅，一般以化合态（如二氧化硅、硅酸盐）形式存在。锗、锡、铅在自然界中以矿物［如锗石矿（$Cu_2SFeSGeS_2$）、锡石矿（$SnO_2$）、方铅矿（PbS）］等形式存在。

## 11.4.1 碳族元素的通性

碳族元素从典型的非金属逐渐过渡到金属。C、Si 为非金属元素，Ge 为准金属元素，Sn、Pb 为金属元素。它们的价电子构型为 $ns^2np^2$。碳族元素基本性质列于表 11-10 中。

**表 11-10 碳族元素基本性质**

| 性质 | C | Si | Ge | Sn | Pb |
|---|---|---|---|---|---|
| 原子序数 | 6 | 14 | 32 | 50 | 82 |
| 原子量 | 12.01 | 28.09 | 72.59 | 118.7 | 207.2 |
| 外围电子构型 | $2s^22p^2$ | $3s^23p^2$ | $4s^24p^2$ | $5s^25p^2$ | $6s^26p^2$ |
| 原子共价半径/pm | 77 | 113 | 122 | 141 | 147 |
| 第一电离能/$kJ\cdot mol^{-1}$ | 1086.4 | 786.5 | 762.2 | 708.6 | 715.5 |
| 电子亲合能/$kJ\cdot mol^{-1}$ | −122.5 | −119.6 | −115.8 | −120.6 | −101.3 |
| 电负性(χ) | 2.55 | 1.90 | 2.01 | 1.96 | 1.8 |
| 单质熔点/℃ | 3550(金刚石) | 1414 | 937.4 | 231.9(白锡) | 327.5 |

## 11.4.2 碳单质及其化合物

### 11.4.2.1 碳的成键特征

① 碳常以 sp、$sp^2$、$sp^3$ 三种杂化状态与 H、O、Cl、N 等非金属原子形成共价化合物，如 $CH_4$、CO、$CCl_4$、HCN 等。C—C、C—H、C—O 键的键能大，稳定性高，因此，C、H、O 三种元素可形成上千万种的有机化合物，其中碳的氧化数从+4 变到−4。

② 自然界中碳的无机物一般以碳酸盐的形式存在。

③ 碳不仅自身易形成多重键，还可以与其他非金属元素如 O、S、P、N 等形成多重键。

### 11.4.2.2 碳单质

碳有金刚石、石墨、碳原子簇、石墨烯及无定形碳等多种同素异形体。金刚石和石墨的结构和成键情况见图 11-12 和图 11-13。

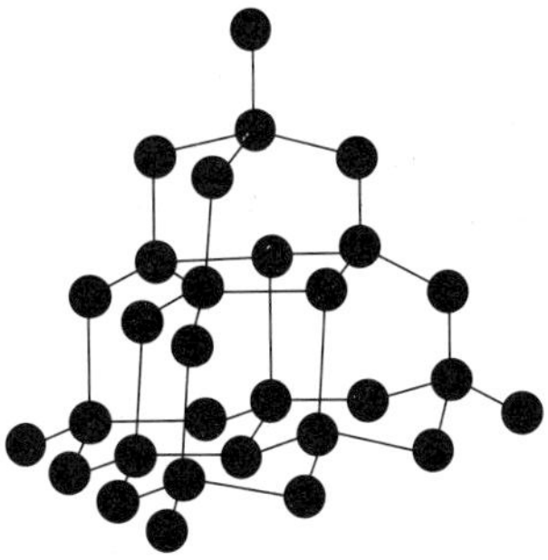

图 11-12　金刚石结构

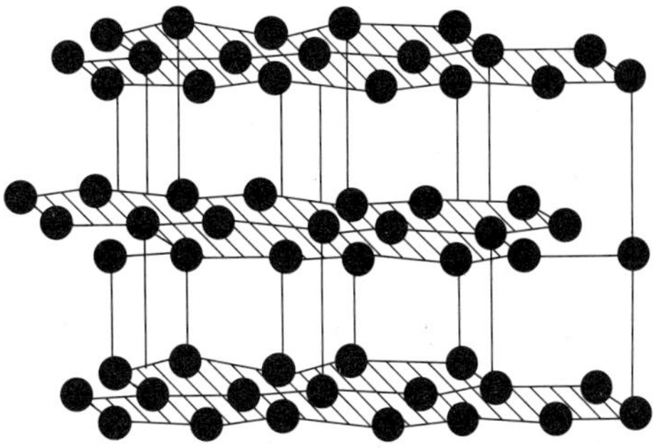

图 11 13　石墨结构

(1) 金刚石

金刚石的碳原子以 $sp^3$ 杂化状态与相邻的 4 个碳原子结合成键，构成原子型晶体。纯金刚石无色透明，天然金刚石因含杂质而多带颜色。在所有物质中，金刚石硬度最大（莫氏硬度 10）；在所有单质中金刚石熔点最高（3550℃）。金刚石不导电，几乎对所有的化学试剂都显惰性，但在空气中加热到 800℃以上时，可以燃烧生成 $CO_2$。金刚石俗称钻石，工业上用于制造钻头和磨削工具，生活中用于制造首饰等高档装饰品。

(2) 石墨

石墨的每个碳原子以 $sp^2$ 杂化状态与相邻的 3 个碳原子形成 σ 单键。同层上的相邻原子各提供一个含成单电子的 p 轨道，p 轨道相互平行重叠形成 1 个垂直于 σ 键所在平面的离域大 π 键（$\Pi_4^n$）。离域大 π 键中的电子可以在同一层中流动，因此，石墨具有良好的导电、导热性。层与层之间靠分子间作用力结合在一起，易于滑动、剥离，所以石墨质软且有润滑性，可用作润滑剂。其熔点低于金刚石，颜色呈灰黑色。石墨虽然对一般化学试剂也显惰性，但比金刚石活泼，在 500℃时可被空气氧化成 $CO_2$。石墨在特殊条件下可转变为金刚石。

$$\text{C(石墨)} \xrightarrow[6\times10^3\,\text{MPa},1600\sim1800\text{K}]{\text{Cr-Ni-Fe-Mn 合金}} \text{C(金刚石)}$$

(3) 富勒烯

1985 年，人们发现了碳的第三种晶态，其分子式为 $C_n$（$n$ 一般为不大于 200 的整数偶数值），称为碳原子簇，例如 $C_{60}$、$C_{70}$、$C_{84}$、$C_{120}$、$C_{180}$ 等。其中 $C_{60}$（富勒烯）最早被人们合成，研究最为深入。在 $C_{60}$ 中 C 原子形成 12 个五元环和 20 个六元环，每个 C 原子与另外的 3 个 C 原子形成 3 个 σ 键，分子中还有 1 个 $\Pi_{60}^{60}$ 的大 π 键，C 原子的杂化状态介于 $sp^2$ 与 $sp^3$ 之间，约为 $sp^{2.28}$。$C_{60}$ 的结构见图 11-14，因其形状酷似足球，也称为足球烯。$C_{60}$ 被冠名“烯”，是因为其中有类似于烯烃的双键，但它不是烯烃，是一种碳单质。

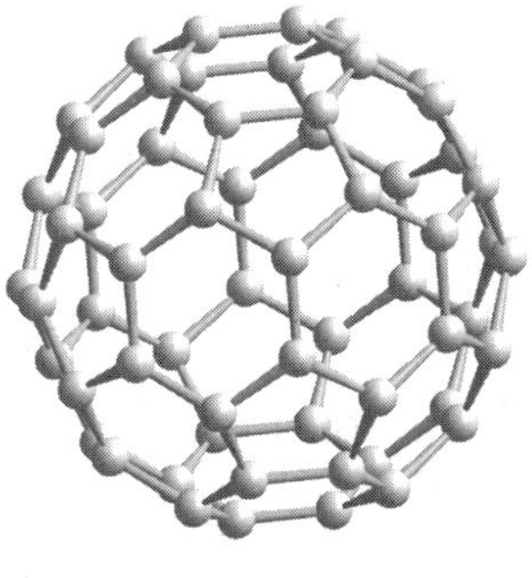

图 11-14　$C_{60}$ 的成键结构

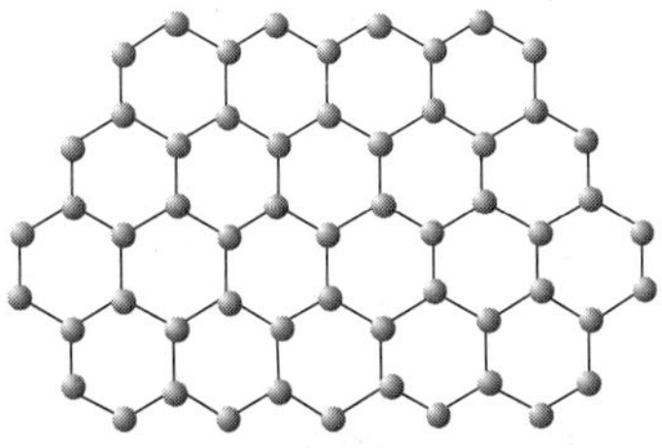

图 11-15　石墨烯结构

(4) 石墨烯

石墨烯是近几年发现的一种新型碳材料。它是由碳原子以 $sp^2$ 杂化轨道组成的六边形蜂巢晶格且只有一个碳原子厚度的二维材料。通俗地说，石墨的单层结构就是石墨烯，见图 11-15 所示。石墨烯质地牢固坚硬，应用前景也极为广阔，是当今各个领域研究的热点之一。

(5) 无定形碳

当隔绝空气加热含碳化合物时，便会成为无定形碳。X 射线研究表明，无定形碳实际是石墨的微晶体，只是晶粒微小，而且碳原子六元环构成的层堆积不规则。

炭黑是粉末状碳，由有机物的不完全燃烧制备，世界上每年炭黑的产量近 36 亿吨。炭黑主要用作橡胶和塑料制品的添加剂。炭黑能提高橡胶制品的强度和耐磨性。平均每个汽车轮胎中含炭黑 3kg。

活性炭具有非常高的比表面，一般为 $1000m^2 \cdot g^{-1}$，对有机物有强的吸附能力，工业上用作气体净化剂、蔗糖脱色剂，有时也用于吸附水中的污染物。

#### 11.4.2.3 碳单质化学性质

碳单质的主要化学性质是还原性。其在常温下不活泼，在高温下很活泼，可以与 $O_2$、$H_2O$、金属氧化物、氧化性酸等反应。

$$C + H_2O \xlongequal{高温} CO\uparrow + H_2\uparrow$$

$$Fe_2O_3 + 3C \xlongequal{高温} 2Fe + 3CO\uparrow$$

$$PbO + C \xlongequal{高温} Pb + CO\uparrow$$

$$C + 2H_2SO_4(浓) \xlongequal{高温} 2SO_2\uparrow + CO_2\uparrow + 2H_2O$$

#### 11.4.2.4 碳的化合物

(1) 碳的氧化物（CO 和 $CO_2$）

工业上的 CO 是将空气与水蒸气交替通入红热炭层而制得的。

$$C + H_2O \xlongequal{高温} CO\uparrow + H_2\uparrow$$

实验室中一般采用浓 $H_2SO_4$ 与甲酸共热制得 CO。

$$HCOOH \xlongequal{H_2SO_4(浓)} CO\uparrow + H_2O$$

CO 也可用浓 $H_2SO_4$ 与草酸晶体共热制得。

$$H_2C_2O_4 \xlongequal{H_2SO_4(浓)} CO\uparrow + CO_2\uparrow + H_2O$$

生成的混合气体通过 NaOH 溶液吸收掉 $CO_2$ 和少量水蒸气可得纯净 CO。

CO 是一种无色无味的气体，不与水作用，属不成盐氧化物。CO 可以与血液中的血红蛋白结合生成羰基化合物，它与血红蛋白结合能力是 $O_2$ 的 250 倍左右，可使血液失去输送氧的功能，因此，对人和动物有剧毒，空气中含有 0.1%（体积分数）CO 即可使人中毒。

CO 有还原性和加合性，将 CO 通入 $PaCl_2$ 溶液中，可立即生成黑色沉淀，此反应常用于 CO 的定性检验。

$$CO + PdCl_2 + H_2O \xlongequal{} CO_2 + 2HCl + Pd\downarrow$$

高温下 CO 能与许多过渡金属结合生成羰基配合物，如 $[Fe(CO)_5]$、$[Ni(CO)_4]$、$[Co_2(CO)_8]$ 等，这些羰基配合物的生成、分离、加热分解是制备这些高纯金属的方法之一。

CO 分子结构见图 11-16。

它的结构类似于 $N_2$ 分子结构，碳氧之间有三重键，1 个 σ 键，2 个 π 键，其中 1 个 π

键是氧原子单方提供电子对的，使得 CO 分子几乎变成了一个非极性分子。

工业上煅烧石灰石生产生石灰过程中，可以得到大量 $CO_2$。

$$CaCO_3 \xlongequal{煅烧} CaO + CO_2 \uparrow$$

$CO_2$ 分子结构见图 11-17。

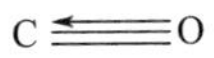


图 11-16 CO 的结构

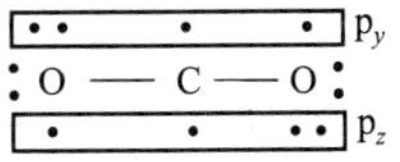


图 11-17 $CO_2$ 结构

$CO_2$ 中碳原子采取 sp 杂化，其中有 2 个 σ 键，2 个 $\Pi_3^4$ 键，为非极性直线形分子。$CO_2$ 是一种无色无味的气体，虽然无毒，但大量的 $CO_2$ 可令人窒息。$CO_2$ 在 5.2atm、－56.6℃时可冷凝为雪花状的固体，称为干冰。$CO_2$ 可溶于水，常温下，饱和 $CO_2$ 溶液的浓度为 0.03～0.04mol·$L^{-1}$。$CO_2$ 不助燃，可用于灭火，但不能扑灭燃着的 Na、Mg、Al 等活泼金属。

$$2Na + 2CO_2 = Na_2CO_3 + CO$$

$$2Mg + CO_2 = 2MgO + C$$

$$4Al + 3CO_2 = 2Al_2O_3 + 3C$$

$CO_2$ 可与氨气作用制尿素。

$$2NH_3 + CO_2 = CO(NH_2)_2 + H_2O$$

（2）碳酸及其盐

25℃时 1L 水中大约能溶解 0.9L $CO_2$，浓度为 0.004mol·$L^{-1}$。溶解的 $CO_2$ 只有很少一部分与 $H_2O$ 反应生成 $H_2CO_3$，实际上 $CO_2$ 在水中主要以水合分子的形式存在（$CO_2 \cdot H_2O$）。

碳酸盐有正盐和酸式盐两种。正盐中只有铵盐和碱金属（$Li^+$ 除外）溶于水，其他均难溶于水，但所有的酸式盐都溶于水。$NaHCO_3$ 溶液的 pH≈8.3，$Na_2CO_3$ 溶液的 pH≈11.63。

当其他金属离子遇到碱金属的碳酸盐溶液时，便会产生不同的沉淀物：碳酸盐、碱式碳酸盐或氢氧化物。

$$Ba^{2+} + CO_3^{2-} = BaCO_3 \downarrow$$

$$2Fe + 3CO_3^{2-} + 3H_2O = 2Fe(OH)_3 \downarrow + 3CO_2 \uparrow$$

$$2Cu^{2+} + 2CO_3^{2-} + H_2O = Cu_2(OH)_2CO_3 \downarrow + CO_2 \uparrow$$

到底形成何种沉淀，有以下判断规则。

① 当氢氧化物的溶解度远小于碳酸盐的溶解度，或者金属离子（特别是两性的离子）易水解时，则易得到氢氧化物沉淀。

$Fe(OH)_3$ 的 $K_{sp}^{\ominus} = 2.79 \times 10^{-39}$，

所以 $2Fe^{3+} + 3CO_3^{2-} + 3H_2O = 2Fe(OH)_3 \downarrow + 3CO_2 \uparrow$

又如两性的 $Al^{3+}$：

$$2Al^{3+} + 3CO_3^{2-} + 3H_2O = 2Al(OH)_3 \downarrow + 3CO_2 \uparrow$$

极易水解的 $Cr^{3+}$：

$$2Cr^{3+} + 3CO_3^{2-} + 3H_2O = 2Cr(OH)_3 \downarrow + 3CO_2 \uparrow$$

② 当该金属的氢氧化物和碳酸盐的溶解度相差不多时，则易得到碱式碳酸盐，如 $Bi^{3+}$、$Mg^{2+}$、$Cu^{2+}$、$Pb^{2+}$ 等。

$$2Cu^{2+} + 2CO_3^{2-} + H_2O = Cu_2(OH)_2CO_3 \downarrow + CO_2 \uparrow$$

③ 当该金属碳酸盐的溶解度远小于对应氢氧化物的溶解度时，如 $Ca^{2+}$、$Ba^{2+}$、$Sr^{2+}$、$Ag^+$、$Mn^{2+}$、$Cd^{2+}$ 等，则会生成碳酸盐。

$$Ba^{2+} + CO_3^{2-} =\!=\!= BaCO_3 \downarrow$$

碳酸盐热稳定性相对较低，远低于对应的硫酸盐、磷酸盐和硅酸盐。碳酸盐的稳定性与离子的极化作用有关，阳离子的极化力和变形性越大，则其盐越不稳定。碳酸盐热稳定性的一般规律是：碱金属盐＞碱土金属盐＞过渡金属盐＞铵盐＞碳酸盐＞碳酸氢盐＞碳酸。如

$$Na_2CO_3 > MgCO_3 > Al_2(CO_3)_3, \quad BeCO_3 < MgCO_3 < CaCO_3 < SrCO_3 < BaCO_3.$$

## 11.4.3 硅

### 11.4.3.1 硅的成键特征

Si 原子可以进行 sp、$sp^2$、$sp^3$ 杂化，以 $sp^3$ 杂化为主，形成以共价键为主的化合物。由于 Si—O 键的键能很大，所以自然界没有游离态的单质硅。在二氧化硅和所有的硅酸盐中，Si 都以四面体形式存在。

### 11.4.3.2 单质硅

（1）单质硅的制备

工业上采用以下步骤可以得到晶体硅。

$$SiO_2 + 2C \xrightarrow{>2000℃} Si(粗) + 2CO\uparrow$$

$$Si(粗) + 2Cl_2(g) \xrightarrow{\triangle} SiCl_4(l)$$

$$SiCl_4(l) \xrightarrow{精馏} SiCl_4(纯)$$

$$SiCl_4(纯) + 2H_2 \xrightarrow{\triangle} Si(纯) + 4HCl$$

$$SiCl_4(纯) + 2Zn \xrightarrow{\triangle} Si(纯) + 2ZnCl_2$$

此时得到的是多晶硅。用作半导体材料的硅，不仅要求纯度高，而且是单晶硅。再将多晶硅放入单晶转化炉中通过物理法转化即可得到用于半导体材料的原料。

$$Si(多晶) \xrightarrow{单晶炉} Si(单晶)$$

（2）单质硅的性质

单质硅有无定形硅与晶体等。晶体硅结构与金刚石相同，为原子晶体，熔、沸点较高，硬而脆，呈灰色，有金属外貌。常温下，硅不活泼，不与水、空气、酸等反应。加热时可与许多非金属单质化合，还能与某些金属反应。

① 与金属和非金属反应：

$$2Mg + Si =\!=\!= Mg_2Si$$

$$SiC \xleftarrow{+C,\ 2000℃} Si \xrightarrow{+Cl_2,\ 400℃} SiCl_4$$

$$Si_3N_4 \xleftarrow{+N_2,\ 1000℃} Si \xrightarrow{+O_2,\ 800℃} SiO_2$$

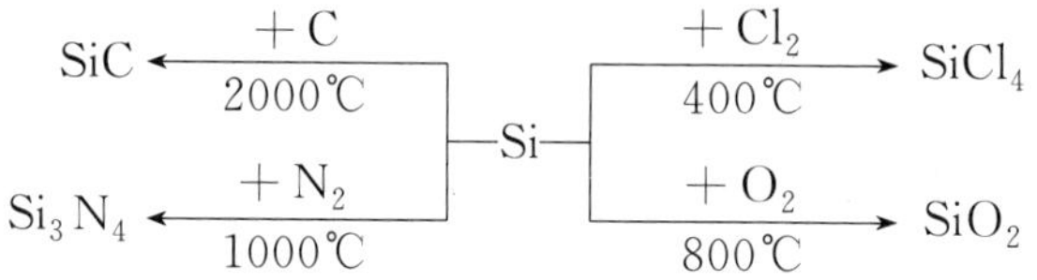

② 与酸反应。Si 遇到氧化性的酸发生钝化，可溶于 HF 与 $HNO_3$ 的混合酸中。

$$3Si + 4HNO_3 + 18HF =\!=\!= 3H_2SiF_6 + 4NO\uparrow + 8H_2O$$

Si 可与氟化氢反应：$Si + 4HF =\!=\!= SiF_4 + 2H_2\uparrow \qquad SiF_4 + 2HF =\!=\!= H_2SiF_6$

③ 与浓碱反应：$Si + 4OH^- =\!=\!= SiO_4^{4-} + 2H_2\uparrow$

④ 硅在高温下与水蒸气反应：

$$Si(s) + 3H_2O(g) \xrightarrow{高温} H_2SiO_3(s) + 2H_2(g)$$

### 11.4.3.3　硅化合物

（1）二氧化硅

$SiO_2$ 是无色晶体，Si 原子和 O 原子以四面体的形式相互连接在一起，属原子晶体。$SiO_2$ 是硅酸的酐，但不溶于水。$SiO_2$ 难溶于普通酸，但能溶于热碱和氢氟酸中。

$$SiO_2 + 2NaOH = Na_2SiO_3 + H_2O$$

$$SiO_2 + 6HF = H_2SiF_6 + 2H_2O$$

因此，玻璃容器不能盛放浓碱溶液和氢氟酸。

（2）硅酸及其盐

可溶性硅酸盐与酸作用生成硅酸。

$$SiO_4^{4-} + 4H^+ = H_4SiO_4 \downarrow$$

硅酸的种类很多，可用 $SiO_2$ 的水合物形式（$xSiO_2 \cdot yH_2O$）表示。如 $SiO_2 \cdot 2H_2O$（即 $H_4SiO_4$，正硅酸）、$SiO_2 \cdot H_2O$（即 $H_2SiO_3$，偏硅酸）及 $SiO_2 \cdot 0.5H_2O$（即 $H_2Si_2O_5$，二偏硅酸）等。但人们习惯用 $H_2SiO_3$ 和 $MSiO_3$ 表示硅酸和硅酸盐。

$H_2SiO_3$ 是二元弱酸。

$$H_2SiO_3 = H^+ + HSiO_3^- ; \qquad K_1^{\ominus} = 2.5 \times 10^{-10}$$

$$HSiO_3^- = SiO_3^{2-} + H^+ ; \qquad K_2^{\ominus} = 1.6 \times 10^{-12}$$

$SiO_2$ 与碱反应生成硅酸盐，在强碱性溶液中（pH≥14 时），主要以 $SiO_3^{2-}$ 的形式存在；当 pH 在 11～13.5 之间时，主要以 $Si_2O_5^{2-}$ 的形式存在；当 pH<11 时，缩合成较大的同多酸根离子；pH 再低时，则以硅酸凝胶析出；当 pH＝5.8 时，胶凝速率最快。

将生成的硅胶用热水洗去反应中生成的盐分，再将水洗后的硅胶烘干脱水，即得到具有吸附、干燥作用的多孔性胶硅。实验室中一般使用的是经过 $CoCl_2$ 溶液浸泡处理过的变色硅胶。无水变色硅胶为蓝色，吸收水分后，变为红色，由此可以判断干燥剂是否失效。变色硅胶可以置于 120℃的烘箱中加热脱水再生反复使用，并具有特殊颜色。

| $CuSiO_3$ | $CoSiO_3$ | $MnSiO_3$ | $NiSiO_3$ | $Fe_2(SiO_3)_3$ |
|---|---|---|---|---|
| 蓝绿色 | 紫色 | 浅红色 | 翠绿色 | 棕红色 |

常温下，用 80%以上的硫酸与 $Na_2SiO_3$ 反应可以得到 $H_2SiO_3$。

$$Na_2SiO_3 + H_2SO_4 = H_2SiO_3 \downarrow + Na_2SO_4$$

在硅酸盐中除 $Na_2SiO_3$ 和 $K_2SiO_3$ 易溶于水外，其他绝大多数硅酸盐难溶于水。若在透明的 $Na_2SiO_3$ 溶液中分别加入颜色不同的重金属盐，过几个小时就可以看到各种颜色的难溶金属硅酸盐如“树”一样生长，形成美丽的“水中花园”。工业上最常用的硅酸盐就是 $Na_2SiO_3$，是一种玻璃态物质，其水溶液呈黏稠状，俗称水玻璃或泡花碱，可用作黏合剂，也常用作洗涤剂添加物和防腐剂等。

$Na_2SiO_3$ 只能存在于碱性溶液中，遇到酸性物质就会生成硅酸。

$$SiO_3^{2-} + 2CO_2 + 2H_2O = H_2SiO_3 \downarrow + 2HCO_3^-$$

$$SiO_3^{2-} + 2NH_4^+ = H_2SiO_3 \downarrow + 2NH_3 \uparrow$$

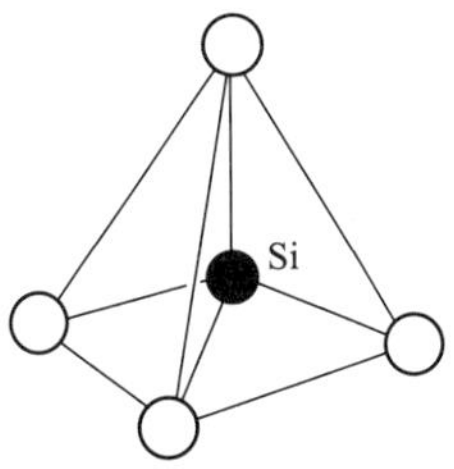


图 11-18　常见的［$SiO_4$］结构

无论在水溶液中还是在自然界中，硅酸盐中的硅总是以硅氧四面体［$SiO_4$］作为基本结构单元而存在。如图 11-18 所示。

硅氧四面体通过共用氧原子连接成各种不同的硅酸根阴离子，再由某些阳离子把硅酸根阴离子约束在一起，形成了形形色色的硅酸盐。

人工合成的铝硅酸盐（结构呈三维网络状）称为分子筛。天然沸石与人工合成分子筛都具有多孔多穴结构，主要是由硅、铝通过氧桥连接组成空旷的骨架结构。分子筛的通式可表示为 $M_{\frac{2}{n}} \cdot Al_2O_3 \cdot xSiO_2 \cdot yH_2O$。其中，M 表示金属离子；$n$ 为金属的氧化数；$x$ 为硅铝比，这是分子筛的一个重要的性能指标；$y$ 为结晶水的分子数。在分子筛结构中有很多孔径均匀、排列整齐的孔道和内表面积很大的空穴。水分子在加热后失去，但晶体骨架结构不变，形成了许多大小相同的空腔，空腔又由许多直径相同的微孔相连，这些微小的孔穴直径大小均匀，能把比孔道直径小的分子吸附到孔穴的内部中来，而把比孔道大的分子排斥在外，因而能把形状、大小不同的分子，极性程度不同的分子，沸点不同的分子，饱和程度不同的分子分离开来。分子筛常用于选择性吸附、催化、载体等。图 11-19 列出了 2 种不同结构的分子筛

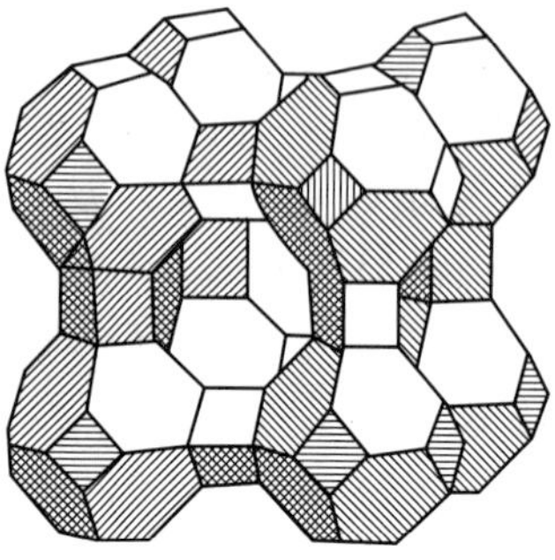

(a) A型

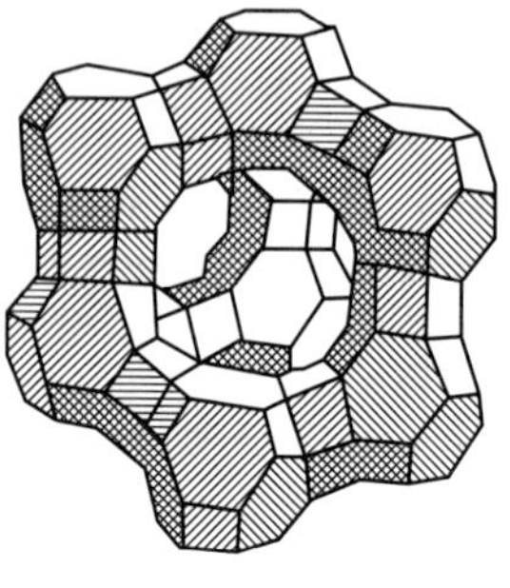

(b) X型、Y型

图 11-19 分子筛

(3) 硅的氢化物及卤化物

硅的氢化物硅烷可用通式 $Si_nH_{2n+2}$ 来表示。由于硅硅之间成键能力较弱，通常 $n \leqslant 15$。硅烷结构与烷烃相似。在硅烷中最具有代表性的是 $SiH_4$，称为甲硅烷，为无色、无味气体，其结构类似于甲烷，为正四面体结构。硅烷不能由硅与氢直接化合而成。例如，甲硅烷可由硅化镁与盐酸反应制得，也可以用强还原剂 $LiAlH_4$ 在乙醚介质中还原 $SiCl_4$ 得到。

$$Mg_2Si + 4HCl = SiH_4 \uparrow + 2MgCl_2$$

$$LiAlH_4(s) + SiCl_4(l) = SiH_4(g) + LiCl(s) + AlCl_3(s)$$

甲硅烷具有还原性，能与氧气反应。在空气中自燃，放出大量热，也能与 $KMnO_4$、$AgNO_3$ 反应。

$$SiH_4 + 2O_2 \xlongequal{\text{自燃}} SiO_2 + 2H_2O$$

$$SiH_4 + 2KMnO_4 = 2MnO_2 \downarrow + K_2SiO_3 + H_2 \uparrow + H_2O$$

$$SiH_4 + 8AgNO_3 + 2H_2O = 8Ag \downarrow + SiO_2 \downarrow + 8HNO_3$$

甲硅烷与甲烷不同，在微量碱的作用下易水解。

$$SiH_4 + (n+2)H_2O \xlongequal{\text{碱}} SiO_2 \cdot nH_2O \downarrow + 4H_2 \uparrow$$

硅烷热稳定性差，且分子量越大，稳定性越差。

$$SiH_4 \xlongequal{500℃} Si + 2H_2 \uparrow$$

四氯化硅 ($SiCl_4$) 为无色易挥发的液体，常见硅的卤化物可由硅和卤素直接合成。其在水中或遇潮湿的空气发生水解。

$$SiCl_4 + 4H_2O = H_4SiO_4 \downarrow + 4HCl$$

$SiCl_4$ 易水解，而 $CCl_4$ 不水解，这与它们的结构有关。Si 有 3d 轨道，可以接受 $H_2O$ 分子中氧原子提供的孤电子对，而 C 没有 d 轨道，无法接受孤电子对。

$SiF_4$ 水解反应与 $BF_3$ 水解类似，水解生成的 HF 进一步与没有水解的 $SiF_4$ 作用生

成 $H_2SiF_6$。

$$SiCl_4 + 4H_2O \xlongequal{} H_4SiO_4 + 4HCl$$

$$SiF_4 + 2HF \xlongequal{} H_2SiF_6$$

## 11.4.4 锗、锡、铅及常见化合物

从 Ge 到 Pb 的化合物存在着明显的惰性电子对效应，Ge、Sn、Pb 三种元素常见氧化数为+2 和+4。+4 氧化数的化合物一般以共价型为主。

### 11.4.4.1 锗、锡、铅单质性质

（1）锗、锡、铅单质的物理性质

锗具有灰白色的金属光泽。高纯度的锗是优良的半导体材料，硬度和熔点都较高。

锡是银白色的金属，硬度低，熔点为 232℃，用于制作锡箔和金属镀层，可制造青铜（Cu-Sn 合金）和焊锡（Pb-Sn 合金）等。

锡有三种同素异形体：灰锡（α-锡）、白锡（β-锡）及脆锡（γ-锡），其在一定温度下可以相互转换。

$$\text{灰锡}(\alpha\text{-锡}) \xrightarrow{<13℃} \text{白锡}(\beta\text{-锡}) \xrightarrow{>161℃} \text{脆锡}(\gamma\text{-锡})$$

当温度低于 13℃时，白锡可以转化为粉末状灰锡，温度越低，转变速度越快。所以，锡制品长期放置于低温下会从某一处开始转变，并迅速蔓延。这就是常说的“锡疫”（tin disease）。当温度高于 161℃时，白锡可以转化为脆锡。

铅呈银白色、很软、密度大、熔点低（328℃）。铅主要用来制造低熔点合金，如焊锡、保险丝等；铅能抵挡 X 射线的穿射，常用来制作 X 射线防护品，如铅板、铅玻璃、铅围裙、铅罐等。铅锑合金可用作铅蓄电池的极板。

（2）锗、锡、铅单质的化学性质

① 与氧气反应。常温条件下只有 Pb 能与 $O_2$ 作用，在其表面生成一层致密的氧化铅或碱式碳酸铅，这层保护膜阻止 $O_2$ 进一步与 Pb 作用。高温下 Ge、Sn、Pb 都能与 $O_2$ 作用，生成氧化物。

② 与其他非金属元素反应。这三种元素均能与卤素、硫反应，生成相应的卤化物和硫化物。

③ 与水反应。只有 Pb 能与水缓慢反应，生成 $Pb_2(OH)_2CO_3$ 或 $Pb(OH)_2$。

④ 与酸反应。Ge 不能与稀 HCl 和稀 $H_2SO_4$ 作用。但能与浓 $HNO_3$ 等氧化性酸反应。

$$Ge + 4HNO_3(\text{浓}) \xlongequal{} GeO_2 \cdot H_2O\downarrow + 4NO_2\uparrow + H_2O$$

Sn、Pb 可以与非氧化性酸反应，与稀 HCl 反应缓慢，但与浓热 HCl 反应迅速。Pb 与 $HCl(H_2SO_4)$ 反应生成的难溶 $PbCl_2(PbSO_4)$ 覆盖在 Pb 表面，阻止反应持续进行。与浓 HCl 作用时，因产物为易溶的配合物 $H_2[PbCl_4]$ 和 $H_2$，使得反应很容易进行。

$$Sn + 4HCl(\text{浓}) \xlongequal{} H_2[SnCl_4] + H_2\uparrow$$

$$Pb + 4HCl(\text{浓}) \xlongequal{} H_2[PbCl_4] + H_2\uparrow$$

Sn、Pb 与氧化性酸的反应与氧化性酸的浓度有关。

$$3Sn + 8HNO_3(\text{稀}) \xlongequal{} 3Sn(NO_3)_2 + 2NO\uparrow + 4H_2O$$

$$Sn + 4HNO_3(\text{浓}) \xlongequal{} H_2SnO_3 + 4NO_2\uparrow + H_2O$$

$$Sn + 4H_2SO_4(\text{浓}) \xlongequal{\triangle} Sn(SO_4)_2 + 2SO_2\uparrow + 4H_2O$$

### 11.4.4.2 锗、锡、铅化合物

（1）氧化物

Ge、Sn、Pb 都有 MO 和 $MO_2$ 两种形式的两性氧化物，均为固态，难溶于水。MO 两

性偏碱，$MO_2$ 两性偏酸。Ge、Sn、Pb 氧化物的物理性质见表 11-11。

**表 11-11　Ge、Sn、Pb 氧化物的物理性质**

| MO | 颜色 | 熔点/℃ | $MO_2$ | 颜色 | 熔点/℃ |
|---|---|---|---|---|---|
| GeO | 黑色 | 700(升华) | $GeO_2$ | 白色 | 1116 |
| SnO | 黑色 | 1080(分解) | $SnO_2$ | 灰色 | 1630 |
| PbO | 黄或黄红色 | 887 | $PbO_2$ | 棕黑色 | 287 |

Sn(Ⅱ)盐水解可得水合氧化锡 $3SnO \cdot H_2O$，再加热脱水可生成 SnO。金属 Sn 在空气中燃烧即可得到灰色的 $SnO_2$。

Pb 在空气中加热即可生成黄色 PbO，俗称密陀僧或铅黄。在碱性条件下，用 NaClO 氧化 Pb(Ⅱ)化合物可得到棕黑色 $PbO_2$。$PbO_2$ 有很强的氧化性，在酸性介质中可以将 $Mn^{2+}$ 氧化成 $MnO_4^-$。

$$\varphi(PbO_2/Pb^{2+})=1.46$$

$$5PbO_2+2Mn^{2+}+4H^+ = 5Pb^{2+}+2MnO_4^-+2H_2O$$

另外，还有两种复合氧化物 $Pb_3O_4$、$Pb_2O_3$。$Pb_3O_4$ 为红色固体，俗称铅丹或红丹；$Pb_2O_3$ 为橙色固体。可将它们分别看成 $2PbO \cdot PbO_2$ 和 $PbO \cdot PbO_2$ 复合氧化物。$Pb_3O_4$ 与 $HNO_3$ 反应时，可得到两种不同氧化态的铅，溶液中为 Pb(Ⅱ)，不溶物为 $PbO_2$。利用其强的氧化性可证明固体部分是 Pb(Ⅳ)。溶液部分与铬酸根反应，生成黄色的铬酸铅沉淀，从而确认溶液中的铅为 Pb(Ⅱ)。

$$Pb^{2+}+CrO_4^{2-} = PbCrO_4(\text{黄色})\downarrow$$

Ge、Sn、Pb 的氢氧化物也都具有两性。它们的颜色及酸碱性变化规律见图 11-20。

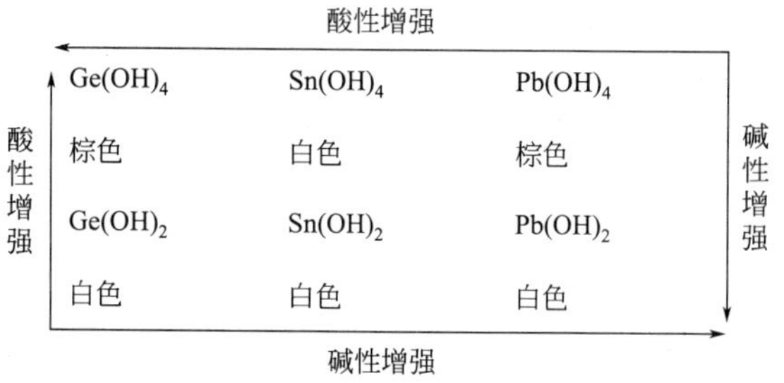


图 11-20　Ge、Sn、Pb 氢氧化物的颜色及酸碱性变化规律

(2) 卤化物

锗、锡、铅卤化物分成 $MX_2$ 和 $MX_4$ 两大类。$MX_2$ 离子性成分多些，而 $MX_4$ 以共价性成分为主，熔点低，易挥发或升华。

$SnCl_2$ 溶于水生成碱式氯化亚锡 Sn(OH)Cl。配制 $SnCl_2$ 溶液时，要加入盐酸防止其水解，同时加入金属锡粒防止 $Sn^{2+}$ 被空气中的氧气氧化。

$SnCl_2$ 是强还原剂，可将 $Hg^{2+}$ 还原为 $Hg_2Cl_2$ 白色沉淀，$SnCl_2$ 过量时，进一步将 $Hg_2Cl_2$ 还原成黑色单质 Hg。这个反应可用来检验 $Hg^{2+}$ 或 $Sn^{2+}$。

$$2Hg^{2+}+Sn^{2+}+8Cl^- = Hg_2Cl_2(\text{白色})\downarrow+[SnCl_6]^{2-}$$

$$Hg_2Cl_2+Sn^{2+} = 2Hg(\text{黑色})\downarrow+Sn^{4+}+2Cl^-$$

$PbCl_2$ 难溶于冷水，易溶于热水，也能因生成配合物而溶于盐酸中。$PbCl_4$ 是黄色液体，只能在低温下存在，在潮湿空气中因水解而冒烟。

$$PbCl_2+2HCl = H_2[PbCl_4]$$

（3）硫化物

Sn、Pb 的重要硫化物有 SnS（暗棕色）、$SnS_2$（黄色，俗称金粉）及 PbS（黑色）。将 $H_2S$ 通入 $Sn^{2+}$ 溶液中生成 SnS 沉淀，SnS 能溶于中等浓度的盐酸和多硫化铵溶液中，后者生成硫代锡酸盐。

$$SnS+2H^+ +4Cl^- = [SnCl_4]^{2-} +H_2S\uparrow$$

$$SnS+S_2^{2-} = [SnS_3]^{2-}$$

将 $H_2S$ 通入 Sn(Ⅳ) 溶液中可生成 $SnS_2$ 沉淀。$SnS_2$ 两性偏酸性，能溶于浓盐酸，也能和硫化钠溶液或碱液反应而溶解。

$$SnS_2+4H^+ +6Cl^- = [SnCl_6]^{2-} +2H_2S\uparrow$$

$$SnS_2+S^{2-} = [SnS_3]^{2-}$$

$$3SnS_2+6OH^- = 2[SnS_3]^{2-} +[Sn(OH)_6]^{2-}$$

将 $H_2S$ 通入 $Pb^{2+}$ 溶液中能生成黑色 PbS 沉淀。PbS 溶于浓盐酸和稀硝酸，但不与 $S^{2-}$ 或多硫化物溶液反应。

$$PbS+2H^+ +4Cl^- = [PbCl_4]^{2-} +H_2S\uparrow$$

$$3PbS+2NO_3^- +8H^+ = 3Pb^{2+} +3S\downarrow +2NO\uparrow +4H_2O$$

PbS 也可与 $H_2O_2$ 反应生成白色难溶的 $PbSO_4$，这也是用 $H_2O_2$ 擦洗老式油画使之恢复的原理。

$$PbS(\text{黑色})+4H_2O_2 = PbSO_4(\text{白色})+4H_2O$$

# 11.5　氮族元素

氮族元素位于元素周期表中ⅤA 族，包括氮(N)、磷(P)、砷(As)、锑(Sb)、铋(Bi)、镆（Mc）等元素。氮元素绝大部分以 $N_2$ 的形式存在于大气中，总量约为 $4\times10^{15}$ t。动植物体内也含有一定量的氮。

磷主要以磷酸盐矿石的形式存在，如磷酸钙 $[Ca_3(PO_4)_2\cdot H_2O]$、磷灰石 $[Ca_5F(PO_4)_3]$，另外，磷也存在于动植物体内。砷、锑、铋在自然界中主要以硫化物矿的形式存在，如雌黄($As_2S_3$)、雄黄($As_4S_4$)、砷硫铁矿(FeAsS)、辉锑矿($Sb_2S_3$)、辉铋矿($Bi_2S_3$)。另外，也存在少量的氧化物矿，如砒霜($As_2O_3$)、铋华($Bi_2O_3$)、锑华($Sb_2O_3$）等。我国锑的蕴藏量居世界第一。

## 11.5.1　氮族元素的通性

氮族元素从非金属逐渐过渡到金属。N、P 为非金属，As 和 Sb 为准金属，Bi 为金属。

氮族元素价层电子构型是 $ns^2np^3$，$np$ 轨道处于半充满的稳定状态，第一电离能大于同周期的后一元素，电子亲合能却较小，化学活性相应较低，主要氧化态为+3 和+5。从 P 到 Bi，+3 氧化态的物质稳定性递增，而+5 氧化态物质稳定性递减，表现出明显的惰性电子对效应。氮族元素的基本性质列于表 11-12 中。

**表 11-12　氮族元素的基本物理性质**

| 性质 | N | P | As | Sb | Bi |
|---|---|---|---|---|---|
| 原子序数 | 7 | 15 | 33 | 51 | 83 |
| 原子量 | 14.01 | 30.97 | 74.97 | 121.7 | 209.0 |
| 价层电子构型 | $2s^22p^3$ | $3s^23p^3$ | $4s^24p^3$ | $5s^25p^3$ | $6s^26p^3$ |

续表

| 性质 | N | P | As | Sb | Bi |
|---|---|---|---|---|---|
| 原子共价半径/pm | 70 | 110 | 121 | 141 | 146 |
| 第一电离能/$kJ \cdot mol^{-1}$ | 1402.2 | 1011.7 | 944 | 833.7 | 703.3 |
| 第一电子亲和能/$kJ \cdot mol^{-1}$ | 58 | −74 | −77 | −101 | −100 |
| 电负性(χ) | 3.04 | 2.19 | 2.81 | 2.05 | 2.02 |

## 11.5.2 氮及其化合物

### 11.5.2.1 单质氮的性质及制备

(1) 单质氮的性质

氮气是一种无色、无味、难溶于水的气体，在大气中约占78%（体积分数）。熔点为−210℃，沸点为−196℃。由于氮分子内存在共价三键，键长短（110pm）、键能大（942kJ·mol$^{-1}$），所以常温下极其稳定，很难发生反应。但氮的电负性较大，在高温下可与活泼金属和活泼非金属反应。

$$6Li + N_2 \xlongequal{\triangle} 2Li_3N(\text{黄色})$$

$$3Mg + N_2 \xlongequal{\triangle} Mg_3N_2(\text{黑色})$$

$$N_2 + O_2 \xrightarrow[\text{或高压放电}]{2000℃} 2NO$$

(2) 单质氮的制备

工业上可通过分馏液态空气制得氮。将空气冷却、压缩、液化后，当液态空气沸腾时，相对易挥发的氮气（沸点−196℃）先气化，氧气后气化（沸点−185℃），从而达到分离的目的。实验室可以通过将饱和 $NaNO_2$ 溶液和饱和 $NH_4Cl$ 溶液共热制备得到 $N_2$。

$$NH_4Cl + NaNO_2 \xlongequal{\triangle} N_2\uparrow + 2H_2O + NaCl$$

也可加热分解 $(NH_4)_2Cr_2O_7$ 或 $NH_3$ 通过红热 CuO 制得 $N_2$。

$$(NH_4)_2Cr_2O_7 \xlongequal{\triangle} N_2\uparrow + Cr_2O_3 + 4H_2O$$

$$2NH_3 + 3CuO \xlongequal{\triangle} N_2\uparrow + 3Cu + 3H_2O$$

### 11.5.2.2 氮的氢化物

(1) 氨

常温常压下，$NH_3$ 是一种无色、有刺激性气味的气体。由于存在分子间氢键，$NH_3$ 具有较高的熔、沸点（b.p是−77.7℃，m.p为−33.35℃）和汽化热，因此液氨常用作制冷剂。$NH_3$ 分子的N原子采用 $sp^3$ 杂化，为三角锥形，分子极性很强。它可以与 $H_2O$ 分子形成氢键，所以，$NH_3$ 极易溶于水，常温常压下，1体积水中可溶解700体积 $NH_3$。与 $H_2O$ 类似，液氨存在自偶电离。

$$2NH_3(l) \xlongequal{\quad} NH_2^- + NH_4^+ \qquad K^\ominus = 9\times10^{-33}(-50℃)$$

液氨可溶解碱金属单质和一些无机盐，如

$$2Na + 2NH_3(l) \xlongequal{\quad} 2NaNH_2 + H_2\uparrow$$

工业合成氨是在500℃、300～700atm、铁催化剂存在条件下，由 $N_2$ 和 $H_2$ 反应完成的。

$$N_2 + 3H_2 \underset{500℃,300\sim700atm}{\overset{Fe\text{催化剂}}{\rightleftharpoons}} 2NH_3$$

实验室中用铵盐与生石灰或消石灰共热制取氨气，反应式如下：

$$(NH_4)_2SO_4+CaO \xlongequal{\triangle} CaSO_4+2NH_3\uparrow+H_2O$$

$$2NH_4Cl+Ca(OH)_2 \xlongequal{\triangle} CaCl_2+2NH_3\uparrow+2H_2O$$

$NH_3$ 的化学性质主要体现在以下四种反应中。

① 氧化还原反应。$NH_3$ 中氮处于最低氧化态，因此具有还原性，可以被许多氧化剂氧化。

$$4NH_3+3O_2 \xlongequal{燃烧} 2N_2+6H_2O$$

$$2NH_3+3Cl_2 \xlongequal{\triangle} N_2+6HCl$$

$$NH_3+3Cl_2 \xlongequal{\triangle} NCl_3+3HCl$$

② 取代反应。$NH_3$ 中的 H 原子可被其他原子或原子团取代，生成一系列氨的衍生物，如氨基化合物（$-NH_2$）、亚氨基化合物（$=NH_2$）、氮化物（$\equiv N$）。

$$4NH_3+COCl_2 \xlongequal{} CO(NH_2)_2+2NH_4Cl$$

$$2NH_3+HgCl_2 \xlongequal{} HgNH_2Cl+NH_4Cl$$

此类反应类似于盐类的水解反应，因此也称其为氨解反应。

③ 配位反应。$NH_3$ 分子中 N 原子提供孤对电子形成配合物。

$$Ag^{+}2NH_3 \xlongequal{} [Ag(NH_3)_2]^{+}$$

$$Cu^{2+}+4NH_3 \xlongequal{} [Cu(NH_3)_4]^{2+}$$

$$BF_3+NH_3 \xlongequal{} F_3BNH_3$$

④ 弱碱性。氨具有弱碱性，可与酸反应。

$$NH_3+HCl \xlongequal{} NH_4Cl$$

（2）铵盐

铵盐一般为无色晶体（除非阴离子本身有色），易溶于水。$NH_4^+$ 的离子半径为 148pm，与 $K^+$（$r=133$pm）、$Rb^+$（$r=148$pm）相近。因此，铵盐的性质与碱金属盐类相似，与钾盐、铷盐同晶，溶解度相近。

铵盐的化学性质主要表现在以下两方面。

① 热稳定性较低，受热易分解，其分解产物与阴离子对应的酸及温度有关。

a. 挥发性酸组成的铵盐，分解产物为氨和相应的酸，如

$$NH_4Cl \xlongequal{\triangle} NH_3\uparrow+HCl\uparrow$$

$$NH_4HCO_3 \xlongequal{} NH_3\uparrow+CO_2\uparrow+H_2O$$

b. 非挥发性酸组成的铵盐，分解产物只有氨气，酸或酸式盐残留在容器中，如

$$(NH_4)_2SO_4 \xlongequal{\triangle} 2NH_3\uparrow+H_2SO_4$$

$$(NH_4)_3PO_4 \xlongequal{\triangle} 3NH_3\uparrow+H_3PO_4$$

c. 氧化性酸组成的铵盐，分解产物为 $N_2$ 或氮氧化物等。

$$(NH_4)_2Cr_2O_7 \xlongequal{\triangle} N_2\uparrow+Cr_2O_3+4H_2O$$

$$NH_4NO_3 \xlongequal{210℃} N_2O\uparrow+2H_2O$$

$$2NH_4NO_3 \xlongequal{>300℃} 2N_2\uparrow+O_2\uparrow+4H_2O$$

② 易水解。氨是一种弱碱，铵盐都易水解。铵的强酸盐水溶液显酸性，如

$$NH_4Cl+H_2O \xlongequal{} NH_3\cdot H_2O+HCl$$

在铵盐溶液中，加入强碱混合并加热，会释放出氨气，这是检验 $NH_4^+$ 的一种方法。

$$NH_4^+ + OH^- =\!=\!= NH_3\uparrow + H_2O$$

取少量未知溶液于蒸发皿中，加入 NaOH 溶液，将沾有湿润红色石蕊试纸的表面皿覆盖在蒸发皿上，水浴加热，如果试纸变蓝，证明试液中含有 $NH_4^+$。此法也叫气室法检验 $NH_4^+$。

$NH_4^+$ 还可以用奈斯勒（Nessler）试剂（$K_2HgI_4$ 的 KOH 溶液）检验，如果试液中有 $NH_4^+$ 存在，则会与奈斯勒试剂反应生成红褐色沉淀，反应如下：

$$2HgI_4^{2-} + NH_3 + 3OH^- =\!=\!= O\!\!\begin{array}{c}\diagup Hg\diagdown \\ \diagdown Hg\diagup\end{array}\!\!NH_2I\downarrow + 7I^- + 2H_2O$$

$$2HgI_4^{2-} + NH_3 + OH^- =\!=\!= \begin{array}{c}I\!-\!Hg\diagdown \\ I\!-\!Hg\diagup\end{array}\!\!NH_2I\downarrow + 5I^- + H_2O$$

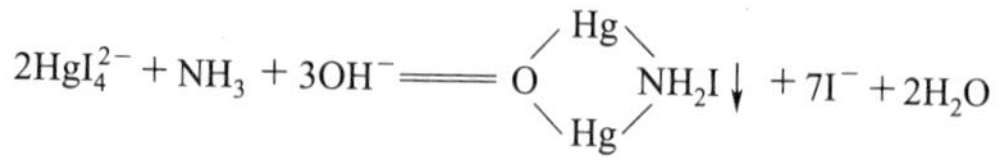

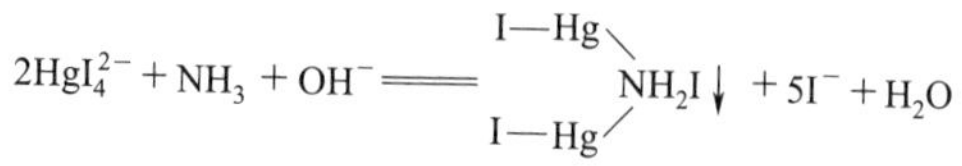

#### 11.5.2.3 氨的衍生物

$NH_3$ 分子中的 H 原子被其他原子或原子团取代后的产物称为氨的衍生物，常见的有联氨、羟胺和叠氮酸等。

**(1) 联氨（$N_2H_4$）**

联氨也称为肼，是一种无色液体。在 $N_2H_4$ 分子中 N 原子采取不等性 $sp^3$ 杂化。联氨极性很大，$\mu = 5.8\times 10^{-30}$，可以看成是 $NH_3$ 分子中的一个 H 原子被氨基取代所形成的产物。由于 $N_2H_4$ 中两个 N 原子上各有一对孤对电子，因此 $N_2H_4$ 是优良的配体，如 $[Pt(NH_3)_2(N_2H_4)_2]Cl_2$ 等。

在水中 $N_2H_4$ 是一个二元弱碱，其碱性比 $NH_3$ 弱。

$$N_2H_4 + H_2O =\!=\!= N_2H_5^+ + OH^- \qquad K_1^{\ominus} = 8.5\times 10^{-7}$$
$$N_2H_5^+ + H_2O =\!=\!= N_2H_6^{2+} + OH^- \qquad K_2^{\ominus} = 1.8\times 10^{-14}$$

从 $N_2H_4$ 中 N 原子的氧化数（-2）看，$N_2H_4$ 既有氧化性，又有还原性，但主要以还原性为主，尤其是在碱性介质中，表现出很强的还原性，可以被 $O_2$、$H_2O_2$、$AgNO_3$、卤素等氧化，可用作液体火箭推进剂的燃料。

$$N_2H_4 + O_2 =\!=\!= N_2 + 2H_2O$$
$$N_2H_4 + 4Ag^+ =\!=\!= N_2 + 4Ag + 4H^+$$

**(2) 羟胺（$NH_2OH$）**

羟胺又称为胲，可看成 $NH_3$ 中的一个 H 原子被 —OH 取代所得。羟胺为白色固体，熔点 32.05℃，沸点 56~57℃。羟胺不稳定，在 15℃ 以上便开始分解生成 $NH_3$、$H_2O$、$N_2$、NO。

$$3NH_2OH =\!=\!= NH_3\uparrow + N_2\uparrow + 3H_2O$$
$$4NH_2OH =\!=\!= 2NH_3\uparrow + N_2O\uparrow + 3H_2O$$

$NH_2OH$ 易溶于水，其水溶液较为稳定，其碱性比 $N_2H_4$ 还弱。

$$NH_2OH + H_2O =\!=\!= NH_3OH^+ + OH^- \qquad K^{\ominus} = 9.1\times 10^{-9}$$

有关 $NH_2OH$ 的电极电势如下：

$$2H^+ + N_2 + 2H_2O + 2e^- =\!=\!= 2NH_2OH^- \qquad \varphi_A^{\ominus} = -1.87V$$
$$N_2 + 4H_2O + 2e^- =\!=\!= 2NH_2OH + 2OH^- \qquad \varphi_B^{\ominus} = -3.04V$$

从氧化数（-1）看，$NH_2OH$ 既可作氧化剂，也可作还原剂，但以还原性为主，但无论在酸性溶液还是碱性溶液中，$NH_2OH$ 都可以将 $I_2$、$Fe^{3+}$ 等还原。

$$2NH_2OH + I_2 + 2OH^- =\!=\!= N_2\uparrow + 2I^- + 4H_2O$$
$$2NH_3OH^+ + 4Fe^{3+} =\!=\!= N_2O\uparrow + 4Fe^{2+} + 6H^+ + H_2O$$

(3) 叠氮酸 ($HN_3$) 和叠氮酸盐 ($N_3^-$)

$HN_3$ 是一种具有高挥发性并有刺激性臭味的无色液体。连接 H 的 N 原子采取 $sp^2$ 杂化，键角为 109.2°，另外 2 个 N 原子采取 sp 杂化，键角为 171°，3 个 N 原子几乎在一条直线上，并且 3 个 N 原子间还存在 2 个离域 $\Pi_3^4$ 键。$HN_3$ 及 $N_3^-$ 结构如图 11-21。

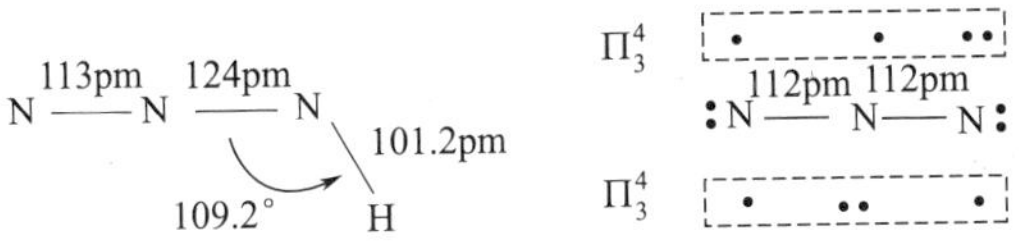


(a) $HN_3$　　(b) $N_3^-$

图 11-21　$HN_3$ 及 $N_3^-$ 的结构

$HN_3$ 在水溶液中呈弱酸性。

$$HN_3 \rightleftharpoons N_3^- + H^+ \qquad K_a^{\ominus} = 8\times10^{-5}(25℃)$$

$HN_3$ 与碱或活泼金属作用生成叠氮酸盐。

$$HN_3 + NaOH = NaN_3 + H_2O$$

$$2HN_3 + Zn = Zn(N_3)_2 + H_2\uparrow$$

$HN_3$ 最突出的化学性质是不稳定性，振荡时易爆炸分解。

$$2HN_3 = 3N_2\uparrow + H_2\uparrow$$

活泼金属的叠氮酸盐加热时分解不爆炸，但不活泼金属的叠氮酸盐加热发生爆炸性分解，如 $AgN_3$、$Pb(N_3)_2$ 可以用作引爆剂。

$$2AgN_3 \xlongequal{\triangle} 2Ag + 3N_2\uparrow$$

$$Pb(N_3)_2 \xlongequal{\triangle} Pb + 3N_2\uparrow$$

另外，$HN_3$ 也是一种强还原剂。

$$3N_2 + 2H^+ + 2e^- = 2HN_3 \qquad \varphi^{\ominus} = -3.40V$$

可见其还原性比 $N_2H_4$、$NH_2OH$ 强。

## 11.5.3 氮的含氧化合物

### 11.5.3.1 氮的氧化物

氮可以形成多种氧化物，常见的有 $N_2O$、NO、$N_2O_3$、$NO_2$、$N_2O_5$ 等。

(1) $N_2O$

$N_2O$ 是一种无色、有甜味的气体，能助燃，可溶于水、乙醇等，俗称笑气。在医学上可与氧气混合用作麻醉剂，也可用作火箭或赛车的氧化剂，增大输出功率。另外，$N_2O$ 也是温室气体。

$N_2O$ 为直线形分子，与 $CO_2$ 是等电子体，分子中存在两个 $\Pi_3^4$ 大 π 键，如图 11-22。

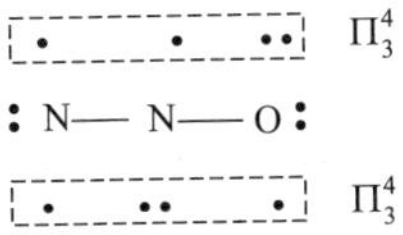


图 11-22　$N_2O$ 分子结构

$N_2O$ 可通过加热分解 $NH_4NO_3$ 得到，反应式为

$$NH_4NO_3 \xlongequal{\triangle} N_2O\uparrow + 2H_2O$$

（2）NO

NO 是一种无色气体，微溶于水，但不与水作用，也不与酸、碱反应。常温下 NO 极易与 $O_2$ 作用，生成 $NO_2$。

NO 中的 N 原子可提供孤电子对，与过渡金属离子形成配合物，如与 $FeSO_4$ 作用形成棕色可溶性的硫酸亚硝酰合铁(Ⅱ）配合物。

$$NO + FeSO_4 = [Fe(NO)]SO_4$$

实验室可采用铜与稀硝酸反应得到 NO，工业上可由氨的催化氧化反应制备 NO。

（3）$N_2O_3$

$N_2O_3$ 是一种淡蓝色气体，溶于水并可与水作用生成 $HNO_2$，稳定性较低，常温下即分解。

$N_2O_3$ 分子结构见图 11-23。$N_2O_3$ 为平面形分子，在左侧有离域 π 键 $\Pi_3^4$。

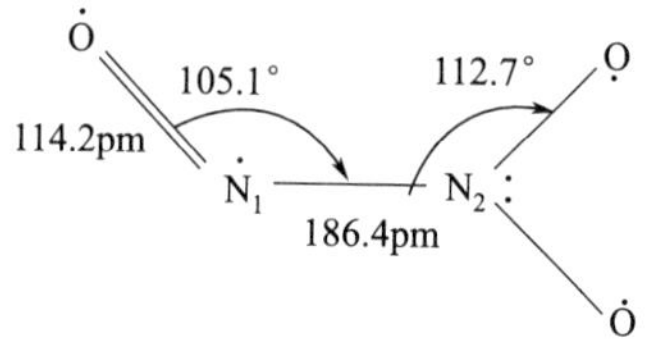


图 11-23 $N_2O_3$ 分子结构

（4）$NO_2$ 和 $N_2O_4$

$NO_2$ 为红棕色气体，低温时聚合成无色的 $N_2O_4$。而 $N_2O_4$ 分子左右两侧各有一个 $\Pi_3^4$ 离域 π 键，使得 N—O 键键长介于单、双键之间。

$NO_2$ 中 N 的氧化数居中，既有氧化性又有还原性。$NO_2$ 溶于水并与水发生歧化反应生成 $HNO_3$ 和 NO。

$$3NO_2 + H_2O = 2HNO_3 + NO$$

$NO_2$ 若在碱溶液中则歧化为 $NO_3^-$ 和 $NO_2^-$。

$$2NO_2 + 2OH^- = NO_3^- + NO_2^- + H_2O$$

$NO_2$ 中的 N 原子采取 $sp^2$ 杂化，分子中存在一个 $\Pi_3^3$（或 $\Pi_3^4$）大 π 键。

$NO_2$ 可由金属 Cu 与 $HNO_3$（浓）反应得到。

（5）$N_2O_5$

$N_2O_5$ 是白色固体，熔点为 30℃，沸点为 47℃，溶于水生成 $HNO_3$，是硝酸的酸酐。

$$N_2O_5 + H_2O = 2HNO_3$$

$N_2O_5$ 分子结构见图 11-24。

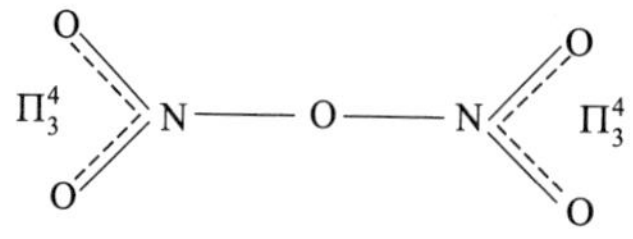


图 11-24 $N_2O_5$ 分子结构

$N_2O_5$ 分子中的 N 原子以 $sp^2$ 杂化成键，有 6 个 σ 键和 2 个 $\Pi_3^4$ 大 π 键，为非平面分子结构。

$N_2O_5$ 稳定性较低，易爆炸分解：

$$2N_2O_5 = 4NO_2\uparrow + O_2\uparrow$$

$N_2O_5$ 可由 $O_3$ 氧化 $NO_2$ 得到：

$$2NO_2 + O_3 = N_2O_5 + O_2$$

也可由 $HNO_3$ 脱水制得：

$$6HNO_3 + P_2O_5 = 3N_2O_5 + 2H_3PO_4$$

### 11.5.3.2 亚硝酸及其盐

（1）$HNO_2$

$HNO_2$ 为一元弱酸，酸性略强于醋酸。

$$HNO_2 = H^+ + NO_2^- \qquad K_a^{\ominus}=7.2\times10^{-4}$$

$HNO_2$ 稳定性差，只存在于稀溶液中，微热或室温下便会分解，所以要现用现制。

$$2HNO_2 = N_2O_3(\text{蓝色}) + H_2O$$

$$N_2O_3 = NO_2(\text{红棕色}) + NO$$

$$NaNO_2 + HCl = HNO_2 + NaCl$$

分解生成的 $N_2O_3$ 气体溶于水中，使溶液呈蓝色，$N_2O_3$ 不稳定很快会分解生成 NO 和 $NO_2$。亚硝酸盐遇强酸就会出现此现象，以此来鉴别 $NO_2^-$ 的存在。

亚硝酸盐稳定性较高，一般为无色晶体，除部分重金属盐（如黄色 $AgNO_2$）难溶于水外，大多易溶于水。亚硝酸盐有毒，能与蛋白质反应生成致癌物亚硝基胺。$NO_2^-$ 具有很强的配位能力，能与许多金属离子形成配合物。当以 N 原子配位时称为硝基，当以 O 原子配位时称为亚硝酸根。例如，亚硝酸钴钠 $Na_3[Co(NO_2)_6]$ 易溶于水，而 $K_3Na[Co(NO_2)_6]$ 为黄色沉淀，所以可用此反应检验 $K^+$。

$HNO_2$ 及其盐的特征化学性质是其具有氧化还原性，且以氧化性为主。

$$2HNO_2 + 2HI = 2NO\uparrow + I_2 + 2H_2O$$

$$5NO_2^- + 2MnO_4^- + 6H^+ = 5NO_3^- + 2Mn^{2+} + 3H_2O$$

上述反应可以用来定量测定亚硝酸盐。

（2）硝酸及其盐

纯硝酸是无色液体，沸点为 83℃，可与水以任意比例混合。市售浓硝酸含量为 68%～70%，密度为 $1.4g\cdot cm^{-3}$，浓度相当于 $15\sim16mol\cdot L^{-1}$。硝酸易挥发，见光或受热易分解。

$$4HNO_3 = 4NO_2\uparrow + O_2\uparrow + 2H_2O$$

分解产生的 $NO_2$ 溶于溶液中，使溶液发黄，因此硝酸应储存在棕色试剂瓶中并置于阴凉处。

在 $HNO_3$ 分子中，N 原子采取 $sp^2$ 杂化，在 N 原子与 3 个 O 原子之间还存在 1 个 $\Pi_4^6$ 大 π 键，分子结构如图 11-25 所示。

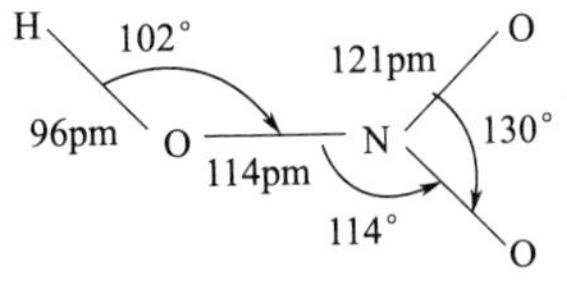


图 11-25 硝酸分子的结构

硝酸最重要的化学性质为强氧化性，它可与众多的金属及非金属反应。反应产物与硝酸浓度、金属活泼性有关，常见情况有如下几种。

① 与非金属反应，浓硝酸的还原产物主要是 $NO_2$，稀硝酸的还原产物主要是 NO。

$$2HNO_3(\text{稀}) + 3H_2S \xlongequal{\triangle} 3S\downarrow + 2NO\uparrow + 4H_2O$$

$$6HNO_3(\text{浓}) + S \xlongequal{\triangle} H_2SO_4 + 6NO_2\uparrow + 2H_2O$$

② 与不活泼金属反应，浓硝酸主要被还原为 $NO_2$，稀硝酸主要被还原为 NO。

$$3Cu+8HNO_3(稀) \xlongequal{\triangle} 3Cu(NO_3)_2+2NO\uparrow+4H_2O$$

$$Ag+2HNO_3(浓) \xlongequal{\triangle} AgNO_3+NO_2\uparrow+H_2O$$

③ 与活泼金属反应，硝酸的还原产物随浓度变化较为复杂，还原产物有 $NO_2$、NO、$N_2O$、$NH_4^+$、$H_2$ 等。

$$4Zn+10HNO_3(稀) \xlongequal{} 4Zn(NO_3)_2+N_2O\uparrow+5H_2O$$

$$4Zn+10HNO_3(极稀) \xlongequal{} 4Zn(NO_3)_2+NH_4NO_3+3H_2O$$

但应注意，以上反应不是独立进行的，同一条件下往往几种反应同时进行，只是主次不同而已。另外，冷浓的硝酸可使 Fe、Al、Cr 钝化。

④ Sn、As、Sb、Mo、W 等单质与硝酸反应的氧化产物是其氧化物的水合物。

$$Sn+4HNO_3(浓) \xlongequal{} SnO_2\cdot 2H_2O+4NO_2\uparrow$$

浓硝酸还可以使含苯环的物质硝化，人的皮肤遇浓硝酸变黄就是硝化的结果。

1 体积浓硝酸与 3 体积浓盐酸的混合液称为王水。王水可以溶解不与硝酸反应的金属，如 Au 和 Pt 等。其原因并不是王水的氧化性强于硝酸，而是因为溶液中存在大量的 $Cl^-$ 与金属离子形成了配离子 $[AuCl_4]^-$ 和 $[PtCl_6]^{2-}$，使金属的还原能力增强。

$$Au^{3+}+3e^- \xlongequal{} Au \qquad \varphi^{\ominus}=1.50V$$

$$Au+HNO_3+4HCl \xlongequal{} H[AuCl_4]+NO\uparrow+2H_2O \qquad \varphi^{\ominus}=1.0V$$

$$4H^++NO_3^-+3e^- \xlongequal{} NO\uparrow+2H_2O \qquad \varphi^{\ominus}=0.96V$$

大多硝酸盐为无色晶体，易溶于水，水溶液无氧化性。固体硝酸盐常温下较稳定，高温下热稳定性较差，易分解，分解产物与阳离子性质有关。硝酸盐可分为以下几种：

a. 碱金属和碱土金属（Li、Be、Mg 除外）硝酸盐分解产物为亚硝酸盐和 $O_2$。

$$2NaNO_3 \xlongequal{\triangle} 2NaNO_2+O_2\uparrow$$

b. 活泼性位于 Mg 与 Cu（包括 Li、Be、Mg 和 Cu）之间的硝酸盐分解产物为金属氧化物、$NO_2$ 和 $O_2$。

$$2Pb(NO_3)_2 \xlongequal{\triangle} 2PbO+4NO_2\uparrow+O_2\uparrow$$

c. 活泼性位于 Cu 之后的硝酸盐分解产物为金属单质、$NO_2$ 和 $O_2$。

$$2AgNO_3 \xlongequal{\triangle} 2Ag+2NO_2\uparrow+O_2\uparrow$$

d. 硝酸铵分解：$2NH_4NO_3 \xlongequal{\triangle} 2N_2\uparrow+4H_2O+O_2\uparrow$

所有硝酸盐在高温分解时都有 $O_2$ 生成，所以，它们和可燃性物质混合会迅速燃烧，据此，硝酸盐可用来制造烟火及黑火药。古老黑火药配方俗称“一硫二硝三木炭”。

$$S+2KNO_3+3C \xlongequal{点燃} N_2\uparrow+3CO_2\uparrow+K_2S$$

可利用硝酸盐和亚硝酸盐氧化还原性的差异而鉴别二者。在试管中加入硝酸盐与硫酸亚铁混合溶液，再沿着试管壁缓慢地倒入浓硫酸，使浓硫酸进入试管的下部，在浓硫酸与水溶液的界面有棕色的 $Fe(NO)_2^+$ 生成，从试管的侧面可以观察到棕色环。用亚硝酸盐代替硝酸盐进行实验，得到棕色溶液而观察不到棕色环。这就是著名的棕色环实验。

## 11.5.4 磷及其化合物

### 11.5.4.1 单质磷

（1）磷的结构与性质

单质磷有白磷、红磷和黑磷三种同素异形体，其物理性质见表 11-13。分子结构如图 11-26 所示。

表 11-13 白磷、红磷和黑磷的物理性质

| 物质 | 熔点/℃ | 沸点/℃ | 燃点/℃ | 密度/$g \cdot cm^{-3}$ | $CS_2$ 中溶解性 |
|---|---|---|---|---|---|
| 白磷 | 44.1 | 280.5 | 34 | 1.82 | 易溶 |
| 红磷 | 509(43.1atm) | 升华 | 260 | 2.20 | 不溶 |
| 黑磷 | 589(43.1atm) | 升华 | 265 | 2.69 | 不溶 |

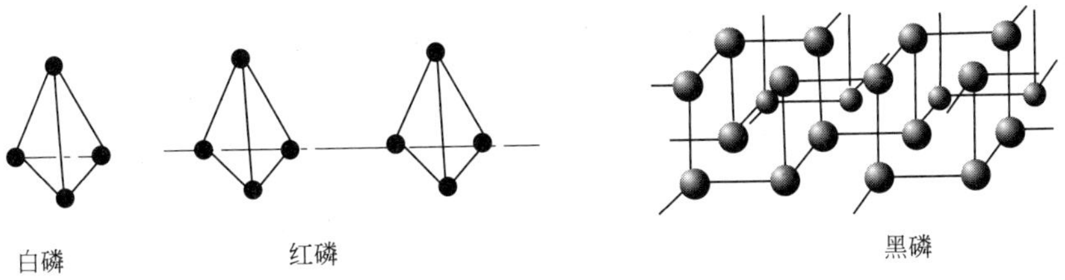


图 11-26 单质磷的分子结构

白磷为分子晶体，分子式为 $P_4$，呈四面体结构。∠PPP 为 60°，比 p 轨道间夹角（90°）小许多，因此 P—P 键张力大，键能小，导致白磷在常温常压下就有很高的化学活性。

白磷在空气中会缓慢氧化变为黄色，当表面聚积的热量达到一定程度时便发生自燃，并产生绿光，即为磷光。所以，通常将白磷保存在水中，以隔绝空气，防止氧化。白磷有剧毒，0.1g 即可致人死亡。皮肤不慎沾上白磷，可用 $0.2mol \cdot L^{-1}$ $CuSO_4$ 溶液解毒。

$$P_4 + 10CuSO_4 + 16H_2O = 10Cu + 4H_3PO_4 + 10H_2SO_4$$

白磷可与活泼非金属反应，也可与热的碱溶液反应。

$$P_4 + 6Cl_2(\text{不足量}) \xlongequal{\triangle} 4PCl_3$$

$$P_4 + 10Cl_2(\text{足量}) \xlongequal{\triangle} 4PCl_5$$

$$P_4 + 3NaOH + 3H_2O = PH_3\uparrow + 3NaH_2PO_2$$

白磷经密闭加热可转化为红磷，若在高压下加热白磷可得到黑磷，三者的热稳定性：黑磷>红磷>白磷。

（2）磷的制备与用途

将 $Ca_3(PO_4)_2$、$SO_2$、C（炭粉）放入电炉中，在 1150～1450℃ 熔融还原制备单质磷，生成的磷蒸气在水中冷却得白磷。

$$2Ca_3(PO_4)_2 + 6SiO_2 + 10C = 6CaSiO_3 + P_4 + 10CO\uparrow$$

单质磷在工业上主要被用来制磷酸，生产有机磷农药等。

### 11.5.4.2 磷的氢化物和卤化物

（1）磷的氢化物

主要有磷化氢（$PH_3$ 又称膦）和联膦（$P_2H_4$）。

$PH_3$ 是一种有类似大蒜臭味的剧毒气体，在水中溶解度比 $NH_3$ 小，碱性比 $NH_3$ 弱，其 $K_b^{\ominus}$ 约为 $10^{-28}$。其分子结构与 $NH_3$ 类似，$PH_3$ 中的 P 原子采取 $sp^3$ 杂化，为三角锥形结构。其性质也类似于 $NH_3$，有配位性和还原性。与过渡金属形成配位化合物时，其配位能力比 $NH_3$ 强，形成的配位化合物稳定性强于 $NH_3$ 配位化合物，这不仅因为 P 原子的给电子对能力比 N 原子强，还在于磷原子空的 d 轨道可以接受过渡金属的电子对，形成反馈键，增强了配位化合物的稳定性。

当 $PH_3$ 与 $H^+$ 形成配合物时，由于 $H^+$ 没有电子可反馈给 P 原子的空 d 轨道形成反馈键，而且 P 原子的半径比 N 原子大，所以，$PH_3$ 与 $H^+$ 结合力较 $NH_3$ 与 $H^+$ 结合力弱。

$PH_3$ 的还原能力比 $NH_3$ 强，甚至可以把某些金属从其盐溶液中还原出来。

$$PH_3 + 2O_2 \xrightarrow{50℃} H_3PO_4$$

$$4CuSO_4 + PH_3 + 4H_2O = H_3PO_4 + 4H_2SO_4 + 4Cu$$

$PH_3$ 可采用金属磷化物水解或单质磷溶于碱反应而制得。

$$Ca_3P_2 + 6H_2O = 3Ca(OH)_2 + 2PH_3 \uparrow$$

$$P_4 + 3NaOH + 3H_2O = PH_3 \uparrow + 3NaH_2PO_2$$

人们可用 AlP、$Zn_3P_2$ 与空气中的水蒸气反应生成的 $PH_3$ 来杀灭粮库里粮食中的害虫和虫卵。残余的 $PH_3$ 可以被活性炭吸附或被 $K_2Cr_2O_7$ 溶液氧化而消除毒性。

$P_2H_4$ 为白色液体，其结构与性质类似于 $N_2H_4$。$P_2H_4$ 的还原性比 $PH_3$ 强，在空气中自燃，产生“鬼火”。

$$2P_2H_4 + 7O_2 = 2P_2O_5 + 4H_2O$$

(2) 磷的卤化物

磷的卤化物主有 $PX_3$ 和 $PX_5$ 两种，除 $PI_3$ 为红色固体外，其余为无色气体或无色易挥发液体。本书只简单介绍 $PCl_3$ 和 $PCl_5$。

$PCl_3$ 为无色液体，$PCl_3$ 分子中的 P 原子采取 $sp^3$ 杂化，分子结构为三角锥形。其易水解，生成亚磷酸和氯化氢。

$$PCl_3 + 3H_2O = H_3PO_3 + 3HCl$$

$PCl_5$ 为白色固体，$PCl_5$ 分子中的 P 原子采取 $sp^3d$ 杂化成键，分子结构为三角双锥形。在 $PCl_5$ 晶体中含有正四面体的 $[PCl_4]^+$ 和正八面体的 $[PCl_6]^-$，它们之间靠离子键结合在一起。$PCl_5$ 极易水解，水量不足时，部分水解，生成三氯氧磷和氯化氢。

$$PCl_5 + H_2O = POCl_3 + 2HCl$$

水量足时，$PCl_3$ 完全水解，生成磷酸和氯化氢。

$$PCl_5 + 4H_2O = H_3PO_4 + 5HCl$$

#### 11.5.4.3 磷的含氧化合物

(1) 磷的氧化物

磷的氧化物主要有两种，即 $P_4O_6$ 和 $P_4O_{10}$。单质磷与少量氧气反应生成 $P_4O_6$，当氧气过量时则生成 $P_4O_{10}$。$P_4O_6$ 相当于 $P_4$ 分子中六个 P—P 键断开，各自嵌进一个氧原子，而 $P_4O_{10}$ 则相当于在 $P_4O_6$ 基础上，每个 P 原子又各自连接了一个氧原子，每个 P 原子共连接四个氧原子形成磷氧四面体。$P_4O_6$ 和 $P_4O_{10}$ 的结构如图 11-27 所示。

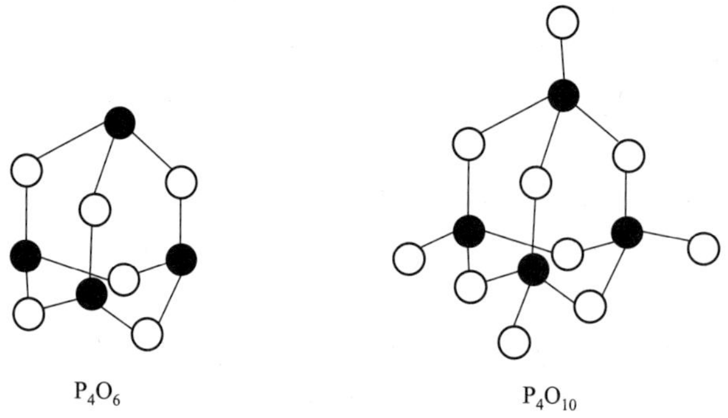


图 11-27　$P_4O_6$ 和 $P_4O_{10}$ 的结构

$P_4O_6$ 为白色吸湿性蜡状固体，有很强的毒性，是亚磷酸的酸酐，溶于冷水生成亚磷酸，溶于热水则发生歧化反应。

$$P_4O_6 + 6H_2O(冷) = 4H_3PO_3$$

$$P_4O_6 + 6H_2O(热) = PH_3 \uparrow + 3H_3PO_4$$

$P_4O_{10}$ 为白色雪花状固体，是磷酸的酸酐，溶于水时往往生成聚偏磷酸 $(HPO_3)_n$，在 $HNO_3$ 存在时煮沸才转变成 $H_3PO_4$。

$$P_4O_6 + 6H_2O \xlongequal{\triangle} 4H_3PO_4$$

$P_4O_{10}$ 有很强的吸湿性，常用作气体、液体的干燥剂，是常用干燥剂中干燥效率最高的，可以使硫酸脱水。

$$P_4O_{10} + 6H_2SO_4 \xlongequal{} 6SO_3 + 4H_3PO_4$$

(2) 磷酸及其盐

磷酸分子式为 $H_3PO_4$，是一种无色晶体，熔点为 42.35℃，沸点为 213℃，易溶于水。市售浓磷酸的质量分数为 82%～83%，密度为 $1.7g \cdot cm^{-3}$，浓度相当于 $15mol \cdot L^{-1}$，是一种黏稠的难挥发溶液。

磷酸为三元中强酸：$K_1^{\ominus}=7.1\times10^{-3}$，$K_2^{\ominus}=6.3\times10^{-8}$，$K_3^{\ominus}=4.8\times10^{-13}$。

磷酸盐按组成可分成三种，一种正盐 $M_3PO_4$，两种酸式盐 $MH_2PO_4$、$M_2HPO_4$。$MH_2PO_4$ 多易溶于水，而 $M_3PO_4$、$M_2HPO_4$ 中除 $K^+$、$Na^+$、$NH_4^+$ 盐外其余多难溶，如 $Ag_3PO_4$、$Li_3PO_4$、$Ca_3(PO_4)_2$、$Ca_3(PO_4)_2$、$CaHPO_4$ 等都难溶于水。向磷酸盐溶液中加入 $Ag^+$ 时只生成 $Ag_3PO_4$ 沉淀。

$$PO_4^{3-} + 3Ag^+ \xlongequal{} Ag_3PO_4\downarrow$$

$$HPO_4^{2-} + 3Ag^+ \xlongequal{} Ag_3PO_4 + H^+$$

$$H_2PO_4^- + 3Ag^+ \xlongequal{} Ag_3PO_4 + 2H^+$$

由于磷酸是三元中强酸，因此，磷酸盐在水中会发生水解。酸式盐除了水解外，同时还发生解离。例如，当浓度都为 $0.10mol \cdot L^{-1}$ 时，三种磷酸盐 $NaH_2PO_4$、$Na_2HPO_4$、$Na_3PO_4$ 的 pH 分别为 4.66、9.77、12。

工业上常用磷酸钙矿与硫酸反应或浓硝酸氧化单质磷来制备磷酸。

$$Ca_3(PO_4)_2 + 3H_2SO_4 \xlongequal{} 3CaSO_4 + 2H_3PO_4$$

$$3P_4 + 20HNO_3(浓) + 8H_2O \xlongequal{} 12H_3PO_4 + 20NO\uparrow$$

$PO_4^{3-}$ 的鉴定方法通常有两种：

① 在 $NH_3$-$NH_4Cl$ 缓冲溶液中，$PO_4^{3-}$ 与 $Mg^{2+}$、$NH_4^+$ 反应生成白色沉淀，反应如下：

$$Mg^{2+} + NH_4^+ + PO_4^{3-} \xlongequal{} MgNH_4PO_4\downarrow(白)$$

② 在适量硝酸存在下，$PO_4^{3-}$ 与过量饱和的 $(NH_4)_2MoO_4$ 溶液作用，生成黄色沉淀。

$$PO_4^{3-} + 3NH_4^+ + 12MoO_4^{2-} + 24H^+ \xlongequal{} (NH_4)_3[P(Mo_{12}O_{40})]\cdot 6H_2O\downarrow(黄) + 6H_2O$$

(3) 焦磷酸及其盐

焦磷酸 $(H_4P_2O_7)$ 为无色玻璃状固体，易溶于水，在酸性液体中会缓慢水解生成磷酸。

$$H_4P_2O_7 + H_2O \xlongequal{} 2H_3PO_4$$

$H_4P_2O_7$ 为四元中强酸：$K_1^{\ominus}=1.2\times10^{-1}$，$K_2^{\ominus}=7.9\times10^{-3}$，$K_3^{\ominus}=2.0\times10^{-7}$，$K_4^{\ominus}=4.5\times10^{-10}$。

焦磷酸盐与磷酸盐相似，多难溶于水，其中 $Ag_4P_2O_7$ 为白色难溶盐，而 $Ag_3PO_4$ 为黄色沉淀，据此可鉴别溶液中的 $PO_4^{3-}$ 与 $P_2O_7^{4-}$。

(4) 偏磷酸及其盐

偏磷酸 $(HPO_3)$ 是磷酸 $H_3PO_4$ 脱去一分子 $H_2O$ 的产物。$P_4O_{10}$ 溶于水时主要生成偏磷酸。偏磷酸银 $Ag_n(PO_3)_n$ 也是难溶于水的白色沉淀，但偏磷酸盐溶液酸化后可使澄清的蛋白溶液变浑浊，以此来鉴别 $PO_4^{3-}$ 与 $P_2O_7^{4-}$。将磷酸二氢钠加热至 697℃，骤冷后，可得

到多聚偏磷酸钠 $Na_n(PO_3)_n$。它没有固定熔点，易溶于水，能与水中钙、镁离子形成配合物，常用作软水剂，是锅炉、管道的去垢剂。

（5）亚磷酸及其盐

亚磷酸（$H_3PO_3$）为白色固体，易溶于水。$H_3PO_3$ 分子中有 1 个 H 原子与 P 原子直接相连，此 H 原子在水中不解离，所以，$H_3PO_3$ 是二元中强酸，$K_1^\ominus=3.7\times10^{-2}$，$K_2^\ominus=2.1\times10^{-7}$。$H_3PO_3$ 受热时发生歧化反应。

$$4H_3PO_3 = 3H_3PO_4 + PH_3\uparrow$$

$H_3PO_3$ 及其盐都是强还原剂，可以还原中等强度的氧化剂。

$$H_3PO_3 + 2Ag^+ + H_2O = H_3PO_4 + 2Ag + 2H^+$$

$$H_3PO_3 + 2HgCl_2 + H_2O = H_3PO_4 + Hg_2Cl_2\downarrow + 2HCl$$

（6）次磷酸及其盐

次磷酸（$H_3PO_2$）是无色晶体，易溶于水。$H_3PO_2$ 分子中有 2 个 H 原子与 P 原子直接相连，只有 1 个羟基，故为一元中强酸，$K_a^\ominus=1.0\times10^{-2}$。$H_3PO_2$ 及其盐也是还原剂，其还原性强于磷酸，可以还原一些具有弱氧化性的金属离子。

$$H_3PO_2 + 4Ag^+ + 2H_2O = H_3PO_4 + 4Ag\downarrow + 4H^+$$

$$H_3PO_2 + Ni^{2+} + H_2O = H_3PO_3 + Ni\downarrow + 2H^+$$

因此，次磷酸及其盐可用作化学镀银或化学镀镍的还原剂。

## 11.5.5 砷、锑、铋及其化合物

砷、锑、铋原子的次外层只有 18 个电子，其阳离子为 18 电子和（18+2）电子构型，具有很强的极化力和变形性。这些元素都是亲硫元素，因而在自然界中常以硫化物形式存在。

砷主要用于杀虫剂和木材防腐，锑主要用于制合金和蓄电池，铋用于制合金和药物。

### 11.5.5.1 砷、锑、铋的单质

常温下，砷、锑、铋均为固体，砷是非金属，锑、铋虽是金属，但与过渡金属相比熔点较低，易挥发。砷、锑、铋与ⅢA 族金属可形成具有特殊性能的半导体材料。通常情况下，砷、锑、铋在水和空气中能稳定存在，不和稀盐酸作用，但能与硝酸、浓硫酸、王水反应，高温下可与许多非金属反应，常见反应的产物列于表 11-14 中。

**表 11-14 砷、锑、铋与硝酸、浓硫酸、王水反应的产物**

| 反应物 | As | Sb | Bi |
|---|---|---|---|
| $Cl_2$ | $AsCl_3$、$AsCl_5$ | $SbCl_3$、$SbCl_5$ | $BiCl_3$ |
| $O_2$ | $As_2O_3$、$As_2O_5$ | $Sb_2O_3$、$Sb_2O_5$ | $Bi_2O_3$ |
| S | $As_2S_3$ | $Sb_2S_3$ | $Bi_2S_3$ |
| Mg | $Mg_2As_2$ | $Mg_3Sb_2$ | $Mg_3Bi_2$ |
| $HNO_3$ | $H_3AsO_4$ | $HSb(OH)_6$ | $Bi(NO_3)_3$ |
| $H_2SO_4$(浓热) | $As(OH)SO_4$ | $Sb(OH)SO_4$ | $Bi(SO_4)_3$ |
| NaOH | $Na_3AsO_3$ | — | — |

### 11.5.5.2 砷、锑、铋的化合物

（1）氢化物

$AsH_3$、$SbH_3$、$BiH_3$ 都是无色剧毒气体，其中 $AsH_3$ 具有大蒜气味。$AsH_3$、$SbH_3$、$BiH_3$ 碱性依次减弱，还原性增强，稳定性减弱。

砷、锑、铋的氢化物可由其金属化合物水解得到，或用活泼金属还原其氧化物得到。

$$Na_3As + 3H_2O \xlongequal{\triangle} AsH_3 \uparrow + 3NaOH$$

$$As_2O_3 + 6Zn + 6H_2SO_4 \xlongequal{\triangle} 2AsH_3 \uparrow + 6ZnSO_4 + 3H_2O$$

(2) 氧化物

在砷、锑、铋的氧化物中，$As_2O_3$ 呈白色，两性偏酸性；$Sb_2O_3$ 呈白色，两性偏碱性；$Bi_2O_3$ 呈黄色，弱碱性；$As_4O_{10}$ 呈弱酸性；$Sb_4O_{10}$ 呈两性偏酸性；$Bi_2O_5$ 是否存在尚无证据。较重要的氧化物是 $As_2O_3$，俗称砒霜。$As_2O_3$ 微溶于水，剧毒，人的致死量为 0.1g。砒霜中毒检验方法有两种。

① 马氏试砷法：在检材中加入锌粉和稀硫酸。

$$As_2O_3 + 6Zn + 6H_2SO_4 = 2AsH_3 \uparrow + 6ZnSO_4 + 3H_2O$$

在缺氧条件下将生成的 $AsH_3$ 气体通入玻璃管中，受热分解生成亮黑色的砷镜。

$$2AsH_3 = 2As + 3H_2$$

② 古氏试砷法（可检出 0.05mg 的 As）：第一个反应与马氏验砷法相同，生成的 $AsH_3$ 气体通入盛有 $AgNO_3$ 溶液的试管中，在试管壁上可生成银白色的银镜。

$$2AsH_3 + 12AgNO_3 + 3H_2O = As_2O_3 + 12HNO_3 + 12Ag \downarrow$$

$H_3AsO_3$ 显两性偏酸性，既溶于酸也溶于碱，$K_a^{\ominus} \approx 6 \times 10^{-10}$，$K_b^{\ominus} \approx 1 \times 10^{-14}$。其在碱中的溶解度较大。

$$H_3AsO_3 + NaOH = NaH_2AsO_3 + H_2O$$

$$As(OH)_3 + 3HCl = AsCl_3 + 3H_2O$$

在碱性溶液中 $H_3AsO_3$ 还原性较强，在酸性溶液中 $H_3AsO_4$ 具有一定的氧化性。

$$NaH_2AsO_3 + 4NaOH + I_2 = Na_3AsO_4 + 2NaI + 3H_2O$$

$$H_3AsO_4 + 2HI = H_3AsO_3 + I_2 + H_2O$$

在酸性溶液中 $HSb(OH)_6$、$BiO_3$ 均为强氧化剂。

$$HSb(OH)_6 + 5HCl = SbCl_3 + 6H_2O + Cl_2 \uparrow$$

$$5NaBiO_3 + 2Mn^{2+} + 14H^+ = 2MnO_4^- + 5Bi^{3+} + 7H_2O + 5Na^+$$

这一反应常用来检验和鉴定溶液中的 $Mn^{2+}$，溶液会变为紫色。

# 11.6 氧族元素

氧族元素位于周期表中ⅥA 族，包括氧（O）、硫（S）、硒（Se）、碲（Te）、钋（Po）、鉝（Lv）等元素。其中 Po 是具有放射性的稀有金属元素，Se、Te 属于稀有分散金属元素，本节着重讨论氧、硫及其化合物的性质。

## 11.6.1 氧族元素的通性

氧族元素原子的价电子构型为 $ns^2np^4$，有 6 个价电子。具有较大的电离能、电负性和电子亲合能，它们都能获得 2 个电子形成氧化数为 −2 的负离子。

除 O 以外，S、Se、Te 在价电子层中都存在空的 d 轨道，当同电负性大的元素进行结合时，它们也参与成键，所以 S、Se、Te 有 +2、+4、+6 的氧化态。氧除了与氟化合时显示正价外，其余氧化数一般表现为 −2，在过氧化物中为 −1。

氧族元素中 O、S 是典型的非金属，Po 是金属，而 Se、Te 兼具金属和非金属的性质。氧族元素的基本物理性质见表 11-15。

表 11-15 氧族元素的基本物理性质

| 性质 | O | S | Se | Te |
| --- | --- | --- | --- | --- |
| 原子量 | 16.0 | 32.06 | 127.6 | 127.6 |
| 价电子构型 | $2s^2 2p^4$ | $3s^2 3p^4$ | $4s^2 4p^4$ | $5s^2 5p^4$ |
| 原子共价半径/pm | 66 | 104 | 117 | 137 |
| 第一电离能/kJ | 1314 | 1000 | 941.4 | 870.3 |
| 第一电子亲和能/$kJ \cdot mol^{-1}$ | −141.0 | −200.4 | −195.0 | −190.1 |
| 第二电子亲和能/$kJ \cdot mol^{-1}$ | 780.7 | 590.4 | 420.5 | — |
| 电负性($\chi$) | 3.44 | 2.58 | 2.55 | 2.1 |
| 单键键能/$kJ \cdot mol^{-1}$ | 142 | 268 | 172 | 126 |
| 单质熔点/℃ | −128.4 | 112.8 | 217 | 452 |
| 单质沸点/℃ | −183.0 | 444.6 | 684.9 | 1390 |

## 11.6.2 氧及其化合物

本节将对氧元素的主要存在形式——氧单质、氧化物进行介绍。在学习相关内容之前，有必要对氧的成键特征进行说明。

### 11.6.2.1 氧的成键特征

氧元素的价电子构型为 $2s^2 2p^4$，它有获得 2 个电子达到稀有气体稳定电子层结构的趋势，即形成 $O^{2-}$ 的离子型化合物，如 $Na_2O$、CaO 等；此外，氧元素也可以提供两个成单电子形成两个共价单键，如 $H_2O$、$OF_2$、$CH_3OH$ 等，或者以过氧根离子的形式存在，如 $Na_2O_2$、$KO_2$、$H_2O_2$ 等；氧元素还可以自身结合形成 $O_2$、$O_3$ 两种单质。

氧原子未参与杂化的 p 轨道电子可与多个原子形成多中心离域 π 键，如 $\Pi_3^4$（$O_3$、$SO_2$、$NO_2$）和 $\Pi_4^6$（$SO_3$、$CO_3^{2-}$、$NO_3^-$）等；而氧原子 p 轨道电子对向其他有空轨道的原子配位，则可以形成 σ 配位键（$H_3O^+$ 等）或 π 配位键（CO 等）。

### 11.6.2.2 氧单质

单质氧有两种同素异形体，即氧气（$O_2$）和臭氧（$O_3$），接下来对氧气（$O_2$）和臭氧（$O_3$）的性质分别进行介绍。

（1）$O_2$

常温下，$O_2$ 为无色、无味的气体，为非极性分子，不易溶于极性溶剂。在 20℃时 1L 水只能溶解 30mL $O_2$，常以 $O_2 . H_2O$ 和 $O_2 . 2H_2O$ 的形式存在于水中，其中 $O_2 \cdot 2H_2O$ 不稳定。$O_2$ 在水中溶解度虽小，但它却是水生动植物赖以生存的基础。自然界中氧有 $^{16}O$、$^{17}O$、$^{18}O$ 三种同位素，通过分馏水能够以重氧水（$H_2{}^{18}O$）的形式富集 $^{18}O$，$^{18}O$ 常作为示踪原子用于化学反应机理的研究。

实验室常以 $MnO_2$ 为催化剂加热分解 $KClO_3$ 或加热分解 $KMnO_4$ 制取 $O_2$。

工业上主要是通过物理方法液化空气，然后分馏制取氧，再把所得到的氧气压入高压钢瓶中。此法可以得到纯度高达 99.5%的液态氧。

$O_2$ 的化学性质主要是氧化性。常温下，氧的化学性质不活泼，仅能将一些还原性强的物质如 KI、$SnCl_2$、NO 等氧化。高温下，除卤素、Au、Pt 以及稀有气体外，氧几乎能与所有元素直接化合生成相应的氧化物。

$$2Mg + O_2 \xlongequal{\text{点燃}} 2MgO$$

$$4NH_3+3O_2 \xlongequal{} 2N_2+6H_2O$$

室温下，$O_2$ 在酸性或碱性介质中显示出一定氧化性。

$$O_2+4H^++4e^- \xlongequal{} 2H_2O \qquad \varphi^{\ominus}=1.229V$$

$$O_2+2H_2O+4e^- \xlongequal{} 4OH^- \qquad \varphi^{\ominus}=0.401V$$

由此可见，氧在酸性溶液中的氧化性比在碱性溶液中强。

$O_2$ 的另一性质是配位性。$O_2$ 与人体内血红蛋白中的血红素（Hb）形成配合物，之后随着血液的流动，血红蛋白把 $O_2$ 输送到各个器官。

$$HbFe(\text{II})+O_2 \xlongequal{} HbFe(\text{II})\leftarrow O_2$$

$O_2$ 作为氧化剂有着广泛的应用，如富氧空气或纯氧用于医疗中的急救、高空飞行或海底潜水；大量的纯氧用于炼钢工业中的吹氧，切割焊接中的吹氧焰、氧炔焰，以及航天器中高能燃料的氧化剂等。

（2）$O_3$

$O_3$ 是一种淡蓝色有鱼腥味的气体。在－112℃时冷凝成深蓝色的液体，在－193℃时凝结成暗紫色固体。臭氧是反磁性物质，在水中的溶解度是 $O_2$ 的 10 倍。$O_3$ 主要集中在离地面 20～40km 的同温平流层中，可以吸收太阳光中 5％的短波紫外线，起到保护地面上动植物的作用。因此，保护臭氧层、保护人类的生态环境是全人类的共同任务。

太阳的紫外线辐射导致 $O_2$ 分子解离为氧原子，这些氧原子与其余的 $O_2$ 结合生成 $O_3$。

$$O_2 \xlongequal{\text{紫外线}} 2O$$

$$O+O_2 \xlongequal{} O_3$$

生成的 $O_3$ 吸收波长稍长的紫外线，发生分解反应，从而完成 $O_3$ 循环。

$$O_3 \xlongequal{\text{紫外线}} O_2+O$$

打雷闪电时，$O_2$ 受电火花的作用会产生少量 $O_3$。由于静电作用，站在复印机旁经常可以闻到 $O_3$ 的鱼腥味；当你走进刚用紫外线消毒后的房间时，也会闻到 $O_3$ 的味道。

$O_3$ 分子中的顶角 O 原子以 $sp^2$ 杂化轨道与两旁的 O 原子配体形成 2 个 σ 键，使 $O_3$ 分子呈 V 字形。中心 O 原子未参与杂化的 p 轨道提供的 2 个 p 电子与另外 2 个配位 O 原子各提供的 1 个 p 电子形成垂直于分子平面的三中心四电子大 π 键 $\Pi_3^4$，$O_3$ 分子结构如图 11-28 所示。

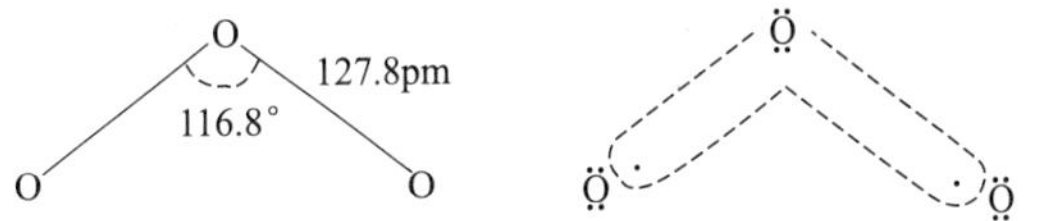


图 11-28　臭氧分子结构

臭氧的主要特征是不稳定性和氧化性。臭氧在常温下就可分解。

$$2O_3 \xlongequal{} 3O_2 \qquad \Delta H^{\ominus}=-285.4kJ\cdot mol^{-1}$$

臭氧分解是一个放热过程，说明 $O_3$ 比 $O_2$ 有更大的化学活性。若没有催化剂或者紫外线照射时，它分解得很慢。

从电极电势看，无论是酸性还是碱性介质，$O_3$ 的氧化性都强于 $O_2$。

$$O_3+2H^++2e^- \xlongequal{} O_2+H_2O \qquad \varphi^{\ominus}=2.08V$$

$$O_3+H_2O+2e^- \xlongequal{} O_2+2OH^- \qquad \varphi^{\ominus}=1.246V$$

它能氧化除金和铂外所有金属和非金属，并且有时可以把某些元素氧化到最高价态，如

$$PbS+4O_3 \xlongequal{} PbSO_4+4O_2$$ 可用来恢复古旧油画颜色

$$2Ag+2O_3 \xlongequal{} Ag_2O_2+2O_2$$ 可用来制备过渡金属的过氧化物

$2KI + O_3 + H_2SO_4 \longrightarrow I_2 + K_2SO_4 + H_2O + O_2$ 定量测定 $O_3$

$6CN^- + 5O_3 + 3H_2O \longrightarrow 6CO_2 + 3N_2 + 6OH^-$ 可用来处理工业含氰废水

#### 11.6.2.3 过氧化氢

过氧化氢（$H_2O_2$）俗称双氧水，在自然界中很少见到，仅在雨雪和某些植物的汁液中微量存在。

（1）过氧化氢的分子结构

过氧化氢分子中含有一个过氧链（—O—O—）。两个 O 原子凭借 $sp^3$ 杂化轨道重叠形成 σ 键，每个 O 原子各用另一个 $sp^3$ 杂化轨道同 H 原子的 1s 轨道重叠形成 H—O σ 键。过氧化氢分子整体呈折线形，过氧链就像是在一本展开的书本的夹缝上，两个氢原子在打开的两页纸面上，纸面夹角为 93°51′。由于孤电子对的排斥作用，两个键角为 96°52′，而不是 109°28′。分子结构如图 11-29 所示。

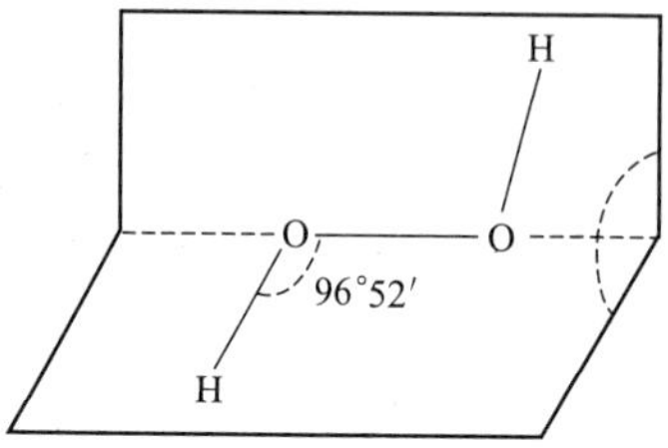


图 11-29 过氧化氢的分子结构

（2）过氧化氢的制备

在实验室可以用金属过氧化物与冷稀硫酸作用制备 $H_2O_2$。

$$Na_2O_2 + H_2SO_4(稀) + 10H_2O \longrightarrow Na_2SO_4 \cdot 10H_2O + H_2O_2$$

$$BaO_2 + H_2SO_4(稀) \longrightarrow BaSO_4 \downarrow + H_2O_2$$

在工业上主要采用电解法来生产过氧化氢。

以 Pt 作电极，电解饱和硫酸氢铵溶液制得过二硫酸铵，然后加入适量硫酸使过二硫酸铵［$(NH_4)_2S_2O_8$］水解，即可得到 $H_2O_2$。

$$2NH_4HSO_4 \xrightarrow{电解} \underset{阳极}{(NH_4)_2S_2O_8} + \underset{阴极}{H_2 \uparrow}$$

$$(NH_4)_2S_2O_8 + 2H_2O \longrightarrow 2NH_4HSO_4 + H_2O_2$$

生成的硫酸氢铵（$NH_4HSO_4$）可以循环使用。

上述方法所得的过氧化氢仅为其稀溶液。若减压蒸馏，可得到质量分数为 20%～30% 的过氧化氢溶液；在减压下进一步分级蒸馏，$H_2O_2$ 质量分数可达 98%；再冷冻进行分级结晶，可以得到纯过氧化氢晶体。

（3）过氧化氢的性质

纯的 $H_2O_2$ 是一种淡蓝色的黏稠液体，熔点为 −0.41℃。由于 $H_2O_2$ 分子之间存在强烈的缔合作用，所以它的沸点为 150.2℃，远比水高。$H_2O_2$ 分子极性比水大，且由于 $H_2O_2$ 和 $H_2O$ 均为强极性物质，故 $H_2O_2$ 与 $H_2O$ 可以任意比例混溶。

$H_2O_2$ 是一种比 $H_2O$ 稍强的弱酸，其特征化学性质是不稳定性和氧化还原性。

① 弱酸性。$H_2O_2$ 具有弱酸性。

$$H_2O_2 \rightleftharpoons H^+ + HO_2^- \qquad K_1 = 3.2 \times 10^{-12}$$

其酸性比 HCN 还弱，不能使蓝色石蕊溶液变红。但 $H_2O_2$ 溶液可以和碱作用生成盐。

$$H_2O_2 + Ba(OH)_2 \longrightarrow BaO_2 + 2H_2O$$

② 不稳定性。$H_2O_2(l)$ 在常温下分解速率不快，但有重金属离子（$Fe^{2+}$、$Mn^{2+}$、

$Cu^{2+}$、$Cr^{3+}$）存在或见光、受热时就会加速分解。

$$2H_2O_2 = 2H_2O + O_2\uparrow$$

为了防止 $H_2O_2$ 分解，必须针对热、光、介质、重金属离子四大因素采取措施。一般在实验室里加入配体（如 $Na_2P_2O_7$、8-羟基喹啉等）使相关杂质离子发生配位作用而保护 $H_2O_2$。$H_2O_2$ 通常用棕色瓶或黑色纸包裹的塑料瓶盛装。

③ 氧化还原性。$H_2O_2$ 中 O 的氧化数为 −1，所以 $H_2O_2$ 既是一种氧化剂又是一种还原剂。在酸性溶液中 $H_2O_2$ 是一种强氧化剂，但遇到更强的氧化剂时也会被氧化，是一种中等强度的还原剂，下述反应是用于定性或定量检测 $H_2O_2$ 的常用反应。

$$H_2O_2 + 2I^- + 2H^+ = I_2 + 2H_2O$$

$$5H_2O_2 + 2MnO_4^- + 6H^+ = 2Mn^{2+} + 5O_2\uparrow + 8H_2O$$

表现 $H_2O_2$ 氧化性的反应还有：

$$4H_2O_2 + PbS(黑色) = PbSO_4(白色) + 4H_2O \quad （用于油画翻新）$$

$$H_2O_2 + Cl_2 = 2H^+ + 2Cl^- + O_2 \quad （用于工业除余氯）$$

$$MnO_2 + H_2O_2 + 2H^+ = Mn^{2+} + O_2\uparrow + 2H_2O \quad （用于实验室制 O_2）$$

在酸性介质中 $H_2O_2$ 能使重铬酸盐（$Cr_2O_7^{2-}$）生成蓝色的五氧化铬（$CrO_5$）。

$$4H_2O_2 + Cr_2O_7^{2-} + 2H^+ = 2CrO_5(蓝色) + 5H_2O$$

在水溶液中 $CrO_5$ 不稳定，分解后溶液颜色由蓝色变为绿色。

$$4CrO_5 + 12H^+ = 4Cr^{3+}(绿色) + 7O_2\uparrow + 6H_2O$$

$CrO_5$ 在乙醚或戊醇等有机溶剂中比较稳定，所以，一般在 $H_2O_2$ 与 $Cr_2O_7^{2-}$ 反应前，在试管中先加入乙醚或戊醇。这个反应可以用来鉴定 $H_2O_2$，也可用 $H_2O_2$ 来鉴定 $Cr_2O_7^{2-}$ 或 $CrO_4^{2-}$。

$H_2O_2$ 的主要用途以它的强氧化性为基础。使用 $H_2O_2$ 作氧化剂的优点是其还原产物为 $H_2O$，不会给反应系统引入新杂质，而且过量部分很容易在加热条件下分解为 $H_2O$ 和 $O_2$ 而 $O_2$ 从系统中逸出。不同浓度的 $H_2O_2$ 具有不同的用途。试剂级 $H_2O_2$ 溶液的浓度为 30%；医药上用 3%的 $H_2O_2$ 水溶液作杀菌消毒剂，称为双氧水；美容用品中 $H_2O_2$ 溶液的浓度为 6%；食用级 $H_2O_2$ 溶液的浓度为 35%，在食品工业中，主要用于软包装纸的消毒、奶和奶制品杀菌、面包发酵、食品纤维的脱色、饮用水的处理等；浓度在 90%以上的 $H_2O_2$ 溶液可用作火箭燃料的氧化剂。

## 11.6.3　硫及其化合物

### 11.6.3.1　硫单质

（1）硫的同素异形体

硫有多种同素异形体，最为常见的硫单质为斜方硫（菱形硫或 α-硫）和单斜硫（β-硫）。其中斜方硫是室温下唯一稳定存在的硫单质（$\Delta_f H_m^{\ominus} = 0$，$\Delta_f G_m^{\ominus} = 0$）。两种单质硫都是由 $S_8$ 分子组成的。两种硫单质可以相互转换。

$$S(斜方) \underset{<95.6℃}{\overset{>95.6℃}{\rightleftharpoons}} S(单斜)$$

斜方硫的熔点是 112.8℃，黄色晶体，密度为 $2.06g \cdot cm^{-3}$；单斜硫呈浅黄色，熔点为 119℃，密度为 $1.96g \cdot cm^{-3}$。两种硫单质可溶于非极性溶剂如 $CS_2$、$CCl_4$ 等中，其中单斜硫的溶解度大于斜方硫。

单质硫的 $S_8$ 环状结构中，每个硫原子采取 $sp^3$ 不等性杂化，与相邻的 2 个 S 原子形成 2 个共价单键。在此构型中，键长是 206pm，内键角为 108°，两个面之间的夹角为 98°。$S_8$ 分子环状结构如图 11-30 所示。

将硫加热到 160℃时，$S_8$ 环开始断裂并形成长链，此时颜色变深，黏度增大，约 200℃

时黏度最大，此时将熔硫迅速倒入冷水中即得到弹性硫。若继续加热到300℃以上，长硫链断裂成小分子硫（如 $S_8$、$S_6$、$S_4$ 等），黏度下降。

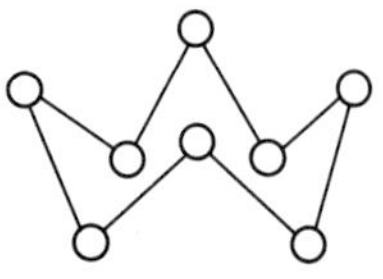

图 11-30 $S_8$ 分子环状结构

（2）单质硫的制备、性质和用途

单质硫主要从天然气和石油及其化工产品中提取，此外还可以从黄铁矿以及非铁硫化物矿中提取。

以黄铁矿为原料提取硫磺时，是将矿石和焦炭的混合物放入炼硫炉中，在有限的空气中燃烧，分离出单质硫。

$$3FeS_2 + 12C + 8O_2 \xlongequal{点燃} Fe_3O_4 + 12CO + 6S$$

硫是一种活泼的非金属元素，可以和除金、铂外的所有金属直接加热反应，也可以和除稀有气体、碘、氮单质以外的所有非金属化合。例如，

$$2Al + 3S \xlongequal{\triangle} Al_2S_3$$

$$Hg + S \xlongequal{\triangle} HgS$$

$$S + Cl_2 \xlongequal{\triangle} SCl_2$$

氧化性的酸可以将硫氧化成硫酸或二氧化硫。

$$S + 2HNO_3(浓) \xlongequal{} H_2SO_4 + 2NO\uparrow$$

$$S + 2H_2SO_4(浓) \xlongequal{} 3SO_2\uparrow + 2H_2O$$

硫在浓 NaOH 溶液中加热时，发生歧化反应。

$$3S + 6NaOH \xlongequal{\triangle} 2Na_2S + Na_2SO_3 + 3H_2O$$

世界上每年消耗大量的单质硫，大部分用于生产硫酸。单质硫也用于制造硫酸盐、亚硫酸盐、硫化物以及用于橡胶工业、造纸工业、火柴、焰火、炸药等产品。

**11.6.3.2 硫化氢、硫化物和多硫化物**

（1）硫化氢

硫化氢（$H_2S$）是一种无色具有臭鸡蛋气味的有毒气体。若空气中含量达 $10mg \cdot L^{-1}$ 时，会迅速引起头痛、恶心；达到 $100mg \cdot L^{-1}$ 时，会使人休克甚至死亡。空气中硫化氢允许浓度不得超过 $0.01mg \cdot L^{-1}$。

实验室常用金属硫化物与酸作用制备 $H_2S$，如

$$FeS + H_2SO_4 \xlongequal{} FeSO_4 + H_2S\uparrow$$

由于 $H_2S$ 有毒，存放和使用不方便，实验中常用硫代乙酰胺（$CH_3CSNH_2$）作为替代品，这是由于硫代乙酰胺会缓慢水解产生 $H_2S$。

$$CH_3CSNH_2 + 2H_2O \xlongequal{} CH_3COO^- + NH_4^+ + H_2S\uparrow$$

$H_2S$ 在水中溶解度较小，常温下，1L 水中可以溶解 2.6L $H_2S$ 气体，饱和 $H_2S$ 水溶液的浓度为 $0.10mol \cdot L^{-1}$。

在 $H_2S$ 中，硫元素处于最低氧化态－2，因此硫化氢的重要化学性质表现为还原性，它能与多种氧化剂发生化学反应，如

$$H_2S + I_2 \xlongequal{} 2HI + S\downarrow$$

$$H_2S + 4Br_2 + 4H_2O \xlongequal{} H_2SO_4 + 8HBr$$

$$H_2S + H_2SO_4(浓) \xlongequal{} SO_2 + S\downarrow + 2H_2O$$

（2）金属硫化物

氢硫酸是二元酸，可形成酸式盐和正盐。酸式盐皆易溶于水，正盐大多难溶于水，并具有特征颜色。

除 $Na_2S$、$K_2S$、$(NH_4)_2S$、BaS 等少数硫化物易溶于水外，多数硫化物难溶于水。

由于氢硫酸是弱酸，因此，金属硫化物在水中都发生不同程度的水解，使溶液显不同程度的碱性。如 $Na_2S$ 水解生成 NaOH，显强碱性，因此，$Na_2S$ 也称为硫化碱。

水溶性硫化物晶体都是无色的，如 $Na_2S$、$K_2S$、$(NH_4)_2S$ 等。难溶的硫化物都具有颜色，其中白色的有 ZnS，黄色的有 CdS、$SnS_2$、$As_2S_3$，肉红色的是 MnS，自然界中的朱砂 HgS 为红色，暗棕色的有 SnS，金黄色的有 $SnS_2$（俗称金粉），橙黄色的有 $Sb_2S_5$，淡黄色的有 $As_2S_5$，其余均为黑色。

(3) 多硫化物

在可溶硫化物的浓溶液中，加入硫粉，可形成多硫化物。

$$(x-1)S+S^{2-} = S_x^{2-} \quad \text{(多硫离子}, x=2\sim6\text{)}$$

随 $x$ 的值增大，颜色加深，由黄色变橙色，最后变为红色。这一过程类似于单质碘溶于碘化钾溶液。

多硫化物中存在过硫链（—S—S—）。与过氧化物类似，多硫化物具有氧化性和还原性。

$$\text{氧化性：} \quad SnS+(NH_4)_2S_2 = (NH_4)_2SnS_3$$

$$\text{还原性：} \quad 4FeS_2+11O_2 = 2Fe_2O_3+8SO_2$$

多硫化物在酸性介质中不稳定，易分解生成 $H_2S$ 和 S 单质。

$$S_x^{2-}+2H^+ = H_2S\uparrow+(x-1)S\downarrow$$

多硫化物是分析化学中的常用试剂，在农业上可用作杀虫剂，如 $CaS_4$、$(NH_4)_2S_x$；皮革工业上可用于脱毛剂。

### 11.6.3.3　硫的氧化物

硫可以形成一系列的氧化物，其中最为常见的氧化物为 $SO_2$ 和 $SO_3$。

(1) 二氧化硫

$SO_2$ 为亚硫酸酐，是一种无色有刺激性气味的气体，熔点为－72.7℃，沸点为－10℃，较易液化。$SO_2$ 易溶于水，常温常压下 1L 水中能溶解 40L $SO_2$。$SO_2$ 中心原子采取 $sp^2$ 杂化，分子结构呈 V 形。S 原子与 2 个 O 原子除了各形成 1 个 σ 键外，还形成 1 个三中心四电子的离域 $\Pi_3^4$ 键，如图 11-31 所示。

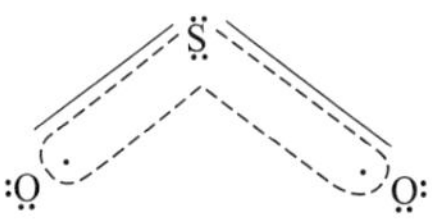

图 11-31　$SO_2$ 分子结构

在 $SO_2$ 分子中，硫的氧化数为＋4，处于－2 与＋6 之间，所以 $SO_2$ 既有氧化性又有还原性。但 $SO_2$ 以还原性为主，只有遇到强还原剂时，才表现出氧化性。

$$SO_2+Cl_2 = SO_2Cl_2$$

$$2SO_2+O_2 \xrightarrow[\triangle]{V_2O_5} 2SO_3$$

$$SO_2+2H_2S = 3S+2H_2O$$

工业上主要通过燃烧黄铁矿或单质硫来制备 $SO_2$。

$$4FeS_2+11O_2 \xlongequal{\text{燃烧}} 2Fe_2O_3+8SO_2$$

$$S+O_2 \xlongequal{\text{燃烧}} SO_2$$

实验室中主要用亚硫酸盐与酸反应来制取 $SO_2$。

$$Na_2SO_3 + H_2SO_4 = Na_2SO_4 + SO_2\uparrow + H_2O$$

$SO_2$ 具有灭菌和漂白作用。漂白作用是因为 $SO_2$ 能与有色的有机物加合成为无色的加合物，但 $SO_2$ 与有机色素结合不稳定，久置或受热加合物会分解。

$SO_2$ 是一种大气污染物，是形成酸雨的主要元凶。酸雨加速了桥梁建筑等的腐蚀速率。酸雨还能逐步降低水和土壤的pH，导致生态系统改变。

（2）三氧化硫

$SO_3$ 是一种无色固体，熔点为 16.8℃，沸点为 44.8℃。液态 $SO_3$ 以聚合态存在，气态时才存在单个的 $SO_3$ 分子。$SO_3$ 可与 $H_2O$ 以任意比例混合并放出大量热。气态 $SO_3$ 分子中的 S 原子采取 $sp^2$ 杂化，$sp^2$ 杂化轨道与 3 个 O 原子 p 轨道各自形成 1 个 σ 键，分子结构为正三角形。$SO_3$ 分子中除了有 3 个 σ 键外，还存在 1 个四中心六电子的离域 $\Pi_4^6$ 键，垂直于 $SO_3$ 的分子平面。分子结构如图 11-32 所示。



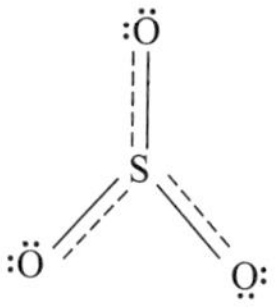

图 11-32　$SO_3$ 分子结构

工业上通过催化氧化 $SO_2$ 来制备 $SO_3$。

$$2SO_2 + O_2 \xrightarrow[\triangle]{V_2O_5} 2SO_3$$

## 11.6.4　含氧酸及其盐

根据硫的含氧酸（盐）结构，可将其分为亚硫酸（盐）、硫酸（盐）、焦硫酸（盐）、过硫酸（盐）、硫代硫酸（盐）、连二亚硫酸（盐）等，下面将一一介绍。

### 11.6.4.1　亚硫酸及其盐性质

将 $SO_2$ 溶于水即得亚硫酸（$H_2SO_3$），$H_2SO_3$ 只存在于水溶液中，目前尚未得到游离的纯 $H_2SO_3$。$H_2SO_3$ 是二元中强酸，$K_{a1}^{\ominus} = 1.3 \times 10^{-2}$，$K_{a2}^{\ominus} = 6.2 \times 10^{-8}$。所有酸式盐、碱金属的正盐、铵盐均易溶于水，其他的正盐微溶或难溶于水，但溶于强酸。另外，亚硫酸氢盐的溶解度大于相应正盐。

（1）氧化还原性

由于亚硫酸及其盐中硫元素的氧化数为 +4，处于中间价态，所以亚硫酸及其盐既有氧化性又有还原性。

$$H_2SO_3 + 2H_2S = 3S\downarrow + 3H_2O$$
$$SO_3^{2-} + S = S_2O_3^{2-}$$
$$H_2SO_3 + I_2 + H_2O = H_2SO_4 + 2HI$$
$$5SO_3^{2-} + 2MnO_4^- + 6H^+ = 2Mn^{2+} + 5SO_4^{2-} + 3H_2O$$

（2）不稳定性

亚硫酸不稳定，只存在于水溶液中，且亚硫酸在水溶液中也不稳定，很容易分解。亚硫酸分解生成二氧化硫，其盐受热易发生歧化反应而分解。

$$H_2SO_3 = SO_2\uparrow + H_2O$$
$$4Na_2SO_3 \xrightarrow{\triangle} 3Na_2SO_4 + Na_2S$$

亚硫酸盐有很多用途，如造纸工业上用 $Ca(HSO_3)_2$ 溶解木质素以制造纸浆；$Na_2SO_3$ 和 $NaHSO_3$ 用于染料工业；漂白织物时用作去氯剂；此外，其还广泛用于香料、皮革、食品加工、医药等工业中。

#### 11.6.4.2 硫酸及其盐

（1）硫酸

硫酸是主要的化工原料之一，常用硫酸的年产量来衡量一个国家的化工生产能力。$H_2SO_4$ 呈四面体构型，中心 S 原子采用 $sp^3$ 不等性杂化，与 4 个 O 原子形成 4 个 σ 键，其中未与 H 原子相连的 2 个 O 原子还可与 S 原子的 3d 轨道形成（p-d）π 键，构成 S═O 键。其结构式如图 11-33 所示。

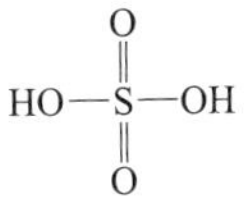

图 11-33 $H_2SO_4$ 分子结构

纯硫酸和 98％的浓硫酸均为无色油状、难挥发液体，沸点分别为 279.6℃和 338℃，密度分别为 $1.8269g \cdot cm^{-3}$ 和 $1.84g \cdot cm^{-3}$。浓硫酸的化学性质主要表现为以下几个方面：

① 强酸性。$H_2SO_4$ 第一步完全解离，第二步解离常数为 $1.0 \times 10^{-2}$。

② 强氧化性。许多金属和非金属均可被浓硫酸氧化。

$$Cu + 2H_2SO_4 \xlongequal{\triangle} CuSO_4 + SO_2\uparrow + 2H_2O$$

$$S + 2H_2SO_4 \xlongequal{\triangle} 3SO_2\uparrow + 2H_2O$$

冷的浓硫酸可使 Al、Fe、Cr 等金属钝化。

③ 吸水性和脱水性。浓硫酸具有强的吸水性，常用作干燥剂；浓硫酸还会使碳水化合物脱水而损坏。例如，蔗糖被浓硫酸碳化：

$$C_{12}H_{22}O_{11} \xlongequal{\text{浓硫酸}} 12C + 11H_2O$$

浓硫酸稀释时 $H_2SO_4$ 分子会与 $H_2O$ 分子形成一系列的水合物（如 $H_2SO_4 \cdot H_2O$、$H_2SO_4 \cdot 2H_2O$、$H_2SO_4 \cdot 4H_2O$ 等），水合物的形成过程是一个放热过程，即浓硫酸稀释时会放出大量热。为了防止稀释时酸液外溅，一定要在不断搅拌下将浓硫酸缓慢加入水中。

④ 催化性。在很多有机反应中，常用浓硫酸作催化剂。

$$CH_3CH_2OH \xrightarrow[170℃]{\text{浓 } H_2SO_4} CH_2{=}CH_2\uparrow + H_2O$$

$$2CH_3CH_2OH \xrightarrow[140℃]{\text{浓 } H_2SO_4} CH_3CH_2OCH_2CH_3 + H_2O$$

（2）硫酸盐

由于硫酸为二元酸，所以，硫酸盐有正盐和酸式盐。所有的酸式盐都易溶于水，由于 $HSO_4^-$ 解离而显酸性，其中只有 $NaHSO_4$ 和 $KHSO_4$ 可形成稳定的固态盐。

硫酸正盐的性质可以归纳为如下几点：

① 溶解性。在正盐中，除ⅡA 的硫酸盐如 $Ca^{2+}$、$Sr^{2+}$、$Ba^{2+}$ 及 18、(18+2) 电子构型的阳离子的硫酸盐如 $Ag^+$、$Hg^{2+}$、$Tl^+$、$Pb^{2+}$、$Sb^{3+}$ 为微溶或难溶外，其余的硫酸盐都易溶于水。

② 常形成水合物。从水溶液中析出的硫酸盐结晶常带有结晶水，如表 11-5。

| 俗称 | 皓矾 | 芒硝 | 胆矾 | 明矾 | 绿矾 |
|---|---|---|---|---|---|
| 化学式 | $ZnSO_4 \cdot 7H_2O$ | $Na_2SO_4 \cdot 10H_2O$ | $CuSO_4 \cdot 5H_2O$ | $KAl(SO_4)_2 \cdot 12H_2O$ | $FeSO_4 \cdot 7H_2O$ |

这些硫酸盐都有重要的用途，如 $Al_2(SO_4)_3$ 可用作净水剂、造纸填充剂；$CuSO_4 \cdot 5H_2O$ 为消毒剂；$FeSO_4 \cdot 7H_2O$ 是农药和蓝、黑墨水的原料等。

③ 易形成矾（复盐）。常见的复盐有两类，可用通式表示如下。

a. $M_2^{I}SO_4 \cdot M^{II}SO_4 \cdot 6H_2O$，如 $K_2SO_4 \cdot MgSO_4 \cdot 6H_2O$(镁钾矾)、$(NH_4)_2SO_4 \cdot FeSO_4 \cdot 6H_2O$(摩尔盐）等；

b. $M^{I}M^{III}(SO_4)_2 \cdot 12H_2O$，如 $KAl(SO_4)_2 \cdot 12H_2O$(明矾)、$(NH_4)Fe(SO_4)_2 \cdot 12H_2O$(硫酸高铁铵)、$KCr(SO_4)_2 \cdot 12H_2O$(铬矾）等。

（$M^{I} = Na^+$、$K^+$、$NH_4^+$、$Rb^+$ 等，$M^{II} = Mg^{2+}$、$Fe^{2+}$、$Ni^{2+}$、$Co^{2+}$ 等，$M^{III} = Al^{3+}$、$Cr^{3+}$、$Fe^{3+}$、$V^{3+}$ 等）。

④ 热稳定性。由于硫酸根难以被极化而变形，硫酸盐热稳定性高。硫酸盐的热稳定性及分解方式与金属阳离子的极化作用有关。

8 电子结构　低电荷的阳离子硫酸盐，如ⅠA、ⅡA 盐受热（1000℃）不分解；

18 电子或不规则电子结构　高电荷的阳离子硫酸盐，如 $Cu^{2+}$、$Ag^+$、$Al^{3+}$、$Fe^{3+}$、$Pb^{2+}$ 盐受热分解规律如下：

a. 当金属氧化物稳定性好时，分解的产物为金属氧化物和 $SO_3$。

$$CuSO_4 \xlongequal{\triangle} CuO + SO_3\uparrow$$

$$Al_2(SO_4)_3 \xlongequal{\triangle} Al_2O_3 + 3SO_3\uparrow$$

b. 当金属氧化物稳定性差时，分解产物为金属单质、氧气和 $SO_3$。

$$2Ag_2SO_4 \xlongequal{\triangle} 4Ag + O_2\uparrow + 2SO_3\uparrow$$

c. 固体硫酸氢盐受热时，脱水生成焦硫酸盐。

$$2NaHSO_4 \xlongequal{\triangle} Na_2S_2O_7 + H_2O$$

### 11.6.4.3　焦硫酸及其盐

用纯硫酸吸收 $SO_3$，可得组成为 $H_2SO_4 \cdot xSO_3$ 的发烟硫酸。当 $x=1$ 时，即为焦硫酸（$H_2S_2O_7$）。焦硫酸可看成 2 分子硫酸脱去 1 分子水后所得的产物。

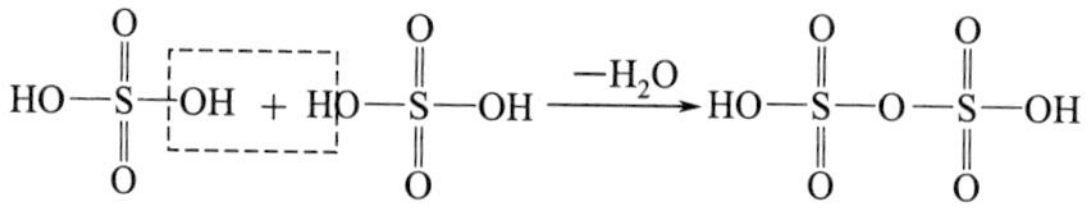

焦硫酸与水反应又生成硫酸。

$$H_2S_2O_7 + H_2O \xlongequal{} 2H_2SO_4$$

与浓硫酸相比，焦硫酸具有更强的氧化性、吸水性和腐蚀性。将固态的酸式硫酸盐加热到熔点以上温度，就可得到焦硫酸盐。

$$2KHSO_4 \xlongequal{\triangle} K_2S_2O_7 + H_2O$$

焦硫酸盐溶于水生成 $HSO_4^-$，所以，不存在焦硫酸盐水溶液。

$$S_2O_7^{2-} + H_2O \xlongequal{} 2HSO_4^-$$

焦硫酸盐主要用途是作熔矿剂，它与一些难溶的碱性金属氧化物如 $Fe_2O_3$、$Al_2O_3$、$TiO_2$、$Cr_2O_3$ 等共熔得到可溶性的硫酸盐。

$$3K_2S_2O_7 + Fe_2O_3 \xlongequal{\triangle} Fe_2(SO_4)_3 + 3K_2SO_4$$

$$3K_2S_2O_7 + Al_2O_3 \xlongequal{\triangle} Al_2(SO_4)_3 + 3K_2SO_4$$

工业上，焦硫酸可用于制造某些燃料、炸药和其他有机磺酸化合物。在分析化学中经常用焦硫酸盐来处理难溶的矿物样品。

**11.6.4.4 过硫酸及其盐**

过硫酸可以看成 $H_2O_2$ 的衍生物。$H_2O_2$ 分子中一个 H 被磺基（$—SO_3H$）取代的产物称为过一硫酸（$H_2SO_5$），若两个 H 都被$—SO_3H$ 取代则称为过二硫酸（$H_2S_2O_8$）。过一硫酸和过二硫酸均为无色晶体。实验中经常使用它们的盐［如 $K_2S_2O_8$、$(NH_4)_2S_2O_8$］。二者都有很强的氧化性，如在 $Ag^+$ 催化剂作用下，过二硫酸盐可将 $Mn^{2+}$ 氧化为 $MnO_4^-$，此反应在钢铁分析中用于锰含量的测定。另外，由于过二硫酸铵与 KI 反应不太剧烈，可利用该反应设计实验测定化学反应速率和活化能。

$$5S_2O_8^{2-}+2Mn^{2+}+8H_2O \xlongequal{Ag^+} 10SO_4^{2-}+2MnO_4^-+16H^+$$

$$3(NH_4)_2S_2O_8+KI+3H_2O \xlongequal{} KIO_3+6NH_4HSO_4$$

过二硫酸及其盐的稳定性较差，受热容易分解。

$$2K_2S_2O_8 \xlongequal{\triangle} 2K_2SO_4+2SO_3\uparrow+O_2\uparrow$$

绝大多数过二硫酸盐可作为聚合反应的引发剂，用于生产聚丙烯腈和乳液聚合法合成聚氯乙烯等，也可用于蚀刻、印刷电路板、漂白等领域。

**11.6.4.5 硫代硫酸及其盐**

硫代硫酸（$H_2S_2O_3$）可看作 $H_2SO_4$ 分子中一个 O 原子被 S 原子取代的产物。硫代硫酸不稳定，但其盐较稳定。

硫代硫酸钠是最为常见和重要的硫代硫酸盐，市售硫代硫酸钠化学式为 $Na_2S_2O_3\cdot5H_2O$，俗称海波、大苏打，为无色晶体，易溶于水，其水溶液显弱碱性。

（1）$Na_2S_2O_3$ 的性质

① 遇酸不稳定。$Na_2S_2O_3$ 在中性溶液或碱性溶液中很稳定，但在酸性溶液中会发生歧化反应。该反应可用来鉴定 $S_2O_3^{2-}$ 的存在。

$$S_2O_3^{2-}+2H^+ \xlongequal{} SO_2\uparrow+S\downarrow+H_2O$$

② 还原性。$Na_2S_2O_3$ 是一个中等强度的还原剂。

$$S_4O_6^{2-}+2e^- \xlongequal{} 2S_2O_3^{2-} \qquad \varphi_A^{\ominus}=0.08V$$

$S_2O_3^{2-}$ 与强氧化剂反应，可生成 $SO_4^{2-}$：$S_2O_3^{2-}+4Cl_2+5H_2O \xlongequal{} 2SO_4^{2-}+8Cl^-+10H^+$。

$S_2O_3^{2-}$ 与稍弱一点的氧化剂反应，则生成 $S_4O_6^{2-}$。该反应为分析化学中碘量法的主要反应。

$$2S_2O_3^{2-}+I_2 \xlongequal{} S_4O_6^{2-}+2I^-$$

③ 配位性。$Na_2S_2O_3$ 有很强的配位能力，与 $Ag^+$ 作用可生成无色配合物。照相底片上未曝光的 AgBr 在定影液中因形成配离子而溶解。

$$AgBr+2S_2O_3^{2-} \xlongequal{} [Ag(S_2O_3)_2]^{3-}+Br^-$$

重金属的硫代硫酸盐难溶且不稳定，如新生成的 $Ag_2S_2O_3$ 在溶液中迅速分解，由白色变为黄色、棕色，最后生成黑色 $Ag_2S$ 沉淀。此反应为特征反应，用来鉴定 $S_2O_3^{2-}$。

$$Ag^++S_2O_3^{2-} \xlongequal{} Ag_2S_2O_3(\text{白色})\downarrow$$

$$Ag_2S_2O_3+H_2O \xlongequal{} Ag_2S(\text{黑色})\downarrow+H_2SO_4$$

（2）$Na_2S_2O_3$ 的制备

将沸腾的 $Na_2SO_3$ 溶液与 S 粉反应，可以得到硫代硫酸钠。

$$Na_2SO_3(\text{沸腾})+S+5H_2O \xlongequal{} Na_2S_2O_3\cdot5H_2O$$

工业生产中将 $Na_2S$ 和 $Na_2CO_3$ 以物质的量之比为 2∶1 配成溶液，然后通入 $SO_2$，溶液浓缩冷却后即析出 $Na_2S_2O_3 \cdot 5H_2O$ 晶体。

$$2Na_2S + Na_2CO_3 + 4SO_2 = 3Na_2S_2O_3 + CO_2$$

#### 11.6.4.6 连二亚硫酸及其盐

连二亚硫酸（$H_2S_2O_4$）为二元中强酸，其 $K_1^{\ominus}=4.5\times10^{-1}$，$K_2^{\ominus}=3.5\times10^{-3}$，分子结构如图 11-34 所示。

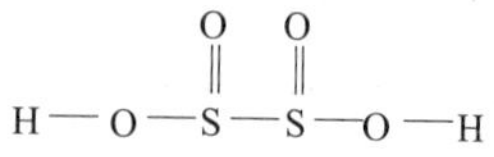

图 11-34 连二亚硫酸分子结构

$H_2S_2O_4$ 极不稳定，遇水立即分解为硫代硫酸和亚硫酸。

$$2H_2S_2O_4 + H_2O = H_2S_2O_3 + 2H_2SO_3$$

最为常见的连二亚硫酸盐为连二亚硫酸钠（$Na_2S_2O_4$）。它是一种白色粉状固体，以二水合物（$Na_2S_2O_4 \cdot 2H_2O$）的形式存在，俗称保险粉。

在无氧条件下，用锌粉还原亚硫酸氢钠，可制得连二亚硫酸钠。

$$Zn + 2NaHSO_3 = Na_2S_2O_4 + Zn(OH)_2$$

连二亚硫酸钠是一种很强的还原剂，能将 $MnO_4^-$、$IO_3^-$、$I_2$、$H_2O_2$、$O_2$ 等物质还原，也能将 $Cu^{2+}$、$Ag^+$、$Pb^{2+}$、$Bi^{3+}$ 等还原为金属单质。

$$Na_2S_2O_4 + O_2 + H_2O = NaHSO_3 + NaHSO_4$$

此反应用于分析氧气含量。

连二亚硫酸钠溶于冷水，但其在水溶液中不稳定，会发生歧化反应。

$$2S_2O_4^{2-} + H_2O = S_2O_3^{2-} + 2HSO_3^-$$

固态连二亚硫酸钠在无氧条件下受热，也会发生歧化反应。

$$2Na_2S_2O_4 \xlongequal{\triangle} Na_2S_2O_3 + Na_2SO_3 + SO_2\uparrow$$

连二亚硫酸钠主要用于印染工业，能保证印染品色泽鲜艳，不被空气氧化，也用于医药、铜板印刷，还用作食品工业的漂白剂、防腐剂、抗氧化剂等。

### 11.6.5 硒、碲及其化合物

#### 11.6.5.1 硒、碲的单质

硒有灰硒、红硒和无定形硒等变体，最稳定的是六方晶系金属型灰硒。无定形硒呈红黑色，可用 $SO_2$ 还原 $SeO_2$ 制得。

$$SeO_2 + 2SO_2 + 2H_2O = Se\downarrow + 2SO_4^{2-} + 4H^+$$

无定形硒是不良导体，受热转化为稳定的灰硒。硒是典型的半导体，在光照下导电性可提高近千倍，常用作制造整流器和光电池的材料。少量的硒加到普通玻璃中可消除由 $Fe^{2+}$ 而产生的绿色，因为少量硒的红色与铁的绿色互补成为无色。硒是人体必需的微量元素之一，宁夏中卫硒砂瓜因此而受到广泛欢迎。

碲为银白色，脆性晶体，光照时导电性增强得不明显。用 $SO_2$ 还原 $TeO_2$ 可得无定形棕色粉末。碲也是半导体，但它的应用有限。少量的碲加入铅中可增加铅的硬度和弹性，用于制造铅缆绳。

Se 和 Te 有不少化学性质与 S 相似，但不如 S 活泼。

#### 11.6.5.2 硒、碲的氢化物

$H_2Se$、$H_2Te$ 均为折线形分子，键角分别为 91°、89°30′。

虽然 Se 和 $H_2$ 作用可直接合成 $H_2Se$，但 $H_2Se$（$H_2Te$）却主要是通过金属硒化物（碲化物）与水或酸作用制得的。

$$Al_2Se_3+6H_2O \longrightarrow 2Al(OH)_3+3H_2Se\uparrow$$

$$Al_2Se_3+6H^+ \longrightarrow 2Al^{3+}+3H_2Se\uparrow$$

$H_2Se$、$H_2Te$ 都是无色、极难闻的气体，其毒性比 $H_2S$ 大。$H_2Se$、$H_2Te$ 都不稳定，依 $H_2O$、$H_2S$、$H_2Se$、$H_2Te$ 顺序稳定性逐渐减弱。

$H_2Se$ 和 $H_2Te$ 均溶于水，其酸性随原子序数增大而增强。和 $H_2S$ 一样，$H_2Se$ 和 $H_2Te$ 也能从溶液中以硒化物和碲化物的形式将重金属沉淀出来。

#### 11.6.5.3　硒、碲的含氧化合物

（1）氧化数为+4 的氧化物及含氧酸

硒和硒化氢、碲和碲化氢在空气中燃烧时，分别生成易挥发的白色固体 $SeO_2$ 和难挥发的白色固体 $TeO_2$，二者都主要表现出强氧化性。

$SeO_2$ 溶于水生成亚硒酸（$H_2SeO_3$），蒸发可得其无色晶体。亦可将 Se 粉溶于 $6mol\cdot L^{-1}$ $HNO_3$ 中得到亚硒酸。$TeO_2$ 因难溶于水而不易直接形成亚碲酸 $H_2TeO_3$，但当它溶于 NaOH 溶液后，生成亚碲酸钠，再加硝酸酸化，即有白色片状的亚碲酸析出。

$H_2SO_3$、$H_2SeO_3$ 和 $H_2TeO_3$ 均为二元酸，强度依次减弱。

（2）氧化数为+6 的氧化物及含氧酸

$SeO_3$ 是白色固体，熔点为 118℃，极易吸水形成硒酸（$H_2SeO_4$）。

$$SeO_3+H_2O \longrightarrow H_2SeO_4$$

强氧化剂如 $Cl_2$、$Br_2$、$HClO_3$ 作用于亚硒酸可得硒酸。

$$H_2SeO_3+H_2O+Cl_2 \longrightarrow H_2SeO_4+2HCl$$

硒酸和硫酸相似，不易挥发，是一种强酸，在高浓度时也可使有机物炭化。无水 $H_2SeO_4$ 极易潮解和溶解于水，浓溶液的浓度为 99%。$H_2SeO_4$ 稀溶液的酸性和 $H_2SO_4$ 相近，其第一步解离是完全的，第二步的解离常数 $K_2^{\ominus}=2.2\times10^{-2}$。

$H_2SeO_4$ 的氧化性强于 $H_2SO_4$，不但能氧化 $H_2S$、$SO_2$、$I^-$、$Br^-$，而且中等浓度（50%）的 $H_2SeO_4$ 还能将 $Cl^-$ 氧化成氯气，而自身被还原为亚硒酸。

$$H_2SeO_4+2HCl \longrightarrow H_2SeO_3+H_2O+Cl_2\uparrow$$

$H_2SeO_4$、$HSeO_4^-$、$SeO_4^{2-}$、$SeO_3$ 都不如相应的硫化物稳定。硒酸盐的许多性质如组成、含结晶水的数目等都与相应的硫酸盐极相似，甚至不溶于水的硒酸盐也和硫酸盐相似，如 $BaSeO_4$、$SrSeO_4$ 和 $PbSeO_4$ 等。

$TeO_3$ 为橙色晶体，几乎不溶于水，也难溶于稀酸或稀的强碱，但易溶于浓的强碱生成相应的碲酸盐。

$$TeO_3+2KOH(浓) \longrightarrow K_2TeO_4+H_2O$$

原碲酸（$H_6TeO_6$）是白色固体，与硒酸和硫酸相反，原碲酸是很弱的酸，$K_1^{\ominus}=2.24\times10^{-8}$，$K_2^{\ominus}=1.00\times10^{-11}$。

原碲酸也是强氧化剂，氧化能力强于 $H_2SO_4$，而弱于 $H_2SeO_4$。原碲酸也能将 $Cl^-$ 氧化成氯气。

$$H_6TeO_6+2HCl \longrightarrow H_2TeO_3+Cl_2\uparrow+3H_2O$$

$H_2SeO_4$ 的氧化性既强于同族第 3 周期的硫酸，又强于第 5 周期的碲酸。这是周期表中第 4 周期元素性质反常的一个实例。

# 11.7 卤素

卤素位于周期表中第ⅦA族，包括氟（F）、氯（Cl）、溴（Br）、碘（I）、砹（At）、硼（Ts）等元素。砹是放射性元素，本节不作讨论。本族元素因非金属性特别活泼，所以，在自然界没有游离态，都以化合态形式存在。氟元素存在于萤石（$CaF_2$）、冰晶石（$Na_3AlF_6$）、氟磷灰石［$Ca_5F(PO_4)_3$］中；氯主要存在于海水、盐湖、盐井、盐床中，有钾石盐（KCl）、光卤石（$KCl \cdot MgCl_2 \cdot 6H_2O$）等，海水中含氯大约为 $20g \cdot L^{-1}$；溴也主要存在于海水中，海水中含溴大约为 $0.065g \cdot L^{-1}$，盐湖和盐井中也存在少许溴；碘在海水中很少，碘主要被海洋植物所吸收，碘也存在于某些盐井、盐湖中。

## 11.7.1 卤素的通性

### 11.7.1.1 卤素的原子结构

卤素的价电子层结构为 $ns^2np^5$，与同周期其他元素的原子相比，具有较大的电离能和电负性、较小的电子亲合能。同族中从氟到碘电离能、电子亲合能、电负性逐渐减小，但由于氟的原子半径太小，电子云密度大，氟的电子亲合能反而高于氯。卤素原子很大的电离能决定了其变为阳离子极其困难，实际上只有电离能相对最小、半径相对最大的碘才有这种可能，如 $I(ClO_4)_3$ 等。卤素原子的基本物理性质见表 11-16。

表 11-16 卤素原子的基本物理性质

| 性质 | F | Cl | Br | I |
|---|---|---|---|---|
| 价电子层结构 | $2s^22p^5$ | $3s^23p^5$ | $4s^24p^5$ | $5s^25p^5$ |
| 共价半径/pm | 64 | 99 | 114 | 133 |
| 电子亲和能/$kJ \cdot mol^{-1}$ | −332.7 | −348.6 | −324.6 | −295.6 |
| 电离能/$kJ \cdot mol^{-1}$ | 1681 | 1251 | 1140 | 1008 |
| 电负性($\chi$) | 3.98 | 3.16 | 2.96 | 2.66 |

### 11.7.1.2 卤素的成键特征

根据卤素的原子结构和性质，卤素有如下成键特征。

① 卤素原子易结合一个电子成为卤负离子 $X^-$，和活泼金属形成离子型化合物，如 LiF、NaCl、KCl、$CaCl_2$ 等。

② 卤素原子的 p 轨道能提供一个单电子，与其他可提供单电子的原子形成共价单键，如 HX、$X_2$。

③ 卤素能够以 $X^-$ 的形式作为配体，形成配位化合物，如 $AF_6^{3-}$、$CuCl_4^{2-}$、$HgI_4^{2-}$ 等。

④ 卤素原子本身的价层轨道杂化后，与其他原子半径小的卤素原子形成共价型卤素互化物，如 $ClF_3$、$BrF_3$ 等。

⑤ 卤素原子采取 $sp^3$ 杂化与氧原子形成 $\sigma$ 键，非羟基氧原子上的 2p 电子又反馈给卤素原子的价层 d 轨道形成（p-d）$\pi$ 键，从而形成含氧酸。卤素中除 F 以外，其他原子与氧可以形成四种类型的含氧酸：HOX、$HXO_2$、$HXO_3$、$HXO_4$。

## 11.7.2 卤素单质

### 11.7.2.1 性质和用途

（1）物理性质

卤素单质皆为双原子分子，它们的一些物理性质见表 11-17。

表 11-17　卤素单质的物理性质

| 性质 | $F_2$ | $Cl_2$ | $Br_2$ | $I_2$ |
|---|---|---|---|---|
| 颜色 | 浅黄 | 黄绿 | 红棕 | 紫黑 |
| 熔点/℃ | −219.6 | −101 | −7.2 | 113.5 |
| 沸点/℃ | −188 | −34.6 | 58.78 | 184.3 |
| 汽化热/$kJ \cdot mol^{-1}$ | 6.32 | 21.41 | 30.71 | 46.61 |
| 溶解度/$g \cdot 100g^{-1}$ 水 | 发生反应 | 0.732 | 3.58 | 0.029 |
| 密度/$g \cdot cm^{-3}$ | 1.11(l) | 1.57(l) | 3.12(l) | 4.93(s) |

卤素单质均由双原子分子组成，在水中的溶解度不大，其中 $F_2$ 与水剧烈反应：

$$2F_2 + 2H_2O \xlongequal{\quad} 4HF + O_2$$

$Br_2$ 和 $I_2$ 易溶于乙醇、乙醚、氯仿、四氯化碳和二硫化碳等弱极性或非极性溶剂中。常温下，从 $F_2$ 到 $I_2$ 随着原子序数的增加，原子半径增大，卤素单质分子间色散力增大，熔、沸点依次升高，颜色依次加深，物态从气态、液态到固态都呈现出规律变化。

氟是人体形成骨骼的微量元素，人体所需氟主要来源于饮用水，水中氟含量为 0.5～1.0$mg \cdot L^{-1}$ 较合适，小于此值易发生龃齿病，高于此值易患氟骨病，造成骨骼畸形，形成“四环素”牙。少量的 $Cl_2$ 具有杀菌作用，用于自来水、游泳池水消毒。若不慎吸入一定量的 $Cl_2$，会导致呼吸困难，吸入大量 $Cl_2$ 会窒息死亡，发生 $Cl_2$ 中毒时可吸入酒精和乙醚的混合蒸气或少量 $NH_3$ 解毒，严重时需及时送医院抢救。有机溴化物可用作杀虫剂。液溴对皮肤能造成难以痊愈的灼伤，使用时必须戴上防护手套，若溅到身上，应立即用大量水冲洗，再用 5%$NaHCO_3$ 溶液淋洗后敷上油膏。碘是人体维持甲状腺正常功能所必需的元素，人体缺碘时会患甲状腺疾病。碘在纯水中的溶解度很小，但能以 $I_3^-$ 的形式大量存在于碘化物溶液中，碘化物浓度越大，能溶解的碘越多，则溶液颜色越深。卤素均有毒，刺激眼、鼻、气管的黏膜，毒性从氟到碘依次降低。

(2) 化学性质

卤素是非常活泼的非金属元素，都有得到 1 个电子形成阴离子的强烈趋势，表现出强氧化性。卤素单质的氧化能力由氟到碘依次减弱。卤素的化学性质可概括为以下几个方面。

① 与金属反应。$F_2$ 能与所有金属在任何温度下发生剧烈反应，生成高氧化态的氟化物。但室温下 $F_2$ 可以使有些金属（如 Cu、Ni、Mg、Fe、Pb 等）表面生成一层致密氟化物保护膜而中止反应，所以 $F_2$ 可储存于 Cu、Ni、Mg 或合金制成的容器中。

$Cl_2$ 可与各种金属作用，但干燥的 $Cl_2$ 不与 Fe 反应，因此 $Cl_2$ 可储存在铁罐或钢瓶中。

$Br_2$ 和 $I_2$ 常温下只能与活泼金属作用，与不活泼金属只有在加热条件下反应。

② 与非金属反应。$F_2$ 几乎能与绝大多数非金属（除某些稀有气体、$O_2$、$N_2$ 外）直接反应生成相应的共价化合物。低温下可与 C、Si、S、P 猛烈反应，生成的氟化物大多具有挥发性。$Cl_2$ 也能与大多数非金属单质直接作用，但不及 $F_2$ 剧烈。

$$2S(s) + Cl_2(g) \xlongequal{\quad} S_2Cl_2(l) \quad \text{（红黄色液体）}$$

$$S(s) + Cl_2(g)(\text{过量}) \xlongequal{\quad} SCl_2(l) \quad \text{（深红色发烟液体）}$$

$Br_2$ 和 $I_2$ 与非金属反应不如 $F_2$、$Cl_2$ 剧烈，一般多形成低价化合物。

$$2P(s) + 3Br_2(l) \xlongequal{\quad} 2PBr_3(l)(\text{无色发烟液体})$$

在沙浴上加热 $I_2$ 和白磷，可得到 $PI_3$。

$$2P(s) + 3I_2(s) \xlongequal{\triangle} 2PI_3(s)(\text{红色})$$

③ 与氢的反应。$F_2$ 在冷暗处即可与 $H_2$ 作用发生爆炸，$Cl_2$ 与 $H_2$ 作用则需要光照或加

热；$Br_2$ 和 $I_2$ 则要在较高的温度下才能与 $H_2$ 反应，且同时存在 HBr 和 HI 的分解。$Cl_2$ 与 $H_2$ 的反应属于链式光化学反应。

链引发，产生单电子自由基。

$$Cl_2 \xlongequal{h\nu} 2Cl\cdot$$

链传递，两个反应交替进行。

$$Cl\cdot + H_2 = HCl + H\cdot$$
$$H\cdot + Cl_2 = HCl + Cl\cdot$$

链终止，将自由基消除。

$$2H\cdot = H_2$$
$$2Cl\cdot = Cl_2$$
$$Cl\cdot + H\cdot = HCl$$

④ 与水反应。卤素与水的反应有两种方式。

$$2X_2 + 2H_2O = 4H^+ + 4X^- + O_2 (X=F)$$
$$X_2 + H_2O = H^+ + X^- + HXO (X=Cl、Br)$$

虽然从热力学上讲 $F_2$、$Cl_2$、$Br_2$ 都能发生第一类反应，但从动力学角度看只有 $F_2$ 是可行的，$Cl_2$ 和 $Br_2$ 与水的反应太慢，可以认为不发生。$I_2$ 不能置换出水中的氧，相反，水中溶解的氧能把 $I^-$ 氧化为 $I_2$。$Cl_2$、$Br_2$ 都可以第二种方式与水进行反应，但反应程度依次减弱。

当水溶液呈碱性时，HBrO、HIO 会进一步歧化生成 $BrO_3^-$ 和 $IO_3^-$，而且随温度升高歧化程度加强，相关反应如下：

$$Cl_2 + 2NaOH = NaCl + NaClO + H_2O$$
$$Br_2 + 2NaOH = NaBr + NaBrO + H_2O$$
$$3Br_2 + 6NaOH = 5NaBr + NaBrO_3 + 3H_2O$$
$$3I_2 + 6NaOH = 5NaI + NaIO_3 + 3H_2O$$

⑤ 卤素间的置换反应。氧化性强的卤素能将氧化性较弱的卤素离子从相应的盐溶液中置换出来。

$$Cl_2 + 2Br^- = Br_2 + 2Cl^-$$
$$Cl_2 + 2I^- = I_2 + 2Cl^- \quad (\text{当 } Cl_2 \text{ 过量时}, I_2 \text{ 被氧化为 } IO_3^-)$$

在酸性溶液中，碘能把氯、溴从它们的卤酸根（$XO_3^-$）离子中置换出来，氯能把溴从溴酸根离子中置换出来，如

$$2ClO_3^- + 2H^+ + I_2 = 2HIO_3 + Cl_2\uparrow$$
$$2BrO_3^- + 2H^+ + I_2 = 2HIO_3 + Br_2$$
$$2BrO_3^- + 2H^+ + Cl_2 = 2HClO_3 + Br_2$$

出现上述看似反常的置换反应，原因在于在酸性溶液中，卤酸根的氧化能力排序不同于卤素单质氧化能力的排序，氧化能力：$BrO_3^- > ClO_3^- > IO_3^-$。

### 11.7.2.2 卤素单质的制备

卤素在自然界中主要以氧化数为−1 的卤化物形式存在，因此卤素单质的制备通常情况下都是采用氧化其相应卤化物的方法。

（1）氟的制备

由于 $F_2$ 是最强的氧化剂，通常不能用氧化 $F^-$ 的方法制备。1886 年，法国化学家莫桑（H. Mission）电解氟氢化钾和无水氟化氢溶液制得 $F_2$。因为 HF 导电性差，加入 KF 既能增加导电性，又能降低电解质的电解温度。Ni-Cu 合金或碳钢制容器作电解槽，石墨作阳

极，碳钢作阴极，阴、阳极间加 Ni-Cu 合金网作隔膜将生成的 $F_2$ 与 $H_2$ 隔开，防止发生爆炸。电极反应如下：

$$\text{阳极：} 2F^- \xlongequal{} F_2\uparrow + 2e^-$$

$$\text{阴极：} 2HF_2^- + 2e^- \xlongequal{} H_2\uparrow + 4F^-$$

电解得到的 $F_2$ 加压灌入镍制的特种钢瓶或聚四氟乙烯材质的容器中进行储存和运输。

1986 年，美国化学家克里斯特（Christe）用化学法制得单质 $F_2$，即使用 $KMnO_4$、HF、KF、$H_2O_2$、$SbCl_5$ 通过氧化配位置换法生成 $F_2$。

$$2KMnO_4 + 2KF + 10HF + 3H_2O_2 \xlongequal{} 2K_2[MnF_6] + 8H_2O + 3O_2$$

$$SbCl_5 + 5HF \xlongequal{} SbF_5 + 5HCl$$

$$K_2[MnF_6] + 2SbF_5 \xlongequal{} 2K[SbF_6] + MnF_4$$

$$2MnF_4 \xlongequal{} 2MnF_3 + F_2\uparrow$$

（2）氯的制备

工业上主要采用电解饱和食盐水或电解熔融氯化钠的方法制取 $Cl_2$。电解饱和食盐水时，电解槽以石墨或金属合金（如钌钛合金）作阳极，铁丝网作阴极，中间用石棉隔膜分开。

$$2NaCl + 2H_2O \xlongequal{\text{电解}} Cl_2\uparrow + H_2\uparrow + 2NaOH$$

在阳极得到 $Cl_2$，阴极得到 $H_2$，在阴极附近 $Na^+$ 和 $OH^-$ 形成 NaOH 溶液。

工业上电解熔融氯化钠、氯化镁生产金属钠、金属镁的副产物 $Cl_2$ 也可作为 $Cl_2$ 的主要来源。

$$2NaCl \xlongequal[\text{电解}]{\text{熔融}} 2Na + Cl_2\uparrow$$

$$MgCl_2 \xlongequal[\text{电解}]{\text{熔融}} Mg + Cl_2\uparrow$$

实验室中可用二氧化锰或高锰酸钾氧化浓盐酸来制备氯气。

$$MnO_2 + 4HCl(\text{浓}) \xlongequal{\triangle} MnCl_2 + Cl_2\uparrow + 2H_2O$$

$$2KMnO_4 + 16HCl(\text{浓}) \xlongequal{} 2KCl + 2MnCl_2 + 5Cl_2\uparrow + 8H_2O$$

（3）溴的制备

工业提溴是将 $Cl_2$ 通入浓缩的卤水中，将溴离子氧化成单质溴。

$$Cl_2 + 2Br^- \xlongequal{} 2Cl^- + Br_2$$

因卤水中 $Br^-$ 浓度太低，故要用空气把生成的 $Br_2$ 吹出并吸收在 $Na_2CO_3$ 溶液中加以浓缩，再用 $H_2SO_4$ 酸化处理即得液溴。

$$3Br_2 + 3CO_3^{2-} \xlongequal{} 5Br^- + BrO_3^- + 3CO_2\uparrow$$

$$5Br^- + BrO_3^- + 6H^+ \xlongequal{} 3Br_2 + 3H_2O$$

实验室中用二氧化锰或浓硫酸氧化溴化物制备溴。

$$2NaBr + MnO_2 + 3H_2SO_4 \xlongequal{} 2NaHSO_4 + MnSO_4 + 2H_2O + Br_2$$

$$2KBr + 3H_2SO_4(\text{浓}) \xlongequal{} 2KHSO_4 + Br_2 + SO_2\uparrow + 2H_2O$$

（4）碘的制备

工业上用亚硫酸氢钠还原智利硝石（$NaNO_3$）中的少量碘酸钠（$NaIO_3$）制取碘。

$$2NaIO_3 + 5NaHSO_3 \xlongequal{} I_2 + 2Na_2SO_4 + 3NaHSO_4 + H_2O$$

另外，碘以 $I^-$ 的形式存在于海藻浸取液和废矿井卤水中，向其中通入 $Cl_2$ 或加入 $MnO_2$ 和 $H_2SO_4$ 即可得到碘。

$$Cl_2 + 2I^- \xlongequal{} 2Cl^- + I_2$$

$$MnO_2 + 2I^- + 4H^+ = Mn^{2+} + I_2 + 2H_2O$$

实验室中用 $Cl_2$ 或 $Br_2$ 与碘化物（如 NaI）反应可制备碘。

$$Cl_2 + 2NaI = 2NaCl + I_2$$

也可用 $MnO_2$ 氧化碘化物制备碘。

$$2NaI + 3H_2SO_4 + MnO_2 = 2NaHSO_4 + MnSO_4 + 2H_2O + I_2$$

## 11.7.3 卤化氢和氢卤酸

### 11.7.3.1 卤化氢和氢卤酸的性质

（1）物理性质

HX 的气体分子或纯 HX 液体称为卤化氢，它们的水溶液统称为氢卤酸。纯液态卤化氢不导电，说明氢与卤素之间的化学键为共价键。常温常压下，卤化氢是具有强刺激性气味的无色气体，极易溶解于水，可与空气中的水蒸气结合，形成白色酸雾。

卤化氢的熔、沸点按 HCl、HBr、HI 的顺序依次升高，而 HF 的熔、沸点却是本族氢化物中最高的，这是因为在 HF 分子间存在着氢键，分子之间的引力很强。卤化氢都是极性分子，它们在水中有很大的溶解度。HF 分子极性最大，在水中可无限溶解。

（2）化学性质

① 酸性。无水 HX 的腐蚀能力强，可作为卤化试剂与金属、非金属、氢化物、氧化物以及其他类型化合物反应，形成相应的卤化物。此类反应在热力学上是允许的，但某些反应往往受动力学限制，反应速率小，所以经常要在催化剂和光引发等条件下才能进行。

卤化氢的酸性按 HCl、HBr、HI 的顺序依次增强。

HF 是一种弱酸，但当其浓度大于 $5mol \cdot L^{-1}$ 时，就成为了强酸，因其存在下列平衡：

$$HF = H^+ + F^- \qquad K_1^{\ominus} = 6.3 \times 10^{-4} \qquad ①$$

$$HF + F^- = HF_2^- \qquad K_2^{\ominus} = 5.2 \qquad ②$$

$K_2^{\ominus}$ 大，使得①式产生的 $F^-$ 不断消耗而使反应①式平行右移，所以 $H^+$ 浓度增大，总反应为

$$2HF = H^+ + HF_2^- \qquad K^{\ominus} = 3.28 \times 10^{-3}$$

HF 还有一个特殊性质是可以腐蚀玻璃和瓷器，氢氟酸与其中的 $SiO_2$ 或硅酸盐反应，生成挥发性气体 $SiF_4$。

$$4HF + SiO_2 = SiF_4\uparrow + 2H_2O$$

$$6HF + CaSiO_3 = SiF_4\uparrow + CaF_2 + 3H_2O$$

无论是 HF 气体还是氢氟酸溶液均必须用塑料质或内涂石蜡的容器储存。

② 还原性。除了 HF 外，其他卤化氢或氢卤酸都具有一定的还原性，其还原性依 HCl、HBr、HI 顺序增强。

$$2HI + 2FeCl_3 = 2FeCl_2 + 2HCl + I_2$$

$$2HBr + H_2SO_4(浓) = SO_2\uparrow + 2H_2O + Br_2$$

$$16HCl(浓) + 2KMnO_4 = 2KCl + 2MnCl_2 + 8H_2O + 5Cl_2\uparrow$$

$$4HI + O_2 = 2I_2 + 2H_2O$$

### 11.7.3.2 卤化氢的制备

（1）直接合成法

$$X_2 + H_2 = 2HX$$

虽然 $F_2$ 与 $H_2$ 反应更完全，但因反应太剧烈而无法控制，此法不能用于 HF 的制备。常温下 $Br_2$、$I_2$ 与 $H_2$ 的反应速率太慢，在高温下进行时，HBr、HI 又会分解，影响其产

率。所以，真正可直接合成的只有 HCl 气体，只需在光照条件下就可进行。

(2) 复分解反应法

采用高沸点、难挥发的酸与卤化物作用制取 HX。

$$CaF_2 + H_2SO_4(浓) = CaSO_4 + 2HF\uparrow$$
$$NaCl + H_2SO_4(浓) = NaHSO_4 + HCl\uparrow$$

因 $Br^-$、$I^-$ 还原性较强，而浓硫酸氧化性较强，故不能用 $H_2SO_4$（浓）制备 HBr 和 HI。

$$2NaBr + 2H_2SO_4 = Na_2SO_4 + Br_2 + SO_2\uparrow + 2H_2O$$
$$8NaI + 5H_2SO_4 = 4Na_2SO_4 + 4I_2 + H_2S\uparrow + 4H_2O$$

但可用没有氧化性的浓 $H_3PO_4$ 代替浓 $H_2SO_4$ 制备 HBr 和 HI。

$$NaBr + H_3PO_4 = NaH_2PO_4 + HBr\uparrow$$
$$NaI + H_3PO_4 = NaH_2PO_4 + HI\uparrow$$

#### 11.7.3.3 氢卤酸的用途

氢卤酸中，盐酸和氢氟酸用途很广。盐酸是重要的工业原料和化学试剂，用于制造各种氯化物，在皮革、焊接、搪瓷、医药以及食品工业有广泛的应用。电子级氢氟酸主要用于去除氧化物，是半导体制作过程中应用最多的化学品之一，还广泛用于矿物或钢样中二氧化硅含量的测定，玻璃器皿的刻蚀，毛玻璃和灯泡的磨砂等。

### 11.7.4 卤化物

#### 11.7.4.1 卤化物

卤素和电负性较小的元素形成的化合物称为卤化物。除了 He、Ne、Ar 外，其他元素几乎都可以与卤素作用形成卤化物。

(1) 卤化物的离子性

卤化物的离子性主要与离子的极化作用有关，碱金属、碱土金属的卤化物是典型的离子型化合物。随着卤素离子的半径增大，变形性增大，离子的极化作用增强，卤化物表现出较强的共价性；高价态的金属卤化物多为共价型，如 $AlCl_3$、$FeCl_3$、$SnCl_4$、$PbCl_4$、$SbCl_5$ 等；同一种金属低价态卤化物常显离子性，高价态显共价性，例如 $SnCl_2$（离子性）、$SnCl_4$（共价性），而金属氟化物主要显离子性。

(2) 卤化物的溶解性

大多数卤化物易溶于水。氯、溴、碘的银盐（AgX）、铅盐（$PbX_2$）、亚汞盐（$HgX_2$）、亚铜盐（CuX）是难溶的。氟化物的溶解度表现有些反常。例如，$CaF_2$ 难溶，而其他 $CaX_2$ 易溶；AgF 易溶，而其他 AgX 难溶。这是因为钙的卤化物基本上是离子型的，$F^-$ 半径小，与 $Ca^{2+}$ 之间的吸引力强，$CaF_2$ 的晶格能大，致使其难溶；而在 AgX 系列中，虽然 $Ag^+$ 的极化力和变形性都大，但 $F^-$ 半径小难以被极化，故 AgF 基本上是离子型而易溶。在 AgX 中，从 $Cl^-$ 到 $I^-$，变形性增大，与 $Ag^+$ 相互极化作用增加，键的共价性随之增加，故它们均难溶，且溶解度越来越小。

在难溶的金属卤化物中，如果金属离子易与 $X^-$ 形成配合物，则该卤化物可以溶解在含 $X^-$ 的溶液中。

$$PbCl_2 + 2Cl^- = [PbCl_4]^{2-}$$
$$HgI_2 + 2I^- = [HgI_4]^{2-}$$

#### 11.7.4.2 卤素互化物

不同卤素之间可以形成化合物，称为卤素互化物 $XX'_n$（X、X′均代表卤素原子，但 X′的原子序数小于X)。X与X′的原子半径差越大，$n$的可能值也越大，如碘可以形成$IF_7$，溴可以形成$BrF_5$，而氯只能形成$ClF_3$。$n$只能取奇数值，原因是作为配位原子每个X只能提供1个成单电子与中心原子X的1个价电子配对成键，当$n>1$时，中心原子X只能拆开成对的价电子再与偶数个X配位原子成键，所以，$n=1、3、5、7$。

卤素互化物分子的空间构型可根据价层电子对互斥理论来判断，如$BF_3$是四方锥形、$ClF_3$是T形。大多数卤素互化物不稳定，熔、沸点低。它们都是强氧化剂，与大多数金属和非金属剧烈反应，生成相应的卤化物。

$$6ClF+2Al = 2AlF_3+3Cl_2$$
$$6ClF+S = SF_6+3Cl_2$$

卤素互化物在水中极易水解。

$$XX'+H_2O = HX'+HXO$$
$$ICl+H_2O = HIO+HCl$$
$$BrF_5+3H_2O = HBrO_3+5HF$$

从反应结果可知：电负性小的卤素原子和$OH^-$结合生成含氧酸，电负性大的卤素原子与$H^+$结合生成氢卤酸。

#### 11.7.4.3 多卤化物

卤化物与卤素单质或卤素互化物加合形成的化合物称为多卤化物，多卤化物可以含一种卤素，也可以含多种不同的卤素。

$$KI+I_2 = K[I_3]$$
$$KI+Br_2 = K[IBr_2]$$
$$CsI+BrCl = Cs[IBrCl]$$

$[I_3]^-$、$[IBr_2]^-$、$[IBrCl]^-$等称为多卤离子。多卤化物不稳定，易解离为简单卤化物和卤素单质。如$I_3^-$在溶液中存在以下平衡：

$$I_3^- = I^-+I_2$$

### 11.7.5 卤素的含氧化合物

#### 11.7.5.1 卤素氧化物

卤素的氧化物大多数是不稳定的，受到撞击或光照即可爆炸分解，卤素氧化物都具有较强的氧化性，其中$I_2O_5$最稳定。$I_2O_5$为白色固体，是碘酸的酸酐，是一种常用的氧化剂，在合成氨工业中用$I_2O_5$定量测定$H_2$中的CO。

$$I_2O_5+5CO = 5CO_2+I_2$$

然后用碘量法测定所生成的$I_2$，即求出$H_2$中CO的含量。

氯的氧化物$ClO_2$在室温下为黄绿色气体，冷凝时为红色液体，其用途较为广泛。日常生活中，用$Cl_2$对自来水进行杀菌消毒时，在水中会产生$CHCl_3$等有害物质，因此不是理想的消毒剂。而用$ClO_2$替代$Cl_2$对水质进行杀菌消毒，就不会产生有害物质。目前$ClO_2$广泛用于对水的净化和对纸张、纤维、纺织品的漂白。

在硫酸酸性介质中，将$SO_2$通入$NaClO_3$溶液中可制得$ClO_2$。

$$2NaClO_3+SO_2+H_2SO_4 = 2ClO_2+2NaHSO_4$$

$OF_2$气体的分子结构与水类似，虽然其氧化性弱于$F_2$，但其仍能将$I^-$、$OH^-$、$Pb^{2+}$氧化。

$$OF_2+2H^++4I^- = 2I_2+2F^-+H_2O$$
$$OF_2+2OH^- = O_2+2F^-+H_2O$$

另外，$OF_2$ 可与稀有气体 Kr、Xe 进行光化学反应制得 $KrF_2$、$XeF_2$。

### 11.7.5.2 卤素的含氧酸及其盐

氯、溴、碘可形成四种形式的含氧酸：次卤酸（HOX）、亚卤酸（$HXO_2$）、卤酸（$HXO_3$）、高卤酸（$HXO_4$），其中卤素原子 X 均采取 $sp^3$ 杂化与氧原子形成 σ 键，非羟基氧原子上的 2p 电子又反馈给 X 的价层 d 轨道形成（p-d）π 键；碘还可以形成正高碘酸（$H_5IO_6$），$IO_6^{5-}$ 中 I 原子采取 $sp^3d^2$ 杂化，为正八面体形；F 只可形成次氟酸（HFO）。

（1）次卤酸及其盐

次卤酸都是弱酸，酸性比碳酸还弱。酸性依 HClO、HBrO、HIO 的顺序降低。随中心离子半径增大，次卤酸分子中 X—O 结合力减小，$X^-$ 对 $H^+$ 斥力变小，导致酸性依次降低。

次卤酸不稳定，稳定性依 Cl、Br、I 的顺序降低。目前还未制得纯的次卤酸，它们仅存在于水溶液中。

气态 HFO 分解：$2HFO = 2HF + O_2$

HFO 遇水分解：$HFO + H_2O = HF + H_2O_2$

HClO 按以下三种方式分解：

a. 受热分解：$3HClO \xlongequal{\triangle} 2HCl + HClO_3$

b. 光照分解：$2HClO \xlongequal{光照} 2HCl + O_2\uparrow$

c. 在干燥剂存在下脱水分解：$2HClO \xlongequal{干燥剂} Cl_2O\uparrow + H_2O$

次卤酸盐的稳定性高于次卤酸，但至今尚未制得纯的次卤酸盐。

次卤酸都具有较强的氧化性，氧化能力：HClO＞HBrO＞HIO。次卤酸盐也有氧化性，其氧化能力弱于次卤酸，但其稳定性好于酸。若要提高盐的氧化性，可以增加溶液酸度。常见的次氯酸盐是次氯酸钙，它是漂白粉的主要成分，将 $Cl_2$ 通入石灰乳中可制得漂白粉。

$$2Cl_2 + 3Ca(OH)_2 = Ca(ClO)_2 + CaCl_2 \cdot Ca(OH)_2 \cdot 2H_2O$$

常见次氯酸盐还有次氯酸钠（NaClO），用作家用漂白剂以及泳池、城市下水道的消毒剂。

漂白粉（剂）在空气中长期存放会吸收 $CO_2$、$H_2O$ 生成 HClO 分解而失效。所以，漂白粉（剂）要密封保存，置于阴凉处。

（2）亚卤酸及其盐

与次卤酸比较，亚卤酸酸性较强，氧化性较强，但稳定性很弱，其盐类相对稳定。用亚卤酸盐与硫酸作用可制得亚卤酸的水溶液。

$$Ba(ClO_2)_2 + H_2SO_4 = BaSO_4\downarrow + 2HClO_2$$

（3）卤酸及其盐

氯酸（$HClO_3$）、溴酸（$HBrO_3$）是强酸，碘酸（$HIO_3$）是中强酸，$K_a = 1.6\times10^{-1}$。酸性：$HClO_3 > HBrO_3 > HIO_3$，稳定性：$HClO_3 < HBrO_3 < HIO_3$。

$HIO_3$ 稳定性最高，可得到其固体产品，而 $HClO_3$、$HBrO_3$ 只能存在于溶液中，最高浓度分别为 40%、50%。当超过最高浓度时会发生爆炸性分解。

$$8HClO_3(浓) = 4HClO_4 + 2Cl_2\uparrow + 3O_2\uparrow + 2H_2O$$

$$4HBrO_3(浓) = 2Br_2 + 5O_2\uparrow + 2H_2O$$

$HIO_3$ 受热脱水分解：$2HIO_3 \xlongequal{\triangle} I_2O_5 + H_2O$，产物 $I_2O_5$ 是最稳定的卤素氧化物，是 $HIO_3$ 的酸酐。

卤酸盐的稳定性好于次卤酸盐，但受热也会分解。

$$4KClO_3 \xlongequal{\triangle} KCl + 3KClO_4$$

$$2KClO_3 \xrightarrow[\text{加热}]{\text{催化剂}} 2KCl + 3O_2\uparrow$$

卤酸及其盐在酸性介质中都是强氧化剂，能将 $Cl^-$、$Br^-$、$I^-$ 氧化为卤素单质。

$$XO_3^- + 5X^- + 6H^+ \longrightarrow 3X_2 + 3H_2O$$

在卤酸中，氧化性：$HBrO_3 > HClO_3 > HIO_3$。

溴酸盐在酸性介质中能将 $Cl_2$ 和 $I_2$ 分别氧化为 $HClO_3$ 和 $HIO_3$，其自身被还原为 $Br_2$。

$$2BrO_3^- + Cl_2 + 2H^+ \longrightarrow 2HClO_3 + Br_2$$

$$2BrO_3^- + I_2 + 2H^+ \longrightarrow 2HIO_3 + Br_2$$

卤酸盐的制备常有两种方法。

方法一：碱性介质中 $X_2$ 或 $OX^-$ 均可发生歧化反应生成 $XO_3^-$。

$$3X_2 + 6OH^- \longrightarrow XO_3^- + 5X^- + 3H_2O$$

$$3OX^- \longrightarrow XO_3^- + 2X^-$$

此法转化率低，对于价格昂贵的 $Br_2$、$I_2$ 来讲很不经济。因此常用强氧化剂氧化 $I_2$ 或碘化物来制备 $HIO_3$ 或碘酸盐。

$$I_2 + 10HNO_3(\text{浓}) \longrightarrow 2HIO_3 + 10NO_2 + 4H_2O$$

$$KI + 6KOH + 3Cl_2 \longrightarrow KIO_3 + 6KCl + 3H_2O$$

方法二：电解法。如工业上采用新型金属阳极电解槽电解饱和食盐水生产 $KClO_3$。先制得 $NaClO_3$，然后与 KCl 反应，得到 $KClO_3$，降温至 35℃以下，析出 $KClO_3$ 晶体，从 NaCl 溶液中分离出来。

$$NaCl + 3H_2O \xlongequal{\text{电解}} NaClO_3 + 3H_2\uparrow$$

$$NaClO_3 + KCl \xlongequal{\text{冷却}} KClO_3 + NaCl$$

（4）高卤酸及其盐

市售 $HClO_4$ 试剂是 70%的溶液，浓度太大时不稳定，遇有机物撞击易爆炸，本身也易分解。

$$4HClO_4 \longrightarrow 2Cl_2\uparrow + 7O_2\uparrow + 2H_2O$$

浓硫酸与 $KClO_4$ 作用，在温度低于 92℃的条件下减压蒸馏可得 $HClO_4$。

$$KClO_4 + H_2SO_4 \longrightarrow KHSO_4 + HClO_4$$

工业上常采用电解盐酸的方法制备 $HClO_4$。

$$4H_2O + HCl \xlongequal{\text{电解}} HClO_4 + 4H_2\uparrow$$

高氯酸盐的稳定性高于氯酸盐，用 $KClO_4$ 制成的炸药称为“安全炸药”。大多数高氯酸盐易溶于水，但当阳离子的半径较大时，其盐溶解度较小，例如 $KClO_4$、$NH_4ClO_4$、$RbClO_4$、$CsClO_4$ 等盐在水中的溶解度都较小。高氯酸根离子的配位能力极弱，在化学中常用高氯酸盐调节溶液的离子强度。

高溴酸（$HBrO_4$）的稳定性低于 $HClO_4$，溶液中允许的最高浓度为 55%，用 $F_2$ 或 $XeF_2$ 在低温下氧化 $BrO_3^-$ 可得 $BrO_4^-$。

$$NaBrO_3 + XeF_2 + H_2O \longrightarrow NaBrO_4 + Xe\uparrow + 2HF\uparrow$$

$$NaBrO_3 + F_2 + 2NaOH \longrightarrow NaBrO_4 + 2NaF + H_2O$$

正高碘酸（$H_5IO_6$）不同于其他高卤酸，分子中 I 采取 $sp^3d^2$ 杂化，空间构型为八面体，$H_5IO_6$ 在真空中脱水生成高碘酸（$HIO_4$）。在酸性介质中 $H_5IO_6$ 是强氧化剂（$\varphi^\ominus(H_5IO_6/HIO_3)=1.70V$），可定量地将 $Mn^{2+}$ 氧化成 $MnO_4^-$。

$$5H_5IO_6 + 2Mn^{2+} \longrightarrow 2MnO_4^- + 5HIO_3 + 6H^+ + 7H_2O$$

硫酸与高碘酸盐反应或电解碘酸盐溶液，可得到高碘酸或高碘酸盐。

$$Ba_5(IO_6)_2+5H_2SO_4 = 2H_5IO_6+5BaSO_4$$

以 $PbO_2$ 为阳极，电解碱性 $NaIO_3$ 溶液：

$$IO_3^-+3OH^--2e^- = H_3IO_6^{2-}$$

最后，以氯的含氧酸及其盐为例，卤素含氧酸及盐性质变化规律小结如下。

酸性增强，稳定性增强，氧化能力降低 →

| | | | |
|---|---|---|---|
| HClO | $HClO_2$ | $HClO_3$ | $HClO_4$ |
| MClO | $MClO_2$ | $MClO_3$ | $MClO_4$ |

↓ 稳定性增强　氧化能力降低

## 11.7.6 拟卤素

某些由两个或两个以上非金属原子形成的原子团在形成离子化合物或共价化合物时，表现出与卤离子相似的性质，在自由状态时，其性质与卤素单质相似，这种物质称为拟卤素。如氰［$(CN)_2$］、硫氰［$(SCN)_2$］、硒氰［$(SeCN)_2$］、氧氰［$(OCN)_2$］等。

$(CN)_2$ 为无色可燃气体，有苦杏仁味，剧毒。

氰化氢（HCN）为具有挥发性的无色液体，剧毒，能与水互溶，其水溶液称为氢氰酸，酸性很弱（$K_a=6.2\times10^{-10}$）。

氢氰酸盐又称氰化物，常见的氰化物如氰化钾（KCN）和氰化钠（NaCN）都易溶于水。氰化物与一些金属离子（如 $Au^+$、$Ag^+$）形成稳定的配合物，常用于从矿石中提炼金、银以及用于电镀。

氰、氰化氢、氢氰酸及氰化物均为剧毒药品，毫克级剂量即可致死。中毒途径可以通过误食、呼吸以及皮肤渗透等。

硫氰［$(SCN)_2$］常温下为黄色油状液体，凝固点为－56.15～2.85℃。它不稳定，会逐渐聚合成不溶性砖红色固态聚合物 $(SCN)_x$。

硫氰酸（HSCN）是无色液体，为强酸。硫氰酸盐可通过硫和碱金属氰化物共熔制得。

$$KCN+S = KSCN$$

硫氰酸盐具有配位性，经常用硫氰酸盐溶液鉴定 $Fe^{3+}$。

$$Fe^{3+}+xSCN^- = Fe(SCN)_x^{3-x} \quad (\text{血红色}, x=1\sim6)$$

硫氰酸盐还具有还原性。

$$2SCN^-+MnO_2+4H^+ = Mn^{2+}+(SCN)_2+2H_2O$$

此反应类似于浓盐酸与二氧化锰作用制氯气。

## 习题

11.1　工业生产中所需大量氢气用什么方法制备？

11.2　举出能从冷水、热水、水蒸气、酸、碱中置换出氢气的五种金属。写出有关的反应式（注明必要的反应条件）。

11.3　为什么说氢元素在周期表中的位置是最有争议的？都有哪些不同的看法？各自的依据是什么？

11.4　简要叙述氢气的重要用途。

11.5　钾盐的哪些性质与其他碱金属盐有明显的区别？

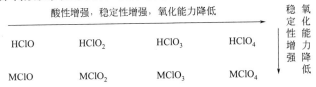

11.6　虽然电解熔融 NaCl 能制备金属 Na，但实际生产上却是电解 NaCl 和 $CaCl_2$ 的混合物。试说明原因。

11.7　设计工艺路线，以重晶石为主要原料制备 $BaCO_3$、BaO、$BaO_2$、$BaCl_2$、$Ba(NO_3)_2$。

11.8　在工业上如何制备 $K_2CO_3$？能否用类似于联减法制纯碱的方法制 $K_2CO_3$？

11.9　如何由 $Li_2O$ 制备 LiH？从热力学角度分析，能否用 $H_2$ 直接还原 $Li_2O$ 的方法制备 LiH？

11.10　一固体混合物可能含有 $MgCO_3$、$Na_2SO_4$、$Ba(NO_3)_2$、$AgNO_3$、$CuSO_4$。将混合物投入水中得到无色溶液和白色沉淀，对溶液进行焰色试验，火焰呈黄色，沉淀可溶于稀盐酸并放出气体。试判断哪些物质肯定存在，哪些物质可能存在，哪些物质肯定不存在，并分析原因。

11.11　简述以硼砂为主要原料制备单质硼的工艺路线，并写出有关的化学方程式。

11.12　最简单的硼烷是 $B_2H_6$，而非 $BH_3$；$AlCl_3$ 气态时以二聚体存在，但 $BCl_3$ 却不形成二聚体，试说明原因。

11.13　简述以铝土矿制备单质铝的工艺路线。

11.14　写出硼砂分别与 NiO、CuO 共熔时的反应方程式。

11.15　工业上，先用苛性钠分解硼镁矿石（$Mg_2B_2O_5 \cdot H_2O$），然后通入 $CO_2$ 制备硼砂。试写出制备硼砂的化学反应方程式。

11.16　如何制备无水 $AlCl_3$？能否用加热脱去 $AlCl_3 \cdot 6H_2O$ 中水的方法制取无水 $AlCl_3$？

11.17　完成并配平下列反应方程式。

(1) $B+Cl_2 \xlongequal{\text{高温}}$　　(2) $B+NaOH+NaNO_3 \xlongequal{\text{熔融}}$

(3) $BCl_3+H_2 \xlongequal{\text{放电}}$　　(4) $GaCl_3+NaOH \xlongequal{}$

(5) $B_2H_6+Cl_2 \xlongequal{}$　　(6) $BF_3+NH_3 \xlongequal{}$

(7) $Al+Cr_2O_7^{2-}+H^+ \xlongequal{}$　　(8) $LiAlH_4+BCl_3 \xlongequal{\text{乙醚}}$

(9) $AlCl_3 \cdot 6H_2O \xlongequal{\text{加热}}$　　(10) $Tl+HCl \xlongequal{}$

11.18　试用化学反应方程式表示下列与 Si 有关的高温反应。

(1) 用锌粉还原 $SiCl_4$；

(2) 炼铁中以石灰石除去矿石中的 $SiO_2$；

(3) 二氧化硅、炭粉与氯气共热；

(4) 石英与纯碱作用。

11.19　设计实验以区别下列各对物质。

(1) $Sb_2O_5$ 与 SnO　　(2) $As_2S_3$ 与 $SnS_2$

(3) $Pb(NO_3)_2$ 与 $Bi(NO_3)_3$　　(4) $Sn(OH)_2$ 与 $Pb(OH)_2$

11.20　碳和硅都是ⅣA族元素，为什么由碳链构成的化合物有上千万种，而由硅链构成的化合物却仅有数种？为什么常温下 $CO_2$ 是气体，而 $SiO_2$ 却是固体？

11.21　给出下列物质的水解反应方程式，并说明 $NCl_3$ 水解产物与其他化合物的水解产物有何本质的区别。为什么？

(1) $NCl_3$　(2) $PCl_3$　(3) $AsCl_3$　(4) $SbCl_3$　(5) $BiCl_3$　(6) $POCl_3$

11.22　试分离下列各对离子。

(1) $Sb^{3+}$ 和 $Bi^{3+}$　(2) $PO_4^{3-}$ 和 $NO_3^-$　(3) $PO_4^{3-}$ 和 $SO_4^{2-}$　(4) $PO_4^{3-}$ 和 $Cl^-$

11.23　比较下列磷的含氧酸的酸性强弱。

$H_3PO_2$、$H_3PO_3$、$H_3PO_4$、$H_4P_2O_7$

11.24　解释下列现象。

(1) 在卤素化合物中，Cl、Br、I 可呈现多种氧化数。

(2) KI 溶液中通入氯气时，开始溶液呈现红棕色，继续通入氯气，颜色褪去。

(3) 漂白粉在潮湿空气中逐渐失效。

11.25　在氯水中分别加入下列物质，对氯与水的可逆反应有什么影响？

(1) 稀硫酸　　(2) 苛性钠　　(3) 氯化钠

11.26　(1) HClO、$HClO_2$、$HClO_3$、$HClO_4$ 的酸性依次增强，试说明其原因。

(2) HClO、$HClO_3$、$HClO_4$ 的氧化性依次减弱，试说明其原因。

11.27　如何鉴别 HCl、HBr、HI、$H_2SO_4$ 溶液？

11.28　F 的电子亲和能比 Cl 小，但 $F_2$ 却比 $Cl_2$ 活泼，请解释原因。

# 第12章 副族元素

副族元素包括ⅢB～ⅦB、Ⅷ族元素（d 区元素）及ⅠB、ⅡB 族元素（ds 区元素），它们位于元素周期表中部，都是金属元素。d 区元素因其次外层 d 轨道未充满（Pd 除外），因而在性质上有很多相似之处。与 d 区元素相比，ds 区元素 d 轨道均充满，有些 d 电子也能参与反应。本章讨论它们的通性，简要介绍过渡金属元素单质及其化合物的性质。

## 12.1 副族元素的通性

广义的**副族元素**是指周期表中从ⅢB 族到ⅡB 族的所有元素。它们位于 s 区元素与 p 区元素之间，因而也称为**过渡元素**。同周期副族元素从左到右增加的电子填充在次外层 d 轨道，性质变化不明显，故通常把同一周期元素作为一个过渡系，共分为四个系列，见表 12-1。

**表 12-1 过渡元素**

| 族 / 周期 | ⅢB | ⅣB | ⅤB | ⅥB | ⅦB | Ⅷ | ⅠB | ⅡB |
|---|---|---|---|---|---|---|---|---|
| | 钪族 | 钛族 | 钒族 | 铬族 | 锰族 | 第八族 | 铜族 | 锌族 |
| 4(第一过渡系) | Sc | Ti | V | Cr | Mn | Fe Co Ni(铁系) | Cu | Zn |
| 5(第二过渡系) | Y | Zr | Nb | Mo | Tc | Ru Rh Pd(轻铂组) | Ag | Cd |
| 6(第三过渡系) | Lu | Hf | Ta | W | Re | Os Ir Pt(重铂组) | Au | Hg |
| 7(第四过渡系) | Lr | Rf | Db | Sg | Bh | Hs Mt Ds | Rg | Cn |

### 12.1.1 过渡元素原子的特征

副族元素原子的价电子一般依次分布在次外层的 d 轨道上，最外层只有 1～2 个电子（Pd 例外）。d 区元素的价层电子构型为 $(n-1)d^{1\sim9}ns^{1\sim2}$，ds 区的铜族、锌族元素电子构型为 $(n-1)d^{10}ns^{1\sim2}$。副族元素的性质与这种特殊的结构密切相关。副族元素的一般性质列于表 12-2 中。

**表 12-2 副族元素的一般性质**

| 第一过渡系元素 | | | | | | | | | | |
|---|---|---|---|---|---|---|---|---|---|---|
| 元素 | Sc | Ti | V | Cr | Mn | Fe | Co | Ni | Cu | Zn |
| 原子序数 | 21 | 22 | 23 | 24 | 25 | 26 | 27 | 28 | 29 | 30 |
| 价层电子构型 | $3d^14s^2$ | $3d^24s^2$ | $3d^34s^2$ | $3d^54s^1$ | $3d^54s^2$ | $3d^64s^2$ | $3d^74s^2$ | $3d^84s^2$ | $3d^{10}4s^1$ | $3d^{10}4s^2$ |
| 电负性 | 1.3 | 1.5 | 1.6 | 1.6 | 1.5 | 1.8 | 1.9 | 1.9 | 1.9 | 1.6 |
| 原子半径/pm | 161 | 145 | 132 | 125 | 124 | 124 | 125 | 125 | 128 | 133 |
| 第一电离能/$kJ \cdot mol^{-1}$ | 631 | 664.6 | 656 | 653 | 717 | 759 | 758 | 737 | 745 | 906 |
| 熔点/℃ | 1541 | 1660 | 1890 | 1857 | 1244 | 1535 | 1495 | 1455 | 1083 | 419 |
| 沸点/℃ | 2831 | 3287 | 3380 | 2672 | 1962 | 2750 | 2870 | 2730 | 2567 | 907 |

续表

第二过渡系元素

| 元素 | Y | Zr | Nb | Mo | Tc | Ru | Rh | Pd | Ag | Cd |
|---|---|---|---|---|---|---|---|---|---|---|
| 原子序数 | 39 | 40 | 41 | 42 | 43 | 44 | 45 | 46 | 47 | 48 |
| 价层电子构型 | $4d^1 5s^2$ | $4d^2 5s^2$ | $4d^4 5s^1$ | $4d^5 5s^1$ | $4d^5 5s^2$ | $4d^7 5s^1$ | $4d^8 5s^1$ | $4d^{10} 5s^0$ | $4d^{10} 5s^1$ | $4d^{10} 5s^2$ |
| 电负性 | 1.2 | 1.4 | 1.6 | 1.8 | 1.9 | 2.2 | 2.2 | 2.2 | 1.9 | 1.7 |
| 原子半径/pm | 181 | 160 | 143 | 136 | 136 | 133 | 135 | 138 | 144 | 149 |
| 第一电离能/kJ·mol$^{-1}$ | 616 | 660 | 664 | 685 | 702 | 711 | 720 | 805 | 731 | 868 |
| 熔点/℃ | 1522 | 1852 | 2468 | 2610 | 2157 | 2310 | 1966 | 1554 | 962 | 321 |
| 沸点/℃ | 3338 | 4377 | 4742 | 5560 | 4265 | 3900 | 3727 | 2970 | 2212 | 765 |

第三过渡系元素

| 元素 | Lu | Hf | Ta | W | Re | Os | Ir | Pt | Au | Hg |
|---|---|---|---|---|---|---|---|---|---|---|
| 原子序数 | 71 | 72 | 73 | 74 | 75 | 76 | 77 | 78 | 79 | 80 |
| 价层电子构型 | $5d^1 6s^2$ | $5d^2 6s^2$ | $5d^3 6s^2$ | $5d^4 6s^2$ | $5d^5 6s^2$ | $5d^6 6s^2$ | $5d^7 6s^2$ | $5d^9 6s^1$ | $5d^{10} 6s^1$ | $5d^{10} 6s^2$ |
| 电负性 | 1.2 | 1.3 | 1.5 | 1.7 | 1.9 | 2.2 | 2.2 | 2.2 | 2.4 | 1.9 |
| 原子半径/pm | 173 | 159 | 143 | 137 | 137 | 134 | 136 | 136 | 144 | 160 |
| 第一电离能/kJ·mol$^{-1}$ | 524 | 680 | 761 | 770 | 760 | 840 | 880 | 870 | 890 | 1007 |
| 熔点/℃ | 1663 | 2227 | 2996 | 3410 | 3180 | 2700 | 2410 | 1772 | 1064 | −38.87 |
| 沸点/℃ | 3395 | 4002 | 5425 | 5660 | 5627 | 5300 | 4130 | 3827 | 3080 | 357 |

副族元素的原子半径一般比较小，随原子序数和周期的变化情况如图 12-1 所示。在各周期中从左向右随着原子序数的增加，原子半径逐渐减小，直到ⅠB、ⅡB族因次外层 d 轨道填满而略有增加。此外，同族元素从上往下，原子半径逐渐增大，但第 5、6 周期（ⅢB除外）的同族元素原子半径十分接近，这是“镧系收缩”的原因，几乎抵消了同族元素由上往下周期数增加的影响。

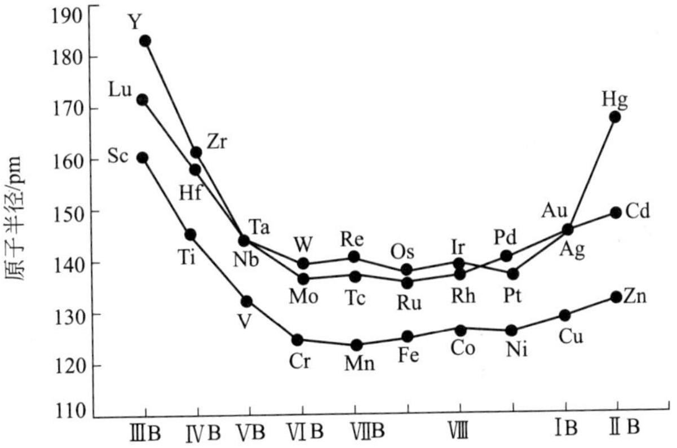


图 12-1　副族元素的原子半径

## 12.1.2　单质的物理性质

副族金属通常有银白色或灰白色的金属光泽，具有典型的金属特性，如导电性、导热性、延展性、高熔点、高沸点、密度大等。在同周期中，金属单质的熔点从左到右先逐渐升高，然后又缓慢下降，这是因为金属的熔点和沸点与形成金属键的自由电子数有关，而自由电子又与原子中未成对的 d 电子有关。单位体积内未成对的 d 电子越多，金属键越强，金属单质的熔、沸点就越高。例如，熔点、沸点最高的是钨（熔点 3410℃，沸点 5660℃），硬度最大的是铬，硬度为 9（仅次于金刚石），密度最大的是锇（$22.48g \cdot cm^{-3}$）。副族元素的原子半径较小而彼此堆积很紧密，同时金属原子间除了主要以金属键结合外，还可能有部分共价性，这与金属原子中部分未成对 $(n-1)d$ 电子也参与成键有关。

## 12.1.3 金属活泼性

副族金属在水溶液中的活泼性可根据标准电极电势 $\varphi_A^{\ominus}$ 来判断，第一过渡系金属的标准电极电势见表 12-3。

**表 12-3 第一过渡系金属的标准电极电势**

| 元素 | Sc | Ti | V | Cr | Mn |
|---|---|---|---|---|---|
| $\varphi^{\ominus}(M^{2+}/M)$ | — | −1.63 | −1.13 | −0.90 | −1.18 |
| 可溶该金属的酸 | 各种酸 | 热 HCl、HF | $HNO_3$、HF、浓 $H_2SO_4$ | 稀 HCl、$H_2SO_4$ | 稀 HCl、$H_2SO_4$ 等 |
| 元素 | Fe | Co | Ni | Cu | Zn |
| $\varphi^{\ominus}(M^{2+}/M)$ | −0.44 | −0.277 | −0.257 | +0.340 | −0.7626 |
| 可溶该金属的酸 | 稀 HCl、$H_2SO_4$ 等 | 缓慢溶解在稀 HCl 等酸中 | 稀 HCl、$H_2SO_4$ 等 | $HNO_3$、热浓 $H_2SO_4$ | 稀 HCl、$H_2SO_4$ 等 |

从表 12-3 可看出，第一过渡系金属（除铜外）的 $\varphi^{\ominus}(M^{2+}/M)$ 均为负值，其金属单质可从非氧化性酸中置换出氢。另外，同一周期元素从左至右，$\varphi^{\ominus}(M^{2+}/M)$ 逐渐变大（除锌外），其金属活泼性逐渐减弱。

钪分族的钪、钇是副族元素中最活泼的金属。它们在空气中能迅速被氧化，与水作用放出氢，其活泼性与碱土金属接近。除钪族外，d 区同族元素的活泼性都是自上往下逐渐降低的，这是由于同族元素从上往下原子半径增加不多，而有效核电荷数增加较多，使电离能和升华焓增加显著，金属活泼性减弱。第二、三过渡系元素的金属单质非常稳定，一般不易和强酸反应，但和浓碱或熔碱可发生反应。

## 12.1.4 氧化数

副族元素不仅最外层 s 电子可以成键外，而且次外层 d 电子也可以部分或全部参与成键，所以副族元素的特征之一是具有多种氧化数。

### 12.1.4.1 同周期从左到右的变化趋势

第一过渡系元素的常见氧化数列于表 12-4 中。

由表 12-4 可知，同周期元素最高价氧化数随原子序数增加（$_{21}Sc \rightarrow {}_{25}Mn$）逐渐升高，但当 3d 轨道中电子数达到 5 或超过 5 时，3d 轨道趋向稳定，氧化数降低，最后与ⅠB 族元素的低氧化数相衔接。

### 12.1.4.2 同族从上往下的变化趋势

在绝大多数副族元素中，同一元素的价态变化是连续的，例如，Ti 的氧化数为+2、+3、+4，V 的氧化数为+2、+3、+4、+5。副族元素相邻氧化态的氧化数差值为 1 或 2，而对于 p 区典型元素来说，价态变化是不连续的，通常相邻氧化态的氧化数差值为 2。

ⅢB～ⅦB 族元素（除个别镧系元素之外）的最高氧化数与族序号相等，但Ⅷ族元素的氧化态大多数都不呈现最高价+8（Ru、Os 除外），而是低价态趋于稳定。钪、钛分族（Ⅲ

B、ⅣB）的最高氧化态较稳定。第一过渡系的ⅤB～ⅦB族元素最高氧化态的化合物不稳定，而第二、三过渡系元素的高氧化态比较稳定，即从上往下趋向于形成高氧化态的化合物，这与p区ⅢA、ⅣA、ⅤA族元素恰好相反。此外，许多副族元素还能形成氧化数为0、－1、－2、－3的化合物，见表12-5。

**表12-4　第一过渡系元素的常见氧化数**

| 族 | ⅢB | ⅣB | ⅤB | ⅥB | ⅦB | Ⅷ | | | ⅠB | ⅡB |
|---|---|---|---|---|---|---|---|---|---|---|
| 元素 | Sc | Ti | V | Cr | Mn | Fe | Co | Ni | Cu | Zn |
| 常见氧化剂 | (+2) | +2 | | +2 | $\underline{+2}$ | $\underline{+2}$ | $\underline{+2}$ | $\underline{+2}$ | $\underline{+1}$ | $\underline{+2}$ |
| | $\underline{+3}$ | +3 | +3 | $\underline{+3}$ | +3 | $\underline{+3}$ | +3 | (+3) | $\underline{+2}$ | |
| | | $\underline{+4}$ | +4 | | $\underline{+4}$ | | | | | |
| | | | $\underline{+5}$ | | | | | | | |
| | | | | $\underline{+6}$ | +6 | | | | | |
| | | | | | $\underline{+7}$ | | | | | |

注：表中划线的氧化数表示稳定氧化数，有括号的表示不稳定氧化数。

**表12-5　氧化数不同的副族元素配合物**

| 配合物 | $[Ni(CO)_4]$ | $[Co(CO)_4]^-$ | $[Cr(CO)_5]^{2-}$ | $[Mn(CO)_4]^{3-}$ |
|---|---|---|---|---|
| 形成体氧化数 | 0 | －1 | －2 | －3 |

## 12.1.5　副族元素化合物的颜色

副族元素形成的水合离子往往具有颜色，这与副族元素离子的d轨道未填满电子有关。当没有未成对d电子时，它们的水合离子是无色的。相反，具有d电子的水合离子一般呈现明显的颜色。第一过渡系元素低氧化数水合离子的颜色见表12-6。

**表12-6　第一过渡系元素低氧化数水合离子的颜色**

| 元素 | Sc | Ti | V | Cr | Mn | Fe | Co | Ni | Cu | Zn |
|---|---|---|---|---|---|---|---|---|---|---|
| $M^{2+}$中d电子数 | — | 2 | 3 | 4 | 5 | 6 | 7 | 8 | 9 | 10 |
| $[M(H_2O)_6]^{2+}$颜色 | — | 褐 | 紫 | 天蓝 | 浅红(几乎无色) | 浅绿 | 粉红 | 绿 | 浅蓝 | 无色 |
| 元素 | Sc | Ti | V | Cr | Mn | Fe | Co | Ni | Cu | Zn |
| $M^{3+}$中d电子数 | 0 | 1 | 2 | 3 | 4 | 5 | 6 | 7 | | |
| $[M(H_2O)_6]^{3+}$颜色 | 无 | 紫 | 绿 | 蓝紫 | 红 | 浅紫 | | | | |

注：$Fe^{2+}$、$Mn^{2+}$的稀溶液几乎是无色的；$Fe^{3+}$水解后颜色有变化，常呈黄色或褐色。

由表12-6可以看出，$d^0$和$d^{10}$构型的中心离子形成的配合物，在可见光照射下不发生d-d跃迁，如$[Sc(H_2O)_6]^{3+}$和$[Zn(H_2O)_6]^{2+}$均为无色。

当同一中心离子与不同配体形成配合物时，由于晶体场分裂能不同，则d-d跃迁时所需能量也不同，亦即吸收光的波长不同，因此显不同的颜色。以$Ni^{2+}$的配合物为例，不同配体的配合物颜色见表12-7。

**表12-7　$Ni^{2+}$不同配体的配合物颜色**

| 不同配体配合物 | $[Ni(H_2O)_6]^{2+}$ | $[Ni(NH_3)_6]^{2+}$ |
|---|---|---|
| d-d跃迁时吸收光的波长(λ)/nm | 1176 | 925 |
| 配离子的颜色 | 果绿 | 蓝 |

对于某些含氧酸根离子，如 $MnO_4^-$（紫色）、$CrO_4^{2-}$（黄色）和 $VO_4^{3-}$（淡黄色），它们的金属元素均处于最高氧化态，其形式电荷分别为 $Mn^{7+}$、$Cr^{6+}$ 和 $V^{5+}$，均为 $d^0$ 电子构型，本应为无色，但因电子跃迁而呈现颜色。如 $MnO_4^-$ 的紫色是由于 $O^{2-} \rightarrow Mn^{7+}$ 电子跃迁（p-d 跃迁）的吸收波长约为 540nm。

### 12.1.6 非整比化合物

副族元素的另一个特点是易形成非整比（又称非化学计量）化合物，其组分原子间不形成简单整数比，且组成在一定范围内变动。许多副族金属的氧化物、硫化物、碳化物等都有非整比化合物。如 1000℃时 FeO 的组成实际在 $Fe_{0.89}O$ 到 $Fe_{0.96}O$ 之间变动。在 FeO 晶体中，$O^{2-}$ 按立方密堆积排列，$Fe^{2+}$ 排列在八面体空穴内，当 $Fe^{2+}$ 未占满所有空穴时，为了保持电中性，在附近的空穴上排列两个 $Fe^{3+}$，见图 12-2。

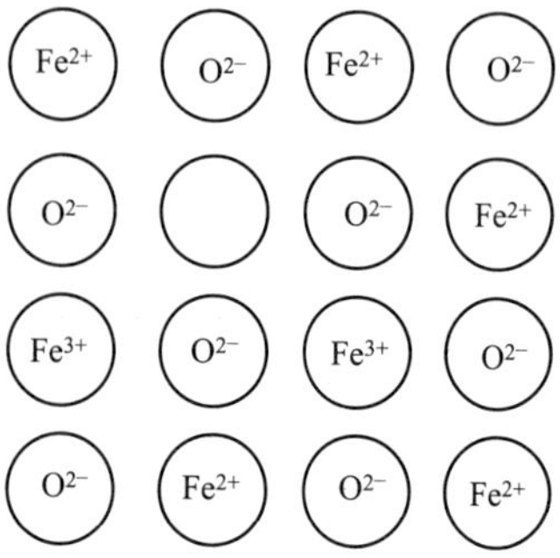


图 12-2 由于缺少阳离子而引起的非化学计量缺陷

非整比化合物有多方面的用途，如 $ZrO_2$、$HfO_2$ 作为固体电解质用于各类化学电源和电化学器件中，还用作半导体（ZnO、$Cu_2O$）以及超导体（$YBaCu_3O_{7-x}$，$x \leqslant 0.1$）材料等。

### 12.1.7 副族元素配合物

副族金属元素常作为配合物的形成体，构成众多的配合物。这是因为过渡元素的原子或离子具有能级相近的价层电子轨道 $(n-1)$d、$n$s 和 $n$p，其中 $n$s 和 $n$p 轨道是空的，$(n-1)$d 轨道为部分空或全空，可以接受配体的孤电子对；而且副族元素的离子具有较高的电荷和较小的半径，极化力强，对配体有较强的吸引力。因此，副族元素具有很强的形成配合物的倾向，另外，部分副族元素的中性原子也能形成配合物，如羰合物 $[Fe(CO)_5]$、$[Ni(CO)_4]$ 等。

## 12.2 钛族、钒族元素

### 12.2.1 钛族、钒族元素概述

周期表中 d 区ⅣB 族包括钛（Ti）、锆（Zr）、铪（Hf）、 （Rf）四种元素，它们的价电子构型为 $(n-1)d^2ns^2$，除了最外层的 s 轨道上 2 个电子参与成键外，次外层 d 轨道上的 2 个电子也容易参与成键，因此这一族最稳定的氧化数为 +4。

ⅤB 族包括钒（V）、铌（Nb）、钽（Ta）、 （Db）四种元素，它们的价电子构型为 $(n-1)d^3ns^2$，但 Nb 的价电子构型为 $4d^45s^1$。这两族中 、 为人工合成的放射性元素。

#### 12.2.1.1 钛 锆 铪

钛元素在自然界中存在分散且难于提取，所以被列为稀有元素。但它在地壳中的丰度并不低，为 0.42%，在所有元素中居第 10 位。钛是亲氧元素，在自然界中主要以氧化物或含氧酸盐的形式存在。最重要的矿物是金红石（$TiO_2$）和钛铁矿（$FeTiO_3$）。我国的钛资源丰富，四川攀枝花已探明的钛铁矿储量位于世界前列。锆和铪是稀有金属，主要矿石有锆英石（$ZrSiO_4$）。

单质钛呈银白色，有金属光泽，熔点高、密度小、无磁性，具有良好的耐磨性、延展性，能耐低温，在硬度、耐热性、导电性、导热性方面，与其他过渡金属（如铁和镍）相

似。但是它比其他具有相似力学和耐热性能的金属轻得多。在常温下，其表面易生成致密的、钝化的、能自行修补裂缝的氧化物薄膜而具有优越的抗腐蚀性，不易被酸、碱，尤其是海水侵蚀。基于上述优点，钛及其合金广泛地用于制造喷气发动机、超音速飞机和潜水艇（防雷达、防磁性水雷）以及有关化工设备。此外，钛与生物体组织相容性好，结合牢固，可用于接骨和制造人工关节，由纯钛制造的假牙是其他金属材料无法比拟的，所以钛又被称为“生物金属”。继铁、铝之后，预计钛将成为应用广泛的第三金属。钛合金还有记忆功能（Ti-Ni 合金）、超导功能（Nb-Ti 合金）和储氢功能（Ti-Mn、Ti-Fe 等合金），是重要的功能材料。

金属锆是反应堆核燃料元件的外壳材料，也是耐腐蚀材料。铪在反应堆中用作控制棒。

**12.2.1.2　钒　铌　钽**

钒、铌、钽均为稀有分散金属元素。钒的重要矿石有钒钛磁铁矿、铀钒钾矿［$K(UO_2)VO_4 \cdot 3/2H_2O$］、钒酸铅矿［$Pb_5(VO_4)_3Cl$］等。我国钒矿储量居世界第三位，铌、钽在矿物中共生，其矿物通式以［$(Fe,Mn)(Nb,Ta)_2O_6$］表示，若以铌为主，称为铌铁矿，若以钽为主，称为钽铁矿。

金属钒呈银白色，有光泽，熔点高，易呈钝态，常温下与碱及非氧化性酸不发生反应，但能溶于氢氟酸、浓硝酸、浓硫酸和王水。钒主要用作钢的添加剂，含钒 0.1%～0.3%的钢材具有强度大、弹性好、抗磨损、抗冲击等优点，广泛用于制造高速切削钢、弹簧钢、钢轨等。近年来发现的某些化合物具有重要的生理功能，如胆固醇的生物合成、牙齿和骨骼的矿化、葡萄糖的代谢等都与钒密切相关。

铌和钽是我国重要的丰产元素。铌是某些硬质钢的组分元素，特别适宜制造耐高温钢。钽因其具有低生理反应性和不被人体排斥的特点，常被用于制作修复严重骨折所需的金属板材以及缝合神经的丝和箔等。

与锆和铪类似，铌和钽因其离子半径接近，因而分离困难。

## 12.2.2　钛的重要化合物

钛原子的价层电子构型为 $3d^2 4s^2$，最高氧化数为+4，此外还有+3 和+2 氧化数，其中+4 氧化数的化合物最重要。

**12.2.2.1　二氧化钛（$TiO_2$）**

$TiO_2$ 在自然界中有三种晶型，金红石、锐钛矿和钛铁矿，其中最常见的是金红石，由于含有少量杂质而呈红色或橙色。纯净的 $TiO_2$ 又称为钛白，化学性质稳定，不溶于水、稀酸、稀碱，但可溶于浓硫酸和浓 NaOH 溶液生成硫酸氧钛和偏钛酸钠。此外，$TiO_2$ 还可溶于氢氟酸。

$$TiO_2 + H_2SO_4(\text{浓}) \xlongequal{\triangle} TiOSO_4 + H_2O$$

$$TiO_2 + 2NaOH(\text{浓}) \xlongequal{} Na_2TiO_3 + H_2O$$

$$TiO_2 + 6HF \xlongequal{} [TiF_6]^{2-} + 2H^+ + 2H_2O$$

$TiO_2$ 兼有锌白（ZnO）的持久性和铅白｛$[Pb(OH)]_2CO_3$｝的遮盖性，是高档、无毒的白色颜料，在高级化妆品中用作增白剂。$TiO_2$ 也可用作高级铜板纸的表面覆盖剂，以及用于生产增白尼龙。$TiO_2$ 粒子具有半导体性能、无毒、价廉、催化活性高、稳定性好等优点，成为目前多相光催化反应最常用的半导体材料。此外，$TiO_2$ 也用作乙醇脱水、脱氢的催化剂。

工业上生产 $TiO_2$ 的方法主要有硫酸法和氯化法。目前我国生产 $TiO_2$ 主要用硫酸法，其主要反应如下：

$$FeTiO_3 + 2H_2SO_4(浓) \xlongequal{煮沸} FeSO_4 + TiOSO_4 + 2H_2O$$

（钛铁矿）　　　　　　　　　　　　（硫酸氧钛）

$$TiOSO_4 + 2H_2O \xlongequal{煮沸} H_2TiO_3 \downarrow + H_2SO_4$$

$$H_2TiO_3 \xlongequal{焙烧} TiO_2 + H_2O$$

硫酸法过程中的副产品硫酸亚铁可生产聚合硫酸铁无机高分子絮凝剂，还可以生产氧化铁的各色颜料，制造铁的肥料，改良盐碱地等。废酸可用石灰或石灰乳中和，得到副产物石膏等。

氯化法是将粉碎后的金红石或高钛渣与焦炭混合，在流化床氯化炉中与氯气反应生成 $TiCl_4$，经净化，于 1000℃左右通氧气使 $TiCl_4$ 转化为 $TiO_2$。

$$TiO_2 + 2C + 2Cl_2 \xlongequal{\triangle} TiCl_4 + 2CO$$

$$TiCl_4 + O_2 \xlongequal{焙烧} TiO_2 + 2Cl_2$$

$$TiCl_4 + 2Mg \xlongequal{Ar} Ti + 2MgCl_2$$

该工艺中 $TiO_2$ 的氯化反应是通过下列两个反应耦合得到的，即（a）、（b）反应耦合得到反应（c）。

$$TiO_2(s) + 2Cl_2(g) \xlongequal{} TiCl_4(l) + O_2(g) \quad (a)$$

$$2C(s) + O_2(g) \xlongequal{} 2CO(g) \quad (b)$$

$$TiO_2(s) + 2C(s) + 2Cl_2(g) \xlongequal{\triangle} TiCl_4(l) + 2CO(g) \quad (c)$$

通过计算得知反应（a）在 298K 下为焓增、熵减的反应类型，$\Delta_r G_m^{\ominus} > 0$，在任何温度下均不能自发进行。

$$\Delta_r G_m^{\ominus}(a) = 153kJ \cdot mol^{-1}$$

若将反应(b)（焓减、熵增的反应）与反应(a)耦合成反应(c)，通过计算得知 $\Delta_r G_m^{\ominus}(c) < 0$。此耦合反应任何温度下均为自发反应。考虑到反应速率，工业上实际控制的反应温度为 1000℃左右。

氯化法比硫酸法能耗低，以气相反应为主，氯气可循环使用，排出的废弃物仅为硫酸法的十分之一，且易生产出优质钛白。

#### 12.2.2.2 四氯化钛（$TiCl_4$）

$TiCl_4$ 为共价化合物，熔点和沸点分别为－23.2℃、136.4℃，常温下为无色液体，易挥发，具有刺激性气味，易溶于有机溶剂。$TiCl_4$ 极易水解，在潮湿空气中由于水解而冒烟，利用此反应可以制造烟幕。

$$TiCl_4 + 3H_2O \xlongequal{} H_2TiO_3 \downarrow + 4HCl$$

$TiCl_4$ 是制备钛的其他化合物的原料。利用氮等离子体，由 $TiCl_4$ 可获得仿金镀层 TiN。

$$2TiCl_4 + N_2 \xlongequal{等离子技术} 2TiN + 4Cl_2$$

在 Ti(Ⅳ) 盐的酸性溶液中加入 $H_2O_2$，则生成较稳定的橙色配合物 $[TiO(H_2O_2)]^{2+}$，此反应用于 Ti(Ⅳ) 或 $H_2O_2$ 的比色测定。

$$TiO^{2+} + H_2O_2 \xlongequal{} [TiO(H_2O_2)]^{2+}(橙色)$$

#### 12.2.2.3 三氯化钛（$TiCl_3$）

在氧化数为＋3 的钛的化合物中，较重要的是紫色的三氯化钛（$TiCl_3$）。在低压下用氢气还原干燥的气态 $TiCl_4$，即可制得纯 $TiCl_3$ 粉末。

$$2TiCl_4 + H_2 \xlongequal[460℃]{5\times10^2 \sim 7\times10^2 Pa} 2TiCl_3 + 2HCl$$

在酸性溶液中，钛的电势图为

$$\varphi_A^{\ominus}/V \quad \underset{(无色)}{TiO^{2+}} \xrightarrow{0.1} \underset{(紫色)}{Ti^{3+}} \xrightarrow{-0.37} \underset{(深褐色)}{Ti^{2+}} \xrightarrow{-1.63} Ti$$

可见 $Ti^{3+}$ 有较强的还原性，容易被空气中的氧气氧化。

$$4Ti^{3+} + O_2 + 2H_2O = 4TiO^{2+} + 4H^+$$

$TiCl_3$ 与 $TiCl_4$ 一样，均可作为某些有机合成反应的催化剂。

## 12.2.3　钒、铌、钽的重要化合物

钒原子的价层电子构型为 $3d^3 4s^2$，可形成+5、+3、+2 等氧化数的化合物，其中以氧化数为+5 的化合物较重要。

### 12.2.3.1　五氧化二钒（$V_2O_5$）

五氧化二钒（$V_2O_5$）是矾重要的化合物之一，为橙黄至砖红色固体，无味、有毒（钒的化合物均有毒），微溶于水，其水溶液呈淡黄色并显酸性。目前工业上以钒铁矿熔炼钢时所获得的富钒炉渣（含 $FeO \cdot V_2O_3$）为原料制取 $V_2O_5$。

$$4FeO \cdot V_2O_3 + 4Na_2CO_3 + 5O_2 \xlongequal{\triangle} 8NaVO_3 + 2Fe_2O_3 + 4CO_2$$

$$2NH_4VO_3 \xlongequal{\triangle} V_2O_5 + 2NH_3\uparrow + H_2O$$

$V_2O_5$ 为两性氧化物（以酸性为主），溶于强碱（如 NaOH）溶液生成正钒酸钠（正钒酸根为无色）。

$$V_2O_5 + 2NaOH = 2NaVO_3 + H_2O$$

$V_2O_5$ 也可溶于强酸（如 $H_2SO_4$），但得不到 $V^{5+}$，而是形成淡黄色的偏钒酸根 $VO_2^+$。

$$V_2O_5 + 2H^+ = 2VO_2^+ + H_2O$$

$V_2O_5$ 为中强氧化剂，如与盐酸反应，$V_2O_5$(Ⅴ) 可被还原为蓝色的 $VO^{2+}$(Ⅳ)，并放出氯气。

$$V_2O_5 + 6HCl = 2VOCl_2 + Cl_2\uparrow + 3H_2O$$

$V_2O_5$ 在硫酸工业中用作催化剂，在石油化工中用作设备的缓蚀剂。近期研究发现，$V_2O_5$ 薄膜具有电学、光学、物理、化学等方面的特性，可用于湿度传感器、气体传感器、抗静电涂料、电源开关、微电池及电致变色显示器件等方面。

### 12.2.3.2　钒酸盐

钒酸盐的形式多种多样，有偏钒酸盐 M(Ⅰ)$VO_3$，正钒酸盐 M(Ⅰ)$_3VO_4$ 及多钒酸盐 M(Ⅰ)$_4V_2O_7$、M(Ⅰ)$_3V_3O_9$ 等，其电极电势如下：

$$\varphi_A^{\ominus}/V \quad VO_2^+ \xrightarrow{+1.000} VO^{2+} \xrightarrow{+0.337} V^{3+} \xrightarrow{-0.255} V^{2+} \xrightarrow{-1.13} V$$

离子颜色　（黄色）　（蓝色）　（绿色）　（紫色）

$VO_2^+$ 可被 $Fe^{2+}$、草酸等还原为 $VO^{2+}$，可通过这种方法测定钒含量。

$$VO_2^+ + Fe^{2+} + 2H^+ = VO^{2+} + Fe^{3+} + H_2O$$

$$2VO_2^+ + H_2C_2O_4 + 2H^+ = 2VO^{2+} + 2CO_2\uparrow + 2H_2O$$

### 12.2.3.3　铌和钽的化合物

铌和钽最常见的氧化数是+5，氧化数为+4 的卤化物也较重要，氧化数为+3、+2 的阳离子的含氧酸盐尚不存在。

大多数铌酸盐和钽酸盐是难溶物，常被认为是复合氧化物（实际上钛酸盐也是复合氧化物）。在铌酸盐、钽酸盐中掺杂某些元素可制得超导氧化物，如 $(Nb,Ce)_2Sr_2CuMO_{10}$(M=

Nb，Ta）等。

# 12.3 铬族元素

元素周期表中ⅥB族元素有铬（Cr）、钼（Mo）、钨（W）、  （Sg），其中  （Sg）为放射性元素。铬在自然界中主要以铬铁矿 $Fe(CrO_2)_2$ 形式存在，我国铬矿资源贫乏，属短缺资源。钼、钨虽也是稀有元素，但在我国蕴藏丰富，钨储量占世界总储量的一半以上，居世界第一位，钼的储量居世界第二位。

## 12.3.1 铬族元素概述

铬族元素的价电子层结构为 $(n-1)d^{4\sim5}ns^{1\sim2}$，最高氧化数为+6；若部分d电子参加成键，则呈现低氧化态，如Cr有+2、+3氧化数。铬族元素的金属活泼性是按从Cr到W的顺序逐渐降低的，$F_2$ 可与这些金属剧烈反应，Cr在加热时能与 $F_2$、$Br_2$ 和 $I_2$ 反应。Mo在同样条件下只与 $Cl_2$ 和 $Br_2$ 化合，W则不能与 $Br_2$ 和 $I_2$ 化合。

Cr、Mo、W均为银白色金属，其价层的6个电子可以参与形成金属键。另外，原子半径也较小，因而熔点、沸点在各自的周期中最高，硬度也大。例如，W在所有金属中熔点最高（3410℃），Cr在所有金属中硬度最大。

常温下，Cr、Mo、W表面因形成致密的氧化膜而降低了活性，在空气或水中都相当稳定。去掉保护膜的铬可缓慢溶于稀盐酸和稀硫酸中，形成蓝色 $Cr^{2+}$ 溶液。$Cr^{2+}$ 与空气接触，很快被氧化为紫色的 $Cr^{3+}$ 溶液。

$$Cr + 2H^+ \xlongequal{} Cr^{2+} + H_2\uparrow$$

$$4Cr^{2+} + 4H^+ + O_2 \xlongequal{} 4Cr^{3+} + 2H_2O$$

Cr还可溶于热浓硫酸，但不溶于浓硝酸。

$$2Cr + 6H_2SO_4(\text{热,浓}) \xlongequal{} Cr_2(SO_4)_3 + 3SO_2\uparrow + 6H_2O$$

Mo和W化学性质较稳定，与Cr有显著区别。Mo与稀盐酸和浓盐酸都不反应，能溶于浓硝酸和王水；W与盐酸、硫酸、硝酸都不反应，但W能溶于氢氟酸和硝酸的混合物或王水。在高温条件下，Mo和W都能与活泼金属反应，与硫、氮、碳等作用形成化合物。

Cr具有高硬度、耐磨、耐腐蚀、良好光泽等优点，常用作金属表面的镀层，并大量用于制造合金（如铬钢、不锈钢）。Mo和W主要用于冶炼特种合金钢，钨丝还用于制作灯丝、高温电炉的发热元件等。

在酸性溶液中，$Cr_2O_7^{2-}$ 有较强的氧化性，可被还原为 $Cr^{3+}$；$Cr^{2+}$ 有较强的还原性，可被氧化为 $Cr^{3+}$。因此，在酸性溶液中Cr(Ⅲ)不易被氧化，也不易被还原。在碱性溶液中，$CrO_4^{2-}$ 氧化性很弱，相反，$Cr^{3+}$ 易被氧化为 $Cr^{6+}$。

在酸性或碱性溶液中，氧化数为+6的化合物的稳定性按Cr、Mo、W的顺序增强（氧化性减弱），Mo(Ⅱ)、W(Ⅱ)只有在保持着明显的M—M键的簇状化合物中才稳定存在。

## 12.3.2 铬的重要化合物

Cr的价层电子构型为 $3d^54s^1$，有多种氧化数，其中以氧化数为+3和+6的化合物较常见。

### 12.3.2.1 铬(Ⅲ)化合物

(1) $Cr_2O_3$ 及 $Cr(OH)_3$

$Cr^{3+}$ 的外电子层结构为 $3s^23p^63d^3$，属（9～17）电子构型，配位能力很强，易与 $H_2O$、$HS^-$、$Cl^-$、$CN^-$ 等配体配位。$Cr^{3+}$ 中3个未成对的d电子可发生d-d跃迁，使化合物显示出一定颜色。

$Cr_2O_3$ 是一种绿色固体, 微溶于水, 在高温下通过 Cr 与 $O_2$ 的直接化合、重铬酸铵或三氧化铬的热分解均可得 $Cr_2O_3$。

$$4Cr + 3O_2 \stackrel{\triangle}{=\!=\!=} 2Cr_2O_3$$

$$(NH_4)_2Cr_2O_7 \stackrel{\triangle}{=\!=\!=} Cr_2O_3 + N_2\uparrow + 4H_2O$$

$$4CrO_3 \stackrel{\triangle}{=\!=\!=} 2Cr_2O_3 + 3O\uparrow$$

$Cr_2O_3$ 是难以溶解和熔融的两性氧化物。

$$Cr_2O_3 + 3H_2SO_4 =\!=\!= Cr_2(SO_4)_3(蓝紫色) + 3H_2O$$

$$Cr_2O_3 + 2NaOH =\!=\!= 2NaCrO_2(绿色) + H_2O$$

灼烧过的 $Cr_2O_3$ 既不溶于酸, 也不溶于碱, 可作为绿色颜料, 俗称铬绿。通过焦硫酸盐熔融的方法能使其转化为可溶性铬(Ⅲ)盐。

$$Cr_2O_3 + 3K_2S_2O_7 =\!=\!= Cr_2(SO_4)_3 + 3K_2SO_4$$

$Cr_2O_3$ 在光照、大气、高温及腐蚀性气体 ($SO_2$、$H_2S$ 等) 下很稳定, 广泛应用于陶瓷、玻璃、涂料、印刷等工业, 也是有机合成的催化剂。

向铬(Ⅲ)盐溶液中加入碱, 可得灰绿色胶状水合氧化铬, 水合氧化铬含水量是可变的, 通常称为氢氧化铬 $[Cr(OH)_3]$。$Cr(OH)_3$ 难溶于水, 但易溶于酸和碱, 具有两性, 遇酸可形成蓝紫色的 $Cr^{3+}$ 或 $[Cr(H_2O)_6]^{3+}$, 遇碱可形成亮绿色的 $[Cr(OH)_4]^-$ 或 $CrO_2^-$。

$$Cr^{3+} + 3OH^- \rightleftharpoons Cr(OH)_3 \rightleftharpoons H^+ + CrO_2^- + H_2O$$
(蓝紫色) \quad (灰蓝色) \quad (亮绿色)

(2) 铬(Ⅲ)盐

常见的铬(Ⅲ)盐有六水合氯化铬 ($CrCl_3 \cdot 6H_2O$, 紫色或绿色)、十八水合硫酸铬 $[Cr_2(SO_4)_3 \cdot 18H_2O$, 紫色] 及铬钾矾 $[KCr(SO_4)_2 \cdot 12H_2O$, 蓝紫色] 等, 它们都易溶于水。

铬(Ⅲ)化合物广泛用于皮革鞣制和染色。铬鞣是利用 $Cr^{3+}$ 的水解、缩聚及配位作用, 使兽皮中胶原羧基发生交联, 使皮质获得其原有特性。

由于水合三氧化二铬是难溶的两性化合物, 其酸、碱性很弱, 对应的 $Cr^{3+}$ 和 $[Cr(OH)_4]^-$ 盐易水解。如 $Cr^{3+}$ 在水溶液中形成 $[Cr(H_2O)_6]^{3+}$ 后, 其水解反应为

$$[Cr(H_2O)_6]^{3+} + H_2O \rightleftharpoons [Cr(OH)(H_2O)_5]^{2+} + H_3O^+$$

若降低酸度, $[Cr(H_2O)_6]^{3+}$ 和 $[Cr(OH)(H_2O)_5]^{2+}$ 可进一步反应, 通过羟基桥形成链状或环状的 Cr(Ⅲ) 多核配合物。

$$\begin{matrix}[Cr(H_2O)_6]^{3+} \\ + \\ [Cr(OH)(H_2O)_5]^{2+}\end{matrix} \rightleftharpoons \left[(H_2O)_5Cr\overset{H}{\underset{}{\overset{O}{\diagup\diagdown}}}Cr(H_2O)_5\right]^{5+} + H_2O$$

$$2[Cr(OH)(H_2O)_5]^{2+} \rightleftharpoons \left[(H_2O)_4Cr\overset{\overset{H}{|}\;\;O}{\underset{\underset{H}{|}\;\;O}{\diagup\diagdown\diagdown\diagup}}Cr(H_2O)_4\right]^{4+} + 2H_2O$$

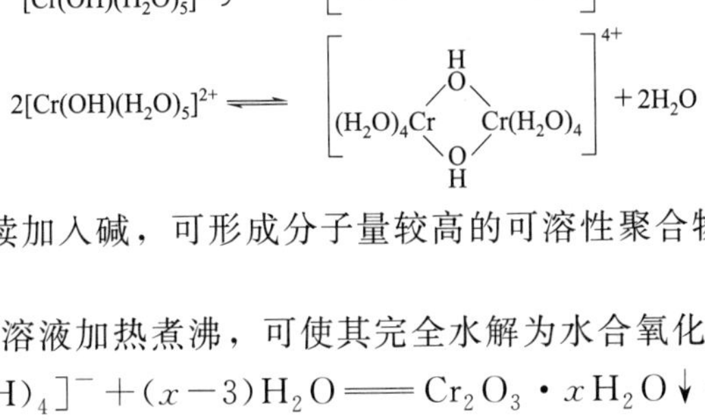

若向上述溶液中继续加入碱, 可形成分子量较高的可溶性聚合物, 最后析出水合氧化铬(Ⅲ)胶状沉淀。

将 $[Cr(OH)_4]^-$ 水溶液加热煮沸, 可使其完全水解为水合氧化铬(Ⅲ)沉淀。

$$2[Cr(OH)_4]^- + (x-3)H_2O =\!=\!= Cr_2O_3 \cdot xH_2O\downarrow + 2OH^-$$

在碱性溶液中, $[Cr(OH)_4]^-$ 有较强的还原性。如可用 $H_2O_2$ 将其氧化为 $CrO_4^{2-}$。

$$2[Cr(OH)_4]^- + 3H_2O_2 + 2OH^- =\!=\!= 2CrO_4^{2-} + 8H_2O$$
(绿色) \qquad\qquad\qquad\qquad (黄色)

在酸性溶液中，需用很强的氧化剂如过硫酸盐才能将 $Cr^{3+}$ 氧化为 $Cr_2O_7^{2-}$。

$$2Cr^{3+}+3S_2O_8^{2-}+7H_2O \xlongequal{Ag^+催化} Cr_2O_7^{2-}+6SO_4^{2-}+14H^+$$

（3）铬(Ⅲ)配合物

$Cr^{3+}$ 的配位能力很强，通常形成六配位的配合物。在这些配合物中，$e_g$ 轨道全空，在可见光照射下极易发生 d-d 跃迁，所以，Cr(Ⅲ)配合物大都显色。

$[Cr(H_2O)_6]^{3+}$ 为最常见的 Cr(Ⅲ)配合物，既存在于水溶液中，又存在于许多盐的水合晶体中。$CrCl_3 \cdot 6H_2O$ 配合物制备条件不同，可以得到三种不同颜色的异构体，如表 12-8 所示，在一定条件下它们可以相互转化。

**表 12-8　$CrCl_3 \cdot 6H_2O$ 的异构体**

| 制备方法 | 蒸发结晶 | 将暗绿色溶液冷却，通入 HCl | 用乙醚处理紫色晶体，通入 HCl |
|---|---|---|---|
| 配合物化学式 | $[CrCl_2(H_2O)_4]Cl \cdot 2H_2O$ | $[Cr(H_2O)_6]Cl_3$ | $[CrCl(H_2O)_5]Cl_2 \cdot H_2O$ |
| 晶体颜色 | 暗绿色 | 紫色 | 浅绿色 |

$Cr^{3+}$ 可与 $H_2O$、$Cl^-$、$NH_3$、$C_2O_4^{2-}$、$OH^-$、$CN^-$、$SCN^-$ 等形成单配配合物，如 $[Cr(CN)_6]^{3-}$、$[Cr(NCS)_6]^{3-}$ 等，也可形成混配配合物，如 $[CrCl(H_2O)_5]^{2+}$、$[CrBrCl(NH_3)_4]^+$ 等。

### 12.3.2.2　铬(Ⅵ)化合物

铬(Ⅵ)半径小，电荷高，因而不能以简单的 $Cr^{6+}$ 形式存在，通常以三氧化铬($CrO_3$)、铬酸根 $CrO_4^{2-}$ 和重铬酸根 $Cr_2O_7^{2-}$ 等形式存在。

（1）三氧化铬

$CrO_3$ 又名铬酐，溶于水可生成铬酸 $H_2CrO_4$。向 $K_2Cr_2O_7$ 的饱和溶液中加入过量浓硫酸，可析出暗红色的 $CrO_3$ 晶体。$CrO_3$ 有毒，对热不稳定，加热到 197℃时分解。

$$CrO_3+H_2O = H_2CrO_4(黄色)$$

$$K_2Cr_2O_7+H_2SO_4(浓) = 2CrO_3\downarrow+K_2SO_4+H_2O$$

$$4CrO_3 \xlongequal{\triangle} 2Cr_2O_3+3O_2\uparrow$$

$CrO_3$ 有强氧化性，与有机物（如乙醇）剧烈反应，甚至着火、爆炸。$CrO_3$ 易潮解，溶于碱生成铬酸盐。

$$CrO_3+2NaOH = Na_2CrO_4(黄色)+H_2O$$

$CrO_3$ 广泛用作有机反应的氧化剂和电镀的镀铬液成分，也用于制取高纯铬。

（2）铬(Ⅵ)酸盐与重铬酸盐

常见铬(Ⅵ)盐有铬酸盐和重铬酸盐，$K_2CrO_4$ 为黄色晶体，$K_2Cr_2O_7$ 为橙红色晶体（俗称红矾钾）。$K_2Cr_2O_7$ 在高温下溶解度大（100℃时为 102g/100g$H_2O$），低温下溶解度小（0℃时为 5g/100g $H_2O$），易通过重结晶法提纯；$K_2Cr_2O_7$ 不易潮解，也不含结晶水，故常用作化学分析中的基准物。

铬酸盐和重铬酸盐相互间可进行转化，这表明在铬酸盐或重铬酸盐溶液中存在如下平衡：

$$\underset{(黄色)}{2CrO_4^{2-}}+2H^+ \underset{OH^-}{\overset{H^+}{\rightleftharpoons}} \underset{(橙红色)}{Cr_2O_7^{2-}}+H_2O$$

从平衡角度来讲，在 $Cr_2O_7^{2-}$ 或 $CrO_4^{2-}$ 溶液中，$Cr_2O_7^{2-}$ 和 $CrO_4^{2-}$ 两种离子均存在，只不过在酸度不同时两者离子浓度的比例不同。实验证明，当 pH＝11 时，Cr(Ⅵ)以 $CrO_4^{2-}$ 的形式存在；当 pH＝1.2 时，Cr(Ⅵ)则以 $Cr_2O_7^{2-}$ 形式存在。

重铬酸盐大都易溶于水，而铬酸盐的溶度积非常小，除 $K^+$、$Na^+$、$NH_4^+$ 盐外，一般都难溶于水，因此在 $Cr_2O_7^{2-}$ 或 $CrO_4^{2-}$ 溶液中，加入 $Ba^{2+}$、$Pb^{2+}$、$Ag^+$ 等离子时，生成的均是铬酸盐沉淀，在此过程中完成了 $Cr_2O_7^{2-}$ 和 $CrO_4^{2-}$ 的转换。

$$2Ba^{2+} + Cr_2O_7^{2-} + H_2O \longrightarrow 2BaCrO_4\downarrow(\text{柠檬黄}) + 2H^+$$

$$Pb^{2+} + CrO_4^{2-} \longrightarrow PbCrO_4\downarrow(\text{铬黄})$$

$$2Ag^+ + CrO_4^{2-} \longrightarrow Ag_2CrO_4\downarrow(\text{砖红})$$

柠檬黄、铬黄作为颜料可用于制造油漆、油墨、水彩、油彩，还可用于色纸、橡胶、塑料制品的着色。

重铬酸盐在酸性溶液中有强氧化性，可以氧化 $H_2S$、$H_2SO_3$、HCl、HI、$FeSO_4$ 等许多物质，本身被还原为 $Cr^{3+}$。

在酸性溶液中，$Cr_2O_7^{2-}$ 还能氧化 $H_2O_2$，反应过程中先生成蓝色的过氧化铬（$CrO_5$），$CrO_5$ 不稳定，放置或微热时会分解为三价铬盐和氧气，在乙醚或戊醇中较为稳定。这是检验 Cr(Ⅵ) 和过氧化氢的灵敏反应。

$$Cr_2O_7^{2-} + 4H_2O_2 + 2H^+ \xlongequal{\text{乙醚}} 2CrO_5 + 5H_2O$$

$$4CrO_5 + 12H^+ \longrightarrow 4Cr^{3+} + 6H_2O + 7O_2\uparrow$$

化学实验中用于洗涤玻璃器皿的铬酸洗液是由重铬酸钾的饱和溶液与浓硫酸配制而成的混合物。

### 12.3.3 钼和钨的重要化合物

钼和钨在化合物中的氧化数可以为+2 到+6，其中最稳定的氧化数为+6，例如三氧化钼和三氧化钨、钼酸、钨酸及其盐。Mo(Ⅳ) 化合物则有 $MoS_2$ 和 $MoO_2$，它们存在于自然界中。W(Ⅳ) 化合物不稳定，而 W(Ⅵ) 化合物较稳定。

#### 12.3.3.1 三氧化钼和三氧化钨

$MoO_3$ 是白色粉末，加热时变黄，熔点为 795℃，沸点为 1155℃，即使在低于熔点的情况下，它也有显著的升华现象。$WO_3$ 为淡黄色粉末，加热时变为橙黄色，熔点为 1473℃，沸点为 1750℃。$MoO_3$ 和 $WO_3$ 可通过向钼酸铵或钨酸钠中加盐酸，分别析出钼酸和钨酸，再加热焙烧而得。

$$(NH_4)_2MoO_4 + 2HCl \longrightarrow H_2MoO_4\downarrow + 2NH_4Cl$$

$$H_2MoO_4 \xlongequal{\triangle} MoO_3 + H_2O$$

$MoO_3$ 和 $WO_3$ 也可由相应金属或硫化物在空气或氧气中灼烧而制得。

$$2Mo + 3O_2 \longrightarrow 2MoO_3$$

$$2MoS_2 + 7O_2 \longrightarrow 2MoO_3 + 4SO_2$$

$MoO_3$ 和 $WO_3$ 虽然都是酸性氧化物，但和 $CrO_3$ 不同，它们都不溶于水，能溶于氨水和强碱溶液生成相应的含氧酸盐。

$$MoO_3 + 2NH_3\cdot H_2O \longrightarrow (NH_4)_2MoO_4 + H_2O$$

$$WO_3 + 2NaOH \longrightarrow Na_2WO_4 + H_2O$$

这两种氧化物的氧化性极弱，仅在高温下能被氢、炭或铝还原为金属。

$$MoO_3 + 3H_2 \xlongequal{\text{高温}} Mo + 3H_2O$$

$$WO_3 + 3H_2 \xlongequal{\text{高温}} W + 3H_2O$$

#### 12.3.3.2 钼酸、钨酸及其盐

钼酸、钨酸在水中溶解度都比较小。在浓的硝酸溶液中，钼酸盐可转化为黄色的水合钼

酸（$H_2MoO_4 \cdot H_2O$），加热脱水变为白色的钼酸（$H_2MoO_4$）。

$$MoO_4^{2-} + 2H^+ + H_2O \longrightarrow H_2MoO_4 \cdot H_2O(\text{黄色})$$

$$H_2MoO_4 \cdot H_2O \xrightarrow{\triangle} H_2MoO_4 \downarrow (\text{白色}) + H_2O$$

在正钨酸盐的热溶液中加强酸，析出黄色的钨酸 $H_2WO_4$，在冷的溶液中加入过量的酸，则析出白色的胶体钨酸 $H_2WO_4 \cdot xH_2O$，白色的钨酸经长时间煮沸就转变为黄色。

$$WO_4^{2-} + 2H^+ + xH_2O \longrightarrow H_2WO_4 \cdot xH_2O \downarrow (\text{白色})$$

$$H_2WO_4 \cdot xH_2O \xrightarrow{\triangle} H_2WO_4(\text{黄色}) + xH_2O$$

钼酸和钨酸的酸性比铬酸弱，按 $H_2CrO_4$、$H_2MoO_4$、$H_2WO_4$ 的顺序，酸性明显减弱。

钼酸盐和钨酸盐（除碱金属和铵盐外）均难溶于水。钼酸盐可用作颜料、催化剂和防腐剂，钨酸盐使织物耐火，也可用于制造荧光屏。

$MoO_4^{2-}$ 和 $WO_4^{2-}$ 在酸性溶液中易脱水缩合，形成复杂的多钼或多钨酸根离子，缩合程度越大，溶液的酸性越强，最后从强酸溶液中析出水合 $MoO_3$ 或水合 $WO_3$ 沉淀。例如，

$$[MoO_4]^{2-} \xrightarrow{pH=6} [Mo_7O_{24}]^{6-} \xrightarrow{pH=1.5\sim2.9} [Mo_8O_{26}]^{4-} \xrightarrow{pH<1} MoO_3 \cdot 2H_2O$$

钼酸根　　七钼酸根　　八钼酸根　　水合三氧化钼

最常见的多钼酸盐为七钼酸铵 $(NH_4)_2MoO_4$，常用于鉴定 $PO_4^{3-}$。

$$3NH_4^+ + PO_4^{3-} + 12MoO_4^{2-} + 24H^+ \longrightarrow (NH_4)_3PO_4 \cdot 12MoO_3 \cdot 12H_2O \downarrow (\text{黄色})$$

#### 12.3.3.3 多酸和多酸盐

有些简单的含氧酸在一定条件下能缩合成为复杂的酸，称为多酸或聚多酸。由两个或两个以上相同的简单含氧酸分子脱水缩合而成的多酸称为**同多酸**。例如，

焦硫酸 $H_2S_2O_7(2SO_3 \cdot H_2O)$　　$2H_2SO_4 \longrightarrow H_2S_2O_7 + H_2O$

重铬酸 $H_2Cr_2O_7(2CrO_3 \cdot H_2O)$　　$2H_2CrO_4 \longrightarrow H_2Cr_2O_7 + H_2O$

七钼酸 $H_6Mo_7O_{24}(7MoO_3 \cdot 3H_2O)$　　$7H_2MoO_4 \longrightarrow H_6Mo_7O_{24} + 4H_2O$

同多酸的生成条件和溶液酸度、浓度有关。随着溶液酸度增大，同多酸的缩合度增加。Si、P、V、Cr、Mo、W 等元素的简单含氧酸属于弱酸，结构中有—OH，因而易缩水形成同多酸。常见的钒、钼、钨同多酸盐有偏钒酸铵 $(NH_4)_4V_4O_{12}$、钼酸铵 $(NH_4)_6Mo_7O_{24} \cdot 4H_2O$、钨酸铵 $(NH_4)_6W_7O_{24} \cdot 6H_2O$ 等。

含有不同酸酐的多酸称为**杂多酸**，如十二钼硅酸 $H_4[Si(Mo_{12}O_{40})]$、十二钨硼酸 $H_5[B(W_{12}O_{40})]$，对应的盐称为杂多酸盐。用钼酸铵试剂鉴定磷酸根所形成的黄色十二钼磷酸铵就是杂多酸盐，其对应的钼磷酸 $H_3[P(Mo_{12}O_{40})]$ 为杂多酸。已发现的杂多酸盐中以铅和钨的为最多，钒的次之。

## 12.4 锰族元素

### 12.4.1 锰族元素概述

元素周期表中 d 区ⅦB 族元素称为锰族元素，包括锰（Mn）、锝（Tc）、铼（Re）、(Bh) 四种元素。锝、 为放射性元素，铼为稀有元素。锰、锝和铼的电子层结构为 $(n-1)d^5ns^2$，$ns$ 电子、$(n-1)d$ 电子能够部分或全部参与形成化学键，因此有多种氧化数，最高氧化数为+7。锰的氧化数还有+6、+4、+3、+2 等。锰族元素从上往下，高氧化态稳定性递增，而低氧化态稳定性递减。如 $Re_2O_7$ 和 $Tc_2O_7$ 性质相似，比 $Mn_2O_7$ 稳定得多；

低氧化态稳定性恰好相反，锰以 $Mn^{2+}$ 最稳定，而锝(Ⅱ)、铼(Ⅱ)则不存在简单离子。

Mn 在自然界的储量位于过渡元素中第三位，仅次于铁和钛，主要以软锰矿（$MnO_2 \cdot xH_2O$）形式存在。锰矿经风雨浸淋，锰、铁和其他金属的氧化物胶粒被冲入海，聚集形成"锰结核（含锰 25%）"，据估计海底存有锰结核三万多亿吨，可供人类使用几千年。

Mn 主要用于制造合金钢。含 Mn 10%～15%的锰钢具有良好的抗冲击、耐磨损及耐蚀性，可用作耐磨材料，如制造粉碎机、钢轨和装甲钢板等。硫是钢铁的有害元素，在高温下与 Fe 形成低熔点的 FeS，会导致钢材在高温下开裂。锰可从 FeS 中置换出铁，自身成为 MnS 而转入渣中，将硫除去，因此在钢铁生产中锰用作脱氧剂和脱硫剂。Mn 也是生物生长的微量元素，是人体多种酶的核心部分，是植物光合作用不可缺少的部分。茶中 Mn 的含量较丰富。

## 12.4.2 锰的重要化合物

锰可呈现多种氧化态，在一定条件下，它们可以相互转化。因此，锰化合物的氧化还原性质表现极为丰富。在酸性溶液中 $Mn^{3+}$ 和 $MnO_4^{2-}$ 均易发生歧化反应。

$$2Mn^{3+} + 2H_2O = Mn^{2+} + MnO_2\downarrow + 4H^+$$

$$3MnO_4^{2-} + 4H^+ = MnO_2\downarrow + 2MnO_4^- + 2H_2O$$

酸性条件下，$Mn^{2+}$ 较稳定，不易被氧化，也不易被还原，而 $MnO_4^-$ 和 $MnO_2$ 有强氧化性。在碱性溶液中 $Mn(OH)_2$ 不稳定，易被空气中的氧气氧化为 $MnO_2$，$MnO_4^{2-}$ 也能发生歧化反应，但反应不如在酸性溶液中进行得完全。

锰的氧化物及其水合物酸碱性的递变规律是过渡元素中最典型的，如表 12-9 所示。随锰的氧化数升高，碱性逐渐减弱，酸性逐渐增强。

**表 12-9　锰的氧化物及其水合物酸碱性的递变规律**

| ←碱性增强 | | | | |
|---|---|---|---|---|
| MnO(绿) | $Mn_2O_3$(棕) | $MnO_2$(黑) | — | $Mn_2O_7$(绿) |
| $Mn(OH)_2$(白) | $Mn(OH)_3$(棕) | $Mn(OH)_4$(棕黑) | $H_2MnO_4$(绿) | $HMnO_4$(紫红) |
| 碱性 | 弱碱性 | 两性 | 酸性 | 强酸性 |
| 酸性增强→ | | | | |

### 12.4.2.1 锰(Ⅱ)盐

锰(Ⅱ)的强酸盐均溶于水，如 $MnCl_2$、$MnSO_4$、$Mn(NO_3)_2$ 等，只有少数弱酸盐如 $MnCO_3$、MnS 等难溶于水。锰(Ⅱ)能与卤素作用生成相应卤化物。从溶液中结晶出来的锰(Ⅱ)盐是带有结晶水的晶体，如 $MnSO_4 \cdot 7H_2O$、$Mn(NO_3)_2 \cdot 6H_2O$ 和 $MnCl_2 \cdot 6H_2O$ 等。这些盐的水溶液中有 $[Mn(H_2O)_6]^{2+}$，因而溶液呈现淡红色。

锰(Ⅱ)盐与碱液反应产生的白色胶状沉淀 $Mn(OH)_2$ 在空气中不稳定，迅速被氧化为棕色的 $MnO(OH)_2$（水合二氧化锰）。

$$Mn^{2+} + 2OH^- = Mn(OH)_2\downarrow\text{(白色)}$$

$$2Mn(OH)_2 + O_2 = 2MnO(OH)_2\text{(棕色)}$$

在酸性溶液中 $Mn^{2+}$（$3d^5$）比同周期其他 M(Ⅱ)如 $Cr^{2+}$（$d^4$）、$Fe^{2+}$（$d^6$）等稳定，还原性较弱，只有用强氧化剂，如 $NaBiO_3$、$PbO_2$、$(NH_4)_2S_2O_8$ 和 $H_5IO_6$ 等，才能将 $Mn^{2+}$ 氧化为呈现紫红色的高锰酸根（$MnO_4^-$）。如 $Mn^{2+}$ 在酸性条件下被 $NaBiO_3$ 氧化为 $MnO_4^-$，此反应可鉴定溶液中微量的 $Mn^{2+}$。

$$2Mn^{2+} + 14H^+ + 5NaBiO_3 = 2MnO_4^- + 5Bi^{3+} + 7H_2O + 5Na^+$$

#### 12.4.2.2 二氧化锰

$MnO_2$ 为黑色粉末，是锰最稳定的氧化物，在酸和碱中均不发生歧化反应，在酸性溶液中有强氧化性，如

$$MnO_2 + 4HCl(浓) \xlongequal{\triangle} MnCl_2 + Cl_2\uparrow + 2H_2O$$

在实验室中常利用此反应制取少量氯气。$MnO_2$ 与碱共熔，可被空气中的氧所氧化，生成绿色的锰酸盐。

$$2MnO_2 + 4KOH + O_2 \xlongequal{熔融} 2K_2MnO_4 + 2H_2O$$

在工业上 $MnO_2$ 有许多用途，如用作干电池的去极化剂，火柴的助燃剂，某些反应的催化剂，以及合成磁性记录材料铁氧体 $MnFe_2O_4$ 的原料等。

#### 12.4.2.3 锰酸盐、高锰酸盐

(1) 锰酸盐

常见的氧化数为+6 的锰的化合物是 $K_2MnO_4$，为深绿色晶体，在强碱溶液中较稳定。$K_2MnO_4$ 是在空气或其他氧化剂（如 $KClO_3$，$KNO_3$ 等）存在下，由 $MnO_2$ 和碱金属氢氧化物或碳酸盐共熔而制得的。

$$3MnO_2 + 6KOH + KClO_3 \xlongequal{熔融} 3K_2MnO_4 + KCl + 3H_2O$$

锰酸盐在酸性溶液中易发生歧化反应。

$$3MnO_4^{2-} + 4H^+ \xlongequal{} 2MnO_4^- + MnO_2 + 2H_2O$$

在中性或弱碱性溶液中也发生歧化反应，但趋势及速率低。

$$3MnO_4^{2-} + 2H_2O \xlongequal{} 2MnO_4^- + MnO_2 + 4OH^-$$

锰酸盐在酸性溶液中有强氧化性，但其不稳定，不用作氧化剂。

(2) 高锰酸盐

$KMnO_4$ 是深紫色晶体，能溶于水，是一种最重要和最常用的强氧化剂之一。工业上常用电解 $K_2MnO_4$ 的碱性溶液或用 $Cl_2$ 氧化 $K_2MnO_4$ 来制备 $KMnO_4$。

用电解氧化法制备 $KMnO_4$，反应产率高，利用率也高，得到的 KOH 可用于制备 $K_2MnO_4$。

$$阳极反应：2MnO_4^{2-} - 2e^- \xlongequal{} 2MnO_4^-$$

$$阴极反应：2H_2O + 2e^- \xlongequal{} H_2\uparrow + 2OH^-$$

$$总反应：2MnO_4^{2-} + 2H_2O \xlongequal{电解} 2MnO_4^- + H_2\uparrow + 2OH^-$$

$KMnO_4$ 在酸性溶液中会缓慢地分解而析出 $MnO_2$，光对此分解有催化作用，因此 $KMnO_4$ 必须保存在棕色瓶中。

$$4MnO_4^- + 4H^+ \xlongequal{} 4MnO_2\downarrow + 3O_2\uparrow + 2H_2O$$

$MnO_4^-$ 在浓碱介质中会分解成 $MnO_4^{2-}$ 和 $O_2$。

$$4MnO_4^- + 4OH^- \xlongequal{} 4MnO_4^{2-} + O_2\uparrow + 2H_2O$$

$KMnO_4$ 的氧化能力随介质的酸性减弱而减弱，其还原产物也因介质的酸碱性不同而变化。$MnO_4^-$ 在酸性、中性（或微碱性）、强碱介质中的还原产物分别为 $Mn^{2+}$、$MnO_2$ 及 $MnO_4^{2-}$。

$$酸性：\underset{(紫色)}{2MnO_4^-} + 5SO_3^{2-} + 6H^+ \xlongequal{} \underset{(淡红色或无色)}{2Mn^{2+}} + 5SO_4^{2-} + 3H_2O$$

$$中性：2MnO_4^- + 3SO_3^{2-} + H_2O \xlongequal{} \underset{(棕色)}{2MnO_2\downarrow} + 3SO_4^{2-} + 2OH^-$$

$$碱性：2MnO_4^- + SO_3^{2-} + 2OH^- \xlongequal{} \underset{(绿色)}{2MnO_4^{2-}} + SO_4^{2-} + H_2O$$

在酸性条件下，$KMnO_4$ 与 $H_2C_2O_4$ 定量反应，用于标定 $KMnO_4$ 溶液浓度，

$$2MnO_4^- + 6H^+ + 5H_2C_2O_4 \longrightarrow 2Mn^{2+} + 10CO_2\uparrow + 8H_2O$$

$MnO_4^-$（四面体构型）在水溶液中呈紫色。从 Mn(Ⅶ）的价电子层结构（$3d^04s^0$）来看，没有 3d 电子，似应为无色。$MnO_4^-$ 的显色是由于 Mn—O 之间有较强的极化效应，当 $MnO_4^-$ 吸收部分可见光后使 $O^{2-}$ 一端的电子向 Mn(Ⅶ）跃迁，这种跃迁称为**电荷转移跃迁**，从而使 $MnO_4^-$ 呈紫色。过渡金属含氧酸根中常有电荷转移跃迁，导致它们常有很深的颜色，如 $VO_4^{3-}$（黄色）、$CrO_4^{2-}$（黄色）、$MoO_4^{2-}$（黄色）、$MnO_4^{2-}$（绿色）。

$KMnO_4$ 在化学工业中用于生产维生素 C、糖精等，在轻化工业中用作纤维、油脂的漂白剂和脱色剂，在医疗上用作杀菌消毒剂，在日常生活中可用于饮食用具、器皿、蔬菜、水果等消毒。

**12.4.2.4 锝和铼**

锝是第一种人工合成的元素，由于锝稀少以及处理放射性物质引起的有关问题，致使人们对锝的认知有限。

铼金属晶体为银白色，粉末是灰色的。铼的密度大，为 $20.8g \cdot cm^{-3}$，仅次于 Os、Ir 和 Pt，且熔点高达 3185℃，仅次于最难熔的金属钨。但是，与钨相比铼有不少优点，在真空中，钨丝的机械强度、可塑性、延展性和稳定性都不如铼好，在钨中掺进少许铼，就会使制出的灯丝性质大大改观。将铼镀在灯泡中的钨丝上，可使灯泡的寿命延长 5 倍以上。铼是制造火箭、人造卫星外壳的理想材料。铼可用来制造高温热电偶，可以测量 2000℃的高温。在原子能工业中，铼用作原子反应堆的衬套反射保护板。

铼和其他金属制成的合金硬度大、耐高温、难磨损。铼合金也可用于制作钢笔笔尖，还可用于制造精密仪表。铼合金做的弹簧，弹性好、不容易变形。

铼的化学性质很稳定。一般的酸、碱不能腐蚀它，就是腐蚀性很强的氢氟酸，也对它无可奈何。因此，常常用铼来替代铂作为有机合成工业中的催化剂，比如用于石油氢化、醇类脱氢制造醛和酮等。

# 12.5 铁系和铂系元素

## 12.5.1 铁系和铂系元素概述

元素周期表中第Ⅷ族包括铁(Fe)、钴(Co)、镍(Ni)、钌(Ru)、铑(Rh)、钯(Pd)、锇(Os)、铱(Ir)、铂(Pt)、 (Hs)、 (Mt)、 (Ds) 共 12 种元素。由于镧系收缩的结果，使得同周期元素比同纵列元素在性质上更为相似些，因此把第一过渡系的 Fe、Co、Ni 称为**铁系元素**，第二、三过渡系的 6 种元素称为**铂系元素**。铂系元素分布分散，丰度低，价格昂贵且具有相似的物理、化学性质，与金、银元素一并称为贵金属元素。

**12.5.1.1 铁系元素**

铁系元素中 3d 电子超过 5 个，全部 d 电子参与成键的趋势减小。只有 d 电子最少的铁可形成不稳定的、氧化数为+6（如高铁酸根 $FeO_4^{2-}$）的化合物。通常，Fe 的氧化数以+2、+3 为主，其中氧化数为+3 的化合物最稳定；Co 的氧化数可为+2、+3；Ni 主要形成氧化数为+2 的化合物。

Fe 在地壳中丰度排行第四，主要以化合态形式存在。铁矿主要有赤铁矿（$Fe_2O_3$）、磁铁矿（$Fe_3O_4$）和黄铁矿（$FeS_2$）。在自然界中还存在多种多样的硅酸铁矿。Co 和 Ni 在自然界中常共生，主要矿物有辉钴矿（CoAsS）和镍黄铁矿（NiS·FeS）。海底的锰结核中 Ni

的储量最大。此外，Ni 也是陨石重要的组分之一，含量高达 5%～20%，常用来区分陨石和其他矿物。

Fe、Co、Ni 的单质都是具有光泽的银白色金属，密度大、熔点高。铁有生铁和熟铁之分，生铁含碳为 1.7%～4.5%，熟铁含碳为 0.1% 以下，而钢的含碳量介于二者之间。Co 中含有少量碳（0.3%）时会增大钴金属的抗张强度和耐压强度。Fe 和 Ni 具有较好的延展性，而 Co 较硬而脆。Fe、Co、Ni 都具有磁性，在外加磁场作用下磁性增强，当外加磁场被移走后，仍保持很强的磁性，所以称为铁磁性物质。

Fe、Co、Ni 均为中等活泼的金属，能从非氧化性酸中置换出 $H_2$（钴反应较慢）。浓碱溶液能侵蚀铁，但冷的浓硝酸可使 Fe、Co、Ni 钝化，因此储运浓 $HNO_3$ 的容器和管道可用铁制品。Co 和 Ni 在强碱中的稳定性比铁高，因此实验室在熔融碱性物质时最好用 Ni 坩埚。

#### 12.5.1.2 铂系元素

铂系元素在自然界中几乎完全以单质形式存在，高度分散于各种矿石中。最重要的是天然铂矿（铂系金属共生，铂为主要成分）和锇铱矿（同时含钌和铑）。

铂系元素原子的最外电子层（$n$s）电子数为 1 或 0（除锇和铱为 2 外）。它们形成高氧化态的倾向在周期表中由左向右逐渐减小，从上往下逐渐增大。

在铂系元素中，除金属锇呈蓝灰色外，其余的都呈银白色。同周期中它们的熔、沸点从左至右逐渐降低。钌和锇硬度大而脆，其余的铂系金属均有延展性。纯净的铂也具有一定的可塑性。多数铂系金属能吸收气体，其中钯的吸氢能力最大（钯溶解氢的体积比为 1∶700）。所有铂系金属都有催化性能，如用 Pt-Rh（90∶10）合金或 Pt-Ru-Pd（90∶5∶5）合金作催化剂，通过氨氧化法可制得硝酸。

铂系元素有很高的化学稳定性。在常温下，它们均为惰性金属，不与非氧化性酸反应。钯能溶于浓硝酸和热硫酸；铂不能溶于硝酸、氢氟酸，但能溶于王水；而钌和锇、铑和铱不但不溶于普通强酸，甚至也不溶于王水。

$$3Pt + 4HNO_3 + 18HCl \xlongequal{} 3H_2[PtCl_6] + 4NO\uparrow + 8H_2O$$

$$Pd + 4HNO_3(浓) \xlongequal{} Pd(NO_3)_2 + 2NO_2\uparrow + 2H_2O$$

铂系金属主要用于化学工业及电气工业方面，其中以铂和钯的实际应用最广。铂（俗称白金）化学稳定性很高，又耐高温，故常用它制造各种反应器皿、蒸发皿、坩埚、电极、铂网等。但熔化的苛性碱或过氧化钠对铂的腐蚀很严重，在高温时铂能被还原性物质（如碳、硫、磷）侵蚀，因而使用铂器皿需要遵守一定的原则。铑硬度大且作为镀层具有良好反光性能，因此常电镀于其他金属上，也可用作电子电路中的接触点材料。铂和铂铑合金常用作热电偶，锇、铱合金常用来制造一些仪器（如指南针）的主要零件以及自来水笔的笔尖头。较大数量的铂合金（含铂 90%）用于打造首饰。

### 12.5.2 铁、钴、镍的化合物

Fe、Co、Ni 的价层电子构型依次为 $3d^64s^2$、$3d^74s^2$ 和 $3d^84s^2$，铁系元素能形成 +2、+3 两种常见氧化数的化合物，其中 Fe 以 +3 氧化数而 Co 和 Ni 以 +2 氧化数的化合物较为稳定。这是由于 $Fe^{2+}$（$3d^6$）再失去 1 个 3d 电子能成为半充满的稳定结构（$3d^5$），而 $Co^{2+}$（$3d^7$）和 $Ni^{2+}$（$3d^8$）却不能，因此相应地容易得到 Fe(Ⅲ) 的化合物，而不易得到 Ni(Ⅲ) 的化合物。

#### 12.5.2.1 氧化物和氢氧化物

（1）氧化物

铁系元素的氧化物有低氧化态和高氧化态。低氧化态的 FeO（黑色）、CoO（灰绿色）、

NiO（暗绿色）具有碱性，溶于强酸而不溶于碱。高氧化态的 $Fe_2O_3$（砖红色）、$Co_2O_3$（黑色）、$Ni_2O_3$（黑色）是难溶于水的两性氧化物，但以碱性为主，它们的氧化能力按 Fe、Co、Ni 顺序递增，稳定性递减。

$$Fe_2O_3+6HCl \xlongequal{} 2FeCl_3+3H_2O$$
$$Ni_2O_3+6HCl \xlongequal{} 2NiCl_2+3H_2O+Cl_2\uparrow$$

铁除了生成氧化数为+2、+3 的氧化物之外，还能形成混合价态氧化物 $Fe_3O_4$（黑色），经 X 射线研究证明 $Fe_3O_4$ 是一种铁酸盐，即 $Fe^{II}[Fe_2^{III}O_4]$。

（2）氢氧化物

铁系元素的氢氧化物均难溶于水，它们的氧化还原性及变化规律与其氧化物相似，如表 12-10 所示。

**表 12-10 铁系元素氢氧化物的性质**

| 氢氧化物 | $Fe(OH)_2$ | $Fe(OH)_3$ | $Co(OH)_2$ | $CoO(OH)$ | $Ni(OH)_2$ | $NiO(OH)$ |
|---|---|---|---|---|---|---|
| 颜色 | 白色 | 红棕色 | 粉红或蓝色 | 棕黑色 | 浅绿色 | 黑色 |
| 氧化还原性 | 还原性 | 氧化性 | 还原性 | 氧化性 | 弱还原性 | 强氧化性 |
| 酸碱性 | 碱性 | 碱性 | 两性 | 碱性 | 碱性 | 碱性 |

由表可知：氧化数为+2 的氢氧化物的还原性依 Fe、Co、Ni 顺序减弱，氧化数为+3 的氢氧化物的氧化性依 Fe、Co、Ni 顺序增强，例如，$Fe(OH)_3$ 与盐酸只能发生中和作用，而 $CoO(OH)$ 却能氧化盐酸，放出氯气。

$$Fe(OH)_3+3HCl \xlongequal{} FeCl_3+3H_2O$$
$$2CoO(OH)+6HCl \xlongequal{} 2CoCl_2+Cl_2\uparrow+4H_2O$$

$Fe(OH)_2$ 很不稳定，容易被氧化。

$$Fe^{2+}+2OH^- \xlongequal{} Fe(OH)_2\downarrow$$
$$4Fe(OH)_2+O_2+2H_2O \xlongequal{} 4Fe(OH)_3\downarrow$$

$Co(OH)_2$ 虽比 $Fe(OH)_2$ 稳定，但在空气中也能缓慢地被氧化成棕黑色的 $CoO(OH)$。$Ni(OH)_2$ 则更稳定，长久置于空气中也不被氧化，除非遇强氧化剂才能变为黑色 $NiO(OH)$。

### 12.5.2.2 盐类

（1）M(Ⅱ) 盐

铁(Ⅱ)、钴(Ⅱ)、镍(Ⅱ) 的强酸盐都易溶于水，并有微弱的水解，因而溶液显酸性。强酸盐从水溶液中析出结晶时，往往带有一定数目的结晶水，如 $MCl_2\cdot 6H_2O$、$M(NO_3)_2\cdot 6H_2O$、$MSO_4\cdot 7H_2O$。水合盐晶体及其水溶液呈现各种颜色，如 $[Fe(H_2O)_6]^{2+}$ 为浅绿色，$[Co(H_2O)_6]^{2+}$ 为粉红色，$[Ni(H_2O)_6]^{2+}$ 为苹果绿色。

铁系元素的硫酸盐都能和碱金属或铵的硫酸盐形成复盐，如硫酸亚铁铵 $(NH_4)_2SO_4\cdot FeSO_4\cdot 6H_2O$（俗称莫尔盐）比相应的亚铁盐 $FeSO_4\cdot 7H_2O$（俗称绿矾）更稳定，不易被氧化，是化学分析中常用的还原剂和 Fe(Ⅱ) 试剂，用于标定 $KMnO_4$ 标准溶液等。

$FeSO_4\cdot 7H_2O$ 在空气中逐渐失去结晶水，风化得到无水 $FeSO_4$。无水 $FeSO_4$ 为白色粉状物，加热则分解为 $Fe_2O_3$ 和硫的氧化物。

$$2FeSO_4\cdot 7H_2O \xlongequal{\triangle} Fe_2O_3+SO_3\uparrow+SO_3\uparrow+7H_2O$$

$FeSO_4$ 用途广泛，常用来制作蓝黑墨水，此外，$FeSO_4$ 还常用作媒染剂、鞣革剂和木材防腐剂等。

Co(Ⅱ) 盐主要有 $CoSO_4\cdot 7H_2O$ 和 $CoCl_2\cdot 6H_2O$。其中 $CoCl_2\cdot 6H_2O$ 是常用的钴盐，在受热过程中伴随着颜色变化。

$$CoCl_2 \cdot 6H_2O \underset{52℃}{\rightleftharpoons} CoCl_2 \cdot 2H_2O \underset{90℃}{\rightleftharpoons} CoCl_2 \cdot H_2O \underset{120℃}{\rightleftharpoons} CoCl_2$$
$$\text{(粉红)} \qquad \text{(紫红)} \qquad \text{(蓝紫)} \qquad \text{(蓝)}$$

根据颜色变化，可判断其含结晶水的情况，根据这一特性氯化钴可用作硅胶干燥剂的指示剂，用来指示硅胶的吸水情况。$[Co(H_2O)_6]^{2+}$ 显粉红色，用其稀溶液在白纸上写的字几乎看不出字迹。将此白纸烘热脱水即显出蓝色字迹，吸收潮气后字迹再次隐去，所以 $CoCl_2$ 溶液被称为隐显墨水。

$Ni(Ⅱ)$ 盐以硫酸镍（$NiSO_4 \cdot 7H_2O$）最为常见，为绿色晶体。常利用金属镍与硫酸或硝酸反应制备硫酸镍，硫酸镍大量用于电镀工业。

$$2Ni + 2HNO_3 + 2H_2SO_4 = 2NiSO_4 + NO_2\uparrow + NO\uparrow + 3H_2O$$

（2）$M(Ⅲ)$ 盐

在铁系元素中，$Co^{3+}$ 和 $Ni^{3+}$ 具有强氧化性，只有 $Fe^{3+}$ 能够形成稳定的可溶性盐，常见的可溶性盐有：橘黄色的 $FeCl_3 \cdot 6H_2O$，浅紫色的 $Fe(NO_3)_3 \cdot 6H_2O$，浅黄色的 $Fe_2(SO_4)_3 \cdot 12H_2O$ 和浅紫色的 $NH_4Fe(SO_4)_2 \cdot 12H_2O$ 等。另外，水合离子 $[Fe(H_2O)_6]^{3+}$ 也存在于强酸（pH=0 左右）溶液中。

$Fe(OH)_3$ 比 $Fe(OH)_2$ 的碱性更弱，所以 $Fe(Ⅲ)$ 盐较 $Fe(Ⅱ)$ 盐更易水解，而使溶液显黄色或红棕色。

$$[Fe(H_2O)_6]^{3+} + H_2O = [Fe(OH)(H_2O)_5]^{2+} + H_3O^+$$
$$[Fe(OH)(H_2O)_5]^{2+} + H_2O = [Fe(OH)_2(H_2O)_4]^+ + H_3O^+$$

若增大 pH，将会进一步缩聚成红棕色的胶状溶液。当 pH≈4~5 时，即形成水合三氧化二铁沉淀。氯化铁或硫酸铁用作净水剂，就是利用这一性质，它们的胶状水解物易吸附水中悬浮物质聚沉，浑浊的水即变清澈。

$Fe^{3+}$ 的氧化性虽远不如 $Co^{3+}$ 和 $Ni^{3+}$，但仍属中强氧化剂，在酸性溶液中能氧化一些典型的还原剂，例如，

$$2FeCl_3 + 2KI = 2FeCl_2 + I_2 + 2KCl$$
$$2FeCl_3 + H_2S = 2FeCl_2 + S + 2HCl$$

工业上常用浓的 $FeCl_3$ 溶液在铁制品上蚀刻字样，或在铜板上腐蚀出印刷电路，就是利用 $Fe^{3+}$ 的氧化性。

$$2FeCl_3 + Fe = 3FeCl_2$$
$$2FeCl_3 + Cu = 2FeCl_2 + CuCl_2$$

无水 $FeCl_3$ 的熔点（282℃）、沸点（315℃）都比较低，可用升华法提纯；无水 $FeCl_3$ 能够溶于丙酮等多种有机溶剂中。这些现象说明无水 $FeCl_3$ 具有明显的共价性。在 400℃ 时，气态的 $FeCl_3$ 以二聚分子 $Fe_2Cl_6$ 的形式存在，其结构与 $AlCl_3$ 很相似。

#### 12.5.2.3 铁系配合物

铁、钴、镍的电子层结构决定了它们都是易配位的形成体，它们的中性原子、氧化数为 +2 或 +3 的阳离子都可以作为中心离子形成配合物。其中较重要的配合物有氨配合物、氰配合物、硫氰配合物及羰基配合物等。

（1）氨合物

$Co^{3+}$ 的氧化性很强，可将 $Mn^{2+}$ 和水氧化。

$$5Co^{3+} + Mn^{2+} + 4H_2O = MnO_4^- + 5Co^{2+} + 8H^+$$
$$4Co^{3+} + 2H_2O = 4Co^{2+} + 4H^+ + O_2\uparrow$$

$Fe^{2+}$、$Co^{2+}$、$Ni^{2+}$ 均能和氨形成氨合配离子，其氨合配离子的稳定性按 $Fe^{2+}$、$Co^{2+}$、$Ni^{2+}$ 顺序依次增强。$Fe^{2+}$ 难以形成稳定的氨合物。

由于 $Fe^{3+}$ 强烈水解，所以在其水溶液中加入氨时，不会生成氨合物，而是生成 $Fe(OH)_3$

沉淀。

在 $Co^{2+}$ 的水溶液中加入过量氨水，会生成黄色的 $[Co(NH_3)_6]^{2+}$，在空气中易被氧化成稳定的红褐色的 $[Co(NH_3)_6]^{3+}$。

$$4[Co(NH_3)_6]^{2+} + O_2 + 2H_2O \longrightarrow 4[Co(NH_3)_6]^{3+} + 4OH^-$$

$Co^{3+}$ 在氨水和酸性溶液中的标准电极电势对比如下：

$$[Co(NH_3)_6]^{3+} + e^- \longrightarrow [Co(NH_3)_6]^{2+} \quad \varphi_A^{\ominus} = 0.108V$$

$$[Co(H_2O)_6]^{3+} + e^- \longrightarrow [Co(H_2O)_6]^{2+} \quad \varphi_A^{\ominus} = 1.92V$$

可见 $Co^{3+}$ 很不稳定，氧化性很强，而 Co(Ⅲ) 氨合物的氧化性大为减弱，稳定性显著增强。

$Ni^{2+}$ 在过量氨水中生成蓝紫色的 $[Ni(NH_3)_6]^{2+}$，稳定性比 $[Co(NH_3)_6]^{2+}$ 高，不易被氧化成 Ni(Ⅲ) 配离子。

(2) 氰合物

$Fe^{2+}$、$Co^{2+}$、$Ni^{2+}$、$Fe^{3+}$ 等离子均能与 $CN^-$ 形成配合物。$Fe^{2+}$ 与 KCN 溶液作用，先析出白色 $Fe(CN)_2$ 沉淀，随即溶解形成 $[Fe(CN)_6]^{4-}$，其钾盐 $K_4[Fe(CN)_6]$ 简称亚铁氰化钾，俗称黄血盐，为柠檬黄色晶体。

$$Fe^{2+} + 2CN^- \longrightarrow Fe(CN)_2 \downarrow (白)$$

$$Fe(CN)_2 + 4CN^- \longrightarrow [Fe(CN)_6]^{4-}$$

$[Fe(CN)_6]^{4-}$ 在溶液中相当稳定，溶液中几乎没有 $Fe^{2+}$，通入氯气可以将 $[Fe(CN)_6]^{4-}$ 氧化为 $[Fe(CN)_6]^{3-}$。

$$2[Fe(CN)_6]^{4-} + Cl_2 \longrightarrow 2[Fe(CN)_6]^{3-} + 2Cl^-$$

此溶液中可析出 $K_3[Fe(CN)_6]$ 深红色晶体，俗名赤血盐。它主要用于印制板、照片洗印及显影，也用于晒制蓝图纸等。

在水溶液中赤血盐的毒性比黄血盐大得多。赤血盐受强烈日光照射，能进行光学反应而产生剧毒氰气，应保存在密闭的棕色瓶中。

在含有 $Fe^{2+}$ 的溶液中加入铁氰化钾，或在 $Fe^{3+}$ 的溶液中加入亚铁氰化钾，都有蓝色沉淀生成，而且这两种蓝色沉淀的组成均为 $[KFe(CN)_6Fe]$，常用来分别鉴定 $Fe^{2+}$ 和 $Fe^{3+}$。

$$K^+ + Fe^{2+} + [Fe(CN)_6]^{3-} \longrightarrow [KFe(CN)_6Fe] \downarrow (滕氏蓝)$$

$$K^+ + Fe^{3+} + [Fe(CN)_6]^{4-} \longrightarrow [KFe(CN)_6Fe] \downarrow (普鲁士蓝)$$

这两种蓝色配合物广泛用于染料、油漆和油墨工业，也用于蜡笔、图画颜料的制造。

$[Fe(CN)_6]^{4-}$ 也能与其他金属离子形成具有特殊颜色的难溶化合物，如 $Cu^{2+}$(红棕)、$Co^{2+}$(绿)、$Cd^{2+}$(白)、$Mn^{2+}$(白)、$Ni^{2+}$(绿)、$Pb^{2+}$(白)、$Zn^{2+}$(白) 等，在实验室中，常用黄血盐来检验 $Cu^{2+}$。

$$2Cu^{2+} + [Fe(CN)_6]^{4-} \longrightarrow Cu_2[Fe(CN)_6]$$

$Co^{2+}$ 与 KCN 溶液作用，先析出红色水合氰化物沉淀，与过量 KCN 溶液作用，形成紫红色的 $K_4[Co(CN)_6]$ 晶体。

$$Co^{2+} \xrightarrow{KCN} Co(CN)_2 \downarrow \xrightarrow{过量KCN} K_4[Co(CN)_6]$$

$Ni^{2+}$ 与 $CN^-$ 反应先形成灰蓝色水合氰化物沉淀，此沉淀溶于过量的含 $CN^-$ 溶液中，形成橙黄色的 $[Ni(CN)_4]^{2-}$。此配离子是 $Ni^{2+}$ 最稳定的配合物之一，具有平面正方形结构，在较浓的含 $OCN^-$ 溶液中可形成深红色的 $[Ni(OCN)_5]^{3-}$。

$$Ni^{2+} + CN^-(过) \longrightarrow [Ni(CN)_4]^{2-} \xrightarrow{OCN^-} [Ni(OCN)_5]^{3-}$$

(3) 硫氰合物

向 $Fe^{3+}$ 溶液中加入硫氰化钾 KSCN 或硫氰化铵 $NH_4SCN$，溶液立即呈现血红色。

$Fe^{3+}$ 与 $SCN^-$ 反应，形成血红色的 $[Fe(NCS)_n]^{3-n}$。

$$Fe^{3+}+nSCN^- = [Fe(NCS)_n]^{3-n} (n=1\sim6)$$

$n$ 的值随溶液中的 $SCN^-$ 浓度和酸度而定。这是鉴定 $Fe^{3+}$ 的灵敏反应之一，此反应常用于 $Fe^{3+}$ 的比色分析。该反应必须在酸性条件下进行，如酸性弱，$Fe^{3+}$ 易水解形成 $Fe(OH)_3$ 沉淀，异硫氰合铁的配合物将难以形成。

$Co^{2+}$ 与 $SCN^-$ 反应形成蓝色的 $[Co(NCS)_4]^{2-}$，在有机相如丙酮或戊醇中较稳定，在定性分析化学中用于鉴定 $Co^{2+}$。

(4) 羰合物

铁系元素的另一化学特征是它们的单质能与 CO 配位，形成羰基化合物，如 $[Fe(CO)_5]$、$[CO_2(CO)_8]$、$[Ni(CO)_4]$ 等。其中铁、钴、镍的氧化数为 0。这些羰基化合物熔、沸点一般低，容易挥发，且热稳定性差，容易分解析出单质，例如高纯铁粉的制备。

$$Fe+5CO \xrightarrow{200MPa,200℃} [Fe(CO)_5] \xrightarrow{200\sim250℃} 5CO+Fe(高纯)$$

利用这一性质可以提纯金属。

# 12.6 铜族元素

## 12.6.1 铜族元素概述

周期表ⅠB族元素被称为铜族元素，包括铜(Cu)、银(Ag)、金(Au)、轮(Rg) 四种金属元素，它们原子的价电子构型为 $(n-1)d^{10}ns^1$，与碱金属相似，最外层只有 1 个 s 电子，都能形成 M(Ⅰ) 化合物，但铜族元素都是不活泼的重金属，而碱金属都是活泼的轻金属。

### 12.6.1.1 铜族元素通性

自然界中，Cu、Ag、Au 都可以单质形式存在，早期用作铸造货币，又称货币金属。金常以单质形式散存于岩石（岩脉金）或砂砾（冲积金）中。Cu、Ag 主要以硫化物矿和氧化物矿的形式存在。例如，辉铜矿($Cu_2S$)、黄铜矿($CuFeS_2$)、赤铜矿($Cu_2O$)、孔雀石 $[Cu_2(OH)_2CO_3]$、蓝铜矿$[Cu_3(OH)_2(CO_3)_2]$、银矿($Ag_2S$) 和角银矿(AgCl) 等。

Cu 常见的氧化数为+1、+2，银为+1，金为+1、+3。铜族金属离子具有较强的极化力，本身变形性又大，它们的二元化合物通常具有相当程度的共价性。与其他过渡元素类似，易形成配合物。

### 12.6.1.2 铜族元素单质

铜、银、金是人类最早熟悉的金属，纯铜为红色，金为黄色，银为银白色。这三种金属的导热、导电能力极强。它们的密度大于 $5g \cdot cm^{-3}$，都是重金属，其中金的密度最大，为 $19.3g \cdot cm^{-3}$。与前面所述过渡元素相比，铜族元素熔点、沸点相对较低，硬度小，有极好的延展性和可塑性，金更为突出，1g 金可以拉成长达 3.4km 的金丝，也能辗压成 0.0001mm 厚的金箔。另外，铜族元素还有抗腐蚀性强、易形成合金等特性。

铜族元素化学活泼性较差，并按铜、银、金的顺序减弱。在干燥空气中铜很稳定，在加热的条件下会形成氧化铜或氧化亚铜，在含有 $CO_2$ 的潮湿空气中，铜表面会慢慢生成一层绿色的铜锈。

$$2Cu+O_2+H_2O+CO_2 = Cu_2(OH)_2CO_3$$

银的抗腐蚀性很强，生产化学试剂的许多设备和器皿都是银制的，在熔化强碱 KOH 时，银锅就是最理想的容器。金的化学性质更不活泼，在高温下金是唯一不与氧气起反应的金属，也是铜族金属中唯一不与硫直接反应的金属。

银的活泼性介于铜和金之间。银在室温下不与氧气和水作用，即使在高温下也不与氢、氮或碳作用，与卤素反应较慢，在室温下若与含有 $H_2S$ 的空气接触，表面因蒙上一层 $Ag_2S$ 而发暗，这是银币和银首饰变暗的原因。

$$4Ag+2H_2S+O_2 \longrightarrow 2Ag_2S+2H_2O$$

铜、银、金均不溶于非氧化性稀酸，但铜、银能溶于硝酸、热的浓硫酸，金只能溶于王水。

$$2Ag+2H_2SO_4(浓) = Ag_2SO_4+SO_2\uparrow+2H_2O$$

$$Ag+2HNO_3(65\%) = AgNO_3+NO_2\uparrow+H_2O$$

$$Au+HNO_3+4HCl = H[AuCl_4]+NO\uparrow+2H_2O$$

## 12.6.2 铜的重要化合物

### 12.6.2.1 氧化物和氢氧化物

CuO 为黑色碱性氧化物，不溶于水，可溶于酸，可通过加热分解硝酸铜或碳酸铜的方法制得。CuO 热稳定性很高，加热到 1000℃才开始分解为暗红色的 $Cu_2O$。

$$2Cu(NO_3)_2 \xlongequal{\triangle} 2CuO+4NO_2\uparrow+O_2\uparrow$$

$$4CuO \xlongequal{1000℃} 2Cu_2O+O_2\uparrow$$

CuO 具有一定的氧化性，在高温下可被 $H_2$、C、CO、$NH_3$ 等还原成单质铜。

$$3CuO+2NH_3 \xlongequal{高温} 3Cu+3H_2O+N_2$$

CuO 还是高温超导材料，如 Bi-Sr-Ca-CuO、Ti-Ba-Ca-CuO 等都是超导转变温度超过了 120K 的新材料。

$Cu_2O$ 为红色弱碱性氧化物，不溶于水，可通过在碱性介质中还原 Cu(Ⅱ) 制备，用葡萄糖作还原剂时，反应如下：

$$2[Cu(OH)_4]^{2-}+C_6H_{12}O_6 \longrightarrow$$

$$Cu_2O\downarrow+4OH^-+C_6H_{12}O_7+2H_2O$$

$Cu_2O$ 热稳定性好，在 1235℃熔化但不分解，易溶于稀酸，并立即歧化为 Cu 和 $Cu^{2+}$。

$$Cu_2O+2H^+ = Cu^{2+}+Cu+H_2O$$

$Cu_2O$ 与盐酸反应形成难溶于水的 CuCl。

$$Cu_2O+2HCl = 2CuCl\downarrow(白色)+H_2O$$

此外，它还能溶于氨水，形成无色配离子 $[Cu(NH_3)_2]^+$。

$$Cu_2O+4NH_3+H_2O = 2[Cu(NH_3)_2]^++2OH^-$$

但 $[Cu(NH_3)_2]^+$ 遇到空气则被氧化为深蓝色的 $[Cu(NH_3)_2]^{2+}$。

$$4[Cu(NH_3)_2]^++O_2+8NH_3+2H_2O = 4[Cu(NH_3)_4]^{2+}+4OH^-$$

$Cu_2O$ 主要用作玻璃、搪瓷工业的红色颜料。由于 $Cu_2O$ 具有半导体性质，可用它和铜制造亚铜整流器，还可用于制造船底防污漆（用来杀死低级海生动物）和杀虫剂。

$Cu(OH)_2$ 受热易分解，当温度达到 80℃时脱水变成黑色的 CuO。

$$Cu(OH)_2 \xlongequal{\triangle} CuO+H_2O$$

$Cu(OH)_2$ 两性偏碱，易溶于酸，也能溶于浓的强碱溶液中，生成亮蓝色的 $[Cu(OH)_4]^{2-}$。

$$Cu(OH)_2+2H^+ = Cu^{2+}+2H_2O$$

$$Cu(OH)_2+2OH^- = [Cu(OH)_4]^{2-}$$

$[Cu(OH)_4]^{2-}$ 可被葡萄糖还原为暗红色的 $Cu_2O$，医学上用此反应来检查糖尿病。

$$2[Cu(OH)_4]^{2-}+\underset{(葡萄糖)}{C_6H_{12}O_6} \longrightarrow Cu_2O\downarrow+\underset{(葡萄糖酸)}{C_6H_{12}O_7}+4OH^-+2H_2O$$

### 12.6.2.2 盐类

(1) 氯化亚铜 (CuCl)

在热的浓盐酸中，用铜粉还原 $CuCl_2$，生成无色的 $[CuCl_2]^-$，用水稀释即可得到难溶于水的白色 CuCl 沉淀。

$$Cu^{2+}+Cu+4Cl^- = 2[CuCl_2]^-$$

$$2[CuCl_2]^- \xrightarrow{H_2O} 2CuCl\downarrow +2Cl^-$$

总反应为 $$Cu^{2+}+Cu+2Cl^- = 2CuCl\downarrow$$

用 $SnCl_2$ 还原 $CuCl_2$ 也可得 CuCl。

$$2CuCl_2+SnCl_2 = 2CuCl\downarrow +SnCl_4$$

CuCl 的 HCl 溶液能吸收 CO，形成氯化羰基亚铜 $[CuCl(CO)]\cdot H_2O$，此反应在气体分析中可用于测定混合气体中 CO 的含量。在有机合成中常用 CuCl 作催化剂和还原剂。

CuCl 不溶于硫酸、稀硝酸，但可溶于氨水、浓盐酸等形成 $[Cu(NH_3)_2]^+$、$[CuCl_2]^-$。

(2) 氯化铜 ($CuCl_2$)

$CuCl_2$ 为棕黄色固体，可由单质直接化合而成。它是共价化合物，其结构为由 $CuCl_4$ 平面组成的长链，如图 12-3 示。

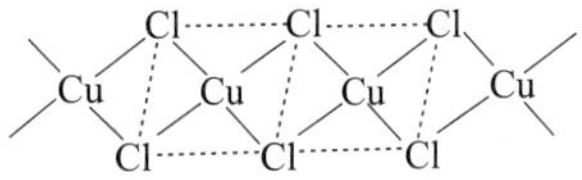


图 12-3 无水 $CuCl_2$ 链状结构示意图

$CuCl_2$ 不但易溶于水，而且易溶于一些有机溶剂（如乙醇、丙酮）。在高浓度的 $CuCl_2$ 溶液中，可形成黄色 $[CuCl_4]^{2-}$。

$$Cu^{2+}+4Cl^- = [CuCl_4]^{2-}$$

$CuCl_2$ 的稀溶液呈浅蓝色，原因是水分子取代了 $[CuCl_4]^{2-}$ 中的 $Cl^-$，形成 $[Cu(H_2O)_4]^{2+}$。

$$\underset{(黄色)}{[CuCl_4]^{2-}}+4H_2O = \underset{(浅蓝)}{[Cu(H_2O)_4]^{2+}}+4Cl^-$$

$CuCl_2$ 的浓溶液通常为黄绿色或绿色，这是由于溶液中同时含有 $[CuCl_4]^{2-}$ 和 $[Cu(H_2O)_4]^{2+}$。

$CuCl_2$ 具有弱氧化性，可与 $I^-$ 反应生成难溶的 CuI 沉淀和单质 $I_2$，该反应在分析化学上用来测定铜含量，称碘量法。

$$2Cu^{2+}+4I^- = 2CuI\downarrow +I_2$$

$CuCl_2$ 可用于制造玻璃、陶瓷用颜料，消毒剂，媒染剂和催化剂等。

(3) 硫酸铜 ($CuSO_4$)

无水硫酸铜 ($CuSO_4$) 为白色粉末，但从水溶液中结晶时，得到的是蓝色五水合硫酸铜 ($CuSO_4\cdot 5H_2O$) 晶体，俗称胆矾，其结构式为 $[Cu(H_2O)_4]SO_4\cdot H_2O$，其中 4 个 $H_2O$ 分子和 $Cu^{2+}$ 配位，另一个 $H_2O$ 分子通过氢键和 $SO_4^{2-}$ 相连，温度升高，$CuSO_4\cdot 5H_2O$ 逐步脱水。

$$CuSO_4\cdot 5H_2O \xrightarrow{102℃} CuSO_4\cdot 3H_2O \xrightarrow{113℃} CuSO_4\cdot H_2O \xrightarrow{258℃} CuSO_4$$

无水 $CuSO_4$ 易溶于水，吸水性强，吸水后即显出特征蓝色，可利用这一性质检验有机溶剂中的微量水分；也可用作干燥剂，除去有机液体中水分。由于 $CuSO_4$ 有杀菌能力，还被广泛用于蓄水池、游泳池的消毒和农药中。

#### 12.6.2.3　配合物

（1）Cu(Ⅰ) 配合物

Cu(Ⅰ) 的价电子构型为 $3d^{10}$，具有空的外层 s、p 轨道，能以 sp、$sp^2$ 或 $sp^3$ 等杂化方式和卤素 $X^-$（$F^-$ 除外）、$NH_3$、$S_2O_3^{2-}$、$CN^-$ 等配体形成配位数分别为 2、3、4 的配合物。这些配合物大多数是无色的，这是由于 Cu(Ⅰ) 的价电子构型为 $d^{10}$，配合物不会由于 d-d 跃迁而产生颜色。

Cu(Ⅰ) 卤配合物的稳定性符合软硬酸碱原理，依 Cl、Br、I 的顺序增大。随着阴离子的变形性增大，化学键的共价性增加，稳定性也增加。多数 Cu(Ⅰ) 配合物的溶液具有吸收烯烃、炔烃和 CO 的能力。例如，

$$[Cu(NH_3)_2]Ac + CO + 2NH_3 \rightleftharpoons [Cu(NH_3)_4CO]Ac$$

（2）Cu(Ⅱ) 配合物

Cu(Ⅱ) 的价电子构型为 $3d^9$，有一个单电子，其配合物具有顺磁性。一般常形成配位数为 4 的正方形配合物，如已介绍过的 $[Cu(H_2O)_4]^{2+}$、$[CuCl_4]^{2-}$、$[Cu(NH_3)_4]^{2+}$ 等。若和多齿配体配位时，亦可形成五配位和六配位的配合物。我们熟悉的深蓝色 $[Cu(NH_3)_4]^{2+}$，是由过量氨水与 Cu(Ⅱ) 盐溶液反应而形成的。

$$\underset{(浅蓝)}{[Cu(H_2O)_4]^{2+}} + 4NH_3 = \underset{(深蓝)}{[Cu(NH_3)_4]^{2+}} + 4H_2O$$

溶液中 $Cu^{2+}$ 的浓度越小，形成的蓝色 $[Cu(NH_3)_4]^{2+}$ 的颜色越浅，根据溶液颜色的深浅，可用比色分析法测定铜的含量。

#### 12.6.2.4　铜(Ⅰ) 和铜(Ⅱ) 的相互转化

铜的常见氧化数为+1、+2，一定条件下，不同氧化数化合物之间可以相互转化。在水溶液中，$Cu^+$ 易发生歧化反应，生成 Cu 和 $Cu^{2+}$。由于 $Cu^{2+}$ 所带的电荷数比 $Cu^+$ 多，半径比 $Cu^+$ 小，$Cu^{2+}$ 的水合焓（$-2100kJ \cdot mol^{-1}$）比 $Cu^+$（$-593kJ \cdot mol^{-1}$）的小得多，因此在水溶液中 $Cu^+$ 不如 $Cu^{2+}$ 稳定。

在酸性溶液中，$Cu^+$ 易发生歧化反应，平衡常数相当大，反应进行得很彻底。

$$2Cu^+ \rightleftharpoons Cu^{2+} + Cu$$

$$K^\ominus = \frac{c(Cu^{2+})/c^\ominus}{[c(Cu^+)/c^\ominus]^2} = 1.2 \times 10^6$$

如果有还原剂存在，同时有能降低 $c(Cu^+)$ 的沉淀剂或配位剂（如 $Cl^-$、$I^-$、$CN^-$ 等）使之成为难溶物或难解离的配合物，即可使 Cu(Ⅱ) 转化为 Cu(Ⅰ)。

将 $CuCl_2$ 溶液、浓盐酸和铜屑共煮，会发生如下反应：

$$Cu^{2+} + Cu + 4Cl^- \xlongequal{\triangle} 2[CuCl_2]^-$$

$$[CuCl_2]^- \xlongequal{\triangle} CuCl\downarrow + Cl^-$$

又如，$CuSO_4$ 溶液与 KI 反应，可得到白色 CuI 沉淀。

$$2Cu^{2+} + 4I^- = 2CuI\downarrow + I_2$$

总之，在水溶液中凡能使 $Cu^+$ 生成难溶盐或稳定 Cu(Ⅰ) 配离子时，则可使 Cu(Ⅱ) 转化为 Cu(Ⅰ) 化合物。

### 12.6.3　银的重要化合物

#### 12.6.3.1　氧化物与氢氧化物

AgOH 只有在低于−45℃时，用强碱与可溶性银盐的乙醇溶液才能制得。AgOH 为白

色固体，极不稳定，形成后会立即脱水变为暗棕色 $Ag_2O$。

$$2Ag^+ + 2OH^- \longrightarrow Ag_2O\downarrow + H_2O$$

与 $Cu_2O$ 相比，$Ag_2O$ 的碱性略强，但热稳定性差得多。$Ag_2O$ 在 300℃ 即分解为 Ag 和 $O_2$。

$Ag_2O$ 具有氧化性，也是构成银-锌蓄电池的重要材料，充放电反应为

$$Ag_2O + Zn + H_2O \rightleftharpoons 2Ag + Zn(OH)_2$$

$Ag_2O$ 与 $NH_3$ 作用，易生成配合物 $[Ag(NH_3)_2]OH$，它暴露在空气中可转变为黑色的易爆物 $AgN_3$，因此凡是接触过 $[Ag(NH_3)_2]OH$ 的器皿、用具应清洗干净，可加盐酸破坏银氨配离子，使其转化为 AgCl。

$$Ag_2O + 4NH_3 + H_2O \longrightarrow 2[Ag(NH_3)_2]^+ + 2OH^-$$

#### 12.6.3.2 卤化银

卤化银中只有 AgF 是易溶于水的离子型化合物，其余的卤化银均难溶于水。硝酸银与可溶性卤化物反应生成不同颜色的卤化银沉淀。AgCl（白色）、AgBr（淡黄色）、AgI（黄色）的溶解度依次降低，颜色逐渐加深。卤化银有感光性，在光照下被分解为单质（先变为紫色，最后变为黑色）。

$$2AgX \xlongequal{\text{日光}} 2Ag + X_2$$

AgBr 的光化学还原作用在卤化银中最强，因此被广泛用作照片材料的光敏物质。例如，照相底片上敷有一层含有 AgBr 胶体粒子的明胶，感光时，AgBr 分解为“银核”（银原子），然后用显影剂（主要含有有机还原剂如对苯二酚或米吐尔等）处理，使含有银核的 AgBr 粒子还原为金属而变为黑色，最后在定影液（主要含有 $Na_2S_2O_3$）作用下，使未感光的 AgBr 形成 $[Ag(S_2O_3)_2]^{3-}$ 而溶解，晾干后就得到“负像”（俗称底片）。

$$2AgBr \xlongequal{\text{光子}} 2Ag + Br_2$$

$$AgBr + 2S_2O_3^{2-} \longrightarrow [Ag(S_2O_3)_2]^{3-} + Br^-$$

印相时，将负像放在照相纸上再进行曝光，经显影、定影，即得正像。

AgI 在人工降雨中用作冰核形成剂。作为快离子导体（固体电解质），AgI 已用于固体电解质电池和电化学器件中。

难溶性卤化银 AgX 能与对应的卤离子 $X^-$ 形成溶解度较大的配离子。

$$AgX + (n-1)X^- \longrightarrow [AgX_n]^{n-1} (X = Cl、Br、I; n = 2、3、4)$$

#### 12.6.3.3 硝酸银

$AgNO_3$ 是最重要的可溶性银盐。将 Ag 溶于热的 65% 硝酸、蒸发、结晶，可制得无色菱片状硝酸银晶体。

$AgNO_3$ 受热不稳定，超过 440℃时会分解。

硝酸银具有氧化性，许多有机物（如乙醇、糖、淀粉等）与 $AgNO_3$ 反应时，都能析出细小的金属银。

$$2AgNO_3 \xlongequal{\text{光照}} 2Ag + 2NO_2\uparrow + O_2\uparrow$$

$AgNO_3$ 见光易分解，必须保存在棕色瓶中。一旦皮肤沾上 $AgNO_3$，就会出现黑色斑点，这是由于生成了黑色的蛋白银。

$AgNO_3$ 主要用于制造照相底片所需的溴化银乳剂，它还是一种重要的分析试剂，医药上常用它作消毒剂和腐蚀剂。

#### 12.6.3.4 配合物

$Ag^+$ 通常以 sp 杂化轨道与配体（如 $Cl^-$、$NH_3$、$CN^-$、$S_2O_3^{2-}$ 等）形成稳定性不同的

直线形配离子，如 $[Ag(NH_3)_2]^+$、$[Ag(SCN)_2]^-$、$[Ag(S_2O_3)_2]^{3-}$、$[Ag(CN)_2]^-$，它们的稳定性依次增强。

$[Ag(NH_3)_2]^+$ 具有弱氧化性，工业上用它在玻璃上或暖水瓶胆上化学镀银。

$$2[Ag(NH_3)_2]^+ + RCHO + 3OH^- \longrightarrow 2Ag\downarrow + RCOO^- + 4NH_3\uparrow + 2H_2O$$

$[Ag(CN)_2]^-$ 曾作为镀银电解液的主要成分，在阴极被还原为 Ag。

$$[Ag(CN)_2]^- + e^- \Longrightarrow Ag + 2CN^-$$

难溶性卤化银可形成易溶的配离子而实现溶解，例如，AgCl 可溶于氨水，AgBr 可溶于 $Na_2S_2O_3$ 溶液，AgI 可溶于 KCN 溶液。

### 12.6.4　金的重要化合物

金在 200℃时同氯气作用，得到反磁性的红色固体 $AuCl_3$。无论在固态还在气态时，该化合物均为二聚体，具有氯桥结构，如图 12-4 所示。

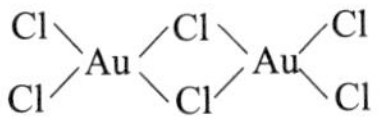

图 12-4　$AuCl_3$ 的二聚体结构

若用有机物如草酸、甲醛或葡萄糖等可以将 $AuCl_3$ 还原为胶态金。其在盐酸中可形成平面 $[AuCl_4]^-$，与 $Br^-$ 作用得到 $[AuBr_4]^-$，而同 $I^-$ 作用得到不稳定的 AuI。水合 $Au_2O_3 \cdot H_2O$ 是通过往 $[AuCl_4]^-$ 溶液中加碱得到的，若用过量的碱则形成 $[Au(OH)_4]^-$。

$Cs[AuCl_4]$ 发生部分分解则得到黑色 $CsAuCl_3$，X 射线晶体衍射实验证明其结构为 $Cs_2[AuCl_2][AuCl_4]$。这种结构支持了 $CsAuCl_3$ 为反磁性的实验结果。

在金的化合物中，Au(Ⅲ) 化合物是最稳定的。Au(Ⅰ) 化合物也是存在的，但不稳定，很容易转化为 Au(Ⅲ) 化合物。金的元素电势图为

$$Au^{3+} \xrightarrow{1.401V} Au^+ \xrightarrow{1.69V} Au$$

$\varphi^\ominus_{右} > \varphi^\ominus_{左}$，$Au^+$ 转化成 $Au^{3+}$ 和 Au 的趋势很大。

$$3Au^+ \Longrightarrow Au^{3+} + 2Au\downarrow$$

在 250℃时此歧化反应的平衡常数 $K^\ominus = 1.3 \times 10^{10}$。

## 12.7　锌族元素

### 12.7.1　锌族元素概述

周期表中ⅡB 族元素包括锌(Zn)、镉(Cd)、汞(Hg)、鎶(Cn) 四种元素，它们的最外层电子构型是 $(n-1)d^{10}ns^2$，常见氧化数为+2，Hg 还能形成+1 氧化数化合物，类似于过渡金属元素，易形成配合物。

自然界中，锌族元素一般以化合物形式存在，如闪锌矿 (ZnS)、菱锌矿 ($ZnCO_3$)、铅锌矿、辰砂 (HgS) 等。我国锌矿、汞矿资源丰富。

锌族元素的次外层有 18 个电子，核对电子吸引力强，与同周期碱土金属相比，半径较小，因而没碱土金属活泼，但比铜族元素活泼。

锌族从上往下金属活泼性减弱，这与碱土金属变化规律相反。ⅡA 和ⅡB 两族元素的硝酸盐都易溶于水，它们的碳酸盐难溶于水；锌族元素的硫酸盐溶于水，而钙、锶、钡的硫酸盐微溶于水。锌族元素的盐在水溶液中都有一定程度的水解，它们的化合物一般是无色的。

但因它们的极化作用及变形性较大，当与易变形的阴离子结合时往往有较深的颜色，如$HgI_2$为红色等。

锌族元素的氢氧化物从上到下碱性逐渐增强，氢氧化锌呈两性，氢氧化镉两性偏碱性，而氢氧化汞呈碱性。

## 12.7.2 锌族单质

Zn、Cd为银白色金属，与过渡金属相比，锌族元素单质的熔、沸点低，其中锌略带蓝白色。常温下，Hg是唯一的液态金属，又称水银。汞受热均匀膨胀且不润湿玻璃，可用于制造温度计。室内空气中即使含有微量的汞蒸气，都有害于人体健康。若不慎将汞撒落，要尽量收集起来，在可能留有残汞的地方撒上硫粉以形成无毒的HgS。应采用铁罐或厚瓷瓶作容器储存汞，汞的上面加水封，以防汞蒸发。

汞能溶解许多金属形成合金，又称汞齐。利用汞与某些金属形成汞齐的特点，可自矿石中提取金、银等。用汞溶解银锡合金制得银锡汞齐，它能在很短的时间内硬化，并有很好的强度，故可作补牙的填充材料。钠汞齐与水反应放出氢，在有机合成中常用作还原剂。

Zn、Cd的化学性质接近。Zn在加热条件下可以和绝大多数非金属发生化学反应。在1000℃时，Zn在空气中燃烧生成ZnO，Hg需加热至沸才缓慢与氧作用生成氧化汞，在500℃以上又重新分解成$O_2$和Hg。

$$2Hg+O_2 \rightleftharpoons 2HgO\text{(加热至沸)}$$

Zn在潮湿空气中，表面生成的一层致密碱式碳酸盐$Zn(OH)_2 \cdot ZnCO_3$起保护作用，使锌有防腐性能，故铁制品表面常镀锌防腐。

$$2Zn+O_2+H_2O+CO_2 = Zn(OH)_2 \cdot ZnCO_3$$

Zn、Cd的标准电极电势都是负值。纯锌在稀硫酸中反应极慢，如果锌中含有少量金属杂质，则因形成微电池，使其置换氢气的速率明显加快。镉与稀酸反应很慢，汞则不反应。但它们都能和氧化性酸（硝酸、浓$H_2SO_4$）反应。

$$Hg+2H_2SO_4\text{(浓)} = HgSO_4+SO_2\uparrow+2H_2O$$

$$3Hg+8HNO_3 = 3Hg(NO_3)_2+2NO\uparrow+4H_2O$$

过量的汞与冷的稀硝酸反应生成硝酸亚汞。

$$6Hg+8HNO_3 = 3Hg_2(NO_3)_2+2NO\uparrow+4H_2O$$

Zn、Cd相似，具有两性，既可溶于酸，也可溶于碱。

$$Zn+2H^+ = Zn^{2+}+H_2\uparrow$$

$$Zn+2OH^-+2H_2O = [Zn(OH)_4]^{2-}+H_2\uparrow$$

与铝不同，锌与氨水能形成配离子而溶解。

$$Zn+4NH_3+2H_2O = [Zn(NH_3)_4](OH)_2+H_2$$

## 12.7.3 锌族元素的重要化合物

锌族元素中，镉和锌在常见化合物中的氧化数为+2，汞在常见化合物中氧化数为+1、+2。它们的多数盐类含有结晶水，形成配合物的倾向大。

### 12.7.3.1 氧化物和氢氧化物

锌与氧直接化合得白色粉末状氧化锌（ZnO），属于ZnS型结构，俗称锌白，可作白色颜料。ZnO热稳定较好，微溶于水，显两性，溶于酸、碱分别形成锌盐、锌酸盐。

ZnO对气体吸附性强，在石油化工上用作脱氢、苯酚和甲醛缩合等反应的催化剂。通过适当的热处理，ZnO晶格的空穴可以增多，因此电导率增大，并出现半导体特性，可用作光催化反应的催化剂。ZnO还大量用作橡胶填料及油漆颜料，医药上用它制药膏。

$Zn(OH)_2$ 也显两性，溶于酸生成锌盐，溶于碱生成锌酸盐。

$$H_2O + Zn^{2+} \xleftarrow{H^+} Zn(OH)_2 \xrightarrow{2OH^-} [Zn(OH)_4]^{2-}$$

氧化镉（CdO）在室温下是黄色的，属 NaCl 型结构，受热升华但不分解，易溶于酸而难溶于碱，主要作为制备含镉化合物的原料和镉的电镀液，也可作为黄色染料。在镉盐溶液中加入适量强碱，可得到相应的氢氧化物 $Cd(OH)_2$。$Cd(OH)_2$ 为两性偏碱性化合物，只有在热、浓的强碱中才能缓慢溶解。

$$Cd(OH)_2 + 2OH^- = [Cd(OH)_4]^{2-}$$

$Zn(OH)_2$ 比 $Cd(OH)_2$ 稳定，但二者受热均会脱水，分别生成 ZnO、CdO。$Zn(OH)_2$ 和 $Cd(OH)_2$ 能溶于氨水形成配合物，而 $Al(OH)_3$ 却不能，据此可将铝盐、锌盐、镉盐加以区分和分离。

$$Zn(OH)_2 + 4NH_3 = [Zn(NH_3)_4]^{2+} + 2OH^-$$

$$Cd(OH)_2 + 4NH_3 = [Cd(NH_3)_4]^{2+} + 2OH^-$$

氧化汞（HgO）有红、黄两种变体，两者结构相同。颜色不同仅是晶粒大小不同所致。黄色晶粒较细小，红色晶粒粗大。HgO 难溶于水、有毒，在 500℃时分解。在汞盐溶液中加入碱，可得到黄色 HgO。这是由于生成的 $Hg(OH)_2$ 极不稳定，立即脱水分解。红色的 HgO 一般是由硝酸汞受热分解而制得的。

$$2HgO \xlongequal{\triangle} 2Hg + O_2\uparrow$$

$$Hg^{2+} + 2OH^- = HgO(\text{黄色})\downarrow + H_2O$$

$$2Hg(NO_3)_2 \xlongequal{\triangle} 2HgO(\text{红色})\downarrow + 4NO_2\uparrow + O_2\uparrow$$

HgO 是制备许多汞盐的原料，还用作医药制剂、分析试剂、陶瓷颜料等。

锌族元素氧化物的热稳定性依 ZnO、CdO、HgO 依次递减，碱性依次增强，ZnO 和 CdO 共价性较强，较稳定，受热升华但不分解。

#### 12.7.3.2 硫化物

往锌盐、镉盐溶液中通入 $H_2S$，分别生成 ZnS 和 CdS。

$$Zn^{2+} + H_2S = ZnS(\text{白色})\downarrow + 2H^+$$

ZnS 是常见难溶硫化物中唯一呈白色的物质，可用作白色颜料，它同 $BaSO_4$ 共沉淀所形成的混合物晶体 $ZnS \cdot BaSO_4$ 叫锌钡白（俗称立德粉，是一种优良的白色颜料）。无定形 ZnS 在 $H_2S$ 气氛中灼烧可以转变为晶体 ZnS。若在 ZnS 晶体中加入微量金属作活化剂，经光照射后可发出不同颜色的荧光，这种材料可作荧光粉，如加 Ag 显蓝色，加 Cu 显黄绿色，加 Mn 显棕色。

CdS 常用作黄色颜料，俗称镉黄，不溶于稀酸，但溶于浓酸。控制溶液的酸度可使镉、锌分离。

$Hg_2S$ 的溶度积很小（$K_{sp}^{\ominus} = 1.0 \times 10^{-47}$），不发生水解反应，但它却能转化（即使在 0℃）成溶度积更小的 HgS 和 Hg。HgS 是溶解度最小的金属硫化物，只能溶于王水中。

$$3HgS + 12HCl + 2HNO_3 = 3H_2[HgCl_4] + 3S\downarrow + 2NO\uparrow + 4H_2O$$

HgS 也能溶于浓 $Na_2S$ 溶液中，生成二硫合汞酸钠，因此可以用加 $Na_2S$ 的方法把 HgS 从铜、锌族元素硫化物中分离出来。

$$HgS + Na_2S = Na_2[HgS_2]$$

#### 12.7.3.3 氯化物

无水氯化锌（$ZnCl_2$）为白色固体，可由锌与氯气反应，或在 700℃下将干燥的氯化氢通过金属锌而制得。$ZnCl_2$ 吸水性很强，极易溶于水（10℃时 333g/100g $H_2O$），其水溶液

由于 $Zn^{2+}$ 的水解而显酸性。

$$Zn^{2+} + H_2O = [Zn(OH)]^+ + H^+$$

因此不能通过蒸干 $ZnCl_2$ 溶液和加热含结晶水氯化锌的方法得到无水 $ZnCl_2$。

$$ZnCl_2 \cdot H_2O \xlongequal{\triangle} Zn(OH)Cl + HCl\uparrow$$

欲得无水 $ZnCl_2$，可将含水 $ZnCl_2$ 和 $SOCl_2$（氯化亚砜）一起加热。

$$ZnCl_2 \cdot xH_2O + xSOCl_2 = ZnCl_2 + 2xHCl\uparrow + xSO_2\uparrow$$

在 $ZnCl_2$ 的浓溶液中，由于形成配合酸 $H[ZnCl_2(OH)]$ 使溶液具有显著的酸性（如 $6mol \cdot L^{-1}$ $ZnCl_2$ 溶液的 pH=1），能溶解金属氧化物。

$$ZnCl_2 + H_2O = H[ZnCl_2(OH)]$$

$$FeO + 2H[ZnCl_2(OH)] = Fe[ZnCl_2(OH)]_2 + H_2O$$

$ZnCl_2$ 主要用作有机合成工业的脱水剂、缩合剂及催化剂，以及印染业的媒染剂，也用作石油净化剂和活性炭活化剂。此外，$ZnCl_2$ 还用于干电池、电镀、医药、木材防腐和农药等方面。

$HgCl_2$ 为白色针状晶体，可通过在过量的氯气中加热金属汞而制得。$HgCl_2$ 为直线形分子，熔点较低（280℃），易升华，有剧毒，俗名升汞。$HgCl_2$ 水溶液的导电能力极低，常以 $HgCl_2$ 分子形式存在，在水中稍有水解。其稀溶液有杀菌作用，外科上用作消毒剂，也用作有机反应的催化剂。

$$HgCl_2 + H_2O \rightleftharpoons Hg(OH)Cl + HCl$$

$HgCl_2$ 与稀氨水反应生成难溶解的氨基氯化汞。

$$HgCl_2 + 2NH_3 = Hg(NH_2)Cl(\text{白色})\downarrow + NH_4Cl$$

$HgCl_2$ 还可与金属氧化物反应形成四氯合汞(Ⅱ)配离子 $[HgCl_4]^{2-}$ 使 $HgCl_2$ 的溶解度增大。

$$HgCl_2 + 2Cl^- = [HgCl_4]^{2-}$$

$Hg_2Cl_2$ 也是直线形分子，白色固体，难溶于水，见光易分解，因此应保存在棕色瓶中。少量的 $Hg_2Cl_2$ 无毒，因味略甜，俗称甘汞，常用于制作甘汞电极。$Hg_2Cl_2$ 可用还原剂（如 $SnCl_2$、Hg、$SO_2$ 等）还原 $HgCl_2$ 制得，若用 Hg 作还原剂，反应方程式为

$$Hg + HgCl_2 = Hg_2Cl_2\downarrow$$

若用 $SnCl_2$ 作还原剂，必须注意 $SnCl_2$ 和 $HgCl_2$ 的相对用量。

$$2HgCl_2 + SnCl_2(\text{少量}) = Hg_2Cl_2(\text{白色})\downarrow + SnCl_4$$

$$Hg_2Cl_2(\text{少量}) + SnCl_2 = 2Hg(\text{黑色})\downarrow + SnCl_4$$

在分析化学中利用此反应鉴定 Hg(Ⅱ) 或 Sn(Ⅱ)。

$Hg_2Cl_2$ 可与氨水反应而使沉淀显灰色，此反应可用于鉴定 Hg(Ⅰ)。

$$\underset{(\text{白色})}{Hg_2Cl_2} + 2NH_3 = \underset{(\text{白色})}{Hg(NH_2)Cl\downarrow} + \underset{(\text{黑色})}{Hg\downarrow} + NH_4Cl$$

#### 12.7.3.4 含氧酸盐

硫酸锌有三种水合物，它们的转变如下：

$$ZnSO_4 \cdot 7H_2O \xrightarrow{39℃} ZnSO_4 \cdot 6H_2O \xrightarrow{70℃} ZnSO_4 \cdot H_2O \xrightarrow{>240℃} ZnSO_4$$

硫酸镉有两种水合物，其转变如下：

$$3CdSO_4 \cdot 8H_2O \xrightarrow{75℃} CdSO_4 \cdot H_2O \xrightarrow{>105℃} CdSO_4$$

与硫酸锌不同，温度变化对 $CdSO_4$ 的溶解度无明显影响，故常用 $CdSO_4$ 制备标准电池。

锌、镉的碳酸盐都难溶，均在 350℃ 时分解。这是由于 $Zn^{2+}$、$Cd^{2+}$ 为 $d^{10}$ 电子构型，

极化能力比ⅡA族相应金属离子强，因此它们不如碱土金属的碳酸盐稳定，分解温度较低。锌、镉的硝酸盐、硫酸盐、高氯酸盐等均可溶于水。$Hg(NO_3)_2$ 和 $Hg_2(NO_3)_2$ 是离子型化合物，易溶于水，并水解生成碱式盐沉淀。

$$2Hg(NO_3)_2+H_2O = HgO\cdot Hg(NO_3)_2\downarrow+2HNO_3$$

$$Hg_2(NO_3)_2+H_2O = Hg_2(OH)NO_3\downarrow+HNO_3$$

在配制 $Hg(NO_3)_2$ 和 $Hg_2(NO_3)_2$ 溶液时，应加入稀硝酸，抑制其水解。

$Hg(NO_3)_2$ 可用 HgO 或 Hg 与硝酸作用制取。

$$HgO+2HNO_3 = Hg(NO_3)_2+H_2O$$

$$Hg+4HNO_3(浓) = Hg(NO_3)_2+2NO_2\uparrow+2H_2O$$

$Hg(NO_3)_2$ 溶液中有 $[Hg(NO_3)_3]^-$ 和 $[Hg(NO_3)_4]^{2-}$ 存在。

$Hg_2(NO_3)_2$ 可用 $Hg(NO_3)_2$ 与 Hg 作用制取。

$$Hg(NO_3)_2+Hg = Hg_2(NO_3)_2$$

在 $Hg(NO_3)_2$ 溶液中，加入 KI 可产生橘红色 $HgI_2$ 沉淀，后者溶于过量 KI 中，形成无色 $[HgI_4]^{2-}$。

$$Hg^{2+}+2I^- = HgI_2\downarrow$$

$$HgI_2+2I^- = [HgI_4]^{2-}$$

同样，在 $Hg_2(NO_3)_2$ 溶液中加入 KI，先生成浅绿色 $Hg_2I_2$ 沉淀，继续加入 KI 溶液则形成 $[HgI_4]^{2-}$，同时有汞析出。

$$Hg_2^{2+}+2I^- = Hg_2I_2\downarrow$$

$$Hg_2I_2+2I^- = [HgI_4]^{2-}+Hg\downarrow$$

在 $Hg(NO_3)_2$ 溶液中加入氨水，可得白色的碱式氨基硝酸汞沉淀。

$$2Hg(NO_3)_2+4NH_3+H_2O = HgO\cdot NH_2HgNO_3\downarrow+3NH_4NO_3$$

在 $Hg_2(NO_3)_2$ 溶液中加入氨水，不仅有上述白色沉淀产生，同时有汞析出。

$$2Hg_2(NO_3)_2+4NH_3+H_2O = \underset{(白色)}{HgO\cdot NH_2HgNO_3}\downarrow+\underset{(黑色)}{2Hg}+3NH_4NO_3$$

$Hg_2(NO_3)_2$ 是实验室常用的化学试剂，可用它制备汞的其他化合物。

$$Hg_2(NO_3)_2+K_2CO_3 = Hg_2CO_3\downarrow+2KNO_3$$

$$Hg_2(NO_3)_2+Na_2SO_4 = Hg_2SO_4\downarrow+2NaNO_3$$

$$Hg_2(NO_3)_2+Na_2S = Hg_2S\downarrow+2NaNO_3$$

#### 12.7.3.5　配合物

锌族离子为18电子构型，具有很强的极化力和变形性，比主族元素更易形成配合物。

(1) 氨配合物

在 $Zn^{2+}$、$Cd^{2+}$ 的溶液中分别加入过量 $NH_3\cdot H_2O$，均生成稳定的氨配合物。

$$Zn^{2+}+4NH_3 \rightleftharpoons [Zn(NH_3)_4]^{2+}(无色)$$

$$Cd^{2+}+6NH_3 \rightleftharpoons [Cd(NH_3)_6]^{2+}(无色)$$

(2) 氰配合物

$Zn^{2+}$、$Cd^{2+}$、$Hg^{2+}$ 与氰化钾作用均能生成很稳定的氰配合物。

$$Zn^{2+}+4CN^- \rightleftharpoons [Zn(CN)_4]^{2-}$$

$$Cd^{2+}+4CN^- \rightleftharpoons [Cd(CN)_4]^{2-}$$

$$Hg^{2+}+4CN^- \rightleftharpoons [Hg(CN)_4]^{2-}$$

$Hg_2^{2+}$ 形成配离子的倾向较小。

铜、锌配合物有关电对的标准电极电势接近，它们的混合液在电镀时，Zn、Cu 在阴极可同时析出。由于 $CN^-$ 有剧毒，现逐渐被无毒液（如与焦磷酸根、氨三乙酸或三乙醇胺所形成的配合物）所取代。$Zn^{2+}$ 与二苯硫腙形成稳定的粉红色螯合物沉淀，用于鉴定 $Zn^{2+}$。

(3) 其他配合物

$Zn^{2+}$、$Cd^{2+}$、$Hg^{2+}$ 可以与卤素离子和拟卤素离子 $SCN^-$ 形成一系列配离子。

$$Hg^{2+} + 4Cl^- \rightleftharpoons [HgCl_4]^{2-}$$

$$Hg^{2+} + 4I^- \rightleftharpoons [HgI_4]^{2-}$$

$$Hg^{2+} + 4SCN^- \rightleftharpoons [Hg(SCN)_4]^{2-}$$

$Hg^{2+}$ 与卤素离子形成配合物的稳定性依 Cl、Br、F 顺序增强。

$K_2[HgI_4]$ 和 KOH 的混合液叫作奈斯勒试剂。若溶液中含微量 $NH_4^+$，加几滴奈斯勒试剂就会产生红色的碘化氨基·氧合二汞(Ⅱ) 沉淀，这个反应常用来鉴定 $NH_4^+$。

$$NH_4^+ + 4OH^- + 2[HgI_4]^{2-} = [Hg_2NH_2O]I\downarrow + 7I^- + 3H_2O$$

**12.7.3.6 Hg(Ⅰ) 和 Hg(Ⅱ) 的相互转化**

因 $\varphi^{\ominus}_A(Hg^{2+}/Hg_2^{2+}) = 0.911V > \varphi^{\ominus}_A(Hg_2^{2+}/Hg) = 0.796V$，故在溶液中 $Hg^{2+}$ 可氧化 Hg 而生成 $Hg_2^{2+}$。

$$Hg^{2+} + Hg \rightleftharpoons Hg_2^{2+} \qquad K^{\ominus} \approx 88.9$$

平衡常数较大，表明在平衡时 $Hg^{2+}$ 基本上都转变为 $Hg_2^{2+}$，因此 Hg(Ⅱ) 化合物用金属汞还原，即可得到 Hg(Ⅰ) 化合物。例如，$HgCl_2$ 和 $Hg(NO_3)_2$ 在溶液中与金属汞接触时，可转变为 Hg(Ⅰ) 化合物。

为使 Hg(Ⅰ) 转化为 Hg(Ⅱ)，即 $Hg_2^{2+}$ 的歧化反应能够进行，必须加入 $Hg^{2+}$ 的沉淀剂，使之变为某些难溶物或难解离的配合物。

$$Hg_2^{2+} + 2OH^- = HgO\downarrow + Hg\downarrow + H_2O$$

$$Hg_2^{2+} + S^{2-} = HgS\downarrow + Hg\downarrow$$

$$Hg_2Cl_2 + 2NH_3 = Hg(NH_2)Cl\downarrow + Hg\downarrow + NH_4Cl$$

$$Hg_2^{2+} + 2CN^- = Hg(CN)_2\downarrow + Hg\downarrow$$

$$Hg_2^{2+} + 4I^- = [HgI_4]^{2-} + Hg\downarrow$$

除 $Hg_2F_2$ 外，$Hg_2X_2$ 都是难溶的，如果用适量 $X^-$ (包括拟卤素) 和 $Hg_2^{2+}$ 作用，生成物是相应难溶的 $Hg_2X_2$，只有当 $X^-$ 过量时，才能发生歧化反应生成 $[HgX_4]^{2-}$ 和 Hg。

## 习题

12.1 钛的主要矿物是什么？简述从钛铁矿中得到钛白的反应原理。

12.2 根据下列实验写出有关的反应方程式：将四氯化钛瓶塞打开时立即冒白烟。向瓶中加入浓盐酸和金属锌时生成紫色溶液，慢慢加入氢氧化钠溶液，直到溶液呈碱性，出现紫色沉淀。

12.3 解释 $TiCl_3$ 和 $[Ti(O_2)OH(H_2O)_4]^+$ 有颜色的原因。

12.4 试分析 $[Ti(H_2O)_6]^{2+}$、$[Ti(H_2O)_6]^{3+}$、$[Ti(H_2O)_6]^{4+}$、$[Zr(H_2O)_6]^{2+}$ 中，哪种离子在水溶液中不能存在。为什么？

12.5 无色液体 A 与干燥氧气在高温下反应，生成不溶于水的白色粉末 B，B 和锌粉混合后与盐酸缓慢作用，最后得到紫红色溶液，说明有化合物 C 生成。向 C 的溶液中加入 $CuCl_2$ 溶液得白色沉淀 D。紫色化合物 C 溶于过量硝酸中得无色溶液 E。将溶液 E 蒸干后，在较高温度下加热又得到 B。A 与铝粉混合，在高温下反应有化合物 C 生成。试写出 A、B、C、D 和 E 所代表的物质的化学式，并用化学反应方程式表示各过程。

12.6　根据酸性溶液中钒的电势图，分别用 $1.0mol \cdot L^{-1}$ $Fe^{2+}$、$1.0mol \cdot L^{-1}$ $Sn^{2+}$ 和 Zn 还原 $1.0mol \cdot L^{-1}$ $VO_2^+$，最终的产物各是什么？

12.7　试解释现象。

(1) 向 $V^{3+}$ 的绿色溶液中滴加酸性 $KMnO_4$ 溶液，在反应的一定阶段可以得到绿色溶液。

(2) 存在 $VF_5$，不存在 $VCl_5$。但是对于 Nb 和 Ta，既存在 $MF_5$，又存在 $MCl_5$。

12.8　在酸性介质中足量金属锌与钒(Ⅴ)缓慢作用得到什么产物？描述实验现象并写出相关反应方程式。

12.9　浅黄色晶体 A 受热分解生成棕黄色粉末 B 和无色气体 C。B 不溶于水，与浓盐酸作用放出有强刺激性气味的气体 D。将气体 C 通入 $CuSO_4$ 溶液中，溶液中有淡蓝色沉淀 E 生成，C 过量则沉淀溶解，得到深蓝色溶液 F。B 溶于稀硫酸后，加入适量草酸，经充分反应得到蓝色溶液 G。向溶液 G 中放入足量金属 Zn，最终生成紫色溶液 H。

试写出 A、B、C、D、E、F、G 和 H 所代表的物质的化学式，并用化学反应方程式表示各过程。

12.10　完成并配平下列反应式。

(1) $TiO_2 + H_2SO_4$(浓)$=\!=\!=$　　(2) $TiCl_4 + H_2O =\!=\!=$

(3) $TiO_2 + 6HF =\!=\!=$　　(4) $TiCl_4 + 2HCl + NH_4Cl =\!=\!=$

(5) $Ti^{3+} + CuCl_2 + H_2O =\!=\!=$　　(6) $TiCl_4(g) + H_2 =\!=\!=$

(7) $4V + 5O_2 \xlongequal{高温}$　　(8) $V + Cl \xlongequal{高温}$

(9) $V_2O_5 + 6NaOH =\!=\!=$　　(10) $V_2O_5 + H_2SO_4 =\!=\!=$

12.11　在三份 $Cr_2(SO_4)_3$ 溶液中分别加入下列溶液，得到的沉淀是什么？给出反应方程式。

(1) $Na_2S$　　(2) $Na_2CO_3$　　(3) $NH_3 \cdot H_2O$

12.12　$K_2Cr_2O_7$ 溶液分别与 $BaCl_2$、KOH、热的浓 HCl、酸性 $H_2O_2$ 溶液作用，分别生成何产物？

12.13　试描述以铬铁矿为原料制备重铬酸钾的实验步骤，并写出各步反应。

12.14　某银白色金属 A 在空气中容易生成化合物 B 并使其钝化。灼烧过的化合物 B 难溶于酸、碱，但和 $K_2S_2O_7$ 共熔后可转变为可溶性的硫酸盐 C 和 D。冷却后的熔体经水浸后，溶液呈蓝紫色，用适量碱溶液处理，可得灰绿色胶状沉淀 E。沉淀 E 可与过量碱作用生成亮绿色溶液 F。煮沸 F 溶液又生成沉淀 E。F 与 $H_2O_2$ 反应变成黄色溶液 G。在 G 溶液中滴加 $Pb(NO_3)_2$ 有黄色沉淀 H 生成。判断各字母所代表的物质，写出有关反应方程式。

12.15　已知：

$\varphi^{\ominus}(Cr_2O_7^{2-}/Cr^{3+}) = 1.36V$；　　$\varphi^{\ominus}(Cr_2O_4^{2-}/CrO_2^-) = -0.13V$；

$\varphi^{\ominus}(H_2O_2/H_2O) = 1.763V$；　　$\varphi^{\ominus}(HO_2^-/OH^-) = 0.867V$；

$\varphi^{\ominus}(O_2/H_2O_2) = 0.695V$；　　$\varphi^{\ominus}(Fe^{3+}/Fe^{2+}) = 0.770V$；

$\varphi^{\ominus}(Cl_2/Cl^-) = 1.3583V$。

(1) 试指出在酸性介质中 $K_2Cr_2O_7$ 能氧化上面给出的哪些物质，并写出相关反应方程式。

(2) 欲使 $CrO^{2-}$ 在碱性介质中被氧化，试指出上面给出的哪种氧化剂为好，并写出相关反应方程式。

(3) 试通过计算说明 $K_2Cr_2O_7$ 能否氧化浓度分别为 $1mol \cdot L^{-1}$ 和 $12mol \cdot L^{-1}$ 盐酸中的 $Cl^-$。

12.16 解释下列实验现象。

(1) $CrCl_3 \cdot 6H_2O$ 溶于水的溶液为绿色，将溶液煮沸一段时间后冷却至室温，溶液变为蓝紫色。

(2) 向 $MnSO_4$ 溶液中加入 NaOH 溶液，生成白色沉淀；该白色沉淀暴露在空气中则逐渐变成棕黑色；加入稀硫酸沉淀不溶解，再加入双氧水沉淀消失。

(3) 将 $MnO_2$、$KClO_3$、KOH 固体混合后用煤气灯加热，得绿色固体；用大量水处理绿色固体得到紫色溶液和棕黑色沉淀，再通入过量 $NO_2$ 溶液颜色和沉淀消失得到无色溶液。

(4) $[Cr(H_2O)_6]^{3+}$ 内界中的配体 $H_2O$ 逐步被 $NH_3$ 取代，溶液的颜色发生一系列变化：紫色→浅红→橙红→橙黄→黄色。

(5) $[Mn(H_2O)_6]^{2+}$ 是浅粉红色的，$MnO_2$ 是黑色的，而 $MnO_4^-$ 却是深紫色的。

12.17 在 $MnO_4^-$ 的酸性溶液中加入过量 $Na_2SO_3$，为什么 $MnO_4^-$ 被还原为 $Mn^{2+}$，而不能得到 $MnO_4^{2-}$、$MnO_2$ 或 $Mn^{3+}$？

12.18 写出以软锰矿（主要成分为 $MnO_2$）为原料制备 $K_2MnO_4$、$KMnO_4$、$MnSO_4$ 的步骤及各部分反应方程式。

12.19 实验室经常以 $(NH_4)_2S_2O_8$、$PbO_2$、$NaBiO_3$ 为氧化剂鉴定 $Mn^{2+}$，试给出鉴定反应的方程式和反应条件。

12.20 某绿色固体 A 可溶于水，其水溶液中通入 $CO_2$ 即得棕黑色沉淀 B 和紫红色溶液。B 与浓 HCl 共热时放出黄绿色气体 D，溶液近乎无色，将此溶液和溶液 C 混合，即得沉淀 B。将气体 D 通入 A 溶液中，可得 C。试判断 A 是哪种钾盐，写出有关反应方程式。

# 附 录

## 附录 1 标准热力学数据 (298.15K，100kPa)

| 化学式 | 状态 | $\frac{\Delta_f H_m^\ominus}{kJ \cdot mol^{-1}}$ | $\frac{\Delta_f G_m^\ominus}{kJ \cdot mol^{-1}}$ | $\frac{S_m^\ominus}{J \cdot mol^{-1} \cdot K^{-1}}$ |
|---|---|---|---|---|
| Ag | s | 0.0 | | 42.6 |
| Ag | g | 284.9 | 246.0 | 173.0 |
| $Ag_2$ | g | 410 | 358.8 | 257.1 |
| $Ag_2CO_3$ | s | −505.8 | −436.8 | 167.4 |
| $Ag_2CrO_4$ | s | −731.7 | −641.8 | 217.6 |
| $Ag_2O$ | s | −31.1 | −11.2 | 121.3 |
| $Ag_2S$ | s | −32.6 | −40.7 | 144 |
| $Ag_2SO_4$ | s | −715.9 | −618.4 | 200.4 |
| AgBr | s | −100.4 | −96.9 | 107.1 |
| $AgBrO_3$ | s | −10.5 | 71.3 | 151.9 |
| AgCl | s | −127 | −109.8 | 96.3 |
| $AgClO_3$ | s | −30.3 | 64.5 | 142 |
| $AgClO_4$ | s | −31.1 | | |
| AgCN | s | 146 | 156.9 | 107.2 |
| AgF | s | −204.6 | | |
| AgI | s | −61.8 | −66.2 | 115.5 |
| $AgIO_3$ | s | −171.1 | −93.7 | 149.4 |
| $AgNO_3$ | s | −124.4 | −33.4 | 140.9 |
| Al | s | 0 | | 28.3 |
| Al | g | 330 | 289.4 | 164.6 |
| $Al_2$ | g | 485.9 | 433.3 | 233.2 |
| $Al_2Cl_6$ | g | −1290.8 | −1220.4 | 490 |
| $Al_2O_3$ | s | −1675.7 | −1582.3 | 50.9 |
| $Al_2S_3$ | s | −724 | | 116.9 |
| $AlCl_3$ | s | −704.2 | −628.8 | 109.3 |
| $AlF_3$ | s | −1510.4 | −1431.1 | 66.5 |
| $AlF_3$ | g | −1204.6 | −1188.2 | 277.1 |
| $AlH_3$ | s | −46 | | 30 |
| $AlI_3$ | s | −302.9 | | 195.9 |

续表

| 化学式 | 状态 | $\Delta_f H_m^{\ominus}$ / $kJ \cdot mol^{-1}$ | $\Delta_f G_m^{\ominus}$ / $kJ \cdot mol^{-1}$ | $S_m^{\ominus}$ / $J \cdot mol^{-1} \cdot K^{-1}$ |
|---|---|---|---|---|
| $AlPO_4$ | s | −1733.8 | −1617.9 | 90.8 |
| Ar | g | 0 | | 154.8 |
| As | s | 0 | | 35.1 |
| As | g | 302.5 | 261 | 174.2 |
| $As_2O_5$ | s | −924.9 | −782.3 | 105.4 |
| $As_2S_3$ | s | −169 | −168.6 | 163.6 |
| $AsH_3$ | g | 66.4 | 68.9 | 222.8 |
| Au | s | 0 | | 47.4 |
| $AuCl_3$ | s | −117.6 | | |
| $B_{10}H_{14}$ | g | 47.3 | 232.8 | 350.7 |
| $B_2H_6$ | g | 36.4 | 87.6 | 232.1 |
| $B_2O_3$ | s | −1273.5 | −1194.3 | 54 |
| $B_2O_3$ | g | −843.8 | −832 | 279.8 |
| $B_3N_3H_6$ | l | −541 | −392.7 | 199.6 |
| $B_4H_{10}$ | g | 66.1 | 184.3 | 280.3 |
| Ba | s | 0 | | 62.5 |
| Ba | g | 180 | 146 | 170.2 |
| $Ba(NO_3)_2$ | s | −988 | −792.6 | 214 |
| $Ba(OH)_2$ | s | −944.7 | | |
| $BaCl_2$ | s | −855 | −806.7 | 123.7 |
| $BaCO_3$ | s | −1213.0 | −1134.4 | 112.1 |
| BaO | s | −548.0 | −520.3 | 72.1 |
| BaS | s | −460 | −456 | 78.2 |
| $BaSO_4$ | s | −1473.2 | −1362.2 | 132.2 |
| $BBr_3$ | l | −239.7 | −238.5 | 229.7 |
| $BBr_3$ | g | −205.6 | −232.5 | 324.2 |
| $BCl_3$ | l | −427.2 | −387.4 | 206.3 |
| $BCl_3$ | g | −403.8 | −388.7 | 290.1 |
| Be | s | 0 | | 9.5 |
| $Be(OH)_2$ | s | −902.5 | −815 | 45.5 |
| $BeCl_2$ | s | −490.4 | −445.6 | 75.8 |
| $BeCO_3$ | s | −1025 | | 52 |
| BeO | s | −609.4 | −580.1 | 13.8 |
| BeS | s | −234.3 | | 34 |
| $BeSO_4$ | s | −1205.2 | −1093.8 | 77.9 |
| $BF_3$ | g | −1136 | −1119.4 | 254.4 |
| $BF_3NH_3$ | s | −1353.9 | | |
| Bi | s | 0 | | 168.2 |
| $Bi(OH)_3$ | s | −711.3 | | |
| $Bi_2(SO_4)_3$ | s | −2544.3 | | |

续表

| 化学式 | 状态 | $\Delta_f H_m^\ominus$ / $kJ \cdot mol^{-1}$ | $\Delta_f G_m^\ominus$ / $kJ \cdot mol^{-1}$ | $S_m^\ominus$ / $J \cdot mol^{-1} \cdot K^{-1}$ |
|---|---|---|---|---|
| $Bi_2O_3$ | s | −573.9 | −493.7 | 151.5 |
| $Bi_2S_3$ | s | −143.1 | −140.6 | 200.4 |
| $BiCl_3$ | s | −379.1 | −315 | 177 |
| $BiCl_3$ | g | −265.7 | −256 | 358.9 |
| BN | s | −254.4 | −228.4 | 14.8 |
| $Br_2$ | l | 0 |  | 152.2 |
| $Br_2$ | g | 30.9 | 3.1 | 245.5 |
| C(石墨) | s | 0 | 0 | 5.74 |
| C | g | 716.7 | 671.3 | 158.1 |
| C(金刚石) | s | 1.9 | 2.9 | 2.4 |
| $CBr_4$ | s | 29.4 | 47.7 | 212.5 |
| $CBr_4$ | g | 83.9 | 67.0 | 358.1 |
| $COCl_2$ | g | −219.1 | −204.9 | 283.5 |
| $CCl_4$ | l | −128.2 |  |  |
| $CCl_4$ | g | −95.7 |  |  |
| $CF_4$ | g | −933.6 |  | 261.6 |
| $(CN)_2$ | l | 285.9 |  |  |
| $(CN)_2$ | g | 306.7 |  | 241.9 |
| CO | g | −110.53 | −137.2 | 197.660 |
| $CO_2$ | g | −393.5 | −394.359 | 213.74 |
| Ca | s | 0 |  | 41.6 |
| $Ca(NO_3)_2$ | s | −938.2 | −742.8 | 193.2 |
| $Ca(OH)_2$ | s | −985.2 | −897.5 | 83.4 |
| $Ca_3(PO_4)_2$ | s | −4120.8 | −3884.7 | 236 |
| $CaBr_2$ | s | −628.8 | −663.6 | 130 |
| $CaC_2$ | s | −59.8 | −64.9 | 70 |
| $CaC_2O_4$ | s | −1360.6 |  |  |
| $CaCl_2$ | s | −795.4 | −748.8 | 108.4 |
| $CaCO_3$(方解石) | s | −1206.92 | −1128.79 | 92.9 |
| $CaCO_3$(霰石) | s | −1207.8 | −1128.2 | 88.0 |
| $CaH_2$ | s | −181.5 | −142.5 | 41.4 |
| CaO | s | −635.09 | −604.03 | 39.75 |
| Cd | s | 0 |  |  |
| $CdCl_2$ | s | −391.5 | −343.9 | 115.3 |
| $CdCO_3$ | s | −750.6 | −669.4 | 92.5 |
| CdO | s | −258.4 | −228.7 | 54.8 |
| CdS | s | −161.9 | −156.5 | 64.9 |
| $CdSO_4$ | s | −933.3 | −822.7 | 123 |
| Ce | s | 0 |  | 72 |
| $Ce_2O_3$ | s | −1796.2 | −1706.2 | 150.6 |

续表

| 化学式 | 状态 | $\Delta_f H_m^\ominus$ / $kJ \cdot mol^{-1}$ | $\Delta_f G_m^\ominus$ / $kJ \cdot mol^{-1}$ | $S_m^\ominus$ / $J \cdot mol^{-1} \cdot K^{-1}$ |
|---|---|---|---|---|
| $CeO_2$ | s | −1088.7 | −1024.6 | 62.3 |
| $Cl_2$ | g | 0 | | 223.1 |
| $Cl_2O$ | g | 80.3 | 97.9 | 266.2 |
| ClO | g | 101.8 | 98.1 | 226.6 |
| $ClO_2$ | g | 89.1 | 105.0 | 263.7 |
| $Co(NO_3)_2$ | s | −420.5 | | |
| $Co(OH)_2$ | s | −539.7 | −454.3 | 79 |
| $Co_2S_3$ | s | −147.3 | | |
| $CoCl_2$ | s | −312.5 | −269.8 | 109.2 |
| CoO | s | −237.9 | −214.2 | 53 |
| CoS | s | −82.8 | | |
| $CoSO_4$ | s | −888.3 | −782.3 | 118 |
| Cr | s | 0 | | 23.8 |
| $Cr(ClO)_2$ | l | −579.5 | −510.8 | 221.8 |
| $Cr(ClO)_2$ | g | −538.1 | −501.6 | 329.8 |
| $Cr_2O_3$ | s | −1139.7 | −1058.1 | 81.2 |
| $CrO_3$ | g | −292.9 | | 266.2 |
| Cs | s | 0 | | 85.2 |
| Cs | g | 280.3 | 228.8 | 210.6 |
| $CS_2$ | l | 89 | 64.6 | 151.3 |
| $CS_2$ | g | 116.7 | 67.1 | 237.8 |
| $Cs_2CO_3$ | s | −1139.7 | −1054.3 | 204.5 |
| $Cs_2O$ | s | −345.8 | −308.1 | 146.9 |
| $Cs_2SO_4$ | s | −1443 | −1323.6 | 211.9 |
| $CsClO_4$ | s | −443.1 | −314.3 | 175.1 |
| CsH | s | −54.2 | | |
| $CsNO_3$ | s | −506 | −406.5 | 155.2 |
| $CsO_2$ | s | −286.2 | | |
| CsOH | s | −416.2 | −371.8 | 104.2 |
| CsOH | g | −256 | −256.5 | 254.8 |
| Cu | s | 0 | | 33.2 |
| $Cu(NO_3)_2$ | s | −302.9 | | |
| $Cu(OH)_2$ | s | −449.8 | | |
| $Cu_2O$ | s | −168.6 | −146 | 93.1 |
| CuBr | s | −104.6 | −100.8 | 96.1 |
| $CuBr_2$ | s | −141.8 | | |
| CuCl | s | −137.2 | −119.9 | 86.2 |
| $CuCl_2$ | s | −220.1 | −175.7 | 108.1 |
| CuCN | s | 96.2 | 111.3 | 84.5 |
| CuI | s | −67.8 | −69.5 | 96.7 |

续表

| 化学式 | 状态 | $\Delta_f H_m^{\ominus}$ / $kJ \cdot mol^{-1}$ | $\Delta_f G_m^{\ominus}$ / $kJ \cdot mol^{-1}$ | $S_m^{\ominus}$ / $J \cdot mol^{-1} \cdot K^{-1}$ |
|---|---|---|---|---|
| CuO | s | −157.3 | −129.7 | 42.6 |
| CuS | s | −53.1 | −53.6 | 66.5 |
| $CuSO_4$ | s | −771.4 | −662.2 | 109.2 |
| $CuWO_4$ | s | −1105 | | |
| Eu | s | 0 | | 77.8 |
| Eu | g | 175.3 | 142.2 | 188.8 |
| $F_2$ | g | 0 | | 202.8 |
| Fe | s | 0 | | 27.3 |
| $Fe_2O_3$ | s | −824.2 | −742.2 | 87.4 |
| $Fe_3O_4$ | s | −1118.4 | −1015.4 | 146.4 |
| $FeCl_2$ | s | −341.8 | −302.3 | 118 |
| $FeCl_3$ | s | −399.5 | −334 | 142.3 |
| $FeCO_3$ | s | −740.6 | −666.7 | 92.9 |
| $FeCr_2O_4$ | s | −1444.7 | −1343.8 | 146 |
| FeO | s | −272 | | |
| FeS | s | −100 | −100.4 | 60.3 |
| $FeS_2$ | s | −178.2 | −166.9 | 52.9 |
| $FeSO_4$ | s | −928.4 | −820.8 | 107.5 |
| Ga | s | 0 | 0 | 40.8 |
| $Ga(OH)_3$ | s | −964.4 | −831.3 | 100 |
| $Ga_2O_3$ | s | −1089.1 | −998.3 | 85 |
| GaAs | s | −71 | −67.8 | 64.2 |
| $GaCl_3$ | s | −524.7 | −454.8 | 142 |
| $GaF_3$ | s | −1163 | −1085.3 | 84 |
| GaN | s | −110.5 | | |
| GaSb | s | −41.8 | −38.9 | 76.1 |
| Ge | s | 0 | | 31.1 |
| $GeH_4$ | g | 90.8 | 113.4 | 217.1 |
| $GeI_4$ | s | −141.8 | −144.3 | 271.1 |
| $GeI_4$ | g | −56.9 | −106.3 | 428.9 |
| $GeO_2$ | s | −580 | −521.4 | 39.7 |
| $H_2$ | g | 0 | | 130.7 |
| $H_2O$ | l | −285.8 | −237.1 | 69.9 |
| $H_2O$ | g | −241.826 | −228.6 | 188.8 |
| $H_2O_2$ | l | −187.8 | −120.4 | 109.6 |
| $H_2S$ | g | −20.6 | −33.4 | 205.8 |
| $H_2Se$ | g | 29.7 | 15.9 | 219 |
| $H_2SeO_4$ | s | −530.1 | | |
| $H_2SiO_3$ | s | −1188.7 | −1092.4 | 134 |
| $H_2SO_4$ | l | −814 | −690 | 156.9 |

续表

| 化学式 | 状态 | $\Delta_f H_m^\ominus$ / $kJ \cdot mol^{-1}$ | $\Delta_f G_m^\ominus$ / $kJ \cdot mol^{-1}$ | $S_m^\ominus$ / $J \cdot mol^{-1} \cdot K^{-1}$ |
|---|---|---|---|---|
| $H_2Te$ | g | 99.6 | | |
| $H_3AsO_4$ | s | −906.3 | | |
| $H_3BO_3$ | s | −1094.3 | −968.9 | 90 |
| $H_3PO_2$ | s | −604.6 | | |
| $H_3PO_2$ | l | −595.4 | | |
| $H_3PO_3$ | s | −964.4 | | |
| $H_3PO_4$ | s | −1284.4 | −1124.3 | 110.5 |
| $H_3PO_4$ | l | −1271.7 | −1123.6 | 150.8 |
| $H_3Sb$ | g | 145.1 | 147.8 | 232.8 |
| $H_4P_2O_7$ | s | −2241 | | |
| $H_4P_2O_7$ | l | −2231.7 | | |
| $H_4SiO_4$ | s | −1481.1 | −1332.9 | 192 |
| HBr | g | −36.3 | −53.4 | 198.7 |
| HCl | g | −92.3 | −95.3 | 186.9 |
| HClO | g | −78.7 | −66.1 | 236.7 |
| HCHO | g | −108.6 | −102.5 | 218.8 |
| $HClO_4$ | l | −40.6 | | |
| HCN | l | 108.9 | 125 | 112.8 |
| HCN | g | 135.1 | 124.7 | 201.8 |
| HCOOH | l | −425 | −361.4 | 129 |
| He | g | 0 | | 126.2 |
| HF | l | −299.8 | | |
| HF | g | −273.3 | −275.4 | 173.8 |
| Hg | l | 0 | | 75.9 |
| Hg | g | 61.4 | 31.8 | 175 |
| $Hg_2$ | g | 108.8 | 68.2 | 288.1 |
| $Hg_2Br_2$ | s | −206.9 | −181.1 | 218 |
| $Hg_2Cl_2$ | s | −265.4 | −210.7 | 191.6 |
| $Hg_2CO_3$ | s | −553.5 | −468.1 | 180 |
| $Hg_2I_2$ | g | −121.3 | −111 | 233.5 |
| $Hg_2SO_4$ | s | −743.1 | −625.8 | 200.7 |
| $HgBr_2$ | s | −170.7 | −153.1 | 172 |
| $HgCl_2$ | s | −224.3 | −178.6 | 146 |
| $HgI_2$ | s | −105.4 | −101.7 | 180 |
| HgO | s | −90.8 | −58.5 | 70.3 |
| HgS | s | −58.2 | −50.6 | 82.4 |
| $HgSO_4$ | s | −707.5 | | |

续表

| 化学式 | 状态 | $\Delta_f H_m^\ominus$ / $kJ \cdot mol^{-1}$ | $\Delta_f G_m^\ominus$ / $kJ \cdot mol^{-1}$ | $S_m^\ominus$ / $J \cdot mol^{-1} \cdot K^{-1}$ |
|---|---|---|---|---|
| HI | g | 26.5 | 1.7 | 206.6 |
| $HIO_3$ | g | −230.1 | | |
| $HN_3$ | g | 294.1 | 328.1 | 239 |
| $HN_3$ | l | 264 | 327.3 | 140.6 |
| HNCO | g | | | 238 |
| $HNO_2$ | g | −79.5 | −46 | 254.1 |
| $HNO_3$ | l | −174.1 | −80.7 | 155.6 |
| $HNO_3$ | g | −133.9 | −73.5 | 266.9 |
| $HReO_4$ | s | −762.3 | −656.4 | 158.2 |
| HSCN | g | 127.6 | 113 | 247.8 |
| $I_2$ | s | 0 | | 116.1 |
| $I_2$ | g | 62.4 | 19.3 | 260.7 |
| IF | g | −95.7 | −118.5 | 236.2 |
| $IF_5$ | l | −864.8 | | |
| $IF_5$ | g | −822.5 | −751.7 | 327.7 |
| In | s | 0 | | 57.8 |
| $In_2O_3$ | s | −925.8 | −830.7 | 104.2 |
| InAs | s | −58.6 | −53.6 | 75.7 |
| $InI_3$ | s | −238 | | |
| $InI_3$ | g | −120.5 | | |
| InP | s | −88.7 | −77 | 59.8 |
| InSb | s | −30.5 | −25.5 | 86.2 |
| Ir | s | 0 | | 35.5 |
| $IrF_6$ | s | −579.7 | −461.6 | 247.7 |
| $IrF_6$ | g | −544 | −460 | 357.8 |
| K | s | 0 | | 64.7 |
| $K_2C_2O_4$ | s | −1346 | | |
| $K_2CO_3$ | s | −1151 | −1063.5 | 155.5 |
| $K_2O$ | s | −361.5 | | |
| $K_2O_2$ | s | −494.1 | −425.1 | 102.1 |
| $K_2S$ | s | −380.7 | −364 | 105 |
| $K_2SiF_6$ | s | −2956 | −2798.6 | 226 |
| $K_2SO_4$ | s | −1437.8 | −1321.4 | 175.6 |
| $K_3PO_4$ | s | −1950.2 | | |
| $KBH_4$ | s | −227.4 | −160.3 | 106.3 |
| $KBrO_3$ | s | −360.3 | −271.2 | 149.2 |
| $KBrO_4$ | s | −287.9 | −174.4 | 170.1 |

续表

| 化学式 | 状态 | $\frac{\Delta_f H_m^\ominus}{kJ \cdot mol^{-1}}$ | $\frac{\Delta_f G_m^\ominus}{kJ \cdot mol^{-1}}$ | $\frac{S_m^\ominus}{J \cdot mol^{-1} \cdot K^{-1}}$ |
|---|---|---|---|---|
| KCl | s | −436.5 | −408.5 | 82.6 |
| $KClO_3$ | s | −397.7 | −296.3 | 143.1 |
| $KClO_4$ | s | −432.8 | −303.1 | 151.0 |
| KCN | s | −113.0 | −101.9 | 128.5 |
| KH | s | −57.7 | | |
| $KH_2PO_4$ | s | −1568.3 | −1415.9 | 134.9 |
| $KHCO_3$ | s | −963.2 | −863.5 | 115.5 |
| $KHF_2$ | s | −927.7 | −859.7 | 104.3 |
| KI | s | −327.9 | −324.9 | 106.3 |
| $KIO_3$ | s | −501.4 | −418.4 | 151.5 |
| $KIO_4$ | s | −467.2 | −361.4 | 175.7 |
| $KMnO_4$ | s | −837.2 | −737.6 | 171.7 |
| $KNO_2$ | s | −369.8 | −306.6 | 152.1 |
| $KNO_3$ | s | −494.6 | −394.9 | 133.1 |
| $KO_2$ | s | −284.9 | −239.4 | 116.7 |
| KOH | s | −424.6 | −379.4 | 81.2 |
| Kr | g | 0 | | 164.1 |
| KSCN | s | −200.2 | −178.3 | 124.3 |
| La | s | 0 | | 56.9 |
| $La_2O_3$ | s | −1793.7 | −1705.8 | 127.3 |
| $LaCl_3$ | s | −1072.2 | | |
| Li | s | 0 | | 29.1 |
| $Li_2CO_3$ | s | −1215.9 | −1132.1 | 90.4 |
| $Li_2O$ | s | −597.9 | −561.2 | 37.6 |
| $Li_2O_2$ | s | −634.3 | | |
| $Li_2SO_4$ | s | −1436.5 | −1321.7 | 115.1 |
| $Li_3PO_4$ | s | −2095.8 | | |
| $LiAlH_4$ | s | −116.3 | −44.7 | 78.7 |
| $LiBH_4$ | s | −190.8 | −125.0 | 75.9 |
| LiF | s | −616.0 | −587.7 | 35.7 |
| LiH | s | −90.5 | −68.3 | 20 |
| $LiNO_2$ | s | −372.4 | −302.0 | 96.0 |
| $LiNO_3$ | s | −483.1 | −381.1 | 90.0 |
| LiOH | s | −487.5 | −441.5 | 42.8 |
| LiOH | g | −229.0 | −234.2 | 214.4 |
| Mg | s | 0 | | 32.70 |
| $Mg(NO_3)_2$ | s | −790.7 | −589.4 | 164.0 |

续表

| 化学式 | 状态 | $\frac{\Delta_f H_m^\ominus}{kJ \cdot mol^{-1}}$ | $\frac{\Delta_f G_m^\ominus}{kJ \cdot mol^{-1}}$ | $\frac{S_m^\ominus}{J \cdot mol^{-1} \cdot K^{-1}}$ |
|---|---|---|---|---|
| $Mg(OH)_2$ | s | −924.5 | −833.5 | 63.2 |
| $MgBr_2$ | s | −524.3 | −503.8 | 117.2 |
| $MgC_2O_4$ | s | −1269.0 | | |
| $MgCl_2$ | s | −641.3 | −591.8 | 89.6 |
| $MgCO_3$ | s | −1095.8 | −1012.1 | 65.7 |
| $MgH_2$ | s | −75.3 | −35.9 | 31.1 |
| $MgI_2$ | s | −364.0 | −358.2 | 129.7 |
| MgO | s | −601.6 | −569.3 | 27.0 |
| $MgSO_4$ | s | −1284.9 | −1170.6 | 91.6 |
| Mn | s | 0 | | 32.0 |
| $Mn(NO_3)_2$ | s | −576.3 | | |
| $Mn_2O_3$ | s | −959.0 | −881.1 | 110.5 |
| $Mn_2SiO_4$ | s | −1730.5 | −1632.1 | 163.20 |
| $Mn_3O_4$ | s | −1387.8 | −1283.2 | 155.6 |
| $MnCl_2$ | s | −481.3 | −440.5 | 118.2 |
| $MnCO_3$ | s | −894.1 | −816.7 | 85.8 |
| MnO | s | −385.2 | −362.9 | 59.7 |
| $MnO_2$ | s | −520.0 | −465.1 | 53.1 |
| MnS | s | −214.2 | −218.4 | 78.2 |
| Mo | s | 0 | | 28.7 |
| $MoO_3$ | s | −745.1 | −668.0 | 77.7 |
| $N_2$ | g | 0 | | 191.6 |
| $N_2H_4$ | l | 50.6 | 149.3 | 121.2 |
| $N_2H_4$ | g | 95.4 | 159.4 | 238.5 |
| $N_2O$ | g | 81.6 | 103.7 | 220.0 |
| $N_2O_3$ | l | 50.3 | | |
| $N_2O_3$ | g | 86.6 | 142.4 | 314.7 |
| $N_2O_4$ | l | −19.5 | 97.5 | 209.2 |
| $N_2O_4$ | g | 11.1 | 99.8 | 304.4 |
| $N_2O_5$ | s | −43.1 | 113.9 | 178.2 |
| $N_2O_5$ | g | 13.3 | 117.1 | 355.7 |
| Na | s | 0 | | 51.3 |
| Na | g | 107.5 | 77.0 | 153.7 |
| $Na_2$ | g | 142.1 | 103.9 | 230.2 |
| $Na_2B_4O_7$ | s | −3291.1 | −3096.0 | 189.5 |
| $Na_2C_2O_4$ | g | −1318.0 | | |
| $Na_2CO_3$ | s | −1130.7 | −1044.4 | 135.0 |

续表

| 化学式 | 状态 | $\Delta_f H_m^\ominus$ / $kJ \cdot mol^{-1}$ | $\Delta_f G_m^\ominus$ / $kJ \cdot mol^{-1}$ | $S_m^\ominus$ / $J \cdot mol^{-1} \cdot K^{-1}$ |
|---|---|---|---|---|
| $Na_2HPO_4$ | s | −1748.1 | −1608.2 | 150.5 |
| $Na_2MnO_4$ | s | −1156.0 | | |
| $Na_2O$ | s | −414.2 | −375.5 | 75.1 |
| $Na_2O_2$ | s | −510.9 | −447.7 | 95.0 |
| $Na_2S$ | s | −364.8 | −349.8 | 83.7 |
| $Na_2SiF_6$ | s | −2909.6 | −2754.2 | 207.1 |
| $Na_2SiO_3$ | s | −1554.9 | −1462.8 | 113.9 |
| $Na_2SO_3$ | s | −1100.8 | −1012.5 | 145.9 |
| $Na_2SO_4$ | s | −1387.1 | −1270.2 | 149.6 |
| $NaAlF_4$ | g | −1869.0 | −1827.5 | 345.7 |
| $NaBF_4$ | s | −1844.7 | −1750.1 | 145.3 |
| $NaBH_4$ | s | −188.6 | −123.9 | 101.3 |
| $NaBO_2$ | s | −977.0 | −920.7 | 73.5 |
| NaBr | s | −361.1 | −349.0 | 86.8 |
| NaCl | s | −411.2 | −384.1 | 72.1 |
| $NaClO_3$ | s | −365.8 | −262.3 | 123.4 |
| $NaClO_4$ | s | −383.3 | −254.9 | 142.3 |
| NaCN | s | −87.5 | −76.4 | 115.6 |
| NaF | s | −576.6 | −546.3 | 51.1 |
| NaH | s | −56.3 | −33.5 | 40.0 |
| $NaHCO_3$ | s | −950.8 | −851.0 | 101.7 |
| $NaHSO_4$ | s | −1125.5 | −992.8 | 113.0 |
| NaI | s | −287.8 | −286.1 | 98.5 |
| $NaIO_4$ | s | −429.3 | −323.0 | 163.0 |
| $NaN_3$ | s | 21.7 | 93.8 | 96.9 |
| $NaNH_2$ | s | −123.8 | −64.0 | 76.9 |
| $NaNO_2$ | s | −358.7 | −284.6 | 103.8 |
| $NaNO_3$ | s | −467.9 | −367.0 | 116.5 |
| $NaO_2$ | s | −260.2 | −218.4 | 115.9 |
| NaOCN | s | −405.4 | −358.1 | 96.7 |
| NaOH | s | −425.8 | −379.7 | 64.4 |
| Nb | s | 0 | | 36.4 |
| $Nb_2O_5$ | s | −1899.5 | −1766.0 | 137.2 |
| $NbCl_5$ | s | −797.5 | −683.2 | 210.5 |
| $NbCl_5$ | g | −703.7 | −646.0 | 400.6 |
| $NCl_3$ | l | 230.0 | | |
| Ne | g | 0 | | 146.3 |
| $NF_3$ | g | −132.1 | −90.6 | 260.8 |

续表

| 化学式 | 状态 | $\Delta_f H_m^{\ominus}$ / $kJ \cdot mol^{-1}$ | $\Delta_f G_m^{\ominus}$ / $kJ \cdot mol^{-1}$ | $S_m^{\ominus}$ / $J \cdot mol^{-1} \cdot K^{-1}$ |
|---|---|---|---|---|
| $NH_3$ | g | −46.1 | −16.4 | 192.8 |
| $NH_4Br$ | s | −270.8 | −175.2 | 113.0 |
| $NH_4Cl$ | s | −314.4 | −202.9 | 94.6 |
| $NH_4CN$ | s | 0.4 | | |
| $NH_4F$ | s | −464.0 | −348.7 | 72.0 |
| $NH_4NO_2$ | s | −256.5 | | |
| $NH_4NO_3$ | s | −365.6 | −183.9 | 151.1 |
| $(NH_4)_2HPO_4$ | s | −1566.9 | | |
| $NH_4HSO_3$ | s | −768.6 | | |
| $NH_4HSO_4$ | s | −1027.0 | | |
| $(NH_4)_2SO_4$ | s | −1180.9 | −901.7 | 220.1 |
| $NH_4I$ | s | −201.4 | −112.5 | 117.0 |
| Ni | s | 0 | | 29.9 |
| $Ni_2O_3$ | s | −489.5 | | |
| NiS | s | −82.0 | −79.5 | 53.0 |
| $NiSO_4$ | s | −872.9 | −759.7 | 92.0 |
| NO | g | 90.25 | 86.55 | 210.8 |
| $NO_2$ | g | 33.2 | 51.3 | 240.1 |
| $O_2$ | g | 0 | | 205.138 |
| $O_3$ | g | 142.7 | 163.2 | 238.9 |
| $O_2F_2$ | g | 19.2 | 58.2 | 277.2 |
| $OF_2$ | g | 24.5 | 41.8 | 247.5 |
| Os | s | 0 | | 32.6 |
| $OsF_6$ | s | | | 246.0 |
| $OsF_6$ | g | | | 358.1 |
| $OsO_4$ | s | −394.1 | −304.9 | 143.9 |
| P(白) | s | 0.0 | | 41.1 |
| P(白) | g | 316.5 | 280.1 | 163.2 |
| P(红) | s | −17.6 | | 22.8 |
| P(黑) | s | −39.3 | | |
| $P_2H_4$ | l | −5 | | |
| $P_2H_4$ | g | 20.9 | | |
| $P_4$ | g | 58.9 | 24.4 | 280 |
| $Pb(NO_3)_2$ | s | −451.9 | | |
| $Pb_3O_4$ | s | −718.4 | −601.2 | 211.3 |
| $PbC_2O_4$ | s | −851.4 | −750.1 | 146 |
| $PbCl_2$ | s | −359.4 | −314.1 | 136 |

续表

| 化学式 | 状态 | $\Delta_f H_m^{\ominus}$ / kJ·mol$^{-1}$ | $\Delta_f G_m^{\ominus}$ / kJ·mol$^{-1}$ | $S_m^{\ominus}$ / J·mol$^{-1}$·K$^{-1}$ |
|---|---|---|---|---|
| $PbCl_4$ | l | −329.3 | | |
| $PbCO_3$ | s | −699.1 | −625.5 | 131 |
| $PbI_2$ | s | −175.5 | −173.6 | 174.9 |
| PbO(黄铅丹) | s | −217.3 | −187.9 | 68.7 |
| PbO(密陀僧) | s | −219 | −188.9 | 66.5 |
| $PbO_2$ | s | −277.4 | −217.3 | 68.6 |
| PbS | s | −100.4 | −98.7 | 91.2 |
| PbSe | s | −102.9 | −101.7 | 102.5 |
| $PbSO_4$ | s | −920 | −813 | 148.5 |
| PbTe | s | −70.7 | −69.5 | 110 |
| $PCl_3$ | l | −319.7 | −272.3 | 217.1 |
| $PCl_3$ | g | −287 | −267.8 | 311.8 |
| $PCl_5$ | g | −374.9 | −305 | 364.6 |
| Pd | s | 0 | | 37.6 |
| PdO | s | −85.4 | | |
| PdO | g | 348.9 | 325.9 | 218 |
| $PF_5$ | g | −1594.4 | −1520.7 | 300.8 |
| $PH_3$ | g | 5.4 | 13.5 | 210.2 |
| Pt | s | 0 | | 520.5 |
| $PtCl_4$ | s | −231.8 | | |
| $PtF_6$ | s | | | 235.6 |
| $PtF_6$ | g | | | 348.3 |
| Rb | s | 0 | | 76.8 |
| $Rb_2CO_3$ | s | −1136 | −1051 | 181.3 |
| $Rb_2O$ | s | −339 | | |
| $Rb_2O_2$ | s | −472 | | |
| RbCl | s | −435.4 | −407.8 | 95.9 |
| $RbClO_4$ | s | −437.2 | −306.9 | 161.1 |
| $RbNO_3$ | s | −495.1 | −395.8 | 147.3 |
| RbOH | s | −418.8 | −373.9 | 94 |
| RbOH | g | −238 | −239.1 | 248.5 |
| Re | s | 0 | | 36.9 |
| $Re_2O_7$ | s | −1240.1 | −1066 | 207.1 |
| $Re_2O_7$ | g | −1100 | −994 | 452 |
| Rh | s | 0 | | 31.5 |
| $Rh_2O_3$ | s | −343 | | 103.8 |
| Rn | g | 0 | | 176.2 |

续表

| 化学式 | 状态 | $\Delta_f H_m^\ominus$ / $kJ \cdot mol^{-1}$ | $\Delta_f G_m^\ominus$ / $kJ \cdot mol^{-1}$ | $S_m^\ominus$ / $J \cdot mol^{-1} \cdot K^{-1}$ |
|---|---|---|---|---|
| Ru | s | 0 | | 28.5 |
| $RuO_2$ | s | −305 | | |
| $RuO_4$ | s | −239.3 | −152.2 | 146.4 |
| $S_2Cl_2$ | l | −59.4 | | |
| Sb | s | 0 | | 45.7 |
| $Sb_2O_5$ | s | −971.9 | −829.2 | 125.1 |
| Sc | s | 0 | | 34.6 |
| $Sc_2O_3$ | s | −1908.8 | −1819.4 | 77 |
| $SCl_2$ | l | −50 | | |
| Se | s | 0 | | 42.4 |
| $SeF_6$ | g | −1117 | −1017 | 313.9 |
| $SeO_2$ | s | −225.4 | | |
| $SF_4$ | g | −763.2 | −722 | 299.6 |
| $SF_6$ | g | −1220.5 | −1116.5 | 291.5 |
| $Si_2H_6$ | g | 80.3 | 127.3 | 272.7 |
| SiC(立方) | s | −65.3 | −62.8 | 16.6 |
| SiC(六方) | s | −62.8 | −60.2 | 16.5 |
| $SiCl_4$ | l | −687 | −619.8 | 239.7 |
| $SiCl_4$ | g | −657 | −617 | 330.7 |
| $SiF_4$ | g | −1615 | −1572.8 | 282.8 |
| $SiH_4$ | g | 34.3 | 56.9 | 204.6 |
| $SiO_2$ | s | −910.7 | −856.3 | 41.5 |
| $SiO_2$ | g | −322 | | |
| Sn(白) | s | 0 | | 51.2 |
| Sn(白) | g | 301.2 | 266.2 | 168.5 |
| Sn(灰) | s | −2.1 | 0.1 | 44.1 |
| $Sn(OH)_2$ | s | −561.1 | −491.6 | 155 |
| $SnCl_2$ | s | −325.1 | | |
| $SnCl_4$ | l | −511.3 | −440.1 | 258.6 |
| $SnCl_4$ | g | −471.5 | −432.2 | 365.8 |
| SnO | s | −280.7 | −251.9 | 57.2 |
| SnO | g | 15.1 | −8.4 | 232.1 |
| $SnO_2$ | s | −577.6 | −515.8 | 49 |
| SnS | s | −100 | −98.3 | 77 |
| $SO_2$ | l | −320.5 | | |
| $SO_2$ | g | −296.83 | −300.1 | 248.22 |
| $SO_2Cl_2$ | l | −394.1 | | |

续表

| 化学式 | 状态 | $\Delta_f H_m^\ominus$ / $kJ \cdot mol^{-1}$ | $\Delta_f G_m^\ominus$ / $kJ \cdot mol^{-1}$ | $S_m^\ominus$ / $J \cdot mol^{-1} \cdot K^{-1}$ |
|---|---|---|---|---|
| $SO_2Cl_2$ | g | 134 | −364 | −320 |
| $SO_3$ | s | −454.5 | −374.2 | 70.7 |
| $SO_3$ | l | −441 | −373.8 | 113.8 |
| $SO_3$ | g | −395.72 | −371.1 | 256.76 |
| Sr | s | 0 | | 55 |
| $Sr(OH)_2$ | s | −959 | | |
| $SrCO_3$ | s | −1220.1 | −1140.1 | 97.1 |
| SrO | s | −592 | −561.9 | 54.4 |
| SrS | s | −472.4 | −467.8 | 68.2 |
| $SrSO_4$ | s | −1453.1 | −1340.9 | 117 |
| Ta | s | 0 | | 41.5 |
| Tc | s | 0 | | |
| Tc | g | 678 | | 181.1 |
| Te | s | 0 | | 49.7 |
| $TeO_2$ | s | −322.6 | −270.3 | 79.5 |
| Ti | s | 0 | | 30.7 |
| $TiCl_4$ | l | −804.2 | −737.2 | 252.3 |
| $TiCl_4$ | g | −763.2 | −726.3 | 353.2 |
| TiF | s | −324.7 | | |
| TiF | g | −182.4 | | |
| $TiO_2$ | s | −944 | −888.8 | 50.6 |
| Tl | s | 0 | | 64.2 |
| $TlCl_3$ | s | −315.1 | | |
| $Tl_2CO_3$ | s | −700 | −614.6 | 155.2 |
| $Tl_2O$ | s | −178.7 | −147.3 | 126 |
| $Tl_2S$ | s | −97.1 | −93.7 | 151 |
| $Tl_2SO_4$ | s | −931.8 | −830.4 | 230.5 |
| TlBr | s | −173.2 | −167.4 | 120.5 |
| $TlBr_3$ | s | −548.5 | −523.8 | 176.6 |
| TlCl | s | −204.1 | −184.9 | 111.3 |
| TlI | s | −123.8 | −125.4 | 127.6 |
| TlOH | s | −238.9 | −195.8 | 88 |
| U | s | 0 | | 50.2 |
| $UO_3$ | s | −1223.8 | −1145.7 | 96.1 |
| V | s | 0 | | 28.9 |
| $V_2O_5$ | s | −1550.6 | −1419.5 | 131 |
| W | s | 0 | | 32.6 |

续表

| 化学式 | 状态 | $\Delta_f H_m^\ominus$ / $kJ \cdot mol^{-1}$ | $\Delta_f G_m^\ominus$ / $kJ \cdot mol^{-1}$ | $S_m^\ominus$ / $J \cdot mol^{-1} \cdot K^{-1}$ |
|---|---|---|---|---|
| $WO_3$ | s | −842.9 | −764 | 75.9 |
| Xe | g | 0 | | 169.7 |
| $XeF_4$ | s | −261.5 | | |
| Y | s | 0 | | 44.4 |
| $Y_2O_3$ | s | −1905.3 | −1816.6 | 99.1 |
| Zn | s | 0 | | 41.6 |
| $Zn(NO_3)_2$ | s | −483.7 | | |
| $Zn(OH)_2$ | s | −641.9 | −553.5 | 81.2 |
| $ZnCl_2$ | s | −415.1 | −369.4 | 111.5 |
| $ZnCO_3$ | s | −812.8 | −731.5 | 82.4 |
| $ZnF_2$ | s | −764.4 | −713.3 | 73.7 |
| ZnO | s | −350.5 | −320.5 | 43.7 |
| ZnS(纤锌矿) | s | −192.6 | | |
| ZnS(闪锌矿) | s | −206 | −201.3 | 57.7 |
| $ZnSO_4$ | s | −982.8 | −871.5 | 110.5 |
| Zr | s | 0 | | 39 |
| $ZrCl_2$ | s | −502 | | |
| $ZrF_4$ | s | −1911.3 | −1809.9 | 104.6 |
| $ZrO_2$ | s | −1100.6 | −1042.8 | 50.4 |
| $CH_2O_2$ | g | −212 | −189.7 | 272.5 |
| $CH_3NH_2$ | l | −47.3 | 35.7 | 150.2 |
| $CH_3NH_2$ | g | −22.5 | 32.7 | 242.9 |
| $CH_3OCH_3$ | l | −203.3 | | |
| $CH_3OCH_3$ | g | −184.1 | −112.6 | 266.4 |
| $CH_3OH$ | l | −239.2 | −166.6 | 126.8 |
| $CH_3OH$ | g | −201 | −162.3 | 239.9 |
| $CH_4$ | g | −74.6 | −50.5 | 186.3 |
| $CHI_3$ | s | 181.1 | | |
| $CHI_3$ | g | 251 | | 356.2 |
| $CO(NH_2)_2$ | s | −333.1 | | |
| $CO(NH_2)_2$ | g | −245.8 | | |
| $C_2H_4$ | g | 52.4 | 68.4 | 219.3 |
| $C_2H_5OH$ | l | −277.6 | −174.8 | 160.7 |
| $C_2H_6$ | g | −84 | −32 | 229.2 |
| $C_2H_7N$(乙胺) | g | −47.5 | 36.3 | 283.8 |
| $C_3H_4$(丙炔) | g | 184.9 | | |
| $C_3H_6$(丙烯) | l | 4 | | |

续表

| 化学式 | 状态 | $\Delta_f H_m^\ominus$/kJ·mol$^{-1}$ | $\Delta_f G_m^\ominus$/kJ·mol$^{-1}$ | $S_m^\ominus$/J·mol$^{-1}$·K$^{-1}$ |
|---|---|---|---|---|
| $C_3H_6$(丙烯) | g | 20.0 | | |
| $C_3H_6$(环丙烷) | l | 35.2 | | |
| $C_3H_6$(环丙烷) | g | 53.3 | 104.5 | 237.5 |
| $C_3H_6O$(丙醛) | l | −215.6 | | |
| $C_3H_6O$(丙醛) | g | −185.6 | | 304.5 |
| $C_3H_8$(丙烷) | l | −120.9 | | |
| $C_3H_8$(丙烷) | g | −103.8 | −23.4 | 270.3 |
| $C_3H_9N$(丙胺) | l | −101.5 | | 164.1 |
| $C_3H_9N$(丙胺) | g | −70.1 | 39.9 | 325.4 |
| $C_4H_8$(1-丁烯) | l | −20.8 | | 227 |
| $C_4H_8$(1-丁烯) | g | −0.1 | | |
| $C_4H_8O_2$(乙酸乙酯) | l | −479.3 | | 257.7 |
| $C_5H_5N$(吡啶) | l | 100.2 | | |
| $C_5H_5N$(吡啶) | g | 140.4 | | |
| $C_6H_{12}$(环己烷) | l | −156.4 | | |
| $C_6H_{12}$(环己烷) | g | −123.4 | | |
| $C_6H_6$(苯) | l | 49.1 | 124.5 | 173.4 |
| $C_6H_6$(苯) | g | 82.9 | 129.7 | 269.2 |
| $C_6H_6O$(苯酚) | s | −165.1 | | 144.0 |
| $C_6H_6O$(苯酚) | g | −96.4 | | |
| $C_6H_7N$(苯胺) | l | 31.6 | | |
| $C_6H_7N$(苯胺) | g | 87.5 | −7.0 | 317.9 |
| $C_6H_{16}N_2$(1,6-己二胺) | s | −205.0 | | |
| $C_7H_8$(甲苯) | l | −48.0 | | |
| $C_7H_8$(甲苯) | g | 50.5 | | |
| $C_8H_{10}$(乙苯) | l | −12.3 | | |
| $C_8H_{10}$(乙苯) | g | 29.9 | | |
| $C_8H_{10}$(邻二甲苯) | l | −24.4 | | |
| $C_8H_{10}$(邻二甲苯) | g | 19.1 | | |
| $C_8H_{10}$(间二甲苯) | l | −25.4 | | |
| $C_8H_{10}$(间二甲苯) | g | 17.3 | | |
| $C_8H_{10}$(对二甲苯) | l | −24.4 | | |
| $C_8H_{10}$(对二甲苯) | g | 18 | | |
| $C_{10}H_8$(萘) | s | 78.5 | 201.6 | 167.4 |
| $C_{10}H_8$(萘) | g | 150.6 | 224.1 | 333.1 |

# 附录 2 解离常数（298.15K）

| 物质 | $pK_i^\ominus$ | $K_i^\ominus$ |
|---|---|---|
| $H_3AsO_4$ | 2.223 | $K_{a1}^\ominus=6.0\times10^{-3}$ |
| | 6.760 | $K_{a2}^\ominus=1.7\times10^{-7}$ |
| | (11.29) | $(K_{a3}^\ominus=5.1\times10^{-12})$ |
| $HAsO_2$ | 9.28 | $5.2\times10^{-10}$ |
| $H_3BO_3$ | 9.236 | $K_{a1}^\ominus=5.8\times10^{-10}$ |
| $H_2CO_3$ | 6.352 | $K_{a1}^\ominus=4.5\times10^{-7}$ |
| | 10.329 | $K_{a2}^\ominus=4.7\times10^{-11}$ |
| HCN | 9.21 | $6.2\times10^{-10}$ |
| HF | 3.20 | $6.3\times10^{-4}$ |
| $HClO_4$ | −1.6 | 39.8 |
| $HClO_2$ | 1.94 | $1.1\times10^{-2}$ |
| HClO | 7.534 | $2.9\times10^{-8}$ |
| HBrO | 8.55 | $2.8\times10^{-9}$ |
| HIO | 10.5 | $3.2\times10^{-11}$ |
| $HIO_3$ | 0.804 | $1.6\times10^{-1}$ |
| $HIO_4$ | 1.64 | $2.3\times10^{-2}$ |
| $H_2O_2$ | 11.64 | $K_{a1}^\ominus=3.2\times10^{-12}$ |
| $H_2SO_4$ | 1.99 | $K_{a2}^\ominus=1.0\times10^{-2}$ |
| $H_2SO_3$ | 1.89 | $K_{a1}^\ominus=1.3\times10^{-2}$ |
| | 7.205 | $K_{a2}^\ominus=6.2\times10^{-8}$ |
| $H_2SeO_4$ | 1.66 | $K_{a2}^\ominus=2.2\times10^{-2}$ |
| $H_2CrO_4$ | 0.74 | $K_{a1}^\ominus=1.8\times10^{-1}$ |
| | 6.488 | $K_{a2}^\ominus=3.3\times10^{-7}$ |
| $HNO_2$ | 3.14 | $7.2\times10^{-4}$ |
| $H_2S$ | 6.97 | $K_{a1}^\ominus=1.1\times10^{-7}$ |
| | 12.90 | $K_{a2}^\ominus=1.3\times10^{-13}$ |
| $H_3PO_4$ | 2.148 | $K_{a1}^\ominus=7.1\times10^{-3}$ |
| | 7.198 | $K_{a2}^\ominus=6.3\times10^{-8}$ |
| | 12.32 | $K_{a3}^\ominus=4.8\times10^{-13}$ |
| $H_3PO_3$ | 1.43 | $K_{a1}^\ominus=3.7\times10^{-2}$ |
| | 6.68 | $K_{a2}^\ominus=2.1\times10^{-7}$ |
| $H_4P_2O_7$ | 0.91 | $K_{a1}^\ominus=1.2\times10^{-1}$ |
| | 2.10 | $K_{a2}^\ominus=7.9\times10^{-3}$ |
| | 6.70 | $K_{a3}^\ominus=2.0\times10^{-7}$ |
| | 9.35 | $K_{a4}^\ominus=4.5\times10^{-10}$ |
| $H_4SiO_4$ | 9.60 | $K_{a1}^\ominus=2.5\times10^{-10}$ |
| | 11.8 | $K_{a2}^\ominus=1.6\times10^{-12}$ |
| | (12) | $(K_{a3}^\ominus=1.0\times10^{-12})$ |
| HAc | 4.75 | $1.8\times10^{-5}$ |
| HCOOH | 3.75 | $1.8\times10^{-4}$ |
| HSCN | −1.8 | 63 |
| 物质 | $pK_i$ | $K_i$ |
| $NH_3\cdot H_2O$ | (4.76) | $(K_b^\ominus=1.75\times10^{-5})$ |

# 附录 3 溶度积常数（298.15K）

| 难溶电解质 | $K_{sp}^{\ominus}$ | 难溶电解质 | $K_{sp}^{\ominus}$ |
|---|---|---|---|
| $AgCl$ | $1.77\times10^{-10}$ | $Hg_2I_2$ | $5.2\times10^{-29}$ |
| $AgBr$ | $5.35\times10^{-13}$ | $Hg_2CO_3$ | $3.6\times10^{-17}$ |
| $AgI$ | $8.52\times10^{-17}$ | $HgBr_2$ | $6.2\times10^{-20}$ |
| $AgOH$ | $2.0\times10^{-8}$ | $HgI_2$ | $2.8\times10^{-29}$ |
| $Ag_2SO_4$ | $1.20\times10^{-5}$ | $Hg_2S$ | $1.0\times10^{-47}$ |
| $Ag_2SO_3$ | $1.50\times10^{-14}$ | $HgS$(红) | $4\times10^{-53}$ |
| $Ag_2S$ | $6.3\times10^{-50}$ | $HgS$(黑) | $1.6\times10^{-52}$ |
| $Ag_2CO_3$ | $8.46\times10^{-12}$ | $K_2[PtCl_6]$ | $7.4\times10^{-6}$ |
| $Ag_2C_2O_4$ | $5.40\times10^{-12}$ | $Mg(OH)_2$ | $5.61\times10^{-12}$ |
| $Ag_2CrO_4$ | $1.12\times10^{-12}$ | $MgCO_3$ | $6.82\times10^{-6}$ |
| $Ag_2Cr_2O_7$ | $2.0\times10^{-7}$ | $Mn(OH)_2$ | $1.9\times10^{-13}$ |
| $Ag_3PO_4$ | $8.89\times10^{-17}$ | $BaC_2O_4$ | $1.6\times10^{-7}$ |
| $Al(OH)_3$ | $1.3\times10^{-33}$ | $BaCrO_4$ | $1.17\times10^{-10}$ |
| $As_2S_3$ | $2.1\times10^{-22}$ | $Ba_3(PO_4)_2$ | $3.4\times10^{-23}$ |
| $BaF_2$ | $1.84\times10^{-7}$ | $Be(OH)_2$ | $6.92\times10^{-22}$ |
| $Ba(OH)_2\cdot8H_2O$ | $2.55\times10^{-4}$ | $Bi(OH)_3$ | $6.0\times10^{-31}$ |
| $BaSO_4$ | $1.08\times10^{-10}$ | $BiOCl$ | $1.8\times10^{-31}$ |
| $BaSO_3$ | $5.0\times10^{-10}$ | $BiO(NO_3)$ | $2.82\times10^{-3}$ |
| $BaCO_3$ | $2.58\times10^{-9}$ | $Bi_2S_3$ | $1\times10^{-97}$ |
| $Co(OH)_3$ | $1.6\times10^{-44}$ | $CaSO_4$ | $4.93\times10^{-5}$ |
| $CoCO_3$ | $1.4\times10^{-13}$ | $CaSO_4\cdot\frac{1}{2}H_2O$ | $3.1\times10^{-7}$ |
| α-$CoS$ | $4.0\times10^{-21}$ | | |
| β-$CoS$ | $2.0\times10^{-25}$ | $CaCO_3$ | $2.8\times10^{-9}$ |
| $Cu(OH)$ | $1\times10^{-14}$ | $Ca(OH)_2$ | $5.5\times10^{-6}$ |
| $Cu(OH)_2$ | $2.2\times10^{-20}$ | $CaF_2$ | $5.2\times10^{-9}$ |
| $CuCl$ | $1.72\times10^{-7}$ | $CaC_2O_4\cdot H_2O$ | $2.32\times10^{-9}$ |
| $CuBr$ | $6.27\times10^{-9}$ | $Ca_3(PO_4)_2$ | $2.07\times10^{-29}$ |
| $CuI$ | $1.27\times10^{-12}$ | $Cd(OH)_2$ | $7.2\times10^{-15}$ |
| $Cu_2S$ | $2.5\times10^{-48}$ | $CdS$ | $8.0\times10^{-27}$ |
| $CuS$ | $6.3\times10^{-36}$ | $Cr(OH)_3$ | $6.3\times10^{-31}$ |
| $CuCO_3$ | $1.4\times10^{-10}$ | $Co(OH)_2$ | $5.92\times10^{-15}$ |
| $Fe(OH)_2$ | $4.87\times10^{-17}$ | $MnS$(无定形) | $2.5\times10^{-10}$ |
| $Fe(OH)_3$ | $2.79\times10^{-39}$ | $MnS$(结晶) | $2.5\times10^{-13}$ |
| $FeCO_3$ | $3.13\times10^{-11}$ | $MnCO_3$ | $2.34\times10^{-11}$ |
| $FeS$ | $6.3\times10^{-18}$ | $Ni(OH)_2$(新析出) | $5.5\times10^{-16}$ |
| $Hg(OH)_2$ | $3.0\times10^{-26}$ | $NiCO_3$ | $1.42\times10^{-7}$ |
| $Hg_2Cl_2$ | $1.43\times10^{-18}$ | α-$NiS$ | $3.2\times10^{-19}$ |
| $Hg_2Br_2$ | $6.4\times10^{-23}$ | $Pb(OH)_2$ | $1.43\times10^{-15}$ |

续表

| 难溶电解质 | $K_{sp}^{\ominus}$ | 难溶电解质 | $K_{sp}^{\ominus}$ |
|---|---|---|---|
| $Pb(OH)_4$ | $3.2\times10^{-66}$ | SnS | $1.0\times10^{-25}$ |
| $PbF_2$ | $3.3\times10^{-8}$ | $SrCO_3$ | $5.60\times10^{-10}$ |
| $PbCl_2$ | $1.70\times10^{-5}$ | $SrCrO_4$ | $2.2\times10^{-5}$ |
| $PbBr_2$ | $6.6\times10^{-6}$ | $Zn(OH)_2$ | $3.0\times10^{-17}$ |
| $PbI_2$ | $9.8\times10^{-9}$ | $ZnCO_3$ | $1.46\times10^{-10}$ |
| $PbSO_4$ | $2.53\times10^{-8}$ | α-ZnS | $1.6\times10^{-24}$ |
| $PbCO_3$ | $7.4\times10^{-14}$ | β-ZnS | $2.5\times10^{-22}$ |
| $PbCrO_4$ | $2.8\times10^{-13}$ | $CsClO_4$ | $3.95\times10^{-3}$ |
| PbS | $8.0\times10^{-28}$ | $Au(OH)_3$ | $5.5\times10^{-46}$ |
| $Sn(OH)_2$ | $5.45\times10^{-28}$ | $La(OH)_3$ | $2.0\times10^{-19}$ |
| $Sn(OH)_4$ | $1.0\times10^{-56}$ | LiF | $1.84\times10^{-3}$ |

# 附录 4　标准电极电势（298.15K）

## A. 在酸性溶液中

| 电对 | 电极反应 | $\varphi_A^{\ominus}/V$ |
|---|---|---|
| $Li^+/Li$ | $Li^+ + e^- \rightleftharpoons Li$ | −3.045 |
| $K^+/K$ | $K^+ + e^- \rightleftharpoons K$ | −2.924 |
| $Ba^{2+}/Ba$ | $Ba^{2+} + 2e^- \rightleftharpoons Ba$ | −2.92 |
| $Ca^{2+}/Ca$ | $Ca^{2+} + 2e^- \rightleftharpoons Ca$ | −2.84 |
| $Na^+/Na$ | $Na^+ + e^- \rightleftharpoons Na$ | −2.714 |
| $Mg^{2+}/Mg$ | $Mg^{2+} + 2e^- \rightleftharpoons Mg$ | −2.356 |
| $Be^{2+}/Be$ | $Be^{2+} + 2e^- \rightleftharpoons Be$ | −1.99 |
| $Al^{3+}/Al$ | $Al^{3+} + 3e^- \rightleftharpoons Al$ | −1.676 |
| $Mn^{2+}/Mn$ | $Mn^{2+} + 2e^- \rightleftharpoons Mn$ | −1.18 |
| $Zn^{2+}/Zn$ | $Zn^{2+} + 2e^- \rightleftharpoons Zn$ | −0.7626 |
| $Cr^{3+}/Cr$ | $Cr^{3+} + 3e^- \rightleftharpoons Cr$ | −0.74 |
| $Fe^{2+}/Fe$ | $Fe^{2+} + 2e^- \rightleftharpoons Fe$ | −0.44 |
| $Cd^{2+}/Cd$ | $Cd^{2+} + 2e^- \rightleftharpoons Cd$ | −0.403 |
| $PbSO_4/Pb$ | $PbSO_4 + 2e^- \rightleftharpoons Pb + SO_4^{2-}$ | −0.356 |
| $Co^{2+}/Co$ | $Co^{2+} + 2e^- \rightleftharpoons Co$ | −0.277 |
| $Ni^{2+}/Ni$ | $Ni^{2+} + 2e^- \rightleftharpoons Ni$ | −0.257 |
| AgI/Ag | $AgI + e^- \rightleftharpoons Ag + I^-$ | −0.1522 |
| $Sn^{2+}/Sn$ | $Sn^{2+} + 2e^- \rightleftharpoons Sn$ | −0.136 |
| $Pb^{2+}/Pb$ | $Pb^{2+} + 2e^- \rightleftharpoons Pb$ | −0.126 |
| $H^+/H_2$ | $2H^+ + 2e^- \rightleftharpoons H_2$ | 0 |
| AgBr/Ag | $AgBr + e^- \rightleftharpoons Ag + Br^-$ | 0.0711 |
| $S_4O_6^{2-}/S_2O_3^{2-}$ | $S_4O_6^{2-} + 2e^- \rightleftharpoons 2S_2O_3^{2-}$ | 0.08 |
| $S/H_2S(aq)$ | $S + 2H^+ + 2e^- \rightleftharpoons H_2S$ | 0.144 |
| $Sn^{4+}/Sn^{2+}$ | $Sn^{4+} + 2e^- \rightleftharpoons Sn^{2+}$ | 0.154 |

续表

| 电对 | 电极反应 | $\varphi_A^\ominus/V$ |
|---|---|---|
| $SO_4^{2-}/H_2SO_3$ | $SO_4^{2-}+4H^++2e^- \rightleftharpoons H_2SO_3+H_2O$ | 0.158 |
| $Cu^{2+}/Cu^+$ | $Cu^{2+}+e^- \rightleftharpoons Cu^+$ | 0.159 |
| AgCl/Ag | $AgCl+e^- \rightleftharpoons Ag+Cl^-$ | 0.2223 |
| $Hg_2Cl_2/Hg$ | $Hg_2Cl_2+2e^- \rightleftharpoons 2Hg+2Cl^-$ | 0.2682 |
| $Cu^{2+}/Cu$ | $Cu^{2+}+2e^- \rightleftharpoons Cu$ | 0.340 |
| $[Fe(CN)_6]^{3-}/[Fe(CN)_6]^{4-}$ | $[Fe(CN)_6]^{3-}+e^- \rightleftharpoons [Fe(CN)_6]^{4-}$ | 0.361 |
| $H_2SO_3/S_2O_3^{2-}$ | $2H_2SO_3+2H^++4e^- \rightleftharpoons S_2O_3^{2-}+3H_2O$ | 0.400 |
| $Cu^+/Cu$ | $Cu^++e^- \rightleftharpoons Cu$ | 0.52 |
| $I_2/I^-$ | $I_2+2e^- \rightleftharpoons 2I^-$ | 0.535 |
| $Cu^{2+}/CuCl$ | $Cu^{2+}+Cl^-+e^- \rightleftharpoons CuCl$ | 0.559 |
| $H_3AsO_4/HAsO_2$ | $H_3AsO_4+2H^++4e^- \rightleftharpoons HAsO_2+2H_2O$ | 0.60 |
| $HgCl_2/Hg_2Cl_2$ | $2HgCl_2+2e^- \rightleftharpoons Hg_2Cl_2+2Cl^-$ | 0.63 |
| $O_2/H_2O_2$ | $O_2+2H^++2e^- \rightleftharpoons H_2O_2$ | 0.695 |
| $Fe^{3+}/Fe^{2+}$ | $Fe^{3+}+e^- \rightleftharpoons Fe^{2+}$ | 0.770 |
| $Hg_2^{2+}/Hg$ | $Hg_2^{2+}+2e^- \rightleftharpoons 2Hg$ | 0.796 |
| $Ag^+/Ag$ | $Ag^++e^- \rightleftharpoons Ag$ | 0.799 |
| $Hg^{2+}/Hg$ | $Hg^{2+}+2e^- \rightleftharpoons Hg$ | 0.8535 |
| $Cu^{2+}/CuI$ | $Cu^{2+}+I^-+e^- \rightleftharpoons CuI$ | 0.86 |
| $Hg^{2+}/Hg_2^{2+}$ | $2Hg^{2+}+2e^- \rightleftharpoons Hg_2^{2+}$ | 0.911 |
| $NO_3^-/HNO_2$ | $NO_3^-+3H^++2e^- \rightleftharpoons HNO_2+H_2O$ | 0.94 |
| $NO_3^-/NO$ | $NO_3^-+4H^++3e^- \rightleftharpoons NO+2H_2O$ | 0.957 |
| $HIO/I^-$ | $HIO+H^++2e^- \rightleftharpoons I^-+H_2O$ | 0.985 |
| $HNO_2/NO$ | $HNO_2+H^++e^- \rightleftharpoons NO+H_2O$ | 0.996 |
| $Br_2(l)/Br^-$ | $Br_2+2e^- \rightleftharpoons 2Br^-$ | 1.065 |
| $IO_3^-/HIO$ | $IO_3^-+5H^++4e^- \rightleftharpoons HIO+2H_2O$ | 1.14 |
| $IO_3^-/I_2$ | $2IO_3^-+12H^++10e^- \rightleftharpoons I_2+6H_2O$ | 1.195 |
| $ClO_4^-/ClO_3^-$ | $ClO_4^-+2H^++2e^- \rightleftharpoons ClO_3^-+H_2O$ | 1.201 |
| $O_2/H_2O$ | $O_2+4H^++4e^- \rightleftharpoons 2H_2O$ | 1.229 |
| $MnO_2/Mn^{2+}$ | $MnO_2+4H^++2e^- \rightleftharpoons Mn^{2+}+2H_2O$ | 1.23 |
| $HNO_2/N_2O$ | $2HNO_2+4H^++4e^- \rightleftharpoons N_2O+3H_2O$ | 1.297 |
| $Cl_2/Cl^-$ | $Cl_2+2e^- \rightleftharpoons 2Cl^-$ | 1.3583 |
| $Cr_2O_7^{2-}/Cr^{3+}$ | $Cr_2O_7^{2-}+14H^++6e^- \rightleftharpoons 2Cr^{3+}+7H_2O$ | 1.36 |
| $ClO_4^-/Cl^-$ | $ClO_4^-+8H^++8e^- \rightleftharpoons Cl^-+4H_2O$ | 1.389 |
| $ClO_4^-/Cl_2$ | $2ClO_4^-+16H^++14e^- \rightleftharpoons Cl_2+8H_2O$ | 1.392 |
| $ClO_3^-/Cl^-$ | $ClO_3^-+6H^++6e^- \rightleftharpoons Cl^-+3H_2O$ | 1.45 |
| $PbO_2/Pb^{2+}$ | $PbO_2+4H^++2e^- \rightleftharpoons Pb^{2+}+2H_2O$ | 1.46 |
| $ClO_3^-/Cl_2$ | $2ClO_3^-+12H^++10e^- \rightleftharpoons Cl_2+6H_2O$ | 1.468 |
| $BrO_3^-/Br^-$ | $BrO_3^-+6H^++6e^- \rightleftharpoons Br^-+3H_2O$ | 1.478 |
| $BrO_3^-/Br_2(l)$ | $2BrO_3^-+12H^++10e^- \rightleftharpoons Br_2(l)+6H_2O$ | 1.5 |
| $MnO_4^-/Mn^{2+}$ | $MnO_4^-+8H^++5e^- \rightleftharpoons Mn^{2+}+4H_2O$ | 1.49 |
| $HClO/Cl_2$ | $2HClO+2H^++2e^- \rightleftharpoons Cl_2+2H_2O$ | 1.630 |

续表

| 电对 | 电极反应 | $\varphi_A^{\ominus}/V$ |
|---|---|---|
| $MnO_4^-/MnO_2$ | $MnO_4^- + 4H^+ + 3e^- \rightleftharpoons MnO_2 + 2H_2O$ | 1.70 |
| $H_2O_2/H_2O$ | $H_2O_2 + 2H^+ + 2e^- \rightleftharpoons 2H_2O$ | 1.763 |
| $S_2O_8^{2-}/SO_4^{2-}$ | $S_2O_8^{2-} + 2e^- \rightleftharpoons 2SO_4^{2-}$ | 2.0 |
| $FeO_4^{2-}/Fe^{3+}$ | $FeO_4^{2-} + 8H^+ + 3e^- \rightleftharpoons Fe^{3+} + 4H_2O$ | 1.90 |
| $BaO_2/Ba^{2+}$ | $BaO_2 + 4H^+ + 2e^- \rightleftharpoons Ba^{2+} + 2H_2O$ | 2.365 |
| $XeF_2/Xe(g)$ | $XeF_2 + 2H^+ + 2e^- \rightleftharpoons Xe(g) + 2HF$ | 2.64 |
| $F_2(g)/F^-$ | $F_2(g) + 2e^- \rightleftharpoons 2F^-$ | 2.87 |
| $F_2(g)/HF(aq)$ | $F_2(g) + 2H^+ + 2e^- \rightleftharpoons 2HF(aq)$ | 3.053 |
| $XeF/Xe(g)$ | $XeF + e^- \rightleftharpoons Xe(g) + F^-$ | 3.4 |

**B. 在碱性溶液中**

| 电对 | 电极反应 | $\varphi_B^{\ominus}/V$ |
|---|---|---|
| $Ca(OH)_2/Ca$ | $Ca(OH)_2 + 2e^- \rightleftharpoons Ca + 2OH^-$ | (−3.02) |
| $Mg(OH)_2/Mg$ | $Mg(OH)_2 + 2e^- \rightleftharpoons Mg + 2OH^-$ | −2.687 |
| $[Al(OH)_4]^-/Al$ | $[Al(OH)_4]^- + 3e^- \rightleftharpoons Al + 4OH^-$ | −2.310 |
| $SiO_3^{2-}/Si$ | $SiO_3^{2-} + 3H_2O + 4e^- \rightleftharpoons Si + 6OH^-$ | (−1.697) |
| $Cr(OH)_3/Cr$ | $Cr(OH)_3 + 3e^- \rightleftharpoons Cr + 3OH^-$ | (−1.48) |
| $[Zn(OH)_4]^{2-}/Zn$ | $[Zn(OH)_4]^{2-} + 2e^- \rightleftharpoons Zn + 4OH^-$ | −1.285 |
| $HSnO_2^-/Sn$ | $HSnO_2^- + H_2O + 2e^- \rightleftharpoons Sn + 3OH^-$ | −0.91 |
| $H_2O/H_2$ | $2H_2O + 2e^- \rightleftharpoons H_2 + 2OH^-$ | −0.828 |
| $[Fe(OH)_4]^-/[Fe(OH)_4]^{2-}$ | $[Fe(OH)_4]^- + e^- \rightleftharpoons [Fe(OH)_4]^{2-}$ | −0.73 |
| $Ni(OH)_2/Ni$ | $Ni(OH)_2 + 2e^- \rightleftharpoons Ni + 2OH^-$ | −0.72 |
| $AsO_2^-/As$ | $AsO_2^- + 2H_2O + 3e^- \rightleftharpoons As + 4OH^-$ | −0.68 |
| $AsO_4^{3-}/AsO_2^-$ | $AsO_4^{3-} + 2H_2O + 2e^- \rightleftharpoons AsO_2^- + 4OH^-$ | −0.67 |
| $SO_3^{2-}/S$ | $SO_3^{2-} + 3H_2O + 4e^- \rightleftharpoons S + 6OH^-$ | −0.59 |
| $SO_3^{2-}/S_2O_3^{2-}$ | $2SO_3^{2-} + 3H_2O + 4e^- \rightleftharpoons S_2O_3^{2-} + 6OH^-$ | −0.576 |
| $NO_2^-/NO$ | $NO_2^- + H_2O + e^- \rightleftharpoons NO + 2OH^-$ | (−0.46) |
| $S/S^{2-}$ | $S + 2e^- \rightleftharpoons S^{2-}$ | −0.407 |
| $CrO_4^{2-}/[Cr(OH)_4]^-$ | $CrO_4^{2-} + 4H_2O + 3e^- \rightleftharpoons [Cr(OH)_4]^- + 4OH^-$ | −0.13 |
| $O_2/HO_2^-$ | $O_2 + H_2O + 2e^- \rightleftharpoons HO_2^- + OH^-$ | −0.076 |
| $Co(OH)_3/Co(OH)_2$ | $Co(OH)_3 + e^- \rightleftharpoons Co(OH)_2 + OH^-$ | 0.17 |
| $O_2/OH^-$ | $O_2 + 2H_2O + 4e^- \rightleftharpoons 4OH^-$ | 0.401 |
| $ClO^-/Cl_2$ | $2ClO^- + 2H_2O + 2e^- \rightleftharpoons Cl_2 + 4OH^-$ | 0.421 |
| $MnO_4^-/MnO_4^{2-}$ | $MnO_4^- + e^- \rightleftharpoons MnO_4^{2-}$ | 0.56 |
| $MnO_4^-/MnO_2$ | $MnO_4^- + 2H_2O + 3e^- \rightleftharpoons MnO_2 + 4OH^-$ | 0.60 |
| $MnO_4^{2-}/MnO_2$ | $MnO_4^{2-} + 2H_2O + 2e^- \rightleftharpoons MnO_2 + 4OH^-$ | 0.62 |
| $HO_2^-/OH^-$ | $HO_2^- + H_2O + 2e^- \rightleftharpoons 3OH^-$ | 0.867 |
| $ClO^-/Cl^-$ | $ClO^- + H_2O + 2e^- \rightleftharpoons Cl^- + 2OH^-$ | 0.890 |
| $O_3/OH^-$ | $O_3 + H_2O + 2e^- \rightleftharpoons O_2 + 2OH^-$ | 1.246 |

# 参 考 文 献


[1] 洪广言. 无机固体化学. 北京：科学出版社，2002.
[2] 宋天佑，程鹏，徐家宁. 无机化学. 3版. 北京：高等教育出版社，2015.
[3] 宋天佑. 简明无机化学. 北京：高等教育出版社，2007.
[4] 黄可龙. 无机化学. 北京：科学出版社，2007.
[5] 刘又年，雷家珩，王林山. 无机化学. 2版. 北京：科学出版社，2013.
[6] 王建辉，崔建中，王兴尧，等. 无机化学. 5版. 北京：高等教育出版社，2017.
[7] 张祖德. 无机化学. 2版. 合肥：中国科技大学出版社，2014.
[8] 宋其圣，董岩，李大枝，等. 无机化学. 北京：化学工业出版社，2008.
[9] 周祖新. 无机化学. 北京：化学工业出版社，2011.
[10] 宋天佑，程鹏，王杏桥，等. 无机化学. 2版. 北京：高等教育出版社，2009.
[11] 刘伟生. 配位化学. 北京：化学工业出版社，2012.
[12] 杨天林. 配位化学导论. 银川：宁夏人民教育出版社，2007.
[13] 大连理工化学无机化学教研室. 无机化学. 5版. 北京：高等教育出版社，2006.
[14] 史启祯. 无机化学与分析化学. 3版. 北京：高等教育出版社，2011.
[15] 武汉大学，吉林大学等校编. 无机化学. 3版. 北京：高等教育出版社，2000.
[16] 北京师范大学无机化学教研室. 无机化学. 4版. 北京：高等教育出版社，2002.
[17] 宋天佑. 无机化学教程. 北京：高等教育出版社，2012.
[18] 天津大学，杨宏孝. 无机化学简明教程. 北京：高等教育出版社，2011.

# 元素周期表

IUPAC 2013

图例（以95号元素为例）：

- +2 +3 +4 +5 +6 — 氧化态(单质的氧化态为0，未列入；常见的为红色)
- 95 — 原子序数
- Am — 元素符号(红色的为放射性元素)
- 镅▲ — 元素名称(注▲的为人造元素)
- $5f^7 7s^2$ — 价层电子构型
- 243.06138(2)✦ — 以 $^{12}C=12$ 为基准的原子量(注✦的是半衰期最长同位素的原子量)

s区元素　p区元素　d区元素　ds区元素　f区元素　稀有气体

| 周期 \ 族 | 1 ⅠA | 2 ⅡA | 3 ⅢB | 4 ⅣB | 5 ⅤB | 6 ⅥB | 7 ⅦB | 8 ⅧB(Ⅷ) | 9 ⅧB(Ⅷ) | 10 ⅧB(Ⅷ) | 11 ⅠB | 12 ⅡB | 13 ⅢA | 14 ⅣA | 15 ⅤA | 16 ⅥA | 17 ⅦA | 18 ⅧA(0) | 电子层 |
|---|---|---|---|---|---|---|---|---|---|---|---|---|---|---|---|---|---|---|---|
| 1 | 1 H 氢 $1s^1$ 1.008 (−1, +1) | | | | | | | | | | | | | | | | | 2 He 氦 $1s^2$ 4.002602(2) | K |
| 2 | 3 Li 锂 $2s^1$ 6.94 (+1) | 4 Be 铍 $2s^2$ 9.0121831(5) (+2) | | | | | | | | | | | 5 B 硼 $2s^2 2p^1$ 10.81 (+3) | 6 C 碳 $2s^2 2p^2$ 12.011 (−4, +2, +4) | 7 N 氮 $2s^2 2p^3$ 14.007 (−3, −2, −1, +1, +2, +3, +4, +5) | 8 O 氧 $2s^2 2p^4$ 15.999 (−2, −1) | 9 F 氟 $2s^2 2p^5$ 18.998403163(6) (−1) | 10 Ne 氖 $2s^2 2p^6$ 20.1797(6) | L K |
| 3 | 11 Na 钠 $3s^1$ 22.98976928(2) (−1, +1) | 12 Mg 镁 $3s^2$ 24.305 (+2) | | | | | | | | | | | 13 Al 铝 $3s^2 3p^1$ 26.9815385(7) (+3) | 14 Si 硅 $3s^2 3p^2$ 28.085 (−4, +2, +4) | 15 P 磷 $3s^2 3p^3$ 30.973761998(5) (−3, −2, +1, +3, +5) | 16 S 硫 $3s^2 3p^4$ 32.06 (−2, +2, +4, +6) | 17 Cl 氯 $3s^2 3p^5$ 35.45 (−1, +1, +3, +5, +7) | 18 Ar 氩 $3s^2 3p^6$ 39.948(1) | M L K |
| 4 | 19 K 钾 $4s^1$ 39.0983(1) (−1, +1) | 20 Ca 钙 $4s^2$ 40.078(4) (+2) | 21 Sc 钪 $3d^1 4s^2$ 44.955908(5) (+3) | 22 Ti 钛 $3d^2 4s^2$ 47.867(1) (−1, 0, +2, +3, +4) | 23 V 钒 $3d^3 4s^2$ 50.9415(1) (0, ±1, +2, +3, +4, +5) | 24 Cr 铬 $3d^5 4s^1$ 51.9961(6) (−3, 0, ±1, ±2, +3, +4, +5, +6) | 25 Mn 锰 $3d^5 4s^2$ 54.938044(3) (−2, 0, ±1, +2, ±3, +4, +5, +6, +7) | 26 Fe 铁 $3d^6 4s^2$ 55.845(2) (−2, 0, ±1, +2, +3, +4, +5, +6) | 27 Co 钴 $3d^7 4s^2$ 58.933194(4) (0, ±1, +2, +3, +4, +5) | 28 Ni 镍 $3d^8 4s^2$ 58.6934(4) (0, ±1, +2, +3, +4) | 29 Cu 铜 $3d^{10} 4s^1$ 63.546(3) (+1, +2, +3, +4) | 30 Zn 锌 $3d^{10} 4s^2$ 65.38(2) (+1, +2) | 31 Ga 镓 $4s^2 4p^1$ 69.723(1) (+1, +3) | 32 Ge 锗 $4s^2 4p^2$ 72.630(8) (+2, +4) | 33 As 砷 $4s^2 4p^3$ 74.921595(6) (−3, +3, +5) | 34 Se 硒 $4s^2 4p^4$ 78.971(8) (−2, +2, +4, +6) | 35 Br 溴 $4s^2 4p^5$ 79.904 (−1, +1, +3, +5, +7) | 36 Kr 氪 $4s^2 4p^6$ 83.798(2) (+2, +4) | N M L K |
| 5 | 37 Rb 铷 $5s^1$ 85.4678(3) (−1, +1) | 38 Sr 锶 $5s^2$ 87.62(1) (+2) | 39 Y 钇 $4d^1 5s^2$ 88.90584(2) (+3) | 40 Zr 锆 $4d^2 5s^2$ 91.224(2) (+1, +2, +3, +4) | 41 Nb 铌 $4d^4 5s^1$ 92.90637(2) (0, ±1, +2, +3, +4, +5) | 42 Mo 钼 $4d^5 5s^1$ 95.95(1) (0, ±1, ±2, +3, +4, +5, +6) | 43 Tc 锝▲ $4d^5 5s^2$ 97.90721(3)✦ (0, ±1, +2, +3, +4, +5, +6, +7) | 44 Ru 钌 $4d^7 5s^1$ 101.07(2) (0, +1, ±2, +3, +4, +5, +6, +7, +8) | 45 Rh 铑 $4d^8 5s^1$ 102.90550(2) (0, ±1, +2, +3, +4, +5, +6) | 46 Pd 钯 $4d^{10}$ 106.42(1) (0, +1, +2, +3, +4) | 47 Ag 银 $4d^{10} 5s^1$ 107.8682(2) (+1, +2, +3) | 48 Cd 镉 $4d^{10} 5s^2$ 112.414(4) (+1, +2) | 49 In 铟 $5s^2 5p^1$ 114.818(1) (+1, +3) | 50 Sn 锡 $5s^2 5p^2$ 118.710(7) (+2, +4) | 51 Sb 锑 $5s^2 5p^3$ 121.760(1) (−3, +3, +5) | 52 Te 碲 $5s^2 5p^4$ 127.60(3) (−2, +2, +4, +6) | 53 I 碘 $5s^2 5p^5$ 126.90447(3) (−1, +1, +3, +5, +7) | 54 Xe 氙 $5s^2 5p^6$ 131.293(6) (+2, +4, +6, +8) | O N M L K |
| 6 | 55 Cs 铯 $6s^1$ 132.90545196(6) (−1, +1) | 56 Ba 钡 $6s^2$ 137.327(7) (+2) | 57~71 La~Lu 镧系 | 72 Hf 铪 $5d^2 6s^2$ 178.49(2) (+1, +2, +3, +4) | 73 Ta 钽 $5d^3 6s^2$ 180.94788(2) (0, ±1, +2, +3, +4, +5) | 74 W 钨 $5d^4 6s^2$ 183.84(1) (0, ±1, ±2, +3, +4, +5, +6) | 75 Re 铼 $5d^5 6s^2$ 186.207(1) (0, ±1, +2, +3, +4, +5, +6, +7) | 76 Os 锇 $5d^6 6s^2$ 190.23(3) (0, +1, +2, +3, +4, +5, +6, +7, +8) | 77 Ir 铱 $5d^7 6s^2$ 192.217(3) (0, ±1, +2, +3, +4, +5, +6) | 78 Pt 铂 $5d^9 6s^1$ 195.084(9) (0, +2, +3, +4, +5, +6) | 79 Au 金 $5d^{10} 6s^1$ 196.966569(5) (+1, +2, +3, +5) | 80 Hg 汞 $5d^{10} 6s^2$ 200.592(3) (+1, +2, +3) | 81 Tl 铊 $6s^2 6p^1$ 204.38 (+1, +3) | 82 Pb 铅 $6s^2 6p^2$ 207.2(1) (+2, +4) | 83 Bi 铋 $6s^2 6p^3$ 208.98040(1) (−3, +3, +5) | 84 Po 钋 $6s^2 6p^4$ 208.98243(2)✦ (−2, +2, +3, +4, +6) | 85 At 砹 $6s^2 6p^5$ 209.98715(5)✦ (±1, +5, +7) | 86 Rn 氡 $6s^2 6p^6$ 222.01758(2)✦ (+2) | P O N M L K |
| 7 | 87 Fr 钫▲ $7s^1$ 223.01974(2)✦ (+1) | 88 Ra 镭 $7s^2$ 226.02541(2)✦ (+2) | 89~103 Ac~Lr 锕系 | 104 Rf 𬬻▲ $6d^2 7s^2$ 267.122(4)✦ | 105 Db 𬭊▲ $6d^3 7s^2$ 270.131(4)✦ | 106 Sg 𬭳▲ $6d^4 7s^2$ 269.129(3)✦ | 107 Bh 𬭛▲ $6d^5 7s^2$ 270.133(2)✦ | 108 Hs 𬭶▲ $6d^6 7s^2$ 270.134(2)✦ | 109 Mt 鿏▲ $6d^7 7s^2$ 278.156(5)✦ | 110 Ds 𫟼▲ 281.165(4)✦ | 111 Rg 𬬭▲ 281.166(6)✦ | 112 Cn 鿔▲ 285.177(4)✦ | 113 Nh 鿭▲ 286.182(5)✦ | 114 Fl 𫓧▲ 289.190(4)✦ | 115 Mc 镆▲ 289.194(6)✦ | 116 Lv 𫟷▲ 293.204(4)✦ | 117 Ts 鿬▲ 293.208(6)✦ | 118 Og 鿫▲ 294.214(5)✦ | Q P O N M L K |

| | 57 | 58 | 59 | 60 | 61 | 62 | 63 | 64 | 65 | 66 | 67 | 68 | 69 | 70 | 71 |
|---|---|---|---|---|---|---|---|---|---|---|---|---|---|---|---|
| ★ 镧系 | 57 La★ 镧 $5d^1 6s^2$ 138.90547(7) (+3) | 58 Ce 铈 $4f^1 5d^1 6s^2$ 140.116(1) (+2, +3, +4) | 59 Pr 镨 $4f^3 6s^2$ 140.90766(2) (+3, +4) | 60 Nd 钕 $4f^4 6s^2$ 144.242(3) (+2, +3, +4) | 61 Pm 钷▲ $4f^5 6s^2$ 144.91276(2)✦ (+3) | 62 Sm 钐 $4f^6 6s^2$ 150.36(2) (+2, +3) | 63 Eu 铕 $4f^7 6s^2$ 151.964(1) (+2, +3) | 64 Gd 钆 $4f^7 5d^1 6s^2$ 157.25(3) (+3) | 65 Tb 铽 $4f^9 6s^2$ 158.92535(2) (+3, +4) | 66 Dy 镝 $4f^{10} 6s^2$ 162.500(1) (+3, +4) | 67 Ho 钬 $4f^{11} 6s^2$ 164.93033(2) (+3) | 68 Er 铒 $4f^{12} 6s^2$ 167.259(3) (+3) | 69 Tm 铥 $4f^{13} 6s^2$ 168.93422(2) (+2, +3) | 70 Yb 镱 $4f^{14} 6s^2$ 173.045(10) (+2, +3) | 71 Lu 镥 $4f^{14} 5d^1 6s^2$ 174.9668(1) (+3) |
| ★ 锕系 | 89 Ac★ 锕 $6d^1 7s^2$ 227.02775(2)✦ (+3) | 90 Th 钍 $6d^2 7s^2$ 232.0377(4) (+3, +4) | 91 Pa 镤 $5f^2 6d^1 7s^2$ 231.03588(2) (+3, +4, +5) | 92 U 铀 $5f^3 6d^1 7s^2$ 238.02891(3) (+2, +3, +4, +5, +6) | 93 Np 镎 $5f^4 6d^1 7s^2$ 237.04817(2)✦ (+3, +4, +5, +6, +7) | 94 Pu 钚 $5f^6 7s^2$ 244.06421(4)✦ (+3, +4, +5, +6, +7) | 95 Am 镅▲ $5f^7 7s^2$ 243.06138(2)✦ (+2, +3, +4, +5, +6) | 96 Cm 锔▲ $5f^7 6d^1 7s^2$ 247.07035(3)✦ (+3, +4) | 97 Bk 锫▲ $5f^9 7s^2$ 247.07031(4)✦ (+3, +4) | 98 Cf 锎▲ $5f^{10} 7s^2$ 251.07959(3)✦ (+2, +3, +4) | 99 Es 锿▲ $5f^{11} 7s^2$ 252.0830(3)✦ (+2, +3) | 100 Fm 镄▲ $5f^{12} 7s^2$ 257.09511(5)✦ (+2, +3) | 101 Md 钔▲ $5f^{13} 7s^2$ 258.09843(3)✦ (+2, +3) | 102 No 锘▲ $5f^{14} 7s^2$ 259.1010(7)✦ (+2, +3) | 103 Lr 铹▲ $5f^{14} 6d^1 7s^2$ 262.110(2)✦ (+3) |